中国高等学校信息管理与信息系统专业规划教材

丛书主编：陈国青

计算机网络技术及应用

高 阳 主 编

王坚强 副主编

清华大学出版社

北 京

内容简介

本书以《中国高等院校信息系统学科课程体系 2005》中的"网络技术及应用"课程大纲为依据，并经适当修改而编著。全书共分 9 章，较系统地介绍了计算机网络的基本原理、计算机网络的组网技术、计算机网络的组成、计算机网络的应用和计算机网络的建设与管理，第 9 章包含 12 个实验。

本书体系结构合理，概念清晰，内容新颖、充实，理论与实践结合紧密，既强调计算机网络的基本原理和技术，又注意突出其实际应用与管理，可读性好。

本书主要作为高等院校信息管理与信息系统专业以及电子商务专业计算机网络课程的本科生教材，也可作为管理类、工商类和其他工科非计算机专业的本科生教材，同时对于计算机网络系统开发和维护的工程技术人员和管理人员也是一本较好的参考书或培训教材。

本书电子课件可从清华大学出版社网站(http://www.tup.com.cn)下载。

图书在版编目(CIP)数据

计算机网络技术及应用/高阳主编. —北京：清华大学出版社，2009.7(2023.10重印)
(中国高等学校信息管理与信息系统专业规划教材)
ISBN 978-7-302-20119-9

Ⅰ. 计… Ⅱ. 高… Ⅲ. 计算机网络－高等学校－教材 Ⅳ. TP393

中国版本图书馆 CIP 数据核字(2009)第 071029 号

责任编辑：索 梅 李玮琪
责任校对：焦丽丽
责任印制：沈 露

出版发行：清华大学出版社
网 址：http://www.tup.com.cn，http://www.wqbook.com
地 址：北京清华大学学研大厦 A 座 **邮 编**：100084
社 总 机：010-83470000 **邮 购**：010-62786544
投稿与读者服务：010-62776969，c-service@tup.tsinghua.edu.cn
质量反馈：010-62772015，zhiliang@tup.tsinghua.edu.cn
课件下载：http://www.tup.com.cn，010-83470236
印 装 者：三河市君旺印务有限公司
经 销：全国新华书店
开 本：185mm×260mm **印 张**：28.75 **字 数**：699 千字
版 次：2009 年 7 月第 1 版 **印 次**：2023 年10月第15次印刷
印 数：17801～18300
定 价：69.00 元

产品编号：024756-02

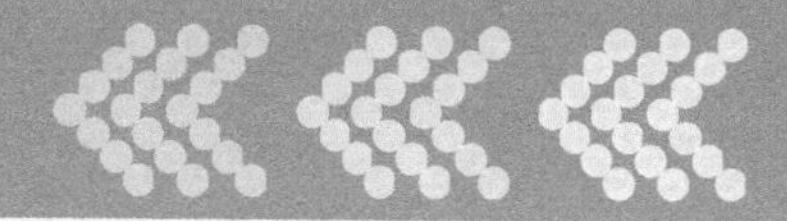

中国高等学校信息管理与信息系统专业规划教材

编写委员会

序

在信息技术刚刚兴起的时候，信息系统还没有作为一个专门的学科独立出来，它更多的只是计算机学科的一个附属。但是，随着信息技术的跳跃式发展和计算机系统在生产、生活、商务活动中的广泛应用，信息系统作为一个独立的整体逐渐独立出来，并得到了迅速发展。由于信息系统是基于计算机技术、系统科学、管理科学以及通信技术等多个学科的交叉学科，因此，信息系统是一门跨专业，面向技术和管理等多个层面，注重将工程化的方法和人的主观分析方法相结合的学科。

早在1984年，邓小平同志就提出了要开发信息资源，服务四个现代化(工业现代化、农业现代化、国防现代化和科学技术现代化)建设。1990年，江泽民同志曾经指出，四个现代化恐怕无一不和电子信息化有着紧密的联系，要把信息化提到战略地位上来，要把信息化列为国民经济发展的重要方针。2004年，胡锦涛同志在APEC(亚洲太平洋经济合作组织)上的讲话明确指出："信息通信技术改变了传统的生产方式和商业模式，为亚太地区带来了新的经济增长机遇。为把握住这一机遇，我们应抓住加强信息基础设施建设和人力资源开发这两个关键环节。"我国的经济目前正处在迅速发展阶段，信息化建设正在成为我国增强国力的一个重要举措，信息管理人才的培养至关重要。因此，信息系统学科面临着新的、更为广阔的发展空间。

近年来，我国高等学校管理科学与工程一级学科下的"信息管理与信息系统"专业领域的科研、教学和应用等方面都取得了长足的进步，培养了一大批优秀的技术和管理人才。但在整体水平上与国外发达国家相比还存在着不小的差距。由于各所高校在相关专业的发展历史、特点和背景上的差异以及社会对人才需求的多样化，使得我国信息管理与信息系统专业教育面临着前进中的机遇和挑战。如何适应人才需求变化进行教育改革和调整，如何在基本教学规范和纲要的基础上建立自己的教育特色，如何更清晰地定义教育对象和定位教育目标及体系，如何根据国际主流及自身特点更新知识和教材体系等都是我们在专业教育和学科建设中需要探讨和考虑的重要课题。

2004年，教育部高等学校管理科学与工程类学科专业教学指导委员会制订了学科的核心课程以及相关各专业主干课程的教学基本要求(简称《基本要求》)。其中，"管理信息系统"是学科的核心课程之一，"系统分析与设计"、"数据结构与数据库"、"信息资源管理"和"计算机网络"是信息管理与信息系统专业的主干课程。该《基本要求》反映了相关专业所应构建的最基本的核心课程和主干课程系统以及涉及的最基本的知识元素，旨在保证必要的教学规范，提升我国高等学校相关专业教育的基础水平。

2004年6月，IEEE/ACM公布了"计算教程CC2004"(Computing Curriculum 2004)，其中包括由国际计算机学会(ACM)、信息系统学会(AIS)和信息技术专业协会(AITP)共同

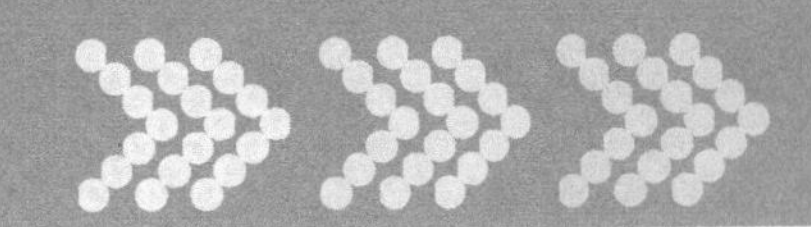

提出的信息系统学科的教学参考计划和课程设置(IS 2002)。与过去的历届教程相比，IS 2002比较充分地体现出"技术与管理并重"这一当前信息系统学科领域的主流特点。IS 2002中的信息系统学科也涵盖了"信息管理"(IM)、"管理信息系统"(MIS)等相关专业，与我国的信息管理与信息系统专业相兼容。

为了进一步提高我国高等学校信息系统学科领域课程体系的规划性和前瞻性，反映国际信息系统学科的主流特点和知识元素，进一步体现我国相关专业教育的特点和发展要求，清华大学经济管理学院与中国人民大学信息学院共同组织，于2004年秋成立了"中国高等院校信息系统学科课程体系2005"(CISC 2005)课题组，通过对国内外信息系统的发展现状与趋势进行分析，参照IS 2002的模式，课题组研究探讨了我国信息系统教育的指导思想、课程体系、教学计划，确定了课程体系的基础内容与核心内容，制订出了一个符合我国国情的信息管理与信息系统学科的教育体系框架，我们希望CISC 2005有助于我国信息管理与信息系统学科的建设，促进我国信息化人才的培养。

2006年，根据CISC 2005的指导思想编写的系列教材——"中国高等学校信息管理与信息系统专业规划教材"被列入教育部普通高等教育"十一五"国家级规划教材。同年，CISC 2005通过了教育部高等学校管理科学与工程类学科专业教学指导委员会组织的专家鉴定。为了能够使这套教材尽快出版，课题组成员和清华大学出版社一道，对教材进行了详细规划，并组织了国内相关专家学者共同努力，力争从2007年起陆续使这套教材和读者见面。希望这套教材的出版能够满足国内高等学校对信息管理与信息系统专业教学的要求，并在大家的努力下，在使用中逐渐完善和发展，从而不断提高我国信息管理与信息系统人才的培养质量。

陈国青

2007年10月

前言

本书以清华大学陈国青教授为组长的“中国高等院校信息系统学科课程体系课题组”所提出的《中国高等院校信息系统学科课程体系2005》中的《网络技术及应用》课程大纲为依据，并经适当修改而编著，书名定为《计算机网络技术及应用》。

在2004年教育部管理科学与工程类学科指导委员会制订的本学科核心课程以及各专业主干课程的教学基本要求中，《管理信息系统》是本学科的核心课程，而《系统分析与设计》、《数据结构与数据库》、《信息资源管理》和《计算机网络》是信息管理与信息系统专业的主干课程。而在上面提到的《中国高等院校信息系统学科课程体系2005》中，提出了信息系统教育的11门核心课程体系，并制订了其中10门课程的教学大纲，《网络技术及应用》(即《计算机网络》)是其中之一。这表明了该课程的重要性，同时也鞭策作者应尽力写好该教材。

本书共9章，较系统地介绍了计算机网络的基本原理(第1章及第2章)、计算机网络的组网技术(第3章)、计算机网络的组成(第4章及第5章)、计算机网络的应用(第6章及第7章)和计算机网络的建设与管理(第8章)，第9章包含12个实验。

本书在编写时注意了下述几点。首先，本书主要定位于管理科学与工程类、工商管理类各专业，如信息管理与信息系统、电子商务等专业的本科生用作教材，也适合于非计算机专业使用。其次，本书按下述脉络依次展开论述，即计算机网络的基本原理、计算机网络的组网技术、计算机网络的组成、计算机网络的应用以及计算机网络的建设与管理，结构合理，层次清晰。最后，本书坚持理论与应用、理论与实践并重的原则组织内容。教材中，偏理论的章节主要有第1章～第3章以及第7章，其余章节则偏应用。第9章附有12个实验，可安排8～12个学时的实验，力求通过实验培养学生的动手能力以及创新思维和独立分析问题、解决问题的能力。

本书按64学时设计，开课学时可在48～64学时范围内选择，含实验课10学时左右。如果学时较少，则第5章、第7章的7.5节～7.7节和7.9节～7.11节以及第8章可以自学，或以自学为主，并辅以教师适当讲解难点。此外，本书每章章末均附有习题，便于复习思考。

本书主要由高阳、王坚强主编，参加部分编写工作的还有成鹏飞、江资斌、郭尧琦、费成良、罗根、钟波、任世昶、龚岚、于湘东等。

在此要感谢陈国青教授的指导，感谢清华大学出版社索梅的辛勤工作。

限于水平，本书难免有错误与不当之处，恳请各位读者批评指正。

高　阳

2009.3 于岳麓山

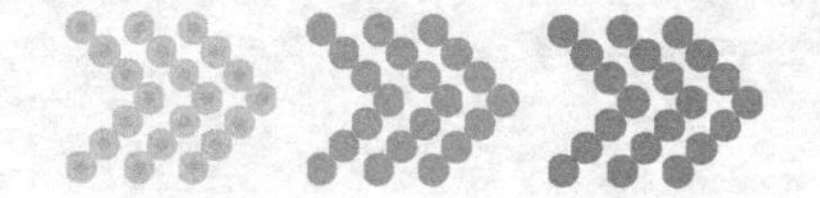

目录

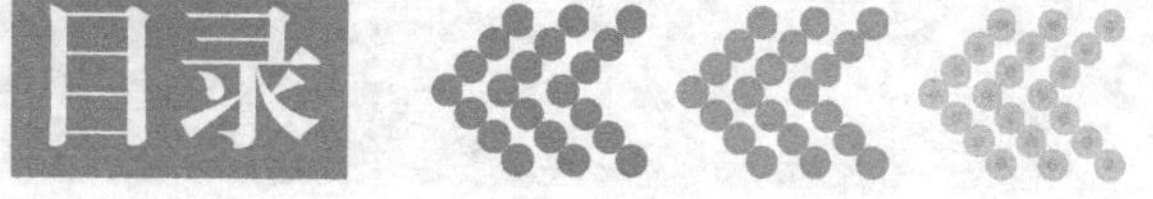

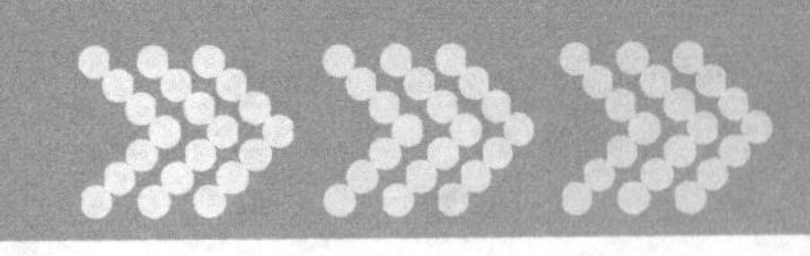

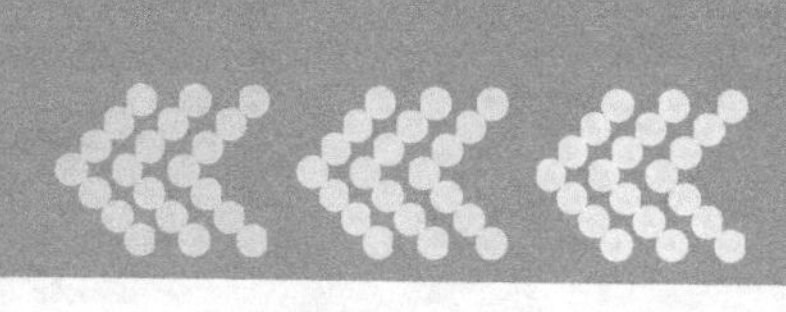

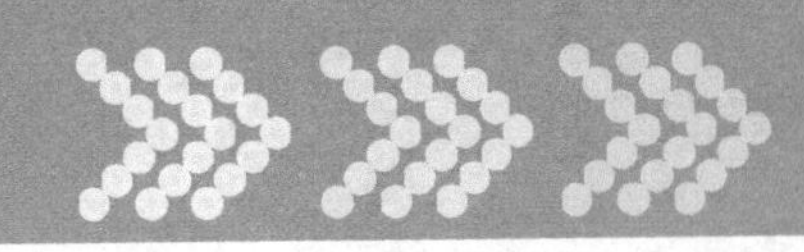

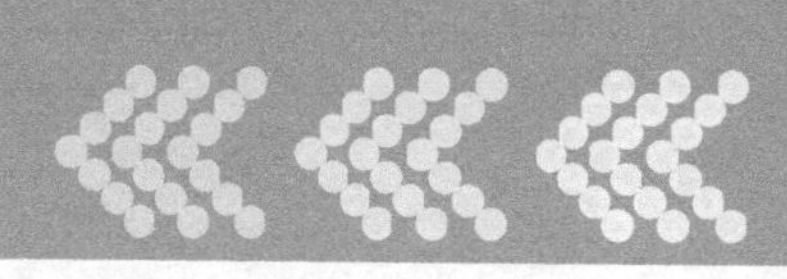

第1章　计算机网络概论

计算机网络是计算机科学与工程中迅速发展的新兴技术之一，也是计算机应用中一个空前活跃的领域。计算机网络是计算机技术与通信技术相互渗透和密切结合而形成的一门交叉学科。随着Internet技术的迅速发展，全球信息高速公路的建设不断向前推进。目前，计算机网络技术已广泛应用于电子政务、电子商务、企业信息化、远程教学、远程医疗、通信、军事、科学研究和信息服务等各个领域。

通过本章学习，可以了解(或掌握)：

- 计算机网络的概念；
- 计算机网络的发展历程；
- 计算机网络的组成、功能和类型；
- 计算机网络技术的发展趋势。

1.1　计算机网络发展概述

从20世纪50年代开始发展起来的计算机网络技术，随着计算机技术和通信技术的飞速发展而进入了一个崭新的时代。信息技术的迅猛发展，使得计算机网络技术面临新的机遇和挑战，同时也将促进计算机网络技术的进一步发展。

1.1.1　计算机网络

计算机网络是现代计算机技术和通信技术密切结合的产物，是随着社会对信息共享和信息传递的要求而发展起来的。所谓计算机网络，即指利用通信设备和线路将地理位置不同的功能独立的多个计算机系统互联起来，以功能完善的网络软件(如网络通信协议、信息交换方式以及网络操作系统等)来实现网络中信息传递和资源共享的系统。这里所谓功能独立的计算机系统，一般指有CPU的计算机。

1.1.2　计算机网络的演变和发展

计算机网络的发展过程经历了从简单到复杂，从单机到多机，由终端与计算机之间的通信到计算机与计算机之间直接通信的演变过程。其发展可以概括为4个阶段：以单个计算机为中心的远程联机系统，构成面向终端互联的计算机网络；多个主计算机通过通信线路互联的计算机网络；具有统一网络体系结构、遵循国际化标准协议的计算机网络；以 Internet 为核心的高速计算机互联网络。

1. 联机系统

所谓联机系统，即以一台中央主计算机连接大量在地理上处于分散位置的终端。所谓终端通常指一台计算机的外部设备，包括显示器和键盘，无中央处理器(Central Processing Unit，CPU)和内存。早在 20 世纪 50 年代初，美国建立的半自动地面防空系统(SAGE)，将远距离的雷达和其他测量控制设备通过通信线路汇集到一台中心计算机进行处理，开始了计算机技术和通信技术相结合的尝试。这类简单的"终端—通信线路—计算机"系统，构成了计算机网络的雏形。这样的系统除了一台中心计算机外，其余的终端设备都没有 CPU，因而无自主处理功能，还不能称为计算机网络。为区别后来发展的多个计算机互联的计算机网络，称其为面向终端的计算机网络。随着终端数的增加，为了减轻中心计算机的负担，在通信线路和中心计算机之间设置了一个前端处理机(Front End Processor，FEP)或通信控制器(Communication Control Unit，CCU)，专门负责与终端之间的通信控制，出现了数据处理与通信控制的分工，以便更好地发挥中心计算机的处理能力。另外，在终端较集中的地区，设置集线器或多路复用器，通过低速线路将附近群集的终端连至集线器和复用器，然后通过高速线路、调制解调器与远程计算机的前端机相连，构成如图 1.1 所示的远程联机系统。

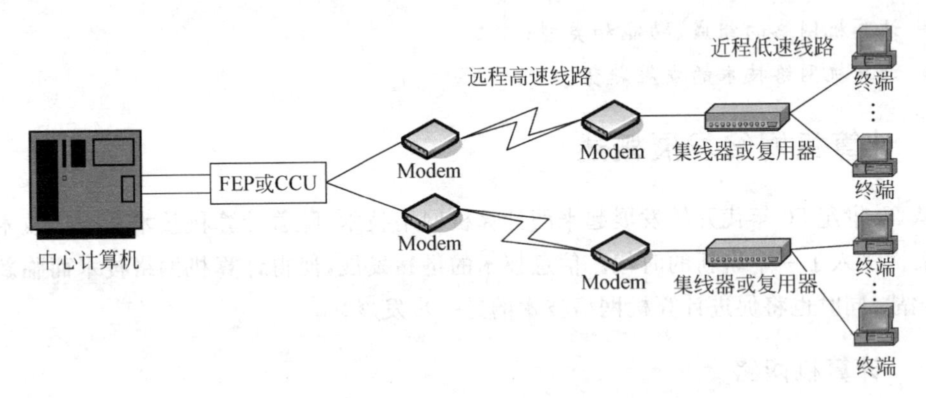

图 1.1 以单台计算机为中心的远程联机系统示意图

2. 计算机互联网络

从 20 世纪 60 年代中期开始，出现了若干个计算机互联系统，开创了"计算机-计算机"通信时代。60 年代后期，以美国国防部资助建立起来的阿帕网(Advanced Research Projects Agency Network，ARPANET)为代表，从此标志着计算机网络的兴起。当时，这个网络把位于洛杉矶的加利福尼亚大学、位于圣巴巴拉的加利福尼亚大学、斯坦福大学及位于盐湖城的犹它州州立大学的计算机主机连接起来，采用分组交换技术传送信息。这种技术能够保证，如果这四所大学之间的某一条通信线路因某种原因被切断(如核打击)以后，信息仍能通过其他线路在各主机之间传递。这个 ARPANET 就是今天 Internet 的雏形。到 1972 年，ARPANET 上的节点数已达到 40 个。这 40 个节点彼此之间可以发送小文本文件，当时称这种文件为电子邮件，也就是现在的 E-mail；并利用文件传输协议发送大文本文

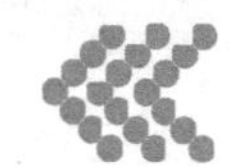

件,包括数据文件,即现在 Internet 中的 FTP;同时通过把一台计算机模拟成另一台远程计算机的一个终端而使用远程计算机上的资源,这种方法被称为 TELNET。ARPANET 是一个成功的系统,它在概念、结构和网络设计方面都为后继的计算机网络打下了坚实的基础。

随后各大计算机公司都陆续推出了自己的网络体系结构,以及实现这些网络体系结构的软件和硬件产品。1974 年 IBM 公司提出的 SNA(System Network Architecture)和 1975 年 DEC 公司推出的 DNA(Digital Network Architecture)就是两个著名的例子。凡是按 SNA 组建的网络都可称为 SNA 网,而凡是按 DNA 组建的网络都可称为 DNA 网或 DECNet。目前,世界上仍有这样的一些计算机网络在运行和提供服务。但这些网络也存在不少弊端,主要问题是各厂家提供的网络产品实现互联十分困难。这种自成体系的系统称为"封闭"系统。因此,人们迫切希望建立一系列的国际标准,渴望得到一个"开放"系统,这正是推动计算机网络走向国际标准化的一个重要因素。

第二阶段典型的计算机网络结构如图 1.2 所示。这一阶段计算机网络的主要特点是:资源的多向共享、分散控制、分组交换、采用专门的通信控制处理机和分层的网络协议,这些特点往往被认为是现代计算机网络的典型特征。但这个时期的网络产品彼此之间是相互独立的,没有统一标准。

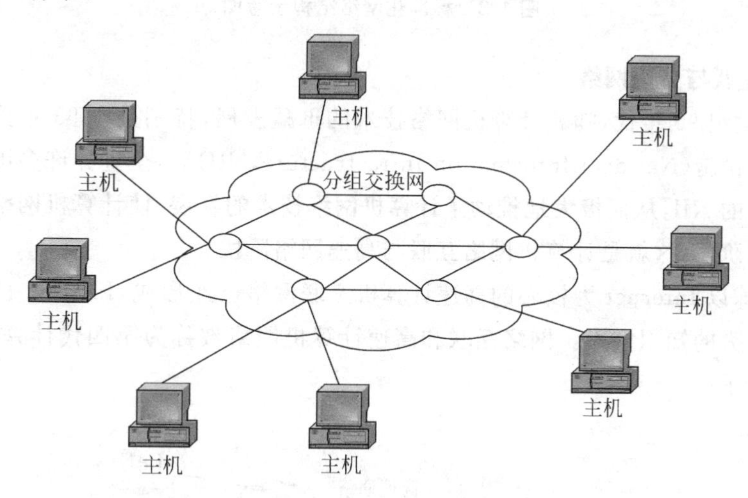

图 1.2　以多台计算机为中心的网络结构示意图

3. 标准化网络

20 世纪 70 年代中期,计算机网络开始向体系结构标准化的方向迈进,即正式步入网络标准化时代。为了适应计算机向标准化方向发展的要求,国际标准化组织(ISO)于 1977 年成立计算机与信息处理标准化委员会(TC97)下属的开放系统互联分技术委员会(SC16),开始着手制定开放系统互联的一系列国际标准。经过几年卓有成效的工作,1984 年 ISO 正式颁布了一个开放系统互联参考模型的国际标准 ISO 7498。模型分为 7 个层次,有时也被称为 ISO 7 层参考模型。从此网络产品有了统一的标准,此外也促进了企业的竞争,尤其为计算机网络向国际标准化方向发展提供了重要依据。

20 世纪 80 年代,随着微型机的广泛使用,局域网获得了迅速发展。美国电气与电子工程师协会(IEEE)为了适应微型机、个人计算机(PC)以及局域网发展的需要,于1980年2月在旧金山成立了IEEE 802局域网络标准委员会,并制定了一系列局域网络标准。在此期间,各种局域网大量涌现。新一代光纤局域网——光纤分布式数据接口(FDDI)网络标准及产品也相继问世,从而为推动计算机局域网技术的进步及应用奠定了良好的基础。这一阶段典型的标准化网络结构如图1.3所示,其通信子网的交换设备主要是路由器和交换机。

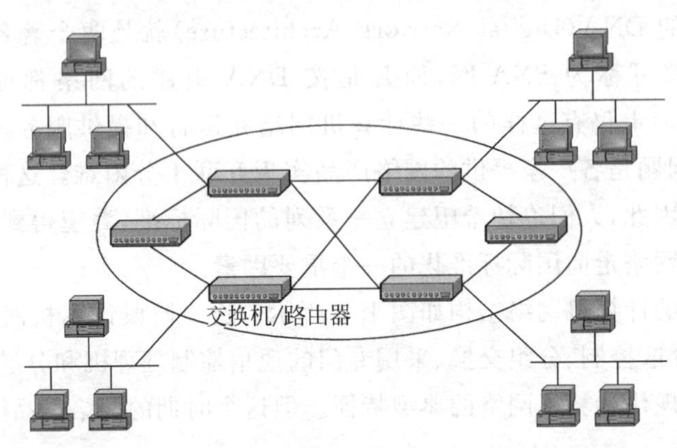

图1.3 标准化网络结构示意图

4. 网络互联与高速网络

进入20世纪90年代,随着计算机网络技术的迅猛发展,特别是1993年美国宣布建立国家信息基础设施(National Information Infrastructure,NII)后,全世界许多国家都纷纷制定和建立本国的NII,从而极大地推动了计算机网络技术的发展,使计算机网络的发展进入了一个崭新的阶段,这就是计算机网络互联与高速网络阶段。

目前,全球以Internet为核心的高速计算机互联网络已经形成,Internet已经成为人类最重要的和最大的知识宝库。网络互联和高速计算机网络被称为第四代计算机网络,其结构如图1.4所示。

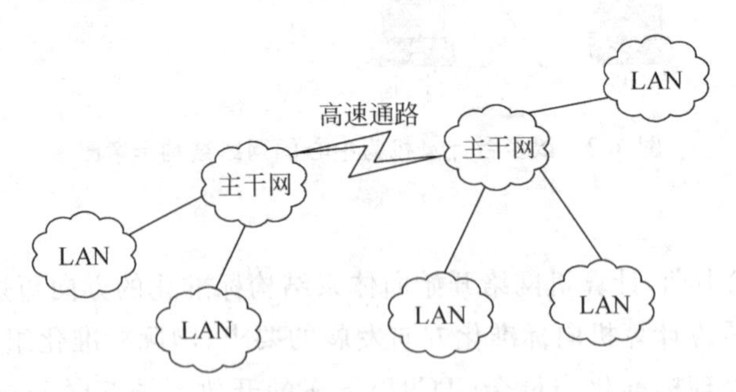

图1.4 网络互联与高速网络结构示意图

1.1.3 信息社会对计算机网络技术的挑战

未来学家托夫勒、奈斯比特曾在《第三次浪潮》、《大趋势》等著作中描绘过未来信息社会的蓝图。而今天,信息化浪潮正以排山倒海之势席卷全球,人类正以前所未有的步伐向信息

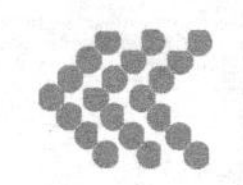

社会迈进。发展信息技术和信息产业,为生存与发展争取主动权,已经成为世界范围经济、政治和军事竞争的焦点。人们已认识到:信息已经成为一种重要的战略资源,信息技术的发展正引发一场信息革命,信息产业正在成为经济发展的主导产业,人类活动将逐步实现全球化。总之,现代工业社会将在本世纪过渡到以信息价值生产为核心的信息社会,这已经是一个可以预见的历史大趋势。

在信息社会,人们的工作、生活、学习和娱乐在很大程度上将不再受地理环境的限制,而大部分可在家庭进行,也即人们的就业方式、生产方式、工作方式、学习方式以至生活方式将发生深刻变化。光纤、数据通信、卫星通信和移动通信等现代信息技术将使世界范围内的交流变得更加方便、更加容易,真正实现"天涯若比邻"。

应该看到,信息社会对计算机网络技术提出了新的挑战、新的要求,特别是业务量的增长、网络站点数的扩大,以及多媒体的应用,要求网络的规模更大、带宽更宽和数据速率更高。

1.1.4 信息高速公路必将促进计算机网络技术的进一步发展

1993 年 9 月,美国推出了一项举世瞩目的高科技项目——国家信息基础设施,也被称为信息高速公路计划。

这项跨世纪的信息基础工程将耗资 4000 亿美元,历时 20 年左右,其目标是用光纤和相应的计算机硬件、软件及网络体系结构,把美国的所有学校、研究机构、企业、医院、图书馆以及每个普通家庭连接起来,为 21 世纪的"信息文明"打好物质基础。人们无论何时何地都能以最合适的方式——文字、声音、图形、图像和视频等与自己想要联系的对象进行信息交流。

信息高速公路是"网络的网络",是一个由许多客户机/服务器和同等层与同等层组成的大规模网络,它能以每秒数兆位、数十兆位,甚至数千兆位或更高的速率在其主干网上传输数据。它是由通信网、计算机、数据库以及日用电子产品组成的所谓无缝网络,其从纵向可分为下述 5 个层次。

1. 物理层

物理层包括对声音、数据、图形和图像等信息进行传输、计算、存取、检索以及显示等操作的设备,如摄像机、扫描仪、键盘、传真机、计算机、交换机、光盘、声像盘、磁盘、电缆、电线、光纤、光缆、转换器、电视机、监视器和打印机等。

2. 网络层

网络层是将以上设备及其他设备物理地相互连接成一体化的、交互式的和用户驱动的无缝网络。其中包括各项网络协议标准、传输编码,以及保证网络的互联性、互操作性、隐私性、保密性、安全性与可靠性等功能的运作体制。

3. 应用层

应用层由各行各业的计算机应用系统与软件系统组成。

4. 信息库

信息库包括电视、广播节目、声像带盘、科技和商业经济数据库、档案、图书以及其他媒体或多媒体信息。

5. 人

人是指包括从事信息操作及其应用的各类各层次人员，还包括开发应用系统和服务系统的人员，设计与制造的人员以及从事培训的人员。

由上可知，信息高速公路，已经包括了整个信息产业的诸多部分，涉及人、信息和机械制造等许多方面，已成为一个复杂的巨型社会系统工程。如果说在20世纪50年代到60年代发展起来的计算机数据处理是第一次信息革命，它已给人类的工作带来意义深远的影响；那么20世纪90年代初掀起的信息高速公路计划无疑是意义更为重大的第二次信息革命，它给人类社会带来的深远影响尚难以估量，但可以肯定的是，这次信息革命预示着信息化时代的全面到来，它将对人类的工作、生活、学习等产生巨大影响。同时，信息高速公路的建设也必然大大促进计算机网络技术的进一步发展。

1.2 计算机网络的组成与功能

1.2.1 计算机网络的组成

一般而论，计算机网络有3个主要组成部分：若干个主机，它们为用户提供服务；一个通信子网，它主要由节点交换机和连接这些节点的通信链路所组成；一系列的协议，这些协议为主机和主机之间或主机和子网中各节点之间的通信而采用，它是通信双方事先约定好的和必须遵守的规则。

为了便于分析，按照数据通信和数据处理的功能，一般从逻辑上将网络分为通信子网和资源子网两个部分。图1.5给出了典型的计算机网络的基本结构。

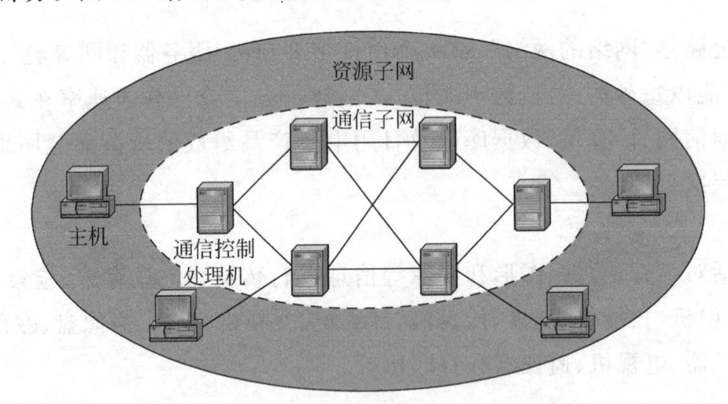

图1.5 典型的计算机网络的基本结构

1. 通信子网

通信子网由通信控制处理机(Central Processing Processor,CPP)、通信线路与其他通信设备组成，负责完成网络数据传输、转发等通信处理任务。

通信控制处理机在网络拓扑结构中被称为网络节点。它一方面作为与资源子网的主机、终端连接的接口，将主机和终端连入网内；另一方面它又作为通信子网中分组存储转发的节点，完成分组的接收、校验、存储和转发等功能，实现将源主机报文准确发送到目的主机

的功能。目前通信控制处理机一般为路由器和交换机。

通信线路为通信控制处理机与通信控制处理机、通信控制处理机与主机之间提供通信信道。计算机网络采用了多种通信线路,如电话线、双绞线、同轴电缆、光缆、无线通信信道、微波与卫星通信信道等。

2. 资源子网

资源子网由主机系统、终端、终端控制器、联网外部设备(简称外设)、各种软件资源与信息资源组成。资源子网实现全网的面向应用的数据处理和网络资源共享,它由各种硬件和软件组成。

(1) 主机系统(host)。它是资源子网的主要组成单元,装有本地操作系统、网络操作系统、数据库、用户应用系统等软件。它通过高速通信线路与通信子网的通信控制处理机相连接。早期的普通用户终端一般通过主机系统连入网内,而主机系统主要是指大型机、中型机与小型机。

(2) 终端。它是用户访问网络的界面。终端可以是简单的输入输出终端,也可以是带有微处理器的智能终端。智能终端有 CPU,除具有输入输出信息的功能外,还具有存储与处理信息的能力。终端可以通过主机系统连入网内,也可以通过集线器或交换机等连入网内。

(3) 网络操作系统。它是建立在各主机操作系统之上的一个操作系统,用于实现不同主机之间的用户通信,以及全网硬件和软件资源的共享,并向用户提供统一的、方便的网络接口,便于用户使用网络。

(4) 网络数据库。它是建立在网络操作系统之上的一种数据库系统,可以集中驻留在一台主机上(集中式网络数据库系统),也可以分布在每台主机上(分布式网络数据库系统),它向网络用户提供存取、修改网络数据库的服务,以实现网络数据库的共享。

(5) 应用系统。它是建立在上述软、硬件基础之上的具体应用,以实现用户的需求。

如图 1.6 表示了主机操作系统、网络操作系统、网络数据库系统和应用系统之间的层次关系。图中 UNIX、Windows 为主机操作系统,NOS 为网络操作系统,NDBS 为网络数据库系统,AS 为应用系统。

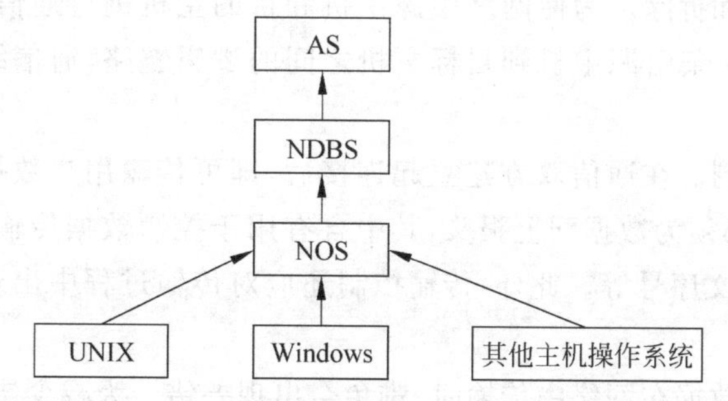

图 1.6 主机操作系统、网络操作系统、网络数据库系统和应用系统之间的关系

3. 现代网络结构的特点

在现代的广域网结构中,随着使用主机系统用户的减少,资源子网的概念已经有了变化。目前,通信子网由交换设备与通信线路组成,它负责完成网络中数据传输与转发任务。

交换设备主要为路由器与交换机。随着微型计算机的广泛应用，连入局域网的微型计算机数目日益增多，它们一般通过路由器将局域网与广域网相连接。前面图 1.3 表示的是目前常见的计算机网络的结构示意图。

另外，从组网的层次角度看网络的组成结构，也不一定是一种简单的平面结构，而可能变成一种分层的立体结构。图 1.7 是一个典型的 3 层网络结构，其最上层称为核心层，中间层称为分布层，最下层称为访问层，为最终用户接入网络提供接口。

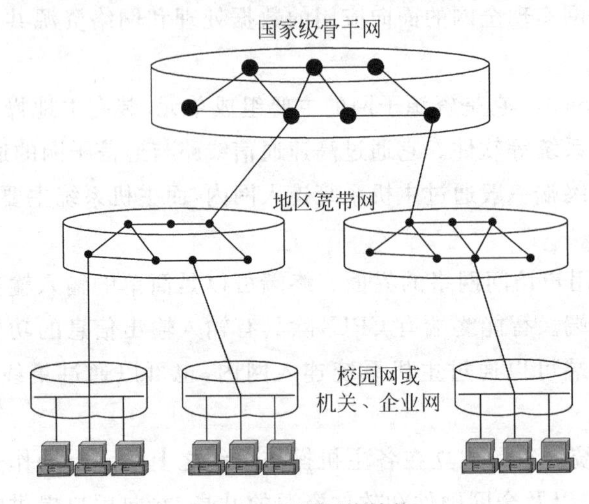

图 1.7　3 层网络结构

1.2.2　计算机网络的功能

计算机网络的主要目标是实现资源共享，其主要功能如下。

1. 数据通信

该功能用于实现计算机与终端、计算机与计算机之间的数据传输，这是计算机网络最基本的功能，也是实现其他功能的基础。为实现数据传输，数据通信功能包含以下 6 项具体内容。

(1) 连接的建立和拆除。为使网络中源主机和目的主机进行通信，通常应先在它们之间建立连接，即建立一条由源主机到目标主机之间的逻辑链路，通信结束时拆除已建立的连接。

(2) 数据传输控制。在通信双方建立起连接后，即可传输用户数据。为使用户数据能在网络中正确传输，必须为数据配上报头，其中含有用于控制数据传输的信息，如目的主机地址、源主机地址、报文序号等。此外，传输控制还应对传输过程中出现的异常情况进行及时处理。

(3) 差错检测。数据在网络中传输时，难免会出现差错。为减少错误，网络中必须具有差错控制设施，既可检错，又可纠错。

(4) 流量控制。数据在网络中传输时，应控制源主机发送数据流的速率，使之与目的主机接收数据流的速度相匹配，以保证目的主机能及时接收和处理所接收的数据流。否则，可能使接收方缓冲区中的数据溢出而丢失，严重时可能导致网络拥挤和死锁。

(5) 路由选择。公共数据网中,由源站到目的站通常都有多条路径。路由选择指按一定策略,如传输路径最短、传输时延最小或传输费用最低等为被传输的报文选择一条最佳传输路径。

(6) 多路复用。为提高传输线路利用率,通常都采用多路复用技术,即将一条物理链路虚拟为多条虚链路,使一条物理链路能为多个"用户对"同时提供信息传输功能。

上述主要内容将在第 2 章中详细讨论。

2. 资源共享

计算机网络中的资源可分为数据、软件、硬件 3 类。相应地,资源共享也可分为以下 3 类。

(1) 数据共享。当今数据资源的重要性越来越大,在计算机网络中的计算机普遍建有各类专门数据库,如科技文献数据库、机械制造技术和产品数据库等,可提供给全国乃至全世界的网络用户使用。

(2) 软件共享。通过计算机网络,可实现各种操作系统及其应用软件、工具软件、数据库管理软件和各种 Internet 信息服务的共享等。共享软件允许多个用户同时调用服务器中的各种软件资源,并能保持数据的完整性和一致性。用户可以通过客户机/服务器(C/S)或浏览器/服务器(B/S)模式,使用各种类型的网络应用软件,共享远程服务器上的软件资源。

(3) 硬件共享。为发挥巨型机和特殊外围设备的作用,并满足用户要求,计算机网络也应具有硬件资源共享的功能。例如,某计算机系统 A 由于无某种特殊外围设备而无法处理某些复杂问题时,它可将处理问题的有关数据连同有关软件,一起传送至拥有这种特殊外围设备的系统 B,由 B 利用该硬件对数据进行处理,处理完成后再把有关软件及结果返回 A。此外,用户可共享网络打印机、共享磁盘、共享 CPU 等。

3. 负荷均衡和分布处理

(1) 负荷均衡。负荷均衡是指网络中的工作负荷均匀地分配给网络中的各计算机系统。当网络上某台主机的负载过重时,通过网络和一些应用程序的控制和管理,可以将任务交给网上其他的计算机去处理,由多台计算机共同完成,起到均衡负荷的作用,以减少延迟,提高效率,充分发挥网络系统上各主机的作用。

(2) 分布处理。分布处理对一个作业的处理可分为 3 个阶段:提供作业文件,对作业进行加工处理,把处理结果输出。在单机环境下,上述 3 步都在本地计算机系统中进行。在网络环境下,根据分布处理的需求,可将作业分配给其他计算机系统进行处理,以提高系统的处理能力,高效地完成一些大型应用系统的程序计算以及大型数据库的访问等。

4. 提高系统的安全可靠性

可靠性对于军事、金融和工业过程控制等部门的应用特别重要。计算机通过网络中的冗余部件可大大提高可靠性,例如在工作过程中,一台机器出了故障,可以使用网络中的另一台机器;网络中一条通信线路出了故障,可以取道另一条线路,从而提高了网络整体系统的可靠性。

1.3 计算机网络的类型

为了对计算机网络有更进一步的认识，可以从不同的角度对计算机网络进行分类，如从网络拓扑结构、网络控制方式、网络作用范围、通信传输方式、网络配置、使用范围、物理通信媒体、通信速率、数据交换方式、传输信号类型和网络操作系统等方面进行分类。

1.3.1 按网络拓扑结构分类

拓扑结构一般指点和线的几何排列或组成的几何图形。计算机网络的拓扑结构是指一个网络的通信链路和节点的几何排列或物理布局图形。链路是网络中相邻两个节点之间的物理通路，节点指计算机和有关的网络设备，甚至指一个网络，这是抽象原理的应用。按拓扑结构，计算机网络可分为以下 5 类。

1. 星形网络

星形拓扑是由中央节点为中心与各节点连接组成的，多节点与中央节点通过点到点的方式连接。其拓扑结构如图 1.8(a)所示，中央节点执行集中式控制策略，因此中央节点相当复杂，负担要比其他各节点重得多。现有的数据处理和语音通信的信息网大多采用星形网络。目前流行的专用小交换机 PBX(Private Branch Exchange)，即电话交换机就是星形网络结构的典型实例。

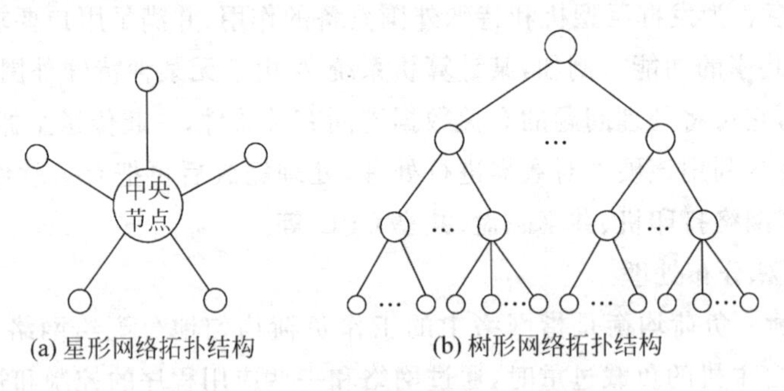

图 1.8 星形和树形网络拓扑结构

在星形网络中任何两个节点要进行通信都必须经过中央节点。因此，中央节点的主要功能有 3 项：当要求通信的站点发出请求后，中央节点的控制器要检查中央节点是否有空闲的通路，被叫设备是否空闲，从而决定是否能建立双方的物理连接；在两台设备通信过程中要维持这一通路；当通信完成或者不成功要求拆线时，中央节点应能拆除上述通道。

由于中央节点要与多机连接，线路较多，为便于集中连线，目前多采用集线器(hub)或交换机(switch)作为中央节点。hub 工作在 OSI/RM 的第一层，是一种物理层的连接设备，主要起信号的再生转发功能，通常有 8 个以上的连接端口。每个端口之间电路相互独立，某一端口的故障不会影响其他端口状态，可以同时连接粗缆、细缆和双绞线。交换机工作在 OSI/RM 的第二层，功能比集线器更强。星形网络是目前广泛使用的局域网之一。

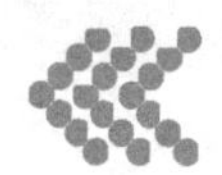

星形网络的特点是：网络结构简单，便于管理；控制简单，建网容易；网络延迟时间较短，误码率较低；网络线路共享能力差；线路利用率不高；中央节点负荷较重。

2. 树形网络

在实际建造一个大型网络时，往往是采用多级星形网络，即将多级星形网络按层次方式排列而形成树形网络，其拓扑结构如图 1.8(b)所示。由图可见，树形拓扑以其独特的特点而与众不同：具有层次结构。中国传统的电话网络即采用树形结构，其由 5 级星形网构成。著名的因特网(Internet)从整体上看也采用树形结构。位于树形结构不同层次的节点具有不同的地位，而且节点既可以是一台机器，也可以是一个网络。在 Internet 中，树根对应于最高层 APRANET 主干或 NSFNET 主干，这是一个贯穿全美的广域网。中间节点对应于自治系统(autonomous system)，一组自治管理的网络。叶节点对应于最低层的局域网。不同层次的网络管理、信息交换等可能不尽相同。

图 1.9 给出了某大学校园网主校区网络的拓扑结构示意图，其为典型的树形网络。

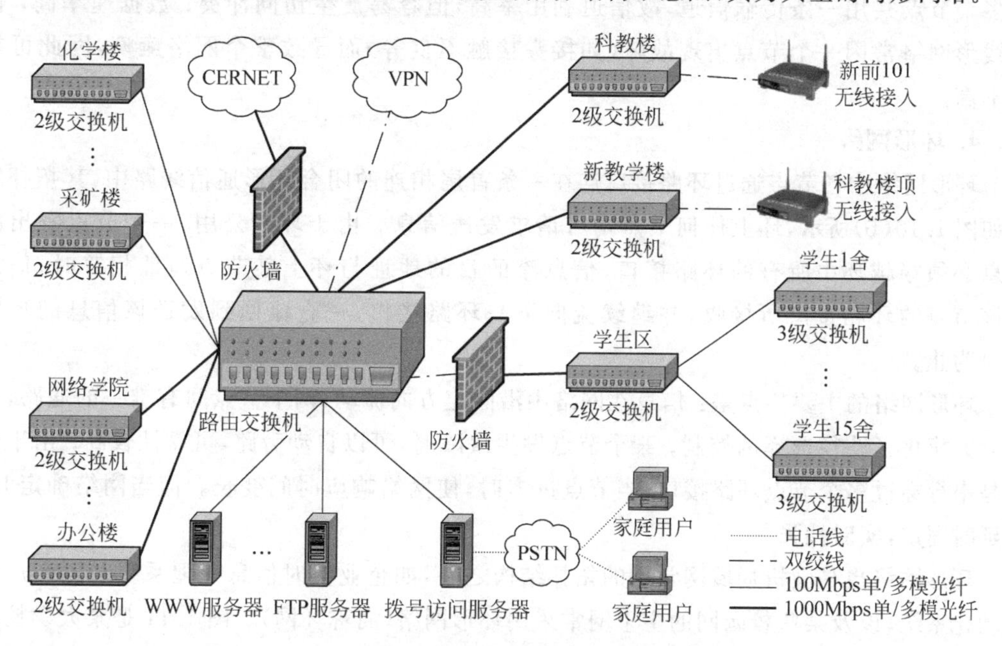

图 1.9 某大学校园网主校区网络拓扑结构示意图

树形网络的主要特点是结构比较简单，成本低。在网络中，任意两个节点之间没有回路，每个链路都支持双向传输。网络中节点扩充方便灵活，寻找链路路径比较方便。但在这种网络系统中，除叶节点及其相连的链路外，任何一个节点或链路产生的故障都会影响整个网络。树形拓扑结构是目前企、事业单位局域网中应用最广泛的拓扑结构。

3. 总线形网络

由一条高速公用总线连接若干个节点所形成的网络即为总线形网络，其拓扑结构如图 1.10(a)所示。

其中一个节点是网络服务器，它提供网络通信及资源共享服务，其他节点是网络工作站，即用户计算机。总线形网络采用广播通信方式，即由一个节点发出的信息可被网

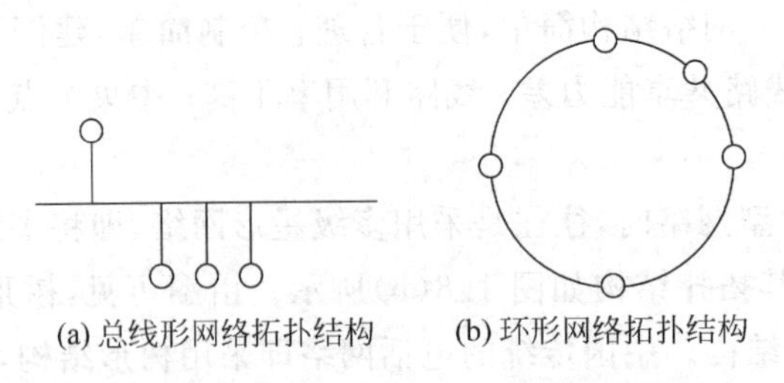

图 1.10　总线形和环形网络拓扑结构

络上的任一个节点所接收。由于多个节点连接到一条公用总线上，容易产生访问冲突。因此，必须采取某种介质访问控制方法来分配信道，以保证在一段时间内，只允许一个节点传送信息。

总线形网络的特点主要是结构简单灵活，便于扩充，是一种很容易建造的网络。由于多个节点共用一条传输信道，故信道利用率高，但容易产生访问冲突；数据速率高；但总线形网络常因一个节点出现故障(如接头接触不良等)而导致整个网络瘫痪，因此可靠性不高。

4. 环形网络

环形网络中各节点通过环路接口连在一条首尾相连的闭合环形通信线路中，其拓扑结构如图 1.10(b)所示，环上任何节点均可请求发送信息。由于环线公用，一个节点发出的信息必须穿越环中所有的环路接口，信息流的目的地址与环上某节点地址相符时，信息被该节点的环路接口所接收，并继续流向下一环路接口，一直流回到发送该信息的环路接口为止。

环形网络的主要特点是：信息在网络中沿固定方向流动，两个节点间有唯一的通路，因而大大简化了路径选择的控制；某个节点发生故障时，可以自动旁路，可靠性较高；由于信息是串行穿过多个节点环路接口，当节点过多时，使网络响应时间变长。但当网络确定时，其延时固定，实时性强。

环形网络也是微机局域网常用的拓扑结构之一，如企业实时信息处理系统和生产过程自动化系统，以及某些校园网的主干网常采用环形网络(简称环网)。图 1.11 是某大学校园网的主干网，其 3 个校区通过路由交换机以环形网络的形式连接起来。

5. 网状形网络

网状形网络拓扑结构如图 1.12 所示，其为分组交换网示意图。该图中虚线以内部分为通信子网，每个节点上的计算机称为节点交换机，图中虚线以外的计算机(Host)和终端设备统称为数据处理子网或资源子网。

网状形网络是广域网中最常采用的一种网络形式，是典型的点到点结构。当然点到点信道可能会浪费一些信道带宽，但正是用带宽换取了信道访问控制的简化。在长距离信道上一旦发生信道访问冲突，控制起来是相当困难的。而在这种点到点的拓扑结构中，没有信道竞争，几乎不存在信道访问控制问题。除了网状形网络采用点到点的结构外，上面介绍的星形网络、某些环网，尤其是广域环网，如图 1.11 所示，也采用点到点的结构。在树形网络中，如果每一个节点都是一台机器，则上下层节点之间的信道也采用点到点的结构。总线形

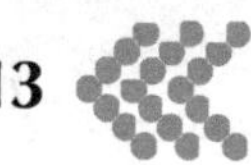

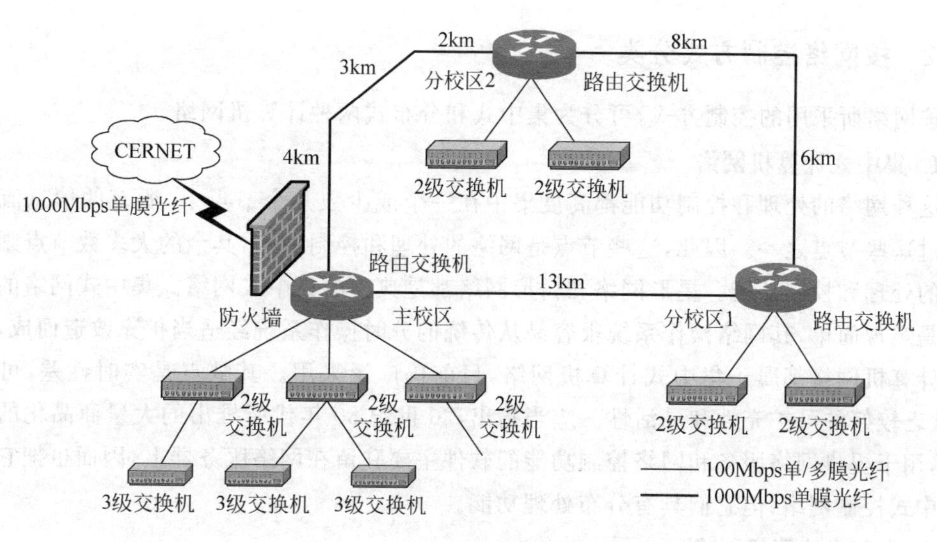

图 1.11 某大学校园网的主干网

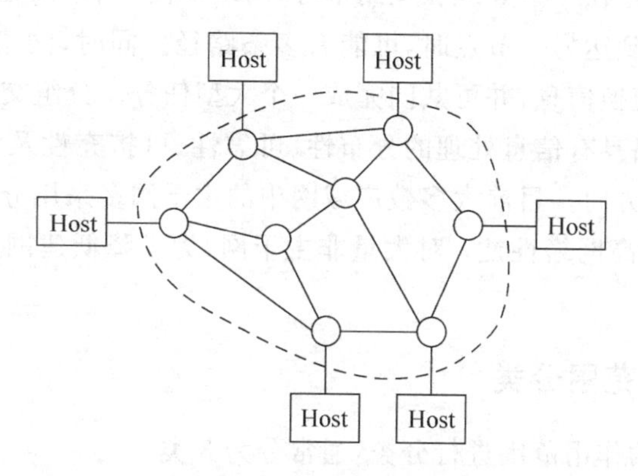

图 1.12 网状形网络拓扑结构

网络、局域环网是广播形结构，即网中所有主机共享一条信道，某主机发出的数据，所有其他主机都可能收到。在广播信道中，由于信道共享而引起信道访问冲突，因此信道访问控制是首先要解决的问题。

网状形网络的主要特点是：网络可靠性高，一般通信子网任意两个节点交换机之间，存在着两条或两条以上的通信路径。这样，当一条路径发生故障时，还可以通过另一条路径把信息送到节点交换机。另外，可扩充性好，该网络无论是增加新功能，还是要将另一台新的计算机入网，以形成更大或更新的网络时，都比较方便；网络可建成各种形状，采用多种通信信道，多种数据速率。

以上介绍了5种基本的网络拓扑结构，事实上以此为基础，还可构造出一些复合型的网络拓扑结构。例如，中国教育科研计算机网络（CERNET）可认为是网状形网络、树形网络和环形网络的复合。其主干网为网状形结构，连接的每一所大学大多是树形结构或环形结构。

1.3.2 按网络控制方式分类

按网络所采用的控制方式，可分为集中式和分布式两种计算机网络。

1. 集中式计算机网络

这种网络的处理和控制功能都高度集中在一个或少数几个节点上，所有的信息流都必须经过这些节点之一。因此，这些节点是网络的处理和控制中心，其余的大多数节点则只有较少的处理和控制功能。星形网络和树形网络都是典型的集中式网络。集中式网络的主要优点是实现简单，其网络操作系统很容易从传统的分时操作系统经适当扩充改造而成，故早期的计算机网络都属于集中式计算机网络，目前仍广泛采用。其缺点是实时性差，可靠性低，缺乏较好的可扩充性和灵活性。应当指出，20 世纪 80 年代所推出的大量商品化的局域网中，用于提供网络服务和网络控制功能的软件主要驻留在网络服务器上，因而也把它们归于集中式控制网络，但它们具有分布处理功能。

2. 分布式计算机网络

在这种网络中，不存在一个处理和控制中心，网络中任一节点都至少和另外两个节点相连接，信息从一个节点到达另一节点时，可能有多条路径。同时，网络中各个节点均以平等地位相互协调工作和交换信息，并可共同完成一个大型任务。分组交换网、网状形网络属于分布式网络。这种网络具有信息处理的分布性、可靠性、可扩充性及灵活性等一系列优点。因此，它是网络发展的方向。目前大多数广域网中的主干网多采用分布式控制方式，并采用较高的通信速率，以提高网络性能；对大量非主干网，为了降低建网成本，则仍采取集中控制方式。

1.3.3 按网络作用范围分类

有时需要按网络的作用范围进行分类，通常分为 3 类。

1. 局域网

局域网(Local Area Network，LAN)分布范围小，一般直径小于 10km，是最常见的计算机网络。由于局域网分布范围小，一方面容易管理与配置，另一方面容易构成简洁规整的拓扑结构。加上速度快，延迟小等特点，使之得到了广泛应用。一般企业内部网、校园网等都是典型的局域网。

2. 广域网

广域网(Wide Area Network，WAN)有时又称远程网，其分布范围广，网络本身不具备规则的拓扑结构。由于速度慢，延迟大，入网站点无法参与网络管理，所以，它要包含复杂的互联设备，如交换机、路由器等，由它们负责重要的管理工作，而入网站点只管收发数据。

由上可见，广域网与局域网除在分布范围上的区别外，局域网一般不具有像路由器那样的专用设备，不存在路由选择问题；局域网有规则的拓扑结构，广域网则没有。广域网采用点到点的传输方式，并且几乎都使用存储转发技术。

中国公用分组交换网(CHINAPAC)，中国公用数字数据网(CHINADDN)，国家公用信息通信网，又名金桥网(CHINAGBN)，中国教育科研计算机网(CERNET)以及覆盖全球的 Internet 均是广域网。

3. 城域网

城域网(Metropolitan Area Network,MAN)规模局限在一座城市的范围之内,辐射的地理范围从几十千米至数百千米。城域网基本上是局域网的延伸,像是一个大型的局域网,通常使用与局域网相似的技术,但是在传输介质和布线结构方面牵涉范围较广。例如,涉及到大型企业、机关、公司以及社会服务部门的计算机联网需求,以及实现大量用户的多媒体信息,如声音方面包含语音和音乐,图形方面包含动画和视频图像,文字方面包含电子邮件及超文本网页等。城域网列为单独一类,主要是因为有了一个可实施的标准,即一般采用IEEE 802.6标准委员会提出的分布队列双总线(Distrbuted Queue Dual Bus,DQDB)、光纤分布式数据接口,以及交换多兆位数据服务作为主要的协议标准与技术规范。关键技术是使用了一条或两条单向总线电缆,把所有的计算机都连接在上面。每条总线都有一个启动传输活动的设备作为顶端器(head-end),一般不包含交换单元。城域网介于广域网和局域网之间,它采用LAN技术。

多年来局域网和广域网一直是网络的热点,城域网近年来正在兴起。局域网是组成其他两种类型网络的基础,城域网一般都连入了广域网。每个主机都被连接到一个带有路由器的局域网上,或直接连接到路由器上。

1.3.4 按通信传输方式分类

如前所述,计算机网络常见的拓扑结构有总线、星形、树形、环形和网状形5类。不同的拓扑结构其信道访问技术、性能、设备开销等各不相同,分别适用于不同的场合。尽管不同的信道拓扑结构差别明显,但总结起来可以分为两类:点到点(point-to-point)信道和广播(broadcasting)信道,信息只可能沿着其中一种信道传播。因此,按通信传播方式可将计算机网络分为两类。

1. 点到点传播形网

网络中的每两台主机、两台节点交换机之间或主机与节点交换机之间都存在一条物理信道,机器(包括主机和节点交换机)沿某信道发送的数据确定无疑地只有信道另一端的唯一一台机器能收到。在这种点到点的拓扑结构中,没有信道竞争,几乎不存在访问控制问题。绝大多数广域网都采用点到点的拓扑结构,网状形网络是典型的点到点拓扑结构。此外,星形结构、树形结构,某些环网,尤其是广域环网,也是点到点的拓扑结构。

点到点信道无疑要浪费一些带宽,但广域网之所以都采用点到点信道,正是用带宽来换取信道访问控制的简化,以防止发生访问冲突。在长距离信道上一旦发生信道访问冲突,控制起来将十分困难。

2. 广播形网

在广播形结构中,所有主机共享一条信道,某主机发出的数据,其他主机都能收到。在广播信道中,由于信道共享而引起信道访问冲突,因此信道访问控制是要解决的关键问题。广播形结构主要用于局域网,不同的局域网技术可以说是不同的信道访问控制技术。广播形网的典型代表是总线网,局域环网、微波、卫星通信网也是广播形网。局域网线路短,传输延迟小,信道访问控制相对容易,因此宁愿以额外的控制开销换取信道的利用率,从而降低整个网络成本。

1.3.5 按网络配置分类

这主要是对客户机/服务器模式的网络进行分类。在这类系统中,根据互联计算机在网络中的作用可分为服务器和工作站两类。于是,按配置的不同,可把网络分为同类网、单服务器网和混合网。几乎所有这种模式的网络都是这 3 种网中的一种。

网络中的服务器是指向其他计算机提供服务的计算机,如文件服务器、Web 服务器、E-mail 服务器等。工作站是请求和接收服务器提供服务的计算机。

1. 同类网

如果在网络系统中,每台机器既是服务器,又是工作站,则这个网络系统就是同类网,也称对等网络(Peer-to-Peer network,P2P)。在同类网中,每台计算机都可以共享其他任何计算机的资源。

P2P 技术是近年被业界广泛重视并迅速发展的一项技术,它是现代网络技术和分布式计算技术相结合的产物,是一种网络结构的思想,与目前网络中占据主导地位的客户机/服务器(C/S)结构的一个本质区别,是网络结构中不再有中心节点,所有用户都是平等的伙伴。

目前,P2P 技术的应用非常广泛,主要有以下几个方面。

1) 对等计算

对等计算研究的是如何充分把网络中多台计算机暂时不用的计算能力结合起来,使用积累的能力执行超级计算机的任务。这方面的例子主要有美国柏克莱大学的 SET@home,据说在不到两年的时间里,已经完成了单台计算机 345 000 年的计算量。

2) 搜索引擎

P2P 技术使用户能够深度搜索文档,而且无需通过 Web 服务器,也可以不受信息文档格式和宿主设备的限制,目前 Infrasearch 和 Google 都已投入到开发 P2P 搜索引擎的研究队伍当中。

3) 随时沟通

P2P 技术允许用户互相沟通、交换信息和文件,Google 的 Gtalk、微软的 MSN 就是目前最流行的应用。

另外比较重要的还有比特流(Bit Torrent,BT)下载,电驴(eMule)以及 Napster 的 P2P 文件共享技术。

但是在看到 P2P 优势及广阔前景的同时,也应注意 P2P 所带来的问题。在 P2P 环境下,方便的共享和快速的选路机制,常为某些网络病毒提供了更好的入侵机会。而且很多在 P2P 网络上共享的文件是流行音乐和电影,但很多时候共享这些副本是非法的,常常引起版权纠纷。

2. 单服务器网

单服务器网指只有一台机器作为整个网络的服务器,其他机器全部都是工作站。在这种网络中,每个工作站在网中的地位是一样的,并都可以通过服务器享用全网的资源。

3. 混合网

如果网络中的服务器不止一个,同时又不是每个工作站都可以当做服务器来使用,那么这个网就是混合网。混合网与单服务器网的差别在于网中不仅仅是只有一个服务器,而且每个工作站不能既是服务器又是工作站。

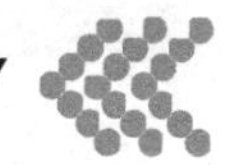

由于混合网中服务器不止一个，因此它避免了在单服务器网上工作的各工作站完全依赖于一个服务器。当服务器发生故障时，全网都处于瘫痪状态。所以，对于一些大型的、信息处理工作繁忙的和重要的网络系统，最好采用混合网系统。

1.3.6 按使用范围分类

按网络使用范围，可分为公用网和专用网。

1. 公用网

公用网是由政府出资建设，由电信部门统一进行管理和控制的网络。它由若干公用交换机互联组成，主要用于连接各专用网，但也可连接端点用户设备。公用网一般以光纤作为传输链路，“七五”期间，我国在公用网中敷设的光缆就达8000km，其中一、二级干线分别达1000km和2500km。公用网络中的传输和交换装置可以租给按电信部门规定缴纳费用的任何机构部门使用，如中国分组交换网(CHINAPAC)，公用数字数据网(CHINADDN)等，部门的局域网就可以通过公用网连接到广域网上，从而利用公用网提供的数据通信服务设施来实现本行业的业务及信息的扩展。公用网又分为公用电话网(PSTN)、公用数据网(PDN)、数字数据网(DDN)和综合业务数据网(ISDN)等类型。

2. 专用网

专用网是由某个部门或企、事业单位自行组建，不允许其他部门或单位使用。如中国金融信息网、邮政绿网等。专用网也可以租用电信部门的传输线路。专用网络根据网络环境又可细分为部门网络、企业网络和校园网络3种。

(1) 部门网络(department network)。部门网络又称为工作组级网络，它是局限于一个部门的局域网，一般供一个分公司、处(科)或课题组使用。这种网络通常由若干个工作站点、数个服务器和共享打印机组成。部门网络规模较小且技术成熟，管理简单。在大型企业和校园中，通常包含多个部门网络，并通过交换机等互联。部门网络和部门网络之间遵循80/20原则：部门网络中的信息业务流局限于部门内部流动的约占80%，而部门之间的业务流约占20%。

(2) 企业网络(enterprise-wide network)。企业网络通常由2级网络构成，高层为用于互联企业内部各个部门网络的主干网，而低层则是各个部门或分支机构的部门网络。中型企业通常位于一幢大楼或一个建筑群中，而大型企业往往由分布在不同城市的分公司或分厂组成。所以企业网络不仅规模大，而且还可能具有多种类型的网络，品种繁多的网络硬件设备和网络软件。企业主干网中关键部件多采用容错技术。企业网络还必须配备经验丰富的专职网络管理人员。

(3) 校园网络(campus network)。校园网络通常也是2级网络形式。它利用主干网络将院系、办公、行政、后勤、图书馆和师生宿舍等多个局域网连接起来。大部分校园网都有一个网络中心负责管理与运行维护。中国绝大部分高等院校都已建成了各自的校园网，通过“校校通”工程的实施，将会促进中国教育科研信息网络(CERNET)的进一步完善。

1.3.7 其他分类方式

除了上述分类方法外，还可以采用下述分类方式。

(1) 按网络传输信息采用的物理信道来分类，可分为有线网络和无线网络，而且两者还可细分。

(2) 按通信速率来分类,可分为低速网络(数据速率在1.5Mbps以下的网络系统)、中速网络(数据速率在1.5~50Mbps的网络系统)、高速网络(数据速率在50Mbps以上的网络系统)。

(3) 按数据交换方式分类,可分为线路交换网络、报文交换网络、分组交换网络、ATM网络等。

(4) 按传输的信号分类,可分为数字网和模拟网。

(5) 按采用的网络操作系统分类,可分为Novell网、Windows NT网、Windows 2000 Server网、UNIX网和Linux网等。

1.4 计算机网络的发展趋势

人们常用C&C(Computer and Communication)来描述计算机网络,但从系统的观点看,这还很不够。固然计算机和通信系统是计算机网络中非常重要的基本要素,但计算机网络并不是计算机和通信系统的简单结合,也不是计算机或通信系统的简单扩展或延伸,而是融合了信息采集、存储、传输、处理和利用等一切先进信息技术,是具有新功能的新系统。因此,对于现代计算机网络的研究和分析,应该特别强调"计算机网络是系统"的观点。只有站在一定的高度来认识计算机网络系统的结构、性能以及网络工程技术和网络实际应用中的重要问题,才有可能把握计算机网络的发展趋势。下面仅从计算机网络的研究热点、计算机网络的支撑技术、计算机网络的关键技术、计算机网络系统以及计算机网络应用等方面来展望计算机网络的发展趋势。

1. 计算机网络的研究热点

计算机通信网将是一个包括地下的光缆、地面的微波和蜂窝移动通信,地面以上数百至数千千米的低轨道卫星通信,10 000km左右的中轨道卫星通信,以及36 000km高的静止轨道通信卫星系统组成的一个混合系统。在这样一个复杂系统的支持下,以下7个方面将成为计算机网络的研究热点。

1) 下一代Web研究

下一代的Web研究涉及4个重要方向:语义互联网、Web服务、Web数据管理和网格。语义互联网是对当前Web的一种扩展,其目标是通过使用本体和标准化语言,如XML,RDF(Resource Description Framework)和DAML(DARPA Agent Markup Language),使Web资源的内容能被机器理解,为用户提供智能索引,基于语义内容检索和知识管理等服务。Web服务的目标是基于现有的Web标准,如XML,SOAP(Simple Object Access Protocol),WSDL(Web Services Description Language)和UDDI(Universal Description, Discovery and Integration),为用户提供开发配置、交互和管理全球分布的电子资源的开放平台。Web数据管理是建立在广义数据库理解的基础上,在Web环境下,实现对信息方便而准确的查询与发布,以及对复杂信息的有效组织与集成。从技术上讲,Web数据管理融合了WWW技术、数据库技术、信息检索技术、移动计算技术、多媒体技术以及数据挖掘技术,是一门综合性很强的新兴研究领域。网格计算初期主要集中在高性能科学计算领域,提升计算能力,并不关心资源的语义,故不能有效的管理知识,但目前网格已从计算网络发展成为面向服务的网格,语义就成为提供有效服务的主要依据。

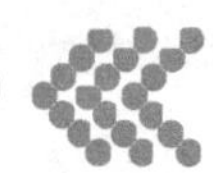

2）网络计算

网络已经渗透到我们工作和生活中的每个角落，Internet将遍布世界的大型和小型网络连接在一起，使它日益成为企事业单位、个人日常活动不可缺少的工具。Internet上汇集了大量的数据资源、软件资源和计算资源，各种数字化设备和控制系统共同构成了生产、传播和使用知识的重要载体。信息处理也已步入网络计算(network computing)的时代。

目前，网络计算还处于发展阶段。网络计算有4种典型的形式：企业计算、网格计算(grid computing)、对等计算(Peer-to-Peer Computing，P2P)和普适计算(ubiquitous computing)。其中P2P与分布式已成为当今计算机网络发展的两大主流，通过分布式，将分布在世界各地的计算机联系起来；通过P2P又使通过分布式联系起来的计算机可以方便的相互访问，这样就充分利用了所有的计算资源。并且网络计算的主要实现技术也已从底层的套接字(socket)、远程过程调用(Remote Procedure Call，RPC)，发展到如今的中间件(middleware)技术。

3）业务综合化

所谓业务综合化，是指计算机网络不仅可以提供数据通信和数据处理业务，而且还可提供声音、图形、图像等通信和处理业务。业务综合化要求网络支持所有的不同类型和不同速率的业务，如语音、传真等窄带业务；广播电视，高清晰度电视等分配型宽带业务；可视电话、交互式电视、视频会议等交互型宽带业务；高速数据传输等突发型宽带业务等。为了满足这些要求，计算机网络需要有很高的速度和很宽的频带。例如，一幅640×480中分辨度的彩色图像的数据量为每帧7.37Mb。即便每秒传输一帧这样的图像，则网络传输率也要大于7.37Mbps方可，假如要求实现图像的动态实时传输，网络传输速率还应增加10倍。

业务综合化带来多媒体网络。一般认为凡能实现多媒体通信和多媒体资源共享的计算机网络，都可称为多媒体计算机网。它可以是局域网、城域网或广域网。多媒体通信是指在一次通信过程中所交换的信息媒体不止一种，而是多种信息媒体的综合体。所以，多媒体通信技术是指对多媒体信息进行表示、存储、检索和传输的技术。它可以使计算机的交互性、通信的分布性、电视的真实性融为一体。

4）移动通信

便携式智能终端(Personal Communication System，PCS)可以使用无线技术，在任何地方以各种速率与网络保持联络。用户利用PCS进行个人通信，可在任何地方接收到发给自己的呼叫。PCS系统可以支持语音、数据和报文等各种业务。PCS网络和无线技术将大大改进人们的移动通信水平，成为未来信息高速公路的重要组成部分。

随着增加频谱、采用数字调制、改进编码技术和建立微小区和宏小区等措施，在未来10年里，无线系统的容量将增加1000倍以上。而且系统的容量通过动态信道分配技术将得到进一步的增长。利用自适应无线技术，将由电子信息组成的无线电波信号发送到接收方，并将其他的干扰波束清除，从而可降低干扰，提高系统的容量和质量。

第一代无线业务分为两类：一类是蜂窝/PCS广域网，它提供语音业务，工作在窄带，服务区被分为宏小区；第二类是无线局域网，工作于更宽的带宽，提供本地的数据业务。新一代的无线业务将包括新的移动通信系统和宽带信道速率(64Kps～2Mbps)在微小区之间进行的固定无线接入业务。

5）网络安全与管理

当前网络与信息安全受到严重威胁，一方面是由于Internet的开放性和安全性不足，另一方面是由于众多的攻击手段出现，诸如病毒、陷门、隐通道、拒绝服务、侦听、欺骗、口令攻击、路由攻击、中继攻击和会话窃取攻击等。以破坏系统为目标的系统犯罪，以窃取、篡改信息和传播非法信息为目标的信息犯罪，对国家的政治、军事、经济和文化都会造成严重的损害。为了保证网络系统的安全，需要有完整的安全保障体系和完善的网络管理机制，使其具有保护功能、检测手段、攻击的反应以及事故恢复功能。

计算机网络从20世纪60年代末、20世纪70年代初的实验性网络研究，经过20世纪70年代中后期的集中式和封闭式网络应用，到20世纪80年代中后期的局部开放应用，一直发展到20世纪90年代的开放式大规模推广，如今已渗透到社会的各个领域，它对于其他学科的发展具有使能和支撑作用。目前，关于下一代计算机网络（Next Generation Network，NGN）的研究已在全面展开，计算机网络正面临着新一轮的理论研究和技术开发的热潮，计算机网络继续朝着开放、集成、高性能和智能化的方向发展，将是不可逆转的大趋势。

6）三网融合

随着网络的发展和人们对通信业务需求的不断提升，语音、传真、文本、图像、视频等多媒体网络承载业务得到迅猛的发展。除了网络运营商提供的普遍业务之外，越来越多的专业化业务提供商需要利用自身的优势为特定用户群提供量身定做的个性化业务；同时用户可以通过业务门户进行简单的选择和配置生成个性化的业务。于是现代网络业务具有明显实时性，业务智能化和个性化要求越来越高等特点。这些都对网络的服务质量提出了很高的要求，即对带宽（Bandwidth）、延迟（Delay）、抖动（Jitter）以及丢包率（Packet Loss）等网络参数的要求越来越高。但是现有的网络并不能很好地适应这种对网络业务的需求：电话网不能有效地传输数据，更不适合传输宽带视频信号；有线电视网不适合传输数据和电话，即使在其擅长的视频应用方面，也不适合一对一、一对多及多对多的视频通信。计算机网也还不能保证电话和视频信号的实时性要求和服务质量。

以后的计算机网络是将电信网（PSTN）、计算机网（IP网）和有线电视网（CATV）融合在一起，构成可以提供现有在三种网络上提供的语音、数据、视频和各种业务的新网络。但是三网融合并不意味着三大网络的物理合一，而主要是指高层业务应用的融合。三网融合表现在技术上趋向一致，网络层上可以实现互联互通、无缝覆盖，业务层上互相渗透和交叉，应用层上趋向使用统一的IP协议，在经营上互相竞争、互相合作，朝着向人类提供多样化、多媒体化、个性化服务的目标逐渐交汇在一起。

7）网络体系结构

层次形网络体系结构是计算机网络出现以后第一个被提出并实际使用的网络体系结构。直到目前，其产生和发展的过程始终与计算机网络产生和发展的过程保持协调一致，如OSI参考模型和TCP/IP 4层参考模型都采用了层次形结构。

但是，随着计算机网络的不断发展，新增技术和应用需求层出不穷。很多网络新增功能不可能安置在某个特定层次中，而需要不同层次通过复杂机制协同完成，这样不但极易造成机制混乱，而且很难避免功能冗余，直接影响网络效率。

针对上述问题，有两种不同的解决思路：一是在原有层次形网络体系结构基础上，为各

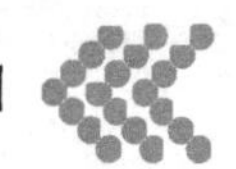

种新增协议和机制设计特别规则，使之不必受到层次化结构的约束，以满足实际应用需求；二是彻底摆脱层次的束缚，研究开发新型的非层次的网络体系结构。前者出现了模块化通信系统构架(Modular Communication System，MCS)等体系结构，它是一个抽象的系统建模框架，它甚至没有规定固定的层数和固定的面数，以方便人们利用该框架对任何网络通信系统进行建模。后者出现了基于角色的计算机网络体系结构、无层次的服务元网络体系结构等。根据已经公开的资料进行分析，基于角色的网络体系结构的理论研究在2002年已经取得了初步成果，目前正处在深入研究和构建原型网络阶段。服务元网络体系结构的第一个参考模型——微通信元系统构架正处在开发实现的过程当中。但这两种新型非层次的体系结构能否实际投入使用仍取决于后期研究和开发工作的进展情况。

总的来讲，根据应用需求修补层次形网络体系结构和研发使用非层次形的网络体系结构，是计算机网络体系结构将来的两大发展方向。

2. 计算机网络的支撑技术

从系统的观点看，计算机网络是由单个节点和连接这些节点的链路所组成。单个节点主要是连入网内的计算机以及负责通信功能的节点交换机、路由器，这些设备的物理组成主要是集成电路，而集成电路的一个重要支撑就是微电子技术。网络的另一个组成部分就是通信链路，负责所有节点间的通信，通信链路的一个重要支撑就是光电子技术。为了对计算机网络的发展有所把握，首先要对计算机网络的两个重要的支撑技术，即微电子技术和光电子技术进行简要介绍。

微电子技术的发展是信息产业发展的基础，也是驱动信息革命的基础。其发展速度可用摩尔定理来预测，即微电子芯片的计算功能每18个月提高一倍。这一发展趋势到2010年趋于成熟，那时芯片最多可包含10^{10}个元件，理论上的物理极限是每个芯片可包含10^{11}个元件。对于典型的传统逻辑电路，每个芯片可包含的元件数少于10^8～10^9个。每个芯片的实际元件数可能因经济上的限制而低于物理上的极限值。自1980年以来，微处理器的速度一直以每5年10倍的速度增长。PC的处理能力在2000年达10^3MIPS(Million Instructions Per Second)，预测在2011年可达10^5MIPS。2001年电路的线宽为0.18μm，2013年将达到0.05μm。Metcalfe定理用于预测网络性能的增长，该定理预测网络性能的增长是连到网上的PC能力的平方。这表示网络带宽的增长率是每年3倍，不久的将来会出现每秒10^{15}b的网络带宽需求。新的微电子工艺正在开发一种称为Cu(铜)的芯片技术，其具有低阻抗、低电压、高计算能力的特点。IBM研制的第一块Cu芯片，其运行频率可达到400～500MHz，包含150～200M个晶体管。另一种用紫外平面印刷技术的EUV(Extreme Ultraviolet Radiation)工艺是0.1μm的新一代芯片制造技术，目前Intel、AMD、Motorola均提供了巨额经费进行研究。Intel有望在2011年能生产每个芯片包含10^9个晶体管的产品。同时随着微电子制造技术的发展，集成系统(Integrated System，IS)技术已经渐露头角，21世纪将是IS技术真正快速发展的时期。21世纪的微电子技术将从目前的3G时代逐步发展到3T时代，集成的速度由GHz发展到THz。

驱动信息革命的另一项支撑技术是光电子技术。光电子技术是一个较为庞大的领域，可应用于信息处理的各个环节，这里讨论的是在信息传输中的光电子技术——光纤通信。评价光纤传输发展的标准是：传输的比特率和信号需要再生前可传输距离的乘积。在过去10年间，该性能每年翻一番，这种增长速度可望持续10～15年。第一代光纤传输使用

0.8μm 波长的激光器，数据速率可达 280Mbps；第二代光纤使用 1.3μm 波长的激光器和单模光纤，数据速率可达 560Mbps；第三代光纤使用单频 1.5μm 波长的激光器和单模光纤；目前使用的第四代光纤采用光放大器，数据传输率可达 10～20Gbps。光发大器的引入，给光纤传输带来了突破性的进展。而波分复用技术对于传输容量的提高有极大影响，如一个 40Gbps 的系统能在同一光纤中传送 16 种波长的信号，每一波长速率为 2.5Gbps。因为允许所有波长同时放大，所以光放大器能提供很大的容量。在单芯光纤上传输 100Gbps 含 40 种波长的商用系统已在 2000 年实现，可同时传送 100 万个语音信号和 1500 个电视频道。

3. 计算机网络的关键技术

上面已从系统物理组成的角度分析了计算机网络的发展趋势，下面再从系统的层次结构对计算机网络进行分析。计算机网络的发展方向将是 IP 技术加光网络，光网络将会演进为全光网络。从网络的服务层面上看将是一个 IP 的世界；从传送层面上看将是一个光的世界；从接入层面上看将是一个有线和无线的多元化世界。因此，从计算机网络系统的结构上看，目前比较关键的技术主要有软交换技术、IPv6 技术、光交换与智能光网络技术、宽带接入技术、3G 以上的移动通信系统技术和大容量路由器技术等。

1) 软交换技术

从广义上讲，软交换是指一种体系结构。利用该体系结构建立下一代网络框架，主要包含软交换设备、信令网关、媒体网关、应用服务器、综合接入设备等。从狭义上讲，软交换是指软交换设备，其定位是在控制层。它的核心思想是硬件软件化，通过软件的方式来实现原来交换机的控制、接续和业务处理等功能。各实体之间通过标准的协议进行连接和通信，以便于在下一代网络中更快地实现有关协议以及更方便地提供服务。

软交换技术作为业务/控制与传送/接入分离思想的体现，是下一代网络体系架构中的关键技术之一，通过使用软交换技术，把服务控制功能和网络资源控制功能与传送功能完全分开。根据新的网络功能模型分层，计算机网络将分为接入与传输层、媒体层、控制层和业务/应用层(也叫网络服务层)4 层，从而可对各种功能进行不同程度的集成。

通过软交换技术能把网络的功能层分离开，并通过各种接口规约(规程公约的简称)，使业务提供者可以非常灵活地将业务传送和控制规约结合，实现业务融合与业务转移，非常适用于不同网络并存互通的需要，也适用于从语音网向数据网和多业务多媒体网演进。引入软交换技术的切入点随运营商的侧重点而异，通常从经济效果比较突出的长途局和汇接局开始，然后再进入端局和接入网。

2) IPv6 技术

目前的互联网以 IPv4 协议为基础，还剩 14 亿个地址可以使用，可能在 2010 年左右全部耗尽。此外，IPv4 在服务质量、传送速度、安全性、管理灵活性、支持移动性与多传播等方面的内在缺陷也越来越不能满足未来发展的需要，因此使用基于 IPv6 技术的计算机网络将是不可避免的大趋势。

采用 IPv6 从根本上解决了 IPv4 存在的地址限制和更加有效地支持移动 IP，给业务实现和网络运营管理带来的好处是革命性的。如 IPv6 使地址空间从 IPv4 的 32 比特扩展到 128 比特，完全消除了互联网地址壁垒造成的网络壁垒和通信壁垒，解决了网络层端到端的寻址和呼叫，有利于运营商网络向企业网络和家庭网络的延伸；IPv6 避免了动态地址分配

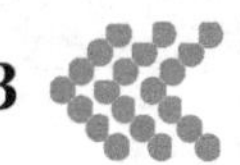

和网络地址转换(Network Address Translation,NAT)的使用,解决了网络层溯源问题,给网络安全提供了根本的解决措施,同时扫清了NAT对业务实现的障碍;IPv6协议已经内置移动IPv6协议,可以使移动终端在不改变自身IP地址的前提下实现在不同接入媒体之间的自由移动,为第三代移动通信(3rd Generation,3G)、无线局域网(Wireless Local-area Network,WLAN)、微波存取全球互通(World Interoperability for Microwave Access,WIMAX)等的无缝使用创造了条件;IPv6协议通过一系列的自动发现和自动配置功能,简化了网络节点的管理和维护,可以实现即插即用,有利于支持移动节点和大量小型家电和通信设备的应用;采用IPv6后可以开发很多新的热点应用,特别是P2P业务,例如在线聊天、在线游戏等。简言之,IPv6协议是下一代网络的基础,将使网络上升到一个新台阶,并将在发展过程中不断地完善。

3) 光交换与智能光网络技术

尽管波分复用光纤通信系统有巨大的传输容量,但它只提供了原始带宽,还需要有灵活的光网络节点实现更加有效与更加灵活的组网能力。当前组网技术正从具有上下光路复用(Optical Add/Drop Multiplexer,OADM)和光交叉连接(Optical Cross Connect,OXC)功能的光联网向由光交换机构成的智能光网络发展;从环形网向网状网发展;从光-电-光交换向全光交换发展。即在光联网中引入自动波长配置功能,也就是自动交换光网络(Automatic Switched Optical Network,ASON),使静态的光联网走向动态的光联网。其主要特点是:允许将网络资源动态的分配给路由;缩短业务层升级扩容的时间;显著增大业务层节点的业务量负荷,进行快速的业务提供和拓展;降低运营维护管理费用;具备光层的快速反应和业务恢复能力;减少了人为出错的机会;可以引入新的业务类型,例如按带宽需求分配业务,波长批发和出租,动态路由分配,光层虚拟专用网等;具有可扩展的信令能力,提高了用户的自主性;提高了网络的可扩展性和可靠性等。总之,智能光网络将成为今后光通信网的发展方向和市场机遇。

目前的自动交换光网络结构是两个功能层。其外层是电层网络,用于完成各种业务的汇聚和路由功能,内层是交换光网络(Switched Optical Network,SON),用于完成光传输和交换功能。边缘交换单元(Edge Switch,ES)位于光电二层的边界处。各种业务(如IP业务)通过标准的电层网络进入ES,ES完成业务的汇聚与基本的路由功能,确定输入的IP包转发到哪一个ES,即边缘的ES要把传输的IP包组装到目的地的ES的一个光包中。在组装过程中,IP包的等待时间是关键,光包一旦组装完成就进入交换光网络。SON把光包从源ES交换传送到目的ES,目的ES又将业务分解并分送到目的电层网络。SON中的交换单元称为核心交换单元(Core Switch,CS),它们通过WDM(Wavelength Division Multiplexing)光传送网相连接。CS在光域完成光包的交换与转发,同时还完成到WDM光链路的统计复用。为了简化光网络节点的包转发过程,ES和CS间可以采用多协议标记交换(Multi-Protocol Label Switching,MPLS)技术。

4) 宽带接入技术

计算机网络必须要有宽带接入技术的支持,各种宽带服务与应用才有可能开展。因为只有接入网的带宽瓶颈问题被解决,核心网和城域网的容量潜力才能真正发挥。尽管当前宽带接入技术有很多种,但只要是不和光纤或光结合的技术,就很难在下一代网络中应用。目前光纤到户(Fiber To The Home,FTTH)的成本已下降至每户100~200美元,即将为多数用户接受。这里涉及两个新技术，一个是基于以太网的无源光网络(Ethernet Passive Optical Network,EPON)的光纤到户技术，一个是自由空间光系统(Free Space Optical, FSO)。

EPON是把全部数据都装在以太网帧内传送的网络。EPON的基本作法是在G.983的基础上，设法保留物理层PON(Passive Optical Network)，而用以太网代替ATM(Asynchronous Transfer Mode)作为数据链路层，构成一个可以提供更大带宽，更低成本和更多、更好业务能力的结合体。现今95%的局域网都是以太网，故将以太网技术用于对IP数据最佳的接入网是非常合乎逻辑的。由EPON支持的光纤到户，正在异军突起，它能支持千兆比特的数据，并且不久的将来成本会降到与数字用户线路(Digital Subscriber Line, DSL)和光纤同轴电缆混合网(Hybrid Fiber Cable,HFC)相同的水平。

FSO技术是通过大气而不是光纤传送光信号，它是光纤通信与无线电通信的结合。FSO技术能提供接近光纤通信的速率，如可达到1Gbps，它既在无线接入带宽上有了明显的突破，又不需要在稀有资源无线电频率上有很大的投资，因为不要许可证。FSO同光纤线路相比较，其系统不仅安装简便，时间少很多，而且成本也低很多，大概是光纤到大楼成本(100 000～300 000美元)的1/3～1/10。FSO已在企业和居民区得到应用，但是和固定无线接入一样，易受环境因素干扰。

5) 3G以上的移动通信系统技术

3G系统比现用的2G和2.5G系统传输容量更大，灵活性更高，它以多媒体业务为基础，已形成很多的标准，并将引入新的商业模式。3G以上包括后3G、4G，乃至5G系统，它们将是以宽带多媒体业务为基础，使用更高更宽的频带，传输容量更上一层楼。它们可在不同的网络间无缝连接，提供满意的服务；同时网络可以自行组织，终端可以重新配置和随身携带，是一个包括卫星通信在内的端到端的IP系统，可与其他技术共享一个IP核心网。它们都是构成下一代移动互联网的基础设施。

此外3G必将与IPv6相结合。欧盟认为，IPv6是发展3G的必要工具。制定3G标准的3GPP组织于2000年5月已经决定以IPv6为基础构筑下一代移动通信网，使IPv6成为3G必须遵循的标准。

6) 大容量路由器技术

近几年来，IP应用的快速普及化和宽带化对网络的扩展性提出了严峻的挑战。大容量路由器、高速链路、大型网络负载分担技术、大规模路由技术是当前保证网络扩展性的主要技术。其中最关键的是大容量路由器技术，解决方案已经有多种，最可行的方法是采用一体化路由器结构方案，又称为路由器矩阵技术或多机箱(Multi-Chassis)组合技术。目前采用这种技术已经开发的路由器单机箱交换容量达到1.28Tbps，交换矩阵具备250%的加速比，采用多机箱组合技术后，最大交换容量理论上可以达到92Tbps，支持1152个40Gbps端口，大大减少了业务呈现点(POP)内设备间互联端口。但是这样大规模的多机箱组合技术在实践上是否经济可行还有待证明，配套的40Gbps传输系统还需要几年时间才具备规模商用的条件，现有网络的光缆线路能否支持40Gbps的传输还需要做大量的调研和改造工作。

4. 网络系统

1) 对设备规范要求更严格

为了确保网络的全程全网、提高业务的端到端支撑能力，组建网络系统时将进一步强调对设备机型种类的控制,强调在软交换引入、城域网优化等网络演进过程中对设备功能、性能及互通性等方面的要求。

2) 软交换网主导交换网

电路交换机将全面停止,转而采用软交换技术。软交换网络将以长途、固网智能化改造、企业客户综合接入、增值业务作为软交换引入的切入点,并根据业务需求逐步实现端局接入。在2008年左右,基本形成软交换网络架构。而软交换机将全面采用双归属相互备用工作方式成对设置,同一汇接区内的成对设置的中继媒体网关设备,应分别由该业务区内双归属设置的不同软交换机控制,并将对软交换机容量进一步扩充。

3) 限制建设基础数据网

基础数据网将不再扩充,除非是实际业务的需要。分组交换网络和电报网将要退出历史舞台,由软交换网取而代之。

4) 传输网将采用自动交换光网络

虽然自动交换光网络(Automatically Switched Optical Network,ASON)目前其标准化程度还不高,但却是下一代传输网的发展趋势。如为利用发挥ASON网络应有的优势,中国电信集团就准备完成体制标准制定、设备测试和现场试点等工作,然后进一步推广。

5) 接入网

近期各地将坚持"以ADSL2+为主,谨慎发展FTTx+LAN,完善WLAN热点覆盖"的原则进行宽带接入网的建设,同时积极跟踪甚高速数字用户环路2(Very-high-bit-rate Digital Subscriber loop2,VDSL2)、WiMAX、光纤到户(Fiber To The Home,FTTH)等宽带接入技术。

此外,在窄带光纤接入网络的建设过程中,考虑到网络演进的发展趋势,在新建光纤接入设备、尤其是城市地区新建光纤接入设备时,根据实际情况考虑采用软交换的接入网关设备或能够平滑升级为软交换接入网关设备的综合接入系统。

6) 通信管道

近期管道建设工作的重点是严格控制新建管道规模和投资,逐步推进管道资源的精确管理。各地将充分利用资源管理系统逐步对管道资源实施精确化管理,建立和完善管道资源资料和管孔占用情况资料,并实行动态管理。在系统数据的支撑下合理使用既有管道资源、制定管道建设计划。减少甚至杜绝乱占管孔、小对数电缆占用大口径管孔现象,提高现有管线资源的利用率。

5. 网络应用

网络应用是指通过计算机硬件、计算机软件和网络基础设施,通过网络环境和标准规范,推进网络技术在专项行业的应用。随着人们对信息化认识的更进一步深入和加强,对网络应用需求的切实增加,以及网络技术的不断发展,计算机网络应用已步入高速发展阶段,呈现出以下趋势。

1) e商务

今后,e商务的"新花样"将会层出不穷,每一年都有新的应用出现。前几年的电子商务平台还是Web加PC,现在已经有众多的一体化、开放式架构推向市场,更适于多种电子信息交换的可扩展标识语言(The Extensible Markup Language,XML)标准也被频频应用于新的系统中。如果说在电子商务中,门户网站被比喻成广告、信息交换平台就是商店,2000

年"商店"应用的完善令"e"风潮涨潮涌。

2）数字城市

数字城市建设包括3个层面：一是网络基础设施建设；二是在网络上构建适应不同需求的应用服务；三是培育良好的电子商务市场环境。其中仅建宽带网一项，就引得众多网络产品厂商、系统集成商跃跃欲试，已形成一个巨大的市场。而传统企业也在"数字城市"计划中看到了转型良机，普通市民更会享受到信息带来的便利。当"数字城市"收获之时，网络将成为千家万户必不可少的生活方式。

3）语音门户

就人的自身习惯来看，嘴和耳朵是"第一感能"器官，因此语音是人们最愿意使用的交流工具。而对于以提供交互式信息为特征的Web网络门户来说，若能与语音结合起来，前景将十分广阔。剑桥信息技术的发展和VoiceXML规范的出现使这一设想走向应用。雅虎、来科斯、美国在线等都已推出支持通过语音获取信息、收取邮件的业务。中国的企业，比如亚洲语音在线也建立了号码为63964666的语音门户。尽管现在的语音门户还面临着识别能力、服务内容等一系列难题，但未来人们肯定会选择更贴近日常生活的与网络发生关系的方式。所以语音门户的主人决不会仅仅限于网络内容提供商(Internet Content Provider，ICP)，也许不久之后，我们随时随地对着话筒喊一声"芝麻开门"，就会看到无数的信息宝藏。

4）互联网数据中心资源

互联网数据中心(Internet Data Central，IDC)这种应用2000年被炒得火热，到9月底，仅北京就有30多家企业进入市场。IDC资源是互联网业内分工更加细化的一个必然结果，它通过资源外包，提供整机租用、服务器托管、机柜租用、机房租用、专线接入、网络管理等服务。一个好网络、一个好地点是IDC应用成功的保证。对于企业来说，把自己的网站外包给IDC，可以在减少设备投入的同时获得专业级的服务。目前，各IDC的客户组成主要还都是一些商业网站，企业网站还很少。当众多的传统企业走入电子商务领域时，IDC的盛世就会到来。

5）应用服务提供商服务

应用服务提供商(Application Service Provider，ASP)在市场催生中，通过广域网向客户提供应用软件及增值服务，并为此收取费用。在网络背后，ASP可以是企业的理财专家、人力资源经理、进销存的帮手、市场营销研究员、管理咨询顾问等。无论是个人商务用户还是企业商务用户，都可以在这种新的信息运营模式下找到比传统网络信息服务更加实用、便宜和有效的服务内容。中国IT公司——用友、金蝶、汉普等均于不久前宣布进军ASP；在中国开展ASP业务的国外公司更是名流荟萃：IBM、CA、HP等。有分析家认为，ASP将成为继网络服务提供商(Internet Service Provider，ISP)和ICP之后，Internet时代的第3种商业服务模式，而且是最佳的商业模式。

6）客户关系管理套件

各企业正在寻找现成的，包含销售、市场、客户服务、电子商务、为客户准备个性化内容等功能的套件，以便为市场营销、决策等提供支持。这个套件就是客户关系管理(Customer Relationship Management，CRM)系统。CRM能够找出优质和持久的客户关系的突出特点，帮助企业通过一切形式的互动，如查询、订货、发货和服务使客户感受到连续一贯的支

持。可以说,CRM是网络互动功能的具体应用。随着虚拟客服中心的出现,CRM也发展为基于Web的eCRM,它集数据库、呼叫中心、网络营销等多种功能于一身。许多想在e时代有所作为的企业都开始建立自己的CRM系统,而CRM应用本身也正在向个性化与全方位客户交流方向发展。

7) 服务水平协议网管

服务水平协议(Service Level Agreement,SLA)的目标是每一个网络的网管员的企盼。它要让运营商或者服务提供商与用户签一份合同,保证提供最低限度的服务水平,并且规定了违约所受的惩罚。SLA又不仅仅是一份合同,它实际上是网管工具的应用方案,只有在拥有对网络连接性能、带宽使用情况和系统时延的实时监控能力的企业才有执行SLA的能力。对于网站和运营电子商务、客户关系管理系统的企业来说,广域网的每一分钟中断往往都意味着巨额的经济损失,而企业的IT主管却又对广域网的维护鞭长莫及(那是运营商的领地),有了SLA,他们就可以理直气壮地向运营商要服务质量,从而能够进一步摆脱网络技术细节纠缠,而运营商也会通过它开辟另一个财源,根据不同的服务级别收费。世界上许多大运营商都已开展这种应用,如AT&T、MCIWorldCom,中国的相关服务也已悄然登场。

8) 主动网络

主动网络也叫可编程网络,其主要特征是用可计算的主动节点代替传统的仅完成存储转发功能的路由器和交换机,主动节点可以对流经它的包含代码和数据的主动包进行计算。用户可以根据应用的需要,通过主动包对网络进行编程,使网络能够提供新的服务以适应各种新的网络应用需要。但如果主动网络的研究脱离现在广泛使用的IP网络,其发展前景就会受到很大的影响。

主动网络在新协议和新服务的部署方面与传统网络相比有着很大的优势,但是由于主动网络的体系结构和工作方式与传统的网络有较大的区别,这就限制了主动网络的实际产品化的进度。因此,国外的很多研究机构都在从事主动网络在现有IP网络上的应用研究,力求在对IP网络做较少的改动的前提下,完成主动网络动态加载新协议/服务的要求。

主动网络目前有3个主要的研究方向,但是各有优缺点。主动报文封装在IP分组中传输的方式以较小的开销为网络提供了主动处理的能力,但由于方案建立在IP分组可选项扩展的基础之上,其实用性受到了IP分组头可选项长度、主动节点的部署等许多方面限制;基于可编程路由器技术的方式可从根本上将传统路由器节点变成具有动态运算能力的主动节点,是3种技术中最接近于主动网络体系结构的方式,但由于造价、性能等因素使得实际实施有一定难度;基于应用层的主动网络技术是最成熟,也是最易实施的一种方案,但在性能和主动能力方面存在明显不足,只能是一种临时的过渡方法。

随着主动网络技术本身的成熟和网络应用的不断发展,主动网络在现有网络中的应用将越来越得到关注,其中的主要问题是实施的代价问题和性能问题。因此主动网络在IP网络中应用的难点在两个方面:一个是如何在现有的网络设施的基础上提供中间节点的可编程能力,另一个是中间节点在完成计算的同时如何保证转发效率。该领域下一步的研究重点在于路由器的可编程能力改造方面的研究。

本章小结

本章概述了计算机网络的发展过程,对其发展的4个阶段做了简要回顾,并对各个阶段的特点做了分析。接着介绍了计算机网络的组成和功能,并重点讨论了计算机网络的分类,其中对按计算机网络的拓扑结构分类、网络控制方式分类、网络作用范围分类、通信传输方式分类、网络配置分类和使用范围分类做了详细论述。接下来通过ISO/OSI模型和TCP/IP模型的对比分析,对网络的体系结构与协议做了重点讨论。最后对计算机网络的发展趋势做了简要介绍。

思考题

1. 什么是计算机网络?计算机网络与分布式系统有什么区别和联系?
2. 简述计算机网络的发展阶段。
3. 计算机网络由哪几部分组成?各部分的功能是什么?
4. 计算机网络有哪些功能?
5. 按拓扑结构,计算机网络可分为哪几类?各有何特点?
6. 按通信传输方式,计算机网络可分为哪几类?各有何特点?
7. 结合自己的体会,论述计算机网络的发展趋势。

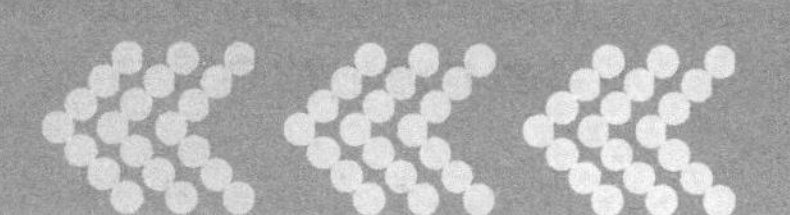

第2章　计算机网络的基本原理

计算机网络是计算机技术与通信技术密切结合的产物。计算机网络的原理主要包括模拟传输、数字传输、多路复用技术、数据交换方式、流量控制技术、差错控制技术、路由选择技术、无线通信技术、卫星通信技术和计算机网络的体系结构等，它们是全书的基础。所以学习和掌握这些内容十分重要。

通过本章学习，可以了解(或掌握)：

- 数据通信的基本概念；
- 数字信号的频谱与数字信道的特性；
- 模拟传输；
- 数字传输；
- 多路复用技术；
- 数据交换方式；
- 流量控制技术；
- 差错控制技术；
- 路由选择技术；
- 无线通信技术；
- 卫星通信技术；
- 计算机网络的体系结构。

2.1　数据通信的基本概念

2.1.1　数据、信息和信号

通信是为了交换信息(information)。信息的载体可以是数字、文字、语音、图形和图像，常称它们为数据(data)。数据是对客观事实进行描述与记载的物理符号。信息是数据的集合、含义与解释。如对一个企业当前生产各类经营指标的分析，可以得出企业生产经营状况的若干信息。显然，数据和信息的概念是相对的，甚至有时将两者等同起来，此处不多论述。

数据按其连续性可分为模拟数据和数字数据。模拟数据取连续值，数字数据取离散值。通常，在数据被传送之前，要变成适合于传输的电磁信号——模拟信号或数字信号。可见，信号(signal)是数据的电磁波表示形式。模拟数据和数字数据都可用这两种信号来表示。模拟信号是随时间连续变化的信号，这种信号的某种参量，如幅度、频率或相位等可以表示要传送的信息。电话机送话器输出的语音信号,模拟电视摄像机产生的图像信号等都是模拟信号。数字信号是离散信号,如计算机通信所用的二进制代码"0"和"1"组成的信号。模拟信号和数字信号的波形图如图 2.1 所示。应指出的是,图 2.1(a)所示为正弦信号,显然它是一种模拟信号,但模拟信号绝不是只有正弦信号。如前所述,各种随时间连续变化的信号都是模拟信号。

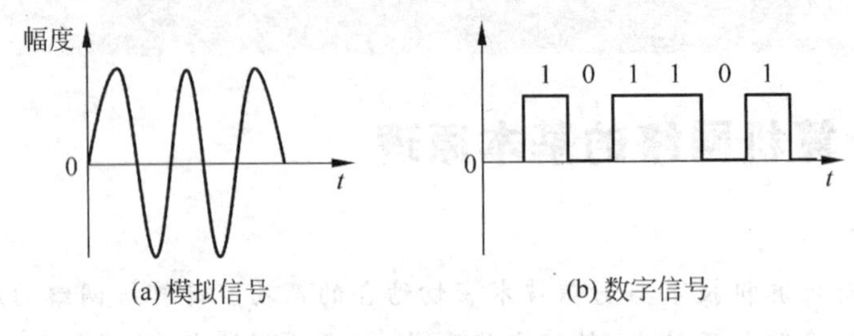

图 2.1 模拟信号与数字信号的波形示意图

同信号的这种分类相似,信道也可以分成传送模拟信号的模拟信道和传送数字信号的数字信道两大类。但是应注意,数字信号在经过数/模变换后就可以在模拟信道上传送,而模拟信号在经过模/数转换后也可以在数字信道上传送。

2.1.2 通信系统模型

通信系统的模型如图 2.2 所示,一般点到点的通信系统均可用此图表示。图 2.2 中,信源是产生和发送信息的一端,信宿是接收信息的一端。变换器和反变换器均是进行信号变换的设备,在实际的通信系统中有各种具体的设备名称。如信源发出的是数字信号,当要采用模拟信号传输时,则要将数字信号变成模拟信号,通过调制器来实现,而接收端要将模拟信号反变换为数字信号,则用解调器来实现。在通信中常要进行两个方向的通信,故将调制器与解调器做成一个设备,称为调制解调器,具有将数字信号变换为模拟信号以及将模拟信号恢复为数字信号的两种功能。当信源发出的信号为模拟信号,而要以数字信号的形式传输时,通过编码器将模拟信号变换为数字信号,到达接收端后再经过解码器将数字信号恢复为原来的模拟信号。实际上,也是考虑到一般为双向通信,故将编码器与解码器做成一个设备,称为编码解码器。

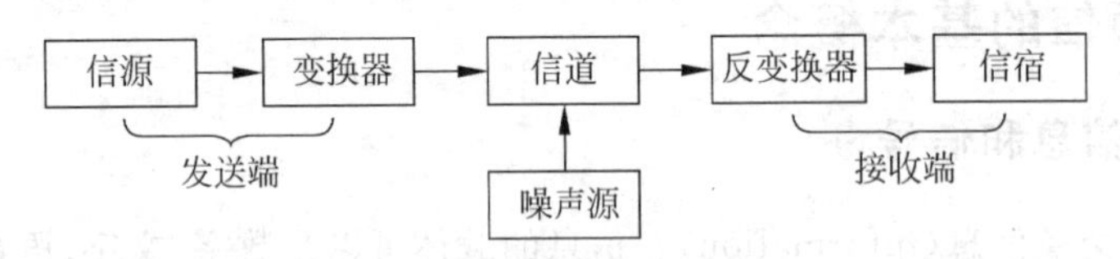

图 2.2 通信系统的模型

信道即信号的通道,它是任何通信系统中最基本的组成部分。信道的定义通常有两种,即狭义信道和广义信道。所谓狭义信道是指传输信号的物理传输介质,如双绞线信道、光纤信道,是一种物理上的概念。对信道的这种定义虽然直观,但从研究信号传输的观点看,对信道的这种定义,其范围显得很狭窄,因而引入新的、范围扩大了的信道定义,即广义信道。所谓广义信道是指通信信号经过的整个途径,它包括各种类型的传输介质和中间相关的通

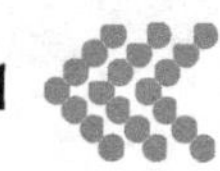

信设备等，是一种逻辑上的概念。对通信系统进行分析时常用的一种广义信道是调制信道，如图 2.3 所示。调制信道是从研究调制与解调角度定义的，其范围从调制器的输出端至解调器的输入端，由于在该信道中传输的是已被调制的信号，故称其为调制信道。另一种常用到的广义信道是编码信道，也如图 2.3 所示。编码信道通常指由编码器的输出到解码器的输入之间的部分。实际的通信系统中并非要包括其所有环节，如下节所要讲的基带传输系统就不包括调制与解调环节。至于采用哪些环节，取决于具体的设计条件和要求。

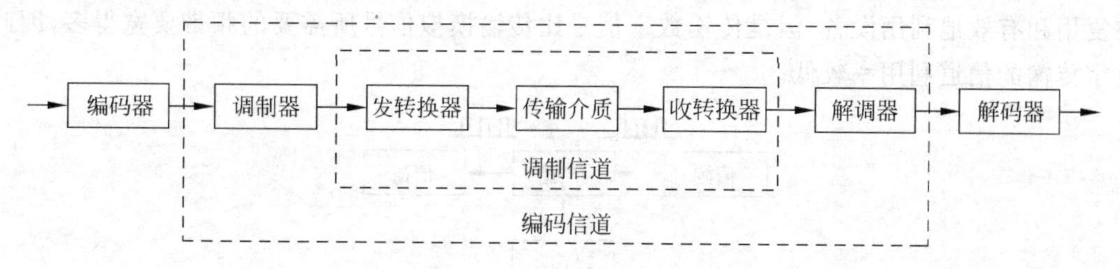

图 2.3 广义信道的划分

此外，信号在信道中传输时，可能会受到外界的干扰，称之为噪声。如信号在无屏蔽双绞线中传输会受到电磁场的干扰。

由上可见，无论信源产生的是模拟数据还是数字数据，在传输过程中都要变成适合信道传输的信号形式。在模拟信道中传输的是模拟信号，在数字信道中传输的是数字信号。

2.1.3 数据传输方式

数据有模拟传输和数字传输两种传输方式。

1. 模拟传输

模拟传输指信道中传输的为模拟信号。当传输的是模拟信号时，可以直接进行传输。当传输的是数字信号时，进入信道前要经过调制解调器调制，变换为模拟信号。图 2.4(a)所示为当信源为模拟数据时的模拟传输，图 2.4(b)所示为当信源为数字数据时的模拟传输。模拟传输的主要优点在于信道的利用率较高，但是在传输过程中信号会衰减，会受到噪声干扰，且信号放大时噪声也会放大。

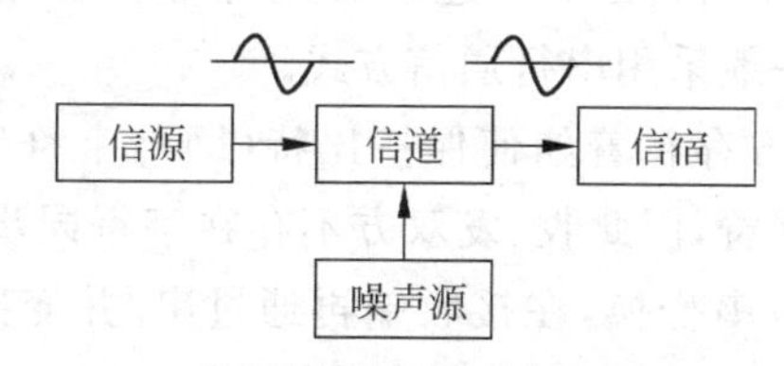

(a) 信源为模拟数据时的模拟传输

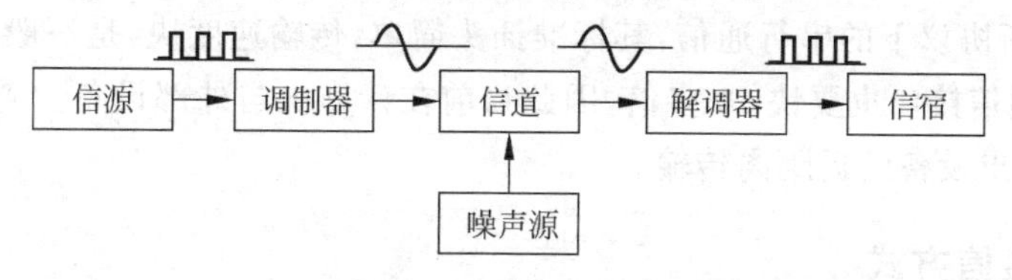

(b) 信源为数字数据时的模拟传输

图 2.4 模拟传输

2. 数字传输

数字传输指信道中传输的是数字信号。当传输的信号是数字信号时,可以直接进行传输。当传输的是模拟信号时,进入信道前要经过编码解码器编码,变换为数字信号。图 2.5(a)为当信源为数字数据时的数字传输,图 2.5(b)为当信源为模拟数据时的数字传输。数字传输的主要优点在于数字信号只取有限个离散值,在传输过程中即使受到噪声的干扰,只要没有畸变到不可辨识的程度,均可用信号再生的方法进行恢复,即信号传输不失真,误码率低,能被复用和有效地利用设备,但是传输数字信号比传输模拟信号所需要的频带要宽得多,因此数字传输的信道利用率较低。

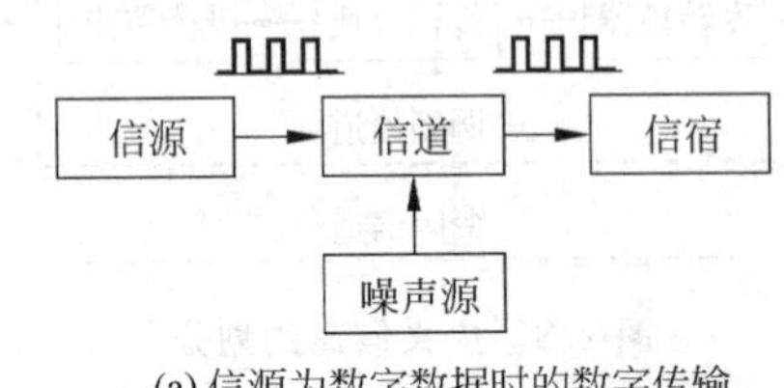

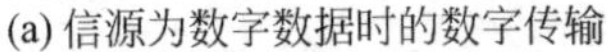
(a) 信源为数字数据时的数字传输

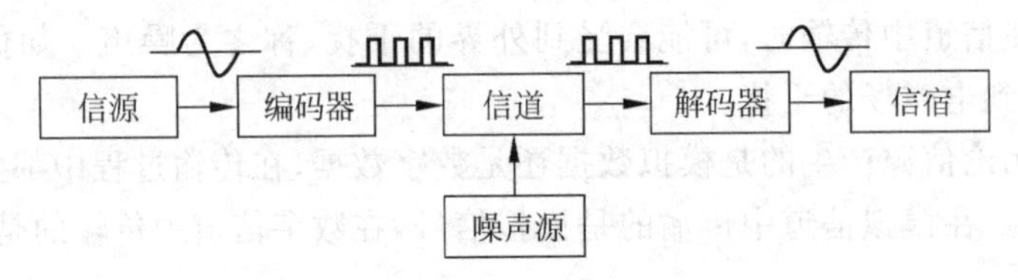

(b) 信源为模拟数据时的数字传输

图 2.5 数字传输

2.1.4 串行通信与并行通信

串行通信指数据流一位一位地传送,从发送端到接收端只要一个信道即可,易于实现。并行通信是指一次同时传送一个字节(字符),即 8 个码元。并行传送数据速率高,但传输信道要增加 7 倍,一般用于近距离范围要求快速传送的地方。如计算机与输出设备打印机的通信一般是采用并行传送。串行传送虽然速率低,但节省设备,是目前主要采用的一种传输方式,特别是在远程通信中一般采用串行通信方式。

在串行通信中,收、发双方存在着如何保持比特(b)与字符(Byte,B)同步的问题,而在并行传输中,一次传送一个字符,因此收、发双方不存在字符同步问题。串行通信的发送端要将计算机中的字符进行并/串变换,在接收端再通过串/并变换,还原成计算机的字符结构。特别应指出的是,近年使用的通用串行总线(Universal Serial Bus,USB)是一种新型的接口技术,它是新协议下的串行通信,其标准插头简单,传输速度快,是一般串行通信接口的 100 倍,比并行通信接口也要快 10 多倍,因此目前在计算机与外部设备上普遍采用,广泛应用于计算机与输出设备的近距离传输。

2.1.5 数据通信方式

数据通信除了按信道上传输的信号分类之外,还可以按数据传输的方向及同步方式等进行分类。按传输方向可分为单工通信、半双工通信及全双工通信;按同步方式可分为异

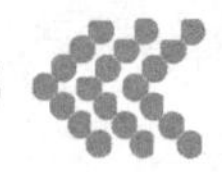

步传输和同步传输。

1. 单工、半双工与全双工通信

(1) 单工通信方式。在单工信道上信息只能向一个方向传送。发送方不能接收，接收方不能发送。信道的全部带宽都用于由发送方到接收方的数据传输。无线电广播和电视广播都是单工传送的例子。

(2) 半双工通信方式。在半双工信道上，通信双方可以交替发送和接收信息，但不能同时发送和接收。在一段时间内，信道的全部带宽用于一个方向上的信息传递。航空和航海无线电台以及对讲机等都是以这种方式通信的。这种方式要求通信双方都有发送和接收能力，又有双向传送信息的能力。在要求不很高的场合，多采用这种通信方式。

(3) 全双工通信方式。这是一种可同时进行信息传递的通信方式。现代的电话通信都是采用这种方式。其要求通信双方都有发送和接收设备，而且要求信道能提供双向传输的双倍带宽。

2. 异步传输和同步传输

在通信过程中，发送方和接收方必须在时间上保持步调一致，即同步，才能准确地传送信息。解决的方法是，要求接收端根据发送数据的起止时间和时钟频率，来校正自己的时间基准与时钟频率，这个过程叫位同步或码元同步。在传送由多个码元组成的字符以及由多个字符组成的数据块时，也要求通信双方就数据的起止时间取得一致，这种同步作用有两种不同的方式，因而也就对应了两种不同的传输方式。

(1) 异步传输。异步传输即把各个字符分开传输，字符与字符之间插入同步信息。这种方式也叫起止式，即在组成一个字符的所有位前后分别插入起止位，如图 2.6 所示。起始位对接收方的时钟起置位作用。接收方时钟置位后只要在 8～11 位的传送时间内准确，就能正确地接收该字符。最后的终止位(1 位)告诉接收者该字符传送结束，然后接收方就能识别后续字符的起始位。当没有字符传送时，连续传送终止位。加入校验位的目的是检查传输中的错误，一般使用奇偶校验。

1位	7位	1位	1位
起始位	字符	校验位	终止位

图 2.6　异步传输

(2) 同步传输。异步传输不适合于传送大的数据块，如磁盘文件。同步传输在传送连续的数据块时比异步传输更有效。按这种方式，发送方在发送数据之前先发送一串同步字符 SYN(编码为 0010110)，接收方只要检测到两个或两个以上的 SYN 字符就确认已进入同步状态，准备接收数据，随后双方以同一频率工作(数字数据信号编码的定时作用也表现在这里)，直到传送完指示数据结束的控制字符，如图 2.7 所示。这种方式仅在数据块前加入控制字符 SYN，所以效率更高，但实现起来较复杂。在短距离高速数据传输中，多采用同步传输方式。

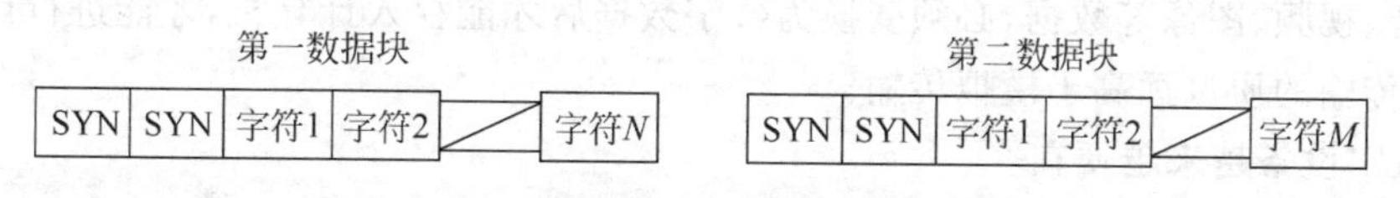

图 2.7　同步传输

2.1.6 数字化是信息社会发展的必然趋势

所谓数字化，是指利用计算机信息处理技术把声、光、电、磁等信号转换成数字信号，或把语音、文字、图像和视频等数据转变为数字数据(0和1)，用于传输与处理的过程。数字化是信息社会发展的大趋势，主要原因如下。

1. 数字通信比模拟通信更具优势

模拟通信系统在传输模拟的信号过程中，噪声将叠加在有用的模拟信号上，接收端很难将信号和噪声分开，因而模拟通信系统的抗干扰能力比较差。相反，数字通信系统传输的是二进制信号，数据是介于数字脉冲波形的两种状态之中。在数字通信的接收端对每一个接收信号进行采样并与某个门槛电平进行比较，只要采样时刻的信号电平不超过门槛电平，接收端就不会形成错判，可以正确接收数据，而不受噪声的影响。因此，数字通信系统比模拟通信系统的抗干扰能力强。

同样，模拟通信时，噪声是叠加在有用的模拟信号上，而通信系统中的模拟放大器无法将有用的信号与噪声分开，因此只好将有用信号和噪声同时放大。随着传输距离的增加以及模拟放大器的增多，噪声也会越来越大。因此模拟通信系统中噪声的积累，会对远距离通信的质量造成很大的影响。而数字通信系统则是采用再生中继器的方法，在传输过程中信号所受到的噪声干扰经过中继器时就已经被消除，然后中继器恢复出与原始信号相同的数字信号，因而克服了模拟通信系统噪声叠加的问题。因此数字通信系统比模拟通信系统可以更好地实现高质量的远距离通信，这也即数字电视比模拟电视的图像、声音更清晰的原因。

同时由于数字通信系统中传输的是数字信号，因而在传输过程中，可以对数字信号进行各种数字处理：如存储、转发、复制、压缩、计算、加密、检错、纠错等。但这些处理在模拟通信系统中是很难实现的。正因为在数字通信系统中可以对信号进行各种处理，因而也就可以在数字通信系统中采用复杂的、非线性的、长周期的密码序列对数字信号进行加密，从而使数字通信具有高度的保密性。而且通过对数字信号使用合适的压缩算法，使其在传输过程中获得更高的传输效率，在接收端再使用相应的解压缩算法，以恢复到压缩前同样的形式，这对解决网络通信中的拥塞控制也大有帮助。

2. 数字机比模拟机使用更广泛

电子计算机从原理上可分为模拟电子计算机和数字电子计算机，分别简称为模拟机和数字机。模拟机问世较早，内部所运算的是模拟信号，处理问题的精度差，所有的处理过程均需模拟电路来实现，电路结构复杂，抗外界干扰能力差，因此模拟机已越来越少。数字机是当今世界电子计算机行业中的主流，其内部处理的是数字信号，它的主要特点是“离散”，在相邻的两个符号之间不可能有第3种符号存在。由于这种处理信号的差异，使得它的组成结构和性能大大优于模拟机。

目前的计算机绝大部分都是数字机，而数字机只能对数字数据进行存储和处理，因此，文字、声音、视频、图像等数据，必须变换为数字数据后才能存入计算机，才能进行计算处理，而且数字传输的质量远高于模拟传输。

3. 数字设备越来越便宜

计算机等数字设备的主要器件是集成电路(芯片)，它的集成度大约每18个月翻一番。

这就是 1.4 节中提到的“摩尔定律”，它是英特尔公司创始人之一戈登·摩尔（Gordon Moore）于 1965 年在总结存储器芯片的增长规律时发现的。伴随着集成电路集成度越来越高，造价也越来越低，因而集成电路在生活中到处可见，人们已越来越多地使用数字设备，如数字手机、数字照相机、数字彩电、数字摄像机等，几乎所有的设备都在数字化。综上可见，数字化是信息社会发展的必然趋势。

当然，数字通信也有缺点，最大的缺点就是占用的频带宽，可以说数字通信的许多优点是以牺牲信道带宽为代价的。以电话为例，一路数字电话所占用的信道带宽远大于一路模拟电话所占用的信道带宽。数字通信的这一缺点限制了它在某些信道带宽不够大的场合下使用。但随着微波、卫星、光缆等高宽带信道的广泛使用，带宽的问题就不突出了。

2.2 数字信号的频谱与数字信道的特性

如前所述，通信中的数字化是大趋势。因此本节重点对数字信号的频谱与数字信道的特性进行分析。

2.2.1 傅里叶分析

任何周期信号都是由一个基波信号和各种高次谐波信号合成的。根据傅里叶分析法，可以把一个周期为 T 的复杂函数 $g(t)$ 表示为无限个正弦和余弦函数之和，即

$$g(t)=\frac{a_0}{2}+\sum_{n=1}^{\infty}a_n\sin(2\pi nft)+\sum_{n=1}^{\infty}b_n\cos(2\pi nft)$$

式中，a_0 是常数，代表直流分量，且 $a_0=\frac{2}{T}\int_0^T g(t)\mathrm{d}t$，$f=\frac{1}{T}$ 为基频；a_n、b_n 分别是 n 次谐波振幅的正弦和余弦分量，即

$$\begin{cases}a_n=\dfrac{2}{T}\displaystyle\int_0^T g(t)\sin(2\pi ft)\mathrm{d}t\\ b_n=\dfrac{2}{T}\displaystyle\int_0^T g(t)\cos(2\pi ft)\mathrm{d}t\end{cases}$$

2.2.2 周期矩形脉冲信号的频谱

频谱指组成周期信号各次谐波的振幅按频率的分布图。这种频谱图以 f 为横坐标，相应的各次谐波分量的振幅为纵坐标，如图 2.8 所示。该图中，谐波的最高频率 f_h 与最低频率 f_l 之差（f_h-f_l）叫信号的频带宽度，简称信号带宽或带宽，它由信号的特性所决定，表示传输信号的频率范围。而信道带宽是指某个信道能够不失真地传送信号的频率范围，由传输媒体和有关附加设备以及电路的频率特性综合决定，简言之，信道带宽是信道的特性决定的。例如，一路电话话频线路的信道带宽为 4kHz。一个低通信道，若对于从 0 到某个截止频率 f_c 的信号通过时，振幅不会衰减得很小，而超过截止频率的信号通过时就会大大衰减，则此信道的带宽为 f_c。

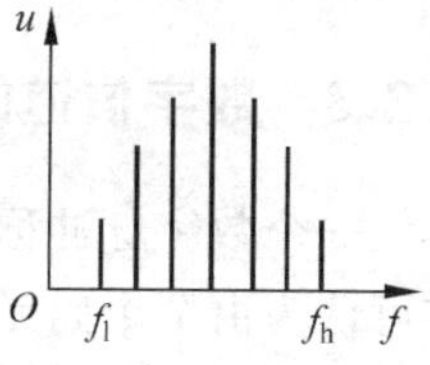

图 2.8 信号的频谱图

周期性矩形脉冲如图 2.9(a)所示，其幅值为 A，脉冲宽度为 τ，周期为 T，对称于纵轴。这是一种最简单的周期函数，实际数据传输中的脉冲信号比这要复杂得多，但对这种简单周

期函数的分析，可以得出信道带宽的一个重要结论。

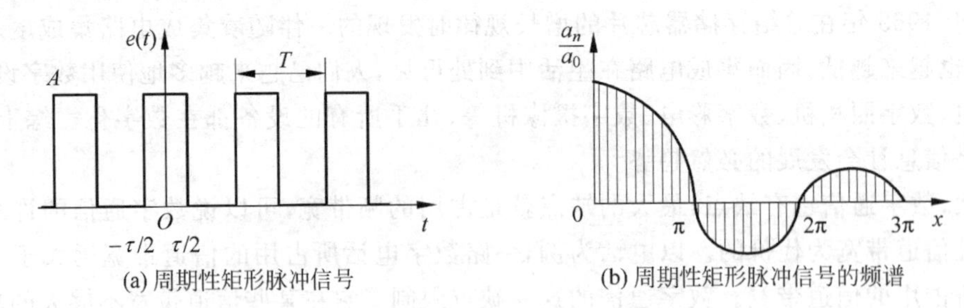

(a) 周期性矩形脉冲信号　　(b) 周期性矩形脉冲信号的频谱

图 2.9　周期性矩形脉冲信号及其频谱

上述周期性矩形脉冲信号的傅里叶级数中只含有直流和余弦项，令 $\omega=2\pi/T$，有

$$g(t)=\frac{A\tau}{T}+\sum_{n=1}^{\infty}\frac{2A\tau}{T}\frac{\sin\left(\frac{n\tau\omega}{2}\right)}{\frac{n\tau\omega}{2}}\cos(\omega t)$$

令 $x=\frac{n\tau\omega}{2}$，则上式可写成

$$g(t)=\frac{A\tau}{T}+\sum_{n=1}^{\infty}\frac{2A\tau}{T}\frac{\sin(x)}{x}\cos(\omega t)$$

由上式可得周期性矩形脉冲信号的频谱如图 2.9(b)所示。该图中横轴用 x 表示，纵轴用归一化幅度$\frac{a_n}{a_0}$表示$\left(a_0=\frac{2A\tau}{T},\ a_n=\frac{2A\tau}{T}\frac{\sin x}{T}\right)$，谱线的包络为$\frac{\sin x}{x}$，当 $x\to\infty$时，其值趋于 0。由图 2.9(b)可知，谐波分量的频率越高，其幅值越小。可以认为信号的绝大部分能量集中在第一个零点的左侧，由于第一个零点处于 $x=\pi$，因而有 $n\tau\omega/2=\pi$，亦即 $n\tau=T$。若取 $n=1$，则有 $\tau=T$。这里定义周期性矩形脉冲信号的带宽如下：

$$B=f=\frac{1}{T}=\frac{1}{\tau}$$

可见信号的带宽与脉冲的宽度成反比，与之相关的结论是传送的脉冲频率越高(即脉冲越窄)，则信号的带宽也越大，因而要求信道的带宽也越大。通常，信道的带宽指信道频率响应曲线上幅度取其频带中心处值的 $1/\sqrt{2}$ 倍的两个频率之间的区间宽度，如图 2.10 所示。为了使信号在传输中的失真小些，则信道要有足够的带宽，即应使信道带宽大于信号带宽。

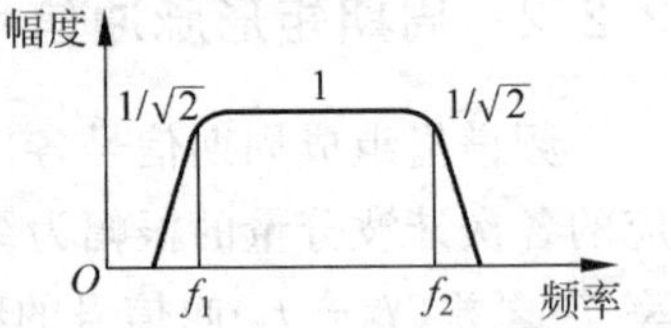

图 2.10　信道带宽

2.2.3　数字信道的特性

一个数字脉冲称为一个码元。如字母 A 的 ASCII 码是 1000001，可用 7 个脉冲来表示，亦可认为由 7 个码元组成。码元携带的信息量由码元取的离散值个数决定。若码元取 0 和 1 两个离散值，则一个码元携带 1 比特(b)的信息量。若码元可取 4 个离散值，则一个码元携带 2b 的信息量。一般地，一个码元携带的信息量 nb 与码元取的离散值个数 N 具有如下关系：

$$n=\log_2 N$$

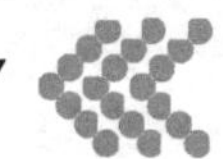

下面用码元和信息量的概念说明数字信道的基本情况。

1. 波特率、数据速率和信道容量

码元速率表示单位时间内信号波形的变换次数，即通过信道传输的码元个数。若信号码元宽度为 T，则码元速率 $B=1/T$，其单位叫波特，这是为了纪念电报码的发明者法国人波特(Baudot)，故码元速率也称波特率，或称做调制速率、波形速率和符号速率。1924 年奈奎斯特推导出有限带宽无噪声信道的极限波特率，称为奈氏定理。若信道带宽为 W，则奈氏定理的最大码元速率为

$$B = 2W(\text{Baud})$$

奈氏定理指定的信道容量也称为奈氏极限，它由信道的物理特性决定。超过奈氏极限传送脉冲信号是不可能的，因此要进一步提高波特率，就必须改善信道的带宽。

数据速率，也称通信速率，是指单位时间内信道上传送的信息量(比特数)，单位为 bps。信道容量是指信道中能不失真地传输脉冲序列的最高速率，它由数字信道的通频带，也即带宽所决定。在一定波特率下提高数据速率的途径是用一个码元表示更多的比特数。若把 2b 编码为一码元，则数据速率可成倍提高，有公式

$$R = B\log_2 N = 2W\log_2 N(\text{bps})$$

式中，R 表示数据速率；B、N、W 的含义如上所述，单位为每秒比特(bits per second)，记为 bps 或 b/s。

应指出的是，通常模拟传输时，以赫兹(Hz)作为带宽的单位，但在数字传输时，习惯上用 bps 作为带宽的单位，因为带宽也即信道容量。

数据速率“比特/秒”与码元的传输速率“波特”是两个不同的概念。两者在数量上有上述公式所描述的关系。若一个码元只取 0 和 1 两个离散值，即 $N=2$，亦即仅携带 1b 的信息量，则两者在数值上是相等的，即 $R=B$。但若使一个码元携带 nb 的信息量，则 MBaud 的码元传输速率为 Mnbps。例如，有一个信道带宽为 3kHz 的理想低通信道，其码元传输速率为 6000baud。而最高数据速率可随编码方式的不同而有不同的取值。若一个码元能携带 2b 的信息量，则最高的数据速率为 12 000bps。这些都是不考虑噪声的理想情况下的极限值。至于有噪声影响的实际信道，则远远达不到这个极限值。

2. 误码率

香农(Shannon)提出有噪声信道的极限数据速率用下述公式计算，即

$$C = W\log_2(1+S/N)$$

式中，W 为信道带宽；S 为信号的平均功率，N 为噪声平均功率，S/N 称信噪比。实际使用中，S 与 N 的比值太大，故常取分贝数。例如当 $S/N=1000$ 时，信噪比为 30dB(分贝)。这个公式与信号取的离散值个数无关，也即无论用什么方式调制，只要给定了信号和噪声的平均功率，则单位时间内最大的信息传输量就确定了。例如，信道带宽为 3000Hz，信噪比为 30dB，则最大数据速率 $C=3000\log_2(1+1000)=3000\times 9.97\approx 30\,000$bps。这是极限值，只有理论上的意义。实际上在 3000Hz 带宽的电话线上，数据速率能达到 9600bps 就很不错了。

在有噪声的信道中，数据速率的增加意味着传输中出错的概率增加，可用误码率来表示传输二进制数据时出现差错的概率。

$$P_e = N_e/N$$

式中，P_e 表示误码率；N_e 表示出错位数；N 为传送的总位数。计算机通信网络中，要求误码率低于 10^{-6}，即平均传送 1Mb 才允许错 1 位。当误码率高于一定数值时，可用差错控制进行检查和纠正。

3. 信道延迟

信号在信道中从源端到达宿端需要的时间即为信道延迟，它与信道的长度以及信号传播速度有关。电信号一般已接近光速（300m/μs）传播，但随介质的不同而略有差别。例如，电缆中的传播速度一般为光速的 77%，即 200m/μs 左右。一般来说，考虑信号从源端到达宿端的时间是没有意义的，但对于一种具体的网络，人们经常对该网络中相距最远的两个站点之间的传播时延感兴趣。这时要考虑信号传播速度以及网络通信线路的最大长度，如 500m 同轴电缆的时延大约是 2.5μs，远离地面 36 000km 的卫星，上行和下行的时延共约 270ms。

2.2.4 基带传输、频带传输和宽带传输

计算机网络通信系统依其传输介质的频带宽度可分为基带系统和宽带系统两类，两者的差别是传输介质的带宽不同，允许的传输速率也不同。基带系统只传输一路信号，既可以是数字信号也可以是模拟信号，但通常是数字信号。宽带介质实际上可划分为多条子信道。由于数字信号的频带很宽，故不能在宽带系统中直接传输，必须将其转化为模拟信号方可在宽带系统中传输。宽带系统通常传输的是模拟信号。

1. 基带传输

所谓基带指的是基本频带，也就是数据编码电信号所固有的频带，这种信号可称为基带信号。所谓基带传输就是对基带信号不加调制而直接在线路上进行传输，它将占用线路的全部带宽，也可称为数字基带传输。2.4.2 节将介绍数据可编码成数字信号进行传输的几种编码，就是基带信号的编码。但是不能认为数字信号只能进行基带传输，为了充分利用线路带宽，可对数字信号进行调制，变成模拟信号后再进行传输，即频带传输。

2. 频带传输

20 世纪 90 年代以前，当进行远距离数据传输时，一般要借用已有的通信网（如电话网），而数据的原始形式是数字信号（基带信号），它无法在带宽较窄的通信网中传输，需要将带宽很宽的数字信号（基带信号）变换为带宽符合通信网要求的模拟信号，而这种模拟信号通常由某一频率或某几个频率组成，它占用了一个固有频带，所以称为频带传输。

频带传输与传统的模拟传输有一定的区别，传统的模拟传输使用的是模拟信号波形，波形中的频率、电压与时间的函数关系比较复杂，如声音波形。而频带传输的波形比较单一，即频率分量为很有限的一个或几个，电压幅度也为有限的几个，其作用是用不同幅度或不同频率表示 0 或 1 电平。所以传统的模拟传输对传输过程中保真度要求较高，而频带传输则要求较低，故适合于模拟传输的信道一般都适合于频带传输。过去，大部分通信网都是为模拟传输而设计的，所以通常把频带传输和传统的模拟传输都称为模拟传输。频带传输有两个作用：第一是为了适应公用通信网的信道要求；第二是为了频分多路复用，即在同一条物理线路中传输多路数据信号。

3. 宽带传输

宽带的概念来源于电话业，指的是比 4kHz 更宽的频带。宽带传输系统使用标准的有线电视技术，可使用的频带高达 300MHz（常常到 450MHz）。由于使用模拟信号，可以传输

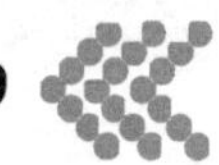

近100km,对信号的要求也没有像数字系统那样高。为了在模拟网上传输数字信号,需要在接口处安放一个电子设备,用以把进入网络的比特流转换为模拟信号,并把网络输出的信号再转换成比特流。根据使用的电子设备的类型,1bps可能占用1Hz带宽。在更高的频率上,可以使用先进的调制技术,达到多个bps只占用1Hz带宽。

2.3 模拟传输

尽管数字传输优于模拟传输,以及数字网是今后网络发展的方向,但事实上早在计算机网络出现之前,采用模拟传输技术的电话网已经工作了一个世纪左右。现在谁也不会轻易丢弃规模庞大且仍能继续工作相当长时间的模拟网,因此对模拟传输系统应有所了解。

2.3.1 模拟传输系统

传统的电话通信系统是典型的模拟传输系统。目前全世界的电话机早已超过20亿部。如此多的电话要互联成网,唯一可行的办法就是分级交换。我国的电话网络现分为5级,上面4级是长途电话网,最低一级是市话网。4级长途交换中心从上到下分别是:

① 一级中心,又称大区中心或省间中心;

② 二级中心,又称省中心;

③ 三级中心,又称地区中心或县间中心;

④ 四级中心,又称县中心。

每一个上级交换局均按辐射状与若干个下级交换局连成星状网。在这以下就是市话交换局,又称为端局,直接与其管辖范围内的各电话用户相连。因此,一般属于同一个市话局内的两个电话用户之间的通信只需通过市话局的交换。但在复杂的情况下,两个电话用户之间可能需要经过多个不同级别的交换局的多次转接。随着计算机处理能力的提高和网络容量的增大,现有的5级电话网络结构正向更简单的两级结构过渡。

一个市话局内的通信线路称为用户环或用户线。用户环使用二线制,它采用最便宜的双绞线电缆,通信距离约为1～10km。用户环的投资占整个电话网投资的很大分量。

长途干线最初采用频分多路复用的传输方式,也就是所谓的载波电话。一个标准话路的频率范围是300～3400Hz。但由于话路之间应有一些频率间隔,因此国际标准取4kHz为一个标准话路所占用的频带宽度。通常级别越高的交换局之间的长途干线就需要更多的话路容量才能满足通信业务的需求。人们平常所说的60路、300路或1800路等,就是指长途干线频分多路复用的话路数目。在传统的长途干线中,由于使用了只能单向传输的放大器,因此不能像市话线路那样使用二线制而是要使用四线制,即要用两对线来分别进行发送和接收,也即发送和接收各需要占用一条信道。

目前,传统的模拟传输系统已更新为数字传输系统,即5级中心以上的各干线之间均铺设光纤并采用数字传输方式,而大量的用户电话和用户环在今后一段时间内还将保持传统的模拟传输方式。因此,模数混合传输系统仍将大量存在。

2.3.2 调制方式

2.3.1节介绍的模拟传输系统如用来直接传输计算机数据,当失真或干扰严重时,就会出现差错,也即产生误码。发送的码元速率越高,传统的电话线路产生的失真就越严重。为了解决数字信号在模拟信道中传输产生失真的问题，可采用两种方法。一种办法是在模拟信道两端各加上一个调制解调器，另一种方法是把模拟信道改造为数字信道。本节仅讨论前者，数字信道在后面介绍。

本书2.1节曾指出，由于计算机之间的通信常为双向通信，因此一个调制解调器包括了为发送信号用的调制器和接收信号用的解调器。调制解调器(Modem)即由调制器(modulator)和解调器(demodulator)组合而成。如没有特别说明，调制解调器即为一条标准话路使用。为群路(即许多条话路复用而成的)用的调制解调器称为宽带调制解调器。调制器是个波形变换器，即将计算机送出的基带数字信号变换为适合于模拟信道上传输的模拟信号。解调器是个波形识别器，它将经过调制器变换过的模拟信号恢复成原来的数字信号。

进行调制时，常把正弦信号作为基准信号或载波信号。调制即利用载波信号的一个或几个参数的变化来表示数字信号(调制信号)的过程。基于载波信号的3个主要参数，可把调制方式分为振幅调制、频率调制和相位调制3种，可分别简称为调幅、调频和调相，如图2.11所示。

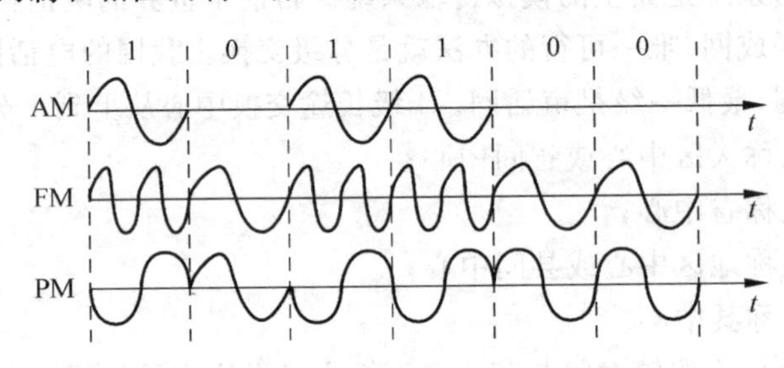

图2.11　3种模拟调制方式

(1) 调幅。调幅(Amplitude Modulation，AM)指载波的振幅随计算机送出的基带数字信号变化而变化。例如数字信号0对应于无载波输出，1对应于有载波输出。调幅也可以表述为用两个不同的载波信号的幅值分别代表二进制数字0和1。

(2) 调频。调频(Frequency Modulation，FM)指载波的频率随计算机送出的基带数字信号变化而变化。例如数字信号0对应于频率 f_1，1对应于频率 f_2。同样，调频也可表述为用两个不同的载波信号的频率分别代表二进制数字0和1。

(3) 调相。调相(Phase Modulation，PM)指载波的初始相位随计算机送出的基带数字信号变化而变化。例如数字信号0对应于0°，1对应用180°。调相也可以表述为两个不同的载波信号的初相位来代表二进制数字0和1。这种只有两种相位(如0°或180°)的调制方式称为两相调制。为了提高信息的传输速率，还经常采用四相调制和八相调制方式，这两种调制方式的数字信息的相位分配情况如图2.12所示。

数字信息	00	01	10	11
相位	0°(或45°)	90°(或135°)	180°(或225°)	270°(或315°)

(a) 四相调制方式的相位分配

数字信息	000	001	010	011	100	101	110	111
相位	0°	45°	90°	135°	180°	225°	270°	315°

(b) 八相调制方式的相位分配

图2.12　四相位、八相位调制方式的数字信息的相位分配

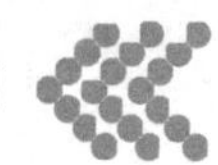

由图 2.12 可以看出，在四相调制方式中，用 4 个不同的相位分别代表 00,01,10,11，或者说每一次调制可以传送 2b 的信息量；在八相调制方式中，则每一次调制可传送 3b 的信息量，显然两者都提高了信息的传输速率。为了达到更高的信息传输速率，必须采用技术上更为复杂的多元制的振幅相位混合调制方法。

2.4 数字传输

2.4.1 脉码调制

2.1 节指出，数字传输在许多方面优于模拟传输，即使是模拟信号也可以先变换为数字信号，然后在信道上进行传输。在发送端将模拟信号变换为数字信号的装置称为编码器(encoder)，而在接收端将收到的数字信号恢复成原模拟信号的装置称为解码器(decoder)。通常是进行双向通信，需既能编码又能解码的装置，故集二者于一体，称编码解码器(codec)。用编码解码器把模拟数据变换为数字信号的过程叫模拟数据的数字化。可见编码解码器的作用正好和调制解调器的作用相反。

将模拟信号变换为数字信号常用的方法是脉码调制(Pulse Code Modulation，PCM)。PCM 最初并不是为传送计算机数据用的，而是为了解决电话局之间中继线不够用的问题，希望使用一条中继线不是只传送一路而是可以传送数十路的电话。由于历史上的原因，PCM 有两个互不兼容的国际标准，即北美的 24 路 PCM(简称为 T1)和欧洲的 30 路 PCM(简称为 E1)。中国采用的是 E1 标准。T1 的数据速率是 1.544Mbps。E1 的数据速率是 2.048Mbps。下面结合 PCM 的取样、量化和编码 3 个步骤，说明这些数据速率是如何得出的。

为了将模拟电话信号转变为数字信号，必须对电话信号进行取样。即每隔一定的时间间隔，取模拟信号的当前值作为样本。该样本代表了模拟信号在某一时刻的瞬时值。一系列连续的样本可用来代表模拟信号在某一区间随时间变化的值。取样的频率可根据奈氏取样定理确定。奈氏取样定理表述为，只要取样频率大于模拟信号最高频率的两倍，则可以用得到的样本空间恢复原来的模拟信号，即：

$$f_1 = \frac{1}{T_1} \geqslant 2f_{2\max}$$

式中，f_1 为取样频率；T_1 为取样周期，即两次取样之间的间隔；$f_{2\max}$ 为信号的最高频率。标准电话信号的最高频率为 3.4kHz，为方便起见，取样频率就定为 8kHz，相当于取样周期为 125μs(1/8000s)。PCM 的基本原理如图 2.13 所示。

图 2.13(a)表示一个模拟电话信号的一段。T 为取样周期。连续的电话信号经取样后成为图 2.13(b)所示的离散脉冲信号，其振幅对应于取样时刻电话信号的数值。下一步即进行编码。为简单起见，图 2.13(c)将不同振幅的脉冲编为 4 位二进制码元。在中国使用的 PCM 体制中，电话信号是采用 8 位编码，也即将取样后的模拟电话信号量化为 256 个不同等级中的一个。模拟信号转换为数字信号后就进行传输(为提高传输质量，还可再进行编码，本节的 2.4.2 小节要介绍)。在接收端进行解码的过程与编码过程相反。只要数字信号在传输过程中不发生差错，解码后就可得出和发送端一样的脉冲信号，如图 2.13(d)所示。

经滤波后最后得出恢复后的模拟电话信号，如图 2.13(e)所示。

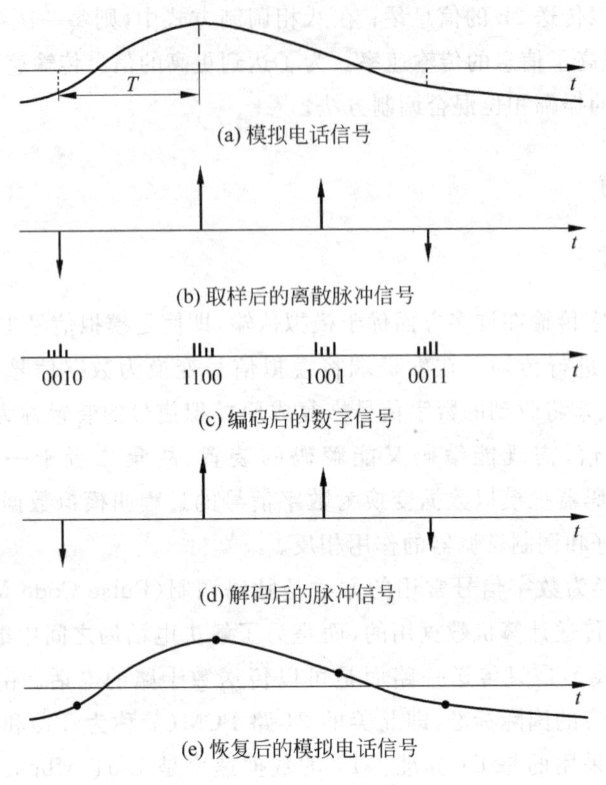

图 2.13 PCM 的基本原理

这样，一个话路的模拟电话信号，经模/数变换后，就变成每秒 8000 个脉冲信号，每个脉冲信号再编为 8 位二进制码元。因此一个话路的 PCM 信号速率为 64Kbps。

为有效利用传输线路，通常总是将多个话路的 PCM 信号用时分多路复用(见下一节)的方法装成帧(即时分复用帧)，然后再往线路上一帧接一帧地传输。图 2.14 说明了 E1 的时分复用帧的构成。

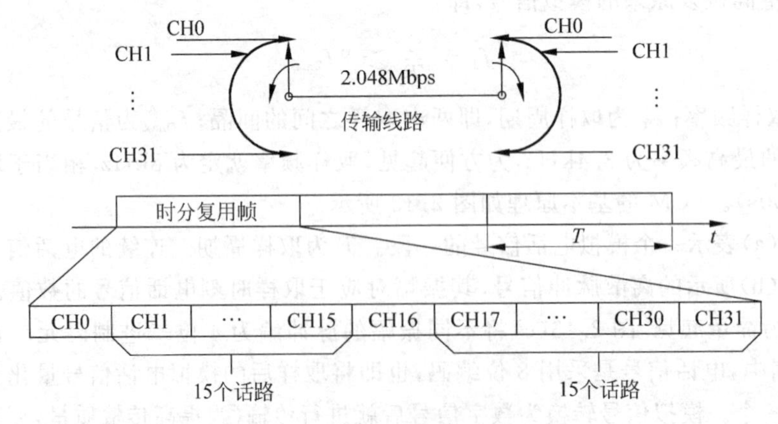

图 2.14 E1 的时分复用帧的构成

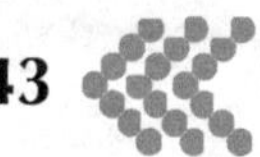

E1 的一个时分复用帧(其长度 $T=125\mu s$)共分为 32 个相等的时间间隙(简称时隙),时隙的编号为 CH0～CH31。时隙 CH0 用做帧同步,时隙 CH16 用来传送信令(如用户的拨号信令)。可供用户使用的话路是时隙 CH1～CH15 和 CH17～CH31,共 30 个时隙用做 30 个话路。每个时隙传送 8b。因此,整个 32 个时隙共传送 256b,即一个帧的信息量。每秒传送 8000 个帧,故 PCM 一次群 E1 的数据率即为 2.048Mbps。在图2.14 中,2.048Mbps 传输线路两端的同步旋转开关,表示 32 个时隙中比特的发送和接收必须和时隙的编号相对应,不能弄乱。

北美使用的 T1 系统共 24 个话路。每个话路的取样脉冲用 7b 编码,然后再加上 1b 信令码元,因此一个话路也是占用 8b。帧同步是在 24 路的编码之后加上 1b,这样每帧共 193b。因此 T1 一次群的数据率为 1.544Mbps。

当需要有更高的数据速率时,可以采用复用的方法。例如,4 个一次群就可以构成一个二次群。当然,一个二次群的数据速率要比 4 个一次群的数据速率总和还要多一些,因为复用后还需要一些同步的码元。表 2.1 给出了欧洲和北美数字传输系统高次群的话路数和数据速率。日本的一次群用 T1,但自己另有一套高次群的标准。

表 2.1 数字传输系统高次群的话路数和数据速率

系统类型		一次群	二次群	三次群	四次群	五次群
欧洲体制	符号	E1	E2	E3	E4	E5
	话路数	30	120	480	1920	7680
	数据率速(Mbps)	2.048	8.488	33.368	139.264	565.148
北美体制	符号	T1	T2	T3	T4	
	话路数	24	96	672	4032	
	数据率速(Mbps)	1.544	6.312	43.736	273.176	

应指出的是,如果在两个计算机之间的通信电路中,只有部分电路采用数字传输,那么数字传输的优越性并不能充分发挥。如果传输电路是模拟信道与数字信道交替组成的,那么由于要多次模/数和数/模转换,通信质量反而会受到一些影响。因此,只有整个的端到端通信电路全部都是数字传输,数字传输的优越性才能得到充分发挥。现在的通信网正朝这一方向发展。

2.4.2 数字数据信号编码

2.3 节指出,在实现远距离计算机通信时,目前端局还常借助电话系统,此时需利用频带传输方式。如前所述,频带传输指把数字信号调制成音频信号后再发送和传输,到达接收端后再把音频信号解调成原来的数字信号,其通过在通信的两端均加 Modem 来实现。而如果计算机等数字设备发出的数字信号,原封不动的送入数字信道上传输,则称为基带传输。由于数字信号的频率可以从 0 到几兆赫兹,故要求信道有较宽的频带。在对数字信号进行传输前,必须对它进行编码,亦即用不同极性的电压或电平值来代表数字“0”和“1”。在基带传输中,数字数据信号的编码方式主要有以下 3 种。

1. 不归零编码

不归零编码 NRZ(Non-Return to Zero Coding)如图 2.15(a)所示。NRZ 码规定用负电

平表示“0”,用正电平表示“1”,亦可有其他表示方法。如果接收端无法确定每个比特信号从何时开始、何时结束(或者说,每个比特信号持续的时间是多长),则还是不能从高低电平的矩形波中读出正确的比特串。如表示 01001011 的矩形波,若把发送比特持续时间缩短一半的话,就会读成 0011000011001111。为保证收发正确,必须在发送 NRZ 码的同时,用另一个信道同时传送时钟同步信号,如图 2.15(a)所示。此外,若信号中的“1”与“0”个数不相等时,则存在直流分量,增大了损耗。

2. 曼彻斯特编码

曼彻斯特编码(Manchester Coding)自带同步信号,如图 2.15(b)所示。在曼彻斯特编码中每个比特持续时间分为两半。在发送比特“0”时,前一半时间为高电平,后一半时间为低电平;在发送比特“1”时则相反。或者也可在发送比特“0”时,前一半时间电平为低,后一半时间电平为高;在发送比特“1”时则相反。这样,在每个比特持续时间的中间肯定有一次电平的跳变,接收方可通过跳变来保持与发送方的比特同步。因此,曼彻斯特编码信号又称为“自含时钟编码”信号,无须另外发送同步信号。此外,曼彻斯特编码不含直流分量,但编码效率较低。

3. 差分曼彻斯特编码

差分曼彻斯特编码(Difference Manchester Coding)是对曼彻斯特编码的改进。它与曼彻斯特编码的不同之处主要是:每比特的中间跳变仅做同步用;每比特的值根据其开始边界是否发生跳变决定,每比特开始处出现电平跳变表示二进制“0”,不发生跳变表示二进制“1”,如图 2.15(c)所示。

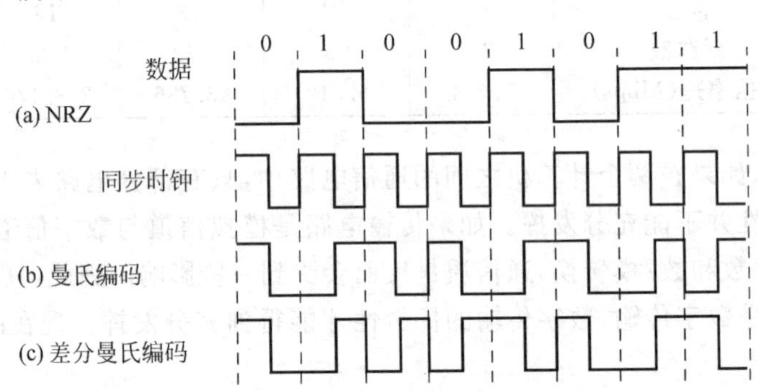

图 2.15 数字数据的数字信号编码

2.4.3 字符编码

数字传输时,在信道上传送的数据都是以二进制位的形式出现的,如何组合“0”与“1”这两种码元,使之代表不同的字符或信息(数据信息和控制信息),称做字符编码。国际标准化组织 1967 年推荐了一个 7 单位编码(每个字符由 7 位二进制码元组成,另外附加 1 位奇偶校验位),即国际标准 ISO646,为世界各国广泛采用。中国 1981 年由国家标准总局公布了信息处理交换用 7 单位编码,与 ISO646 的 7 单位编码一致,国标代号 GB/T 1988—1998,其字符集标准如表 2.2 所示,该字符集与美国 ASCII 字符集基本一致。

表 2.2　信息交换用 7 位编码字符集标准

	b7	0		0		0	0	1	1	1	1
	b6	0		0		1	1	0	0	1	1
	b5	0		1		0	1	0	1	0	1
b4 b3 b2 b1	行/列	0		1		2	3	4	5	6	7
0000	0	NUL	空白	DLE	数据链转义	间隔	0	@	P	、	p
0001	1	SOH	标题开始	DC1	设备控制 1	!	1	A	Q	a	q
0010	2	STX	正文开始	DC2	设备控制 2	“	2	B	R	b	r
0011	3	ETX	正文结束	DC3	设备控制 3	#	3	C	S	c	s
0100	4	EOT	传输结束	DC4	设备控制 4	$	4	D	T	d	t
0101	5	ENQ	询问	NAK	否认	%	5	E	U	e	u
0110	6	ACK	承认	SYN	同步	ˆ	6	F	V	f	v
0111	7	BEL	告警	ETB	组传输结束	.	7	G	W	g	w
1000	8	BS	退格	CAN	作废	(	8	H	X	h	x
1001	9	HT	横向制表	EM	媒体结束	)	9	I	Y	i	y
1010	10	LF	换行	SUB	取代	*	:	J	Z	j	z
1011	11	VT	纵向制表	ESC	转义	+	;	K	[	k	←
1100	12	FF	换页	FS	文卷分隔	,	<	L	V	l	|
1101	13	CR	回车	GS	群分隔	—	=	M	]	m	→
1110	14	SO	移出	RS	记录分隔	•	>	N	↑	n	—
1111	15	SI	移入	US	单元分隔	/	?	O	—	o	抹掉

该字符集标准中除一般字符和常用控制字符外，还有 10 个为便于信息在传输系统中传输而提供的控制字符，此处从略。

2.5　多路复用技术

通信中采用多路复用技术是必然的，一是网络工程中用于通信线路架设的费用相当高，人们需要充分利用通信线路的容量；二是无论在广域网还是局域网中，传输介质的传输容量往往都超过单一信号传输的通信量。为了充分利用传输介质，可在一条物理线路上建立多条通信信道的技术，这即多路复用(multiplexing)技术。多路复用技术主要有 3 种：频分多路复用、时分多路复用和光波分多路复用。

2.5.1　频分多路复用

当物理信道能提供比单个原始信号宽得多的带宽情况下，可以将该物理信道的总带宽分割成若干个和单个信号带宽相同(或略为宽一点)的子信道，每一个子信道传输一路信号。这即频分多路复用(Frequency Division Multiplexing，FDM)。多路的原始信号在频分复用前，首先要通过频谱搬移技术，将各路信号的频谱搬移到物理信道频谱的不同段上，这可以通过频率调制时采用不同的载波来实现。图 2.16 给出了 3 路话频原始信号频分多路复用 FDM(带宽从 60～72kHz 共 12kHz)的物理信道的示意图。

国际上对频分多路复用提出了一系列标准。常用的标准是将 12 条 4kHz 语音信道复用在 60～108kHz 的频带上，也有将 12 条 4kHz 语音信道复用在 12～60kHz 的频带

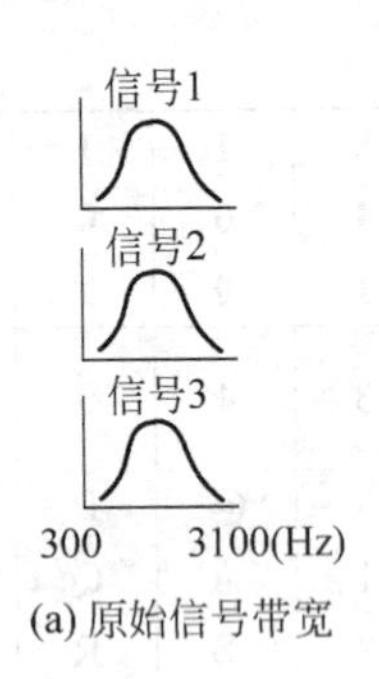

(a) 原始信号带宽

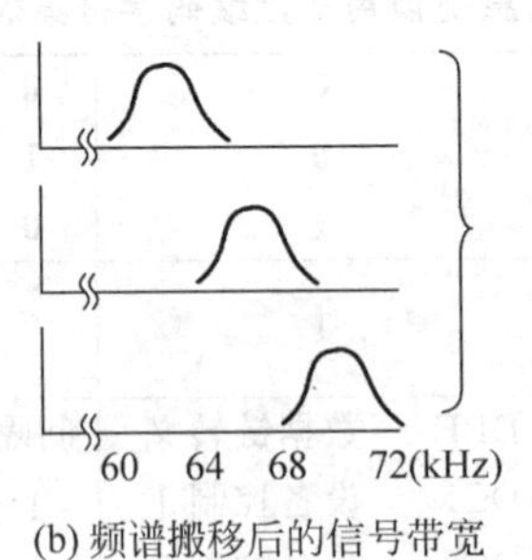

(b) 频谱搬移后的信号带宽

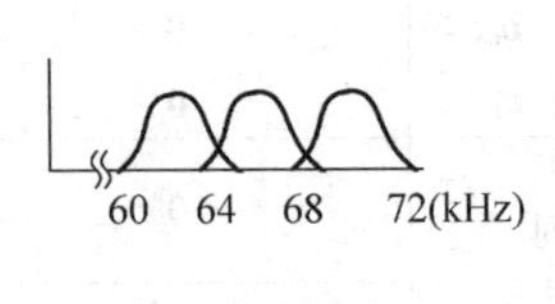

(c) 三路信号FDM

图 2.16 频分多路复用 FDM

上,12 条信道组成一个基群,5 个基群组成一个超群,5 个超群或 10 个超群组成一个主群。

除电话系统中使用频分多路复用技术外,在无线电广播系统中早已使用了该技术,即不同的电台使用不同的频率,如中央台用 560kHz,东方台则用 792kHz 等。在有线电视系统(Community Antenna Television,CATV)中也如此。一根 CATV 电缆的带宽大约是 500MHz,可传送 80 个频道的彩色电视节目,每个频道 6MHz 的带宽中又进一步划分为声音子通道、视频子通道和彩色子通道。每个频道两边都留有一定的警戒频带,防止相互干扰。宽带局域网中也使用频分多路复用技术,所使用的电缆带宽至少要划分为不同方向上的两个子频带,甚至还可分出一定带宽用于某些工作站之间的专用连接。

2.5.2 时分多路复用

1. 时分多路复用原理

时分多路复用(Time Division Multiplexing,TDM)是将一条物理线路按时间分成一个个的时间片,每个时间片常称为一帧(frame),每帧长 125μs,再分为若干个时隙,轮换地为多个信号所使用。每一个时隙由一个信号(也即一个用户)占用,即在占有的时隙内,该信号使用通信线路的全部带宽,而不像 FDM 那样,同一时间同时发送多路信号。时隙的大小可以按一次传送一位、一个字节或一个固定大小的数据块所需的时间来确定(见 2.4.1 节)。从本质上来说,时分多路复用特别适合于数字信号的场合。通过时分多路复用,多路低速数字信号可复用一条高速信道。例如,数据速率为 48Kbps 的信道可为 5 条 9600bps 数据速率的信号时分多路复用,也可为 20 条速率为 2400bps 的信号时分多路复用。

2. 同步时分多路复用和异步时分多路复用

时分多路复用按照同步方式的不同又可分为同步时分多路复用(Synchronous Time Division Multiplexing, STDM)和异步时分多路复用(Asynchronous Time Division Multiplexing,ATDM)。

1) 同步时分多路复用

同步时分多路复用是指时分方案中的时隙是预先分配好的,时隙与数据源一一对应,不管某一个数据源有无数据要发送,对应的时间片都是属于它的。在接收端,根据时隙的序号来分辨是哪一路数据,以确定各时隙上的数据应当送往哪一台主机。如图 2.17 所示,数据源 A、B、C、D 按时间先后顺序分别占用被时分复用的信道。

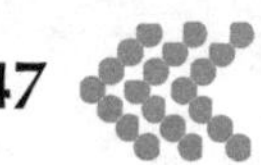

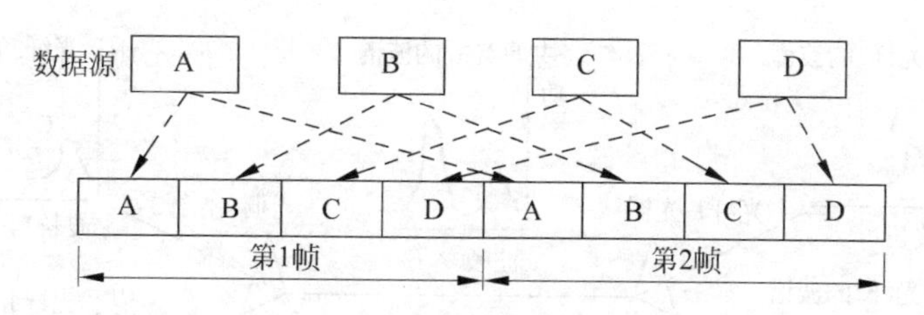

图 2.17　同步时分多路复用

由于在同步时分复用技术中,时隙预先分配且固定不变,无论时隙拥有者是否传输数据都占有一定时隙,因而形成了时隙浪费,其时隙的利用率较低,为了克服同步时分复用技术的缺点,人们引入了异步时分多路复用技术。

2）异步时分多路复用

异步时分多路复用是指各时隙与数据源无对应关系,系统可以按照需要动态地为各路信号分配时隙,为使数据传输顺利进行,所传送的数据中需要携带供接收端辨认的地址信息,因此异步时分复用也称为标记时分复用技术。如图 2.18 所示,数据源 A、B、D 被分别标记了相应的地址信息。高速交换中的异步传输模式(Asynchronous Transfer Mode,ATM)就是采用这种技术来提高信道利用率的。

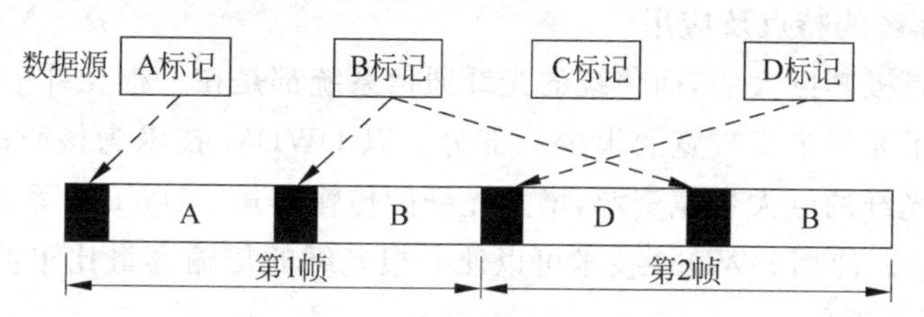

图 2.18　异步时分多路复用

采用异步时分复用技术时,当某一路用户有数据要发送时才把时隙分配给它,当用户暂停发送数据时不给它分配时隙,这样空闲的时隙就可用于其他用户的数据传输,所以每个用户的传输速率可以高于平均速率,最高可达线路总的传输能力(即占有所有的时隙)。如线路的传输速率为 28.8Kbps,3 个用户公用此线路,在同步时分复用方式中,每个用户的最高速率为 96 000bps,而在异步时分复用方式中,每个用户的最高速率可达 28.8Kbps。

2.5.3　光波分多路复用

1. 基本原理

光波分多路复用(Wave Division Multiplexing,WDM)技术是在一根光纤(纤芯)中能同时传播多个光波信号的技术,其本质是在一条光纤上用不同波长的光波传输信号,而不同波长的光波彼此互不干扰。这样,一条光纤就变成了几条、几十条甚至上百条光纤的信道。光波分多路复用单纤传输原理如图 2.19 所示,在发送端将不同波长的光信号组合起来,复用到一根光纤上,在接收端又将组合的光信号分开(解复用),并送入不同的终端。

按照波长之间间隔的不同,WDM 可以分为稀疏波分复用(Coarse WDM,CWDM)和密集波分复用(Dense WDM,DWDM)。CWDM 的信道间隔为 20nm,而 DWDM 的信道间隔为 0.2～1.2nm。CWDM 与 DWDM 的原理相同,但 DWDM 中波长间的间隔更小、更紧密,

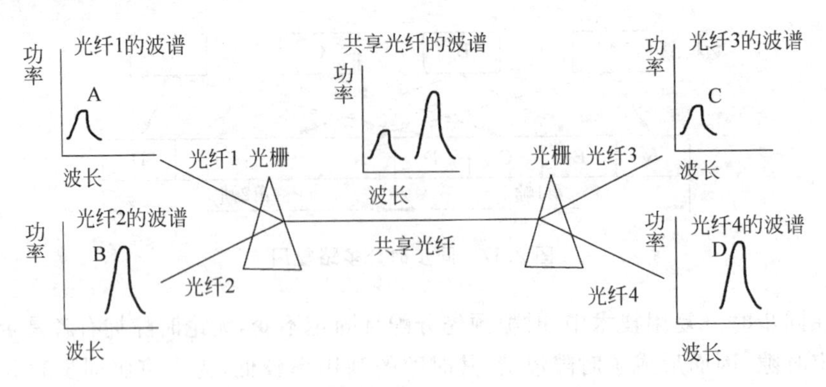

图 2.19 光波分多路复用单纤传输原理

而且几乎所有 DWDM 系统都工作在 1550nm 低耗波长区，其传输损耗更小，传输距离更长，可以在没有中继器的情况下传输 500～600km。DWDM 系统一般用于传输距离远、波长数多的网络干线上，如陆地与海底干线、市内通信网，也可用于全光通信网。它是当前速率较高的传输网络，可以处理数据速率高达 80Gbps 的业务，并将传输速率提高到 800Gbps 甚至更高。

2. DWDM 系统的特点及应用

光纤的容量是极其巨大的，而传统的光纤通信系统都是在一根光纤中传输一路光信号，这实际上只使用了光纤丰富带宽的很少一部分。以 DWDM 技术为核心的 DWDM 系统可以更充分地利用光纤的巨大带宽资源，增加光纤的传输容量。DWDM 系统具有如下特点。

(1) 超大容量。使用 DWDM 技术可以使一根光纤的传输容量比单波长传输容量增加几倍、几十倍甚至上百倍。

(2) 对数据率“透明”。由于 DWDM 系统按光波波长的不同进行复用和解复用，而与信号的速率和电信号调制方式无关，即对数据是“透明”的。因此可以传输特性完全不同的信号，完成各种电信号的合成和分离，包括数字信号和模拟信号。

(3) 系统升级时能最大限度地保护已有投资。在网络扩充和发展中，无需对光缆线路进行改造，只需更换光发射机和光接收机即可实现，是理想的扩容手段，也是引入宽带业务的方便手段，而且利用增加一个附加波长即可引入任意新业务或新容量。

(4) 高度的组网灵活性、经济性和可靠性。利用 DWDM 技术构成的新型通信网络比用传统的时分复用技术组成的网络结构要大大简化，而且网络层次分明，各种业务的调度只需调整相应光信号的波长即可实现。由于网络结构简化、层次分明以及业务调度方便，由此而带来的网络的灵活性、经济性和可靠性是显而易见的。

(5) 可兼容全光交换。可以预见，在未来可望实现的全光网络中，各种电信业务的上/下、交叉连接等都是在光上通过对光信号波长的改变和调整来实现的。因此，DWDM 技术将是实现全光网的关键技术之一，而且 DWDM 系统能与未来的全光网兼容，将来可能会在已经建成的 DWDM 系统的基础上实现透明的、具有高度生存性的全光网络。

3. DWDM 系统结构

如前所述，光波分多路复用是将一条单纤转换为多条“虚纤”，每条虚纤工作在不同的波长上。DWDM 系统有两种基本结构：单纤双向 DWDM 系统和双纤单向 DWDM 系统。

1）单纤双向 DWDM 系统

单纤双向 DWDM 系统结构如图 2.20 所示。在这种系统中，用一条光纤实现两个方向信号同时传输，因而也称为单纤全双工通信系统。实现这种系统的关键思想是两端都需要一组复用/解复用器 MD（Multiplexer/Demultiplexer）。图 2.20 中 T（Tranfer）为光发送器，R（Receptor）为光接收器。

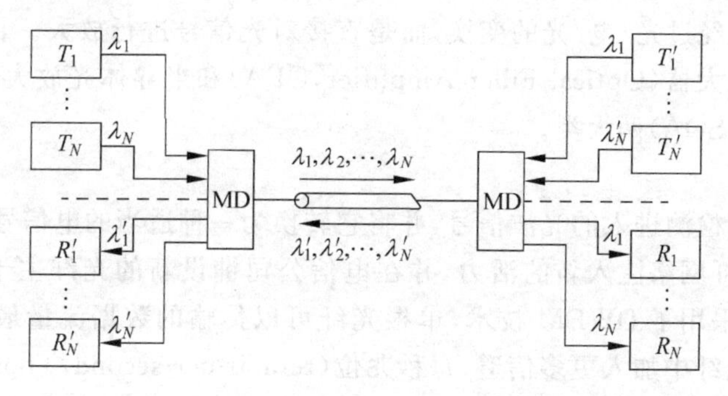

图 2.20　光波分多路复用单纤双向传输系统结构图

2）双纤单向 DWDM 系统

双纤单向 DWDM 系统如图 2.21 所示，双纤单向传输就是一根光纤只传输一个方向的光信号，相反方向光信号的传输由另一根光纤完成。

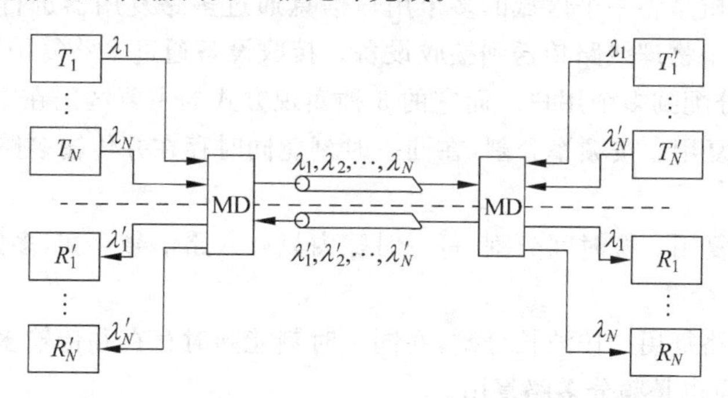

图 2.21　光波分多路复用双纤单向传输系统结构图

4. DWDM 系统的关键设备

在 DWDM 系统中使用的主要设备有 DWDM 光激光器、光波分复用器与解复用器、光放大器和光接收器等。

1）光激光器

DWDM 系统的无中继器传输距离从 50～60km 增加到 500～600km，在要求传输系统的波长受限、距离大大延长的同时，为了克服光纤非线性效应，要求光发射器使用技术更先进、性能更优良的激光器，而不再是简单的发光二极管。

2）光波分复用器与解复用器

光波分复用器与解复用器是 DWDM 系统中最关键的设备。光波分复用器一般用于传输系统发送端，将多个输入端的不同波长的光信号合成到一个输出端输出；光波分解复用器一般用于传输系统接收端，正好与光波分复用器相反，它将一个输入端的多个不同波长的光信号分离到多个输出端输出。在双向传输系统中，两端都需要一组光波分复用器与解复用器。

光波分复用器的种类繁多，主要有棱镜型、光栅型、干涉膜滤光片型、熔融光纤型、平面光波导型等。

3）光放大器

光放大器用来提升光信号，补偿由于长距离传输而导致的光信号的消耗和衰减。它不需要像中继器一样经过光/电/光的变换，而是直接对光信号进行放大。目前使用的光放大器主要分为光纤放大器（Optical Fiber Amplifier，OFA）和半导体光放大器（Semiconductor Optical Amplifier，SOA）两大类。

4）光接收器

光接收器负责检测进入的光波信号，并将它转换为一种适当的电信号，以便设备处理。

DWDM为光纤网络注入新的活力，并在电信公司铺设新的光纤主干网中提供惊人的带宽。目前，由于采用了DWDM技术，单根光纤可以传输的数据流量最大达到400Gbps。随着厂商在每根光纤中加入更多信道，每秒兆位（terabit-per-second，Tbps）的传输速度指日可待。因此，DWDM在未来的网络中提供了一个经济、大容量、高生存性和灵活性的传输基础设施，具有十分诱人的前景。

2.5.4 频分多路复用、时分多路复用和光波分多路复用的比较

多路复用的实质是将一个区域的多个用户信息通过多路复用器进行汇集，然后将汇集后的信息群通过一条物理线路传送到接收设备。接收设备通过多路复用器将信息分离成各个独立的信息，再分配到多个用户。而它的3种实现方式的主要区别在于分割的方式不同。

（1）频分多路复用。按频率分割，在同一时刻能同时存在并传输多路信号，每路信号的频带不同。

（2）时分多路复用。按时间分割，每一时隙内只有一路信号存在，多路信号分时轮换地在信道内传输。

（3）光波分多路复用。按波长分割，在同一时刻能同时存在并传输多路信号，每路信号的波长不同，其实质也是频分多路复用。

2.6 数据交换方式

1.2节已指出，计算机网络由用户资源子网和通信子网构成。用户资源子网进行信息处理，向网络提供可用的资源。通信子网由若干网络节点和链路按某种拓扑结构互联而成，用于完成网中的信息传递。图2.22是交换通信子网的示意图。该图中的节点A～F以及连接这些节点的链路AB、AC等组成了通信子网。H1～H5是一些独立的并可进行通信的计算机，属于用户资源子网。现在习惯上将通信子网以外的计算机H1～H5称为主机（host），而将通信子网节点上的计算机称为节点交换机。

通信子网又可分为广播通信网和交换通信网。在广播通信网中，通信是广播式的，无中间节点进行数据交换，所有网络节点共享传输媒体，如总线网、卫星通信网。图2.22所示的通信子网即为交换通信网，其由若干网络节点按任意拓扑结构互联而成，以交换和传输数据为目的。通常将一个进网的数据流到达的第一个节点称源节点，离开子网前到达的最后一个节点称宿节点。在图2.22中，若H1与H5通信，则A与E分别称源节点与宿节点。通

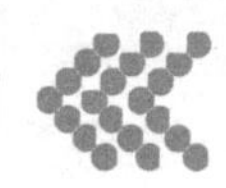

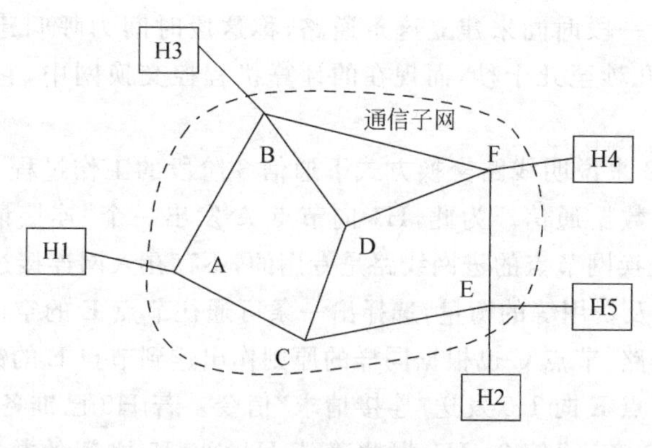

图 2.22 交换通信子网

信子网必须能为所有进网的数据流提供从源节点到宿节点的通路，而实现这种数据通路的技术就称为数据交换技术，或数据交换方式。

对于交换网，数据交换方式按照网络节点对途经的数据流所转接的方法不同来分类。目前广泛采用的交换方式有两大类。

(1) 线路交换(circuit switching)。网络节点内部完成对通信线路源宿两端之间所有节点在空间上或时间上的连通，为数据流提供专用的传输通路。线路交换也称电路交换。

(2) 存储转发交换(store-and-forward exchanging)。网络节点通过程序先将途经的数据流按传输单元接收并存储下来，然后选择一条合适的链路将它转发出去，在逻辑上为数据流提供了传输通路。

根据转发的数据单元不同，存储转发交换又分为报文交换(message switching)和分组交换或包交换(packet switching)。报文交换的数据单元是报文(message)，报文的长度是随机的，可达数千或数万比特，甚至更长。分组交换的数据单元是分组(packet)，一个分组的最大长度可限制在 2000b 以内，典型长度为 128b。

除了上述两类传统的交换方式外，近年来出现了不少高速交换技术，如帧中继(frame relay)和异步传输模式(ATM)。特别是 ATM，它建立在大容量光纤传输介质的基础上，比帧中继具有更高的传输速率，短距离传输时高达 2.2Gbps，中、长距离也可达几十兆比特至几百兆比特。以下对几种交换方式分别进行介绍。

2.6.1 线路交换

线路交换是将发送方和接收方之间的一系列链路直接连通，电话交换系统就是采用这种交换方式。当交换机收到一个呼叫后，就在网络中寻找一条临时通路供两端的用户通话，这条临时通路可能要经过若干个交换局的转接，并且一旦建立就成为这一对用户之间的临时专用通路，别的用户不能打断，直到电话结束才拆除连接。可见，经由线路交换而实现的通信包括以下 3 个阶段。

(1) 线路建立阶段。通过呼叫完成逐个节点的接通，建立起一条端到端的直通线路。

(2) 数据传输阶段。在端到端的直通线路上建立数据链路连接并传输数据。

(3) 线路拆除阶段。数据传输完成后，拆除线路连接，释放节点和信道资源。

线路交换最重要的特点是在一对用户之间建立起一条专用的数据通路。为此，在数据传输之前需要花费一段时间来建立这条通路,称这段时间为呼叫建立时间。在传统的公用电话网中,它约几秒至几十秒,而现在的计算机程控交换网中,它可减少到几十毫秒量级。

可以利用图 2.22 来说明线路交换方式下通信 3 阶段的工作过程。假设用户 H1 要求连接到 H5 进行一次数据通信。为此,H1 向节点 A 发出一个"连接请求"信令,要求连到 H5。通常从 H1 到交换网节点的进网线路是专用的,不存在入网连接过程。节点 A 基于路由信息和线路可用性及费用等的衡量,选择出一条可通往节点 E 的空闲链路。如选择了连接到节点 C 的一条链路,节点 C 也根据同样的原则作出连到节点 E 的链路选择。节点 E 也有专线连到 H5,由节点 E 向 H5 发送"连接请求"信令。若 H5 已准备好,即通过这条通路向 H1 回送一个"连接确认"信令,H1 据此确认 H1 到 H5 之间的数据通路已经建立,即 H1—A—C—E—H5 的专用物理通路。

于是,H1 与 H5 随即在此数据通路上进行数据传输。在传输期间,交换网的各有关节点始终保持连接,不对数据流的速率和形式作任何解释、变换和存储等处理,完全是直通的透明传输。

数据传输完后,由任一用户向交换网发出"拆除请求"信令。该信令沿通路各节点传送,指示这些节点拆除各段链路,以释放信道资源。

线路交换本来是为电话网而设计的。一百多年来,电话交换机经过多次更新换代,从人工接续、步进制、纵横制直到现代的程控交换机,其本质始终未变,都是采用线路交换。但近年来各个远程计算机或局域网间的通信也有采用公用电话交换网来实现的。计算机在实现数据通信时,发送端的计算机需经 Modem 把二进制数字信号序列调制为适合电话线上传输的模拟信号,接收端 Modem 再把模拟信号还原为数字信号后而传入计算机。其线路的连接、数据传输和线路的拆除完全与普通电话的 3 个阶段类似。打电话时发话方人工拨通电话,对方拿起听筒后交换线路即告连接成功。计算机通信则由计算机把存储的电话号码经 Modem 自动拨号,双方的 Modem 进行呼叫应答后建立线路连接。电话交换是双方对话,而计算机通信是在线路上传输被调制后的数据信息,一方挂断,线路整个即被拆除。

应指出的是,用线路交换进行计算机通信,线路利用率是很低的。电话通信中,一般为双工通信,由于双方总是一个在讲,另一个在听,故线路利用率约为 50%。如考虑讲话时的停顿,则利用率会更低。计算机通信中,由于人机交互,如键盘输入、阅读屏幕显示的时间较长,而数据只是突发性地和间歇性地出现在传输线路上,故线路上真正用来传输数据的时间往往不到 10%,甚至 1%。在绝大部分时间里,通信线路实际上是空闲的。但对电信局来说,通信线路已被用户占用而要收费,故既增加了通信成本,又白白浪费了宝贵的线路资源。

线路交换的优点是:通信实时性强;通路一旦建立,便不会发生冲突,数据传送可靠、迅速,且保持传输的顺序;线路传输时延小,唯一的时延是电磁信号的传播时间。其主要缺点是:线路利用率低;通路建立之前有一段较长的呼叫建立时延;系统无数据存储及差错控制能力,不能平滑通信量。因此,线路交换适于连接时间长和批量大的实时数据传输,如数字话音、传真等业务。对于需要经常性长期连接的用户之间,可以使用永久型连接线路或租用线路,进行固定连接,即不存在呼叫建立和拆除线路这两个阶段,避免了相应的时延。

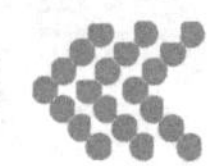

2.6.2 报文交换

报文交换属存储转发交换方式，不要求交换网为通信双方预先建立一条专用数据通路，也就不存在建立线路和拆除线路的过程。在这种交换网中，通信用的主机把需要传输的数据组成一定大小的报文，并附有目的地址，以报文为单位经过公共交换网传送。交换网中的节点计算机接收和存储各个节点发来的报文，待该报文的目的地址线路有空闲时，再将报文转发出去。一个报文可能要通过多个中间节点存储转发后才能达到目的站。交换网络有路径选择功能。现仍用图2.22来说明。如H1欲发一份报文给H5，即在报文上附上H5的地址，发给交换网的节点A，节点A将报文完整地接收并存储下来，然后选择合适的链路转发到下一个节点，例如节点C。每个节点都对报文进行类似的存储转发，最后到达目的站H5。可见，报文在交换网中完全是按接力方式传输的。通信双方事先并不确知报文所要经过的传输通路，但每个报文确实经过了一条逻辑上存在的通路。如上述H1的一份报文经过了H1—C—E—H5的一条通路。

在线路交换中，每个节点交换机是一个电子交换装置或是机电接点装置，数据的比特流在交换装置中不作任何处理地通过。而报文交换网的节点交换机通常是计算机，能将报文存储下来，然后分析报头信息，决定处理的方法和转发的方向。若一时不能提供空闲链路，报文就排队等待发送。因此，一个节点对于一份报文所造成的时延应包括存储处理时间、排队时间和转发报文时间。

在报文传输上，任何时刻一份报文只在一条节点到相邻节点间的点到点链路上传输，每一条链路的传输过程都对报文的可靠性负责。这样比起线路交换来有许多优点：不必要求每条链路上的数据速率相同，因而也就不必要求收、发两端工作于相同的速率；传输中的差错控制可在多条链路上进行，不必由收、发两端介入，简化了端设备；由于是接力式工作，任何时刻一份报文只占用一条链路的资源，不必占有通路上的所有链路资源，而且许多报文可以分时共享一条链路，这就提高了网络资源的共享性及线路的利用率；一个报文可以同时向多个目的站发送，而线路交换网络难于做到；在线路交换网络上，当通信量变得很大时，就不能接受某些呼叫，而在报文交换网中仍可以接收报文，但是传送延迟会增加。

报文交换的主要缺点是：每一个节点对报文数据的存储转发时间较长，传输一份报文的总时间并不比采用线路交换方式短，或许会更长。因此，报文交换不适于传输实时的或交互式业务，如语音、传真、终端与主机之间的会话业务等。事实上，报文交换仅用于非计算机数据业务(如民用电报业务)的通信网中，以及公共数据网发展的初期。只有出现了分组交换方式之后，公共数据网才真正进入到成熟阶段。

2.6.3 分组交换

存储转发的概念最初是在1964年8月由巴兰(Baran)在美国兰德(Rand)公司《论分布式通信》的研究报告中提出的。1962—1965年，美国国防部远景规划局(Defence Adacamed Research Project Agency，DARPA)和英国国家物理实验室NPL都在对新型的计算机通信网进行研究。1966年6月，NPL的戴维斯(Davies)首次提出"分组(packet)"这一名词。从1969年开始组建并于1971年投入运行的美国ARPANET第一次采用了分组交换技术，计算机网络的发展也由此进入了一个崭新的纪元。可以说，ARPANET为公共数据网的建设树立了一个样板。继之,1973年开始运行的加拿大公共数据网DATAPAC也采用了分组交换技术。从1975年开始,这种交换技术就越来越普遍地应用于一些国家邮电部门的公共数据网,如英国的PSS、法国的TRANPAC、美国的TELENET、日本的D-50、中国的CHINAPAC等。从此,公共数据网进入了蓬勃发展的成熟阶段。前已指出,分组交换与报文交换同属于存储转发式交换,依据完全相同的机理,它们之间的外表差别仅在于参与交换的数据单元的长度不同。表面看来,分组交换比起报文交换并没有优越之处。但是,通过仔细分析后会看到,将交换的数据单元限制为一个相当短的长度(如2000b以内)这一简单措施,对于系统的性能,特别是对减少时延性能具有显著的影响。仍以图2.22为例,当主机H1要向主机H5发送数据时,首先要将数据划分为一个个等长的分组,如每个分组1000b长,每个分组都附上地址及其他信息,然后就将这些分组按顺序一个接一个地发往交换网的节点A。此时,除链路H1—A外,网内其他通信链路并不被目前通信的双方所占用。即使是链路H1—A,也只是当分组正在此链路上传送时才被占用。在各分组传输之间的空闲时间,链路H1—A仍可以为其他主机发送的分组使用。在节点A,交换网可以采用两种不同的传输方式来处理这些进网分组数据的传输与交换,这即数据报传输分组交换和虚线路传输分组交换。

1. 数据报传输分组交换

假定在图2.22中,H1站将报文划分为3个分组(P1、P2、P3),每个分组都附上地址及其他信息,按序连串地发送给节点A。节点A每接收到一个分组都先存储下来,由于每一个分组都含有完整的目的站的地址信息,因而每一个分组都可以独立地选择路由,分别对它们进行单独的路径选择和其他处理过程。例如,它可能将P1送往节点C,将P2、P3送往节点B。这种选择主要取决于节点A在处理那一个分组时刻的各链路负荷情况,以及路径选择的原则和策略。这样可使各个节点处于并行操作状态,可大大缩短报文的传输时间。由于每个分组都带有终点地址,所以它们不一定经过同一路径,但最终都能到达同一个目的节点E。这些分组到达目的节点的顺序也可能被打乱,这就要求目的节点E负责分组排序和重装成报文,也可由目的地H5站来完成这种排序和重装工作。由上可知,交换网把对进网的任一个分组都当作单独的"小报文"来处理,而不管它是属于哪个报文的分组,就像在报文交换方式中把一份报文进行单独处理一样。这种单独处理和传输单元的"小报文"或"分组",即称为数据报(datagram)。这种分组交换方式称为数据报传输分组交换方式,或简称数据报交换。

2. 虚线路传输分组交换

类似前述的线路交换方式,报文的源发站在发送报文之前,通过类似于呼叫的过程使交换网建立一条通往目的站的逻辑通路。然后,一个报文的所有分组都沿着这条通路进行存储转发,不允许节点对任一个分组做单独的处理和另选路径。在图2.23中,假设H1站有3个分组(P1、P2、P3)要送往H5站去。H1站首先发一个"呼叫请求",即发送一个特定格式的分组给节点A,要求连到H5站进行通信,同时也寻找一条合适的路径。节点A根据路径选择原则将呼叫请求分组转发到节点B,节点B又将该分组转发到节点C,C节点再将该分组转发到节点E,最后节点E通知H5站,这样就初步建立起一条H1—A—B—C—E—H5的逻辑通路。若H5站准备好接收报文,可发一个"呼叫接收"分组给节点E,沿着同一条通路传送到H1站,从而H1站确认这条通路已经建立,并分配一个"逻辑通道"标识号,记为

VCl。此后 P1、P2、P3 各分组都附上这一标识号，交换网的节点都将它们转发到同一条通路的各链路上传输，这就保证了这些分组一定能沿着同一条通路传输到目的地 H5 站。全部分组到达 H5 站并经装配确认无误后，任一站都可以采取主动发送一个“消除请求”分组来终止这条逻辑通路，具体过程由交换网内部完成。

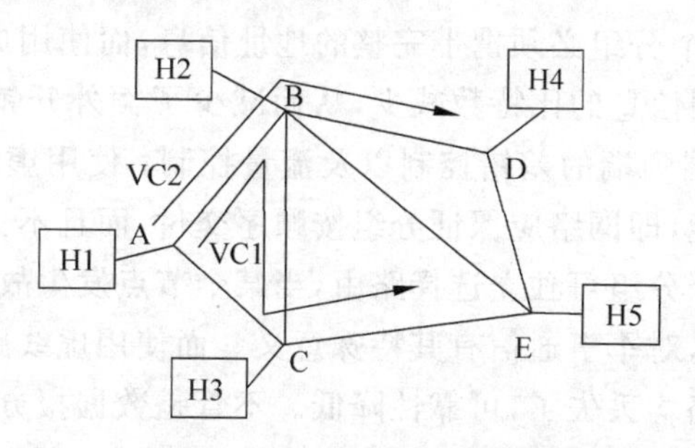

图 2.23 虚线路传输分组交换

上述这种分组交换方式称为虚线路传输分组交换方式，简称虚线路交换。为建立虚线路的呼叫过程称为虚呼叫(virtual calling)，通过虚呼叫建立起来的逻辑通路称为虚拟线路(virtual circuit)，简称虚线路或虚通路。

要注意的是，虚线路与存储转发这一概念有关。当人们在线路交换的电话网上打电话时，在通话期间的确是自始至终地占用一条端到端的物理信道。当人们占用一条虚线路进行计算机通信时，由于采用的是存储转发的分组交换，所以只是断续地占用一段又一段的链路，分组在每个节点仍然需要存储，并在线路上进行输出排队，但不需要为每个分组作路径判定。虽然人们感觉好像(而并没有真正地)占用了一条端到端的物理线路，但这与线路交换有本质的区别。虚线路的标识号只是对逻辑信道的一种编号，并不指某一条物理线路本身。一条物理线路可能被标识为许多逻辑信道编号，这点正体现了信道资源的共享性。假定主机 H1 还有另一个进程在运行，此进程还想和主机 H4 通信。这时，H1 可再进行一次虚呼叫，并建立一个虚线路，在图 2.23 中标记为 VC2，它经过 A—B—D 3 个节点。由该图可知，链路 A—B 既是 VC1 的链路，也是 VC2 的链路。数据报方式和虚线路方式的主要区别如表 2.3 所示。需要指出的是，数据报方式没有呼叫建立过程，每个分组(或称数据报)均带有完整的目的站的地址信息，独立地选择传输路径，到达目的站的顺序与发送时的顺序可能不一致。而虚线路方式必须通过虚呼叫建立一条虚线路，每个分组不需要携带完整的地址信息，只需带上虚线路的号码标志，不需要选择路径，均沿虚线路传送，这些分组到达目的站的顺序与发送时的顺序完全一致。

表 2.3 数据报方式与虚线路方式的主要区别

	数据报	虚线路
端到端的连接	不要	必须有
目的站地址	每个分组均有目的站的全地址	仅在连接建立阶段使用
分组的顺序	到达目的站时可能不按发送顺序	总是按发送顺序到达目的站
端到端的差错控制	由用户端主机负责	由通信子网负责
端到端的流量控制	由用户端主机负责	由通信子网负责

数据报方式和虚线路方式各有优缺点。据统计，在计算机网络上传送的报文长度通常很短。若采用128B为分组长度，往往一次只传送一个分组就够了。这时，用数据报既快又经济，特别适用于网络互联。若用虚线路，为了传送一个分组而要建立虚线路和释放虚线路就显得太浪费了。

在使用数据报时，每个分组必须携带完整的地址信息，而使用虚线路时仅需虚线路号码标志。这样可使分组控制信息的比特数减少，从而减少了额外开销。此外，使用数据报时，用户端的主机要求承担端到端的差错控制以及流量控制；使用虚线路时，网络有端到端的流量控制及差错控制功能，即网络应保证分组按顺序交付，而且不丢失、不重复。

数据报方式由于每个分组可独立选择路由，当某个节点发生故障时，后续节点就可另选路由，因而提高了可靠性，对军事通信有其特殊意义。而使用虚线路时，如一个节点失效，则通过该节点的所有虚线路均丢失了，可靠性降低。不管是数据报方式还是虚线路方式，分组交换除了提高网络信道资源的共享性之外，在网络性能方面莫过于分组传输时延性能得到改善。这种实质上的改善，得益于采用了一个简单的措施，即将一份较长的报文划分为一个个较短的分组并作为传输单元。

根据上述分析，可以将线路交换、报文交换、分组交换3种方式的主要特点总结如下。

(1) 线路交换。在数据传输开始之前必须先建立一条专用的通路，在线路释放以前，该通路将由一对用户完全占用。通信实时性强，适于电话、传真等业务。线路利用率低，特别对于突发性的计算机通信效率更低。

(2) 报文交换。不需要通信双方预先建立一条数据通路，靠交换网各节点计算机存储转发，接力式地传送报文。在传送报文时，任一时刻一份报文只占用一条链路。在交换节点中需要缓冲存储，报文需要排队。因此，它不能满足实时通信的要求，主要应用于非计算机数据业务，如民用电报的通信网中。总的来说，现在报文交换应用较少。

(3) 分组交换。该交换与报文交换方式类似，同属于存储转发，但报文被分成较小的分组传送，并规定了最大的分组长度。分组交换又分为数据报与虚线路交换。在数据报方式中，每一分组带有完整的地址信息，均可独立地选择路径，目的地需要重新组装报文。在虚线路方式中，要先建立虚线路，各分组不需要自己选路径，目的地无需重新组装报文。分组交换相对于报文交换而言，传输时延可大大减少，它是当今数据网络中最广泛使用的一种交换技术。目前普遍采用的X.25协议就是国际电话电报咨询委员会(Consultative Committee International Telephone and Telegraph，CCITT)制定的分组交换协议。

局域网也都采用分组交换。但在局域网中，从源点到目的地只有一条单一的通路，故不需要像公用数据网中那样具有路由选择和交换功能。局域网也采用线路交换，如计算机交换机(Computer Branch Exchange，CBX)就是使用线路交换技术的局域网。由于报文交换不能满足实时通信要求，故局域网中不采用报文交换技术。总之，目前通信网中广泛使用的交换方式主要是线路交换和分组交换，线路交换用于电话业务，分组交换用于数据业务。

2.6.4 高速交换

前述3类交换技术，已远不能满足像信息高速公路那样建立先进通信网络的需要，例如，音频、视频、数字、图像等多媒体同时传输要求高速宽带通信网。近年来，有多种高速网络技术在同时发展，如帧中继、异步传输模式ATM，综合业务数字网络(Integrated Service

Digital Network，ISDN）以及光纤通信等。相应的高速交换方式有帧中继、异步传输模式ATM和光交换技术等。

1. 帧中继交换

长期以来，一般都认为X.25分组交换网是实现数据通信的最好方式，因为它具有比电话系统高得多的数据速率，而且有一套完整的差错控制机制。但到20世纪80年代后期，随着网络上信息流量和局域网通过分组交换网互联的急剧增加，使X.25原有的数据速率已远远不能满足要求。特别是20世纪80年代后期以来，通信用的主干线已逐步采用光缆，不仅大幅度提高了数据速率，而且使传输误码率降低了几个数量级。此外，网络中所有通信设备的可靠性也显著提高，这些都使信息在传输过程中发生差错的几率减小。因此，既没有必要再像X.25交换网那样每经过一个交换机都对帧进行一次差错检测，也无须在每个交换机中设置功能较强的流量控制和路由选择机制，帧中继交换正是在这种背景下产生的。可以说，帧中继（frame relay）是在X.25基础上，简化了差错控制（包括检测、重发和确认）、流量控制和路由选择功能，而形成的一种新型的交换技术。由于X.25分组网和帧中继很相似，因而很容易从X.25升迁到帧中继。1992—1993年是帧中继技术从试用转向普及关键性的一年，其标志是AT&T公司的Intespan帧中继业务投入使用，中国也于1994年开通了帧中继业务。

帧中继是一种减少节点处理时间的技术，是以帧为单位进行的交换，一般认为帧的传送基本上不会出错，因此只要一读出帧的目的地址就立即开始转发该帧。一节点在收到一帧时，大约只需执行6个检错步骤，一个帧的处理时间可以减少一个数量级，因此帧中继网络的吞吐量比X.25网络要提高一个数量级以上。当还在接收一个帧时就转发此帧，通常称其为快速分组交换。分布队列双总线（Distributed Queue Dual Bus，DQDB）、交换多兆位数据服务（Switching Multiple-megabit Data Service，SMDS），以及ATM、B-ISDN等均属快速分组交换。

可以将帧中继与X.25分组交换网进行比较，如表2.4所示。

表2.4 X.25分组交换与帧中继交换的比较

比较项目	X.25分组交换	帧中继交换
通信子网形式	分组交换网为物理层、数据链路层、网络层3层	通信子网只有物理层和数据链路层
传输速率	64Kbps	2.048Mbps
差错控制	在通信子网的源端和目标端以及途经的相邻节点间均进行	只在通信子网的源和目标两端进行
流量控制	在数据链路层和网络层都设置了显示的流量控制机制	无显示的流量控制机制
路由选择	在网络层中实现	在数据链路层实现
多路复用和转换	在网络层中实现	在数据链路层实现
虚电路	支持永久虚电路和呼叫虚电路	只支持永久虚电路

由于帧中继具有较高的传输速率，因而容易以中、低速率投入ATM骨干网。事实上，现已有不少厂家推出了连接帧中继接入网络与ATM骨干网的ATM路由器，所以帧中继网也已成为国内外广域网的形式之一。

2. 异步传输模式 ATM

大家知道,20 世纪 80 年代初,实现了将语音与低速数据综合在一起的所谓窄带综合业务数字网(Narrow ISDN,N-ISDN),但未能达到预期的效益。其原因主要是 N-ISDN 只是业务综合而非技术综合,语音与数据业务分别在电路交换网与分组交换网上交换,给使用和建设带来不便;综合业务少,未能综合包括影视图像在内的宽带业务。于是人们开始探索将语音、数据、图形与影视诸多业务只在一个网中传输与交换,这就是所谓宽带综合业务数字网(Broadband ISDN,B-ISDN)。在众多计算机与通信专家的参与下,一种具有综合电路交换与分组交换优势的新的信息传递方式——异步传输模式 ATM 应运而生。

CCITT 在 I.113 建议中给异步传输模式 ATM 下了这样的定义:ATM 是一种传输模式,在这一模式中信息被组织成信元(cell),包含一段信息的信元并不需要周期性地出现在信道上。从这个定义中可以清楚地看出,异步传输模式 ATM 是以信元为基本传输单位,采用异步传输模式,即主要采用了信元交换和异步时分多路复用技术。

ATM 技术可兼顾各种数据类型,将数据分成一个个的数据分组,每个分组称为一个信元。每个信元固定长 53B,其中 5B 为信头,48B 为净荷(payload),净荷即有用信息。5B 的信头中包含了流量控制信息、虚通道标识符、虚信道标识符和信元丢失的优先级,以及信头的误码控制等有用信息。这种将包的大小进一步减小到 53B 的方式,就能进一步减小时延,有利于提高通信效率。

这种短小且固定的信元传输灵活机动,不仅可以携带任何类型的信息(数字、语音、图像、视频),支持多媒体通信,还能进一步降低传输时延,按业务需要动态分配网络带宽,既可像电路交换那样传输语音业务,也可以像分组交换那样传输数字业务。同时,这种短小且固定长度的信元,使得交换可以由硬件进行处理,提高了处理速度,加大了传输容量。

ATM 采用的第二个主要技术是异步时分多路复用技术,这已在 2.5 节中详细讨论过,这里仅回顾一下它的传输过程。首先看一下同步传输过程。如图 2.24 所示,在输入端第 3 个时隙的信息到来时,将其存入缓冲器中,输出时,它占用第 5 个时隙,以后每帧信息进来,第 3 个时隙的信息经过交换后都送到第 5 个时隙输出。在这种通信方式下,若某个时隙没有数据传输,但依然会占用这个时隙,这就会带来很大的浪费,而异步时分多路复用技术可以克服这个缺点。

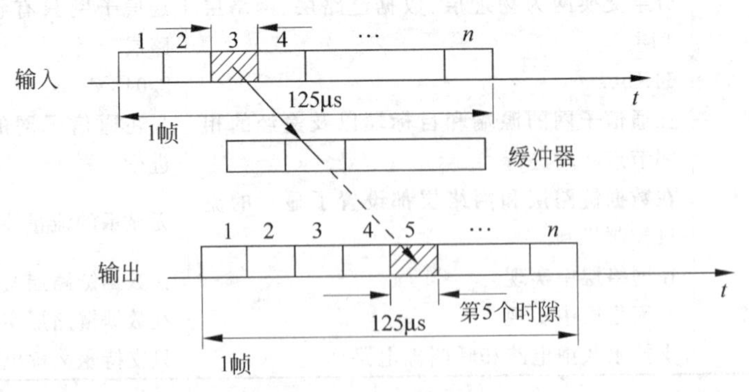

图 2.24 固定时隙交换

异步时分多路复用技术,不固定时隙传输,每个时隙的信息中都带有地址信息,将数据分成定长 53B 的信元,一个信源占用一个时隙,时隙分配不固定。如图 2.25 所示,该图中

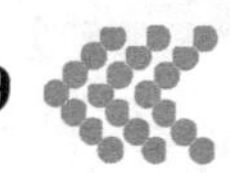

表示某用户占用每帧中的两个时隙，时隙位置亦不固定，在它的数据准备好后，即可占用空闲时隙。当输入信元进入缓存器中等待后，一旦输出端有空闲时隙，缓冲器中的信元就可以占用。由于ATM可以动态地分配带宽，因此非常适合于输出突发性数据。

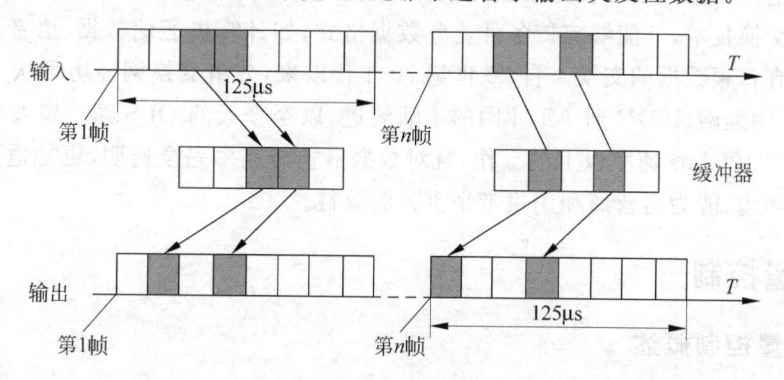

图2.25　ATM的传输与交换

ATM克服了传统传输方式的缺点，能够适应任何类型的业务，不论其速度高低、有无突发性，以及实时性要求和质量要求如何，都能提供满意的服务。ATM支持的ISDN，不仅是业务上的综合，而且也是技术上的综合。关于ATM在局域网中的应用将在3.3节中详细讨论。

3. 光交换技术

随着通信网传输容量的增加，光纤通信技术也发展到了一个新的高度。发展迅速的各种新业务对通信网的带宽和容量提出了更高的要求。光纤的巨大频带资源和优异的传输性能，使它成为高速大容量传输的理想媒体。随着WDM技术的成熟，单根光纤的传输容量甚至可以达到Tbps的速度。由此也对交换系统的发展提供了压力和动力，尤其是在全光网中，交换系统所需处理的信息甚至可达到几百至上千Tbps。运用光技术实现光交换已成为迫切需要解决的问题。

光交换技术是指不经过任何光/电转换，在光域直接将输入光信号交换到不同的输出端。光交换系统主要由输入接口、光交换矩阵、输出接口和控制单元4部分组成。

目前，光交换技术可分成光电路交换(Optical Circuit Switching，OCS)和光分组交换(Optical Packet Switching，OPS)两种主要类型。

光电路交换技术还可细分为：

(1) 光时分交换技术。时分复用是通信网中普遍采用的一种复用方式，光时分交换就是在时间轴上将复用的光信号的时间位置 t_1 转换成另一个时间位置 t_2。

(2) 光波分交换技术。光波分交换指光信号在网络节点中不经过光/电转换，直接将所携带的信息从一个波长转移到另一个波长上。

(3) 光空分交换技术。光空分交换是根据需要在两个或多个点之间建立物理通道，这个通道可以是光波导也可以是自由空间的波束，信息交换通过改变传输路径来完成。

(4) 光码分交换技术。光码分复用是一种扩频通信技术，不同用户的信号用互成正交的不同码序列填充，接受时只要用与发送方相同的码序列进行相关接受，即可恢复原用户信息。光码分交换的原理就是将某个正交码上的光信号交换到另一个正交码上，实现不同正交码之间的交换。

光分组交换技术可细分为光突发交换技术和光标记分组交换技术等。

目前光电路交换技术已较为成熟，进入实用化阶段。光分组交换作为更加高速、高效、高度灵活的交换技术，其能够支持各种业务数据格式，如计算机通信数据、语音、图表、视频数据和高保真音频数据的交换。自20世纪70年代以来，分组交换网经历了从X.25网、帧中继网、信元中继网、ISDN到ATM网的不断演进，以至今天的OPS网。超大带宽的OPS技术易于实现10Gbps速率以上的操作，且对数据格式与速率完全透明，更能适应当今快速变化的网络环境，能为运营商和用户带来更大的效益。

2.7 流量控制

2.7.1 流量控制概述

在公路上，当车流量超过一定限度，所有车的速度就不得不减慢；若车流量再增加，就会出现谁也走不动的现象。信息网络也是如此，无论是计算机装置还是通信装置，对数据的处理能力总是有限的。当网上传输的数据量增加到一定程度时，网络的吞吐量下降，这种现象称为“拥塞”或“拥挤”(congestion)。当传输的数据量急剧增加，则丢弃的数据帧随之不断增加，从而引发更多的重发；而重发数据所占用的缓冲区得不到释放，又引起更多的数据帧丢失；这种连锁反应将很快波及全网，使通信无法进行，网络处于“死锁”(deadlock)状态，并陷于瘫痪。为此，必须对网络流量认真进行控制。

1. 流量控制的含义

所谓流量控制就是调整发送信息的速率，使接收节点能够及时处理它们。

2. 流量控制的目的

(1) 流量控制是为了防止网络出现拥挤以及死锁而采取的一种措施。当发至某一接收节点的信息速率超出该节点的处理或转换报文的能力时，就会出现拥挤现象。因此，防止拥挤的问题就简化成为各节点提供一种能控制来自其他节点信息传输速率的方法问题。

(2) 流量控制的另一目的是使业务量均匀地分配给各个网络节点。因此，即使在网络正常工作情况下，流量控制也能减少信息的传递时延，并能防止网络的任何部分(相对于其余部分来说)处于过负荷状态。

2.7.2 流量控制技术

这里仅讨论流量控制的两种主要方法，即停止-等待控制方法和滑动窗口流量控制方法。

1. 停止-等待控制方法

停止-等待控制方法是最简单的一种流量控制技术，它采用单工或半双工通信方式。当发送方发送完一数据帧后，便等待接收方发回的反馈信号。若收到的是肯定(ACKnowledge, ACK)信息，则接着发送下一帧；若收到的是否定(Negative ACKnowledge，NAK)信息或超时而没有收到反馈信号，则重发刚刚发过的数据帧。

下面以图2.26为例，讨论停止-等待控制方法的传输过程。

(1) 初始时，发送方当前发送的帧序号N(S)=1，接受方将要接收的帧序号N(R)=1。

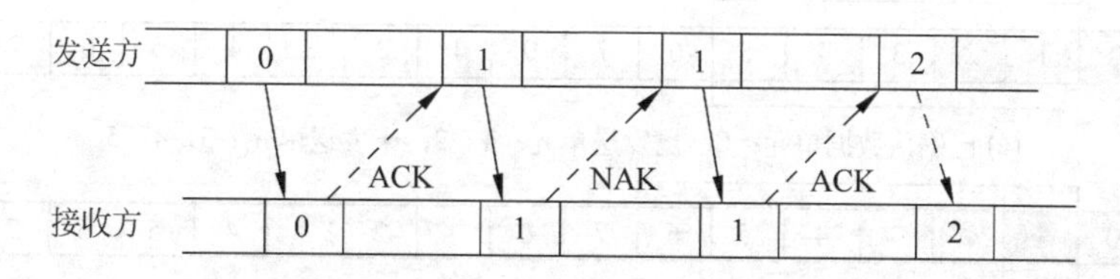

图 2.26 停止-等待方式

(2) 当发送方开始发送时,首先从缓冲区取出 0 号帧发送出去。

(3) 当接收方收到发送方送来的 0 号帧时,首先进行帧校验,如果校验正确且帧序号一致,则向发送方返回一个肯定应答信号 ACK,然后准备接受下一帧;如果帧校验有误或帧序号不一致,则向发送方返回一个否定应答信号 NAK,要求发送方重新发送该数据帧。

(4) 发送方收到应答信号后,根据接收方返回的肯定或否定信号,确定是发送下一数据帧还是重发原数据帧。

(5) 超时重发是指原数据帧在发送后的一段时间内,若没有收到应答信号,则要重新发送该数据帧。因此超时时间的设置要适当,避免造成不必要的浪费。

停止-等待流量控制方法的优点是控制简单,但也造成传输过程中吞吐量的降低,从而使得传输线路的使用率不高。

2. 滑动窗口流量控制方法

为了提高传输效率,使用滑动窗口流量控制方法是一种更为有效的策略。它采用全双工通信方式,发送方在窗口尺寸允许的情况下,可连续不断的发送数据帧,这样就大大提高了信道使用率。

1) 发送窗口和接收窗口

(1) 发送窗口。发送窗口是指发送方允许连续发送帧的序列表。发送窗口的大小(宽度)规定了发送方在未得到应答的情况下,允许发送的数据单元数。也就是说,窗口中能容纳的逻辑数据单元数,就是该窗口的大小。

(2) 接收窗口。接收窗口是指接收方允许接收帧的序列表。凡是到达接收窗口内的帧,才能被接收方所接收,在窗口外的其他帧将被丢弃。

(3) 窗口滑动。发送方每发送一帧,窗口便向前滑动一个格,直到发送帧数等于最大窗口数目时便停止发送。

2) 窗口的滑动过程

滑动窗口流量控制是从发送和接收两方面来限制用户资源需求,并通过接收方来控制发送方的数量。其基本思想是,某一时刻,发送方只能发送编号在规定范围内,即落在发送窗口的几个数据单元,接收方也只能接收编号在规定范围内,即落在接收窗口内的几个数据单元。

图 2.27 说明了发送窗口的工作原理,其窗口大小为 5。

图 2.28 说明了接收窗口的工作原理,其窗口大小为 4。

前面介绍了滑动窗口进行流量控制的基本原理,具体实现时,还有一些问题要处理,如:

① 窗口宽度的控制是预先固定化还是可适当调整。

② 窗口位置的移动控制是整体移动还是顺次移动。

③ 接收方的窗口宽度与发送方相同还是不同。

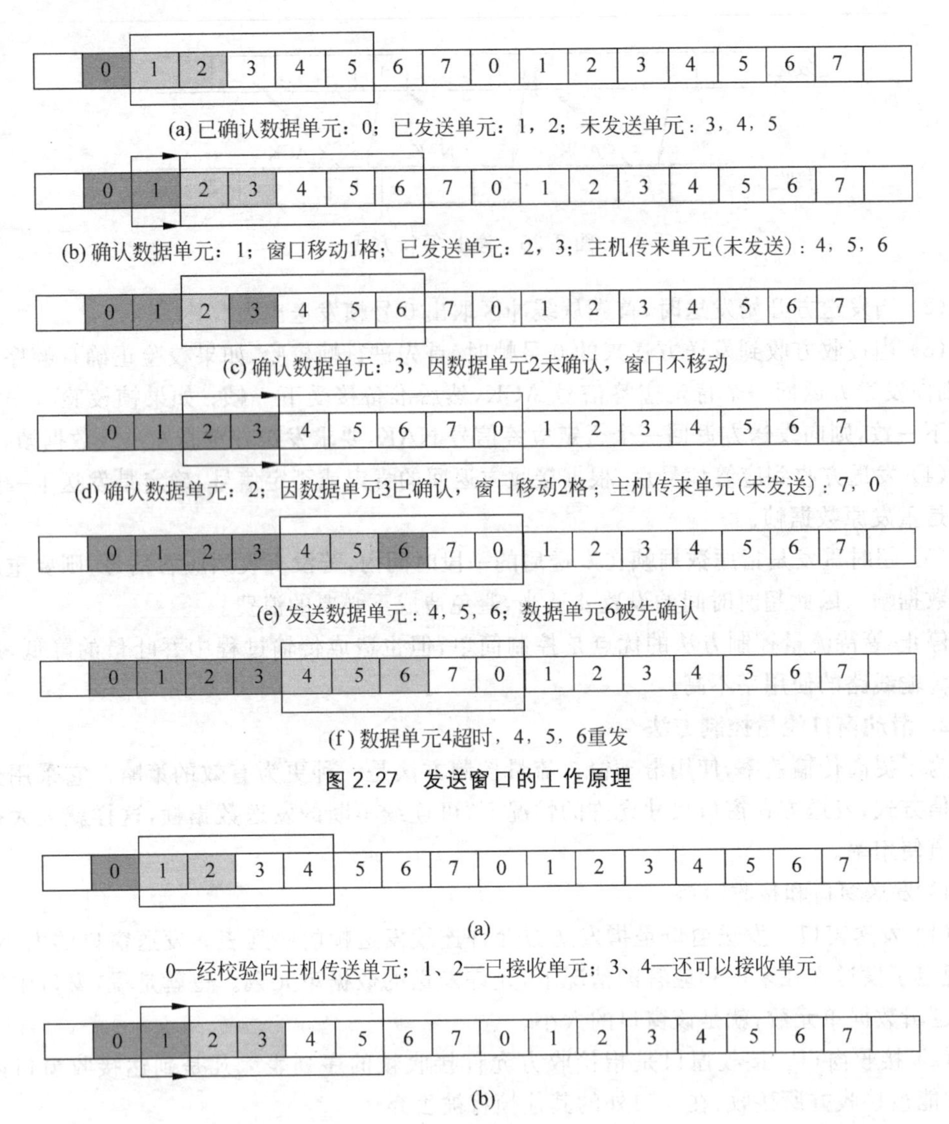

图 2.27 发送窗口的工作原理

图 2.28 接收窗口的工作原理

其实，网络中进行数据通信量控制的技术还有拥挤控制和防止死锁技术，这里就不再讨论，有兴趣的读者可以参阅数据通信的相关书籍。

2.8 差错控制

2.8.1 差错产生的原因与差错类型

传输差错是指通过通信信道后接收数据与发送数据不一致的现象。当数据从信源出发，由于信道总存在一定的噪声，因此到达信宿时，应是信号与噪声的叠加。在接收端，接收电路在取样时刻判断信号电平，如果噪声对信号叠加的结果在最后电平判决时出现错误，就会引起传输数据的错误。

信道噪声分为热噪声与冲击噪声两类。热噪声由传输介质导体的电子热运动产生，其

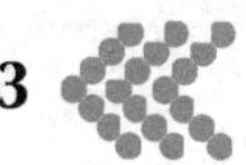

特点是：时刻存在，幅度较小，强度与频率无关，但频谱很宽，是一类随机噪声。冲击噪声则由外界电磁干扰引起，与热噪声相比，冲击噪声幅度较大，是引起传输差错的主要原因。冲击噪声持续时间与数据传输中每比特的发送时间相比，可能较长，因而冲击噪声引起相邻的多个数据位出错，所引起的传输差错为突发错。通信过程中产生的传输差错由随机错与突发错共同构成。

2.8.2 差错检验与校正

由于字符代码在传输和接收过程中难免发生错误，所以如何及时自动检测差错并进一步自动校正，正是数字通信系统研究的重要课题。一般来说，差错检验与校正可以采用抗干扰编码或纠错编码，如奇偶校验码、方块校验码、循环冗余校验码以及海明码等。

1. 奇偶校验

奇偶校验也称为垂直冗余校验(Vertical Redundancy Check，VRC)，它是以字符为单位的校验方法。一个字符由8位组成，低7位是信息字符的ASCII码，最高位为奇偶校验位。该位中放“1”或放“0”是按照这样的原则：使整个编码中“1”的个数成为奇数或偶数，如果整个编码中，“1”的个数为奇数则称为“奇校验”；“1”的个数为偶数则称为“偶校验”。

校验的原理是：如果采用奇校验，发送端发送一个字符编码(含校验位共8位)，其中“1”的个数一定为奇数，在接收端对8个二进位数中的“1”的个数进行统计，若统计“1”的个数为偶数，则意味着传输过程中有1位(或奇数位)发生差错。事实上，在传输中偶然1位出错的机会最多，故奇偶校验法经常采用，但这种方法只能检查出错误而不能纠正错误，而且只能查出1位的差错，对两位或多位出错无效。

2. 方块校验

方块校验又称为水平垂直冗余校验(Longitudinal Redundancy Check，LRC)。这种方法是在VRC校验的基础上，在一批字符传送之后，另外增加一个称为“方块校验字符”的检验字符，方块校验字符的编码方式是使所传输字符代码的每一纵向位代码中的“1”的个数成为奇数(或偶数)。例如，欲传送6个字符代码及其奇偶校验位和方块校验字符如下，两者均采用奇校验。

		奇偶校验位
字符1	1001100	0
字符2	1000010	1
字符3	1010010	0
字符4	1001000	1
字符5	1010000	1
字符6	1000001	1
方块校验字符(LRC)	1111010	0

采用这种校验方法，如果传输出错，不仅从一行中的VRC校验中可以反映出来，同时也在纵列LRC校验中得到反映，因而有较强的检错能力。不但能发现所有1位、2位或3位的错误，而且可以自动纠正差错，使误码率降低2～4个数量级，故广泛用于通信和某些计算机外部设备中。

3. 循环冗余校验

最有效的一种冗余校验技术就是循环冗余校验(Cycle Redundancy Check,CRC)。其基本思想是:通过在数据单元末尾附加一串称作循环冗余码或循环冗余校验余数的冗余比特,使得整个传输数据单元可以被另一个预定的二进制数所整除。在数据终点,再用该预定的二进制数去除输入的数据单元。如果此时不产生余数,就认为数据单元是完整正确的,从而接受该数据单元。如有余数意味着数据单元在传输中有差错,因此拒绝接受该数据单元。循环冗余校验的工作原理如图 2.29 所示。

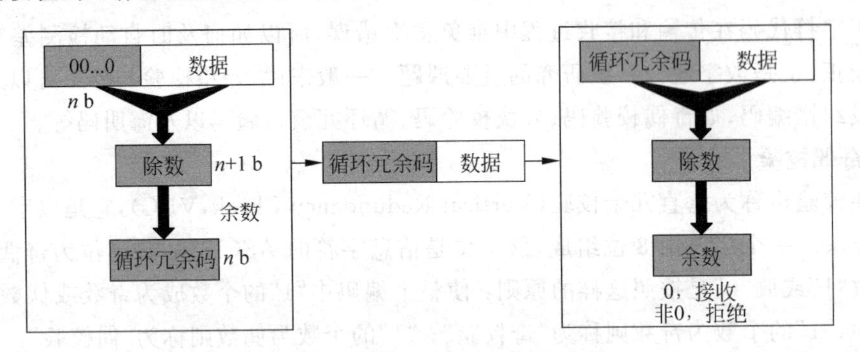

图 2.29 循环冗余校验的工作原理

在循环冗余校验中使用的冗余比特是将数据单元除以一个预定的除数后产生的,余数就是循环冗余码(CRC)。具有以下两个特征的 CRC 码才是合法的:一是必须比除数至少少一位;二是在附加到数据串末尾后必须形成可以被除数所整除的比特序列。

循环冗余校验技术的理论和应用都是简单明了的,而唯一复杂的就是 CRC 码的生成。CRC 码可以通过多项式除法来计算,该方法将每个比特串看作为一个多项式。通常,它将比特串"$b_{n-1}b_{n-2}b_{n-3}\cdots b_2b_1b_0$"解释成多项式"$b_{n-1}x^{n-1}+b_{n-2}x^{n-2}+b_{n-3}x^{n-3}+\cdots+b_2x^2+b_1x^1+b_0$"。例如,比特串"10101110"被解释为"$x^7+x^5+x^3+x^2+x^1$"。

下面给出计算 CRC 校验码的步骤,并假设所有的运算都是按模 2 进行的。

(1) 选定生成多项式,记为 $G(x)$,假设其最高次幂为 n。

(2) 在数据单元的末尾加上 n 个 0,n 的大小等于生成多项式的最高次幂。

(3) 采用二进制除法将新的加长的数据单元除以生成多项式所对应的字符串。由此除法产生的余数就是 CRC 校验码。如果余数位数小于 n,最左的缺省位数为 0。如果除法过程根本未产生余数,也就是说,如果原始的数据单元本身就可以被除数整除,那么 n 个 0 即可作为 CRC 校验码。

需要指出的是,进行模 2 运算时,加法和减法遵循以下规则:$0+0=0,1+0=1,0+1=1,1+1=0,0-0=0,1-0=1,0-1=1,1-1=0$,也即做异或运算。

图 2.30 表示以"100100"作为数据单元,通过生成多项式"1101",得到 CRC 校验码的过程:

数学分析表明,$G(x)$应该有某些简单的特性,才能检测出各种错误。例如,若 $G(x)$包含的项数大于 1,则可以检测单个错;若 $G(x)$包含因子 $x+1$,则可以检测出所有奇数个错;最后,也即最重要的结论是,具有 n 个校验位的多项式能检测出所有长度小于等于 n 的突发性错误。

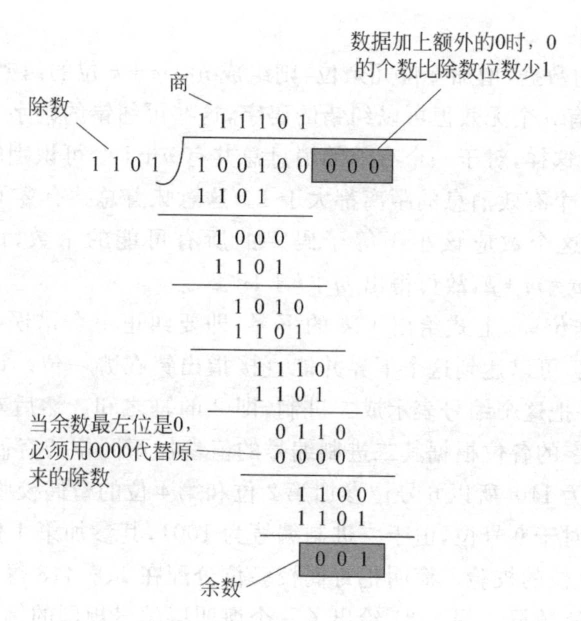

图 2.30 CRC 校验码的生成过程示例

为了能对不同场合下各种错误模式进行校验，已经提出了几种 CRC 生成多项式的国际标准。

CRC－12：$G(x)=x^{12}+x^{11}+x^{3}+x+1$；

CRC－16：$G(x)=x^{16}+x^{15}+x^{2}+1$；

CRC－ITU：$G(x)=x^{16}+x^{12}+x^{5}+1$；

CRC－32：$G(x)=x^{32}+x^{26}+x^{23}+x^{22}+x^{16}+x^{12}+x^{11}+x^{10}+x^{8}+x^{7}+x^{5}+x^{4}+x^{2}+x+1$。

循环码检验具有良好的数学结构，易于实现，发送端编码器和接收端检测译码器的实现较为简单，其可以通过采用移位寄存器等硬件来实现；同时，其具有较强的检错能力，特别适合于检测突发性错误，故在计算机网络中得到了较为广泛的应用。

4. 海明码

海明码(Hamming Code)是一种可以纠正一位差错的编码。1950 年海明(R. W. Hamming)研究了用冗余数据位来检测和纠正代码差错的理论和方法。海明指出可以在数据上添加若干个冗余位组成码字，并称一个码字变成另一个码字时必须改变的最小位数为码字之间的海明距离。例如 7 单位 ASCII 码增加一位奇偶校验位变成 8 位的码字，这 128 个 8 位码字之间的海明距离是 2。

海明用数学方法说明了海明距离的几何意义，即 n 位的码字可以用 n 维空间的超立方体的一个顶点表示，两个码字之间的海明距离就是超立方体两个对应顶点之间的最短距离。只要出错的位数小于这个海明距离都可以被判断为就近的码字，这就是海明码纠错的原理。它用码位的增加来换取可靠性的提高。

按照海明的理论，纠错码的编码就是把所有合法的码字尽量安排在 n 维超立方体的顶点，使得任一对码字之间的距离尽可能大。如果任意两个码字之间的海明距离是 d，则所有小于等于 $d-1$ 位的错误都可以检测出来，所有小于等于 $d/2$ 位的错误都可以纠正。一个自然的推论是，对于某种长度的错误串，要纠正它，就要用比它多一倍的冗余位来作为纠错码。

如果对于 m 位的数据,增加 k 位冗余位,则组成 $n=m+k$ 位的纠错码。对于 2^m 个有效码字中的每一个,都有 n 个无效但可以纠错的码字,这些可纠错的码字与有效码字的距离是1,含有单个错误位。这样,对于一个有效的消息总共有 $n+1$ 个可识别的码字,这 $n+1$ 个码字相对于其他 2^m-1 个有效消息的距离都大于1。这意味着总共有 $2^m(n+1)$ 个有效的或是可纠错的码字,显然这个数应该小于等于码字的所有可能的个数,即 2^n。于是,存在着 $2^m(n+1)<2^n$,因为 $n=m+k$,故可得出 $m+k+1<2^k$。

对于给定的数据位 m,上式给出了 k 的下界,即要纠正单个错误,k 必须取的最小值。海明给出了一种方案,可以达到这个下界并能直接指出错在哪一位。该方案中首先把码字的位从 $1\sim n$ 编号,并把这个编号表示成二进制,即2的幂之和。然后对2的每一个幂设置一个奇偶校验位,码字的各位根据其二进制编号的值参加不同位的奇偶校验。例如,对于6号位,其二进制编号为110,所以6号位参加第2位和第4位的奇偶校验,而不参加第1位的奇偶校验。类似地,对于9号位,由于二进制编号为1001,其参加第1位和第8位的校验而不参加第2位和第4位的校验。海明把奇偶校验位分配在1、2、4、8等2的每一个幂的位置上,而在其他位置放置数据。图2.31给出了一个海明码编号规则的例子。

下面举例说明海明码编码的方法。假设传送的信息为“1101001”,将各个数据依次放在3、5、7、9、10、11等位置上,1、2、4、8位留做校验位,如图2.32(a)所示。根据图2.31中所示的编码规则,3、5、7、9、11号数据位的二进制编码的第一位为1,因此它们参加第1位的校验,如若采用偶校验,1号位应为0;类似地,3、6、7、10、11号位参加第2号位的校验;5、6、7号位参加第4号位的校验;9、10、11号位参加第8号位的校验,相应的2、4和8号位的校验码依次为1、0和1,最终结果如图2.32(b)所示。

如果这个码字在传输中出错,例如5号位出错。当接收方按照同样规则计算奇偶校验码时,发现第2和第8号位的奇偶性正确,而第1和第4号位的奇偶性错误,由于 $1+4=5$,立即可以判定错在5号位上,从而予以纠正。图2.32(c)反映了以上的结果。在本例中 $k=4$,从前面的公式得到 $m<2^4-4-1=11$,即数据位可用到11位,共组成15位的码字,可检测并纠正单个位置的错误。

图2.31 海明码编号规则的例子

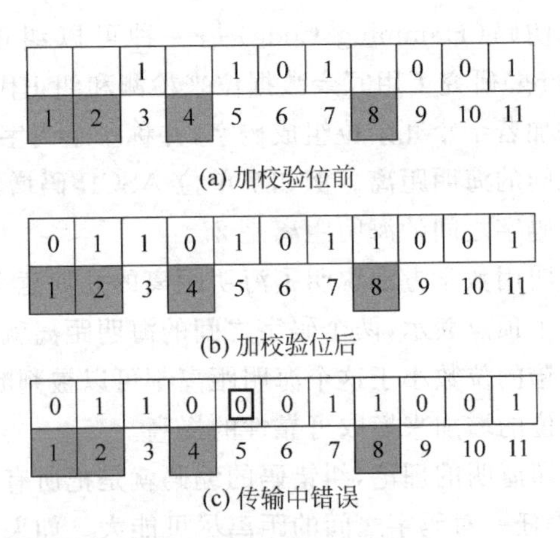

图2.32 海明码的编码及检错

2.9 路由选择技术

2.9.1 路由选择

计算机网络的基本任务就是要完成通信双方之间的数据交换，而计算机网络通信子网的拓扑结构通常是网状的，它为两个通信终端之间提供了多条不同的路径，因此发送方在向接收方传送数据之前必须选择合适的路径，这就是路由选择。一条优化的路由，可以使网络获得较好的运行性能和使用效率。

路由选择又称路径控制，是指网络中的节点根据通信网络的状况，按照传输时间最短或传输路径最短等策略，选择一条可用的传输路径，将信息传给目标节点。路由选择是通信网络的重要功能之一，它将严重影响网络传输性能。

计算机网络的路由选择过程与邮政系统对信件的分拣过程类似，被传送的报文分组要求写上报文号、分组号以及目的地地址。网络节点就好像信件分拣机，所以，必须设立一张路由选择表，在此表中列出目的地地址与输出链路之间的对应关系，节点中转机根据报文分组所标明的目的地地址来查询路由表，以决定该报文分组应该通过哪条链路来发送出去，也就是进行路由选择。但是，需要说明的是，计算机网络的路由选择远比邮政分拣过程要复杂，因为在一般情况下，计算机网络节点上的路由选择表不是固定不变的，而是根据网络实际的变化随时进行修改与更新。每一网络都有反映自己特定要求决定修改路由表的原则，这些原则可以转化为一种算法，即路由选择算法(Routing Algorithm)。网络节点根据路由选择算法，经过运算才能确定路由的选择。

一个好的路由选择算法应具有正确性、简单性、最优性、健壮性、快速收敛性和公平性。正确性是指按照算法生成的路由可以到达目的节点。简单性是指算法设计简洁，能用最少的开销，提供最有效的功能。最优性是指算法必须具有选择最佳路由的能力。健壮性是指当网络处于诸如软硬件出错，新节点加入或撤除等非正常或不可预料的环境中时，路由选择算法能很好地适应这些变化，保证网络正常有序地工作。快速收敛性是指在最佳路径的判断上，网络中的所有路由能达到一致公认的最佳路径的过程。公平性是指算法对所有用户是平等的。

路由选择算法的种类很多，分类方法也不尽相同，从考虑路由算法是否可以随网络通信量的大小或者拓扑结构的变化而改变来区分，路由选择算法大致分为两类。

1) 非适应型路由选择算法

非适应型路由选择算法又称为静态路由选择算法，静态路由是指由网络管理人员手工配置的路由信息，该路由表信息在系统启动时被装入各个路由器，并且在网络的运行过程中一直保持不变。当网络的拓扑结构或链路的状态发生变化时，再由网络管理人员手工修改路由表中相关的信息。由于非适应型路由选择算法简便易行，开销小，在一个载荷稳定、拓扑变化不大的网络中运行效果较好，因此该算法被广泛地应用在高度安全性的军事系统和较小的商业网络中。随机式路由选择算法、扩散式路由选择算法以及固定式路由选择算法均属此类。

2) 具有自适应能力的路由选择算法。

这类算法又称为动态路由选择算法，它根据网络当前流量和拓扑来选择最佳路由。自适应路由选择算法实现起来比较复杂,但由于有较好的适应性,可以随着网络通信量的大小或者网络拓扑结构的变化而变化,因此大多数网络都采用该类算法。这种方法也包括3种形式,即孤立的自适应路由选择算法、分布的自适应路由选择算法以及集中的自适应路由选择算法。本节将重点介绍具有自适应能力的路由选择算法,而对于非适应型路由选择算法只简单提及。

2.9.2 非适应路由选择算法

实际的网络往往是根据用户的分布情况和考虑经济性、可靠性的原则而连接起来,常呈现不规则的网状。对于这类网络,可选用与网络拓扑无关的随机式或扩散式路由选择技术;而对于一般拓扑结构不太复杂,路由选择要求不高且流量也较低的小型网络则常采用固定式路由选择方法以力求算法简单。

1. 扩散式

扩散式又称泛滥式,这是一种多路发送的路由选择技术,也是最简单的路由选择技术。其工作原理是:当网络的节点收到报文时,将其复制后,然后向除该节点报文的源链路外的所有其他链路发送,因此,报文必定可选择到最佳的路由。但这种路由选择技术存在的问题是:由于每一节点均向其所连接的链路发送,重复的报文多,并且报文会在网络中产生震荡。为此可以在每一个节点路由器上建立一个记录表,记录通过的数据分组序号,如果已转发过该序号的分组,则路由器就不再转发。

扩散式的可靠性高,即使是在网络链路出现大量故障时,也基本能完成报文的传输。其缺点是增加了许多无效的传输量,以致网络利用率下降。因此,该技术常用在轻负载的小规模网络和对传输可靠性要求很高的军事网络中。

2. 随机式

随机式路由选择算法是按某个随机数的值来选择待发送报文分组的输出链路的方法。该方法除了要避免按原路返回之外,可向任意一条链路发送报文分组。这种方法简单,且到达目的地的可能性很大,路由选择与网络拓扑无关。缺点是分组的时延大,且网络效率低。例如,在大量连续发送报文分组时,会使得很多报文分组在网络中随意游荡,并随机地使用各条链路。当某一条链路不通时,这些报文分组就会随机地去使用另一条链路,这将造成网络的传输效率降低,分组传输时延增大。

3. 固定式

固定式路由选择算法的基本原理是在每一个节点上都保存一张路由表,该路由表是依据最短路由算法制定出来的到达各目的节点的相应输出链路的集合表。路由表由网络设计者事先根据网络的拓扑结构和通信流量编制,并在网络运行前把它装入各节点,在网络结构等因素不变时不再改变。

固定式路由选择算法简单,且容易实现,通常用于网络拓扑结构不太复杂的小型网络中。其缺点是可变性差,不能随着网络状态的变化而动态地进行变化,只能由网络管理人员进行手工更新。

2.9.3 自适应路由算法

自适应路由选择算法是多数计算机网络中常常采用的方法,有集中式、孤立式和分布式3种。这类算法的基本思想是网络中的每个节点都要根据网络的当前运行状态“动态”地进

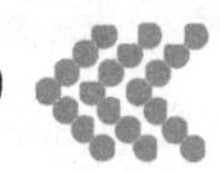

行路由选择，这就要求节点机上的路由表能够动态地反映网络运行的变化情况，以便不断地修改网络路由。选择路由的要求是使报文分组在网络中的传输时延最小或链路上的通信量最大。在网络中修改路由表采用的依据是最短路由算法，而最短路由算法的理论有很多，比较经典的是 Dijkstra 算法和 Ford-Fulkerson 算法，本节将介绍 Dijkstra 算法的基本思想，其他的最短路由算法，有兴趣的读者可参考相关书籍。

1. 集中的自适应路由选择算法

集中的自适应路由选择算法与前面所述的静态选择算法不同，它可以动态地修改网络节点的路由表。实现时在网络中选取一个节点作为路由控制中心（Routing Control Center，RCC），并让网络中的其余节点每隔一定的周期就向 RCC 报告一次自己本节点的状态，如毗邻的能够正常工作的节点名称、排队长度以及自上一次报告以来每条链路所传输的通信量的大小等。RCC 按照某种规则，如网络总平均时延最小等，结合所收集的报告和网络的性能，计算网络中各节点到其余节点的最佳路由。

集中的自适应路由选择算法的缺点是：一旦 RCC 失效，或者网络的一部分发生故障，都会导致路由表修改的失败，从而降低了传输的可靠性；同时由于网络中各节点所处的位置不同，从而与 RCC 距离的远近不同，当向 RCC 发送状态信息时所造成的时延就会不同，因此，所修改的路由表不一定能精确而又及时地反映当前各个节点的状况。此外，为了传输每个节点的状态信息，必然造成网络的额外开销，特别是靠近 RCC 节点的链路，将承受更大的通信量，容易造成网络的拥塞。为了解决以上问题，可设立多个 RCC，这样一方面可以将一些 RCC 作为备用；另一方面可以将网络分区以实现分而治之，既可提高网络的可靠性，还可减少网络链路的通信量，降低网络的开销。

2. 孤立的自适应路由选择算法

孤立的自适应路由选择算法是指各节点孤立地根据本节点当前所搜集到的有关运行状态的信息来决定路由，并不与其他节点交换路由信息。这种算法实现简单，因此应用比较广泛。

该算法的基本思想是让到达本节点的分组尽快离开本节点。当一个信息分组到达时，节点首先检查各输出链路的排队长度。然后，节点把该分组输送到队列最短的那一条链路上去，而不会去关心该链路通向何方，故这种算法又称为“热土豆”法。该方法可能使总的传递时间延长，虽然可以保证每一分组在本节点的时延最小，但这种不管目的节点位于何方的盲目传送必然会出现较长的路由。实际上，通常将这种方法和其他方法结合应用可以使其性能更优，例如，把“热土豆”法与固定式路由选择算法综合使用可获得较好的效果。

另外，逆向探知算法也属于孤立的自适应路由选择算法一类。逆向探知算法是利用流入的分组所携带的关于路由选择信息来修改本节点的当前路由表，以使路由表随网络状态的变化而变化。

3. 分布的自适应路由选择算法

这种路由选择的策略是：每个节点周期性地从相邻节点获得网络状态信息，同时也将本节点做出的决定周期性地通知周围各节点，由于所有节点都周期性地与其他每个相邻节点交换路由选择信息，从而使得这些节点能不断地根据网络当前的状态更新各自的路由选择，所以整个网络的路由选择经常处于一种动态变化的状态。各个路由表相互作用是这种策略的特点。当网络状态发生变化时，必然会影响到许多节点的路由表。例如，节点 A 的路由表要用到节点B的路由表中的信息,而节点B的路由表又要用到节点A的路由表中的信息。因此,经过一定的时间后,各路由表中的数据才能达到稳定。

在分布的自适应路由选择策略中,有距离矢量和链路状态两种基本路由算法。

1) 距离矢量路由算法

在距离矢量路由算法中,每个路由表保存子网中每一个以其他路由器为索引的路由选择表,表中的每一个入口都对应于子网中的一个路由器。此入口包括两个部分,即希望到达目的地的传输路线和估计到达目的地所需要的时间和距离。其度量标准可为站点、估计的时延、该路由排队的分组估计总数或类似的值。

算法假设每个节点知道自己与相邻节点的距离,因为这是完全可以做到的。如果以跳数来计量距离,则相邻节点间的距离等于1;如果以时延来计量距离,则每个节点可定期向相邻节点发送响应分组,接收者收到分组后在其上记下接收的时间,并以最快的速度发送回去,通过检查分组上的时间戳,发送者就可以推算出时延;如果以分组队列长度来计算距离,则只需要统计去往该节点的分组数即可。

每隔一段时间,每个节点就向它的所有相邻节点发送一个距离列表,通报从本节点到各个目的节点的估算距离,同时它将收到各相邻节点发送给它的距离列表。距离列表也就是各个节点的路由表。假如某个节点X从它的相邻节点Y收到一个距离列表,其中Y_i表示Y到节点i的估算距离,同时X知道自己到Y的距离为d,于是X可以推断:如果经Y到达节点i,则距离为Y_i+d。用同样的方法,可以估算出X经各个相邻节点到节点i的距离,然后它可以从这些距离中找出最短距离。假设X经Y到节点i的距离是这些距离中最短的,则把Y作为从X到节点i的最佳传输路线,并将Y_i+d作为由X到达节点i的估算距离,记入新的路由选择表中。以此类推,X可以估算出到各个目的节点的最佳传输路线和估算距离,从而计算出新的路由表。

现举例来说明距离矢量路由算法的计算过程。假定用时延作为距离的度量标准,并假设每个节点通过定期发送响应分组可获知自己与各个相邻节点的距离。距离矢量路由算法示例如图2.33所示,图2.33(a)是一个子网的拓扑结构图,图2.33(b)的前4列表示路由器J从相邻节点收到的时延矢量。A认为到达B的时延为12ms,到达C的时延为25ms,到达D的时延为40ms等。假定J已测量或预计它到达相邻节点A、I、H和K的时延分别为8ms、10ms、12ms和6ms。现以计算J到达F的新路由为例来说明路由的计算过程。已知J到达A的时延是8ms,A到F的时延为23ms,于是J经过A到达F的时延为:(8+23)ms=31ms;类似地可以计算出J经过I、H和K到达G的时延分别为30ms、31ms和46ms。这其中最短的时延为30ms,于是I就成为J到达F的最佳传输路线,30ms就是J到达F的最新估算时延。对所有其他的目的地做同样的计算,得到的路由选择表如图2.33(b)最后一列所示。

距离矢量路由算法在理论上行得通,但在实际应用中却有缺陷。虽然能得出正确的结果,但它的收敛速度可能太慢。特别地,它对好消息能迅速地做出反应,但对坏消息的反馈则非常缓慢,因此,它被链路状态路由算法所替代。

2) 链路状态路由算法

如上所述,在距离矢量路由算法中,路由选择是根据网络的距离来进行的,并没有考虑网络的变化。在实际的网络中链路的带宽、时延也是计算最短通路的重要因素,而且距离矢量路由算法中还存在无穷计数等问题,因此,链路状态路由算法应运而生。

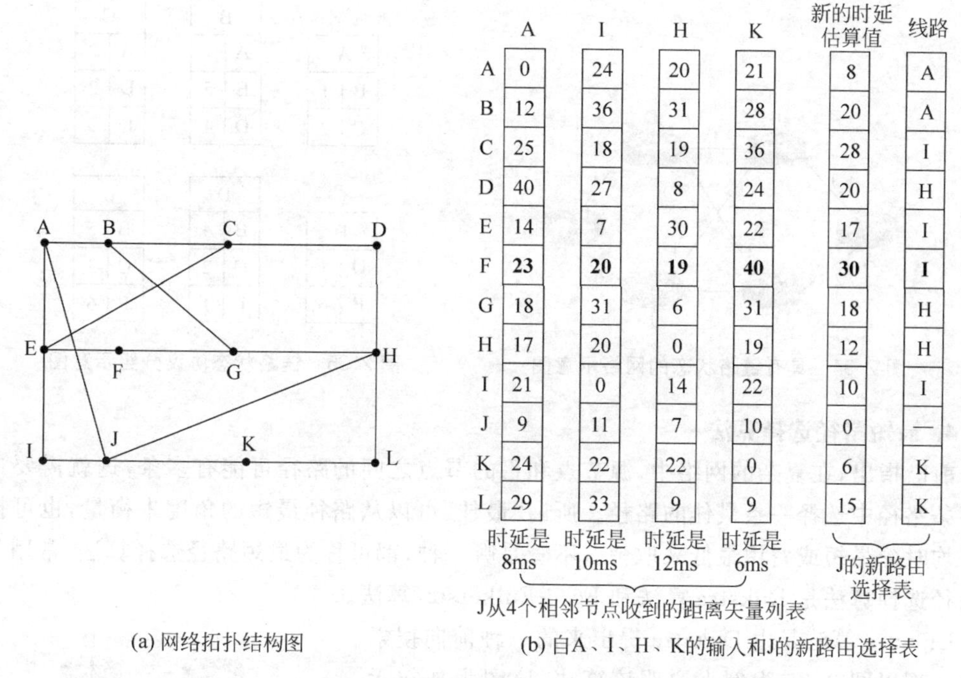

	A	I	H	K	新的时延估算值	线路
A	0	24	20	21	8	A
B	12	36	31	28	20	A
C	25	18	19	36	28	I
D	40	27	8	24	20	H
E	14	7	30	22	17	I
F	**23**	**20**	**19**	**40**	**30**	**I**
G	18	31	6	31	18	H
H	17	20	0	19	12	H
I	21	0	14	22	10	I
J	9	11	7	10	0	—
K	24	22	22	0	6	K
L	29	33	9	9	15	K

(a) 网络拓扑结构图　　(b) 自A、I、H、K的输入和J的新路由选择表

图 2.33　距离矢量路由算法示例

链路状态路由算法是通过路由器收集到达每一个网络的时延信息或开销，利用 Dijkstra 算法计算通向每一个网络的最短路径，然后生成路由表。其算法大致可以分成以下 4 个步骤：

(1) 发现相邻节点。当一个路由器启动以后，首先必须知道谁是它的相邻节点，这可以通过向每条点到点链路发送特殊的查询分组来实现；在另一端的路由器收到查询分组后，发送回来一个应答分组，在应答分组中说明它是谁。这个查询分组和应答分组必须是全局唯一的。

(2) 确定链路代价。链路状态路由选择需要每个路由知道它的相邻节点，然后还需知道到达每一个相邻节点的时延，至少应有个可信的时延估计值。取得时延的最直接方式就是发送一个要求对方立即响应的分组，通过测量一个来回的时间并除以 2，发送方路由器即可得到一个可靠的时延估计值。如果要更精确些，则可以多次发送分组，再取平均值。

(3) 发布链路状态信息。以图 2.34 所示的网络为例，说明网络中链路状态信息的发布。在图 2.34 所示的网络中，每一个路由器都知道自己和相邻节点之间的链路状态信息，这样就可以产生链路状态分组，各链路状态分组包含的内容如图 2.35 所示。然后每一个路由器都将自己的链路状态分组以扩散的方式向其他路由器发送，从而每一个路由器都能了解到整个网络中各节点路由器的状态信息。

(4) 计算最短通路。经过一个时间段，网络中的路由器都能收到包含网络状态信息的路由分组，这个时候每一个路由器就可以用收到的网络状态信息，通过 Dijkstra 算法计算出通向每一个网络的最短路由。下面介绍这种算法。

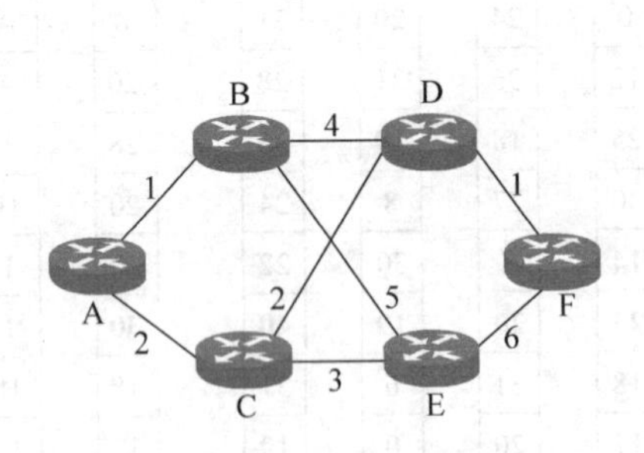

图 2.34 具有链路状态的网络示意图

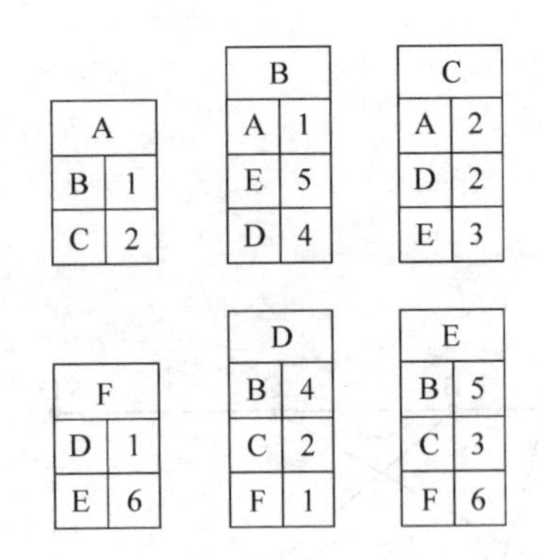

图 2.35 链路状态协议分组示意图

4. 最短路径选择算法

前已指出，在复杂的网络中，源节点和目的节点之间的路径可能有多条，这就需要通过在多条路径中选择一条最佳的路径。所谓“最佳”可以从路径最短的角度来衡量，也可按传输平均时延最短或费用最低来取舍。不管是哪一种，都可称为最短路径选择算法，常用的最短路径选择算法是 Dijkstra 算法和 Ford-Fulkerson 算法。

Dijkstra 算法是由 Dijkstra 提出来的一种前向搜索算法。现以图 2.36 为例来说明该算法，该图为加权无向图，每条边上的权数代表了该链路的长度。

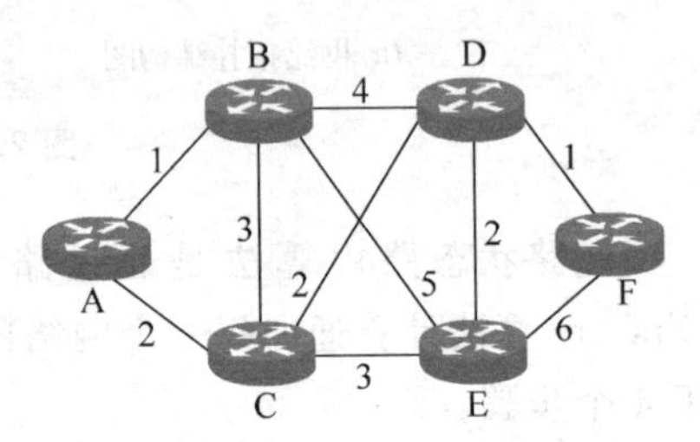

图 2.36 加权无向图

设源节点为节点 A，然后一步一步地寻找，每找到一个节点，求该节点到源节点的最短通路，直到将所有的节点都找完为止。

令 $D(\mathrm{V})$ 为源节点(节点 A)到节点 V 的距离，它即沿某一通路所有链路的长度之和，再令 $l(i,j)$ 为节点 i 到节点 j 之间的距离。整个算法分为两步：

① 初始化。令 N 表示网络节点的集合，先令 $N=\{\mathrm{A}\}$，对于所有不在 N 中的节点 V 有：

$$D(\mathrm{V})=\begin{cases} l(\mathrm{A},\mathrm{V}), & \text{若节点 V 与节点 A 直接连接；} \\ \infty, & \text{若节点 V 与节点 A 不直接连接。} \end{cases}$$

在计算机进行求解时，可以用一个比任何路径长度大得多的数值来代替上式中的∞。例如，在本例中用 50 来代替∞。

② 寻找一个不在 N 中的节点 W，其中 $D(\mathrm{W})$ 值最小。把 W 加入到 N 中，然后对所有不在 N 中的节点，用 $[D(\mathrm{V}),D(\mathrm{W})+l(\mathrm{W},\mathrm{V})]$ 中较小的值去更新原有的 $D(\mathrm{V})$ 值，即：

$$D(\mathrm{V}) \leftarrow \min[D(\mathrm{V}),D(\mathrm{W})+l(\mathrm{W},\mathrm{V})]$$

重复第②步，直到所有网络节点都在 N 中为止。

对图 2.36 中的网络进行求解的详细步骤见表 2.5。从表中可以看出，上述步骤②共执行了 5 次。表中带圆圈的数字是在每一次执行步骤②时所寻找的具有最小值的 $D(\mathrm{W})$ 值。当第 5 次执行步骤②并得出了结果后，所有网络节点都已含在 N 之中，整个算法即告结束。

最后得出以节点 A 为根的最短路径树，在图 2.37 中给出了其最短路径树。所有其他各节点都需要分别以这些节点为源节点，按照上述算法各自计算，从而可形成各节点的路由表。图 2.38 给出了节点 A 更新后的路由表。

表 2.5　Dijkstra 算法示例

步骤	N	D(B)	D(C)	D(D)	D(E)	D(F)
初始化	[A]	1	2	50	50	50
1	[A,B]	①	2	5	6	50
2	[A,B,C]	1	②	4	5	50
3	[A,B,C,D]	1	2	③	5	5
4	[A,B,C,D,E]	1	2	4	④	5
5	[A,B,C,D,E,F]	1	2	4	5	⑤

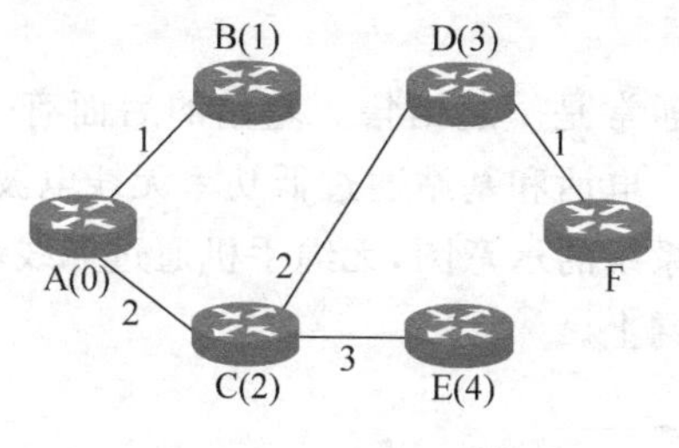

图 2.37　最短路径树

目的节点	B	C	D	E	F
下一跳	B	C	C	C	C

图 2.38　节点 A 的路由表

2.10　无线通信

自 1897 年马克尼(Marconi)第一次在英格兰海峡展示了通过使用无线电而使行使船只保持连续不断的通信能力以来，移动通信能力已经得到举世瞩目的发展。特别是近年来，无线移动通信在数字和射频电路制造技术方面的进步，以及在新的大规模集成电路技术的推动下有了巨大的发展。本节首先介绍无线通信最常见的两种形式：蜂窝无线通信和卫星通信技术。同时，为了紧跟无线通信技术的最新发展，还对 Ad hoc 无线网络通信和短距离无线通信技术进行简要介绍。

2.10.1　蜂窝无线通信概述

1. 无线寻呼和无绳电话

1) 无线寻呼

当要呼叫一个有寻呼机的人时，寻呼者可以打电话给寻呼服务公司并输入一个安全码、寻呼机号以及要回的电话号码(或一条短消息)。计算机收到请求后，通过地面线路将其传到高架天线广播出去。当被寻呼者的寻呼机在接收到的无线电波中，检测到其唯一的寻呼机号码时，就鸣响并显示呼叫方的电话号码。图 2.39 是一个寻呼系统的示意图，寻呼者通过公用电话交换网(Public Switched Telephone Network，PSTN)与寻呼控制中心联系，寻呼控制中心再将要寻呼的信息通过寻呼终端向被寻呼者发送出去。大多数寻呼系统是单向系统，不会出现多个竞争用户间争抢少量有限信道的情况。

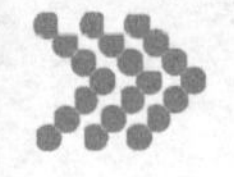

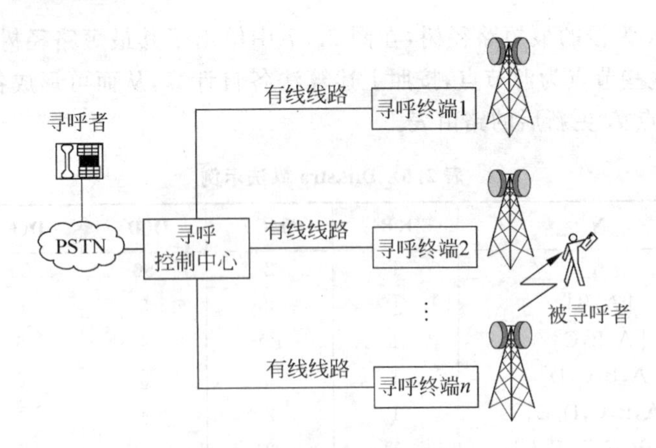

图 2.39 寻呼系统示意图

2）无绳电话

无绳电话由两部分组成：基站和电话，它们通常是一起销售。基站的后面有一个标准的电话插座，可以通过电话线连接到电话系统上。电话和基站通过低功率无线电波通信，范围一般为 100～300m。图 2.40 是一个无绳电话系统的示意图，无绳手机通过无线链路和基站相连，基站再通过电话线连接到公用电话交换网上。

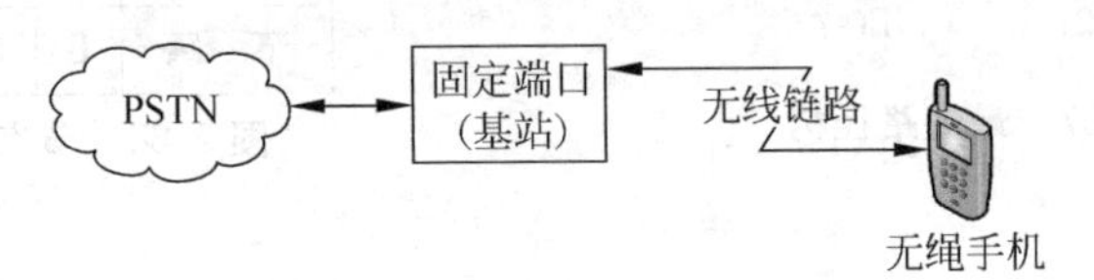

图 2.40 无绳电话系统示意图

早期的无绳电话仅用于和基站通信，因此不必对其进行标准化。一些便宜的产品使用固定的频率，由工厂选定。如果某人的无绳电话无意间和邻居的无绳电话有相同的频率，则相互可以听到对方的通话。为此，各国纷纷制定了一些标准，如 1992 年欧洲电信标准协会推出了新的数字无绳电话系统标准——欧洲数字无绳电话系统(Digital European Cordless Telephone，DECT)。1994 年美国联邦通信委员会的联合技术委员会通过了个人接入通信系统(Personal Access Communication System，PACS)，日本也推出了个人便携电话系统(Personal Handyphone System，PHS)，在中国称为小灵通。这些数字无绳电话系统具有容量大、覆盖面宽，能完成双向呼叫，微蜂窝越区切换和漫游，以及应用灵活等优点，并成为今后无绳电话发展的趋势。

2. 蜂窝移动通信

1）第一代模拟蜂窝移动通信系统

20 世纪 80 年代发展起来的模拟蜂窝移动电话系统被称为第一代移动通信系统。这是一种以微型计算机和移动通信相结合，以频率复用、多信道公用技术全自动接入公用电话网的大容量蜂窝式移动通信系统。

第一代模拟蜂窝移动通信系统中使用最普及的技术是先进移动电话系统(Advanced Mobile Phone System，AMPS)，该系统由贝尔实验室(Bell Labs)发明，1982 年首次在美国安装。

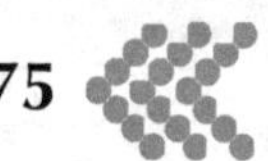

在 AMPS 中，地理上的区域被分成单元(cell)，一般为 10～20km 的范围，每个单元使用一套频率。由于基站发射机的功率较小，一定距离之外的单元收到的干扰足够小，因此两个相距一定距离的单元相互在对方的同频率干扰范围之外，所以这两个单元可以使用同一套频率，因而提高了频率的利用率，这就是使 AMPS 容量增大的关键思想，也是目前移动通信中广泛使用的技术。

频率重用的思想如图 2.41 所示，其单元一般都近似于圆形，但是用六边形更容易表示。这些众多的六边形在空间上构成了通信系统蜂窝，关于蜂窝的概念将在 2.10.2 节中详细介绍。在图 2.41 中，单元的大小都一样，它们被分成 7 个组，其上的每个字母代表一组频率。应注意对于每个频率集都有一个大约 2 单元宽的缓冲区，缓冲区处于同频率干扰范围之内，这里的频率不被重用，以获得较好的分割效果和较小的串扰。

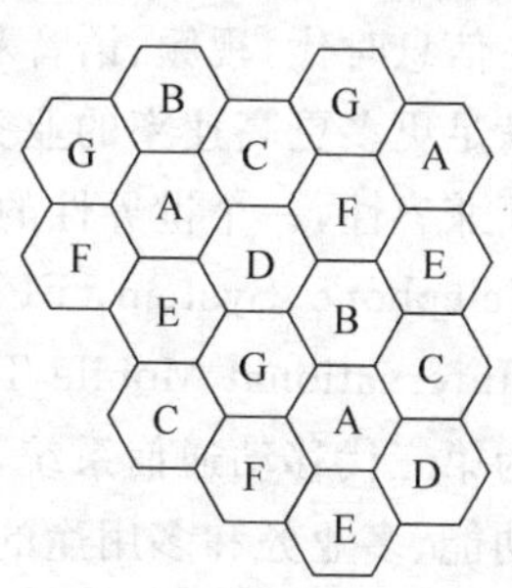

图 2.41 蜂窝结构示意图

模拟系统的主要缺点是：频谱利用率低、容量有限、系统扩容困难；不利于用户实现国际漫游、限制了用户覆盖面；提供的业务种类受限制，不能传输数据信息；保密性差，以及移动终端要进一步实现小型化、低功耗、低价格的难度较大。

2）第二代数字蜂窝移动通信系统

为了克服第一代模拟蜂窝移动通信系统的不足，20 世纪 80 年代中期起，北美、欧洲和日本相继开发了第二代数字蜂窝移动通信系统，简称 2G(2nd Generation)，它是在 AMPS 基础上发展起来的。数字蜂窝无线电系统信道分配方案有 3 种：全球移动通信系统、蜂窝数字分组数据和码分多址访问。

(1) 全球移动通信系统。全球移动通信系统(Global Systems for Mobile communications, GSM)采用频分多址和时分多址混合技术，主要用于语音通信，但若用带有特殊调制解调器的便携机，亦可进行数据通信。与模拟系统相比，数字移动通信系统的频率使用效率得到提高，系统容量增大，且易于实现数字保密，标准化程度也大大提高。但同时也存在缺点：一是基站之间的接管相当频繁，每次接管会导致 300ms 数据的丢失，所以传输效率较低；二是 GSM 的错误率较高；三是由于按接通的时间计费而不是按传送的字节收费，所以花费很大。解决的方法之一是采用蜂窝数字分组数据。

(2) 蜂窝数字分组数据。蜂窝数字分组数据(Cellular Digital Packet Data, CDPD)实际上是蜂窝状数字式分组数据交换网络，它是以数字分组技术为基础，以蜂窝移动通信为组网方式的移动无线数据通信技术。蜂窝移动系统起源于美国的贝尔系统，蜂窝系统的构造是以 AMPS 为基础并与 AMPS 兼容，即利用划分小区和频率复用技术。

(3) 码分多址访问。码分多址访问(Code Division Multiple Access, CDMA)的工作原理将在 2.10.2 节中介绍。CDMA 有很多优点，如容量是目前流行的 GSM 的 3～4 倍；通话质量大幅度提高，接近有线电话的通话质量；由于所有小区均使用相同的频率，故大大简化了小区频率规划；保密性能更高；手机功耗更小；增强了小区的覆盖能力，减少了基站数目；不会与现在的模拟和数字系统产生干扰；可提供可靠的移动数据通信；可靠的软切换方式大大降低了切换的失败几率。

为了解决 GSM 系统在数字通信时传输速率低的问题，GSM 系统在原来系统的基础上增加了通用分组无线业务(General Packet Radio Service,GPRS),使GPRS传输数据的最高速率达到了115Kbps。GPRS系统是GSM系统向3G系统的过渡,也就是通常所说的2.5G。

3) 第三代数字蜂窝移动通信系统

第二代数字蜂窝移动通信系统只能提供语音和低速数据(≤9.6Kbps)业务的服务。但在信息时代,视频、语音和数据相结合的多媒体业务和高速率数据业务将会大大增加。为了满足更多更高速率的业务以及更高频谱效率的要求,同时减少目前存在的各大网络之间的不兼容性,一个世界性的标准——未来公用陆地移动电话系统(Future Public Land Mobile Telephone System, FPLMTS)应运而生。1995年,又更名为国际移动通信2000(International Mobile Telecommunications-2000,IMT-2000)。IMT-2000支持的网络被称为第三代移动通信系统,简称3G(3rd Generation)。第三代移动通信系统IMT-2000是多功能、多业务和多用途的数字移动通信系统,在全球范围内覆盖和使用。

3G的目标有:一是终端设备及其移动用户个人的任意移动性;二是移动终端业务的多样性;三是移动网的宽带化和全球化。目前3G的主要标准有WCDMA、CDMA2000、TD-SCDMA。

(1) 宽带码分多址(Wideband CDMA, WCDMA)。宽带码分多址第三代移动通信系统,是从第二代GSM移动通信系统经过2.5代GPRS移动通信系统平滑过渡而来。从GSM过渡到GPRS,主要是在GSM系统中增加了通用分组无线业务GPRS部分,而从GPRS系统发展到WCDMA需要改造基站子系统。GPRS系统采用的是频分/时分多址方式,而WCDMA采用的是码分多址技术,因而必须投入大量资金对基站部分全面更新。目前GSM系统在全球占有相当大的比重,这对WCDMA移动通信系统的推广应用是极大的支持,因此可以推测,WCDMA系统将在第三代移动通信系统的3种标准中占有一定优势。

(2) CDMA 2000。CDMA 2000第三代移动通信系统是在窄带CDMA移动通信系统的基础上发展起来的。CDMA 2000系统又可分成两类:一类是CDMA 2001X,它属于2.5代移动通信系统,与GPRS移动通信系统属于同一级;另一类是CDMA 2003X,是第三代移动通信系统。从GPRS系统升级到WCDMA,其基站要全部更新,而从CDMA 2001X升级到CDMA 2003X,原有的设备基本上都可以使用。CDMA 2001X是用一个载波构成一个物理信道,CDMA 2003X是用3个载波构成一个物理信道,基带信号处理中将需要发送的信息平均分配给3个独立的载波中分别发射,以提高系统的传输速率。

(3) 时分同步码分多址技术(Time Division-Synchronous Code Division Multiple Access, TD-SCDMA)。时分同步码分多址技术是由中国提出并经国际电信联盟(International Telecommunication Union,ITU)批准的第三代移动通信中的3种技术之一,虽然起步较晚,但目前已得到国内主要移动设备生产商和移动网络运营商的支持,国际上也获得了不少著名厂商的支持。

TD-SCDMA的特点主要有:一是TD-SCDMA技术采用时分双工(Time Division Duplexing, TDD)模式。在TDD模式下,上/下行链路间的时隙分配可以被一个灵活的转换点改变,通过改变转换点就可以实现所有3G对称和非对称业务。这样TD-SCDMA可在上下行不对称业务时实现最佳的频谱利用率;二是TD-SCDMA同时采用了FDMA、

TDMA、CDMA 3 种技术；三是可以从 GSM/GPRS 系统平滑过渡到 TD-SCDMA 系统，并保持与 GSM/GPRS 系统网络的兼容性。

(4) 第四代及第五代数字蜂窝移动通信系统

第四代数字蜂窝移动通信是 3G 系统演化的结果，移动通信经过多年的发展，3G 系统已经进入实质性开发和商用阶段。与此同时，4G，亦称为后三代(beyond 3G)移动通信的研究也进入了新阶段，其标准的讨论也拉开了帷幕。2002 年 1 月在日本举行的无线世界研究论坛会议中，专家讨论并公开了 4G 的内容。对于 4G，达成以下共识：将移动通信系统与其他系统(如无线局域网 WLAN)结合起来，产生 4G 技术；2010 年之前使数据传输速度达到 100Mbps，以提供更有效的多种业务。4G 将适合所有的移动用户，最终实现无线网络、无线局域网、蓝牙、广播电视卫星通信的无缝衔接并相互兼容。4G 与 3G 相比，在网络结构、空中接口、传输体制、编码与调制、检测与评估等方面都具有全新面貌。

目前，韩国已成功研发第五代移动通信技术，手机在利用该技术后无线下载速度可以达到 3.6Gbps。这一新的通信技术名为 Nomadic Local Area Wireless Access，简称 NoLA。该技术可作为铺设 5G 网络的基础技术，而在第四代技术标准确立后，其有望用于家庭网络以及其他移动通信终端。

2.10.2 数字蜂窝移动通信系统及主要通信技术

1. 数字蜂窝移动通信系统

1) 数字蜂窝移动通信系统的组成

数字蜂窝移动通信系统是在模拟蜂窝移动通信的基础上发展起来的，在网络组成、设备配置、网络功能和工作方式上，二者都有相同之处。但在实现技术和管理控制等方面，数字蜂窝技术更先进、功能更完备且通信更可靠，并能实现与其他发展中的数字通信网(如综合业务数字网 ISDN、公用数据网 PDN)的互联。数字蜂窝通信系统主要由移动台(Mobile Station，MS)、无线基站子系统(Base Station System，BSS)和交换网络子系统(Network Switching System，NSS)3 大部分组成，如图 2.42 所示。

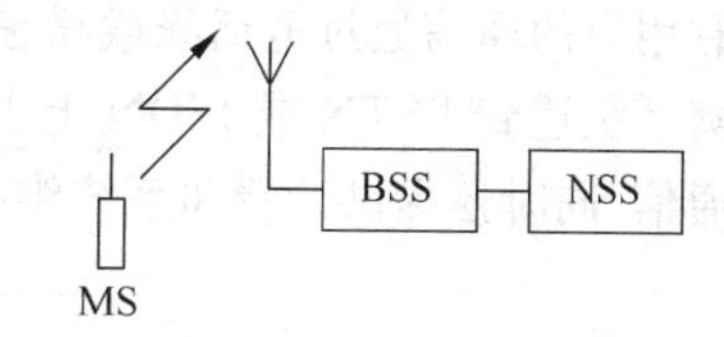

图 2.42 蜂窝移动通信系统的组成

(1) 移动台。移动台就是移动客户设备部分，它由两部分组成，移动终端(Mobile Terminal，MT)和客户识别卡(Subscriber Identity Module，SIM)。移动终端可实现语音编码、信道编码、数据加密、信号的调制和解调、信号发射和接收功能。SIM 卡就是“身份卡”，它类似于现在所用的 IC 卡，也称做智能卡，存有认证客户身份所需的所有信息，并能执行一些与安全保密有关的重要信息，以防止非法客户进入网络。

(2) 无线基站子系统。无线基站子系统是在一定的无线覆盖区中由移动交换中心(Mobile Swtiching Center，MSC)控制，与 MS 进行通信的系统设备，它主要负责完成无线发送接收和无线资源管理等功能。功能实体可分为基站控制器(Base Station Controller，BSC)和基站收发信台(Base Transceiver Station，BTS)。

(3) 交换网络子系统。交换网络子系统主要实现交换功能和客户数据与移动性管理、安全性管理所需的数据库功能，由移动服务交换中心(Mobile Service Switching Centre，MSSC)、操作维护中心(Operation and Maintenance Centre，OMC)等组成。

2）数字蜂窝移动通信系统的工作原理

数字蜂窝移动通信系统为在无线覆盖范围内的任何站点的用户提供公用电话交换网或综合业务数字网的无线接入功能。蜂窝移动电话系统能在有限的频带范围内以及在很大的地理范围内容纳大量用户，它提供了和有线电话系统相当的高通话质量。高容量的获得主要是因为将每一基站发射站的覆盖范围限制到称为小区的小块地理区域，这样相同的无线信道可以在相距不远的另一个基站内使用。

不管在什么位置，每部移动电话逻辑上都处在一个特定单元里，并且在该单元的基站控制下。当某移动电话离开一个单元时，它的基站注意到移动电话传过来的信号逐渐减弱，就会询问所有邻近的基站收到该电话的信号的强弱。该基站随后将控制权转交给最强信号的单元，即该电话当前所处单元。该电话随即被告知它有新的管理者，并且如果正在进行通话，它会被要求切换到新的信道(因为它原来使用的信道在新的单元里不能被使用)。此过程被称为越区切换(handoff)，大约需时 300ms，信道分配由 MSC 完成，确保了当用户从一个小区移动到另一个小区时通话不中断。漫游的原理与切换类似，它是指移动台在某地登记后，可在异地进行通信。这里的异地不再仅仅是另一个蜂窝，可能是不同地区、不同省甚至不同国家，即在任何地方都能通过漫游进行通信。

图 2.43 说明了包括移动站、基站和 MSC 的基本蜂窝通信原理。移动交换中心负责在蜂窝系统中将所有的移动用户连接到公用电话交换网上，有时被称作移动电话交换局(Mobile Telecommunications Switching Office，MTSO)。每一移动用户通过无线电和某一个基站通信，在通信过程中，可能被切换到其他任一个基站去。移动站包括发送器、天线和控制电路，可以安装在机动车辆上或作为携带手机使用。基站包括有几个同时处理全双工通信的发送器、接收器和支撑几个发送和接收天线的塔。基站担当桥一样的功能，将小区中所有用户的通信通过电话线或微波线路连到 MSC。MSC 协调所有基站的操作，并将整个蜂窝系统连到 PSTN 或 ISDN 上去。典型的 MSC 可容纳 10 万个用户，并能同时处理 5000 个通信，同时还提供计费和系统维护功能。

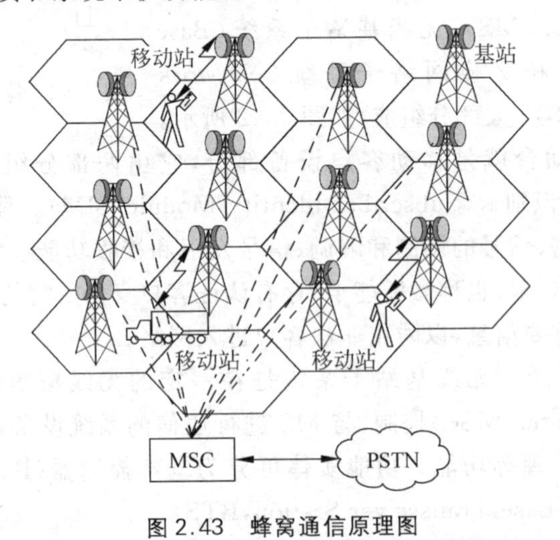

图 2.43 蜂窝通信原理图

基站和移动用户之间的通信接口被定义为标准公共空中接口，它指定了 4 个不同的通道。用来从基站向用户传送信息的称为前向语音信道(Forward Voice Channel，FVC)，用

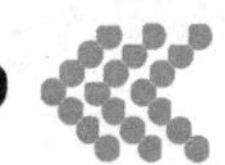

来从用户向基站传送语音的称为反向语音通道(Reverse Voice Channel,RVC)。两个负责发起移动呼叫的信道称为前向控制信道(Forward Control Channel,FCC)和反向控制信道(Reverse Control Channel,RCC)。控制信道通常称为建立信道,因为它们只在建立呼叫和呼叫转移到没被占用的信道里去时使用。控制信道发送和接收进行呼叫和请求服务的数据信息,并由未进行通信的移动台监听。前向控制信道还作为信道标志,用来建立系统中的用户广播通话请求。

2. 数字蜂窝移动通信系统主要通信技术

1) 无线通信多址接入技术

传输技术的一个关键就是要解决传输的有效问题,即信道的充分利用问题,进一步说就是要利用一个信道同时传输多路信号。在两点之间同时互不干扰地传送多个信号是信道的多路复用;在多点之间实现互不干扰的通信称为多址访问或多点接入,即指用一个公共信道将多个用户连接起来,实现他们之间的互不干扰通信,其技术核心是如何识别自己的信号。为此,要赋予不同的用户信号以不同的信号特征,这些信号特征能区分不同的用户,就像不同的地址区分不同的用户一样。因此,这种技术称为多址技术。

(1) 频分多址(Frequency Division Multiple Access,FDMA)。频分多址是使用较早也是使用较多的一种多址接入方式,被广泛应用于卫星通信、移动通信、一点多址微波通信系统中。FDMA 的技术核心是把传输频带划分为较窄的且互不重叠的多个子频带,每个用户都被分配到一个独立的子频带中;各用户采用滤波器,分别按分配的子频带从信道上提取信号,实现多址通信。

(2) 时分多址(Time Division Multiple Access,TDMA)。时分多址是在给定频带的最高数据速率的条件下,把传递时间划分为若干间隙,各用户按照分配的时隙,以突发脉冲序列方式接收和发送信号。

(3) 码分多址(Code Division Multiple Access,CDMA)。码分多址也称扩频多址(Spread Spectrum Multiple Access,SSMA),它是将原信号的频带拓宽,再经调制发送出去;接收端接收到经扩频的宽带信号后,作相关处理,再将其解扩为原始数据信号。

CDMA 的原理是,任何一个发送方都要把自己发送的 01 代码串中的每一位,分成 m 个更短的时隙或称芯片(Chip),这种方式称为直接序列扩频。通常 m 取 64 片或 128 片,也就是将原先要发送的信号速率或带宽提高了 64 倍或 128 倍,其理由见 2.2.2 节中的信号带宽公式 $B=f=1/T=1/\tau$。为了简便,现假定芯片序列为 8 位,又假定用芯片序列 00011011 表示 1,当发送 0 时则用其反码 11100100。但这种芯片序列是双极型表示的,即 0 用 -1 表示,1 用 $+1$ 表示。

如图 2.44 所示,其中图 2.44(a)是 $ABCD$ 4 个站点上的二进制芯片序列,表示 4 个站点均为 1。图 2.44(b)是双极型芯片序列,每个站点都有自己唯一的芯片序列。用符号 S 来表示站点 S 的 m 维芯片序列,$\bar{S}$ 为 S 的取反。而且所有的芯片序列都是两两正交的。设 S 和 T 是两个不同的芯片序列,其标量积(表示为 $S \cdot T$)均为 0。标量积就是对双极型芯片序列中的 m 位相乘之和,再除以 m 的结果,可用下式表示:

$$S \cdot T = \frac{1}{m}\sum_{i=1}^{m} S_i \cdot T_i = 0$$

其正交特性是极其关键的。只要 $S \cdot T=0$,那么 $S \cdot \bar{T}=0$。任何芯片序列与自己的标

量积均为1,即:

$$S \cdot S = \frac{1}{m}\sum_{i=1}^{m} S_i \cdot S_i = \frac{1}{m}\sum_{i=1}^{m} S_i^2 = \frac{1}{m}\sum_{i=1}^{m} (\pm 1)^2 = 1$$

A:0 0 0 1 1 0 1 1

B:0 0 1 0 1 1 1 0

C:0 1 0 1 1 1 0 0

D:0 1 0 0 0 0 1 0

(a) 4个站点上的二进制芯片序列

A:(−1 −1 −1 +1 +1 −1 +1 +1)

B:(−1 −1 +1 −1 +1 +1 +1 −1)

C:(−1 +1 −1 +1 +1 +1 −1 −1)

D:(−1 +1 −1 −1 −1 −1 +1 −1)

(b) 双极型芯片序列

- - 1 -	C	S_1=(−1 +1 −1 +1 +1 +1 −1 −1)
- 1 1 -	$B+C$	S_2=(−2 0 0 0 +2 +2 0 −2)
1 0 - -	$A+\overline{B}$	S_3=(0 0 −2 +2 0 −2 0 +2)
1 0 1 -	$A+\overline{B}+C$	S_4=(−1 +1 −3 +3 +1 −1 −1 +1)
1 1 1 1	$A+B+C+D$	S_5=(−4 0 −2 0 +2 0 +2 −2)
1 1 0 1	$A+B+\overline{C}+D$	S_6=(−2 −2 0 −2 0 −2 +4 0)

(c) 站点同时发送的6个例子

$S_1 \cdot C$=(1+1+1+1+1+1+1+1)/8=1

$S_2 \cdot C$=(2+0+0+0+2+2+0+2)/8=1

$S_3 \cdot C$=(0+0+2+2+0−2+0−2)/8=0

$S_4 \cdot C$=(1+1+3+3+1−1+1−1)/8=1

$S_5 \cdot C$=(4+0+2+0+2+0−2+2)/8=1

$S_6 \cdot C$=(2−2+0−2+0−2−4+0)/8=−1

(d) 站点C的信号复原的6个例子

图 2.44 CDMA 示例

上式成立是因为标量积中的每个m项为1,因此和为m。另外还要注意$S \cdot \overline{S} = -1$。在每个比特时间内,站点可以发送其芯片序列表示发送1,可以发送其序列的反码表示发送0,也可以保持沉默什么都不干。这里假定所有的站点在时间上都是同步的,因此所有芯片序列都是在同一时刻开始。

若两个或两个以上的站点同时开始传输,则它们的双极型信号就线性相加。比如,在某一芯片内,3个站点输出+1,一个站点输出−1,那么结果就为+2。可把它想象为电压相加:3个站点输出+1V,另一个站点输出为−1V,最终输出电压就为+2V。

图2.44(c)中,给出了站点同时发送的6个例子。第1个例子中,只有C发送了1,所以结果只有C的芯片序列。第2个例子中,B和C均发送1,因此结果为它们序列之和,即(−1−1+1−1+1+1+1−1)+(−1+1−1+1+1+1−1−1)=(−2 0 0 0 +2 +2 0 −2)。

第3个例子中,站点A发送1,站点B发送0,其余保持沉默。注意图2.44中,除2.44(a)之外,其余均是用双极型芯片序列表示的。所以2.44(d)中,计算出的结果为1,表示发送1;计算出的结果为−1,表示发送0;计算出的结果为0,表示什么也没发送,即保持沉默。第4个例子中,站点A,站点C发送1,站点B发送0。第5个例子中,4个站点均发送1。最后一个例子中,站点A,站点B和站点D发送1,站点C发送0。应该注意的是,图2.44(c)中给出的从序列S_1到序列S_6任一序列仅占用一个比特时间。

要从信号中还原出单个站点的比特流,接收方必须事先知道站点的芯片序列。通过计算收到的芯片序列(所有站点发送的线性和)和欲还原站点的芯片序列的标量积,就可以还原出原比特流。假设收到的芯片序列为S,接收方想得到的站点芯片序列为C,只需计算它们的标量积$S \cdot C$,就可得出原比特流。

下面解释一下上述方法的原理。假设站点A、站点C均发送1,站点B发送0。接收方收到的总和为$S=A+\overline{B}+C$,计算:

$$S \cdot C = (A+\overline{B}+C) \cdot C = A \cdot C + \overline{B} \cdot C + C \cdot C = 0 + 0 + 1 = 1$$

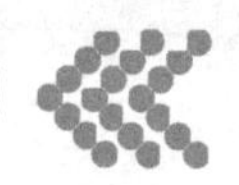

式中的前两项消失，因为所有的芯片序列都经过仔细的挑选，确保它们两两正交，就像式 $S \cdot T = \frac{1}{m}\sum_{i=1}^{m} S_i \cdot T_i = 0$ 所表示的那样。这里也说明了为什么要在芯片序列上强加上这个条件。

为了使解码过程更具体一些，可参见图 2.44(d)所示的 6 个例子。假设接收方想从 $S_1 \sim S_6$ 的 6 个序列中还原出站点 C 发送的信号。它分别计算接收到的 S 与 C 向量两两相乘的积，再取结果的 1/8，即为站点 C 所发出的比特值。

(4) 空分多址(Space Division Multiple Access，SDMA)。空分多址利用定向天线使无线波束覆盖到不同区域。各种蜂窝系统都使用了 SDMA，以在不同的数据单元间实现频率的复用，卫星通信中也可使用 SDMA。SDMA 对天线的要求很高，这增加了设备的数量和切换的次数，加重了交换机的负担。

在自适应天线阵列智能单元中，利用阵列天线自适应地形成跟踪移动台的波束，每个用户对应一个波束，各用户的波束之间没有干扰。如果相同的频率在单元中复用 n 次，则系统容量将提高 n 倍。

(5) 波分多址(Wavelength Division Multiple Access，WDMA)。波分多址实际上也是频分多址，只是该技术采用了波分分割各信道。与 FDMA 不同的是，WDMA 是在光学系统中利用衍射光栅来实现不同频率光波信号的合成和分解。

(6) FDMA、TDMA 和 CDMA 对比。CDMA 与 TDMA 和 FDMA 的区别，就好像一个国际会议上，TDMA 是任何时间只有一个人讲话，其他人轮流发言；FDMA 则是把与会的人员分成几个小组，分别进行讨论；而 CDMA 就像大家在一起，每个人使用自己国家的语言进行讨论。

2) 蜂窝移动通信系统中的蜂窝

2.10.1 节已指出，频率重用是蜂窝移动通信容量增大的关键思想，同时它也是建立在将地理区域划分为“蜂窝”的基础之上的。因此，蜂窝是移动通信系统的关键技术之一。

(1) 宏蜂窝小区。传统的蜂窝式网络由宏蜂窝小区(macrocell)构成，每个小区的覆盖半径大多为 1～25km。图 2.45 是由宏蜂窝组成的移动通信系统示意图。如图 2.45 所示，每个小区分别设有一个基站(BTS)，它与处于其服务区内的移动台(MS)建立无线通信链路。若干个小区组成一个区群(蜂窝)，区群内各个小区的基站可通过电缆、光缆或微波链路与移动交换中心(MSC)相连，实现移动用户之间或移动用户与固定网络用户之间的通信连接。移动交换中心通过 PCM 电路与市话交换局相连接。

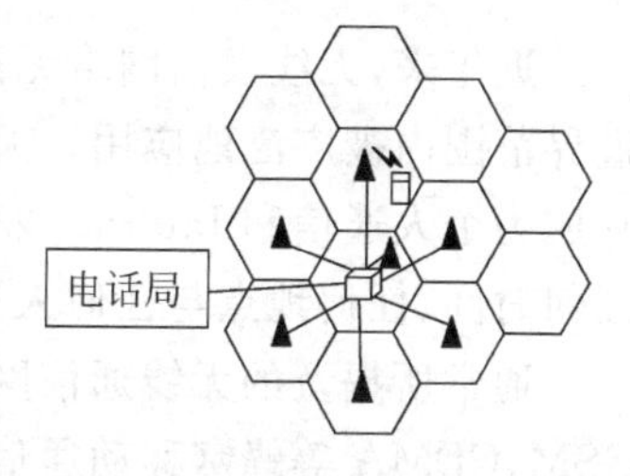

图 2.45 由宏蜂窝组成的移动通信系统示意图

(2) 微蜂窝小区。微蜂窝小区(microcell)是在宏蜂窝小区的基础上发展起来的一门技术。它的覆盖半径大约为 30～300m；发射功率较小，一般在 1W 以上；基站天线置于相对低的地方，如屋顶下方，高于地面 5～10m，传播主要沿着街道的视线进行，信号在楼顶泄露少。因此，微蜂窝最初被用来加大无线电的覆盖，以消除宏蜂窝中的“盲点”。

(3) 微微蜂窝小区。微微蜂窝小区实质就是微蜂窝的一种，只是它的覆盖半径更小，一般只有 10～30m；基站发射功率更小，大约在几十毫瓦左右；其天线一般装于建筑物内业务集中的地方。微蜂窝和微微蜂窝作为宏蜂窝的补充，一般用于宏蜂窝覆盖不到且话务量较大的地点,如地下会议室、地铁、地下室等。在目前的蜂窝式移动通信系统中,主要通过在宏蜂窝下引入微蜂窝和微微蜂窝以提供更多的"内含"蜂窝,形成分级蜂窝结构,以解决网络内的"盲点"和"热点",提高网络容量。因此,一个多层次网络,往往是由一个上层宏蜂窝网络和数个下层微蜂窝网络组成的多元蜂窝系统。图2.46为一个3层分级蜂窝结构示意图,它包括宏蜂窝、微蜂窝和微微蜂窝。

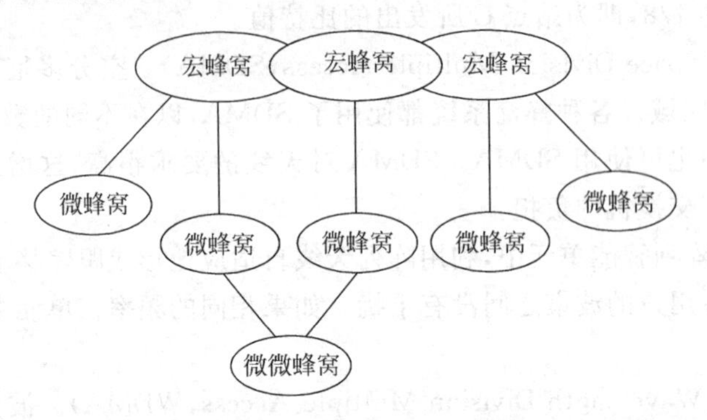

图2.46 3层分级蜂窝结构示意图

(4) 智能蜂窝。随着移动通信的不断发展,近年来又出现了一种新型的蜂窝形式——智能蜂窝。所谓智能蜂窝,它是相对于智能天线而言的,是指基站采用具有高分辨阵列信号处理能力的自适应天线系统,智能地监测移动台所处的位置,并以一定的方式将确定的信号功率传递给移动台的蜂窝小区,它能充分利用移动用户信号并删除或抑制干扰信号,极大地改善系统性能。智能蜂窝既可以是宏蜂窝,也可以是微蜂窝和微微蜂窝。

2.10.3 Ad hoc无线网络通信

近年来,无线通信网络无论在技术上、还是在商业上都获得了飞速的发展,并且已经在世界范围内被广泛地应用。无线通信网络由于能快速、灵活、方便地支持用户的移动性而使它成为个人通信和Internet发展的方向,而且也只有通过无线通信网络才能实现"任何人在任何时间、任何地点与任何人进行任何种类的信息交换"的理想通信目标。

通常所提及的无线通信网络一般都是有中心的,需要预设的基础设施才能运行。例如,GSM、CDMA等蜂窝移动通信系统均要有基站的支持。但对于某些特殊场合来说,有中心的移动网络并不能胜任。比如,战场上部队快速展开和推进,地震或水灾后的营救等。这些场合的通信不能依赖于任何预设的基础设施,而需要一种能够临时快速自动组网的移动网络。无线Ad hoc网络可以满足这样的需求。

1. Ad hoc无线网络的特点

Ad hoc一词来源于拉丁语,是"特别或专门"的意思。这里所说的"Ad hoc网络"指的就是一种特定的无线网络结构,强调的是多跳、自组织、无中心的概念。比较正规的表述是:无线Ad hoc网络是指一组无线移动节点组成的多跳的、临时性的无基础设施支持的无中心网络。在Ad hoc网络中,节点具有报文转发能力,节点间的通信可能要经过多个中间节点的转发,即经过多跳(multihop),这是Ad hoc网络与其他移动网络的最根本区别。节点通过分层的网络协议和分布式算法相互协调,实现网络的自动组织和运行。它具有以下特点:

(1) 无中心。Ad hoc网络没有严格的控制中心,所有节点的地位平等,即是一个对等

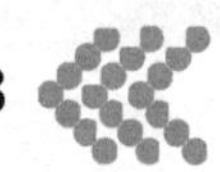

网络。节点可以随时加入和离开网络。任何节点的故障不会影响整个网络的运行，具有很强的抗毁性。

(2) 自组织。网络的布局或展开无须依赖于任何预设的网络设施。节点通过分层协议和分布式算法协调各自的行为，节点开机后就可以快速、自动地组成一个独立的网络。

(3) 多跳路由。当节点要与其覆盖范围之外的节点进行通信时，需要中间节点的多跳转发。与固定网络的多跳不同，Ad hoc 网络中的多跳路由是由普通的网络节点完成的，而不是由专用的路由设备(如路由器)完成的。

(4) 动态拓扑。Ad hoc 网络是一个动态的网络。网络节点可以随处移动，也可以随时开机和关机，这些都会使网络的拓扑结构随时发生变化。

(5) 移动终端的局限性。在 Ad hoc 网络中，用户终端通常以个人数字助理、掌上型电脑或手持式电脑为主要形式。终端所固有的特性，例如依靠电池这样的可耗尽能源提供电源、内存较小、CPU 性能较低等，给 Ad hoc 网络环境下的网络协议和应用程序设计开发带来一定的难度。

(6) 有限的无线传输带宽。Ad hoc 网络采用无线传输技术作为通信手段，由于无线信道本身的物理特性，它所能提供的网络带宽相对有线信道要低得多。

(7) 安全性差。Ad hoc 网络是一种特殊的无线网络，由于采用无线信道、有限电源、分布式控制等技术和方式，所以更容易受到被动窃听、主动入侵、拒绝服务、剥夺“睡眠”、伪造等各种网络攻击。

(8) 网络的可扩展性不强。动态变化的拓扑结构使得具有不同子网址的移动终端可能同时处于一个 Ad hoc 网络中，因而子网技术所带来的可扩展性无法应用于 Ad hoc 网络环境中。

Ad hoc 无线网络的设计最初是为了满足军事通信系统的需求。近年来，Ad hoc 网络在民用和商业领域也得到了应用。例如，在发生洪水、地震后，有线通信设施很可能因遭受破坏而无法正常通信，通过 Ad hoc 网络可以快速地建立应急通信网络，保证救援工作的顺利进行，完成紧急通信需求任务。再如，在这些地区，由于造价、地理环境等原因往往无有线通信设施，Ad hoc 网络可以解决这些环境中的通信问题。总之，Ad hoc 网络是一种新颖的移动计算机网络的类型，它既可以作为一种独立的网络运行，也可以作为当前具有固定设施网络的一种补充，其自身的独特性，赋予了其巨大的发展前景。

2. Ad hoc 无线网络的体系结构

1) 节点结构

Ad hoc 网络中的节点不仅要具备普通移动终端的功能，还要具有报文转发能力，即要具备路由器的功能。因此，就完成的功能而言可以将节点分为主机、路由器和电台 3 部分。其中主机部分完成普通移动终端的功能，包括人机接口、数据处理等应用软件。而路由器部分主要负责维护网络的拓扑结构和路由信息，完成报文的转发功能。电台部分为信息传输提供无线信道支持。从物理结构上分，节点的结构如图 2.47 所示被分为 3 类：单主机单电台、单主机多电台、多主机单电台和多主机多电台。手持机一般采用图 2.47(a)所示的单主机单电台的简单结构。作为复杂的车载台，一个节点可能包括通信车内的多个主机。这可用图 2.47(c)的结构，以实现多个主机共享一或多个电台。多电台不仅可以用来构建叠加的网络，还可用作网关节点来互联多个 Ad hoc 网络。

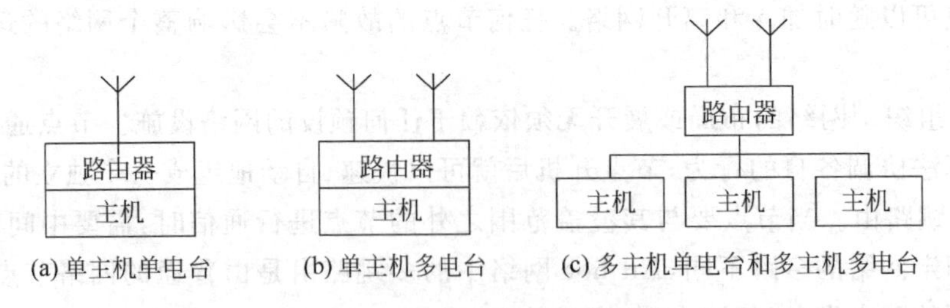

(a) 单主机单电台　(b) 单主机多电台　(c) 多主机单电台和多主机多电台

图 2.47　Ad hoc 网络节点的结构

2）网络结构

Ad hoc 无线网络一般有两种结构：平面结构，如图 2.48 所示；分级结构，如图 2.49 和图 2.50 所示。平面结构中，所有节点的地位平等，所以又可以称为对等结构。而分级结构中，网络被划分为簇(cluster)，每个簇由一个簇头(cluster-header)和多个簇成员(cluster member)组成，这些簇头形成了高一级的网络，在高一级网络中，又可以分簇，再次形成更高一级的网络，直至最高级。在分级结构中，簇头节点负责簇间数据的转发。簇头可以预先指定，也可以由节点使用算法自动选举产生。

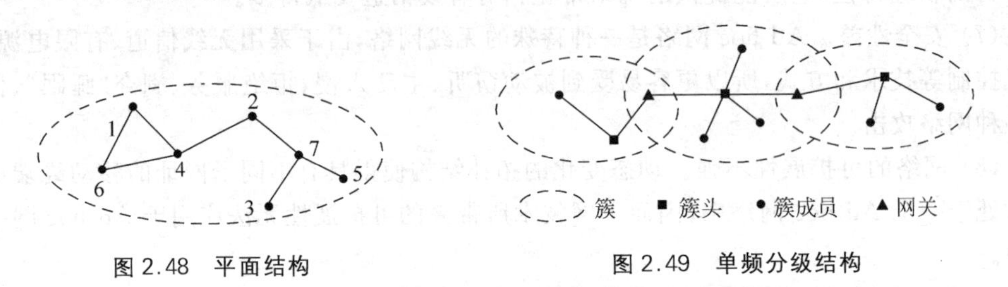

图 2.48　平面结构　　图 2.49　单频分级结构

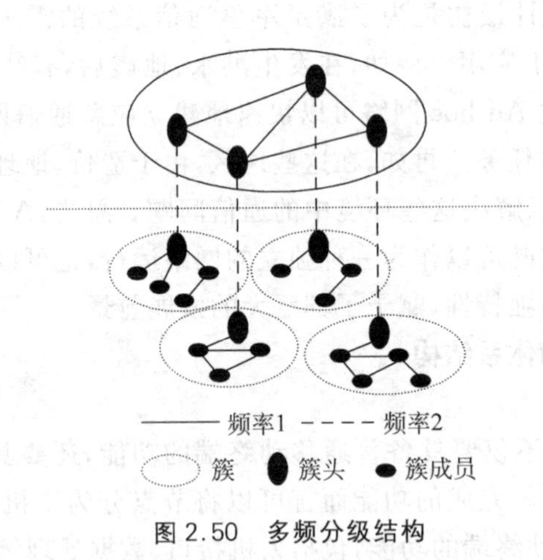

图 2.50　多频分级结构

根据不同的硬件配置，分级结构又可以分为单频分级结构和多频分级结构两种。单频率分级网络只有一个通信频率，所有节点使用同一个频率通信。而在多频率分级结构中，不同级采用不同的通信频率。低级节点的通信范围较小，而高级的节点要覆盖较大的范围。高级节点同时处于多个级中，有多个频率，用不同的频率实现不同级的通信。在图 2.50 所示的两级网络中，簇头节点有两个频率。频率 1 用于簇头与簇成员的通信，而频率 2 用于簇头之间的通信。

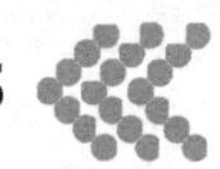

平面结构的网络比较简单，网络中所有节点是完全对等的，原则上不存在瓶颈，所以比较健壮。它的缺点是可扩充性差，每一个节点都需要知道到达其他所有节点的路由。维护这些动态变化的路由信息需要大量的控制消息。在分级结构的网络中，簇成员的功能比较简单，不需要维护复杂的路由信息。这大大减少了网络中路由控制信息的数量，因此具有很好的可扩充性。由于簇头节点可以随时选举产生，因此分级结构也具有很强的抗毁性。分级结构的缺点是，维护分级结构需要节点执行簇头选举算法，簇头节点可能会成为网络的瓶颈。因此，当网络的规模较小时，可以采用简单的平面式结构；而当网络的规模增大时，应采用分级结构。

2.10.4 短距离无线通信技术

近年来，短距离无线通信技术已引起广泛重视。除了已经得到广泛应用的蓝牙技术之外，超宽带技术和射频识别技术也受到了非常大的关注。

1. 蓝牙技术

蓝牙技术(Bluetooth)是由爱立信(Ericsson)移动通信公司在1994年提出，1998年2月，Ericsson、Nokia、Toshiba、IBM和Intel等5家国际著名公司发起成立了蓝牙特别兴趣小组(Special Interest Group，SIG)，并在当年5月分别在伦敦、加州和日本公布这项计划。他们借用公元10世纪丹麦国王Harald的外号“蓝牙”为其命名，现今蓝牙已发展成为一种短距离无线链路的理念。

蓝牙是一个开放的、短距离无线通信技术标准，它可以用于在较小的范围内通过无线连接的方式实现固定设备与移动设备之间的网络互联，可以在各种数字设备之间实现灵活、安全、低成本、小功耗的语音和数据通信。因为蓝牙技术可以方便地嵌入到单一的互补型金属氧化物半导体(Complementary Metal-Oxide-Semiconductor，CMOS)芯片中，因此它特别适用于小型的移动通信设备。

2. 超宽带技术

超宽带(Ultra-Wideband，UWB)技术以前主要作为军事技术在雷达等通信设备中使用。随着无线通信的飞速发展，人们对高速无线通信提出了更高的要求，超宽带技术又被重新提出，并备受关注。与常见的通信方式使用连续的载波不同，UWB采用极短的脉冲信号来传送信息，通常每个脉冲持续的时间只有几十皮秒到几纳秒。这些脉冲所占用的带宽甚至高达数吉赫兹，因此最大数据速率每秒可以达到数百兆位。在高速通信的同时，UWB设备的发射功率却很小，仅仅是现有设备的几百分之一，对于普通的非UWB接收机来说近似于噪声，因此从理论上讲，UWB可以与现有无线电设备共享带宽。所以，UWB是一种高速而又低功耗的数据通信方式，它有望在无线通信领域得到广泛应用。目前，Intel、Motorola、Sony等知名大公司正在进行UWB无线设备的开发和推广。

3. 射频识别技术

射频识别技术(Radio Frequency Identification，RFID)是一种利用无线射频方式进行非接触双向通信技术。它具有快速、准确、可靠地进行多目标、运动目标识别的低速数据交换的功能，其被广泛应用于生产、物流、交通、运输、医疗、防伪、跟踪、设备和资产管理等需要收集和处理数据的应用领域。

随着短距离通信和集成电路技术的发展，RFID技术逐渐和移动通信技术融合起来。

韩国、日本、欧洲等国家和地区正在积极推动无所不在的网络理念，希望把家电、电脑和通信设备等具有数字处理能力的产品通过网络技术进行融合，创建一个让用户在任何时间和任何地点都能享受相应服务的“无所不在”的通信社会。而 RFID 由于对个体标识能力特别强，故在各国的此类计划中都得到了重点使用。

目前 RFID 面临的主要问题是制订全球统一标准和降低成本。RFID 的标准也划分为日本和欧美两大阵营。

RFID 在固有应用领域的前景可观。根据 2008 年初 Gartner Inc. 公司发布的一份报告，全球 RFID 市场将由 2007 年的 9.173 亿美元增长至 2008 年的 12 亿美元，到 2012 年则将增长至 35 亿美元。除了传统的应用领域之外，RFID 和蜂窝移动通信技术的融合也催生出了很多新业务。以 NTT DoCoMo、SKT 和 Nokia 为首的一些通信业者一直在考虑如何将 RFID 技术与传统的通信系统相融合，并已取得了一些进展。比较典型的业务包括 DoCoMo 推出 Felica 业务、日本电信演示追踪电话、BT 的 Bluephone 等。

2.11 卫星通信

根据国际电信联盟 1971 年世界无线电行政会议(WARC-ST)的规定：以地球大气层外空间飞行体为对象的无线电通信，称之为空间无线电通信(Space Telecommunications)，简称为空间通信。空间无线电通信有 3 种形式：①地球站与空间站之间的通信；②空间站之间的通信；③通过空间站的转发或反射来进行的地球站相互间的通信。其中，第三种通信形式即所谓的卫星通信。

1945 年，英国人阿塞·C. 克拉克提出了利用卫星进行通信的设想。1957 年前苏联发射了第一颗人造地球卫星 Sputnik，使人们看到了实现卫星通信的希望。1962 年美国成功发射了第一颗通信卫星 Telsat，实现了横跨大西洋的电话和电视传输。由于卫星通信具有通信距离远，费用与通信距离无关，覆盖面积大，不受地理条件的限制，信道带宽较宽，因此近年来它获得了快速发展，已成为现代主要的通信手段之一。

2.11.1 卫星通信系统的原理及其组成

正如 1.3.4 节所述，通信传输方式有点到点传播和广播型传播两种方式，卫星通信同样有点到点的通信方式和广播型通信方式。如图 2.51 所示，图 2.51(a)是通过卫星微波形成的点到点通信信道，它是由两个地球站(发送站、接收站)与一颗通信卫星组成的。卫星上可以有多个转发器，它的作用是接收、放大与发送信息。目前，一颗卫星一般有 12 个转发器，不同的转发器使用不同的频率。地面发送站使用上行链路(uplink)向通信卫星发射微波信号。卫星起到一个中继器的作用，它接收通过上行链路发送来的微波信号，经过放大后再使用下行链路(downlink)发送回地面接收站。由于上行链路与下行链路使用不同的频率，因此可以将发送信号与接收信号区分出来。图 2.51(b)是通过卫星微波形成的广播通信信道。

为了完成上述通信功能，卫星通信系统的基本构成应包括通信和保障通信的全部设备，主要有跟踪遥测指令分系统、监控管理分系统、空间分系统以及通信地球站 4 部分组成，如图 2.52 所示，其各部分的主要功能如下。

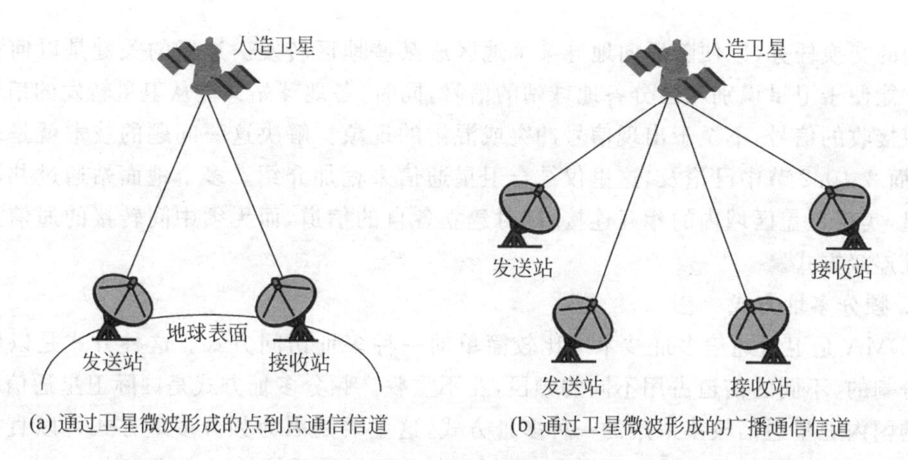

图 2.51　卫星通信原理示意图

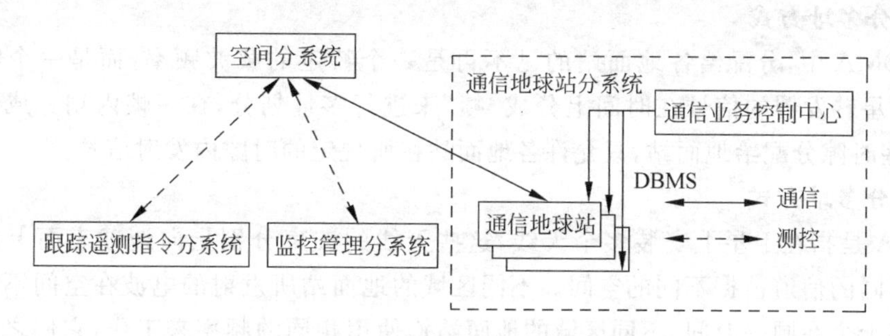

图 2.52　卫星通信系统的基本组成

(1) 跟踪遥测指令分系统。跟踪遥测指令分系统对卫星进行跟踪测量，控制其准确进入预定轨道并到达指定位置，待卫星正常运行后，定期对卫星进行轨道修正和位置保持，必要时，控制通信卫星返回地面。

(2) 监控管理分系统。监控管理分系统对轨道定点上的卫星进行业务开通前、后的监测和控制，如卫星转发器功率、卫星天线的增益以及各通信地球站发射的功率、射频和宽带等基本的通信参数，以保证网络的正常通信。

(3) 空间分系统。空间分系统是由主体部分的通信系统和保障部分的遥测指令系统和控制系统以及电源系统（包括太阳能电池和蓄电池）等组成，如图 2.53 所示。通信卫星主要起无线电中继站的作用，其主要靠卫星上通信系统的转发器（微波收、发信机）和天线共同完成。一个卫星的通信系统可以转发一个或多个地球站信号。显然，当每个转发器所能提供的功率和带宽一定时，转发器越多，卫星通信系统的容量就越大。

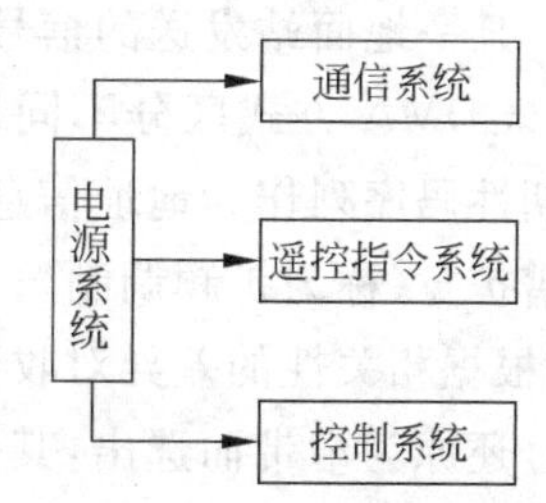

图 2.53　空间分系统的组成

(4) 通信地球站。通信地球站是微波无线电收、发信电台，用户通过它接入卫星通信网络进行通信。

2.11.2　卫星通信的多址接入方式

在卫星通信系统中，处于同一颗通信卫星覆盖下的各地球站和卫星移动终端均向通信卫星发射信号，并要求卫星能够接收这些信号，及时完成如放大、变频等处理任务和不同波束之间的交换任务，以便随后向地球某个地区或某些地区转发。这里的关键是以何种信号方式才能便于卫星识别和区分各地球站的信号，同时，各地球站又能从卫星转发的信号中识别出应接收的信号，不至于出现信号冲突或混淆的现象。解决这一问题的技术就是多址技术，前面2.10.2节中已论及，这里仅结合卫星通信来稍加介绍。多个地面站通过共同的通信卫星，实现覆盖区域内的相互连接，同时建立各自的信道，而无须中间转接的通信方式称为多址连接方式。

1. 频分多址方式

FDMA是卫星通信多址技术中比较简单的一种多址访问方式。这种方式是以频率来进行分割的，不同的信道占用不同的频段，互不重叠。频分多址方式是国际卫星通信和一些国家的国内卫星通信较多采用的一种多址方式，这主要是因为频分多址方式可以直接利用地面微波中继通信的成熟技术和设备，也便于与地面微波系统接口直接连接。

2. 时分多址方式

在TDMA中，分配给各地面站的已不再是一个特定的载波频率，而是一个特定的时隙，通过卫星转发器的信号在时间上分成"帧"来进行多址划分，在一帧内划分成若干个时隙；将这些时隙分配给地面站，只允许各地面站在所规定的时隙内发射信号。

3. 空分多址方式

SDMA是指在卫星上安装多个天线，这些天线的波束分别指向地球表面上的不同区域，因而不同的信道占据不同的空间。不同区域的地面站所发射的电波在空间不会相互重叠，即使几十个在同一时间、不同区域的地面站均使用相同的频率来工作，它们之间也不会形成干扰。

4. 码分多址方式

以上3种多址方式是目前在国际卫星通信中广泛采用或准备采用的主要方式，这3种方式的特点是适合在大中容量的通信系统中应用。但在某些特定场合，如在高度机动灵活的军事应用中，仍然采用上述方式就会显得线路分配不灵活，往返呼叫时间太长，而CDMA就能适应这些特殊的要求。

在CDMA中，各地面站所发射的信号往往占用转发器的全部频带，而发射时间是任意的，即各站发射的频率和时间可以相互重叠，这时信号的区分是依据各站的码型不同来实现的。某一地面站发送的信号，只能用与它匹配的接收机才能检测出来。

CDMA方式区分不同地址信号的方法是：利用自相关性非常强而互相关性比较低的周期性码序列作为地址信息（称地址码），对被用户信息调制过的已调波进行再次调制，使其频谱扩宽（称为扩频调制）；经卫星信道传输后，在接收端以本地产生的已知的地址码为参考，根据相关性的差异对收到的所有信号进行鉴定，从中将地址码与本地码完全一致的带宽信号还原为窄带而选出，其他与本地地址码无关的信号则仍保持或扩展为宽带信号而滤去（称为相关检测或扩频解调）。

2.11.3 卫星通信技术的特性

(1) 范围广。卫星通信服务区内的信息可以送至每一个角落。

(2) 系统开发推广迅速，而且全球无缝隙的连接都能实现，每一个终端用户的进入皆能在短短几分钟内迅速完成，且不需要长期规划建设。

(3) 通信费用不受地面通信距离的影响。

(4) 较不易受自然灾害的影响，如地震、台风等。即使因事故中断也能很快恢复通信。

(5) 高通信容量。目前美国国家航空航天局(National Aeronautic Space Administration，NASA)的ACTS(Advanced Communication Technology Satellite)卫星的通信容量已达到1Gbps。

(6) 多点通信。由于目前地面通信系统的数据流向多为单点对单点通信，而通过卫星可以很轻易地做到多点通信。

(7) 终端用户预安装费用不高，且不需因增加用户数而再架设新的线路。

基于以上特性，故卫星通信日益广泛，如电视广播或多个海岛间的通信，其次在大范围移动通信安装时间等方面，卫星通信比有线通信系统更为便利。此外，对于地形复杂或偏远地区，以及用户少而通信量大的地区，使用卫星通信系统将具有更高的经济效益。

2.11.4　卫星移动通信系统

1. 高轨道卫星移动通信系统

高轨道卫星移动通信系统(High Earth Orbit Satellite Mobile Communication System)是由轨道高度在20 000km以上的卫星或卫星群(星座)构成的移动通信系统。

当轨道高度为36 000km，卫星的运行与地球的自转同步时，则称其为地球同步卫星，由于卫星相对于星下点的地球表面是静止的，也称静止轨道卫星。由这样的卫星或星座构成的移动通信系统，称做静止轨道卫星移动通信系统。

地球同步卫星的好处是人们可以让地球站上的天线对准卫星，以后不需调整角度，这样可以降低天线成本。否则，需要一个自动装置来自动跟踪卫星的运动来调整天线的仰角，从而导致设备更为复杂和昂贵。另外，为了避免卫星之间的相互干扰，其间隔最好不要小于2°，故最多只能有180颗同步卫星环绕在地球上空。而国际上也就同步卫星的轨道和频段问题达成了协议，目前常用的频段是4/6GHz，也就是上行(从地面站发往卫星)频率为5.925～6.425GHz，而下行(从卫星发到地面站)频率为3.2～3.7GHz，频段的宽度均为500MHz。由于这个频段已经非常拥挤，因此现在也使用频率更高的12/14GHz的频段。

随着微电子设备的价格、体积和能耗需求大幅度下降，每个卫星可安装多个天线和多个收发机，并同时有多个上行或下行的数据流，同步卫星的通信容量可得到较大提高。

2. 中轨道卫星移动通信系统

中轨道卫星移动通信系统(Middle Earth Orbit Satellite Mobile Communicationsystem)是由轨道高度在5000～13 000km的卫星群(星座)构成的移动通信系统。由于轨道高度的降低，故可减弱高轨道卫星通信的缺点，并能为用户提供体积、重量、功率较小的移动终端设备。只要用较少数目的中轨道卫星即可构成全球覆盖的移动通信系统。中轨道卫星系统为非同步卫星系统，由于卫星相对地面用户的运动，故用户与一颗卫星能够保持通信的时间约为100min。采用的多址方式为TDMA和CDMA。

典型的中轨道卫星移动通信系统有：Inmarsat-P，Odyssey，MAGSS-14等。其中，国际海事卫星组织的Inmarsat-P，采用4颗同步轨道卫星和12颗高度为10 000km中轨道卫星相结合的方案。TRW空间技术集团公司的Odyssey系统是由分布在高度为10 000km的3个倾角为55°轨道上的12颗卫星组成。欧洲宇航局的MAGSS-14系统是由分布在高度为 10 354km 的 7 个倾角为 56°轨道上的 14 颗卫星组成。

3. 低轨道卫星移动通信系统

低轨道卫星移动通信系统(Low Earth Orbit Satellite Mobile Communication System)是由轨道高度在 700～1500km 的卫星群(星座)构成的移动通信系统。低轨道带来的好处是：传输衰耗小,通信延时短,并能够提供体积小、重量轻、功耗小的移动终端用户手机。采用低轨道或倾斜轨道的星座系统,可构成提供全球覆盖的移动通信服务系统或覆盖除南、北极地区以外的全球卫星移动通信系统。由于卫星轨道距地面较近,相对运动速度较快,移动用户与一颗卫星能够保持通信的时间约为 10min,所以需要不断地切换卫星链路。主要采用的多址方式有 TDMA 和 CDMA。

由多址接入技术、星上链路技术提供用户手机之间的移动通信服务,也可通过关口站与地面通信网连接,提供移动用户与固定用户之间的通信服务。例如全球星系统用 48 颗倾斜(52°)轨道卫星构成的星座覆盖全球(除南、北极地区),采用码分多址接入技术,使移动用户手机经卫星链路与地面关口站相连,并通过关口站与地面通信网连接,提供移动用户与固定用户之间的通信服务。

铱系统是由美国 Motorola 公司提出的世界第一个低轨道全球卫星移动通信系统,其目标是向携带有手持式移动电话的铱用户提供全球个人通信能力。铱系统卫星星座由 66 颗低轨道卫星组成,轨道高度为 780km。铱卫星采用星上处理和交换技术、多波束天线、星际链路等新技术,提供语音、数据、传真和寻呼等业务。

铱系统主要由卫星星座及其地面控制设施,关口站以及移动终端 4 个部分组成。每颗卫星可以提供 48 个点波束,每个波束平均包含 80 个信道。星际链路使用频率范围是 22.55～23.55GHz；地球发往卫星的上行频率的范围为 27.5～30.0GHz,卫星发往地球的下行频率的范围为 18.8～20.2GHz；卫星与移动终端的链路采用的频率范围是 1610～1626.5MHz,发射和接收以 TDMA 方式分别在单元之间进行。

铱系统的优势表现在以下两个方面,一是其覆盖的区域很广阔,不像蜂窝系统对海洋、高山以及极地等地区无能为力；二是其具备强大的漫游功能,不仅可以提供卫星和蜂窝网络之间的漫游,还可以进行跨协议漫游。

另一种低轨道卫星通信系统则是全球星(Global Star)系统,其采用先进的 CDMA 接入技术,具有容量大、抗衰落、抗干扰、频谱利用率高和软切换能力等特征,可以为全世界各地的用户提供语音、数据、传真和定位业务。

在全卫星系统中,48 颗低轨道卫星平均分布在高度为 1400km 的 8 个轨道平面上,每一个区域有 3～4 颗卫星覆盖,每个用户对每颗卫星的最大可视时间为 10～12min,然后通过软切换转到另一颗卫星。其网络拓扑结构简单,卫星系统只是简单的中继器,不单独组网,而与地面网联合组网,因而没有复杂的星上处理能力,也无须星间交叉链路。所有呼叫建立、处理和路径选择,均由地面有线或无线网完成,可以充分利用地面公用电话网的基础设施进行传输和交换,因而整个系统的成本很低,其使用费用远比铱系统低。

2.11.5 卫星定位系统

目前,全球有美国全球定位系统(Global Positioning System,GPS)、欧洲“伽利略”、俄罗斯“格洛纳斯”和中国北斗卫星导航系统 4 大卫星定位系统,这 4 大系统各有千秋。

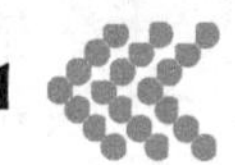

美国GPS是美国历经近20年(1978年10月6日发射,1993年12月完成24颗卫星组网,1995年4月27日达到完全运行能力)、耗资超过300亿美元建立的卫星定位系统。该系统在20 000km的高空,共有分布在6个轨道上的24颗卫星,是一个全天候、实时性的导航定位系统,能够保证地球上任何地方的用户在任何时候都能看到至少4颗卫星。GPS的每颗卫星能连续发射一定频率的无线电信号,任何持有便携式信号接收仪的用户,无论身处陆地、海上还是空中,都能收到卫星发出的特定信号。接收仪中的电脑只要选取4颗或4颗以上卫星发出的信号进行分析,就能确定接收仪持有者的位置。GPS除了导航外,还有其他多种用途,如科学家可以用它来监测地壳的微小移动,从而帮助预报地震;汽车司机在迷途时通过它能找到方向;军队依靠它来保证正确的前进方向。

欧洲"伽利略"系统是世界上第一个民用的全球卫星定位系统,将于2008年底投入使用,总共包括30颗卫星,其中27颗卫星为工作卫星,3颗为候补卫星。卫星高度为24 126km,位于3个倾角为56°的轨道平面内。与美国GPS相比,"伽利略"系统有较大的不同。例如,"伽利略"系统的卫星数量多达30颗,美国目前还只有24颗;"伽利略"更多用于民用,最高精度比美国GPS高10倍,不少专家形象地比喻说,如果说GPS只能找到街道,"伽利略"则可找到车库门。

俄罗斯的"格洛纳斯"卫星定位系统标准配置为24颗卫星,而18颗该系统卫星就能保证为俄境内用户提供所有服务。目前俄罗斯有17颗"格洛纳斯"系统卫星。按计划,到2009年,该系统的服务范围将拓展到全球,而届时需要24颗卫星同时工作。该系统的主要服务包括确定陆地、海上以及空中目标的坐标和运动速度等信息。"格洛纳斯"卫星系统与美国全球定位系统GPS类似,但GPS从卫星反馈到地面的信号很弱,如果对方采取多种干扰,都会使地面GPS接收机无法正常工作,而"格洛纳斯"系统的卫星具有更强的抗干扰能力。

北斗卫星导航系统是中国自行研制的世界上第一个区域性卫星定位系统,其空间段由5颗静止轨道卫星和30颗非静止轨道卫星组成,具备在任何时间、任何地点为用户确定所在的地理经纬度和海拔高度的能力。北斗卫星导航系统的应用十分广泛,可用于监控救援、信息采集、精确授时和导航通信。目前主要应用于公路交通、铁路运输、海上作业、渔业生产、水文测报、森林防火、环境监测等众多行业。北斗卫星导航系统提供两种服务方式,即开放服务和授权服务。开放服务是在服务区免费提供定位、测速和授时服务,定位精度为10m。授权服务是向授权用户提供更安全的定位、测速、授时和通信服务以及系统完好性信息。美国的全球定位系统(GPS)是一个接收型的定位系统,只转播信号,用户接收就可以做定位了,不受容量的限制。北斗卫星导航系统是双向的,既有定位又有通信的系统,但是有容量限制。中国计划2008年满足中国以及周边地区用户对卫星导航系统的需求,逐步扩展为全球卫星导航系统。

2.11.6　甚小孔径终端技术

甚小孔径地球站(Very Small Aperture Terminal,VSAT)通常指卫星天线孔径小于3m(1.2～2.8m)和具有高度软件控制功能的地球站。它是1984—1985年开发的一种同步卫星通信设备,近年来得到了非常迅速的发展。VSAT已广泛应用于新闻、气象、民航、人防、银行、石油、地震和军事等部门以及边远地区的通信。

VSAT 系统的操作方式主要是：在卫星通信中，只要地面发送方或接收方中任一方有大的天线和大功率的放大器，另一方就可用只有一米天线的微型终端即可，即 VSAT。在该系统中，通常两个 VSAT 终端之间无法通过卫星直接通信，还必须经过一个带有大天线和大功率放大器的中心站来转接，如图 2.54 所示。图中 VSAT-A 发送的信号要经过 4 步才能到达 VSAT-B。这种系统中，端到端的传播延迟时间不再是 270ms，而成为 540ms。所以，实质上是使用较长的延迟时间来换取较便宜的终端用户站。

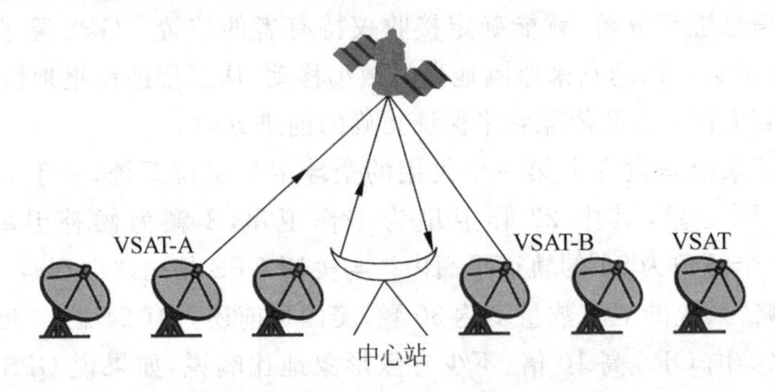

图 2.54　使用中心站的 VSAT

VSAT 是目前卫星通信使用的一种重要技术，其主要有以下两个特点。

(1) 地球站通信设备结构紧凑牢固、全固态化、尺寸小、功耗低、安装方便。VSAT 通常只有户外单元和户内单元两个机箱，占地面积小，对安装环境要求低，可以直接安装在用户处(如安装在楼顶，甚至居家阳台上)。由于设备轻巧、机动性好，故便于移动卫星通信。按照国际惯例，卫星通信系统分为空间段(无线电波传输通信及通信卫星)和地面段两部分。地面段包括地面收发系统及地面延伸电路。由于 VSAT 能够安装在用户终端处，不必汇接中转，可直接与通信终端相连，并由用户自行控制，不再需要地面延伸电路。因而大大方便了用户，并且价格便宜，具有较好的应用价值。

(2) 组网方式灵活、多样。在 VSAT 系统中，网络结构形式通常分为星状网、网状网和混合网 3 类。

VSAT 系统综合了诸如分组信息传输与交换、多址协议和频谱扩展等多种先进技术，可以进行数据、语音、视频图像和图文传真等多种信息的传输。通常情况下，星状网以数据通信为主、兼容语音业务，网状网和混合网以语音通信为主、兼容数据传输业务。与一般卫星通信一样，VSAT 的一个优点是可利用共同的卫星实现多个地球站之间的同时通信，这称做“多址连接”。实现多址连接的关键，是各地球站所发信号经过卫星转发器混合与转发后，能为相应的对方所识别，同时各站信号之间的干扰要尽量小。实现多址连接的技术基础是信号分割。只要各信号之间在某一参量上有差别，如信号频率不同、信号出现的时间不同，或所处的空间不同等，就可以将它们分割开来。为达到此目的，需要采用一定的多址连接方式。

2.11.7　宽带卫星通信技术

将卫星通信与 Internet 结合正成为通信业的一个热点。自 1994 年以来，陆续出现了很多空中 Internet 方案。宽带卫星通信是指利用通信卫星作为中继站进行语音、数据、图像和

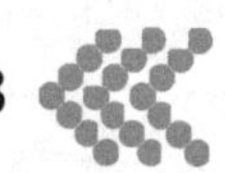

视频等多媒体的处理和传输。宽带卫星通信系统主要用于多信道广播、Internet 和 Intranet 的远程传送以及作为地面多媒体通信系统的接入手段，已成为实现全球无缝个人通信、Internet 空中高速通道必不可少的手段。现代宽带卫星通信技术与已经出现的第三代地面通信系统(3G)相同，都是利用 IP 和 IP/ATM 技术提供高速、直接的 Internet 接入和各种多媒体信息服务。

宽带卫星通信系统的主要技术有：

(1) 卫星 ATM 技术。采用基于 ATM 的具有复杂的星上处理技术，可以将信息从一条上行链路点直接路由到下行链路点，与传统的转发中继器卫星系统结构相比，可以将传送时间减少 1/2。此外，卫星还需要完成信号的解调、译码和一定的信令处理等功能。

(2) 卫星 IP 技术。由于卫星信道具有较大的并且可能是可变的分组往返时延、前/反向信道不对称、较高的信道误码率以及信号衰落等，故把为地面网络设计的 TCP/IP 直接应用于卫星通信会导致其工作效率低下。解决的方法是：一是在协议上改进，克服长时延、大窗口、高误码率情况下的效率下降；二是在卫星链路起始端设置网关，将 TCP/IP 协议转换成较适合卫星信道的算法，这样可在卫星段采用与卫星链路特性匹配的传输协议，而通过 TCP/IP 协议网关与 Internet 和用户终端连接。

(3) 波束成形技术。传统上，卫星采用焦点反馈式抛物面天线实现波束成形。这种天线在增益要求高时特别有用。但是抛物面反射器缺少灵活性，而且频率越高，抛物面加工精度的要求也越高。近年来，使用简单发射单元的平面阵列实现波束成形技术受到人们的关注，该方法的主要优点是波束成形是全数字的，并采用自适应处理技术，增大了设计的自由度。同时平面天线的制造成本相对抛物面天线低，重量也轻。

宽带卫星通信系统已成为当前通信发展的热点之一，具有光明的应用前景。在不同的地区接入 ATM 网络用户时，卫星可以方便地提供多变的网络构成(指网间接口标准，协议层次等)和进行灵活的容量分配。网络扩展容易，可以按照用户的要求，方便地安装 ATM 卫星站，为新用户在需要的时候在任何地点接入网络。卫星可以作为地面光 ATM 网的安全备份，在地面网出现故障或阻塞时，确保路由畅通。

此外，前已指出，20 世纪 90 年代初，随着小卫星技术的发展，出现了中、低轨道卫星移动通信的新方法。这种通信系统的主要优点是：卫星轨道高度低，使传输延迟缩短，多个卫星组成的卫星系统可以真正覆盖全球。目前，全球已有多个利用小卫星组成的中、低轨道卫星移动通信系统，如前面所讲的美国 GPS，欧洲伽利略全球定位系统。中国也将在“十一五”期间建立由 60～70 颗卫星组成的空间信息系统。该系统将包括通信广播卫星、地球资源卫星、气象卫星、导航卫星和科学试验卫星等，以服务于国民经济建设和社会发展。这些将是实现 21 世纪个人通信和信息高速公路最有前途的通信手段之一，同时它也将对计算机网络技术的进一步发展产生重大的影响。

2.12 计算机网络的体系结构

在计算机网络系统中，由于计算机类型、通信线路类型、连接方式、同步方式和通信方式等的不同，给网络各节点间的通信带来诸多问题。由于不同厂家不同型号的计算机通信方式各有差异，所以通信软件需根据不同情况进行开发。特别是异型网络的互联，它不仅涉及基本的数据传输，同时还涉及网络的应用和有关服务，应做到无论设备内部结构如何，相互都能发送可以理解的信息，因此这种真正以协同方式进行通信的任务是十分复杂的。要解决这个问题，势必涉及通信体系结构设计和各个厂家共同遵守约定标准的问题，这也即计算机网络的体系结构和协议问题。

2.12.1 引言

为了对体系结构与协议有一个初步了解，先分析一下实际生活中的邮政系统，其如图 2.55 所示。人们平时写信时，都有个约定，即信件的格式和内容。一般必须采用双方都懂的语言文字和文体，开头是对方称谓，最后是落款等。这样，对方在收到信后才能读懂信里的内容，知道是谁写的，什么时候写的等。信写好之后，必须将信件用信封封装并交由邮局寄发。寄信人和邮局之间也要有约定，这就是规定信封写法并贴邮票。邮局收到信后，首先进行信件的分拣和分类，然后交付有关运输部门进行运输，如航空信交付民航，平信交铁路或公路运输部门等。这时，邮局和运输部门也要有约定，如到站地点、时间、包裹形式等。信件送到目的地后进行相反的过程，最终将信件送到收信人手中。由上可知，邮政系统可分为 3 层，而且上下层之间，同一层之间均有约定，亦即协议。这里的分层与协议，也即体系结构的基本含义。计算机网络中的通信也与邮政系统类似，首先将其分解为不同的层次，不同的层次完成相应的职能，然后层与层之间通过事先规定好的约定进行交互，从而完成整个通信任务。上述邮政系统的例子中涉及到了两个重要的概念，即体系结构与协议，下面进行介绍。

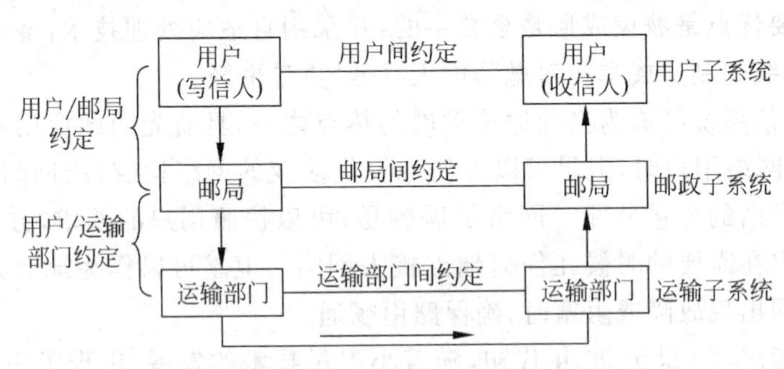

图 2.55 邮政系统分层模型

2.12.2 网络系统的体系结构

1. 层次结构

人类的思维能力不是无限的，如果同时面临的因素太多，就不可能做出精确的思维。处理复杂问题的一个有效方法，就是用抽象和层次的方式去构造和分析。同样，对于计算机网络这类复杂的大系统，亦可如此。如图 2.56 所示，可将一个计算机网络抽象为若干层。其中，第 n 层是由分布在不同系统中的处于第 n 层的子系统构成。

在采用层次结构的系统中，其高层仅是利用其较低层次的接口所提供的服务，而不需了解其较低层次实现该服务时所采用的算法和协议；其较低层次也仅仅是使用从高层传送来的参数。这就是层次间的无关性。这种无关性可使得一个层次中的模块可用一个新模块取代，只要新模块与老模块具有相同的服务和接口，即使它们执行着完全不同的算法和协议也无妨。

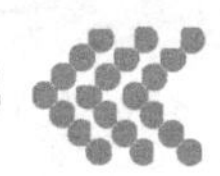

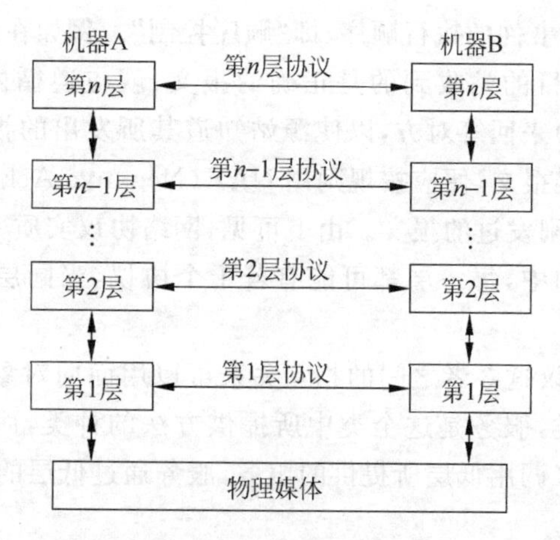

图 2.56 网络层次结构

通过抽象和层次的方法可以使每一层实现一种相对独立的功能,因而可将一个难以处理的复杂问题分解为若干个容易处理的较小问题。由于各层之间相对独立,故各层的灵活性较高,易于实现和维护,而且每层都可以采用最合适的技术来实现。

2. 服务、接口与协议

以上提到网络层次结构中的3个重要概念:服务、接口和协议。为了能更好地理解这3者之间的关系,从而深入地理解层与层之间的关系,需对以上3个概念稍作介绍。

服务这个概念是计算机网络层次结构中一个非常重要的概念,其是指网络中的各层向上一层提供的一组操作,也即从上一层的角度来看,下一层所能完成的工作。服务定义了能够为上层完成的操作,但丝毫未涉及到这些操作是如何完成的。

接口是相邻两层之间的边界,它定义较低层向较高层提供的原始操作和服务。一方面,相邻层通过它们之间的接口交换信息;另一方面,高层通过接口来使用下一层所提供的服务。

计算机之间的通信是在不同系统上的实体之间进行的。这里的实体泛指任何可以发送或接收信息的任何对象,例如终端、应用程序、通信进程等。这里的系统指计算机、终端等具有一个以上实体的物理设备。对等层(即同级层)中进行通信的一对实体称为对等实体。在计算机网络中,为能在两个实体间正确地传递信息,必须在有关信息传输顺序、信息格式和信息内容等方面有一组约定或规则,这组约定或规则即所谓的网络协议,它由3个要素组成。

(1) 语义。语义是对构成协议的协议元素含义的解释,即“讲什么”。不同类型的协议元素规定了通信双方所要表达的不同内容。例如在基本型数据链路控制协议中,规定协议元素SOH的语义表示所要传输的报文报头开始,协议元素ETX的语义表示正文结束。

(2) 语法。语法指用于规定将若干个协议元素组合在一起来表达一个更完整的内容时所应遵循的格式,也即对所表达内容的数据结构形成的一种规定,即“怎么讲”。例如,在传输一份数据报文时,可用适当的协议元素和数据,按照下图2.57的格式来表达,其中SOH、ETX如上所述,HEAD表示报头,STX表示正文开始,TEXT是正文,BCC是校验码。

SOH	HEAD	STX	TEXT	ETX	BCC

图 2.57 语法格式示意图

(3) 规则。规则规定事件的执行顺序,即"顺序控制"。例如在双方通信时,首先由源站发送一份数据报文,如果目的站收到的是正确的报文,就应遵循协议规则,利用协议元素ACK(Acknowledgement)来回答对方,以使源站知道其所发出的报文已被正确接收;如果目的站收到的是一份错误报文,便应按规则用NAK(Negative Acknowledgement)元素做出回答,以要求源站重发刚刚发过的报文。由上可见,网络协议实质上是实体间通信时所使用的一种语言。在层次结构中,每一层都可能有若干个协议,当同层的两个实体间相互通信时,必须满足这些协议。

因此服务、接口和协议这3者之间的相互关系可以用面向对象的程序语言中的类来说明。接口就相当于一个类,服务是这个类中所提供方法的种类,而协议则是方法的具体实现。从而高层通过接口来调用低层所提供的服务,服务通过低层的协议来具体实现。

3. 网络体系结构

网络的体系结构(Architecture)是指对计算机网络及其部件所完成功能的一组抽象定义,是描述计算机网络通信方法的抽象模型结构,一般是指网络的层次及其协议的集合。具体而言是关于计算机网络应设置哪几层,每层应提供哪些功能的精确定义。至于这些功能应如何实现,则不属于网络体系结构部分。也就是说,网络体系结构只是从层次结构及功能上来描述计算机网络的结构,并不涉及每一层硬件和软件的组成,更不涉及这些硬件和软件本身的实现问题。由此可见,网络体系结构是抽象的,是书面上的对精确定义的描述。而对于为完成规定功能所用硬件和软件的具体实现问题,则并不属于网络体系结构的范畴。对于同样的网络体系结构,可采用不同的方法设计出完全不同的硬件和软件来为相应层次提供完全相同的功能和接口。

2.12.3 网络系统结构参考模型ISO/OSI

1. 有关标准化组织

1974年,美国IBM公司首先公布了世界上第一个网络体系结构(SNA-System Network Architecture),凡是遵循SNA的网络设备都可以很方便地进行互连。此后,许多公司也纷纷建立起自己的网络体系结构,这些体系结构大同小异,都采用了层次技术,只是各有其特点,以适合于本公司生产的网络设备及计算机互连。网络体系结构的提出,大大推动了计算机网络的发展。

但是,随着计算机网络技术的发展,网络形式出现了多样化、复杂化,人们也提出了很多问题,其中最突出的问题是不同体系结构的网络很难互连起来(即所谓的异种机连接问题)。为了更加充分地发挥计算机网络的效益,应当使不同厂家生产的计算机网络设备能够相互通信,于是愈来愈需要制订国际范围的标准,以使计算机网络尽可能地遵循统一的体系结构标准。若干标准化组织促进了通信标准的开发,下面简要介绍5个这种组织:ANSI、ITU(CCITT)、EIA、IEEE和ISO。

(1) 美国国家标准协会(American National Standard Institute,ANSI)。ANSI设计了ASCII代码组,它是一种广泛使用的通信标准代码。

(2) 国际电信联盟(International Telecommunication Union,ITU)。ITU有3个主要部门:无线通信部门(ITU-R),电信标准化部门(ITU-T),开发部门(ITU-D)。

1953—1993年,ITU-T被称为CCITT(国际电报电话咨询委员会)。ITU-T和CCITT

都在电话和数据通信领域提出建议。人们常常遇到 CCITT 建议,例如 CCITT 的 X.25,自1993 年起这些建议都打上了 ITU-T 标记。

(3) 电子工业协会(Electronic Industries Association,EIA)。EIA 是美国的电子厂商组织,最为人们熟悉的 EIA 标准之一是 RS-232 接口,这一通信接口允许数据在设备之间交换。

(4) 电气和电子工程师协会(Institute of Electrical and Electronics Engineers,IEEE)。IEEE 建立了电子工业标准,IEEE 下设一些标准组织(或工作组),每个工作组负责标准的一个领域,工作组 802 设置了网络设备和如何彼此通信的标准。

(5) 国际标准化组织(International Standard Organization,ISO)。ISO 开发了开放系统互连(Open System Interconnection,OSI)网络结构模型,模型定义了用于网络结构的 7 个数据处理层。网络结构是在发送设备和接收设备间进行数据传输的一种组织方案。

2. 开放系统互连参考模型的制定

1977 年 3 月,国际标准化组织 ISO 的技术委员会 TC97 成立了一个新的技术分委员会 SC16 专门研究"开放系统互连",并于 1983 年提出了开放系统互连参考模型,即著名的 ISO7498 国际标准(我国相应的国家标准是 GB9387),记为 OSI/RM(Open Systems Interconnection/Reference Model)或者 ISO/OSI/RM。通常人们也将它称为 OSI 参考模型,有时简称为 OSI。开放系统互连的目的是使世界范围内的应用系统能够开放式(而不是封闭式)地进行信息交换。

所谓"开放"指只要遵循 OSI 标准,一个系统就可以和位于世界上任何地方的、也遵循这同一标准的其他任何系统进行通信。这一点类似世界范围的电话系统和邮政系统,这两个系统都是开放系统。

所谓"系统",本来是指按一定关系或规则工作在一起的一组物体或一组部件。但是在 OSI 术语中,"系统"则有其特殊的含义。我们用"实系统"(real system)表示在现实世界中能够进行信息处理或信息传递的自治整体,它可以是一台或多台计算机以及和这些计算机相关的软件、外部设备、终端、操作员、信息传输手段等的集合。若这种实系统在和其他实系统通信时遵守 OSI 标准,则这个实系统即称为开放实系统(real open system)。但是,一个开放实系统的各种功能并不一定都与互连有关。在开放系统互连参考模型中的系统,只是在开放实系统中与互连有关的各部分。为方便起见,我们就将这部分称为开放系统。所以,开放系统和开放系统互连参考模型一样,都是抽象的概念。

在 OSI 标准的制定过程中,所采用的方法是将整个宠大而复杂的问题划分为若干个较容易处理的范围较小的问题,亦即前面提到的分层的体系结构方法。在 OSI 标准中,问题的处理采用了自上而下的逐步求精。先从最高一级的抽象开始,这一级的约束很少。然后逐渐更加精细地进行描述,同时加上越来越多的约束。

3. 开放系统互连参考模型的 7 层体系结构

OSI 7 层模型从低层到高层分别为物理层、数据链路层、网络层、运输层、会话层、表示层和应用层,其体系结构及协议如图 2.58 所示。通常将运输层及以上称为高层,其以下称为低层。

1) 物理层(Physical Layer,PL)

物理层是 OSI 参考模型中的第一层,也是最低层。在这一层中的规定既不是有关物理

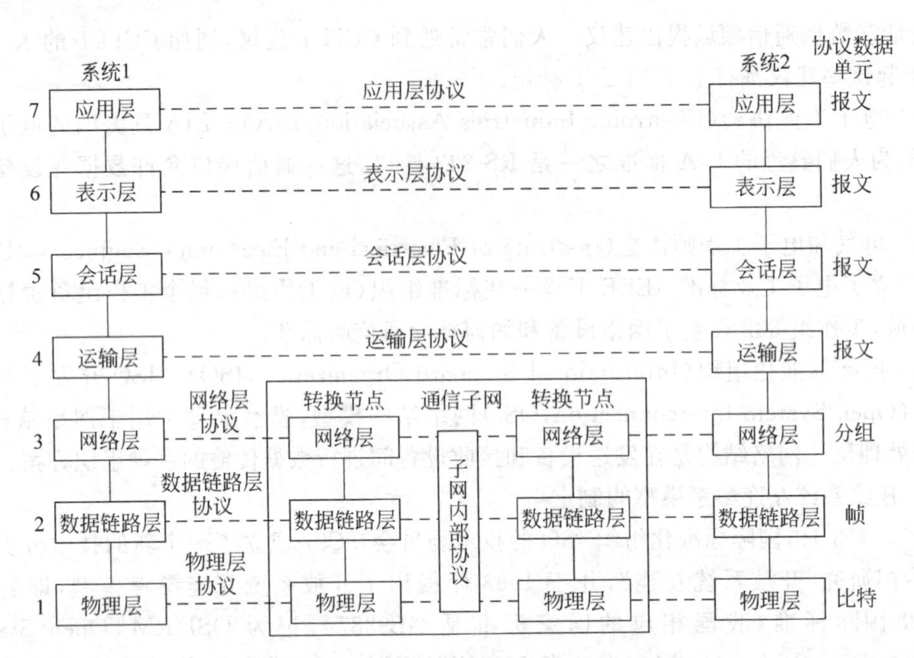

图 2.58 OSI 网络系统结构参考模型及协议

媒介的，也不是关于物理设备的，而是物理设备与物理媒介相连接时一些描述的方法和规定。也就是说，物理层定义了为激活、保持和关闭物理连接所应提供的关于机械的、电气的、功能的和规程的特性和手段，通过合理的中间系统为数据链路层的实体之间进行传输提供保证。

(1) 物理层的功能。

物理层的功能就是为数据链路层提供一个物理连接，以便透明地传送比特流。在物理层传输数据的单位是比特。

在此，“透明”表示某一个实际存在的事物看起来却好像不存在一样。而“透明地传送比特流”表示经实际电路传送后的比特流没有发生变化，也即发送方发送“1”，接收方所接收到的是“1”，发送方发送“0”，接收方所接收到的是“0”。因此，对于对传送比特流来说，这个电路好像没有对其产生什么影响，因而好像是不存在的。也就是说，这个电路对该比特流来说是透明的。

为了达到以上目标，物理层需要完成以下功能：在数据终端设备(Data Terminal Equipment，DTE)和数据电路端设备(Data Circuit-terminal Equipment，DCE)的接口处提供数据连接；在设备间提供控制信号和时钟信号，用以同步数据流和规定比特传输速率；提供机械连接器，以完成匹配。

DTE 是指所有与网络端口相连的用户设备，包括简单终端、智能终端、异步和同步终端等。而 DCE 是指模拟网中的调制解调器或数字网中的数据服务单元和信道服务单元。

(2) 物理层接口基本特性。

物理层是实现 OSI 所有高层的基础，为了统一物理层的操作，ISO 和 ITU-T、IEEE、EIA 等标准化组织制定了相应的标准及建议。物理层的协议有很多，可以从机械、电气、功能与规程 4 大特性来对物理层协议进行描述。

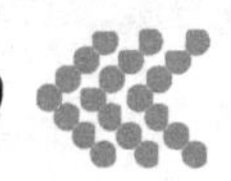

机械特性是描述DTE和DCE之间的连接接口的物理特征，如连接器中有多少个管脚连线以及插头插座的位置等。由于在DTE和DCE间有许多导线，除地线外，其他信号均有方向性，因此，电气特性就是规定了这一组导线的连接方式、发送器和接收器的电气特性以及有关电缆互连的指南。而DTE-DCE接口线除要符合电气连接的参数外，每条接口线还有其特定作用。功能特性即是定义了每个插针的交换电路的功能，每条接口线可以有一个功能，也可以具备多个功能。接口线的功能一般分为数据、控制、定时和接地4类。规程特性则是对各种接口电路之间的相互关系和操作要求的一种定义。CCITT建议书中定义了诸如V.24、X.20/X.21、X.22和V.54等常用的规程，有兴趣的读者可以查阅相关书籍资料进行深入学习。

(3) 几种常用的物理层接口协议。

虽然CCITT建议对物理层的接口协议从4个特性方面提出了许多，但实际中常见的接口却只有几个，这些接口都是依据ITU-T的建议实现的。由于数据可以通过模拟网或数字网传输，故实际中的接口也可分为模拟网接口和数字网接口。常用的RS-232和RS-449就是模拟网中的物理层接口协议，在此对其进行简要介绍。

在数据通信、计算机网络以及分布式工业控制系统中，经常采用串行通信来交换数据和信息。1969年，美国电子工业协会(EIA)公布了RS-232C作为串行通信接口的电气标准，该标准定义了在DTE和DCE间按位串行传输的接口信息，合理安排了接口的电气信号和机械要求，在世界范围内得到了广泛的应用。RS(Recommended Standard)意为建议的标准，C代表的是其版本号。RS-232的规格是从RS-232A开始的，随后修订为RS-232B，只是从RS-232C规格开始才被广泛使用。随后1986年EIA对RS-232C进行了一定修改，公布RS-232D，而目前最新的RS-232标准是1992年颁布的RS-232E规格。

1977年EIA制定了RS-449。它是在RS-232基础之上发展起来的，除了保留与RS-232C兼容的特点外，还在提高传输速率，增加传输距离及改进电气特性等方面取得了较大突破。其主要特点是：一是使用ISO4902连接器，它由37针加9针组成；二是允许信号在60m长的电缆上达到2M速率，距离越短，速率越高，在距离10m左右时，速率可达10M；三是增加了10条控制线，可以完成测试等功能。

2) 数据链路层(Data Link Layer,DL)

(1) 数据链路层的功能。

数据链路层是OSI参考模型的第二层，它介于物理层与网络层之间。尽管物理设备之间的电气信号可以传输，但由于传输媒体本身的特性(如信号衰减)以及外部因素(如干扰信号等)的影响，使得线路上传输的信号可能产生差错，因此设立数据链路层的主要目的是将一条原始的、有差错的物理线路变为对网络层无差错的数据链路。为了实现这个目的，数据链路层必须执行链路管理、帧传输、流量控制、差错控制等功能。

具体而言，在OSI参考模型中，数据链路层向网络层提供以下基本服务：数据链路建立、维持和释放的链路管理工作；数据单元帧的传输；差错检测与控制以及数据流量控制；在多点连接或多条数据链路连接的情况下，提供数据链路端口标识的识别，支持网络层实体建立网络连接；帧接收顺序控制。

在此需要提到“帧”这个重要的概念。在数据链路层，数据传输的单位称为帧(frame)。帧是数据的逻辑单位，被称为数据链路协议数据单元，每一帧包括一定数量的数据和一些必要的控制信息。而为了进一步说明帧的概念，首先要明白何谓报文(message)。简单地说，一个报文就是由若干字符组成的完整信息。在传输过程中，先把报文分块，每个块上加一定的信息，这样的代码块称之为包或分组(packet)。在传输这些包时，为了实现差错控制，还要加上一层“封皮”。这层“封皮”分首尾两部分，而包就在中间，形象地说，加了“封皮”的包称之为帧。在这里可以打个比方，帧就是一本书，书的封面(分前后两页)就是“封皮”。这本书除封面以外的东西，就称之为“包”。当帧进行传输时，包的内容不变，而“封皮”用过后就被取消。也就是说在进行另外一个包的传输时，又要重新组合成一个新的帧来进行传输。

在传送数据时，若接收节点检测到所传数据中有差错，就要通知发送方重发这一帧，直到这一帧正确无误的到达接收节点为止。由于数据链路层中的帧包括有控制信息，也即同步信息、地址信息、差错控制以及流量控制信息等，因此，数据链路层就把一条有可能出差错的数据链路，转变成让网络层向下看起来好像是一条不出差错的链路。

(2) 几种常用的数据链路层协议。

数据链路层协议分为面向字符型和面向比特型两类。早期的数据链路层协议多为面向字符型的协议，典型的协议是IBM的二进制同步通信(Binary Synchronous Communication，BSC)协议。由于面向字符型的协议是利用已定义好的一组控制字符完成数据链路控制功能，但随着计算机通信的发展，面向字符型的协议逐渐暴露出通信线路利用率低，数据传输不透明，系统通信效率低，只适合停等协议与半双工方式等弱点。因此，1974年IBM公司推出了面向比特型的同步数据链路控制(Synchronous Data Link Control，SDLC)协议，ANSI将SDLC修改为高级数据通信控制协议(Advanced Data Communications Control Protocol，ADCCP)作为国家标准。而ISO将修改后的SDLC称为高级数据链路控制(High-Level Data Link Control，HDLC)，并将它作为国家标准。在此，有必要对HDLC、SLIP和PPP进行简要介绍，它们是Internet中使用的数据链路层协议。

在OSI参考模型中，数据链路层采用的是HDLC协议，HDLC帧结构如图2.59所示。

标志字段	地址字段	控制字段	信息字段	帧校验序列字段	标志字段
F 01111110	A	C	I N位	FCS 16位	F 01111110

图2.59 HDLC帧结构示意图

从图2.59中可以看出，HDLC帧是由标志字段等6个字段构成，其简要说明如下。

标志字段F：帧首尾均有一个由固定比特序列01111110组成的帧标志字段F，其作用主要有两个：帧起始终止定界符和帧比特同步。

地址字段A：在非平衡结构中，帧地址字段总是写入从站地址；在平衡结构中，帧地址字段填入应答站地址，全1地址为广播地址。按照协议规定，地址字段可以按8比特的整数倍扩展。

控制字段C：控制字段C是HDLC帧的关键字段，HDLC中的许多重要功能均靠控制字段来实现。控制字段表示了帧类型、帧编号、命令和控制信息，其可将HDLC划分为信息帧(I)、监控帧(S)和无编号帧(U)。

信息字段I：信息字段可以是任意的比特序列组合，其长度通常不大于256字节。

帧校验字段：FCS字段为帧校验序列，HDLC采用CRC循环冗余码进行校验。

HDLC的控制过程包括3个阶段。

第一阶段：建立数据链路连接阶段。当网络层向数据链路层发出连接请求后，链路层的发送端向接收端发出置正常响应模式的无编号帧，若接收端准备就绪，则发出无编号确认响应帧予以确认，这也就是表示同意建立数据链路连接，此时，数据链路就建好了。

第二阶段：传送数据阶段。链路连接建立好后，发送端开始按照某种流量控制策略发送信息帧。例如，采用滑动窗口来进行流量控制，则发送端可连续发送多个信息帧。接收端收到信息帧后，通过校验序列来检验接收的数据是否正确。若数据正确，则由接收端向发送端发出确认监控帧，否则发出否认帧，而接收端将对出错的帧进行重传，如此循环直到数据发送完毕为止。

第三阶段：拆除数据链路连接。全部数据发送完毕，网络层发出断链请求，链路层的发送端收到请求后，向接收端发出拆除连接无编号帧。接收端收到连接无编号帧后，发出无编号帧作为响应。此后，从接收端开始向发送端方向，沿数据链路依次拆除各数据链路连接。

另外两种常使用的数据链路层协议是串行线路网际协议(Serial line IP,SLIP)和点对点协议(Point-to-point protocol,PPP)，它们是用户接入Internet时所采用的数据链路层协议。串行线路网际协议SLIP是一个在串行线路上对IP分组进行封装的简单的面向字符的协议，用以使用户通过电话线和调制解调器接入Internet。SLIP主要用于低速串行线路中的交互性业务，它不能进行差错检测，仅支持IP协议，并且数据传输效率较低。为了改进SLIP，人们制定了点对点协议PPP。它所起的作用与OSI/RM中的数据链路层一致，可以完成链路的操作、维护和管理功能，并且在设计时考虑了与常用的硬件兼容，支持任何种类的DTE-DCE接口。运行PPP协议只需要提供全双工的电路以实现双向的数据传输，它对数据传输速率没有太严格的限制，故能适用多种远程接入的情形。PPP灵活的选项配置、多协议的封装机制、良好的选项协商机制以及丰富的认证协议，使得它在远程接入技术中得到了广泛的应用。

3) 网络层(Network Layer,NL)

(1) 网络层简介。

数据链路层虽然提供了理论上的可靠传输服务，但这种服务仅发生在相邻的两个节点之间，如交换机对交换机之间以及用户终端与交换机之间的通信服务等。但是用户的数据传输主要发生在端到端之间，也即用户之间的通信可能需要经过多条链路，并由多个中继节点，如交换机、路由器等，负责数据传输和转发。因此，网络层就是用来解决由多条链路所组成的网络通路的数据传输问题，从而实现通信双方在整个网络系统内的连接。

在OSI 7层模型中，网络层是第3层，同时也是通信子网的最高层。网络层的任务就是选择合适的路由，使发送端的运输层所传下来的分组信息能够正确无误地按照地址找到目的地，并交付给相应接收端的运输层，即完成网络的寻址功能。在这一层，数据的单位称为数据包(packet)或数据分组。

(2) 网络层的功能及服务。

网络层的主要功能可以归纳为以下5点。

① 提供路由选择。网络层利用各种路由算法，使得中继节点能够根据数据分组中的地址信息和依据某种策略做出决策，尽快地转发收到的数据分组，使得用户的数据能尽快地穿越网络，送往目的地。路由选择是网络层的一大特征，也是网络层的内在能力。

② 提供有效的分组传输，包括顺序编号和分组的确认。网络层利用分组技术可以根据不同的网络情况，将用户数据组装成适合网络传输的数据分组，使得用户数据能够在不同的网络中传输。

③ 流量控制。网络层的流量控制对进入分组交换网的通信量加以一定的控制，以防因通信量过大而造成通信子网性能的下降。

④ 将若干逻辑信道复用到一个单一的数据链路上。网络层提供了复用/解复用功能，利用复用/解复用技术，可以使得多对用户的数据交织在同一条数据链路上进行传输。

⑤ 提供交换虚电路和永久虚电路的连接。为了完成上述功能，网络层提供面向连接和面向无连接的两种服务。

所谓面向连接服务是指数据传输过程可以被分成3个阶段：即连接的建立、数据传输与拆除连接阶段。在这种传输过程中，首先需要建立连接通路，然后，数据沿着所建立好的链路按照顺序依次传送到接收端，接收端无须对所接收的信息进行排序。该方式可靠性比较高，常用于数据传输量比较大的场合。但是，由于存在着建立和拆除连接的过程，因此，传输效率不高。

面向无连接服务的最大特点是无须在传输数据前建立一条链路，当然也就不存在拆除链路的过程。要传送的分组将携带对方的目的地址而自找路由，因此，到达接收端，信息分组可能是无序的，必须由接收端进行排序。这种方式传输效率较高。

应指出的是，面向连接服务的具体实现即是2.6节中所述的虚线路传输分组交换；面向无连接服务的具体实现也即2.6节中所述的数据报分组交换。

4) 运输层(Transport Layer，TL)

运输层是高低层之间衔接的接口层。数据传输的单位是报文，当报文较长时将它分割成若干分组，然后交给网络层进行传输。运输层是计算机网络协议分层中的最关键一层，该层以上各层将不再管理信息传输问题。运输层也称为传输层、传送层等。

(1) 运输层简介。

网络层虽然实现了通信主机端与端之间的数据交换，然而实际上通信的是两个主机中的两个应用进程。另外，尽管低3层可实现数据在一定程度上的可靠传输，但仍存在着其自身所不能解决的传输错误。因此，实现位于不同主机上的两个应用进程之间的可靠通信成为运输层所要解决的问题。

运输层位于OSI 7层参考模型中的会话层和网络层之间。从其所处的位置来看，运输层是OSI参考模型中比较特殊的一层，同时也是整个网络体系结构中十分关键的一层。从通信和信息处理的角度看，运输层是承上启下的一层，其属于面向通信部分的最高层和信息处理部分的最低层。运输层在使用通信网络提供的数据传输服务的基础上，为高层提供了应用程序到应用程序的可靠通信服务，其对高层屏蔽了通信网络的差异性，弥补了通信网络的不足；低于运输层的各层不必再关心数据的产生和使用等问题，只注重数据的传输即可。由图2.58可以看出，运输层只存在于通信子网之外的端系统(即主机)之中，工作在网络层及以下各层的网络设备是没有运输层的。运输层的数据单元是报文。

(2) 运输层的功能和服务。

运输层的主要功能可以归纳为以下6点。

① 复用和分用。一个主机可能同时运行着多个进行通信的应用程序，例如，同时打开

了多个网页和进行多个文件的下载，这时，每个进行通信的应用进程通过不同的端口与运输层交换数据。每个进程都通过各自分配的端口将数据交给运输层，然后共用 IP 将数据发送到各自的目的主机，从而实现了多个进程对传输协议的复用。而在目的主机上，运输层将收到的 IP 分组重新组合成报文后，根据报文首部中的目的端口分别交付给各个目的进程，从而实现了传输协议对多个应用进程的分用。

② 数据分段。应用进程可能陆续产生很多数据，运输层对上层的数据进行分组，形成若干个报文段，以报文段为传送单位分别通过网络传输给接收应用进程。

③ 提供端到端的面向连接的通信。运输层在网络层提供的不可靠的端到端传输功能的基础上，提供可靠的端到端的传输服务。这一点类似于数据链路层，只不过数据链路层是作用于相邻的节点之间的传输通路，而运输层是作用于通信主机端与端之间的传输通路。

④ 流量控制。任何接收端在接收数据、缓存数据和处理数据时都有一定的时间和能力限制，为了避免因接收端来不及处理接收到的数据而产生数据丢失，运输层对发送主机端的数据速度进行了控制。这与数据链路层对数据进行流量控制不同，运输层实现流量控制是由主机实现的，而数据链路层对数据进行流量控制则是由通信子网中的网络设备实现的。

⑤ 差错控制。运输层的差错控制也是在端到端的主机上进行的。

⑥ 拥塞控制。运输层提供了拥塞控制手段，使通信进程以网络能够允许的速度发送数据，从而避免了网络拥塞的发生。

另外，有必要对端口稍加解释，端口是用来唯一标识某主机中的各个进程的，通过共同使用端口和地址可以实现不同主机的应用进程之间的互相通信。

5）会话层(Session Layer，SL)

运输层提供的服务可以保证用户数据按照用户的要求从网络的一端传输到另一端，剩下的问题是用户如何控制信息的交互过程，例如数据交换的时序以及如何保证数据交换的完整性等。另外，网络应当提供什么样的功能来协助用户管理和控制用户之间的信息交换，从而进一步满足用户应用的要求也是需要考虑的。

会话层又称会晤层，其位于运输层之上，由于利用了运输层提供的服务，使得两个会话实体之间不需要考虑它们之间相隔多远、使用了什么样的通信子网等网络通信细节，而可以进行透明的、可靠的数据传输。当两个应用进程进行相互通信时，希望有一个作为第三者的进程能组织它们之间的通话，协调它们之间的数据流，以便于应用进程专注于信息交互，而设立会话层就是为了达到以上目的。从 OSI 参考模型来看，会话层之上的各层面向应用，会话层之下的各层面向网络通信，会话层在这两者之间起到了桥接的作用。

会话层协议定义了会话层内部对等会话实体间进行通信所必须遵守的规则，而这些规则说明了一个系统中的会话实体怎样与另一个系统中的对等实体交换信息，以提供会话服务。会话层的主要功能即是向会话的应用进程之间提供会话组织和同步服务，对数据的传输提供控制和管理，协调会话过程，为表示层实体提供更好的服务。

6）表示层(Presentation Layer，PL)

由于不同的计算机系统可能采用了不同的信息编码，例如，PC 机通常采用 ASCII 码，而 IBM 主机通常采用广义二进制编码的十进制交换码(Extended Binary Coded Decimal Interchange Code，EBCDIC)编码，并且可能具有不同的信息描述和表示方法。例如，对于同样一个整数，有些计算机可能采用 2 个字节表示，而另一些计算机可能采用 4 个字节等。

如果不加处理，不同的信息描述将导致通信的计算机系统之间无法正确地识别信息，正如汉语是一种描述事物的语言，但是未必所有的人都可以理解。

表示层主要解决异种计算机系统之间的信息表示问题，屏蔽不同系统在数据表示方面的差异。解决信息表示的方法是定义一种公共的语法表示方法，并在信息交换时进行本机语法和公共语法之间的转换，从而使通信的计算机之间能够正确地识别信息，真正达到信息交互的目的。这种方法类似于人类信息交流时惯于采用的方法，例如不同国别的交谈者在一起交谈时常常选择英语作为公共语言，并依靠翻译完成本地语言和英语的转换。

7）应用层（Application Layer，AL）

应用层是计算机网络可向最终用户提供应用服务的唯一窗口，其目的是支持用户联网的应用要求。由于用户的要求不同，应用层含有支持不同应用的多种应用实体，提供多种应用服务。在OSI/RM中，这些应用服务被称为应用服务元素，包括电子邮件、文件传输、虚拟终端等。应用层以下各层通过应用层向应用进程提供服务，因此，应用层向应用进程提供的服务是OSI所有层服务的总和。

为了对OSI/RM有更深刻的理解，表2.6给出了两个主机用户A和B对应各层之间的通信联系以及各层操作的简单含义。

表2.6 主机间通信以及各层操作的简单含义

主机 H_A	控制类型	对等层协议规定的通信联系	简单含义	数据单位	主机 H_B
应用层	进程控制	用户进程之间的用户信息交换	做什么	用户数据	应用层
表示层	表示控制	用户数据可以编辑、交换、扩展、加密、压缩或重组为会话信息	对方看起来像什么	会话报文	表示层
会话层	会话控制	建议和撤出会话，如会话失败应有秩序的恢复或关闭	轮到谁讲话和从何处讲	会话报文	会话层
运输层	运输控制	会话信息经过传输系统发送，保持会话信息的完整	对方在何处	会话报文	运输层
网络层	网络控制	通过逻辑链路发送报文组，会话信息可以分为几个分组发送	走那条路可到达该处	分组	网络层
数据链路层	链路控制	在物理链路上发送帧及应答	每一步应该怎样走	帧	数据链路层
物理层	物理控制	建立物理线路，以便在线路上发送位	对上一层的每一步怎样利用物理媒体	位（比特）	物理层

OSI参考模型设计的初衷是为了解决通信网络的标准化问题，只要都支持OSI模型，两个互不兼容的端系统就能互相通信。从逻辑上讲，发送端的某应用程序通过应用层提供的接口将数据交给应用层，再加上该层的控制信息后传给表示层；表示层如法炮制，给数据加上本层的控制信息后，再传给会话层；依次类推，每一层都将收到的数据加上本层的控制信息并传给下一层；最后到达物理层时，数据通过实际的物理媒体传送到接收端。接收端则执行与发送端相反的操作，即接收端系统由下往上，根据每层的控制信息执行某一特定的操作后，然后将该控制信息去掉，并把余下的数据提交给上一层，这一过程一直继续到应用层最终得到数据，并送给接收端相应的应用程序。这两个通信的应用程序以及网络节点中的各个对等层，都好像是在直接进行通信；但事实上，所有的数据都被分解为比特流，并由

物理层实现传输。

需要明确的是OSI参考模型只是一个理论模型，是一个用来制订标准的标准，到目前为止，在实际中并不存在一个通信网络系统完全与之符合。但是OSI参考模型仍有非常重要的作用，它在计算机网络的发展过程中起到了重要的指导作用，为理解网络的体系结构提供了重要的思考方式，也为今后计算机网络技术朝标准化、规范化方向发展提供了参考依据。

2.12.4 TCP/IP模型

1. TCP/IP简介

Internet是由成千上万个不同类型的工作站、服务器以及路由器、交换机、网关、通信线路连接而组成的超大型网络，因此解决不同网络之间、不同类型设备之间的信息交换和资源共享是成功构建Internet的关键，而TCP/IP协议正是打开这把"关键"锁的钥匙。

TCP/IP协议是在美国国防部高级研究计划局资助的项目ARPANET网上所使用的协议。20世纪70年代初，美国国防部高级研究计划局为了实现异种网络间的互联，投入大量资金进行不同网络之间互联的研发工作，并于1974年由鲍勃·凯恩与温登·泽夫合作提出了TCP/IP协议构想，到20世纪70年代末，TCI/IP体系结构和协议规范基本成熟。TCP/IP协议使用的范围很广，是目前异种网络通信中使用的唯一协议体系，成功地解决了不同网络硬件设备、不同厂商产品和不同操作系统之间的相互通信问题，从而成为Internet的核心协议，也因此成为目前事实上的国际标准和工业标准。

TCP/IP协议并不是单纯的两个协议，而是一组通信协议的集合，包含了100多个协议。由于传输控制协议（Transmission Control Protocol，TCP）和互联协议（Internet Protocol，IP）是TCP/IP协议中最重要的两项协议，因此通常就用TCP/IP来代表整个通信协议的集合。TCP/IP体系结构是指根据TCP/IP中各协议在通信过程中所完成的功能而划分的一种层次结构，TCP/IP体系结构也可以称为TCP/IP模型。

2. TCP/IP模型的层次结构

TCP/IP模型是一个4层结构，从下到上依次是网络接口层、网络互联层、传输层和应用层。

1）网络接口层

TCP/IP与各种网络的接口称为网络接口层，其是TCP/IP模型的最低层，然而它实际上在TCP/IP模型中并没有具体定义。该层的主要功能是传输经网络互联层处理过的信息，并提供主机与实际网络的接口，即负责从网络互联层接收IP分组并将IP分组封装成适合于不同网络传输要求的数据帧，然后再通过物理网络发送出去，或者从低层物理网络上接收数据帧，抽出IP分组并交给网络互联层。

主机与实际网络具体的接口关系由实际网络的类型决定，例如可以是以太网、FDDI、X.25和ATM等。因此，网络接口层与网络的物理特性无关这一特性充分地体现了TCP/IP模型的灵活性以及TCP/IP网络的异构性。

2）网络互联层

网络互联层是TCP/IP模型的第二层，它的主要功能是负责相邻节点之间的数据传送。具体可以分为3个方面：①处理来自传输层的报文发送请求，首先将报文封装为IP分组，然后选择通往目的节点的路径，最后将 IP 分组交给适当的网络接口；②处理接收到的 IP 分组，首先对 IP 分组进行合法性检查，然后进行路由选择，若该 IP 分组已到达目的节点，则将 IP 分组的报头去掉，将余下的数据部分交给相应的传输层，若该 IP 分组仍未到达目的地节点，则转发该 IP 分组；③处理网络的路由选择、流量控制和拥塞控制等问题。

完成网络互联层以上功能的协议是互联协议(Internet Protocol，IP)、网际控制报文协议(Internet Control Message Protocol，ICMP)、地址转换协议(Address Resolution Protocol，ARP)和反向地址转换协议(Reverse Address Resolution Protocol，RARP)。

(1) IP 协议。互联协议是网络互联层的重要协议，它的主要功能是实现无连接的 IP 分组和 IP 分组的路由选择。当 IP 分组传送到目的主机后，不予回送确认，也不保证分组的正确进行，不进行流量控制和差错控制功能，这些功能将由传输层的 TCP 协议来完成。由于 IP 协议所面对的是一个由多个路由器和物理网络所组成的复杂网络，而且每个路由器可能连接不止一个物理网络，每个物理网络可能连接多个主机。因此，IP 协议的任务是提供一个虚构的网络，找到下一个路由器和物理网络，把 IP 分组从源端无连接地、逐步地传送到目的主机，这就是 IP 分组的路由选择功能。另外，由于不同的物理网络对所传输的数据帧的长短要求不一样，所以 IP 协议需要对传输层所传来的报文进行适当分组。

(2) ICMP 协议。IP 协议的路由选择主要由路由器负责，无须主机参与处理，而实际情况却有可能出现种种差错和故障，如线路不通、主机断链、超过生存时间、主机或路由器发生拥塞等。ICMP 协议则专门用来处理差错报告和控制，它能由出错设备向源设备发送出错报文和控制报文，源设备接到该报文后，由 ICMP 软件确定错误类型或重发数据报的策略。ICMP 报文不是一个独立的报文，而是封装在 IP 分组中。ICMP 提供的服务有测试目的地的可达性和状态、报文不可达的目的地、数据报的流量控制和路由器路由改变请求等，另外 ICMP 也用来报告拥塞。ICMP 将 IP 作为它的传输机制，这样看起来似乎 ICMP 成了 IP 的高层协议，其实 ICMP 只是 IP 实现的一个必要部分。

(3) ARP 协议。在局域网中所有站点共享通信信道，是通过使用每个站点唯一的物理地址 MAC 来确定报文的发往目的地，但仅通过 IP 地址并不能计算出 MAC 地址，ARP 的任务就是查找与给定 IP 地址相对应的主机的网络物理地址。ARP 协议通过采用广播消息的方法，从而获取网上 IP 地址所对应的 MAC 地址。

(4) RARP 协议。RARP 协议主要解决网络物理地址 MAC 到 IP 地址的转换。RARP 协议也采用广播消息的方法来获得特定硬件 MAC 地址相对应的网上 IP 地址。RARP 协议对于在系统引导时无法知道自己 Internet 地址的站点来说就显得十分重要了。

3) 传输层

传输层位于 TCP/IP 模型的第三层，它的主要功能是为源节点和目的节点的两个应用进程之间提供可靠的端到端的数据传输。为保证数据传输的可靠性，传输层协议规定在接收端进行差错检验和流量控制。另外，传输层还要解决不同应用程序的标记问题，因为在一般的通用计算机中，常常是多个应用程序同时访问 Internet。为了区别各个应用程序，传输层在每一个报文中增加了识别源端和目的端应用程序的标记。为了完成以上功能，传输层提供了两个端到端的协议：传输控制协议(Transmission Control Protocol，TCP)和用户数据报协议(User Datagram Protocol，UDP)。

(1) TCP 协议。TCP 是一个面向连接的协议，为网络上提供具有有序可靠传输能力的全双工虚电路服务。TCP允许从一台主机发出的消息无差错地发往Internet上的其他主机,它把经应用层传送来的报文分成报文段并传给网络互联层。在接收端,TCP接收进程把收到的报文段再组装成报文后,再将报文交给应用层。TCP的功能包括为了取得可靠的传输而进行的分组丢失检测,对收不到确认或者出错的信息自动重传,以及处理延迟的重复数据报等。此外,TCP还能进行流量控制和差错控制。

TCP进行报文交换的过程如下:建立连接、发送数据、发送确认、通知窗口大小,最后,在数据帧发送完毕后关闭连接。由于TCP在发送数据时,报头包含控制信息,所以发送下一帧数据时,可以同时捎带对前一帧数据的控制和确认信息。

(2) UDP协议。UDP是一个不可靠的、无连接的传输层协议,它将可靠性问题交给应用程序解决。UDP主要面向请求/应答式的交易型应用,这些交易往往只有一来一回两次报文交换,若为此像TCP那样建立连接和撤销连接,那么开销是很大的。这种情况下使用UDP就非常有效。另外,UDP协议也应用于那些可靠性要求不高,但要求网络延迟较小的场合,如语音和视频数据的传送。

4) 应用层

应用层是TCP/IP模型的最高层,它是TCP/IP系统的终端用户接口,是专门为用户应用服务的。TCP/IP模型的应用层包括所有的高层协议。Internet上早期的应用层协议有远程登录协议(Telnet)、文件传输协议(File Transfer Protocol,FTP)和简单邮件传输协议(Simple Mail Transfer Protocol,SMTP)等,其中Telnet协议允许用户登录到远程系统并访问远程系统的资源,并且像远程机器的本地用户一样访问远程系统,FTP协议提供在两台机器之间进行有效的数据传送的手段,SMTP协议用于电子邮件的传送。随着Internet上应用不断地涌现,许多新的应用层协议也应运而生,如域名服务(Domain Name Service,DNS)、网络新闻传输协议(Network News Transfer Protocol,NNTP)和超文本传输协议(Hyper Text Transfer Protocol,HTTP)等。

TCP/IP模型中各层的主要协议如图2.60所示。

FTP	SMTP	DNS	HTTP	…	应用层
TCP		UDP			传输层
IP	ICMP		ARP	RAMP	网络互联层
以太网	FDDI	X.25	ATM	…	网络接口层

图2.60 TCP/IP模型各层主要协议

2.12.5 OSI协议参考模型与TCP/IP模型的比较

OSI参考模型与TCP/IP模型有很多相似之处。TCP/IP模型与OSI参考模型各层次功能之间存在着一定的对应关系。TCP/IP模型的网络接口层大致对应于OSI参考模型的物理层和数据链路层,该层主要处理数据的格式化,以及将数据传输到通信线路上;TCP/IP模型的网络互联层大致对应于OSI参考模型的网络层,该层主要处理信息的路由及主机地址解析;TCP/IP模型的传输层大致对应于OSI参考模型的运输层,该层主要负责提供流量控制、差错控制和排序等服务;TCP/IP模型的应用层大致对应于OSI参考模型的应用层、表示层和会话层，该层主要向用户提供各种应用服务。图 2.61 显示了这种对应关系。

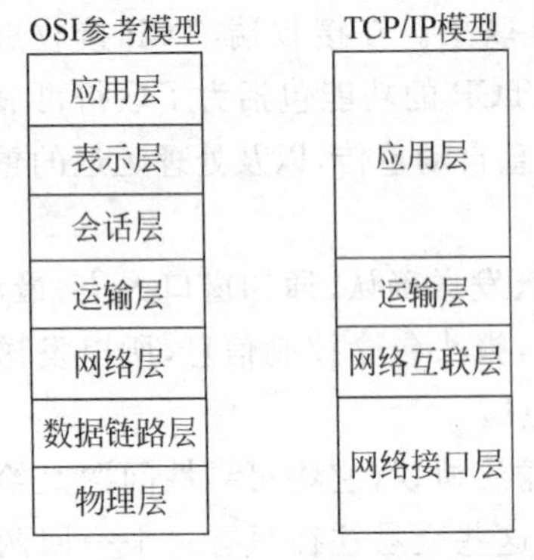

图 2.61　OSI 参考模型与 TCP/IP 模型各层的对应关系

除了这些基本的相似之处外，两个模型也存在很多的差别。

(1) OSI 参考模型明确区分了服务、接口和协议 3 个主要概念，但是 TCP/IP 模型最初并没有对其进行严格区分。因此，OSI 参考模型中的协议比 TCP/IP 模型中的协议具有更好的隐蔽性并且更容易被替换。

(2) OSI 参考模型并不是基于某个特定的协议集而设计的，因此它更具有通用性。而 TCP/IP 模型正好相反，先有协议，模型只是对已有的协议的描述，因而协议与模型配合得很好；但 TCP/IP 模型的问题在于其不适合于其他协议，因此，TCP/IP 模型不适合于描述其他非 TCP/IP 网络。

(3) OSI 参考模型在网络层提供面向连接和无连接的通信服务，但在传输层仅有面向连接的通信服务。而 TCP/IP 模型在网络层只有一种无连接的通信服务，而在传输层提供了面向连接和无连接的通信服务。

(4) OSI 参考模型有 7 层，而 TCP/IP 模型只有 4 层。

综上，OSI 参考模型可以很好地对计算机网络进行描述，但由于协议出现的时机不当以及协议本身难于实现等问题使得该参考模型并未流行起来。而 TCP/IP 模型是对现有协议的一个归纳和总结，由于其容易实现和被生产厂商广泛接受，故其已成为事实上的网络参考标准。

本章小结

计算机网络是计算机技术与通信技术相互渗透和密切结合而形成的一门交叉学科，一方面，计算机网络技术建立在通信技术之上，没有通信技术的支持就没有计算机网络；另一方面，计算机网络技术的发展又对通信技术提出了更高的要求。本章先后介绍了数据通信的基本概念，数字信号的频谱与数字信道的特性，模拟传输与数字传输系统，数据通信的多路复用技术、数据交换技术、流量控制技术、差错控制技术和路由选择技术，并介绍了目前广泛使用的无线通信技术和计算机网络体系结构。

思　考　题

1. 什么是数据、信息和信号？试举例说明。

2. 图 2.2 所示的通信系统模型表示信息从左向右传递，若两个方向均可通信，应如何表示？

3. 什么是模拟通信，什么是数字通信？

4. 模拟传输和数字传输各有何优、缺点？为什么数字化是今后通信的发展方向？

5. 什么是单工、半双工、全双工通信？它们分别在哪些场合下使用？现代电话采用全双工通信，是否要 4 根导线？

6. 什么是异步传输？什么是同步传输？它们的主要差别是什么？

7. 什么是信号带宽与信道带宽，两者有何关系？
8. 什么是波特率、数据速率与信道容量？
9. 什么是误码率？如何减小误码率？
10. 什么是调制解调器？它可分为哪几类？
11. 什么是调制？解释常用的3种调制方式。
12. 什么是奈氏定理？什么是奈氏采样定理？
13. 什么是脉码调制PCM？可分为几步？
14. 简要说明为什么T1的速率为1.544Mbps，E1的速率为2.048Mbps。
15. 什么是数字数据信号编码？简述常用的三种编码，并比较它们各有何特点。
16. 为什么通信中采用多路复用技术？
17. 概述频分复用、时分复用和波分复用的原理。
18. 什么是数据交换方式？传统的数据交换方式有哪几类？
19. 报文交换与分组交换的主要差别是什么？
20. 数据报分组交换与虚线路分组交换有什么差别？
21. 什么是帧中继交换？试将它与X.25进行比较。
22. 试比较STDM与ATDM的差别，为什么ATDM能实现非常高的数据速率？
23. 什么是流量控制？流量控制的目的是什么？
24. 流量控制的主要技术有哪些？其主要原理是什么？
25. 什么是奇偶校验？它能解决什么问题？
26. 简述CRC的工作原理。
27. 路由选择算法可分为哪几类？
28. 简述链路状态路由算法的4个步骤。
29. 什么是蜂窝移动通信？简述其发展过程。
30. 什么是卫星通信？卫星通信系统由哪些部分组成？
31. 什么是VSAT技术？简述其主要特点。
32. Ad hoc网络的主要特点是什么？
33. 计算机网络中为什么要引入分层的思想？
34. 简述服务、接口、协议的概念。它们之间的联系与区别是什么？
35. 什么是计算机网络的体系结构？
36. 简述OSI 7层参考模型结构，并说明各层的主要功能是什么？
37. 在ISO/OSI中，“开放”是什么含义？
38. 在ISO/OSI中，“透明”是什么含义？
39. 说明HDLC帧的结构，各字段的功能是什么？
40. 简述TCP/IP模型，各层的主要功能是什么？
41. 简述IP协议的主要功能。
42. TCP与UDP之间的差别是什么？
43. 指出ISO/OSI 7层参考模型与TCP/IP模型之间的异同之处。

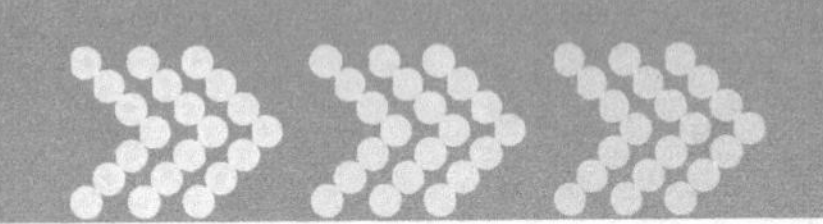

第3章　计算机网络的组网技术

第2章已介绍了计算机网络的基本原理，本章在此基础上阐述典型的局域网技术和广域网技术，主要包括以太网技术、帧中继技术、ATM技术和无线局域网技术。

通过本章的学习，可以了解(或掌握)：

- 交换式局域网的工作原理和特点；
- 虚拟局域网；
- 10G以太网；
- 帧中继；
- ATM；
- 无线局域网。

3.1　以太网技术

以太网是目前使用最为广泛的局域网，20世纪70年代末期就有正式的网络产品。在整个20世纪80年代中以太网与PC同步发展，其传输速率从20世纪80年代初的10Mbps发展到90年代的100Mbps，目前已出现了100Gbps的以太网产品。以太网支持的传输介质也从最初的同轴电缆发展到双绞线和光缆。交换以太网和全双工以太网技术的出现致使整个以太网系统的带宽成十倍、百倍地增长，并保持足够的系统覆盖范围。

3.1.1　以太网概述

1. 以太网标准发展简述

以太网(Ethernet)是一种由美国Xerox公司、DEC公司和Intel公司共同开发的基带局域数据通信网，目的是建立分布式处理和办公室自动化应用方面的工业标准，目前已经成为使用最多的一种局域网模型。最初以太网以10Mbps的速率运行在多种类型的电缆上，到了20世纪90年代，交换以太网得到了迅速发展，先后推出了100Mbps快速以太网、1000Mbps以太网以及更高速度的以太网，从而形成了以太网802.3系列协议，如表3.1所示。

表 3.1 IEEE 802.3 系列标准

标　准	以 太 网	标　准	以 太 网
802.3	标准以太网	802.3ad	链路聚合
802.3u	快速以太网	802.3ae	万兆以太网
802.3z	千兆以太网(光纤)	802.3af	供电以太网
802.3ab	千兆以太网(双绞线)	802.3ah	宽带以太网接入技术
802.3ac	虚拟局域网		

2. 以太网介质访问控制方式

以太网最初是采用总线状的拓扑结构，或是基于集线器的星状拓扑结构。两种拓扑结构在介质访问上，都存在争用的问题。因此 IEEE 802.3 标准规定了载波侦听多路访问/冲突检测(Carrier Sense Multiple Access/Collision Detect，CSMA/CD)算法对共享介质访问进行控制。CSMA/CD 的访问规则包括 3 个部分：

(1) 载波侦听(Carrier Sense，CS)。它指网段中每个站点都不间断地探测介质上的信号，从而判断网络是否空闲。

(2) 多路访问(Multiple Access，MA)。它指任何一个站点在检测到网络处于空闲的条件下，都可以在任何时刻发送需要传送的数据帧。

(3) 冲突检测(Collision Detect，CD)。它指如果 LAN 中两个或两个以上的站点几乎同时开始发送帧，则发送站之间的物理信号会相互干扰，其结果是这些帧信息都被扰乱。发送站必须在完成帧传送前就能尽快发现冲突，并终止发送，然后等待一个随机的时间后再重新发送未成功传送的数据帧。

CSMA/CD 的具体操作步骤分为无冲突和有冲突两个不同的处理方式。

(1) 无冲突。

① 发送站准备数据帧，探测介质。

② 若传输介质空闲，则转向步骤④，否则转向步骤③。

③ 传输介质被占用时，保持等待直至正在发送的帧结束，然后继续探测介质，转向步骤②。

④ 发送站向传输介质发送数据帧直至完成，且这期间要监视有无冲突发生。

(2) 有冲突。

① 两个或两个以上的站点同时或接近同时检测到传输介质处于空闲。

② 一个以上的数据帧在共享物理介质中进行传送时产生相互干扰，参与发送和接收的站点很快都可以检测到冲突发生，并且均放弃发送和接收。

③ 处于发送的站点，为了避免更多的站点争用已发生冲突的传输介质，因此接着要向传输介质发送干扰信号。

④ 发生冲突后的所有发送站均计算等待时间，并重新尝试发送过程。

随着以太网技术的发展，交换以太网的出现，介质由共享变成独占，已不存在介质争用的问题，从而 CSMA/CD 的介质访问控制方式不再是必须的了。

3. MAC 帧格式

目前以太网技术有多种类型，但是所有的以太网都有相同的帧结构，如表 3.2 所示，其中B表示字节(Byte)。

表3.2　以太网帧格式

8B	6B	6B	2B	46～1500B	4B
前导	目的地址	源地址	类型	数据	帧校验序列

(1) 前导字段(8B)。以太网帧的开始是一个8B的前导字段，由0、1间隔代码组成。前导字段的前面7B值均为10101010，最后一个字节是10101011。前导字段的前7B用来"通知"目标站，并使它们的时钟与发送方的时钟同步。发送器可以根据以太网类型的不同，以10Mbps、100Mbps、1Gbps和10Gbps的速度传送该帧。以太网帧把帧首定界符(Start of Frame，SOF)包含在前导字段当中，因此，前导字段的长度扩大为8B。

(2) 目的地址(6B)。这个字段用于识别需要接收帧的工作站的局域网地址，目的地址可以是单址，也可以是多点传送或广播地址。当目标站接收到一个以太网帧，而该帧的目的地址如果不同于局域网广播地址，则抛弃该帧。否则，把数据字段的内容传送给网络层。

(3) 源地址字段(6B)。这个字段用于识别发送帧工作站的局域网地址。

(4) 类型字段(2B)。类型字段允许使用以太网"多路复用"网络层协议。一个给定的主机可以支持多个网络层协议，并针对不同的应用使用不同的协议。因此，当以太网帧到达目标站时，目标站需要知道应该把数据字段的内容传递给哪一种网络层协议。

(5) 数据字段(46～1500B)。在经过物理层和逻辑链路层的处理之后，包含在帧中的数据将被传递给在类型段中指定的高层协议。这个字段携带IP数据报，长度在46～1500B之间。这意味着如果这个IP数据报超过了1500B，那么该主机必须分割这个数据报。数据字段的最小长度为46B；如果这个IP数据报小于46B，则必须填充数据字段以使其达到46B。

(6) 帧校验序列(4B)。该序列包含长度为4B的循环冗余校验值(Cyclical Redundancy Check，CRC)，由发送设备计算产生，在接收方被重新计算，以确定帧在传送过程中是否被损坏。CRC字段的目的是使接收方能检测帧中是否出现了错误。差错检测过程为：当主机A构建以太网帧时，它计算CRC字段值，从帧中其他比特的映射中得到CRC字段的内容。当主机B接收到该帧时，它对该帧进行同样的映射，校验映射的结果是否与CRC字段的内容一样。如果CRC校验失败，则表明数据出错。

3.1.2　交换以太网

1. 以太网从共享型到交换型的变迁

20世纪80年代初的10Base-5、10Base-2和10Base-T网络系统是一种共享型以太网系统。在整个系统中，受到CSMA/CD介质访问控制方式的制约，整个系统只是由工作站(通常为PC)、集线器/中继器、介质3个部分组成，如图3.1所示。整个系统的带宽只有10Mbps，且处在一个碰撞域范围中。在此范围中，连接的工作站都可能往介质上发送帧，那么每个工作站要占用介质的几率就是$1/n$，n为工作站数，即在10Mbps共享型以太网系统中，每个工作站得到的带宽只能是10Mbps/n，在一个碰撞域中工作站数越多，则每个工作站得到的带宽越少。

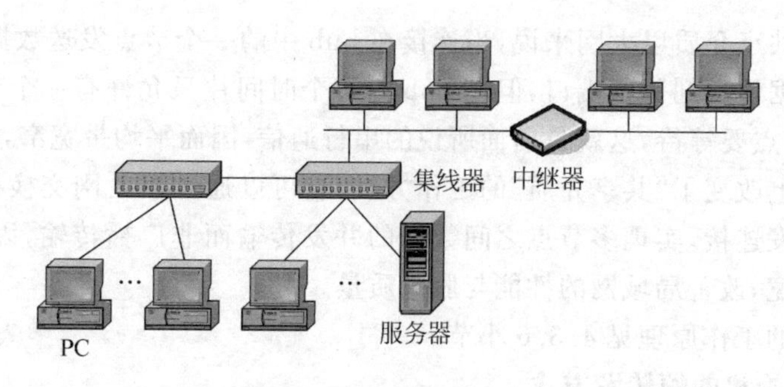

图 3.1 共享型以太网

随着以太网规模的扩大,网络中节点数不断增加,网络通信负荷加重,网络效率急剧下降。为了克服网络规模与网络性能之间的矛盾,人们提出将共享介质方式改为交换方式,这就促进了交换以太网的发展。采用交换技术克服了传统共享以太网的缺点,大大提高了网络性能。交换以太网的优点主要体现在以下几个方面。

(1) 采用交换技术。交换以太网使原来的“共享”带宽变成了“独占”带宽,“串行”传送变成了“并行”传送,大大提高了网络性能。

(2) 增强了网络的可延伸性。采用交换以太网,当网络的规模增大时,用户实际可用带宽不会减少。随着业务需求增长或新技术出现,则可用最小的代价换取最高的性能。而在传统的共享以太网中,网络规模的增大靠通过网桥、路由器等设备来实现,用户数目增加将导致可用带宽下降。

(3) 有助于防止广播风暴。网桥最大的弱点是无法阻止“广播风暴”。当来自某一端口的数据帧的目标地址未知时,网桥则将它转发至所有其他端口。当采用广播方式进行信息传递时,如果网间互联缺少智能连接,则大量的广播信息会形成“广播风暴”。而基于交换技术的虚拟局域网在阻止网段之间的广播数据包时,可充当防火墙的角色,以防止广播风暴。

2. 交换以太网的基本结构

交换以太网的核心部件是以太网交换机。以太网交换机有多个端口,每个端口可以单独与一个节点连接,也可以与一个共享介质的以太网集线器(hub)连接。

如果一个端口只连接一个节点,那么这个节点就可以独占整个带宽,这类端口通常被称作“专用端口”; 如果一个端口连接一个与其带宽相同的以太网,那么这个端口将被以太网中的所有节点所共享,这类端口被称为“共享端口”。典型的交换以太网结构如图 3.2 所示。

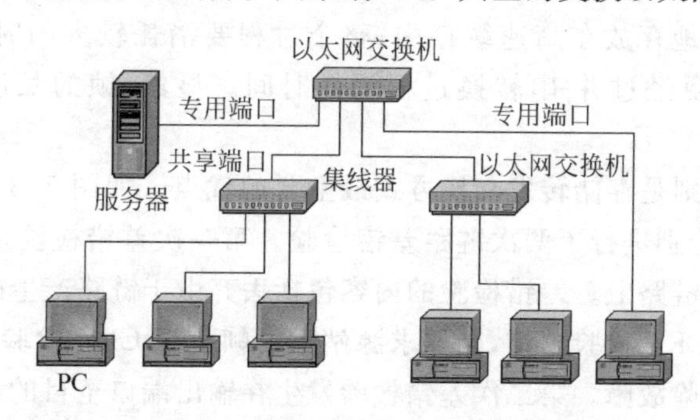

图 3.2 交换以太网的结构示意图

对于传统的共享介质以太网来说，当连接在hub中的一个节点发送数据时，hub会使用广播的方式将数据传送到每个端口，但在hub内每个时间片只允许有一个节点占用公用通信信道，而其他节点要等待，这就是前面所说的串行通信，因而平均带宽窄，通信速率低。交换以太网从根本上改变了“共享介质”的工作方式，它可以通过以太网交换机支持交换机端口之间的多个并发连接，实现多节点之间数据的并发传输而非广播传输，因此，交换以太网可以增加网络带宽，改善局域网的性能与服务质量。

交换以太网的工作原理见4.3.6小节。

3. 以太网交换机的帧转发方式

以太网交换机上，端口间基于帧的交换方式可分为静态交换方式和动态交换方式两类。

1) 静态交换

静态交换方式用于早期的以太网交换机中，端口间的连接是人工预先在交换机中设定的。因此在交换机中端口间连接的通道是固定的，若要改变端口间的连接通道则必须由人工重新配置，这种静态交换的交换机并未实现端口间网段的隔离，而是一个类似于硬件的连接。一旦配置完成，端口间就一直按照固定的连接方式进行帧交换。

2) 动态交换

动态交换方式完全不同于静态交换方式。它是基于网桥的工作原理而发展成交换机的交换方式，动态交换虽然最终也是实现两个端口之间的连接，形成一个帧交换通道，但通道实现的机理不同于用人工来进行配置的静态交换方式。根据透明网桥工作原理，动态交换端口间通道的形成是基于MAC地址的操作，交换机根据输入端口上帧的目的地址来查找其中自学习生成的端口地址表后，就能决定端口间的连接，形成帧传送通道，而在连接过程中，只传送一个帧，之后通道自动断开。

目前动态交换方式在各类厂家的交换机产品中被广泛应用，虽然有各种各样的特点，但从本质上来说，可以分成存储转发、穿通及碎片丢弃3种方式。

(1) 存储转发交换方式。

存储转发交换是动态交换方式中最常用的一种方式。当帧从端口进入交换机时，首先把接收到的整个帧暂存在该端口的高速缓存中。此后，交换机根据缓冲器中帧的目的地址查找交换机通过自学习生成的端口地址表，获得输出端口号，然后把帧转发到输出端口，经输出端口高速缓存后输出到目的站。

存储转发交换方式的主要缺点在于通过交换机有较长的时延，自输入端接收的帧经串-并行转换后，完整地存放在高速缓存中，整个过程要消耗较多的时间。当找到输出端口号后，帧的输出又要经过并-串转换过程消耗时间。显然，帧的长度越长，消耗的时间越多。

而帧的可靠传输则是存储转发交换方式最主要的优点。如图3.3所示，从源站到目的站传输帧的过程中，分别进行了两次链路差错检验。第一次差错检验发生在从源站到交换机输入端口的这一段链路上。差错检验的内容包括丢弃由于链路产生碰撞而形成的帧碎片及CRC检验。若是CRC检验出错，则要求源站重发帧直至CRC检验正确为止，否则指出链路有故障而要求排除故障。第二次差错检验发生在输出端口至目的站的链路上。差错检验同样包括丢弃碎片和CRC检错和纠错过程，因此在可靠性较差的链路环境中选用存储转发交换方式是合适的。

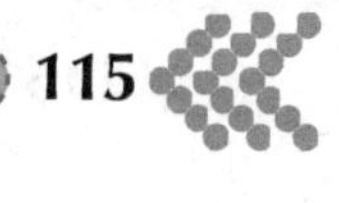

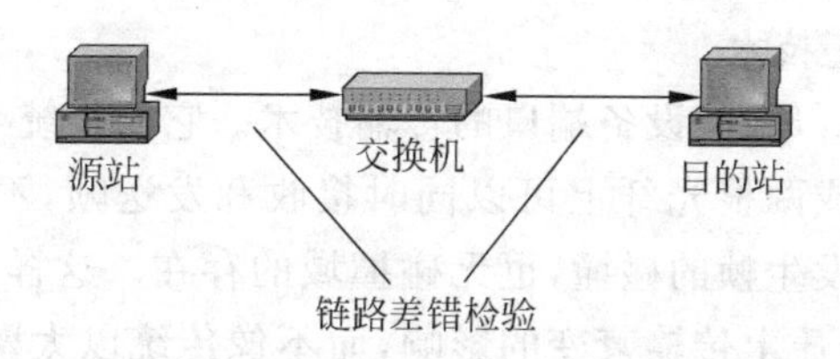

图 3.3　存储转发交换方式的两次链路差错检验

(2) 穿通交换方式。

针对存储转发交换方式时延过长的缺点,有的交换机产品对其进行了改进。穿通交换方式是借助于帧的目的地址,当输入端接收到帧的开始 6 个字节后,交换机根据目的地址查端口地址表,获得输出端口号后,就把整个帧导向输出端口,从而避免了存储转发交换方式中帧的串-并和并-串转换和缓存的时间消耗。

端口间交换时间短是穿通交换方式最主要的优点,但这种优点是牺牲了帧传输的可靠性而得来的。显然在帧传输过程中,穿通交换方式无法进行链路分段的差错检验。一直到目的站接收到帧后,才做一次差错检验:丢弃碎片及 CRC 检错和纠错。此时的碎片有可能发生在源站到交换机的链路上,也有可能发生在交换机到目的站的链路上,而这些碎片都将一直传到目的站才被发现。此后,目的站要求源站重发帧,如此跨越两段链路及交换机的检错和纠错过程消耗了大量时间,特别当链路的可靠性较差时,穿通交换方式会在差错检验过程中消耗较多的时间。因此穿通方式适用于链路可靠性较高的环境中,在此环境中,可以充分发挥穿通方式交换时间短的特点。

有的交换机产品把穿通交换方式作为默认的交换方式。在交换机上电后,交换机按穿通交换方式工作。当帧碎片通过交换机的数量或者由于 CRC 错误要求源站重发帧的次数达到一定门槛后,交换机会把默认的穿通交换方式自动切换到存储转发交换方式,以提高交换机工作效率。

(3) 碎片丢弃交换方式。

碎片丢弃交换方式是存储转发和穿通两种交换方式的折中方案。当交换机的输入端口上帧输入到 512b 时,交换机就可以根据前 6 个字节目的地址查找交换机中端口地址表,获得输出端口号后,就把帧导向输出端口,完成端口间帧的交换。

这种交换方式在源站和交换机输入端口的链路上仍不进行 CRC 差错检验和纠错,而若链路上出现碎片,必定是长度小于 512b 的残帧,则被链路的终端自动丢弃。只有传输长度超过 512b 的帧,才可能导向到输出端口,进入输出端口至目的站的链路。当然在此段链路上仍会出现碰撞而使目的站丢弃帧碎片。

从源站至目的站,经过两段链路和一个交换机,帧传输的 CRC 检验工作与穿通交换方式一样,只在目的站上进行。若 CRC 检验有错,则目的站要求源站重发该帧,直至目的站接收正确为止;否则按链路故障处理,要求排除链路故障。

碎片丢弃交换方式只是穿通交换方式的一种改进,优点在于前段链路上产生的帧碎片不会传至目的站。显然,由于必须在交换机接收完 512b 后才开始帧的交换,因此与穿通交换方式比较,交换延迟时间要长。对于可靠性较差的链路环境,碎片丢弃交换方式与穿通交换方式一样,会消耗大量时间在 CRC 检错和纠错过程上。

4. 交换以太网全双工技术

全双工以太网技术是以太网设备端口的传输技术。它与传统半双工以太网技术的区别在于，端口间两对双绞线或两根光纤上可以同时接收和发送帧，不再受到CSMA/CD的约束，在端口发送帧时不再发生帧的碰撞，也无碰撞域的存在。这样一来，端口之间介质的长度仅仅受到数字信号在介质上传输衰变的影响，而不像传统以太网半双工传输时还要受到碰撞域的约束。

如图3.4，两个端口之间全双工传输的特点是：端口上设有端口控制功能模块和收发器功能模块，端口上的全双工或传统的半双工操作一般可以自适应，也可以人工设置。当全双工操作时，帧的发送和接收可以同时进行，这样与传统半双工操作方式比较，传输链路的带宽提高了一倍。在全双工传输帧时，端口既无侦听的机制，链路上又无多路访问，也不需要碰撞检测，因此传统半双工方式下的介质访问控制CSMA/CD的机制也已不存在。

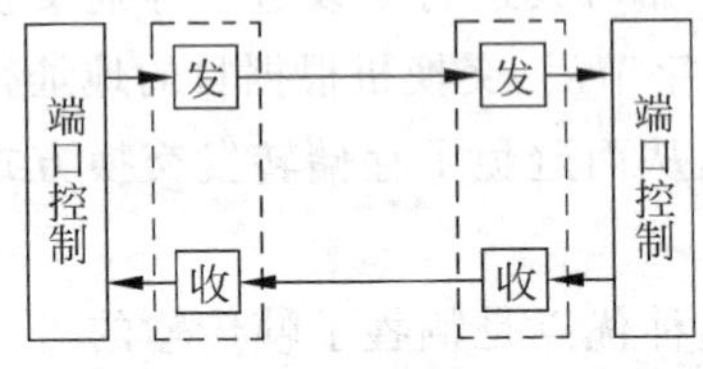

图3.4 端口间全双工传输

3.1.3 虚拟局域网

交换局域网是虚拟局域网的基础。近年来，随着交换局域网技术的飞速发展，交换局域网逐渐取代了传统的共享介质局域网。交换技术的发展为虚拟局域网的实现提供了技术基础。

1. 虚拟局域网的概念

虚拟局域网(Virtual Local Area Network，VLAN)指将网络上的节点按工作性质与需要划分成若干个逻辑工作组，一个逻辑工作组就是一个虚拟局域网。

在传统的局域网中，通常一个工作组是在同一个网段上，每个网段可以是一个逻辑工作组或子网。多个逻辑工作组之间通过互联不同网段的网桥或路由器来交换数据。如果一个逻辑工作组的节点要转移到另一个逻辑工作组时，就需要将节点计算机从一个网段撤出，连接到另一个网段，甚至需要重新布线，因此逻辑工作组的组成要受到节点所在网段物理位置的限制。

虚拟局域网是建立在局域网交换机或ATM交换机之上的，它以软件方式来实现逻辑工作组的划分和管理，逻辑工作组的节点组成不受物理位置的限制。同一逻辑工作组的成员不一定要连接在同一个物理网段上，它们可以连接在同一个局域网交换机上，也可以连接在不同的局域网交换机上，只要这些交换机是互联的。当一个节点从一个逻辑工作组转移到另一个逻辑工作组时，只要通过软件设定，而不需要改变它在网络中的物理位置。同一个逻辑工作组的节点可以分布在不同的物理网段上，但它们之间的通信就像在同一个物理网段上一样。

2. 虚拟局域网的实现技术

虚拟局域网在功能和操作上与传统局域网基本相同，它与传统局域网的主要区别在于"虚拟"二字上，即虚拟局域网的组网方法和传统局域网不同。虚拟局域网的一组节点可以位于不同的物理网段上，但是并不受物理位置的束缚，相互间的通信就好像它们在同一个局域网中一样。虚拟局域网可以跟踪节点位置的变化，当节点物理位置改变时，无须人工重新配置。因此，虚拟局域网的组网方法十分灵活。

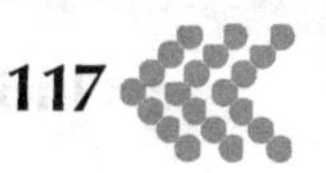

交换技术本身就涉及网络的多个层次，因此虚拟网络也可以在网络的不同层次上实现。不同虚拟局域网组网方法的区别，主要表现在对虚拟局域网成员的定义方法上，通常有以下4种。

(1) 用交换机端口号定义虚拟局域网。许多早期的虚拟局域网都是根据局域网交换机的端口来定义虚拟局域网成员的。虚拟局域网从逻辑上把局域网交换机的端口划分为不同的虚拟子网，各虚拟子网相对独立，其结构如图3.5(a)所示。图中局域网交换机端口1、2、3、7和8组成VLAN1，端口4、5、6组成了VLAN2。虚拟局域网也可以跨越多个交换机，如图3.5(b)所示。局域网交换机1的1、2端口和局域网交换机2的4、5、6、7端口组成VLAN1，局域网交换机1的3、4、5、6、7和8端口和局域网交换机2的1、2、3和8端口组成VLAN2。

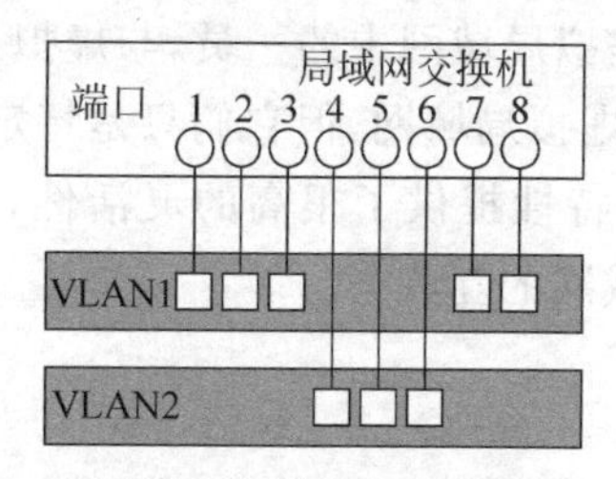

(a) 单个交换机划分虚拟子网

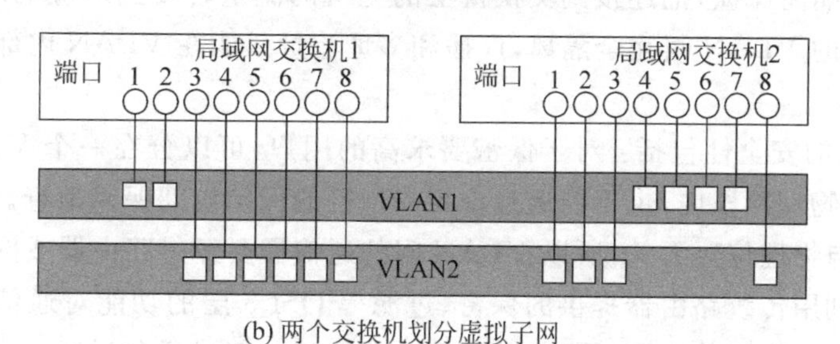

(b) 两个交换机划分虚拟子网

图3.5 用局域网交换机端口号定义虚拟局域网

用局域网交换机端口划分虚拟局域网成员的方法是最常用的方法。但是纯粹用端口定义虚拟局域网时，不允许不同的虚拟局域网包含相同的物理网段或交换端口。例如，交换机1的端口1属于VLAN1后，就不能再属于VLAN2。同时，当用户从一个端口移动到另一个端口时，网络管理员必须对虚拟局域网成员进行重新配置。

(2) 用MAC地址定义虚拟局域网。用节点的MAC地址也可以定义虚拟局域网。由于MAC地址是与硬件相关的地址，所以用MAC地址定义的虚拟局域网，允许节点移动到网络的其他物理网段。由于它的MAC地址不变，所以该节点将自动保持原来的虚拟局域网成员的地位。从这个角度来说，基于MAC地址定义的虚拟局域网可以看作是基于用户的虚拟局域网。

用MAC地址定义虚拟局域网时，要求所有的用户在初始阶段必须配置到至少一个虚拟局域网中，初始配置由人工完成，随后就可以自动跟踪用户。但在大规模网络中，初始化时把上千个用户配置到虚拟局域网显然是很麻烦的。

(3) 用网络层地址定义虚拟局域网。可使用节点的网络层地址定义虚拟局域网，例如用 IP 地址定义虚拟局域网。这种方法允许按照协议类型来组成虚拟局域网，有利于组成基于服务或应用的虚拟局域网。同时，用户可以随意移动工作站而无须重新配置网络地址，这对于 TCP/IP 协议的用户是特别有利的。

与用 MAC 地址定义虚拟局域网或用端口地址定义虚拟局域网的方法相比，用网络层地址定义虚拟局域网方法的缺点是性能较差。检查网络层地址比检查 MAC 地址要花费更多的时间，因此用网络层地址定义虚拟局域网的速度比较慢。

(4) 用 IP 广播组定义虚拟局域网。这种虚拟局域网的建立是动态的，它代表一组 IP 地址。虚拟局域网中由叫做代理的设备对虚拟局域网中的成员进行管理。当 IP 广播包要送达多个目的地址时，就动态建立虚拟局域网代理，这个代理和多个 IP 节点组成 IP 广播组虚拟局域网。网络用广播信息通知各 IP 节点，表明网络中存在 IP 广播组，节点如果响应信息，就可以加入 IP 广播组，成为虚拟局域网中的一员，与虚拟局域网中的其他成员通信。IP 广播组中的所有节点属于同一个虚拟局域网，但它们只是特定时间段内特定 IP 广播组的成员。IP 广播组虚拟局域网的动态特性提供了很高的灵活性，可以根据服务灵活的组建，而且它可以跨越路由器，形成与广域网的互联。

3. 虚拟局域网的优点

1) 广播控制

交换机可以隔离碰撞，把连接到交换机上的主机的流量转发到对应的端口，VLAN 进一步提供在不同的 VLAN 间完全隔离，广播和多址流量只能在 VLAN 内部传递。

2) 安全性

VLAN 提供的安全性包括：对于保密要求高的用户，可以分在一个 VLAN 中，尽管其他用户在同一个物理网段内，也不能透过虚拟局域网的保护访问保密信息。因为 VLAN 是一个逻辑分组，与物理位置无关，所以 VLAN 间的通信需要经过路由器或网桥，当经过路由器通信时，可以利用传统路由器提供的保密、过滤等 OSI 3 层的功能对通信进行控制管理。当经过网桥通信时，利用传统网桥提供的 OSI 2 层过滤功能进行包过滤。

3) 性能

VLAN 可以提高网络中各个逻辑组中用户的传输流量，比如在一个组中的用户使用流量很大的 CAD/CAM 工作站，或使用广播信息很大的应用软件。它只影响到本 VLAN 内的用户，对于其他逻辑工作组中的用户则不会受它的影响，仍然可以以很高的数据速率传输，所以提高了使用性能。

4) 网络管理

因为 VLAN 是一个逻辑工作组，与地理位置无关，所以易于网络管理，如果一个用户移动到另一个新的地点，不必像以前重新布线，只要在网管计算机上操作时把它拖到另一个虚拟网络中即可。这样既节省了时间，又十分便于网络结构的修改与扩展，非常灵活。

4. 虚拟局域网的应用

由于虚拟局域网具有比较明显的优势，因此在企业中都得到了广泛的应用。

1) 企业内部的局域网

很多企业已经具有一个相当规模的局域网，但是现在企业内部因为保密或者其他原因要求各业务部门或者课题组独立成为一个局域网。同时，各业务部门或者课题组的人员不一定是在同一个办公地点，且各网络之间不允许互相访问。为了完成上述任务，首先要收集各部门

或者课题组的人员组成、所在位置、与交换机连接的端口等信息。然后根据部门数量对交换机进行配置，创建虚拟局域网。最后，在一个企业的局域网内部划分出若干个虚拟局域网。

2）共享访问——访问共同的接入点和服务器

在一些大型写字楼或商业建筑中，经常存在这样的现象：大楼出租给各个单位，并且大楼内部已经构建好了局域网，提供给入驻企业或客户网络平台，并通过共同的出口访问 Internet 或者大楼内部的综合信息服务器。大楼的网络平台是统一的，但使用的客户有物业管理人员，还有其他不同单位的客户。不同企业或单位对网络的需求是不同的，且各企业间信息要求相互独立。针对这种情况，虚拟局域网提供了很好的解决方案。大厦的系统管理员可以为入驻企业创建一个个独立的虚拟局域网，保证企业内部的互相访问和企业间信息的独立。然后利用中继技术，将提供接入服务的代理服务器或者路由器所对应的局域网接口配置成为中继模式，实现共享接入。这种配置方式还有一个好处，可以根据需要设置中继器的访问许可，灵活地允许或者拒绝某个虚拟局域网的访问。

3）交叠虚拟局域网

交叠虚拟局域网是在基于端口组建虚拟局域网的基础上提出的。最早的交换机每一个端口只能同时属于一个虚拟局域网，交叠虚拟局域网允许一个交换机端口可同时属于多个虚拟局域网。这种技术可以解决一些突发性的、临时性的虚拟局域网划分。如在一个科研机构，已经划分了若干个虚拟局域网。但是因为某项科研任务，需从各个虚拟局域网内抽调出技术人员临时组成课题组，并要求课题组内通信自如，而各科研人员还要保持和原来的虚拟局域网进行信息交流。如果采用路由和访问列表控制技术，成本较大，同时会降低网络性能。交叠技术的出现，为这一问题提供了廉价的解决方法。只需要将要加入课题组的人员所对应的交换机端口设置成为支持多个虚拟局域网，然后创建一个新虚拟局域网，将所需人员划分到新虚拟局域网，并保持他们原来所属的虚拟局域网不变即可。

3.1.4 10G 以太网

随着 Internet 业务和其他数据业务的高速发展，对带宽需求的增长影响到网络的各个部分，包括骨干网、城域网和接入网。为了充分利用光纤资源，提升骨干网带宽，人们采用了密集波分复用(Dense Wavelength Division Multiplexing，DWDM)技术，但接入网的低带宽连接使得网络中的瓶颈问题逐渐突出。网络服务提供商正面临着接入带宽不足的问题。为了满足这种要求，需要一种新型的网络结构。同时随着电子商务的发展，服务提供商希望用更经济和更有效的网络体系支持他们的商业模型，期望新的技术提供更快更新的业务。而目前应用最广泛的以太网技术就可以实现这样的需求，能够简单、经济地构建各种速率的网络。

2002 年 6 月，IEEE 正式通过了 802.3ae 标准的 10Gbps 以太网技术。10G 高速以太网可以满足新的容量需求，解决了低带宽接入、高带宽传输的瓶颈问题，扩大了应用范围，并与以前所有的以太网兼容。

1. 10G 以太网的体系结构

10Gbps 以太网的 OSI 和 IEEE 802 层次结构仍与传统以太网相同，即 OSI 层次结构包括了数据链路层的一部分和物理层的全部，IEEE 802 层次结构包括 MAC 子层和物理层，但各层所具有的功能与传统以太网相比差别较大，特别是物理层具有更明显的特点。10Gbps 以太网体系结构如图 3.6 所示。

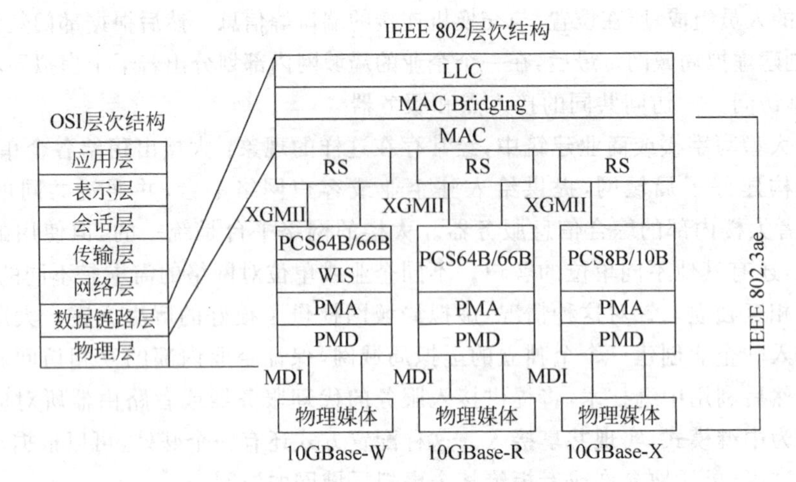

图 3.6 10Gbps 以太网体系结构

其中,MDI 表示媒体相关接口,PMD 表示物理媒体相关子层,PMA 表示物理媒体连接子层,WIS 表示广域网接口,PCS 表示物理编码子层,XMGII 表示 10Gbps 媒体无关接口,RS 表示协调子层。

1) 三类物理层结构

在体系结构中定义了 10GBase-X、10GBase-R 和 10GBase-W 3 种类型的物理层结构。

(1) 10Gbase-X 是在 PCS 子层中使用 8B/10B 编码的物理层结构,为了保证获得 10Gbps 数据传输率,利用稀疏波分复用技术在 1 300nm 波长附近每隔约 25nm 间隔配置 4 个激光发送器,形成 4 个发送器/接收器对。为了保证每个发送器/接收器对的数据速率为 2.5Gbps,每个发送器/接收器对必须在 3.125Gbps 下工作。

(2) 10GBase-R 是在 PCS 子层中使用 64B/66B 编码的物理层结构,为了获得 10Gbps 数据传输率,其时钟速率必须配置在 10.3Gbps。

(3) 10GBase-W 是一种工作在广域网方式下的物理层结构,在 PCS 子层中采用了 64B/66B 编码,定义的广域网方式为 SONET OC-192,因此其数据流的数据速率必须与 OC-192 兼容,即为 9.686Gbps,则其时钟速率为 9.953Gbps。

2) 物理层各个子层的功能

物理层各个子层及功能如下所述。

(1) 物理媒体。10Gbps 以太网的物理媒体包括多模光纤(Multiple Mode Fiber, MMF)和单模光纤(Simple Mode Fiber, SMF)两类,MMF 又分 50μm 和 62.5μm 两种。由物理媒体相关子层通过媒体相关接口(Media Dependent Interface, MDI)连接光纤。

(2) 物理媒体相关子层(Physical Media Dependent, PMD)。其主要的功能一方面是向(从)物理媒体上发送(接收)信号。在 PMD 子层中包括了多种激光波长的 PMD 发送源设备。PMD 子层另一个主要功能是把上层物理媒体访问子层所提供的代码位符号转换成适合光纤媒体上传输的信号或反之。

(3) 物理媒体访问子层(Physical Media Access, PMA)。PMA 子层的主要功能是提供与上层之间的串行化服务接口以及接收来自下层 PMD 的代码位信号,并从代码位信号中分离出时钟同步信号;在发送时,PMA 把上层形成的相应的编码与同步时钟信号融合后,形成媒体上所传输的代码位符号送至下层 PMD。

(4) 广域网接口子层(WAN Interface Sublayer，WIS)。WIS 子层是处在 PCS 和 PMA 之间的可选子层,它可以把以太网数据流适配 ANSI 所定义的 SONET STS-192c 或 ITU 所定义的 SDH VC-4-64c 传输格式的以太网数据流。该数据流所反映的广域网数据可以直接映射到传输层。

(5) 物理编码子层(Physical Coding Sublayer，PCS)。PCS 子层处在上层 RS 和下层 PMA 之间,PCS 和上层的接口通过 10Gbps 媒体无关接口连接,与下层连接通过 PMA 服务接口。PCS 的主要功能是把正常定义的以太网 MAC 代码信号转换成相应的编码和物理层的代码信号。

(6) 协调子层(Reconciliation Sublayer，RS)和 10Gbps 媒体无关接口(10G Media Independent Interface，XGMII)。RS 和 XGMII 实现了 MAC 子层与 PHY 层之间的逻辑连接,即 MAC 子层可以连接到不同类型的 PHY 层(10GBase-X、10GBase-R 和 10Gbase-W)上。显然,对于 10GBase-W 类型来说,RS 功能要求是最复杂的。

2. 10G 以太网的技术特点

10G 以太网与传统的以太网相比较具有以下 6 方面的特点。

(1) MAC 子层和物理层实现 10Gbps 数据速率。

(2) MAC 子层的帧格式不变,并保留 IEEE 802.3 标准最小和最大帧长度。

(3) 不支持共享型,只支持全双工,即只可能实现全双工交换 10Gbps 以太网,因此 10Gbps 以太网媒体的传输距离不会受到传统以太网 CSMA/CD 机理制约,而仅仅取决于媒体上信号传输的有效性。

(4) 支持星状局域网拓扑结构,采用点到点连接和结构化布线技术。

(5) 在物理层上分别定义了局域网和广域网两种系列,并定义了适应局域网和广域网的数据传输机制。

(6) 不能使用双绞线,只支持多模和单模光纤,并提供连接距离的物理层技术规范。

3. 10G 以太网的应用

10G 以太网的速度达到 10Gbps,传送距离达到 40km,这就提高了互联能力,为许多应用开辟了一条新的道路。它在局域网、城域网,甚至广域网中都有广阔的应用前景。10G 以太网的应用如下。

1) 局域网中的应用

以太网是高性能局域网环境中应用最广泛的技术。10G 以太网技术可使现有以太网的性能再次大大提高。在 10G 以太网中,单模光纤的传输距离目前可达 40km。扩展传输距离可使运营商更自由地选择数据中心的位置,并可以同时支持 40km 范围内的多个园区网。如图 3.7 所示,在数据中心,交换机和交换机之间,交换机和服务器之间可以采用价格较为低廉的多模光纤连接。在数据中心和校园内其他网络节点之间可以采用单模光纤。对于连接到 Internet 的链路,一般要采用广域网物理介质。

2) 城域网中的应用

随着城域网建设的不断深入,媒体视频应用、多媒体互动游戏等业务对城域网的带宽提出了更高的要求。以传统的同步数字体系(Synchronous Digital Hierarchy，SDH)、密集波分复用技术构建的骨干网,存在网络结构复杂、难以维护和建设、成本高等问题。而在城域网骨干层部署 10G 以太网可大大简化网络结构、降低成本、便于维护,通过端到端的以太网

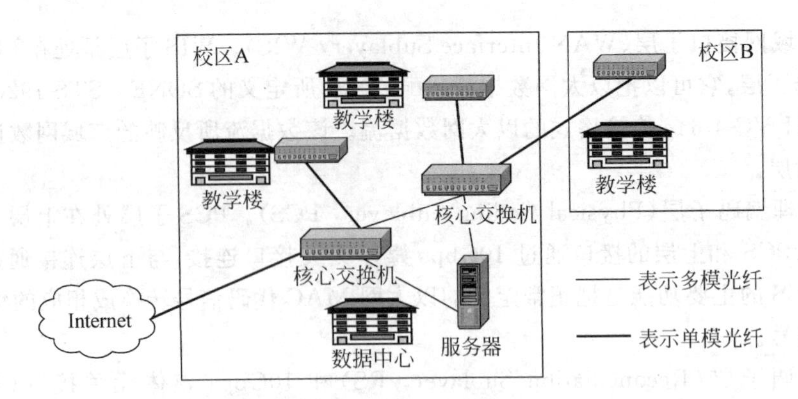

图 3.7　10G 以太网在局域网中的应用

易于建设低成本、高性能和具有丰富业务支持能力的城域网。10G 以太网在城域网的应用有两种方式：一是直接采用 10G 以太网取代原来的传输链路，作为城域骨干网；二是通过 10G 以太网的稀疏波分复用(Coarse Wavelength Division Multiplexing，CWDM)接口或广域网接口与城域网的传输设备相连接，以充分利用已有的 SDH 或 DWDM 骨干传输资源。

3）广域网中的应用

10G 以太网的速率与骨干网 Optical Carrier-192 的速率(9.953 28Gbps)基本相同。这就使得以太网第一次不需要额外的速率匹配设备，就可以和其他广域网设备实现无缝连接。这样在建设端到端的以太网时，成本将大大降低。

图 3.8 表示 10G 以太网在广域网中的应用，其拓扑结构为混合方式，包括环状和星状结构等。10G 以太网物理信号可以直接和交换机相连，不需要附加插入设备进行数据速率或协议转换，即可建立无缝的端到端 10G 以太网连接。

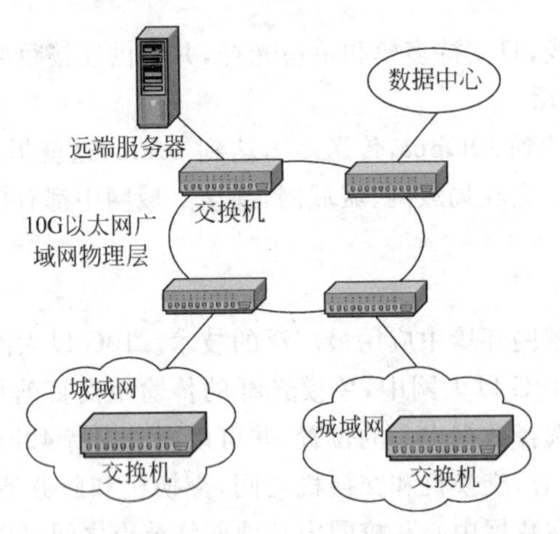

图 3.8　10G 以太网在广域网中的应用

3.1.5　以太网的发展

IEEE 802 委员会已经成立了高速研究组，探讨数据传输速率超过 10Gbps 的以太网标准化工作。高速研究组将下一代以太网的数据传输速率的目标定位为 100Gbps。

数年前，也有看法认为，10Gbps 的下一代是 40Gbps。这是因为数据传输速率的提高使得光通信规范将 10Gbps 的下一代速率设定为 40Gbps。但是，以太网规范过去都是按照 10Mbps、100Mbps、1Gbps、10Gbps 的方式，每一代将数据传输速率提高 10 倍。高速研究组以 100Gbps 为目标，有可能是基于这个原因。

目前，朗讯科技贝尔实验室已经宣布成功实现了 2000km 距离 107Gbps 的以太网数据传输。在此基础上，锐捷等厂商推出了支持未来 100G 以太网的核心交换机。虽然 100G 以太网已经在实验室成功实现，但是要将 100G 以太网真正的大规模商业应用还需时日。

3.2 帧中继技术

帧中继(Frame Relay，FR)技术是由 X.25 分组交换技术演变而来的。由于 X.25 只能提供低速的分组服务，不满足高速交换的需要，因此迫切需要一种支持高速交换的网络体系结构。帧中继就是在这一背景下推出的，它在许多方面类似于 X.25。

3.2.1 帧中继概述

在 X.25 网络发展初期，网络传输设施基本是借用模拟电话线路，这种线路非常容易受到噪声的干扰而产生误码。为了确保传输无差错，X.25 在每个节点都需要作大量的处理，保证数据帧在节点间无差错传输。这样，数据帧在经过多个节点处理后，需要较长的时延才能到达目的站。然而 20 世纪 80 年代后期以来，通信用的主干线已逐步采用光纤，数字光纤网比早期电话网的误码率降低了几个数量级。因此，完全可以省去 X.25 中差错控制和流量控制，减少节点对每个分组的处理时间，这样各分组通过网络的时延就可以大大减少，同时节点对分组的处理能力也就增大了。

实质上，帧中继就是一种减少节点处理时间的技术。它的基本策略是认为帧的传送基本上不会出错，只要知道帧的目的地址就立即转发该帧，节点基本不做什么处理，某些工作留给用户端去处理。这显然减少了帧在节点的时延。实验结果表明，采用帧中继时，一个帧的处理时间可以减少一个数量级。这种传输数据的帧中继方式也称为 X.25 的流水线方式，但帧中继网络的吞吐量要比 X.25 网络至少提高一个数量级。通常使用帧中继要有一个前提条件，那就是仅当帧中继网络本身的误码率非常低时，帧中继技术才是可行的。

下面从协议层次上来比较帧中继和一般分组交换网。图 3.9(a)网络中的各节点没有网络层，其数据链路层只具有有限的差错控制功能，只有在通信两端的主机中的数据链路层才具有完全的差错控制功能。而在图 3.9(b)网络中的每个节点，其数据链路层具有完全的差错控制。

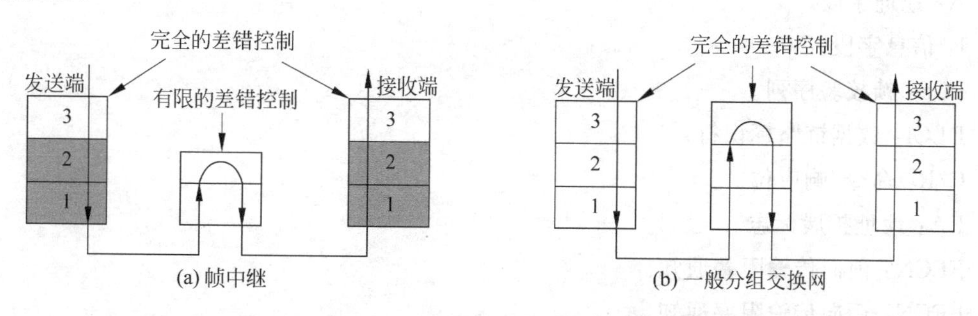

图 3.9 一般分组交换网与帧中继在层次上的差别

由于帧中继和一般分组交换网在协议层次上的不同，所以二者在传输数据帧时所要传输的信息过程也不相同，如图 3.10 所示。图 3.10(a)说明一般分组交换网的情况，每一个节点在收到一帧后都要发回确认帧。最后目的站在收到一个帧后还要向源站发回确认，同样也要逐站进行确认。图 3.10(b)说明帧中继的情况，它的中间站只转发帧而不发送确认帧，即中间站没有逐段的链路控制能力，只有最后目的站收到一帧后才向源站发回端到端的确认。

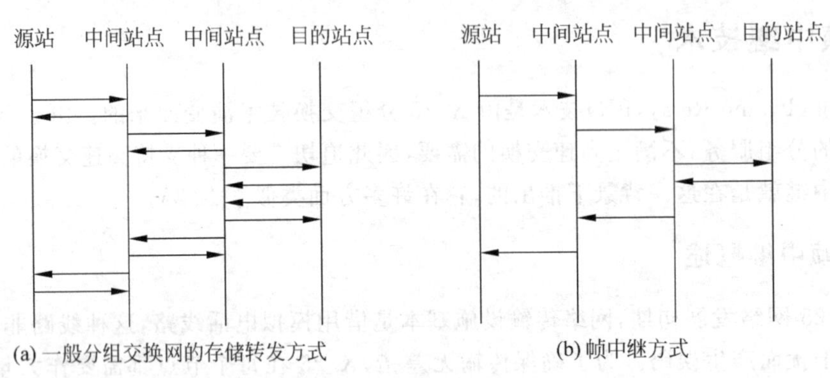

图 3.10　一般分组交换网存储转发方式与帧中继对比

3.2.2　帧格式和呼叫控制

1. 帧中继的帧格式

帧中继的帧格式如图 3.11 所示。

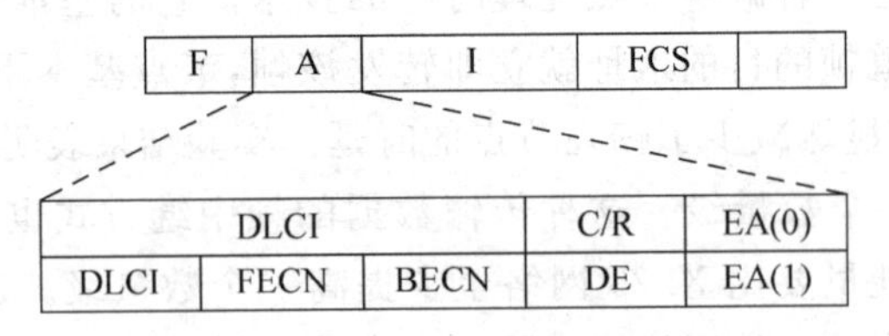

图 3.11　帧中继的帧格式

帧格式中各个字段含义如下所示。

F：帧头和帧尾标志。

A：地址字段。

I：信息字段。

FCS：帧校验序列。

DLCI：数据链路标识符。

C/R：命令/响应位。

EA：地址扩展标志。

FECN：前向传输阻塞通知。

BECN：后向传输阻塞通知。

DE：帧丢弃许可指示。

地址字段A的长度由EA标示，当EA=1时说明该字节是地址字段中的最后一个字节。地址字段一般为2个字节，必要时可扩展到4个字节。2个字节的地址字段可容纳10b的DLCI，即可标识1024个虚电路号。FECN、BECN和DE位为阻塞管理所使用的指示位，C/R位保留给上层使用，帧中继本身不使用。

信息字段I是可变长度的，一般为1600字节到2048字节。I字段用来装载用户数据，包括接入设备使用的各种协议。I字段中的协议信息对帧中继网络而言是完全透明的，即网络对它们不做任何处理。

2. 帧中继的呼叫控制

帧中继用户在进行呼叫时不是和被呼叫用户直接连接，而是先连接到一个帧处理模块。其具体接入方式主要包括两种：交换接入和综合接入。

(1) 交换接入是指用户所连接的交换网络，如ISDN，其本地的交换机并没有处理帧中继的能力。在这种情况下，交换接入必须使用户能够连接到在网络中某处的帧处理模块。这可以是一种按需的连接，也可以是半永久的连接。

(2) 综合接入是指用户所连接的网络是一个帧中继网络，或者是一个交换网络，其本地交换机具有处理帧中继的功能。在这种情况下，用户可以与帧处理模块直接建立逻辑连接。

无论是何种接入，用户都要与帧处理模块先建立一条接入连接。而一旦接入连接建立了，就可在此基础上再建立帧中继连接。帧中继连接是在两个用户交换数据帧之前必须建立的一种逻辑连接。帧中继支持将多个逻辑连接复用到一条链路上，并为每一个连接赋给唯一的数据链路连接标识符。

用户之间的数据传输可包括以下3个阶段：

(1) 在两个端用户之间建立一条逻辑连接，并对这个连接赋给一个唯一的DLCI。

(2) 以数据帧为单位交换数据，每一个帧包括一个DLCI字段以标识这个连接。

(3) 数据交换完毕后，释放逻辑连接。

连接和释放逻辑连接必须在为呼叫控制使用的逻辑连接上传送DLCI等于0的报文。

3.2.3 帧中继的应用

帧中继的应用十分广泛。它适用于大流量、短延迟、高分辨率的可视图文件及长文件的传输。下面主要介绍几个基于帧中继的永久虚电路业务在实际中的应用。

1. 局域网互联

利用帧中继网络进行局域网互联是帧中继最典型的一种应用。在已建成的帧中继网络中，进行局域网互联的用户数量占90%以上，因为帧中继很适合为局域网用户传送大量的突发性数据，帧中继用户的接入速率在64Kbps至2Mbps，甚至可达到34Mbps。

许多大型企业、银行、政府部门中，其总部和各地分支机构所建立的局域网需要互联，而局域网中往往会产生大量的突发数据来争用网络的带宽资源。如果采用帧中继技术进行互联的话，既可以节省费用，又可充分利用网络资源。

帧中继网络在业务量少时，通过带宽的动态分配技术，允许某些用户利用其他用户的空闲带宽来传送突发数据，实现带宽资源共享，从而可降低通信费用。帧中继网络在业务量大甚至发生拥塞时，由于每个用户都已分配了网络可承诺信息速率，因此网络将按照用户信息的优先级及公平性原则，把某些超过网络可承诺信息速率的帧丢弃，并尽量保证未超过网络可承诺信息速率的帧能可靠地传输，从而使用户不会因拥塞而造成不合理的数据丢弃。由此可见，帧中继网络非常适合为局域网用户提供互联服务。

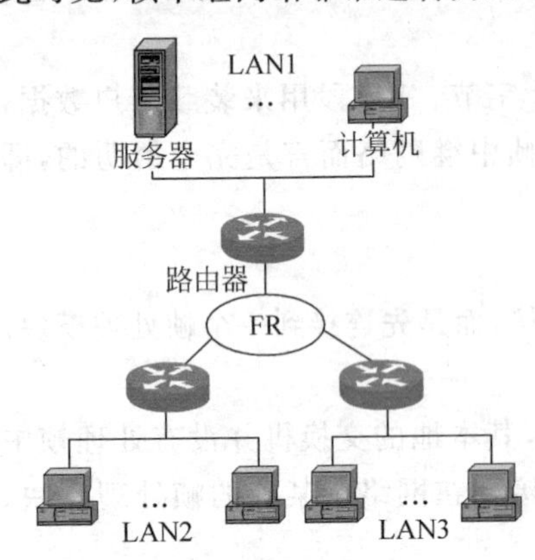

图 3.12 利用帧中继互联局域网

图 3.12 表示利用帧中继来实现远程局域网之间的互联。异地局域网用户之间可传送大量突发性数据，实现远程高速互访及资源共享。

2. 图像传送

帧中继网络可提供图像、图表的传送业务，这些信息的传送往往要占用较大的网络带宽。例如，医疗机构要传送一张 X 光胸透照片往往要占用 8Mbps 的带宽。如果用分组交换网传送则端到端的延迟过长。如果采用电路交换网传送，则费用太高。帧中继网络由于具有高速率、低延迟、动态分配带宽、成本低等特点，很适合传输这类图像信息，因而，诸如远程医疗诊断等方面的应用也可以采用帧中继网络来实现。

3. 虚拟专用网

帧中继网络可以将网络中的若干个节点划分为一个分区，并设置相对独立的管理机构，对分区内的数据流量及各种资源进行管理。分区内各个节点共享分区内的网络资源，分区之间相对独立，这种分区结构就是虚拟专用网(Virtual Private Network，VPN)。采用虚拟专用网比建立一个实际的专用网要经济合算，尤其适合于大型企业的用户。

综上所述，帧中继是简化的分组交换技术，其设计目标是传送面向连接的用户数据。该类交换技术在保留传统分组交换技术的优点的同时，大幅度提高了网络的吞吐量，减少了传输设备与设施费用，可提供更高的性能与可靠性，缩短响应时间。

3.2.4 CHINAFRN 简介

1996 年底中国电信开始进行中国公用帧中继网(China Frame Relay Network，CHINAFRN)的工程建设。该网的建设运营标志着我国公用数据通信已由中低速网络向高速网络迈进，整体水平将达到一个新的高度。CHINAFRN 主干网一期工程已于 1997 年 6 月建设完成，覆盖 21 个省会城市，在北京设立全国网络管理中心。北京、上海和广州为该网国际出入口局。

CHINAFRN 按地理区域可分为国家主干网、省内网和本地网。国家主干网由各省省会城市和直辖市的节点组成，随着业务的发展和通信线路设施条件的改善，网络结构将由不完全网状结构逐步向全网状结构过渡。省内网由省内所辖地市节点组成，采用不完全网状结构。本地网由本地节点组成，提供用户接入服务。另外，对某些需要特殊通信的地区，可在节点间设置直达电路。

CHINAFRN 除了提供用户接入业务外，还可为其他数据网提供中继传输，如分组交换网、因特网、电子数据交换业务网、传真存储转发业务网等高速中继传输，提高上述网络的汇接能力和中继速率。

帧中继宽带业务网技术具有业务性能好、接入灵活、通信费用低等特点，世界各国纷纷采用这种新技术，取得了巨大的经济效益和社会效益。采用帧中继、ATM技术建设中国第一个宽带高速数据业务网具有深远意义，开辟了数据通信新的应用领域，可提供多媒体通信、会议电视、远程医疗诊断和远程教学等新业务。

3.3 ATM技术

随着网络应用技术的发展，人们对能够进行语音、图像和数据为一体的多媒体通信需求日益增加。1990年，CCITT正式建议将异步传输模式（Asynchronous Transfer Mode, ATM）作为实现宽带综合业务数字网（Broad Integrated Services Digital Network, B-ISDN）的一项技术基础，这样以ATM为机制的信息传输和交换模式也就成为电信和计算机网络运行的基础和21世纪通信的主体之一。

3.3.1 ATM概述

传统的电路交换和分组交换在实现宽带高速交换任务时，都存在一些问题。对于电路交换，当数据的传输速率及其突发性变化较大时，交换的控制就变得非常复杂。而对于分组交换，当数据传输速率很高时，数据在各层的处理成为很大的开销，无法满足实时性较强的业务时延要求，不能保证服务质量。电路交换具有很好的实时性和服务质量，而分组交换具有很好的灵活性，因此人们设想有一种新的交换技术，它能融合电路交换和分组交换的优点，从而ATM网络就应运而生了。ATM网络具有以下特点：

(1) ATM是建立在电路交换和分组交换基础上的一种面向连接的快速分组交换技术。所有信息在最底层是以面向连接的方式传送，保持了电路交换在保证实时性和服务质量方面的优点。

(2) ATM使用信元作为信息传输和交换的单位，有利于宽带高速交换。长度固定的首部可使ATM交换机的功能尽量简化，使用硬件电路就可实现对信元的处理，因而缩短了每一个信元的处理时间。在传输实时语音或视频业务时，短的信元有利于减少时延，也节约了节点交换机为存储信元所需的存储空间。

(3) ATM采用异步时分多路复用的传输方式。这种方式能够充分利用带宽资源，并且能够很好地满足传输突发性数据的要求。

(4) ATM使用光纤信道传输。由于光纤信道的误码率极低，且容量很大，因此ATM网不必在数据链路层进行差错控制和流量控制。从而信元在网络中的传送速率得到了明显地提高。

(5) ATM兼容性好。ATM通过设置ATM适配层（ATM Adaptation Layer, AAL），对业务类型进行划分，通过AAL层的适配把不同电信业务转换成统一的ATM标准，实现使用同一个网络来承载各种应用业务的目的，再辅之必要的网络管理功能，信令处理与连接控制功能，可以设置多级优先级管理功能，使ATM能够广泛适应各类业务的要求。

一个ATM网络由ATM端点设备、ATM中间点设备和物理传输媒体组成。ATM端点设备又称为ATM端系统，它是在ATM网络中能够产生或接收信元的源站或目的站，如工作站、服务器或其他设备。ATM端点设备通过点到点链路与ATM中间点设备相连。ATM网络中不同的物理传输媒体支持不同的传输速率。ATM中间点设备即ATM交换机，它是一种快速分组交换机，其主要构件是交换结构、若干个高速输入端口和输出端口及必要的缓存。最简单的ATM网络可以只有一个ATM交换机，并通过一些点到点链路与ATM端系统相连接。较小的ATM网络只拥有少量的ATM交换机，一般都连接成网状网络以获得较好的连通性。大型ATM网络则拥有较多的ATM交换机，并按照分级结构连成网络。

3.3.2 ATM信元格式

ATM使用固定大小的信元，其中包括5字节的首部和48字节的信息字段，信元首部包含在ATM网络中传递信息所需的控制字段。ATM信元的格式如图3.13所示。从图中可以看出，ATM信元有两种不同的首部，它们分别对应于用户到网络接口(User Network Interface，UNI)和网络到网络接口(Network Network Interface，NNI)。这两种接口上的ATM信元首部仅仅是前两个字段有所差别，后面的字段完全一样。

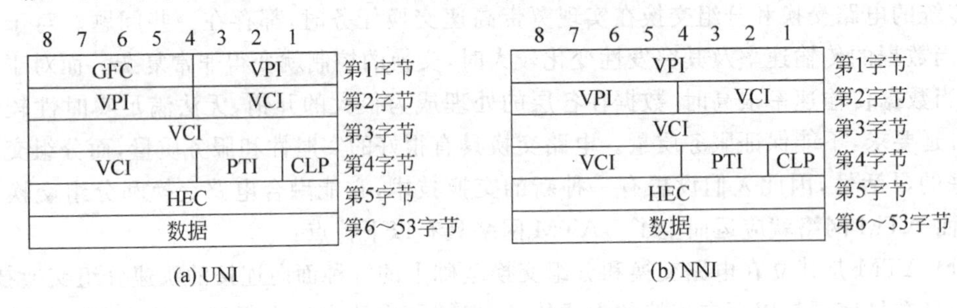

图3.13 ATM的信元格式

ATM信元首部中各字段的含义如下。

(1) 通用流量控制(Generic Flow Control，GFC)。4b字段，通常置为0。该字段仅仅出现在UNI接口的信元首部，网络内部信元没有这个字段。GFC字段用来在共享介质上进行接入流量控制，现在的点到点配置不需要这一字段的接入控制功能。

(2) 虚通路/虚通道标识符(Virtual Path Identifier/Virtual Channel Identifier，VPI/VCI)。路由字段，该字段与帧中继中的DLCI字段的作用类似。在UNI接口VPI占8b，而在NNI接口VPI占12b，这样在网络内部就可以支持更多数量的VP。VCI占16b。

(3) 有效载荷类型指示(Payload Type Identifier，PTI)。3b字段，用来指示信息字段中所装信息的类型。第一位为0表示用户信息，在这种情况下，第二位表示是否已经发生拥塞，第三位用来区分服务数据单元的类型。PTI字段第一位为1表示这个信元承载网络管理或维护信息。

(4) 信元丢失优先级(Cell Loss Priority，CLP)。1b字段，用来在网络发生拥塞的情况下为网络提供指导。当网络负荷很重时，首先丢弃CLP为1的信元以缓解网络可能出现的拥塞。

(5) 首部差错控制(Header Error Control，HEC)。8b字段，该字段对首部的前4个字节进行CRC校验。

3.3.3 ATM 协议参考模型

ATM 的协议参考模型，如图 3.14 所示。

ATM 协议参考模型中最上面包括控制平面、用户平面和管理平面。3 个平面相对独立，分别完成不同的功能。用户平面提供用户信息流的传送，同时也具有一定的控制功能，如流量控制、差错控制等。控制平面完成呼叫控制和连接控制功能，利用信令进行呼叫和连接的建立、监视和释放。管理平面包括层管理和面管理。其中层管理完成与各协议层实体的资源和参数相关的管理功能，同时层管理还处理与各层相关的信息流；面管理完成与整个系统相关的管理功能，并对所有平面起协调作用。

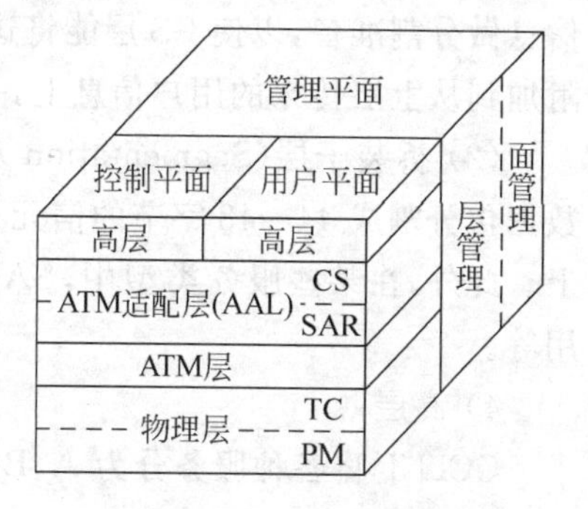

图 3.14 ATM 的协议参考模型

ATM 的分层结构采用 OSI 的分层方法，各层相对独立，分为 ATM 物理层、ATM 层、ATM 适配层和高层。

1) ATM 物理层

ATM 物理层进一步可划分为两个子层：物理媒体子层(Physical Media，PM)和传输汇聚子层(Transfer Convergence，TC)。

(1) 物理媒体子层。PM 子层是 ATM 物理层的下子层，主要定义物理媒体与物理设备之间的接口，以及线路上的传输编码，最终支持位流在媒体上的传输。

(2) 传输汇聚子层。TC 子层是 ATM 物理层的上子层，作用是为其上层的 ATM 层提供一个统一的接口。在发送方，它从 ATM 层接收信元，组装成特定的形式，以使其在物理媒体子层上传输；在接收方，TC 从来自 PM 子层的位或字节流中提取信元，验证信元头，并将有效信元传递给 ATM 层。

2) ATM 层

ATM 层是 ATM 网络的核心，它的功能对应于 OSI 模型中的网络层。它为 ATM 网络中的用户和用户应用提供一套公共的传输服务。ATM 层提供的基本服务是完成 ATM 网上用户和设备之间的信息传输。其功能可以通过 ATM 信元头中的字段来体现，主要包括信元头生成和去除、一般流量控制、连接的分配和取消、信元复用和交换、网络阻塞控制、汇集信元到物理接口以及从物理接口分检信元等。

ATM 层向高层提供 ATM 承载业务服务，是对信元进行多路复用和交换的层次。它在端点之间提供虚连接，并且维持协定的服务质量，在连接建立时执行连接许可控制进程，在连接进行当中监察达成协定的履行情况。

ATM 层接收到 AAL 层提供的信元载体后，必须为其加上信元头以生成信元，使信元能成功地在 ATM 网络上进行传输。当 ATM 层将信元载体向高层 AAL 层传输时，必须去除信元头。信元载体提交给 AAL 层后，ATM 层也将信元头信息提交给 AAL 层。所提交的信息包括用户信元类型、接收优先级以及阻塞指示。

3) ATM 适配层

ATM 适配层(AAL)负责处理从高层应用来的信息，为高层应用提供信元分割和会聚功能，将业务信息适配成 ATM 信元流。在发送方，负责将从用户应用传来的数据包分割成固定长度的 ATM 有效负载；在接收方，将 ATM 信元的有效负载重组成为用户数据包，传递给高层。

从功能上，AAL 分为两个子层：汇聚子层和拆装子层。

(1) 汇聚子层(Convergence Sublayer,CS)是与业务相关的。它负责为来自用户平面的信息做分割准备，以使 CS 层能将这些信息再拼成原样。CS 层将一些控制信息子网头或尾附加到从上层传来的用户信息上，一起放在信元的有效负载中。

(2) 拆装子层(Segmentation And Reassembly,SAR)的主要功能是将来自 CS 子层的数据包分割成 44～48 字节的信元有效负载，并将 SAR 层的少量控制信息作为头、尾附加其上。此外，在某些服务类型中，SAR 子层还可以具有其他一些功能，如误码检测、连接复用等。

4) 高层

CCITT 将各种服务分为 A、B、C、D 和 X。ATM 高层 A、B、C 和 D 四种服务类型特点如表 3.3 所示。

表 3.3　高层 A、B、C、D 四种服务类型

服务类型	A 类	B 类	C 类	D 类
AAL 类型	AAL1,AAL5	AAL2,AAL5	AAL3/4,AAL5	AAL3/4,AAL5
端到端定时	要求		不要求	
速率	恒定	可变		
连接模式	面向连接			无连接
应用举例	64Kbps 语音	变位率图像	面向连接数据	无连接数据

A 类服务为面向连接的恒定速率(Constants Bit Rate,CBR)服务，主要提供恒定速率的语音及图像业务，电路仿真业务。

B 类服务为可变比特率(Variable Bit Rate,VBR)服务，主要用来传输可变位率的语音、视频服务，同时还用来传输优先级较高的数据。

C 类服务定义为 ATM 上的帧中继，主要提供面向连接的数据服务。

D 类服务表示 ATM 上的无连接的数据服务。

X 类服务允许用户或厂家自定义服务类型。

3.3.4 ATM 的工作原理

1. 虚通路和虚通道

物理链路(physical link)是连接 ATM 交换机到 ATM 交换机，ATM 交换机到 ATM 主机的物理线路。每条物理链路可以包括一条或多条虚通路(Virtual Path,VP)，每条虚通路 VP 又可以包括一条或多条虚通道(Virtual Channel,VC)。这里，物理链路好比是连接两个城市之间的高速公路，虚通路好比是高速公路上的两个方向的道路，而虚通道好比是每条道路上的一条条的车道，那么信元就好比是高速公路上行驶的车辆。其关系如图 3.15 所示。

ATM 网的虚连接可以分为两级：虚通路连接(Virtual Path Connection,VPC)与虚通道连接(Virtual Channel Connection,VCC)。

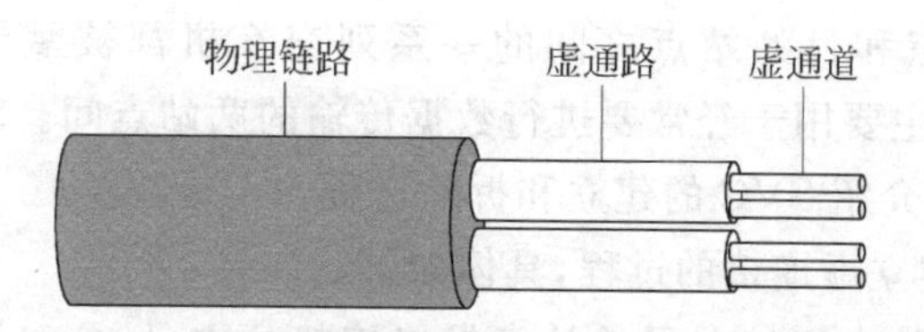

图 3.15 物理链路、虚通路与虚通道的关系

在虚通路一级,两个 ATM 端用户间建立的连接被称为虚通路连接,而两个 ATM 设备间的链路被称为虚通路链路(Virtual Path Link,VPL)。那么,一条虚通路连接是由多段虚通路链路组成的。虚通路连接与虚通道连接如图 3.16 所示。

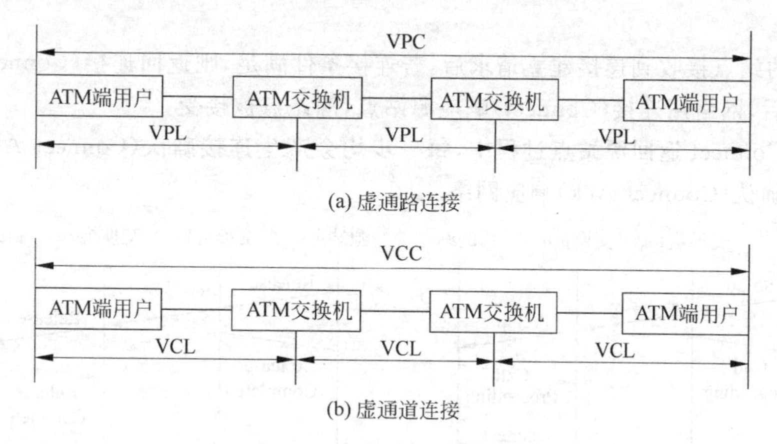

图 3.16 虚通路连接与虚通道连接

图 3.16(a)给出了虚通路连接的工作原理。每一段虚通路链路(VPL)都是由虚通路标识符(Virtual Path Identifier,VPI)标识的,每条物理链路中的 VPI 值是唯一的。虚通路可以是永久的,也可以是交换式的。每条虚通路中可以有单向或双向的数据流。ATM 支持不对称的数据速率,即允许两个方向的数据速率可以是不同的。

在虚通道一级,两个 ATM 端用户间建立的连接被称为虚通道连接,而两个 ATM 设备间的链路被称为虚通道链路(Virtual Channel Link,VCL)。虚通道连接(VCC)是由多条虚通道链路(VCL)组成的。每一条虚通道链路(VCL)都是由虚通道标识符(Virtual Channel Identifier,VCI)标识的。图 3.16(b)给出了虚通道连接的工作原理。

虚通路链路和虚通道链路都是用来描述 ATM 信元传输路由的。每个虚通路链路可以复用多达 65 535 条虚通道链路。属于同一虚通道链路的信元,具有相同的虚通道标识符 VPI/VCI 值,它是信元头的一部分。当源 ATM 端主机要和目的 ATM 端主机通信时,源 ATM 端主机发出连接建立请求。目的 ATM 端主机接收到连接建立请求,并同意建立连接时,一条通过 ATM 网的虚拟连接就可以建立起来了。这条虚拟连接可以用虚通路标识(VPI)与虚通道标识(VCI)表示出来。

2. 虚连接的建立和拆除

ATM 中的连接可以是点到点的连接,也可以是点到多点的连接。根据建立的方式可分为永久虚连接(Permanent Virtual Connection,PVC)和交换虚连接(Switched Virtual Connection,SVC)。永久虚连接 PVC 是通过网络管理等外部机制建立的。在这种连接方式中,处于 ATM 源站点和目的站点之间的一系列交换机都被赋予适当的 VPI/VCI 值。PVC 存在的时间较长,主要用于经常要进行数据传输的两站点间。SVC 是一种由信令协议自动建立的连接。下面介绍 SVC 的建立和拆除过程。

参见图 3.17(a),建立虚连接的过程,具体如下。

(1) 源站点通过默认虚连接向目的站点发出连接建立(Setup)请求。该请求中包含源站点 ATM 地址、目的站点 ATM 地址、传输特性以及 QoS 参数等。

(2) 网络向要求建立连接的源站点回送呼叫确认(Call Proceeding),表明呼叫建立已启动,并不再接收呼叫建立信息。

(3) Setup 沿网络向目的地站点传播。在传播的每步目的地都会返回确认(Call Proceeding)。

(4) 目的站点接收到连接建立请求后,若连接条件满足,则返回连接(Connect),表明接受呼叫。然后,网络用连接(Connect)响应源站点,源站点被接受。

(5) 在 Connect 返回源站点过程中,每一步均会产生连接确认(Connect Ack),最后源站点用连接确认(Connect Ack)响应网络。

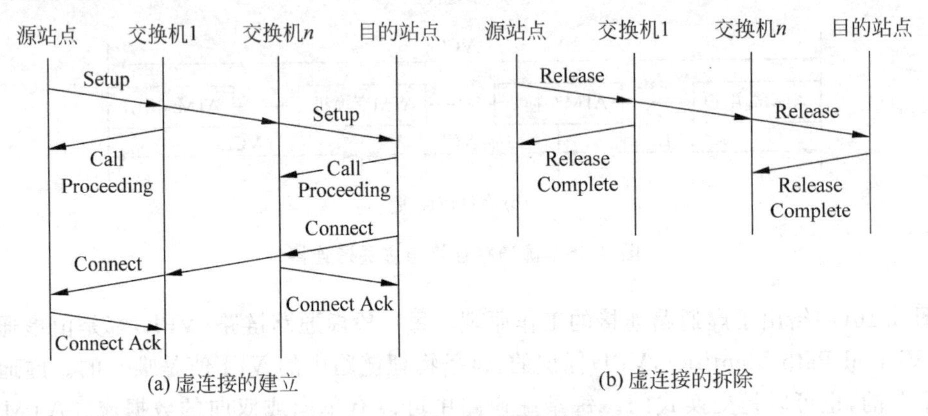

图 3.17 虚连接的建立和拆除过程

当数据传输完成后,虚连接要被拆除。如图 3.17(b)所示为虚连接拆除的过程,具体如下。

(1) 要求拆除虚连接的源站点向网络发出拆除虚连接(Release)请求,相邻的交换机接到该消息后,向源站点返回拆除完成(Release Complete)。

(2) Release 沿 ATM 网络向目的站点传播。在网络中传播的每一步,都会得到 Release Complete 确认。

(3) Release 到达目的站点后,虚连接将被拆除。

ATM 采用了虚连接技术,将逻辑子网和物理子网分离。ATM 先通过建立连接过程进行路由选择,两个通信实体之间的虚连接建立起来后,再进行数据传输。ATM 通过将路由选择和数据传输分离开来,简化了数据传输中间的控制,提高了数据传输的速率。

3.3.5 ATM 应用

1. ATM 局域网

ATM 局域网是指以 ATM 结构为基本框架的局域网络。它以 ATM 交换机作为网络交换节点,通过 ATM 接入设备将各种业务接入到 ATM 网络中,实现互联互通。

局域网发展已经经历了三代。第一代以CSMA/CD和令牌环为代表,提供终端到主机的连接,支持客户机-服务器结构。第二代以FDDI为代表,满足对局域网主干网的要求,支持高性能工作站。第三代以千兆位以太网与ATM局域网为代表,提供多媒体应用所需的吞吐量和实时传输的质量保证。

对于第三代局域网,有如下要求:

(1) 支持多种服务级别。例如,对于视频应用,为了确保性能,需要2Mbps连接,而对于文件传输,则可以使用后台服务器。

(2) 提供不断增长的吞吐量。这包括每个主机容量的增长以及高性能主机数量的不断增长。

(3) 能实现LAN与WAN互联。

ATM可满足上述要求。利用虚通路和虚通道,通过永久连接或交换连接,很容易提供多种服务级别。ATM也容易实现吞吐量的不断提升,例如,增加ATM交换机节点的数量和使用更高的数据速率与连接的设备通信。

虽然ATM网络具有带宽宽、速度高,并能提供服务质量等优点,其性能大大优于传统共享介质的局域网。但是ATM局域网也面临巨大的挑战,具体表现在以下几方面。

(1) 价格。目前以太网得到广泛应用的主要原因之一是价格低廉,而ATM要想成为局域网的主流技术,必须大幅度降低成本。

(2) 与现有局域网的连接。由于以太网等局域网技术非常成熟,应用广泛。因此,ATM局域网必须解决与现有局域网络的互联,确保用户不必安装任何新的软硬件设备,就能通过ATM局域网进行通信。

(3) 扩展性。ATM要想在应用广泛的局域网领域站稳脚跟,必须提高ATM局域网的扩展性,其主要是功能扩展性和带宽扩展性。

(4) 网络管理。现有局域网大都使用简单网络管理协议,网络管理简单统一。当ATM与现有局域网互联时,就会产生如何管理异构网络问题。

2. ATM广域网

1) 在B-ISDN中的应用

业务的综合化和网络的宽带化是通信网的发展方向。尽管窄带综合业务数字网的性能远优于公用电话网,具有很大的经济价值,但是存在以下局限性:

(1) 传输带宽有限,最高能处理2Mbps的业务,难以支持高清晰度图像通信和高速数据通信。

(2) 业务综合能力有限,由于窄带综合业务数字网同时使用电路交换和分组交换两种交换方式,很难适应从低速到高速业务的有效综合。

(3) 用户接入速率种类少,不能提供低于64Kbps的数字交换,网络资源浪费严重。

(4) 不能适应未来的新业务。

进入20世纪90年代以来,由于光纤传输技术、宽带交换技术和图像编码技术等取得了突破性的进展,同时人们对多媒体通信和高清晰电视等业务的需求与日俱增,宽带综合业务数字网B-ISDN受到了广泛的关注和研究。作为B-ISDN的交换技术,ATM克服了传统的电路交换模式和分组交换模式的局限性。ATM网络用户线速率可达622Mbps,高速的数据业务能在给定的带宽内有效的满足用户的需求。

2) 在企业主干网中的应用

ATM已开始广泛应用于企业主干网,可为企业主干网能提供155Mbps以上的传输速率。当然,由于1Gbps以及10Gbps以太网的出现和发展,ATM也面临着激烈的竞争。

现在几乎所有的ATM厂商和大多数著名网络厂商都提供使用光纤的155Mbps ATM主干网交换机,有的还提供25Mbps的ATM桌面产品。ATM的传输速率正在向数Gbps至数十Gbps发展,ATM作为企业主干网能否得到普及应用,主要取决于价格和标准的完善程度。

3.4 无线局域网

3.4.1 无线局域网概述

无线局域网(Wireless LAN,WLAN)是计算机网络与无线通信技术相结合的产物。从专业角度讲,无线局域网利用了无线多址信道这种有效方法来支持计算机之间的通信,并为通信提供移动化、个性化和多媒体应用。无线局域网就是在不采用传统缆线的同时,提供有线以太网或者令牌网的功能。

与有线网络相比,无线局域网主要具有以下优点:

(1) 安装便捷。在网络建设中,周期最长、对周边环境影响最大的就是网络布线施工。在施工过程中,往往需要破墙掘地、穿线架管或平面铺设。而无线局域网最大的优势就是免去或减少了网络布线的工作量,一般只要安装一个或多个接入点设备,就可以建立覆盖整个建筑或地区的网络。

(2) 使用灵活。在有线网络中,网络设备的安放位置受网络信息点位置的限制。而WLAN一旦建成后,在无线网的信号覆盖区域内任何一个位置都可以接入网络。

(3) 经济节约。由于有线网络缺少灵活性,这就要求网络规划者尽可能地考虑未来发展的需要,往往导致预设了大量利用率较低的信息点,且一旦网络的发展超出了设计规划,又要花费较多费用进行网络改造。而WLAN可以避免或减少以上情况的发生。

(4) 易于扩展。WLAN有多种配置方式,能够根据需要灵活选择。因此,WLAN就能胜任从只有几个用户的小型局域网扩展到上千用户的大型网络,并且能够提供像"漫游"等有线网络无法提供的特性。

无线局域网在给网络用户带来便捷和实用的同时,也存在一些缺陷:

(1) 性能受环境影响。无线局域网是依靠无线电波进行传输的。这些电波通过无线发射装置进行发射,而建筑物、车辆、树木和其他障碍物都可能阻碍电磁波的传输,所以无线局域网的网络性能易受到环境的影响。

(2) 速率不高。无线信道的传输速率与有线信道相比要低得多。目前,无线局域网的传输速率可达54Mbps,只适合于个人终端和小规模网络应用。

(3) 安全性不高。本质上无线电波不要求建立物理的连接通道,无线信号是发散的。因此很容易监听到无线电波广播范围内的任何信号,造成通信信息泄露。

3.4.2 无线局域网标准 IEEE 802.11

1. IEEE 802.11系列协议

IEEE于1997年发布了第一个在国际上被认可的无线局域网协议(802.11协议)。

1999 年 9 月，IEEE 提出 802.11b 协议，用于对 IEEE 802.11 协议进行补充，之后又推出了 IEEE 802.11a、IEEE 802.11g 等一系列协议，从而进一步完善了无线局域网规范。IEEE 802.11 工作组制订的具体协议如下。

(1) IEEE 802.11a。IEEE 802.11a 采用正交频分(Orthogonal Frequency Division Multiplexing，OFDM)技术调制数据，使用 5GHz 的频带。OFDM 技术可提供 25Mbps 的无线 ATM 接口和 10Mbps 的以太网无线帧结构接口等。IEEE 802.11a 可在很大程度上提高传输速度，改进信号质量，克服干扰。物理层速率可达 54Mbps，传输层可达 25Mbps，能满足室内及室外的应用。

(2) IEEE 802.11b。IEEE 802.11b 采用补码键控(Complementary Code Keying，CCK)调制方式，使用 2.4GHz 频带。其对无线局域网通信的最大贡献是可以支持两种速率——5.5Mbps 和 11Mbps。多速率机制的介质访问控制可确保当工作站之间距离过长或干扰太大、信噪比低于某个门限值时，传输速率能够从 11Mbps 自动降到 5.5Mbps，或根据直接序列扩频技术调整到 2Mbps 或 1Mbps。

(3) IEEE 802.11g。IEEE 802.11g 采用分组二进制卷积码(Packet Binary Convolutional Coding，PBCC)或 CCK/OFDM 调制方式，使用 2.4GHz 频段，对现有的 IEEE 802.11b 系统向下兼容。它既能适应传统的 IEEE 802.11b 标准，也符合 IEEE 802.11a 标准，从而解决了对已有的 IEEE 802.11b 设备的兼容。用户还可以配置与 IEEE 802.11a、IEEE 802.11b 以及 IEEE 802.11g 均相互兼容的多方式无线局域网，有利于促进无线网络市场的发展。

(4) IEEE 802.11n。IEEE 802.11n 与之前的标准相比，最重要的特点就是加入了服务质量管理功能，用来支持语音和视频应用。通过应用 IEEE 802.11n 标准可以让无线局域网的传送速率更快、无线传输质量更稳定、无线覆盖范围更广、兼容性更强。在传输速率方面，IEEE 802.11n 将 WLAN 的传输速率提升到 108Mbps 以上，理论最高传输速率为 320Mbps，而且传输质量更加稳定；在传输范围方面，IEEE 802.11n 利用多天线进行多点传输，通过智能天线可以抑制信号干扰，扩大信号覆盖范围。在兼容性方面，IEEE 802.11n 向下兼容 IEEE 802.11b/a/g 标准，还可以实现与无线广域网的结合。

2. IEEE 802.11 的体系结构

IEEE 802.11 体系结构的基本构造块是信元，在 IEEE 802.11 无线 LAN 中被称为基本服务集(Basic Service Set，BSS)，它由一些运行相同 MAC 协议和争用同一共享介质的站点组成。一个 BSS 通常包含一个或者多个无线站点和一个无线接入点(Access Point，AP)，如图 3.18 所示。无线站点和接入点之间用 IEEE 802.11 无线 MAC 协议来互相通信，可以将多个接入点连接起来形成一个所谓的分布式系统(Distribution System，DS)。从较高层协议看，DS 和用网桥连接的有线以太网一样，都像是一个单独的网络，通过 DS 把两个或更多个 BSS 互联起来就构成了一个扩展服务集(Extended Service Set，ESS)。ESS 相对于逻辑链路控制层来说，只是一个简单的逻辑 LAN。

基于移动性，无线 LAN 标准定义了 3 种站点。

(1) 不迁移。这种站点的位置是固定的或者只是在某一个 BSS 通信站点的通信范围内移动。

(2) BSS 迁移。站点从某个 ESS 的 BSS 迁移到同一个 ESS 的另一个 BSS。在这种情

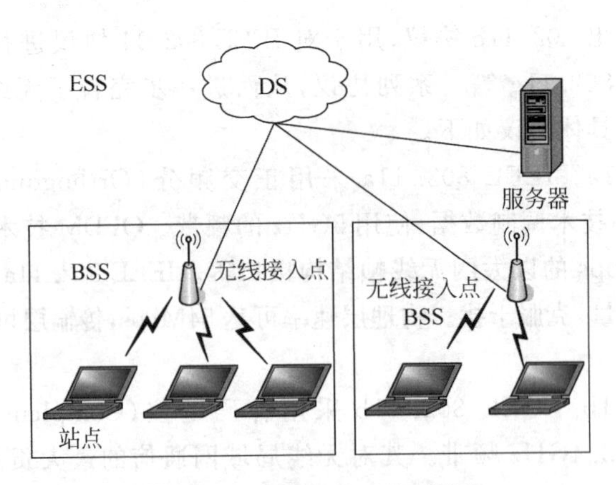

图 3.18 IEEE 802.11 体系结构

况下,为了把数据传输给站点,就需要具备寻址功能以识别站点的新位置。

(3) ESS迁移。站点从某个ESS的BSS迁移到另一个ESS的BSS。在这种情况下,因为IEEE 802.11所支持的对高层连接的维护得不到保证,所以服务可能受破坏。

3. IEEE 802.11 介质访问控制规范

IEEE 802.11的数据链路层由逻辑链路层和介质访问控制层这两个子层构成。IEEE 802.11使用与IEEE 802.3完全相同的LLC子层和IEEE 802协议中的48位MAC地址,这使得无线和有线之间的连接非常方便。

就像在有线IEEE 802.3以太网中一样,IEEE 802.11无线局域网中的站点必须协调好对共享通信介质的访问和使用。在IEEE 802.3协议中,介质访问控制由CSMA/CD协议来完成。这个协议解决了传统以太网各个工作站如何在线路上进行传输的问题,利用它检测和避免当两个或两个以上的网络设备需要同时进行数据传送时网络上的冲突。但是无线局域网却不能简单地搬用CSMA/CD协议,其原因如下:

(1) 检测冲突的能力需要有同时发送和接收的能力,这样才能实现冲突检测。而在无线局域网的设备中,要实现这个功能的代价是很高的。

(2) 即使无线局域网有冲突检测,并且在发送的时候没有侦听到冲突,在接收方也还是会发生冲突,这表明冲突检测对无线局域网没有什么用处。

产生这种结果是由于无线信道的一些特性决定的。具体地说,这是由于无线电波能够向所有方向传播,而且传播距离受限。假设站点A正在向站点B传送数据,且站点C也在向站点B传送数据。在所谓的隐藏站问题中,环境中的物理障碍可能会导致A和C彼此无法听到对方的消息,使A和C的传送在目的地互相产生了干扰,如图3.19(a)所示。第二种导致接收方无法检测到冲突的原因是,信号在通过无线介质传送过程中的强度衰减。如图3.19(b)所示,A和C所处的位置使得它们的信号强度不足以使对方检测到,但是这两个信号的强度在站点B却足以互相产生干扰。

因此,无线局域网不能使用CSMA/CD,而只能使用改进的CSMA/CD协议。改进的办法是将CSMA增加一个碰撞避免(Collision Avoidance,CA)功能,于是IEEE 802.11就使用CSMA/CA协议,而在使用CSMA/CA的同时还增加了使用确认机制。

为了尽量避免冲突,IEEE 802.11规定,所有站点在完成发送后,必须等待一段很短的

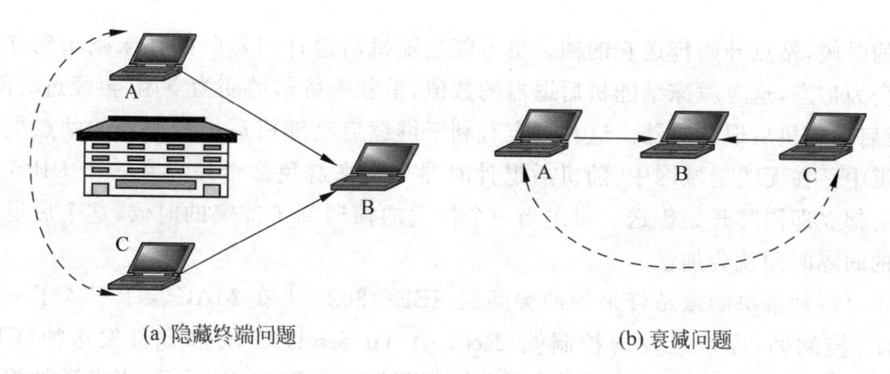

图 3.19 无线局域网问题

时间才能发送下一帧。这段时间称为帧间间隔(Inter Frame Space，IFS)，帧间间隔的长短取决于该站欲发送帧的类型。高优先级帧需要等待的时间短，因此可优先获得发送权，但低优先级帧就必须等待较长时间。若低优先级帧还没有来得及发送而其他站的高优先级帧已经发送，则介质变为忙态，因而低优先级帧就只能再推迟发送了，这样就减少了冲突。

在 IEEE 802.11 规范中，物理层通过对无线电频率的能量级进行侦听来确定是否有其他站点正在发送，并将这个载波侦听信息提供给 MAC 协议。如图 3.20 所示，如果在等于或大于分布协调功能帧间间隔(Distribution Inter Frame Space，DIFS)中，信道都一直被侦听到为空闲，那么就允许一个站点发送数据。在使用了某种随机访问协议的情况下，如果没有其他站点对该帧的传送造成干扰的话，该帧就会被目的站点成功地接收。当一个接收站点作为被标明的接收方正确和完全地接收了一个帧时，它会进行短时期的等待，这个短时间间隔称为短帧间间隔(Short Inter Frame Space，SIFS)，然后接收站向发送站发送确认帧 ACK。这个数据链路层确认可以让发送站知道接收站已经正确地收到了发送站的数据帧，这个确认是需要的，因为无线的发送站与有线的以太网不同，它无法确定所传送的帧是否被成功地接收了。如果发送站侦听到信道处于忙的状态时，站点执行一个类似于以太网中的后退过程。更确切地说，一个侦听到信道忙的站点将把访问向后推迟，直到它侦听到信道为空闲时为止。因此 CSMA/CA 协议中，IEEE 802.11 的帧中包含了一个持续时间字段，在这个字段中发送站显式地指出了该帧在信道上传送的时间长度。这个值告诉了其他站点，它们需要将自己的访问进行延迟的最小时间长度，这就是所谓的网络分配向量(Network Allocation Vector，NAV)。

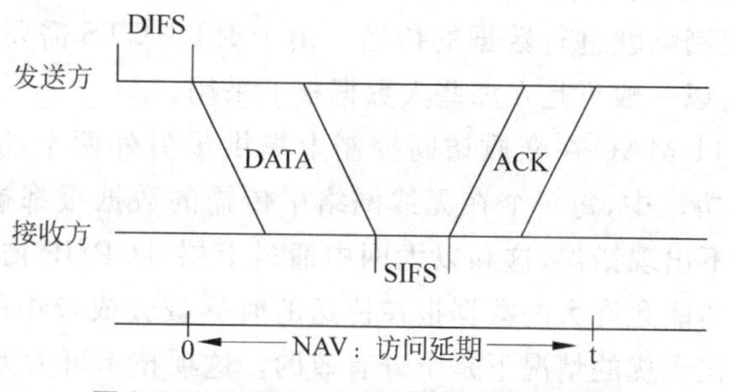

图 3.20 IEEE 802.11 中数据传输和确认

一旦信道在等于 DIFS 的时间内被侦听到为空闲，站点就会计算一个额外的随机后退时间，并且在信道处于空闲的状态时对这个时间进行倒计数。当这个随机后退计时器到达了 0 值的时候，站点开始传送它的帧。也可能当随机后退计时器时间还未减小到 0 时而信道又转变为忙态，这时就冻结随机后退器的数值，重新等待信道变为空闲，再经过时间 DIFS 后，继续启动随机后退计时器。这种规定有利于继续启动随机后退计时器的站点更早地接入到信道中。在无线局域网中，随机后退计时器是用来避免多个站点在一个 DIFS 的空闲时期之后都立即同时开始传送。每次当一个传送的帧遇到了冲突的时候，这个后退计时器所选取的间隔时间就会加倍。

为了更好地解决隐藏站带来的冲突问题，IEEE 802.11 在 MAC 层上引入了一个新的 RTS/CTS 控制帧，即请求发送控制帧(Request To Send，RTS)和允许发送帧(Clear To Send，CTS)对信道的访问进行预约，这两种帧都很短。如图 3.21 所示，当发送站想要发送一帧的时候，它首先给接收站发送一个 RTS 帧，指出数据分组和 ACK 分组的持续时间。当接收站收到一个 RTS 帧即用一个 CTS 帧进行回应，表示允许发送站进行发送。然后，所有其他收听到 RTS 或者 CTS 的站点就知道即将有数据要进行传送，所以 CTS 能够让它们停止传送数据，这样发送站就可以发送数据和接收 ACK 信号而不会造成数据的冲突，间接解决了隐藏节点的问题。RTS 和 CTS 帧以两种重要的方式帮助避免冲突的发生。

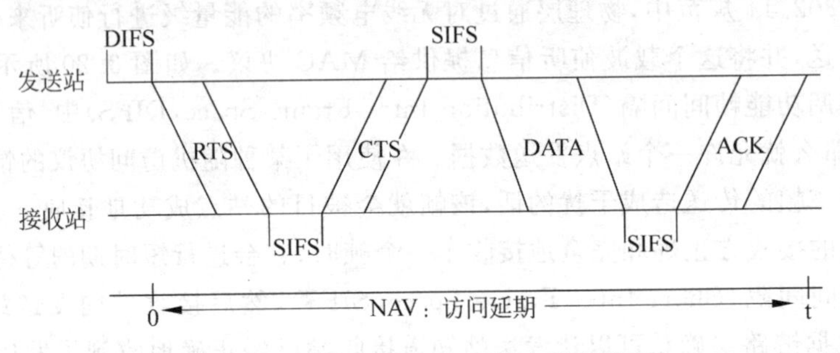

图 3.21 用 RTS 帧和 CTS 帧来避免冲突

(1) 由于接收站传送的 CTS 帧可以被附近的所有站点接收到，所以 CTS 帧就可以帮助避免隐藏站点问题和衰减问题。

(2) 由于 RTS 帧和 CTS 帧都很短，所以 RTS 帧或 CTS 帧所卷入的冲突将仅仅为一个 RTS 或 CTS 帧的持续时间。当 RTS 帧和 CTS 帧被正确传送了之后，后面的 DATA 和 ACK 帧就不会再被卷入冲突了。

一个 IEEE 802.11 发送站可以用图 3.21 中所示的 RTS/CTS 控制帧来执行操作，也可以开始时不用 RTS 控制帧就进行数据的传送。由于 RTS/CTS 需要占用网络资源而增加了额外的网络负担，所以一般只是在那些大数据报上采用。

最后，IEEE 802.11 MAC 在介质访问控制上提供了另外两个功能，CRC 校验和包分片。在 IEEE 802.11 协议中，每一个在无线网络中传输的数据报都被附加上了校验位，以保证它在传送的时候不出现错误，这和以太网中通过上层 TCP/IP 协议来对数据进行校验有所不同。包分片的功能允许大的数据报在传送的时候被分成较小的部分分批传送，这在网络十分拥挤或者存在干扰的情况下是十分有效的。这项技术可大大减少许多情况下数据报被重传的概率，从而提高了无线网络的整体性能。MAC 子层负责将收到的被分片的大数据报进行重新组装，而这个分片过程对于上层协议是完全透明的。

3.4.3 无线局域网的主要类型

无线局域网按所采用的传输技术可分为3类：红外线局域网、扩频无线局域网和窄带微波无线局域网。

1. 红外线局域网

红外线相对微波传输来说有一些明显的优点。首先，红外线频谱非常宽，所以能提供极高的数据传输速率。其次，红外线与可见光的一部分特性相似，即它可以被浅色物体漫反射，因此可通过天花板反射来覆盖整个房间。红外无线局域网具有以下优点：

(1) 红外线通信比微波通信不易被入侵，有较高的安全性。

(2) 一座大楼中每个房间里的红外线网络可以互不干扰，因此可以建立一个较大的红外线网络。

(3) 红外线局域网设备相对简单便宜。红外线数据传输基本上采用强度调制，所以红外线接收器只要测量光信号的强度，而大多数的微波接收器则要测量信号的频谱或相位。

红外线局域网有3种数据传输技术。

(1) 定向光束红外传输技术。定向光束红外线可以用于点到点链路。在这种方式中，传输的范围取决于发射的强度和接收装置的性能。红外线可以用于连接几座大楼内的网络，但是每幢大楼的路由器或网桥都必须在视线范围内。

(2) 全方位红外传输技术。一个全方位配置要有一个基站，基站能看到红外线无线局域网中的所有节点。典型的全方位配置结构是将基站安装在天花板上。基站的发射器向各个方向发送信号，每个红外线接收器都能接收到信号，所有节点的接收器都用定位光束瞄准天花板上的基站。

(3) 漫反射红外传输技术。全方位配置需要在天花板上安装一个基站，而漫反射配置则不需要。在漫反射红外线配置中，所有节点的发射器都瞄准天花板上的漫反射区。如红外线射到天花板上，则被漫反射到房间内的所有接收器上。

红外局域网也存在一些缺陷。例如，室内环境中的阳光或室内照明的强光，都会成为红外线接收器的噪声部分，因此限制了红外线局域网的应用范围。

2. 扩频无线局域网

目前，扩频技术是使用最广泛的无线局域网技术。扩频技术起初是为军事和情报部门的需求开发的，其主要想法是将信号散布到更宽的带宽上，以使发生拥塞和干扰的概率减小。目前扩频有两种方法，即跳频和直接序列扩频。

1) 跳频通信

在跳频方案中，发送信号的频率按固定的时间间隔从一个频谱跳到另一个频谱。接收器与发送器同步跳动，从而可正确地接收信息。而那些可能的入侵者只能得到一些无法理解的标记。发送器以固定的时间间隔一次变换一个发送频率。IEEE 802.11标准规定每300ms的时间间隔变换一次发送频率。发送频率变换的顺序由一个伪随机码决定，发送器和接收器使用相同的变换序列。

2) 直接序列扩频

直接序列扩频曾在2.10节提到，即将原始数据“1”或“0”用多个(通常10个以上)芯片(chip)来代表，使得原来较高功率、较窄频的信号变成具有较宽频的低功率信号。每个信息位使用芯片的多少称做扩展配给数(spreading ration),高配给数可以增加抗噪声干扰能力,低配给数则可以增加用户的使用人数。通常,直接序列扩频的扩展配给数较少,例如在几乎所有 2.4GHz 的无线局域网络产品所使用的扩展配给数皆少于 20,但 IEEE 802.11 的标准规定该值约为 100。

3. 窄带微波无线局域网

窄带微波是指使用微波无线电频带来进行数据传输,其带宽刚好能容纳信号。窄带微波无线局域网分为免申请执照的窄带微波无线局域网与申请执照的窄带微波无线局域网。

1) 免申请执照的窄带微波无线局域网

1995 年,Radio LAN 成为第一个使用免申请执照的窄带无线局域网产品。Radio LAN 的数据传输速率为 10Mbps,使用 5.8GHz 的频率,在半开放的办公室有效范围是 50m,在开放的办公室是 100m。Radio LAN 采用了对等网结构。传统局域网组网一般需要有集线器,而 Radio LAN 组网不需要集线器,它可以根据位置、干扰和信号强度等参数来自动地选择一个节点作为动态主管。当节点位置发生变化时,动态主管也会自动变化。这个网络还包括动态中继功能,它允许每个站点像转发器一样工作,以使不在传输范围内的站点之间彼此也能进行数据传输。

2) 申请执照的窄带微波无线局域网

用于声音、数据和视频传输的微波无线电频率需要申请执照和进行协调,以确保在一个地理环境中的各个系统之间不会相互干扰。在美国,由美国联邦通信委员会控制执照。每个地理区域的半径为 28km,并可以容纳 5 个执照,每个执照覆盖两个频率。在整个频带中,每个相邻的单元都避免使用互相重叠的频率。为了提供传输的安全性,所有的传输都经过加密。申请执照的窄带微波无线局域网可保证无干扰通信,与免申请执照的频带相比,申请执照的频带执照拥有者,法律将保护其无干扰数据通信的权利。

3.4.4 个人无线局域网技术

个人局域网(Personal Area Network,PAN)是近年来随着各种短距离无线电技术的发展而提出的一个新概念。PAN 的基本思想是:用无线电或红外线代替传统的有线电缆,实现个人信息终端的智能化互联,组建个人化的信息网络。PAN 定位在家庭与小型办公室的应用场合,其主要应用范围包括语音通信网关、数据通信网关、信息电器互联与信息自动交换等。从信息网络的角度看,PAN 是一个极小的局域网;从电信网的角度看,PAN 是一个接入网,有人将 PAN 称为电信网的"最后 50m"解决方案。目前,PAN 的主要实现技术有 4 种:蓝牙(Bluetooth)、红外线技术(Infrared Data Association, IrDA)、家庭射频(Home Radio Frequency,HomeRF)和超宽带(Ultra-wideband,UWB)。

1. 蓝牙技术

蓝牙是一个开放性的、短距离无线通信技术标准,它可以用于在较小的范围内通过无线连接的方式实现固定设备以及移动设备之间的网络互联,可以在各种数字设备之间实现灵活、安全、低成本、小功耗的语音和数据通信。因为蓝牙技术可以方便地嵌入到单一的互补型金属氧化物半导体芯片中,因此它特别适用于小型的移动通信设备。蓝牙使用 2.4GHz 频段,采用跳频扩频技术,跳频是蓝牙使用的关键技术。由于使用比较高的跳频速率,使蓝牙系统具有较高的抗干扰能力。在发射带宽为 1MHz 时,其有效数据速率为 721Kbps。

1）体系结构

蓝牙的通信协议也采用分层结构，层次结构使其设备具有最大可能的通用性和灵活性。根据通信协议，各种蓝牙设备无论在任何地方，都可以通过人工或自动查询来发现其他蓝牙设备，从而构成微微网（Piconet）或扩大网（Scatternet），实现系统提供的各种功能，使用十分方便。

蓝牙技术体系结构中的协议可以分为3部分：底层协议、中间协议和选用协议。

（1）底层协议包括基带协议和链路管理协议（Link Manager Protocol，LMP），这些协议主要由蓝牙模块实现。基带协议与链路控制层确保微微网内各蓝牙设备单元之间由射频构成的物理层连接，链路管理协议LMP负责各蓝牙设备间连接的建立。

（2）中间协议建立在主机控制接口（Host Controller Interface，HCI）之上，它们的功能由协议软件在蓝牙主机上运行。中间协议包括：逻辑链路控制和适应协议（Logical Link Control and Adaptation Protocol，L2CAP），它是基带的上层协议。当业务数据不经过LMP时，L2CAP为上层提供服务，完成数据的装拆、服务质量和协议复用等功能，是上层协议实现的基础；服务发现协议（Service Discovery Protocol，SDP）是所有用户模式的基础，它能使应用软件找到可用的服务及其特性，以便在蓝牙设备之间建立相应的连接；电话控制协议（Telephone Control Protocol，TCS）提供蓝牙设备间语音和数据的呼叫控制命令。

（3）选用协议包括点对点协议PPP、TCP/UDP/IP、对象交换（Object Exchange，OBEX）协议、电子名片交换格式、电子日历及日程交换格式、无线应用协议（Wirless Application Protocol，WAP）和无线应用环境（Wirless Application Environment，WAE）。

2）蓝牙技术与PAN

蓝牙系统和PAN的概念相辅相成，事实上，蓝牙系统已经是PAN的一个雏形。在1999年12月发布的蓝牙1.0版的标准中，定义了包括使用WAP协议连接互联网的多种应用软件。它能够使蜂窝电话系统、无绳电话通信系统、无线局域网和互联网等现有网络增添新功能，使各类计算机、传真机、打印机设备增添无线传输和组网功能，在家庭和办公自动化、家庭娱乐、电子商务、无线公文包应用、各类数字电子设备、工业控制、智能化建筑等场合开辟了广阔的应用。

PAN和蓝牙必然会趋于融合。在蓝牙系统真正广泛地投入到商业应用之前，还有许多问题需要解决，例如：尽管蓝牙技术是一种可以随身携带的无线通信技术，但是它不支持漫游功能。它可以在微网络或扩大网之间切换，但是每次切换都必须断开与当前PAN的连接。这对于某些应用是可以忍受的，然而对于数据同步传输和信息提取等要求自始至终保持稳定的数据连接的应用来说，这样的切换将使传输中断，是不能允许的。要解决这一问题的方法是将移动IP技术与蓝牙技术有效地结合在一起。除此之外，蓝牙的移动性和开放性使得安全问题备受关注。虽然蓝牙系统采用的跳频技术已提供了一定的安全保障，但蓝牙系统仍需要链路层和应用层进行安全管理。在链路层中，蓝牙系统提供了认证、加密和密钥管理等功能，每个用户都有一个个人标识码，它会被加密成128b的链路密钥来进行单双向认证。链路层安全机制提供了大量的认证方案和灵活的加密方案。

2. 家庭射频

家庭射频主要为家庭网络设计，目的是降低语音数据成本。为了实现对数据包的高速传输，HomeRF采用了IEEE 802.11标准中的CSMA/CD模式，以竞争的方式来获取对信道的控制权,在一个时间点上只能有一个接入点在网络上传输数据。HomeRF 提供了对“流业务”真正意义上的支持,规定了高级别的优先权并采用了带有优先权的重发机制,确保了实时性“流业务”所需的带宽和低干扰、低误码率。

HomeRF 是对现有无线通信标准的综合和改进。当进行数据通信时,采用 IEEE 802.11 规范中的 TCP/IP 传输协议;当进行语音通信时,则采用数字增强型无线通信标准。因此,接收端必须捕获传输信号的数据头和几个数据包,判断是音频还是数据包,进而切换到相应的模式。HomeRF 采用对等网的结构,每一个节点相互独立,不受中央节点的控制。因此,任何一个节点离开网络都不会影响其他节点的正常工作。目前,HomeRF 标准工作在 2.4GHz 的频段上,跳频带宽为 1MHz,最大传输速率为 2Mbps,传输范围超过 100m。在新的 HomeRF 2.x 标准中,采用了宽带调频(Wide Band Frequency Hopping,WBFH)技术来增加跳频带宽,由原来的 1MHz 跳频带宽增加到 3MHz、5MHz,最大传输速率达到 10Mbps,这使 HomeRF 的带宽与 IEEE 802.11b 标准所能达到的 11Mbps 的带宽相差无几,并且使 HomeRF 更加适合在无线网络上传输音乐和视频信息。

HomeRF 还存在一些缺陷,其开发之初就是定位在家庭范围内使用,因此缺少加密功能,并且单个网络承载的终端数量也较少,特别是在抗干扰方面相对其他技术而言尚有不足。

3. 红外线技术

红外线技术是一种利用红外线进行点对点通信的技术,其相应的软件和硬件技术较成熟。它体积小、功率低、适合设备移动的需要,传输速率高,可达 16Mbps,成本低、应用普遍。

红外端口技术已成为笔记本电脑中的标准配置,而 IEEE 802.11 标准的无线局域网技术仅被一些品牌的笔记本电脑所采用,采用蓝牙技术的笔记本电脑则更少。但是,IrDA 红外线技术也有许多不足:首先,IrDA 红外线技术是一种视距传输技术,也就是说在两个具有 IrDA 红外线技术端口的设备之间传输数据时,它们之间不能有阻挡物。这在两个设备之间是容易实现的,但在多个设备间就必须彼此调整位置和角度。其次,IrDA 红外线技术设备中的核心部件不十分耐用,对于不经常使用的扫描仪和数码相机等设备来说还可以,但如果经常用装配 IrDA 红外线技术端口的手机上网,则使用寿命不长。

4. 超宽带技术

超宽带技术以前主要作为军事技术在雷达等通信设备中使用。随着无线通信的飞速发展,人们对高速无线通信提出了更高的要求,超宽带技术又被重新提出,并备受关注。与常见的通信方式使用连续的载波不同,UWB 采用极短的脉冲信号来传送信息,通常每个脉冲持续的时间只有几十皮秒到几纳秒的时间。这些脉冲所占用的带宽甚至高达几 GHz,因此最大数据传输速率可以达到几百 Mbps。UWB 产品不再需要复杂的射频转换电路和调制电路,它只需要一种数字方式来产生脉冲,并对脉冲进行数字调制,而这些电路都可以被集成到一个芯片上,因此其收发电路的成本很低。在高速通信的同时,UWB 设备的发射功率却很小,仅仅是现有设备的几百分之一,对于普通的非 UWB 接收机来说近似于噪声,因此从理论上讲,UWB 可以与现有无线电设备共享带宽。而且 UWB 对多路径干扰具有固有的抑制能力,因此特别适合用于室内。所以,UWB 是一种高速、低成本、低功耗和抗干扰的数据通信方式,它有望在无线通信领域得到广泛的应用。目前,UWB 标准主要有两个,一个是以Intel公司为首的多带正交频分复用联盟提交的多带正交频分复用方案，另一个是以Freescale公司(前摩托罗拉半导体部门)为首的UWB论坛提交的直扩码分多址方案。

3.4.5 无线局域网的应用及发展方向

1. 无线局域网的应用

随着无线局域网技术的发展，人们越来越深刻地认识到，无线局域网不仅能够满足移动和特殊应用领域网络的要求，而且还能覆盖有线网络难以涉及的范围。无线局域网作为传统局域网的补充，目前已成为局域网应用的一个热点。无线局域网的应用领域主要有以下4个方面。

1) 作为传统局域网的扩充

传统的局域网用非屏蔽双绞线实现了1000Mbps，甚至更高速率的传输，使得结构化布线技术得到广泛的应用。很多建筑物在建设过程中已经预先布好了双绞线。但是在某些特殊环境中，无线局域网却能发挥传统局域网起不了的作用。这一类环境主要是建筑物群之间、工厂建筑物之间的连接、股票交易场所的移动节点，以及不能布线的历史古建筑物、临时性小型办公室、大型展览会等。在上述环境中，无线局域网提供了一种更有效的联网方式。在大多数情况下，传统局域网用来连接服务器和一些固定的工作站，而移动和不易于布线的节点可以通过无线局域网接入。图3.22给出了典型的无线局域网结构示意图。

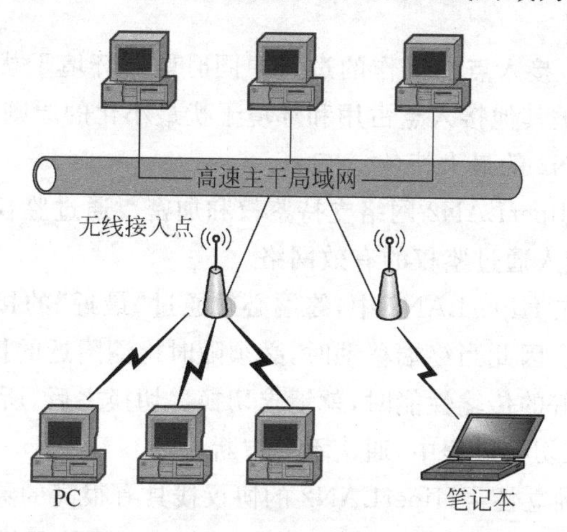

图3.22 典型的无线局域网结构示意图

2) 建筑物之间的互联

无线局域网的另一个用途是连接临近建筑物中的局域网。在这种情况下，两座建筑物使用一条点到点无线链路，连接的典型设备是网桥或路由器。

3) 漫游访问

带有天线的移动数据设备(例如笔记本电脑)与接入点之间可以实现漫游访问。如在大学校园或是业务分布于几栋建筑物的环境中，用户可以带着他们的笔记本电脑随意走动，可以从任何地点连接到接入点上。

4) 特殊网络

特殊网络(例如Ad hoc Network)是一个为了临时需要而建立的对等网络(无集中的

服务器),如图 3.23 所示。例如,一群工作人员每人都有一个带天线的笔记本电脑,他们被召集到一间房里开业务会议,他们的计算机可以连到一个暂时的网络上,会议完毕后网络将不再存在。这种情况在军事应用中也是很常见的。

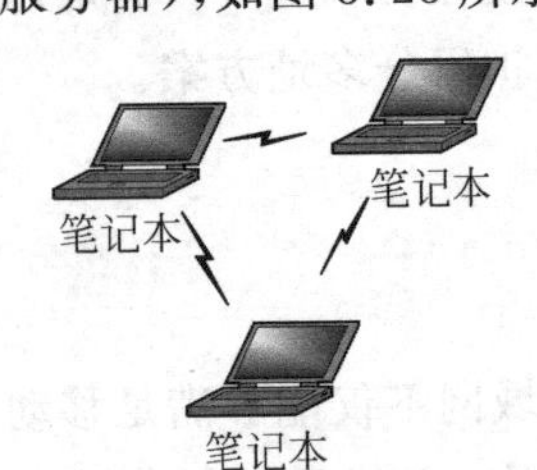

图 3.23 特殊网络结构示意图

2. 无线局域网的发展

无线局域网技术是目前无线通信领域乃至整个通信行业的研究热点。近几年无线局域网技术标准的发展主要包括以下几个方面。

1) HiperLAN 标准

HiperLAN 是由欧洲电信标准化协会的宽带无线电接入网络小组制定的无线局域网标准,已推出 HiperLAN1 和 HiperLAN2 两个版本。HiperLAN1 在协议方面支持 IEEE 802.11,速率最高可达 23.5Mbps。由于其数据传输速率较低,没有得到推广。HiperLAN2 是为集团消费者、公共和家庭环境提供无线接入到 Internet 和未来的多媒体(实时视频服务)而制定的标准。HiperLAN2 在欧洲得到了比较广泛的支持,是目前比较完善的 WLAN 协议标准,它有如下特点。

(1) 数据传输速率高。HiperLAN2 工作在 5GHz 频段,采用了正交频分复用的调制,数据通过站点和接入点(Access Point,AP)之间事先建立的信令连接进行传输,可达到 54Mbps 的传输速率。

(2) 自动频率分配。接入点在工作的过程中同时监听环境干扰信息和邻近的接入点,进而根据无线信道是否被其他接入点占用和环境干扰最小化的原则选择最合适的信道。自动频率分配是 HiperLAN2 的最大特色。

(3) 安全性支持。HiperLAN2 网络支持鉴权和加密。通过鉴权,使得只有合法用户可以接入网络,而且只能接入通过鉴权的有效网络。

(4) 移动性支持。在 HiperLAN2 中,终端必须通过"最近"的接入点,或者说信噪比最高的接入点来传输数据。因此当终端移动时,必须随时检测附近的接入点,一旦发现其他接入点有比当前接入点更好的传输性能时,就请求切换。切换之后,所有已经建立的连接将转移到新的接入点之上,在切换过程中,通信不会中断。

(5) 网络与应用的独立性。HiperLAN2 的协议栈具有很高的灵活性,可以适应多种固定网络类型。因此 HiperLAN2 网络既可以作为交换以太网的无线接入子网,也可以作为第三代蜂窝网络的接入网,并且这种接入对于网络层以上的用户来说是完全透明的。

相比之下,IEEE 802.11 的一系列协议都只能由以太网作为支撑,不如 HiperLAN2 灵活。HiperLAN2 代表目前发展阶段最先进的无线局域网技术,有可能是下一代高速无线局域网技术的标准。

2) WiMax 标准

全球微波互联接入(Worldwide Interoperability for Microwave Access,WiMax)标准又称 IEEE 802.16,是一项基于 IP 体系构建的,具有较高频谱效率和一定服务质量保证的空中接口技术。WiMax 采用了多种技术实现了有建筑物阻挡情况下的传播。WiMax 目前有两种版本,分别是支持固定宽带无线接入的版本 IEEE 802.16d 和支持固定和移动宽带无线接入的版本 IEEE 802.16e。其中 IEEE 802.16e 增加了终端的移动能力,可以满足移动宽带无线接入，还可与很多网络混合组网。因此，不管是固网运营商还是移动运营商都可以选择适合自己的技术版本。WiMax论坛致力于将经论坛认证的产品推广到市场的多个关键领域，并且扩展到整个IEEE 802.16的标准领域。由于IEEE 802.11与IEEE 802.16相似，因此WiMax论坛也接纳IEEE 802.11厂商产品的认证，从而保证两种标准和产品的配合和互通。IEEE 802.16和IEEE 802.11标准走向互通和融合无疑将为双方共同发展带来新的机遇。

从无线局域网的进一步推广应用来看，未来的研究方向包括移动漫游、网络管理以及与3G等其他移动通信系统之间的关系上。

1）漫游切换问题

无线局域网的漫游问题是一个至关重要的问题。在无线网络中，如果一边使用无线局域网接入服务，一边移动接入位置，那么一旦移动终端超越子网覆盖范围，IP数据包就无法到达移动终端，正在进行的通信将被中断。为此，IETF制定了扩展IP网络移动性的系列标准。所谓移动IP，就是指在IP网络上的多个子网内均可使用同一IP地址的技术。这种技术是通过使用被称为本地代理(Home Agent)和外地代理(Foreign Agent)的特殊路由器对网络终端所处位置的网络进行管理来实现的。在移动IP系统中，可保证用户的移动终端始终使用固定的IP地址进行网络通信，不管在怎样的移动过程中皆可建立TCP连接并不会发生中断。在无线局域网系统中，广泛应用移动IP技术可以突破网络的地域范围限制，并可克服在跨网段时使用动态主机配置协议方式所造成的通信中断、权限变化等问题。

2）无线网络管理问题

相对于有线网络，无线局域网具有非常独特的特性，因此必须建立相应的无线网络管理系统。除了系统结构、用户需求和典型应用等模块之外，一个好的无线网络管理系统还必须考虑以下因素：

(1) 标准的网络管理通信方式。网络管理子系统通常与中央主机相连。网管子系统必须基于工业标准的管理协议，比如简单网络管理协议，这样才能监视主机和子系统之间每条链路上的状态信息，并可根据状态信息快速分析和解决出现的问题。

(2) 网络监视和报告。主机必须能够监视无线网络系统中所有单元。考虑到无线网络的连接性不如有线网络那样稳定，无线网络管理系统必须监视和报告无线信号的变化以及接入点的业务类型和负载情况，还须能自动发现进入无线网络体系结构的新设备。

(3) 有效地利用带宽。尽管随着新技术的发展，无线网络的可用带宽逐步增大，但还是远远小于有线局域网的带宽。因此，在实际应用中必须考虑带宽的合理使用。

3）无线局域网与3G

无线局域网是否会对第三代移动通信系统构成威胁是近年来业界关心的一个问题。实际上，无线局域网与3G采用的是截然不同的两种技术，用于满足不同的需要。与3G不同的是，无线局域网并不是一个完备的全网解决方案，而只用于满足小型用户群的需求。无线局域网与3G可以互补，因此不会对3G运营商造成威胁，运营商还可以从无线局域网和3G的共存中获得好处。研究表明，无线局域网与3G的结合可增加用户的满意程度和业务量，从而增加移动运营商的利润。作为3G的一个重要补充，无线局域网可用于在诸如机场候机厅、宾馆休息室和咖啡厅等地方建立无线Internet连接。

本章小结

本章主要介绍了典型的局域网技术和广域网技术。目前有线局域网的主流是交换局域网,或称交换以太网,即通过以太交换机来组网。随着交换机速度的不断提高,先后推出了100MBp、1Gbps、10Gbps以至100Gbps的交换机及其相应的交换局域网。在交换局域网的基础上,可按需将局域网划分成多个逻辑工作组,一个逻辑工作组即为一个虚拟局域网,可大大提高其性能,因而获得了广泛的应用。

帧中继技术是广域网技术,由于其主干线路采用光纤传输,故可省去X.25分组交换交换技术中的差错控制和注量控制,因此通信速率大大提高。

ATM技术是宽带综合业务数字网的技术基础,即该网中广泛采用ATM交换机作为节点交换机,目前用户线速度可达到622Mbps。ATM交换机相对于10Gbps、100Gbps以太网交换机而言,还是太低了,故较少用于局域网中。

无线局域网技术是近年来发展最快的技术之一,目前获得了广泛的应用。

思考题

1. 解释CSMA/CD的工作原理。
2. 试说明共享式以太网存在的问题。
3. 交换以太网有哪些特点?
4. 简述交换以太网的全双工通信。
5. 虚拟局域网的实现有哪几种方式?各种方式的工作原理是什么?
6. 简述以太网的发展趋势。
7. 简述帧中继的差错控制方式。
8. 简述帧中继的连接建立过程。
9. 说明ATM网络作为宽带综合业务数字网的技术基础。
10. 说明ATM网络最终淡出市场的原因。
11. 简述ATM网络的优点,以及它的层次结构。
12. 试说明无线局域网的特点。
13. 试比较无线局域网的各种标准。

第4章 计算机网络的组成与组网示例

计算机网络软件和硬件是计算机网络赖以存在的基础。在计算机网络系统中，网络硬件对计算机网络的性能起着决定性的作用，而网络软件则是支持网络运行、提高效率和开发网络资源的工具。网络软件主要是网络操作系统，将在第5章进行介绍。因此本章仅对网络硬件进行介绍。网络硬件主要包括网络服务器、网络工作站、网卡、网络设备、传输介质等。最后具体介绍3个局域网的组网示例：对等网、校园网以及企业网。

通过本章学习，可以了解(或掌握)：

- 网络传输介质；
- 工作站和网络服务器；
- 网络设备；
- 局域网的组建。

4.1 传输介质

传输介质，或数据通信媒体(Media)，是通信中实际传输信息的载体，是通信网络中发送方和接收方之间的物理通路。计算机网络中常用的传输介质可分为有线和无线两大类。有线传输介质是指利用电缆或光缆等充当的传输介质，例如双绞线、同轴电缆和光缆等；无线传输介质是指利用电波或光波充当的传输介质，例如无线电波、微波、红外线和卫星通信等。

4.1.1 双绞线

1. 双绞线的结构与特性

双绞线(Twisted Pairwire，TP)是综合布线工程中最常用的一种传输介质。双绞线是由两根相互绝缘的铜导线用规则的方法扭绞起来的，铜导线的典型直径为1mm，如图4.1所示。将两根绝缘的铜导线按一定规则互相绞在一起，可降低信号的干扰程度，每一根导线在传输中辐射的电波会被另一根线上发出的电波抵消。电话系统中使用双绞线较多，几乎所有的电话都是使用双绞线连接到电话交换机。通常将一对或多对双绞线捆在一起，并将其放在一个绝缘套管中便成了双绞线电缆。

图4.1 双绞线

双绞线用于模拟传输或数字传输，特别适用于较短距离的信息传输，其通信距离一般为数千米到十几千米。在短距离传输中，数据传输速率可达1000Mbps。对于模拟传输，当传输距离太长时要加放大器，以将衰减了的信号放大到合适的数值。对于数字传输则要加中继器，以将失真了的数字信号进行整形和放大。导线越粗，其通信距离就越远，但造价也越高。

双绞线主要用于点到点的连接，如星状拓扑结构的局域网中，计算机与集线器之间常用双绞线来连接，但其长度不超过100m。双绞线也可用于多点连接，双绞线的抗干扰性取决于一束线中相邻线对的扭曲长度及适当的屏蔽。在低频传输时，其抗干扰能力相当于同轴电缆。在10～100kHz时，其抗干扰能力低于同轴电缆。作为一种多点传输介质，它比同轴电缆的价格低，但性能要差一些。

2. 双绞线的分类

双绞线按其是否有屏蔽，可分为屏蔽双绞线(Shielded Twisted Pair，STP)和非屏蔽双绞线(Unshielded Twisted Pair，UTP)，也称无屏蔽双绞线。屏蔽双绞线是在一对双绞线外层包有一层金属箔，以提高其抗干扰性，有的还在几对双绞线的外层用铜编制网包上，最外层再包上一层具有保护性的聚乙烯塑料。与非屏蔽双绞线相比，其误码率明显下降，约为10^{-6}～10^{-8}，但价格较贵。非屏蔽双绞线除少了屏蔽层外，其余均与屏蔽双绞线相同，抗干扰能力较差，误码率高达10^{-5}～10^{-6}，但因其价格便宜而且安装方便，故广泛用于电话系统和局域网中。

双绞线还可以按其电气特性进行分级和分类。电气工业协会/电信工业协会(Electronics Industries Association and Telecommunications Inudustries Association，EIA/TIA)将其定义为8种型号。局域网中常用第5类和第6类双绞线。

(1) 第1类非屏蔽双绞线，其主要用于20世纪80年代初之前电话线缆的语音传输，而不用于数据传输。

(2) 第2类非屏蔽双绞线，传输频率为1MHz，用于语音传输和最高传输速率为4Mbps的数据传输。

(3) 第3类非屏蔽双绞线，指目前在美国国家标准协会(American National Standard Institute，ANSI)和EIA/TIA 568标准中指定的电缆，该电缆的传输频率为16MHz，用于语音传输及最高传输速率为10Mbps的数据传输，主要用于10Base-T。

(4) 第4类非屏蔽双绞线，此类电缆的传输频率为20MHz，用于语音传输和最高传输速率为16Mbps的数据传输，主要用于基于令牌的局域网和10Base-T/100Base-T。

(5) 第5类非屏蔽双绞线，5类非屏蔽双绞线增加了绕线密度，外套一种高质量的绝缘材料，数据速率为100Mbps，主要用于100Base-T和10Base-T的数据传输或语音传输等。

(6) 超5类非屏蔽双绞线，超5类与5类UTP相比，具有衰减小、串扰少的特点，并且具有更高的衰减与串扰的比值和信噪比、更小的时延误差，性能得到很大提高。超5类线主要用于千兆以太网。

(7) 第6类非屏蔽双绞线，传输频率为1～250MHz，带宽是超5类非屏蔽双绞线的2倍。6类布线的传输性能远远高于超5类标准，最适用于传输速率高于1Gbps的应用，也可用于100Base-T、1000Base-T等局域网中。第6类与超5类的一个重要的不同点在于：改善了在串扰以及回波损耗方面的性能。对于新一代全双工的高速网络应用而言，优良的回

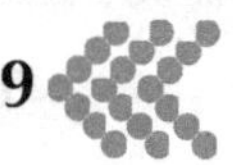

波损耗性能是极重要的。

(8) 第7类屏蔽双绞线,此类电缆是有屏蔽的双绞线,最高带宽是600MHz,有效带宽则是450MHz,可用于1000Base-T、千兆以太网中。

3. 双绞线连接器

非屏蔽双绞线连接器,即水晶头,主要用于双绞线与网络设备的连接,为模块式插孔结构。如图4.2所示,RJ-45接口前端有8个凹槽,简称8P(position),凹槽内有8个金属接点,简称8C(contact),因此也称之为8P8C。

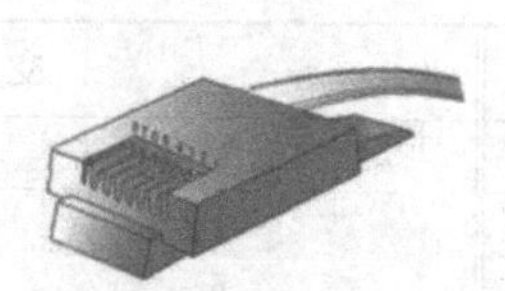

图4.2 RJ-45接口实物图

EIA/TIA的布线标准中规定了两种双绞线的线序EIA/TIA568A和EIA/TIA568B,对双绞线的色标和排列方式做了严格的规定。

EIA/TIA568A描述的线序从左至右依次为:绿白、绿色、橙白、蓝色、蓝白、橙色、棕白、棕色。

EIA/TIA568B描述的线序从左至右依次为:橙白、橙色、绿白、蓝色、蓝白、绿色、棕白、棕色。

虽然EIA/TIA标准对RJ-45非屏蔽双绞线8根连针的连接顺序有明确的规定,但在实际的制作过程中,也可以只使用其中的4根针和4根线,其中1和3针用于传输数据,2和6针用于接收数据。

4. 双绞线的接法

双绞线与网络设备连接时,根据不同的需要可分为直通线、交叉线和全反线3种连接方式。

1) 直通线的接法

直通线(straight-through)又叫正线或标准线,一般用来连接两个不同性质的接口,如主机和交换机/集线器,路由器和交换机/集线器。直通线两端的水晶头都应遵循EIA/TIA 568A或EIA/TIA 568B标准,双绞线的每组线在两端是一一对应的,即两端水晶头的线序应保持一致。以连接主机和交换机/集线器为例,如直通线两端均采用EIA/TIA 568A标准,则其线序如表4.1所示。

表4.1 直通线两端的线序

主机		交换机/集线器	
针编号	线颜色	针编号	线颜色
1	绿白	1	绿白
2	绿色	2	绿色
3	橙白	3	橙白
6	橙色	6	橙色

2) 交叉线的接法

交叉线(cross-over)也叫反线,一般用来连接两个性质相同的端口,如交换机和交换机,交换机和集线器,集线器和集线器,主机和主机,主机和路由器。交叉线两端的水晶头一端遵循 EIA/TIA 568A 标准,而另一端采用 EIA/TIA 568B 标准,即 A 端水晶头的 1、2 与 B 端水晶头的 3、6 相对应,而 A 端水晶头的 3、6 与 B 端水晶头的 1、2 相对应。以连接交换机和交换机为例,交叉线两端的线序如表 4.2 所示。

表 4.2 交叉线两端的线序

交换机		交换机	
针编号	线颜色	针编号	线颜色
1	绿白	1	橙白
2	绿色	2	橙色
3	橙白	3	绿白
6	橙色	6	绿色

3) 全反线的接法

全反线(rolled),不用于以太网的连接,主要用于主机的串口和路由器(或交换机)的控制端口之间的连接。全反线两端的水晶头一端的线序是针编号从 1 到 8,另一端则是从 8 到 1 的顺序。以连接主机和交换机为例,如全反线的主机端采用 EIA/TIA 568A 标准,则两端线序如表 4.3 所示。

表 4.3 全反线两端的线序

主机		交换机	
针编号	线颜色	针编号	线颜色
1	绿白	8	棕色
2	绿色	7	棕白
3	橙白	6	橙色
4	蓝色	5	蓝白
5	蓝白	4	蓝色
6	橙色	3	橙白
7	棕白	2	绿色
8	棕色	1	绿白

虽然直通线和交叉线都有各自不同的应用场合,但现在许多路由器、交换机或 ADSL Modem 都采用了线序自动识别技术(Auto-MDI/MDI-X)和 MDI(Media Dependence Interface Crossover)。因此,凡是具备了线序自动识别技术的设备,在相互连接时可以随意使用交叉线或者直通线。

4.1.2 同轴电缆

20 世纪 80 年代初同轴电缆在局域网中使用最为广泛,因为那时集线器的价格很高,在一般中小型网络中几乎看不到。所以,同轴电缆作为一种廉价的解决方案,得到了广泛应用。然而,在进入 21 世纪的今天,随着以双绞线和光纤为基础的标准化布线的推广,同轴电

缆已逐渐退出布线市场。不过，目前一些对数据通信速率要求不高、连接设备不多的一些家庭和小型办公室用户还在使用同轴电缆。

1. 同轴电缆的结构

同轴电缆(coaxial cable)也是局域网中常用的一种传输介质，电缆由内导体铜质芯线、绝缘层、网状编织的外导体屏蔽层以及保护塑料外层组成，如图4.3所示。这种结构中的金属屏蔽网可防止中心导体向外辐射电磁场，也可用来防止外界电磁场干扰中心导体的信号，因而具有很好的抗干扰特性，被广泛用于较高速度的数据传输。

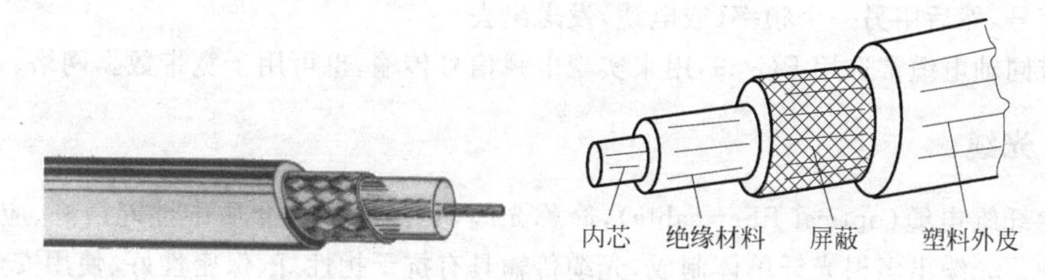

图4.3 同轴电缆

2. 同轴电缆的类型

按特性阻抗数值的不同，可将同轴电缆分为基带同轴电缆(50Ω同轴电缆)和宽带同轴电缆(75Ω同轴电缆)。

1) 基带同轴电缆

2.2.4节已指出，通常将数字方波信号所固有的频带称为基带(base band)，所以把网络中用于传输数字信号、阻抗为50Ω，并使用曼彻斯特编码和基带传输方式的同轴电缆称为基带同轴电缆(baseband coaxial cable)。基带系统的优点是安装简单而且价格便宜，但基带数字方波信号在传输过程中容易发生畸变和衰减，所以传输距离不能太长，一般在1km以内，典型的数据传输速率可达10Mbps。基带同轴电缆又有粗缆和细缆之分。粗缆抗干扰性能好，传输距离较远。细缆便宜，传输距离较近。在局域网中，一般选用RG-8和RG-11型号的粗缆或RG-58型号的细缆。

2) 宽带同轴电缆

宽带同轴电缆(broadband coaxial cable)的特性阻抗为75Ω，带宽可达300～500MHz，用于传输模拟信号。它是公用天线电视系统CATV中的标准传输电缆。宽带在电话行业中，是指带宽比一个标准话路即4kHz更宽的频带。然而在计算机网络中，宽带电缆泛指采用了模拟传输技术和频分多路复用技术的同轴电缆网络。

宽带同轴电缆传输模拟信号时，其频率高达300～500MHz，传输距离达100km。但在传输数字信号时，必须将其调制转换为模拟信号，在接收端则将收到的模拟信号解调再转换为数字信号。通常，每传送1b的信号需要1～4Hz的带宽。一条带宽为300MHz的电缆可以支持150Mbps的数据速率。

宽带同轴电缆由于其频带较宽，故常将它划分为若干个子频带，分别对应于若干个独立的信道。如每6MHz的带宽可传输一路模拟彩色电视信号，则一条500MHz带宽的同轴电缆可同时传输80路彩色电视信号。当利用一个电视信道来传输音频信号时，可采用频分多路复用技术在一条宽带同轴电缆上传输多路音频信号。如利用宽带同轴电缆构成宽带局域网，则采用频分多路复用技术可以实现数字信号、语音信号、视频图像等综合信息的同时传输,其地理覆盖距离可达几十千米。

宽带系统与基带系统的主要不同点是模拟信号经过放大器后只能单向传输。因此,在宽带电缆的双工传输中,一定要有数据发送和数据接收两条分开的数据通路,采用单电缆系统和双电缆系统均可实现。单电缆系统是把一条电缆的频带分为高低两个频段,分别在两个方向上传输信号。双电缆系统是干脆用两根电缆,分别供计算机发送和接收信号。虽然两根电缆比单根电缆价格要贵一些,但信道容量却提高了一倍。单电缆或双电缆系统都要使用一个叫端头(headend)的设备,它安装在网络的一端,从一个频率(或电缆)接收所有站发出的信号,然后用另一个频率(或电缆)发送出去。

宽带同轴电缆常选用 RG-59,用来实现电视信号传输,也可用于宽带数据网络。

4.1.3 光缆

光导纤维电缆(optical fiber cable),简称光缆,是网络传输介质中性能最好、应用最广泛的一种。光缆由多根光纤单体制成,光缆传输具有抗干扰性好、保密性好、使用安全、重量轻以及便于铺设等特点。以金属导体为核心的传输介质,其所能传输的数字信号或模拟信号都是电信号,而光纤则只能用光脉冲形成的数字信号进行通信。有光脉冲相当于 1,没有光脉冲相当于 0。由于可见光和激光的频率极高,可达 $10^{14} \sim 10^{15}$ Hz。因此,光纤传输系统的传输带宽远大于其他各种传输介质的带宽。同时光纤纤芯是绝缘体,它传输的信号是光束信号而不是电气信号,因此传输时信号损耗小且不受外界电磁波的干扰,可进行长距离传输。

1. 光纤的结构

光纤通常由极透明的石英玻璃拉成细丝作为纤芯,外面分别有外包层、吸收外壳和防护层等构成,图 4.4 是光纤结构示意图(只画了一根纤芯)。纤芯较外包层有较高的折射率,当光线从高折射率的媒体射向低折射率的媒体时,其折射角将大于入射角,如图 4.5(a)所示。因此,如果入射角足够大,就会出现全反射,即光线碰到外包层时就会折射回纤芯。这个过程不断重复,光也就沿着光纤向前传输。图 4.5(b)画出了光波在纤芯中传输的示意图,该图中只画了一条光线。实际上,只要射到光纤表面光线的入射角大于某一临界角度,就可以产生全反射。所以,可以存在许多条不同角度入射的光线在一条光纤中传输,这种光纤称多膜光纤。然而,若光纤的直径减小到只有一个光的波长时,则光纤就像一根波导那样,它可使光线一直向前传播,而不会像图 4.5(b)画的那样多次反射,这种光纤称单膜光纤。单膜光纤的光源要使用半导体激光器,而不能使用较便宜的发光二极管。它的衰耗较小,在 2.5Gbps 的高速率下可传输数十千米而不必加光放大器。

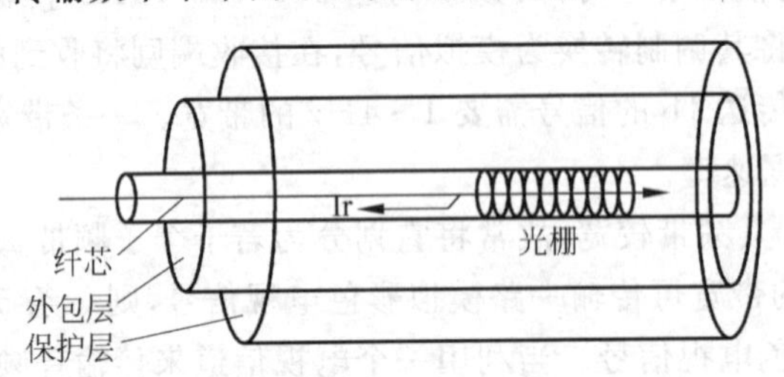

图 4.4 光纤结构示意图

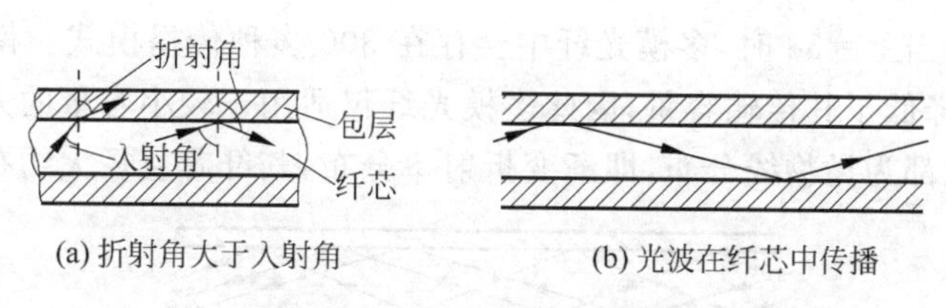

图 4.5 光线射入到光纤和外包层界面时的情况

由于光纤非常细，连外包层一起，其直径也不到 0.2mm。故常将一至数百根纤芯，再加上加强芯和填充物等构成一条光缆，就可大大提高其机械强度，必要时还可放入远供电源线。最后加上包带层和外护套，即可满足工程施工的强度要求。

2. 光纤通信系统

光纤通信系统是以光纤为传输媒介，光波为载波的通信系统。典型的光纤传输系统结构如图 4.6 所示。光纤发送端采用发光二极管(Light Emitting Diode，LED)或注入型激光二极管(Injection Laser Diode，ILD)两种光源。在接收端将光信号转换成电信号时使用光电二极管 PIN(Positive Intrinsic-Negative)检波器或 APD(Avalanche Photon Diode)检波器，这样即构成了一个单向传输系统。光载波调制方法采用振幅键控 ASK 调制方法，即亮度调制(intensity modulation)。光纤数据速率可达几千兆比特，目前投入使用的光纤在几千米范围内速率可达 1000Mbps 或更高，大功率的激光器可以驱动 100km 长的光纤而不带光放大器。

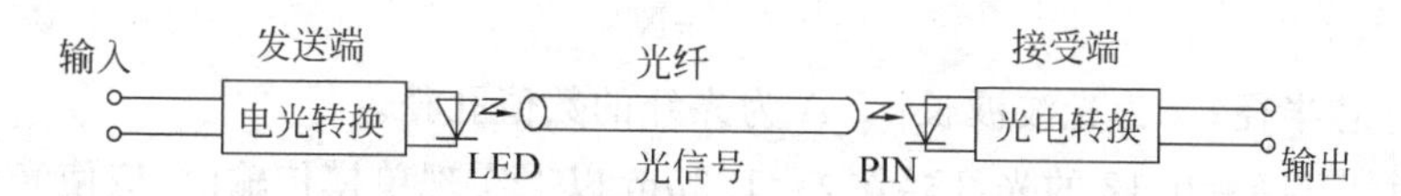

图 4.6 典型的光纤传输系统结构示意图

光纤最普遍的连接方法是点到点方式，在某些实验系统中也采用多点连接方式。

3. 光纤的分类

目前光纤的种类繁多，但就其分类方法而言大致有 4 种，即按传播模式分类、按光纤剖面折射率分布分类、按工作波长分类以及按套塑类型分类。此外还可以按光纤的组成成分分类，除目前最常应用的石英光纤之外，还有含氟光纤与塑料光纤等。为简化起见，现仅对按传播模式分类进行简要介绍。

光是一种频率极高的电磁波，当它在光纤中传播时，根据波动光学理论和电磁场理论，需要用麦克斯韦式方程组来解决其传播方面的问题。而通过繁琐地求解麦氏方程组之后就会发现，当光纤纤芯的几何尺寸远大于光波波长时，光在光纤中会以几十种乃至几百种传播模式进行传播，如 TM_{mn} 模、TE_{mn} 模、HE_{mn} 模等(其中 m、n=0、1、2、3、…)。其中 HE_{11} 模被称为基模，其余的都称为高次模。不同的传播模式会具有不同的传播速度与相位，因此经过长距离的传输之后会产生时延，导致光脉冲变宽，这种现象叫做光纤的模式色散(又叫模间色散)。光纤按传播模式，一般可分为多模光纤和单模光纤。

1) 多模光纤

多模光纤(Multi Mode Fiber，MMF)即是在给定的工作波长上，能以多种模式同时传输的光纤，如图 4.7 所示。多模光纤传播模式数量的经典计算公式为 $N=V^2/4$，其中 V 为归一化频率。例如当 $V=38$ 时，多模光纤中会存在 300 多种传播模式。模式色散会使多模光纤的带宽变窄，降低了其传输容量，因此多模光纤仅适用于较小容量的光纤通信。多模光纤的折射率分布大都为抛物线分布，即渐变折射率分布，其纤芯直径大约在 50μm 左右。

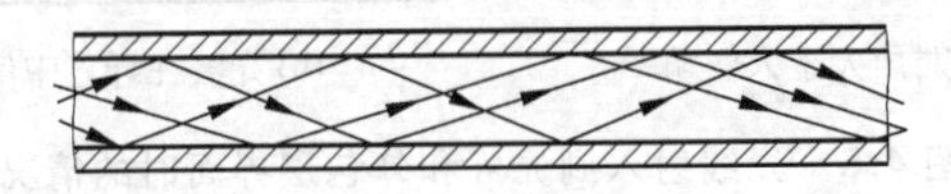

图 4.7 多模光纤

2）单模光纤

根据电磁场理论与求解麦氏方程组发现，当光纤的芯径可以与光波长相比拟时，如芯径在 5～10μm 范围时，光纤只以一种模式（基模 HE_{11}）在其中传播，其余的高次模全部截止，这样的光纤叫做单模光纤(Single Mode Fiber,SMF)。

由于它只允许一种模式在其中传播，从而避免了模式色散和延时的问题，故单模光纤具有极宽的带宽，特别适用于大容量的光纤通信。实际上，要实现单模传输，必须使光纤的各参数满足一定的条件，即其归一化频率 $V \leqslant 2.4084$。因为

$$V = \frac{2\pi a_1}{\lambda} NA$$

所以可以解得光纤的纤芯半径应满足下式才能实现单模传输

$$a_1 \leqslant \frac{1.2024\lambda}{\pi NA}$$

其中，a_1 为纤芯半径；λ 为光波波长；NA 为光纤的数值孔径。

例如，对于 $NA=0.12$ 的光纤要在 $\lambda=1.3\mu m$ 以上实现单模传输时，应使光纤纤芯的直径 $d_1 \leqslant 8.2\mu m$ 方可。

由于单模光纤在制作时要求纤芯较细且密度较低，因此对其制造工艺提出了更高的要求。单模光纤在短距离数据传输中不常用，主要应用于长距离的数据传输。

4. 光纤的优缺点

光纤有许多优点，由于光纤的直径可小到 10～100μm，故体积小，质量轻，1km 长的一根光纤（纤芯）也只有几克；光纤的传输频带非常宽，在 1km 内的频带可达 1GHz 以上，在 30km 内的频带仍大于 25MHz，故通信容量大；光纤传输损耗小，通常在 6～8km 的距离内不使用光放大器而可实现高速率数据传输，基本上没有什么衰耗，这一点也正是光纤通信得到飞速发展的关键原因；不受雷电和电磁干扰，这在有大电流脉冲干扰的环境下尤为重要；无串音干扰，保密性好，也不容易被窃听或截取数据；误码率很低，可低于 10^{-10}。而双绞线的误码率为 10^{-5}～10^{-6}，基带同轴电缆为 10^{-7}，宽带同轴电缆为 10^{-9}。

由于光纤具有一系列优点，因此是一种最有前途的传输介质，已被广泛用于各种广域网和局域网中。

光纤的主要缺点是在数字信号转换为光信号传输时，会有数据丢失或无序的数据添加。同样，当光信号转换为数字信号时也会有数据丢失或无序的数据添加。此外，光纤信号线与接收器之间理论上应该是百分之百的平行对接，这样才可保证光信号无散射，然而实际上是不可能做到的。

4.1.4 自由空间

无线传输介质指利用大气和外层空间作为传播电磁波的通路,但由于信号频谱和传输介质技术的不同,因而其主要包括无线电、微波、卫星通信、红外线以及射频等。各种通信介质对应的电磁波谱范围如图 4.8 所示。

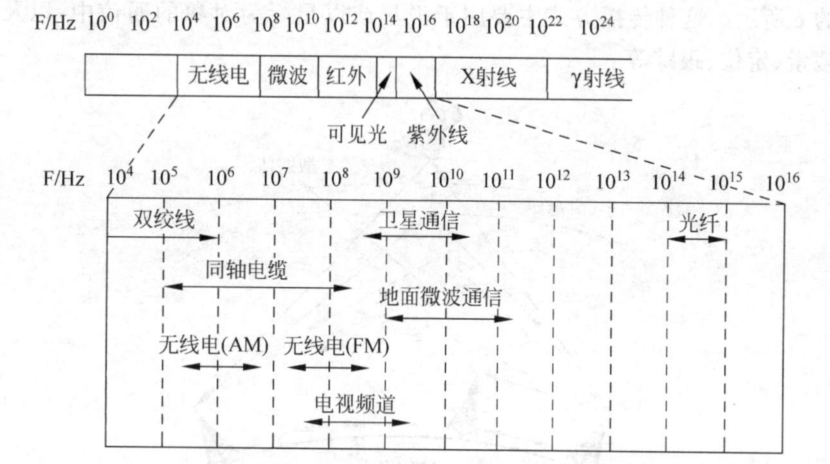

图 4.8 各种通信介质对应的电磁波谱范围

电磁波的传播有两种方式:一种是在自由空间中传播,即通过无线方式传播;另一种是在有限制的空间区域内传播,即通过有线方式传播。有线传播方式在本节的前 3 小节中已进行了详细的介绍,这里仅对无线传播进行介绍。

1. 无线电传输

无线电波是指在自由空间(包括空气和真空)传播的射频频段的电磁波,它在电磁波谱中的频率低于微波,其频率范围在 10^4～10^8 Hz 之间。无线电技术是通过无线电波传播声音或其他信号的技术。无线电技术的原理在于,导体中电流强弱的改变会产生无线电波。利用这一现象,通过调制可将信息加载于无线电波之上。当电波通过空间传播到达收信端,电波引起的电磁场变化又会在导体中产生电流。通过解调将信息从电流变化中提取出来,就达到了信息传递的目的。无线电波传输的距离较远,很适于移动工作站或野外工作站之间的连网,但是保密性差,信号很容易被窃听。无线电波的传输需要使用不同种类的发送天线和接收天线。

无线电波可以通过多种传输方式从发射天线到接收天线。主要有地波、天波和空间波三种形式。无线电波的传播特性如图 4.9 所示。

(1) 地波传播,就是电波沿着地球表面到达接收点的传播方式,如图 4.9 中 a 所示。电波在地球表面上传播,以绕射方式可以到达视线范围以外。地面对地波有吸收作用,吸收的强弱与带电波的频率、地面的性质等因素有关。

(2) 天波传播,就是自发射天线发出的电磁波,在高空被电离层反射回来到达接收点的传播方式,如图 4.9 中 b 所示。电离层对电磁波除了具有反射作用以外,还有吸收能量与引起信号畸变等作用,其作用强弱与电磁波的频率和电离层的变化有关。

(3) 散射传播,就是利用大气对流层和电离层的不均匀性来散射电波,使电波到达视线以外的地方，如图 4.9 中 c 所示。对流层在地球上方约 16km 处，是异类介质，反射指数随着高度的增加而减小。

（4）内层空间传播，就是无线电波由发射点直接到达接收点或经地面反射到接收点的传播方式，如图 4.9 中 d 所示。

（5）外层空间传播，就是无线电在对流层、电离层以外的外层空间中的传播方式，如图 4.9 中的 e 所示。这种传播方式主要用于卫星或以星际为对象的通信中，以及用于空间飞行器的搜索、定位、跟踪等。

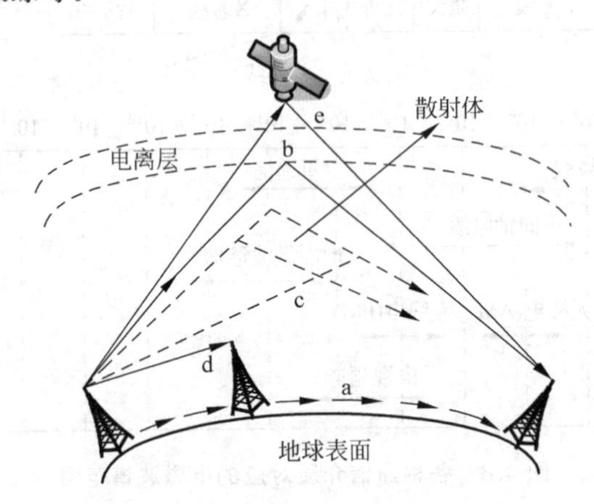

图 4.9　无线电波的传播特性

无线电波应用在计算机网络中主要有低功率单一频率、高功率单一频率和扩展频谱三类。低功率单一频率无线电的发射器和接收器只能工作在一个固定的频率，信号可以穿透墙壁并扩散到很广的区域，所以发射器和接收器不需要相互对准。然而，由于低功率无线电波的发射功率较低，因此信号的传输距离有限，信号易衰减，抗电磁干扰的能力较差。高功率单一频率无线电波的传输与低功率单一频率的传输非常相似。由于它的发射功率较大，因此信号可以传输到更远的距离，信号的覆盖范围也更大。高功率单一频率的信号衰减率较低，但是与低功率单一频率的无线电波一样，它的抗电磁干扰能力较差。扩展频谱的传输可以同时使用几个无线电频率传输，而不是只使用一个频率。扩展通信技术在发射端以扩展编码进行扩频调制，在接收端以相关解扩技术获取信息。这种工作方式增强了信号的抗干扰能力，信号传输的隐蔽性和保密性都大大提高，从而有较好的安全性。扩频通信主要有直接序列扩频和跳频扩频两种方式，前者已在 2.10.2 节论及。

无线电波能够穿过墙壁和其他建筑物，因此不需要在发射端和接收端之间清除障碍。无线电发射器和接收器的价格较低，安装简便，在任何方向都可以接收到无线电波的信号。传输距离可以根据发射器功率的大小进行调节，信号接收方的移动性较强。无线电波很容易被截获，受电磁干扰的影响大，而且其传输距离受发射器发射功率的限制。

2. 微波通信

微波通信（microwave communication），指使用微波进行通信，微波指波长在 0.1mm～1m 的电磁波。当两点间直线距离内无障碍时就可以使用微波传送，所用微波的频率范围为 1～20GHz，既可传输模拟信号又可传输数字信号。但在实际的微波通信系统中，由于传输信号是以空间辐射的方式传输的，因此必须考虑发送/接收传输信号的天线的接收能力。

根据天线理论可知，只有当辐射天线的尺寸大于信号波长的 1/10 时，信号才能有效地辐射。也就是说，假设用 1m 的天线，辐射频率至少需要 30MHz，即若天线长 1m，信号波长 $\lambda=10m$，则信号频率 $f=c/\lambda=300\,000km/10m=30MHz$。但通常要传输的模拟信号或数字信号的频率很低，这就需要很长的天线，因此传输信号在以模拟通信或数字通信方式进行传输前，必须首先经过调制，将其频谱搬移到合适的频谱范围内，再以微波的形式辐射出去。

由于微波的频率很高，故可同时传输大量信息。又由于微波能穿透电离层而不反射到地面，故只能使微波沿地球表面由源向目标直接发射。微波在空间是直线传播，而地球表面是个曲面，因此其传播距离受到限制，一般只有 50km 左右。但若采用 100m 高的天线塔，则距离可增大到 100km。此外，因微波被地表吸收而使其传输损耗很大，因此为实现远距离传输，则每隔几十千米便需要建立中继站。中继站把前一站送来的信号经过放大后再发送到下一站，故称为微波接力通信。大多数长途电话业务使用 4～6GHz 的频率范围。目前各国使用的微波设备信道容量多为 960 路、1200 路、1800 路和 2700 路。我国多为 960 路，1 路的带宽通常为 4kHz。

微波通信可传输电话、电报、图像、数据等信息。其主要特点是：微波波段频率很高，其频段范围也很宽，因此其通信信道的容量很大；微波传输质量较高，可靠性也较高；微波接力通信与相同容量和长度的电缆载波通信相比，建设投资少，见效快。微波接力通信也存在如下缺点：相邻站之间必须直视，不能有障碍物。有时一个天线发射出去的信号也会分成几条略有差别的路径到达接收天线，因而造成失真；微波的传播也会受到恶劣气候的影响；与电缆通信系统相比，微波通信的隐蔽性和保密性较差，易被窃听和干扰；对大量中继站的使用和维护要耗费一定的人力和物力。

3. 卫星通信

为了增加微波的传输距离，应提高微波收发器或中继站的高度。当将微波中继站放在人造卫星上时，便形成了卫星通信系统，例如可利用位于 36 000km 高的人造同步地球卫星作为中继器进行微波通信，如图 4.10 所示。通信卫星则是在太空的无人值守的微波通信的中继站。卫星上的中继站接收从地面发来的信号后，加以放大整形再发回地面。一个位于 36 000km 高的同步卫星可以覆盖地球 1/3 以上的地表。这样利用 3 个相距 120°的同步卫星便可覆盖全球的全部通信区域，通过卫星地面站可以实现地球上任意两点间的通信。卫星通信属于广播式通信，通信距离远，且通信费用与通信距离无关。这是卫星通信的最大特点。

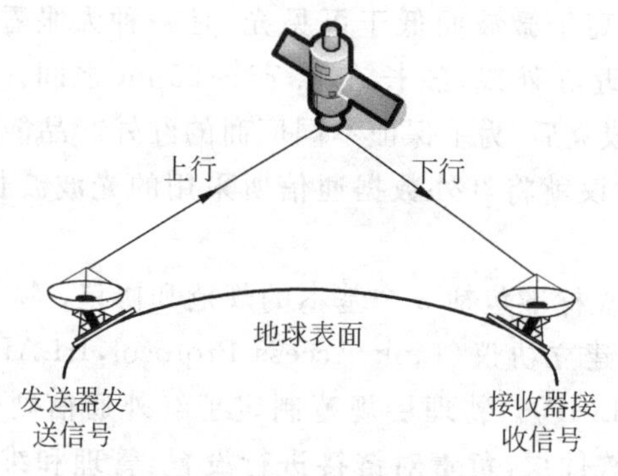

图 4.10　卫星微波中继通信

与其他通信手段相比，卫星通信具有许多优点：①电波覆盖面积大，通信距离远，可实现多址通信。覆盖区内的用户都可通过通信卫星实现多址连接，进行即时通信。②卫星通信的频带很宽，通信容量很大，信号所受到的干扰也较小，通信比较稳定。目前常用的频段为6/4GHz，也就是上行(从地面站发往卫星)频率为5.925～6.425GHz，而下行(从卫星转发到地面站)频率为3.7～3.2GHz。频段的宽度都是500MHz，由于这个频段已经非常拥挤，因此现在也使用频率更高的14/12GHz的频段。现在一个典型的卫星通常有12个转发器，每个转发器的频带宽度为36MHz，可用来传输50Mbps速率的数据。每一路卫星通信的容量(即一个转发器所转发信息的最大能力)相当于10万条音频线路，当通信距离很远时，租用一条卫星音频信道远比租用一条地面音频信道便宜。③通信稳定性好、质量高。卫星链路大部分是在大气层以上的宇宙空间，属恒参信道，传输损耗小，电波传播稳定，不受通信两点间的各种自然环境和人为因素的影响，即便是在发生磁爆或核爆的情况下，也能维持正常通信。

卫星通信的主要缺点是传输时延大。由于各地面站的天线仰角并不相同，因此，不管两个地面站之间的地面距离是多少(相隔一条街或上万千米)，若卫星离地面36 000km高时，则从一个地面站经卫星到另一个地面站的传播时延在250～300ms之间，一般取270ms。这一点和其他的通信有较大的差别。例如，地面微波接力通信链路，其传播时延约为3μs/km，电缆传播时延一般为6μs/km。故对于近距离的站点，要相差几个数量级。但要指出的是，卫星信道的传播时延较大，并不等于说，用卫星信道传送数据的时延较大。这是两个不同的概念，因为传送数据的总时延由传播时延、发送时延、重发时延三者组成。卫星信道的发送时延、重发时延均很小，故总的来说，利用卫星信道传送数据往往比利用其他信道的时延还要小些。

卫星通信的主要发展趋势是：充分利用卫星轨道和频率资源，开辟新的工作频段，各种数字业务综合传输，并发展移动卫星通信系统。卫星星体向多功能、大容量发展，卫星通信地球站将日益小型化，卫星通信系统的保密性能和抗毁能力将进一步提高。

当然，通信卫星本身和发射卫星的火箭造价都较高。受电源和元器件寿命的限制，同步卫星的寿命一般只有7～8年。卫星地面站的技术复杂，价格也较贵，这些都是选择传输介质时应全面考虑的。

4. 红外传输

红外传输就是利用红外线作为传输介质进行通信。红外线是波长在750nm～1mm之间的电磁波，它的频率高于微波而低于可见光，是一种人眼看不到的光线。红外传输一般采用红外波段内的近红外线，波长在0.75～25μm之间。红外数据协会(Infrared Data Association，IrDA)成立后，为了保证不同厂商的红外产品能够获得最佳的通信效果，该协会制定的红外通信协议就将红外数据通信所采用的光波波长限定在850～900nm范围内。

红外通信采用的IrDA标准包括3个基本的规范和协议：物理层规范(Physical Layer Link Specification)、链接建立协议(Link Access Protocol，IrLAP)和链接管理协议(Link Management Protocol，IrLMP)。物理层规范制定了红外通信硬件设计上的目标和要求，IrLAP和IrLMP为两个软件层，负责对链接进行设置、管理和维护。在IrLAP和IrLMP基础上，针对一些特定的红外通信应用领域，IrDA还陆续发布了一些更高级别的红外协议，如微型传输协议(Tiny Transport Protocol,TinyTP)等。

红外传输主要有点对点和广播式两种方式。最常用的是点对点方式,如我们日常生活中经常使用的遥控器,它是使用高度聚焦的红外线光束通过红外线发射器和接收器来实现一点到另一点的传输。红外点对点传输方式要求发射方和接收方彼此处在视线以内,这种限制不利于红外传输在现代网络环境中的广泛应用。目前,点对点的红外传输方式主要用于在同一房间中设备间的通信。如计算机与无线打印机之间的链接,或是在笔记本电脑之间的通信连接。红外广播系统传输的信号不像点对点的传输方式那样高度聚焦,它是向一个区域传送信号,多个红外接收器可以同时接收到信号。与点对点传输方式相比,红外广播传输方式接收器的移动性较强。信号主要通过墙壁、天花板或任何其他物体的反射来传输数据。红外传输的防窃听能力较强,但红外线容易受到强光的干扰,导致信号被破坏。

红外传输数据的速度可以与光缆的吞吐量相匹敌。目前,红外传输的吞吐量可达到100Mbps。它的传输距离可达1000m,几乎与多模光缆接近。

5. 激光

在空间传播的激光束可以调制成光脉冲以传输数据,和地面微波或红外线一样,可以在视野范围内安装两个彼此相对的激光发射器和接收器进行通信,如图4.11所示。激光通信与红外线通信一样是全数字的,不能传输模拟信号;激光也具有高度的方向性,从而难于窃听、插入数据及干扰;激光同样受环境的影响,特别当空气污染、下雨下雾、能见度很差时,可能使通信中断。通常激光束的传播距离不会很远,故只在短距离通信中使用。它与红外线通信不同之处在于,激光硬件会因发出少量射线而污染环境,故只有经过特许后方可安装,而红外线系统的安装则不必经过特许。

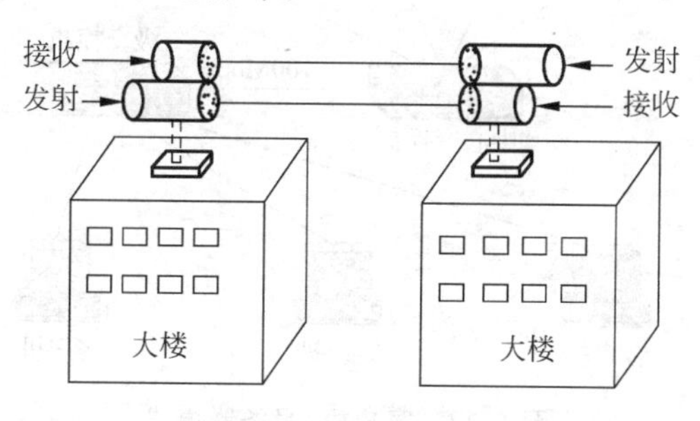

图4.11 激光通信

6. 射频传输

射频(Radio Frequency,RF)就是射频电流,它是一种高频交变电磁波的简称。一般每秒变化小于1000次的交流电称为低频电流,大于1000次而小于10 000次的称为中频电流,大于10 000次的称为高频电流,而射频就是一种高频电流。电视广播即采用射频传输方式。

射频传输是指信号通过特定的频率点传输,传输方式与广播电台或电视台类似。某些射频点的信号能穿透墙壁或绕过墙、天花板和其他障碍物传输数据,这使得大部分类型的RF传输容易被窃听。因此,射频不适于在数据保密性要求高的环境中使用。

由于射频之间存在相互干扰,因此所使用的频点必须获得许可,所确定的频率以及使用的地理场所经注册后不能擅自变更。通过许可机制可以保证相邻系统不会工作在相同的频点上,从而避免它们之间产生信号干扰。

4.2 工作站与网络服务器

4.2.1 工作站

工作站一般指通用微型计算机，配有高分辨率的显示器以及容量很大的内部存储器和外部存储器，并且具有较强的信息处理能力和高性能的图形、图像处理能力以及联网功能。在计算机网络中，工作站是向服务器提出请求而不为其他计算机提供服务的计算机。工作站通过网卡连接到网络上，它保持原有计算机的功能，作为独立的个人计算机为用户服务，同时又可以按照被授予的权限访问服务器。工作站之间可以进行通信，也可以共享网络资源。在客户机/服务器(Client/Server，C/S)系统中，客户机即为工作站，亦即一般的PC。

4.2.2 网络服务器

1. 服务器的功能

在计算机网络中，最基本的模式是客户机/服务器模式，其中客户机请求服务，服务器处理和提供服务，如图4.12所示。

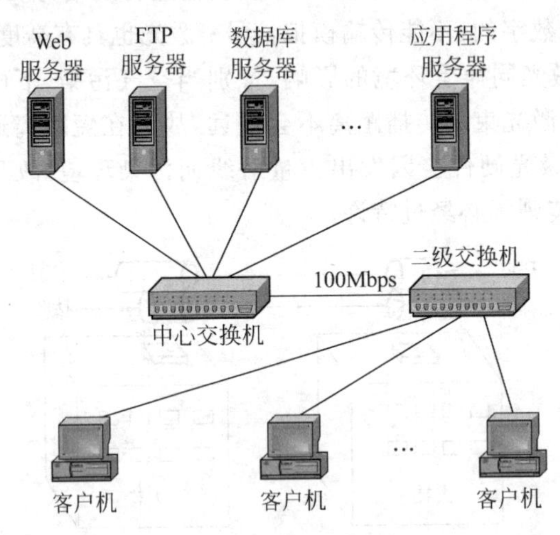

图4.12 客户机/服务器模式

网络服务器是计算机网络中最重要的设备之一，是整个网络系统的核心，承担传输和处理大量数据的任务。服务器的主要功能是为网络用户提供信息发布、数据交换以及网络管理。Internet上的服务器持续与Internet相连，以提供全球每天24小时不间断服务。目前流行的各种计算机局域网，其被访问的对象就是网络服务器，一般是专用服务器，可以是基于PC的服务器或小型机或中型机等。计算机局域网操作系统也都是运行在网络服务器上，通常网络中至少有一台服务器，其运行效率直接影响着整个局域网的效率。

网络服务器的功能主要体现在以下几个方面：

(1) 运行网络操作系统是服务器最主要的功能。通过网络操作系统控制和协调网络各工作站的运行，处理和响应各工作站同时发来的各种网络操作要求。

(2) 存储和管理网络中的共享资源。网络中共享的数据库、文件、应用程序等软件资源，大容量硬盘、打印机、绘图仪以及其他贵重设备等硬件资源，都存放或挂靠在网络服务器

上，由网络操作系统对这些资源进行分配和管理，使各工作站得以共享这些资源。

(3) 网络管理员在网络服务器上对各工作站的活动进行监视控制及调整。

(4) 在客户机/服务器系统中，网络服务器不仅充当文件服务器，还应具有为各网络工作站提供应用程序服务的功能。

2. 服务器的分类

目前适应各种不同功能、不同环境的服务器不断出现，分类标准也多种多样。比如，可按服务器的应用层次、按服务器处理架构以及按服务器设计思想进行分类等。

1) 按服务器应用层次的不同来划分

按服务器的应用层次可将其划分为入门级服务器、工作组级服务器、部门级服务器以及企业级服务器等。

2) 按服务器的处理架构来划分

(1) CISC 架构服务器。CISC(Complex Instruction Set Computer)即复杂指令集计算机，从计算机诞生以来，人们一直沿用 CISC 指令集方式。早期的桌面软件是按 CISC 设计的，并一直延续到现在。

(2) RISC 架构服务器。RISC(Reduced Instruction Set Computing)即精简指令集，它的指令系统相对简单，它只要求硬件执行很有限且最常用的那部分指令，大部分复杂的操作则使用成熟的编译技术，由简单指令合成。

(3) VLIW 架构服务器。VLIW(Very Long Instruction Word)即超长指令字。VLIW 架构采用了先进的清晰并行指令计算(Explicitly Parallel Instruction Computing，EPIC)来进行设计，我们也把这种构架叫做 IA-64 架构，即英特尔架构(Intel Architecture，IA)。

3) 按设计思想的不同来划分

(1) 专用型服务器。专用型服务器是专门为某一种或某几种功能专门设计的服务器。

(2) 通用型服务器。通用型服务器指不为某种特殊服务专门设计，而是可以提供各种服务功能的服务器，当前大多数服务器都是通用型服务器。这类服务器因为不是专为某一功能设计，所以在设计时就要兼顾多方面的应用需要，服务器的结构相对复杂，性能要求高，当然在价格上也就更贵些。

4) 按服务器的机箱结构来划分

按服务器的机箱结构可将其划分为台式服务器、机架式服务器、机柜式服务器以及刀片式服务器。其中刀片式服务器是一种高可用、高密度(High Availability High Density，HAHD)的低成本服务器平台，是专门为特殊应用行业和高密度计算机环境设计的，其中每一块刀片实际上就是一块系统母板，类似于一个独立的服务器。在这种模式下，每一个母板运行自己的系统，服务于指定的不同用户群，相互之间没有关联。不过可以使用系统软件将这些母板集合成一个服务器集群。在集群模式下，所有的母板可以连接起来提供高速的网络环境，可以共享资源，为相同的用户群服务。

5) 按服务器提供的应用服务来划分

(1) 文件服务器。文件服务器是为网络上各工作站提供完整数据、文件、目录等信息共享，对全网络文件实行统一管理的服务器。它能进行文件建立、删除、打开、关闭、读写等操作。文件服务器是建立在磁盘服务器基础之上的，但它们提供的服务是有区别的。磁盘服务器只能将整个块的数据读出，文件服务器则可根据文件的大小来确定从磁盘读出的信息量。

(2) 打印服务器。在网络打印中,网络打印服务器是不可或缺的。它能在打印机与网络间建立高速稳定的连接和高速的数据传输,并对打印环境进行有效的整理和优化。打印服务器可分为内置打印服务器、外置打印服务器和无线打印服务器3类。

(3) 数据库服务器。数据库服务器是指运行在局域网中的一台或多台服务器上的数据库管理系统软件,数据库服务器为客户应用提供服务,这些服务包括查询、更新、事务管理、索引、高速缓存、查询优化、安全及多用户存取控制等。

(4) 电子邮件服务器。电子邮件服务器是处理邮件交换的软硬件设施的总称,由一台或多台服务器充担,包括电子邮件程序、电子邮件箱等。它是为用户提供E-mail服务的电子邮件系统,人们通过访问服务器实现邮件的交换。服务器程序通常不能由用户启动,而是一直在系统中运行,它一方面负责把本机器上需要发出的E-mail发送出去,另一方面负责接收其他主机发过来的E-mail,并把各种电子邮件分发给每个用户。

(5) Web服务器。Web服务器也称为WWW(World Wide Web)服务器,主要功能是提供网上信息浏览服务。

(6) 应用程序服务器。应用程序服务器是采用具有分布式计算能力的集成结构、支持瘦客户机软件的服务器产品。应用程序服务器的基本用途主要体现在管理客户会话、管理业务逻辑以及管理与后端计算资源(包括数据、事务和内容)的连接等。

3. 服务器的主流技术

1) 集群技术

集群技术指一组相互独立的服务器在网络中表现为单一的系统,并以单一系统的模式加以管理。它可为客户工作站提供高可靠性的服务。

一个集群包含两台或两台以上拥有共享数据储存空间的服务器。任何一台服务器运行一个应用时,应用数据被存储在共享的数据空间内。每台服务器的操作系统和应用程序文件存储在其各自的本地存储空间上。

集群内各节点服务器通过一内部局域网相互通信。当一台节点服务器发生故障时,这台服务器上所运行的应用程序将在另一节点服务器上被自动接管。当一个应用服务发生故障时,应用服务将被重新启动或被另一台服务器接管。当以上任一故障发生时,客户将能很快连接到新的应用服务上。

集群技术随着服务器硬件系统与网络操作系统的发展将会在可用性、高可靠性、系统冗余等方面逐步提高。未来的集群可以依靠集群文件系统实现对系统中的所有文件、设备和网络资源的全局访问,并且生成一个完整的系统映像。这样,无论应用程序在集群中的哪台服务器上,集群文件系统允许任何用户(远程或本地)都可以对这个软件进行访问,任何应用程序都可以访问这个集群的任何文件。甚至在应用程序从一个节点转移到另一个节点的情况下,无需任何改动,应用程序就可以访问系统上的文件。

2) 小型计算机系统接口技术

小型计算机系统接口(Small Computer System Interface,SCSI)是专门用于服务器和高档工作站的数据传输接口技术。SCSI作为一种智能接口,能连接磁盘、光盘等多种网络设备。它的最大优势在于该标准享有十分强劲的业界支持,几乎所有硬件厂商都在开发与SCSI接口连接的相关设备。SCSI接口作为输入输出接口,主要用于光盘机、磁带机、扫描仪、打印机等设备。

3) 对称多处理技术

对称多处理技术(Symmetric Multi-Processing,SMP)是指在一个计算机上汇集了一组处理器,各处理器之间共享内存子系统以及总线结构。随着用户应用水平的提高,单个处理器很难满足实际应用的需求,因而各服务器厂商纷纷通过采用对称多处理系统来解决这一矛盾。PC服务器中最常见的对称多处理系统通常采用2路、4路、6路或8路处理器。目前,UNIX服务器可支持64个CPU系统。在SMP系统中最关键的技术是如何更好地解决多处理器相互通信和协调的问题。

4) 分布式内存存取技术

分布式内存存取(Non-Uniform Memory Access,NUMA)技术是在集群技术和SMP的基础上发展起来的,结合了两种技术的优势,它将多个SMP结构的服务器通过专用高速网络连接起来,组成多CPU的高性能主机。NUMA技术克服了SMP结构的服务器在多CPU共享内存总线带宽时产生的系统性能瓶颈,可以支持64个以上的CPU。如果采用NUMA技术,每一个SMP节点机都拥有其自己的局部内存,并能够形成与其他节点中的内存静态或动态的连接。NUMA体系结构的服务器从内部来看,整体上是分布内存式的,但是由于它的传输通道带宽较宽,不存在集群结构下的通信带宽瓶颈问题,因而从用户使用的角度来看和共享内存式的机器一样。NUMA技术实现了多个处理器间接共享内存,是一种具有前途的大型服务器技术,是大型服务器发展的重要方向。

5) 应急管理端口

应急管理端口(Emergency Management Port,EMP)是服务器主板上所带的一个用于远程管理服务器的接口。远程控制机可以通过调制解调器与服务器相连,控制软件安装于控制机上。远程控制机通过应急管理端口控制台的控制界面可以对服务器进行一些操作,比如打开或关闭服务器的电源;重新设置服务器,甚至包括主板BIOS(Basic Input Output System,基本输入输出系统)和CMOS(Complementary Metal Oxide Semiconductor)的参数;监测服务器内部情况,如温度、电压、风扇情况等。

6) 冗余磁盘阵列技术

冗余磁盘阵列(Redundant Array of Independent Disks,RAID)技术是一种工业标准,各厂商对RAID级别的定义也不尽相同。目前对RAID级别的定义可以获得业界广泛认同的有4种,RAID 0、RAID 1、RAID 0+1和RAID 5。

RAID 0是无数据冗余的存储空间条带化,具有成本低、读写性能极高、存储空间利用率高等特点,适用于Video/Audio信号存储、临时文件的转储等对速度要求极其严格的特殊应用。但由于没有数据冗余,其安全性大大降低,构成阵列的任何一块硬盘的损坏都将带来灾难性的数据损失。所以,若在RAID 0中配置4块以上的硬盘,对于一般应用来说是不明智的。

RAID 1是两块硬盘数据完全镜像,具有安全性好,技术简单,管理方便,读写性能均好等优点。但它无法扩展(单块硬盘容量),数据空间浪费大,严格意义上说,不应称之为"阵列"。

RAID 0+1综合了RAID 0和RAID 1的特点,独立磁盘配置成RAID 0,两套完整的RAID 0互相镜像。它的读写性能出色,安全性高,但构建阵列的成本投入大,数据空间利用率低,不能称之为经济高效的方案。

RAID 5 的读出效率很高,写入效率一般,块式的集体访问效率高。因为奇偶校验码在不同的磁盘上,所以提高了可靠性,允许单个磁盘出错。RAID 5 也是以数据的校验位来保证数据的安全,但它不是以单独硬盘来存放数据的校验位,而是将数据段的校验位交互存放于各个硬盘上。这样,任何一个硬盘损坏,都可以根据其他硬盘上的校验位来重建损坏的数据。RAID 3 与 RAID 5 相比,重要的区别在于 RAID 3 每进行一次数据传输,需涉及到所有的阵列盘。而对于 RAID 5 来说,大部分数据传输只对一块磁盘操作,可进行并行操作。在 RAID 5 中有“写损失”,即每一次写操作,将产生 4 个实际的读/写操作,其中两次读旧的数据及奇偶信息,两次写新的数据及奇偶信息。

7) 容错技术

容错是指硬件或软件出现故障时,仍能完成处理和运算,不降低系统性能,即可通过硬件和软件方法利用冗余的资源使计算机具有容忍故障的能力。容错是计算机应用系统稳定、可靠、有效、持续运行的重要保证。目前主流应用的服务器容错技术有服务器集群技术、双机热备份技术和单机容错技术三类。

8) 热插拔技术

热插拔(Hot Swap)技术指在不关闭系统和不停止服务的前提下更换系统中出现故障的部件,达到提高服务器系统可用性的目的。目前的热插拔技术已经可以支持硬盘、电源、扩展板卡的热插拔。而系统中更为关键的 CPU 和内存的热插拔技术也已日渐成熟。未来热插拔技术的发展将会促使服务器系统的结构朝着模块化的方向发展,大量的部件都可以通过热插拔的方式进行在线更换。

4.3 网络设备

4.3.1 网络接口卡

网络接口卡(Network Interface Card,NIC)也称 Ethernet 网络适配器,简称网卡,是局域网中最基本的部件之一,是用于连接计算机与网络的硬件设备。常用的带有 RJ-45 接口的网卡如图 4.13 所示。无论是双绞线连接、同轴电缆连接还是光纤连接,都必须借助于网卡才能实现数据通信。

图 4.13 网卡

1. 网卡上的 MAC 地址

网卡虽有许多类型,但每块网卡都有一个全世界唯一的 ID(IDentifier)号,也就是介质访问控制(Media Access Control,MAC)地址。MAC 地址被固化于网卡的 ROM(Read Only Memory)中,即使在全世界范围内也决不会重复。MAC 地址用 6 组十六进制数来表示,每组由两个十六进制数组成,各组之间用“-”分隔,它的地址长度是 48 位,前 6 个十六进制数代表网卡生产厂商的标识符信息,后 6 个十六进制数代表生产厂商分配的网卡序号。如 00-d0-f8-a5-eb-c7 即为某个网卡的 ID 号,亦即 MAC 地址。

MAC 地址的主要作用是以太网传输数据时,在所传输的数据包中包含源节点和目的节点的 MAC 地址,网络中每台节点设备的网卡会检查所传输的数据中 MAC 地址是否与自己的 MAC 地址相匹配,如果 MAC 地址不匹配,则网卡将丢弃该数据包。

要观察本地计算机上网卡的MAC地址，在命令提示符下输入ipconfig/all或arp-a，即可得到本机所使用网卡的MAC地址。

在校园网中，常常发生盗用他人IP地址的情况，被盗用了IP地址的计算机就会经常出现不能接入Internet的现象。当他人在使用盗用的IP地址接入Internet时，本地计算机就会出现"IP地址被占用"的提示信息。

要避免IP地址被盗用，可以在本地计算机上将IP地址和MAC地址进行捆绑，捆绑MAC地址和IP地址的方法如下：

```
arp-s IP地址 MAC地址
```

再次输入命令arp-a，就会发现IP地址和MAC地址的类型都变成了static(静态)的。这说明本地计算机上的IP地址和MAC地址已被捆绑在一起。

要解除捆绑在一起的IP地址和MAC地址，可以在命令提示符下输入命令：

```
arp-d IP地址 MAC地址
```

2. 网卡的工作原理

发送数据时，网卡首先侦听介质上是否有载波。如果有，则认为其他站点正在传送信息，并继续侦听介质。一旦通信介质在一定时间段内是安静的，即没有被其他站点占用，则开始进行帧数据发送，同时继续侦听通信介质，以检测冲突。在发送数据期间，如果检测到冲突，则立即停止该次发送，并向介质发送一个阻塞信号，告知其他站点已经发生冲突，从而丢弃那些可能一直在接收的受到损坏的帧数据，并等待一段随机时间。在等待一段随机时间后，再进行新的发送。如果重传多次后(大于16次)仍发生冲突，则放弃发送。

接收数据时，网卡浏览介质上传输的每个帧，如果其长度小于64B，则认为是冲突碎片。如果接收到的帧不是冲突碎片且目的地址是本地地址，则对帧进行完整性校验。如果帧长度大于1518B或未能通过循环冗余校验(Cyclic Redundancy Checksum，CRC)，则认为该帧发生了畸变。通过校验的帧被认为是有效的，网卡将它接收下来进行本地处理。

3. 网卡的功能

网卡是一种外设卡，其安装非常简单，一端插入计算机相应的插槽中，另一端与网络线缆相连。网卡作为局域网中最基本和最重要的连接设备，可以直接连接到局域网中的每一台网络资源设备，如服务器、PC和打印机等，它们在其扩展槽中安装网卡并通过传输介质与网络相连。网卡配合网络操作系统来控制网络信息的交流，具有双重作用，一方面负责接收网络上传来的数据，另一方面将本机要发送的数据按一定的协议打包后通过网络线缆发送出去。

网卡工作在OSI参考模型的物理层和数据链路层之间，一端连接局域网中的计算机，另一端连接局域网的传输设备。

网卡有如下功能。

(1) 将计算机要发送的数据封装为帧，并通过网线或以电磁波的方式将数据发送到网络上。当计算机发送数据时，网卡等待合适的时间将分组插入到数据流中。接收系统通知计算机数据是否完整到达，如果出现错误，则要求对方重新发送。

(2) 接收网络上其他网络设备传送来的帧，并将帧重新组合成数据，发送到所在的计算机中。虽然网卡接收所有在网络上传输的信号，但只接受发送到该计算机的帧和广播帧，而将其余的帧丢弃。

4. 网卡的分类

局域网有多种类型,不同的网络类型要求有不同的网卡相适应。网卡可按不同的分类方法分类。

1) 按总线分类

按网卡的总线接口类型,可将网卡分为ISA(Industry Standard Architecture)总线网卡、PCI(Peripheral Component Interconnect)总线网卡、PCI-X总线网卡、PCMCIA(Personal Computer Memory Card International Association)总线网卡以及USB接口网卡。目前PCI-X总线接口类型的网卡在服务器上也开始得到应用,PCMCIA接口类型的网卡一般用在笔记本电脑上。

2) 按网络接口分类

不同的网络接口适用于不同的网络类型,目前常见的接口主要有以太网的RJ-45接口、细同轴电缆的BNC接口和粗同轴电缆的AUI接口、FDDI接口、ATM接口等。有的网卡为了适用更广泛的应用环境,提供了两种或多种类型的接口,如有的网卡同时提供RJ-45、BNC接口或AUI接口。因此,按网络接口,可将网卡分为RJ-45接口网卡、BNC接口网卡、AUI接口网卡、FDDI接口网卡以及ATM接口网卡5种。

3) 按带宽分类

目前主流的网卡主要有10Mbps网卡、100Mbps以太网卡、10Mbps/100Mbps自适应网卡、1000Mbps以太网卡4种。

4) 按应用领域分类

按网卡所应用的计算机类型来分,可以将网卡分为应用于工作站的网卡和应用于服务器的网卡。上面所介绍的基本上都是工作站网卡,其实通常也用于普通的服务器上。但是在大型网络中,服务器通常采用专门的网卡。它相对于工作站所用的普通网卡来说,在带宽、接口数量、稳定性、纠错等方面都有显著提高,特别是有的服务器网卡还支持冗余备份、热插拔等服务器专用功能。

4.3.2 调制解调器

调制解调器(Modem),由调制器(modulator)和解调器(demodulator)组合而成,它是计算机通过电话拨号接入Internet的必要硬件设备之一。由于电话线中传输的是模拟信号,而计算机中使用的是数字信号,所以电话线与计算机不能直接相连。通过调制解调器可将计算机输出的数字信号转换成模拟信号,以便在电话线路或微波线路上进行数据传输,传到目的端再进行相反的转换。将计算机输出的数字信号转换成适应模拟信道传输的信号,这个过程叫做调制,完成这一功能的设备就叫调制器(modulator)。将模拟信号恢复成相应数字信号的过程叫做解调,完成这一功能的设备就叫解调器(demodulator)。通常是将两者合二为一,并在通信的两端均安装调制解调器,以满足双向通信的要求。

1. 调制解调器的工作原理

计算机内的信息是由"0"和"1"组成数字信号,而在电话线上传递的却只能是模拟电信号。于是,当两台计算机要通过电话线进行数据传输时,就需要一个设备负责数模的转换,这个数模转换器就是Modem。计算机在发送数据时,先由Modem把数字信号转换为相应的模拟信号,即为调制过程。经过调制的信号通过电话载波传送到另一台计算机之前,也要

经由接收方的 Modem 负责把模拟信号还原为计算机能识别的数字信号，即为解调过程。正是通过这样一个调制与解调的数模转换过程，从而实现了两台计算机之间的远程通信。

2. 调制解调器的功能

调制解调器的基本功能是使计算机之间能够进行数据通信，而目前市场上的 Modem 除了完成这一基本的功能以外，大部分还具有以下功能。

(1) 语音功能。具备语音功能的 Modem 可以在同一电话线上传输数据和声音，从而实现个人语音信箱与电话答录等功能。

(2) 传真功能。目前市场上的高速 Modem 一般都具备内部传真功能，但是用户需要安装专门的传真软件。带传真功能的 Modem 有两个速度，其中一个是传真的传输速度，另一个是数据发送速度。需要指出的是，传真功能必须能够以与 Modem 一样的工作速度发送传真。

(3) 纠错与压缩。纠错是指侦测出数据错误时通知对方重新发送数据。压缩是指传输时先将数据进行压缩，这样可增加传输量，提高了传输速度。

(4) 语音数据同传功能(Simultaneous Voice and Data，SVD)。该功能允许用户在发送数据的同时，还可以使用该线路进行自由通话，当然在通话的时候数据的传输速率会受到些影响。

(5) 全双工免提电话功能(Full Duplex Service Phone，FDSP)。使用带有 FDSP 功能的 Modem，可以在对方打电话的同时做其他事情。与普通电话机免提功能不同的是 FDSP 功能允许通话双方同时通话，相互之间不受影响，而普通电话机的免提却做不到这点。

3. 调制解调器的分类

调制解调器可以根据应用环境、传输速率、功能先进性和调制方式等进行分类。

1) 按应用环境分类

(1) 音频 Modem。它将数字信号调制成频率为 0.3～3.4kHz 的音频模拟信号。当这种模拟信号经过电话系统传到对方后，再由解调器将它还原为数字信号。因此，用电话信道传输数字信号时应采用音频调制解调器。

(2) 基带 Modem。一般音频调制解调器，功能较齐全，多在进行远距离传输时使用。当距离较近，比如只需使用市话线传输数据，可使用基带调制解调器，其数据传输速率较高，可达到 64Kbps～2Mbps，它主要用于网络用户接入高速线路中。

(3) 无线 Modem。在短波及卫星通信中，应使用与信道特点相适应的无线调制解调器。这类调制解调器对差错的检测和纠错能力较强，以克服无线信道差错率较高的缺点。

2) 按调制方式分类

按调制方式可分为频移键控 Modem、相移键控 Modem 和相位幅度调制 Modem。后者是为了尽量提高传输速率又不提高调制速率，于是采用相位调制与幅度调制相结合的方法，使一次调制能产生更多不同的相位和幅度，从而提高传输速率。

3) 按使用线路分类

按使用线路可分为拨号线 Modem、专线 Modem 和 Cable Modem。拨号线 Modem 使用电话线拨号上网，速度一般为 56Kbps；专线 Modem，如 ADSL Modem，也使用电话线。和拨号上网不同的是，它使用传统电话没有使用到的频率区域作为传送和接收数据的信道，速度较快，下载速度可达到 9Mbps；而 Cable Modem 使用同轴电缆执行数据下载，速度较

ADSL 更快,可达 36Mbps。

4.3.3 中继器

中继器(Repeater,RP)又称重发器,是连接网络线路的一种数字装置。中继器可以延长网络的距离,在网络数据传输中起到放大信号、整形和传输的作用。例如,在用同轴电缆组建总线局域网时,虽然 MAC 协议允许粗缆长达 2.5km,但由于传输线路噪音的影响,而且收发器提供的驱动能力有限,因此单段电缆的最大长度受到限制。一般单段粗缆的最大长度为 500m,细缆为 185m。这样,在粗缆中每隔 500m 的网段之间就要利用中继器来连接。如果在线路中间只是简单地插入放大器,则伴随着信号的噪音也同时被放大了,所以这种方法不可取。而用中继器连接两个网段则可在延长传输距离的同时避免噪音的影响。中继器实物如图 4.14 所示。

图 4.14 中继器

中继器是最简单的网络互联设备,主要完成物理层的功能,互联两个相同类型的网段,例如两个以太网段。它接收从一个网段传来的所有信号,进行放大整形后发送到下一个网段。

要强调的是,中继器对信号的处理只是一种简单的物理再生与放大。它从接收信号中分离出数字数据,存储起来,然后重新构造并转发出去。它既不解释也不改变信息,因此不具备查错和纠错的功能,错误的数据经中继器后仍被复制到另一网段。

在使用中继器时应注意两点:①不能形成环路;②考虑到网络的传输延迟和负载情况,不能无限制的使用中继器。例如,在 10Base-5 中最多使用 4 个中继器,即最多由 5 个网段组成。

中继器只能起到扩展传输距离的作用,对高层协议是透明的。实际上,通过中继器连接起来的网络相当于同一条电缆组成的更大网络。此外,中继器也能用于不同传输介质的网络之间的互联。这种设备安装简单、使用方便,并能保持原来的传输速度。常见的共享式 hub 实际上就是一种多端口的中继器。

4.3.4 集线器

集线器即 hub。hub 是中心的意思,像树的主干一样,它是各分支的汇集点。在计算机网络中,hub 是基于星状拓扑结构的网络传输介质间的中央节点,是计算机网络中连接多个计算机或其他设备的连接设备,是对网络进行集中管理的最小单元。

在各种类型的局域网中,集线器最广泛地应用于以太网技术中。集线器在以太网中是多路双绞线的集汇点,处于网络布线中心,每个工作站都是用双绞线连接到集线器上的,由集线器对工作站进行集中处理。

1. 集线器的工作原理

以太网是非常典型的广播式共享局域网,所以以太网集线器的基本工作原理是广播(broadcast)技术,也就是说集线器从任何一个端口收到一个以太网数据包时,都将此数据包广播到集线器中的所有其他端口。由于集线器不具有寻址功能,所以它并不记忆哪一个 MAC 地址挂在哪一个端口。

当集线器将数据包以广播方式分发后，接在集线器端口上的网卡判断这个数据包是否是发给自己的，如果是，则根据以太网数据包所要求的功能执行相应的动作，如果不是则丢掉。集线器对这些内容并不进行处理，它只是把从一个端口上收到的以太网数据包广播到其他端口。这就好像邮递员，他是根据信封上的地址来发信，如果没有回信而导致发信人着急，与邮递员无关，不同的是邮递员在找不到该地址时还会将信退回，而集线器不管退信，只负责转发。

需要指出的是，通常是把集线器当作一种共享设备使用的，以上介绍的也是共享集线器的最基本的工作原理。随着网络用户需求的不断提高，集线器技术得到迅速发展，集线器上还增加了交换技术和网络分段技术等功能，增加了这种功能的集线器称作交换集线器。因为通常把集线器当作一种共享设备来使用和定义，所以交换集线器一般被划入入门级的交换机里，交换集线器的内部单片程序能记住每个端口的MAC地址，通过分析数据包中的目的MAC地址，将信号传送给符合该地址的端口，不像共享式集线器将信号广播给网络上的所有端口。

2. 集线器的特点

(1) 集线器在OSI模型中属于第一层物理层设备，从OSI模型可以看出它只是对数据的传输起到同步、放大和整形的作用，对数据传输中的短帧、碎片等无法进行有效的处理，不能保证数据传输的完整性和正确性。

(2) 所有端口都是共享一条带宽，在同一时刻只能有两个端口传送数据，其他端口只能等待，所以只能工作在半双工模式下，传输效率低。如果是个8口的hub，那么每个端口得到的带宽就只有1/8的总带宽了。现在市场上的hub多为10/100Mbps带宽自适应型。

(3) 集线器是一种广播工作模式，也就是说集线器的某个端口工作的时候，其他所有端口都能够收听到信息，容易产生广播风暴。另外安全性较差，所有的网卡都能接收到所发数据，只是网卡自动丢弃了这个不是发给它的信息包。

3. 集线器的分类

集线器的产生早于交换机，所以它属于一种传统的基础网络设备。集线器技术发展至今，经历了许多不同主流应用的历史发展时期，出现了许多不同类型的集线器产品。为了适应不同网络结构的需要，各种类型的集线器具有多种不同的功能，提供不同等级的服务。集线器一般可进行如下分类。

1) 按端口数目分类

这是最基本的分类标准之一。如果按照集线器能提供的端口数来分，目前主流集线器有8口、16口和24口等大类，但也有少数品牌提供非标准端口数，如4口和12口的集线器，还有5口、9口、18口的集线器产品。

2) 按带宽分类

集线器也有带宽之分，如果按照集线器所支持的带宽不同，通常可分为10Mbps、100Mbps、10/100Mbps自适应三种。

(1) 10Mbps带宽型。这种集线器属于低档集线器产品，它的所有端口共享10Mbps带宽。

(2) 100Mbps带宽型。这种集线器在目前仍比较先进，它的所有端口共享100Mbps带宽，一般适用于中型网络。这种网络传输量较大，但要求上联设备支持IEEE 802.3U(快速以太网协议),在实际中应用较多。

(3) 10Mbps/100Mbps 自适应型。10/100Mbps 自适应集线器也称为双速集线器,是一种内部具有 10Mbps 和 100Mbps 两个网段的集线器,它可以在 10Mbps 和 100Mbps 之间进行切换,并且可以使它们之间通信。这种带宽类型的集线器是目前应用较为广泛的一种,它克服了以单纯 10Mbps 或者 100Mbps 带宽集线器兼容性不良的缺点。它既能照顾到老设备的应用,又能与目前主流新技术设备保持高性能连接。在切换方式上,这种双速集线器目前有手动和自动切换 10/100Mbps 带宽的两种方式。

3) 按配置形式分类

按配置形式的不同,集线器可分为独立型集线器、模块化集线器和堆叠式集线器 3 种。

(1) 独立型集线器。独立型集线器是指那些带有许多端口的单个盒子式的产品。独立型集线器之间可以用一段粗同轴电缆将它们连接在一起,以实现扩展级联。独立型 hub 具有低价格、容易查找故障、网络管理方便等优点,在小型的局域网中被广泛使用。但这类 hub 的工作性能较差,尤其是在速度上缺乏优势。

(2) 模块化集线器。模块化集线器一般都配有机架,带有多个卡槽,每个槽可放一块通信卡。每块卡的作用就相当于一个独立型集线器,多块卡可通过安装在机架上的通信底板进行互联并进行相互间的通信。现在常使用的模块化 hub 一般有 4~14 个插槽。模块化集线器各个端口都有专用的带宽,但只在各个网段内共享带宽,网段之间采用交换技术,从而减少冲突,提高通信效率。因此,模块化集线器又称为端口交换机模块化 hub。事实上,这类 hub 已经采用交换机的部分技术,不再是单纯意义上的 hub,它在较大的网络中便于实施对用户的集中管理,因而得到了广泛应用。

(3) 堆叠式集线器。堆叠式集线器可以将多个集线器堆叠使用,当它们连接在一起时,其作用就像一个模块化集线器,堆叠在一起的集线器可以当作一个单元设备来进行管理。一般情况下,当有多个 hub 堆叠时,其中存在一个可管理 hub,利用可管理 hub 可对此堆叠中的其他独立型 hub 进行管理。

4) 按工作方式分类

依据工作方式可划分为被动式集线器、主动式集线器、智能集线器和交换式集线器 4 种。

(1) 被动式集线器。被动式集线器只把多段网络介质连接在一起,允许信号通过,不对信号做任何处理,它不能提高网络性能,也不能帮助检测硬件错误或性能瓶颈,只是简单地从一个端口接收数据并向所有端口转发。

(2) 主动式集线器。主动式集线器拥有被动式集线器的所有性能,此外还能监视数据。在以太网实现存储转发功能中,主动式集线器在转发之前检查数据,纠正损坏的分组并调整时序,但不区分优先次序。如果信号比较弱但仍然可读,主动式集线器在转发前将其恢复到较强的状态,这使得一些性能不是特别理想的设备也可正常使用。如果某设备发出的信号不够强,那么主动式集线器的信号放大器可以使该设备继续正常使用。此外,主动式集线器还可以报告哪些设备失效,从而提供了一定的诊断能力。

(3) 智能集线器。智能集线器能比被动式和主动式集线器提供更多的功能,可以使用户更有效地共享资源。除了具备主动式集线器的特性外,智能集线器还提供了集中管理功能。如果连接到智能集线器上的设备出了故障,它可以很容易地识别、诊断和修补。智能集线器另一个出色的特性是可以为不同设备提供灵活的传输速率。除了上连到高速主干的端口外，智能集线器还支持到桌面的10/16/100Mbps的速率，即支持以太网、令牌环和FDDI。

(4) 交换集线器。交换集线器是在一般智能集线器的基础上又提供了线路交换能力和网络分段能力的一种智能集线器。交换集线器具有信号过滤的功能，它可以重新生成每一个信号并在发送前过滤每一个包，而且只将信号发送给某一已知地址的端口而不像共享式集线器那样将信号发送给网络上的所有端口。除此之外，交换集线器上的每一个端口都是拥有专用带宽的，内部包含一个能够很快在端口之间传送信号的电路，可以让多个端口之间同时进行通信，不会相互影响。交换集线器还可以以直通传送、存储转发和改进型直通传送来传送数据，其工作效率大大高于共享集线器。

5) 按局域网的类型分类

从局域网角度来区分，集线器可分为5种不同类型。

(1) 单中继网段集线器。在硬件平台中，此类集线器是一类用于最简单的中继式LAN网段的集线器，与堆叠式以太网集线器或令牌环网多站访问部件(Multistation Access Unit，MAU)等类似。

(2) 多网段集线器。这种集线器采用集线器背板，它带有多个中继网段，通常是有多个接口卡槽位的机箱系统，是从单中继网段集线器直接派生而来。其主要特点是可以将用户分布于多个中继网段上，以减少每个网段的信息流量负载，一般要求用独立的网桥或路由器来控制网段之间的信息流量。

(3) 端口交换集线器。这种集成器是在多网段集线器的基础上，将用户端口和多个背板网段之间的连接过程自动化，并通过增加端口交换矩阵(Programmable Switch Matrix，PSM)来实现的集线器。PSM可提供一种自动工具，用于将任何外来用户端口连接到集线器背板上的任何中继网段上。端口交换集线器的主要优点是可实现移动、增加和修改的自动化。

(4) 网络互联集线器。端口交换集线器注重端口交换，而网络互联集线器在背板的多个网段之间可提供集成连接，该功能通过一台综合网桥、路由器或LAN交换机来完成。目前，这类集线器通常都采用机箱形式。

(5) 交换集线器。随着网络技术的发展，集线器和交换机之间已经开始相互渗透。交换集线器有一个核心交换背板，采用一个纯粹的交换系统代替传统的共享介质中继网段。应该指出，这类集线器和交换机几乎没有什么区别。

4.3.5　网桥

网桥用于连接两个或两个以上具有相同通信协议、传输介质及寻址结构的局域网。它能实现网段间或局域网与局域网之间的互联，互联后成为一个逻辑网络。它也支持局域网与广域网之间的互联。网桥实物如图4.15所示。

图4.15　网桥

1. 网桥的工作原理

图4.16说明了网桥的工作过程。如果LAN2中地址为201的计算机与同一局域网的202计算机通信，网桥接收到发送帧，在检查帧的源地址和目标地址后，就不转发帧并将它丢弃；如果

一台计算机要与不同局域网的计算机,例如LAN2中的201要与同LAN1中的105通信,网桥在进行帧过滤时,发现目的地址和源地址不在同一个网段上,就把帧转发到另一个网段上,这样计算机105就能接收到信息。网桥对数据帧的转发或过滤是根据其内部的一个转发表(过滤数据库)来实现的。当节点通过网桥传输数据帧时,网桥就会分析其MAC地址,并和它们所接的网桥端口号建立映射关系,即转发表。网桥的帧过滤特性十分有用,当一个网络由于负载很重而性能下降的时候,网桥可以最大限度地缓解网络通信繁忙的程度,提高通信效率。同时由于网桥的隔离作用,一个网段上的故障不会影响到另一个网段,从而提高了网络的可靠性。

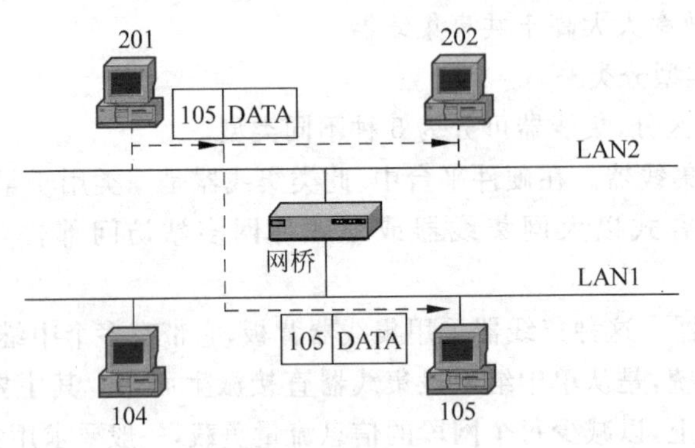

图4.16 网桥的工作原理

2. 网桥的功能

上面介绍了网桥的帧转发和过滤功能。除此之外,网桥的功能还包括:

(1) 源地址跟踪。网桥收到一个帧以后,将帧中的源地址记录到它的转发表中。转发表包括了网桥所能见到的所有连接站点的地址,它指出了被接收帧的方向。有些厂商提供的网桥允许用户编辑转发地址表,这样有助于网络的管理。

(2) 生成树的演绎。以太局域网的逻辑拓扑结构必须是无回路的,所有连接站点之间都只能有一个唯一的通路,因为回路会使网络发生故障。网桥可使用生成树(spanning tree)算法屏蔽掉网络中的回路。

(3) 透明性。网桥工作于MAC子层,对于它以上的协议都是透明的。换言之,只要两个网络MAC子层以上的协议相同,都可以用网桥互联。因此,网桥所连接的网络可以具有不同类型的网卡、介质和拓扑结构。例如可实现同轴电缆以太网与双绞线以太网,或是以太网与令牌网之间的互联。

(4) 存储转发。网桥的存储转发功能可用来解决穿越网桥的信息量临时超载问题,即网桥可以解决数据传输不匹配的子网之间的互联问题。

由于网桥是个存储转发设备,使用它一方面可以扩充网络的带宽,另一方面可以扩大网络的地理覆盖范围。

对传输介质而言,传统的局域网都是共享型的网络,在任何时刻介质上只允许一个数据包传递,例如在10Base-T中,网络带宽总容量为10Mbps,网络上众多工作站由于共享介质的限制,以及受碰撞而带来的损失,每个用户工作站真正能享有的带宽是很少的。如果用一个网桥连接两个以太网段,把各工作站均匀合理地分布在两个网段上,其网络总带宽得到近乎2倍的扩展。把网桥连接多个网段而提升带宽的方法通常称之为“微化网段”。微化网段

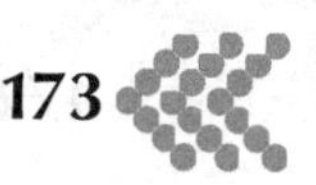

是一种早期提升网络带宽的方法,但仍有相当程度的局限性。交换局域网技术正是针对这种局限性而提出的一种新的提升局域网带宽的方法。

另外,由于网桥能存储 MAC 帧,所以不再受以太网冲突检测机制或定时的限制,可以在更大的地理范围内实现多个网段的互联。如果采用光纤网桥,可以经过光纤把更远距离的两个局域网互联。网桥还可以通过公共广域网把两个远程局域网连接起来。

(5) 管理监控。网桥可对扩展网络的状态进行监控,其目的在于更好地调整逻辑结构。有些网桥还可对转发和丢失的帧进行统计,以便进行系统维护。同时,它还可以间接地监视和修改转发地址表,允许网络管理模块确定网络用户站点的位置,以此来管理更大规模的网络。

3. 网桥存在的问题

根据网桥的工作原理,网桥最主要的功能是决定一个数据帧是否转发,从哪个端口转发。网桥要实现这一功能,必须要保存一张"端口-节点地址表"。在实际应用中,随着网络规模的扩大和用户节点数的增加,实际"端口-节点地指表"的存储能力有限,会不断出现"端口-节点地址表"中没有的节点地址信息。当带有这一类目的地址的数据帧出现时,网桥就按扩散法转发,即将该数据帧从其他所有端口广播出去。这种盲目发送数据帧的做法,造成网络中重复、无目的的数据帧传输数量急剧增加,从而给网络带来很大的通信负荷,也就造成了广播风暴,严重的广播风暴将导致整个网络瘫痪。当两个局域网通过网桥连接到一起时,任意一个局域网中的广播风暴都会使得两个局域网同时瘫痪。

除了广播风暴以外,使用网桥还会增加网络时延。网桥对接收的帧要先存储和查找转发地址表,然后才转发,而且不同的局域网有不同的帧格式。因此,网桥在互联不同的局域网时,需要对接收到的帧进行重新格式化,还要重新对新的帧进行差错校验计算,这都会增加时延。另外,当网络上的负荷很重时,网桥还会因为缓存的存储空间不够而发生溢出,产生帧丢失的现象。

4.3.6 交换机

交换和交换机最早起源于公用电话系统(Public Switched Telephone Network, PSTN)。自 1876 年美国贝尔发明电话以来,随着社会需求的日益增长和科技水平的不断提高,电话交换技术处于迅速的变革和发展之中。其历程可分为 3 个阶段: 人工交换、机电交换和电子交换。随着网络技术的不断发展,现在早已普及了程控交换机,交换的过程都是自动完成的。

交换(switching)作为交换机的主要工作过程,是指按照通信两端传输信息的需要,用人工或设备自动完成的方法,把要传输的信息送到符合要求的相应路由上的技术统称。广义的交换机(switch)就是一种在通信系统中完成信息交换功能的设备。

交换机拥有一条带宽很宽的背部总线和内部交换矩阵,交换机的所有的端口都挂接在这条背部总线上。控制电路收到数据包以后,处理端口会查找内存中的 MAC 地址对照表以确定目的节点 MAC 地址的网卡挂接在哪个端口上,通过内部交换矩阵直接将数据迅速传送到目的节点,而不是所有节点,目的 MAC 地址若不存在则广播到所有的端口。可以看出,这种方式一方面效率高,不会浪费网络资源,只是对目的地址发送数据,一般来说不易产生网络堵塞; 另一方面数据传输安全,因为它不是对所有节点都同时发送,发送数据时其他节点很难侦听到所发送的信息。

交换机还有一个重要特点是,它不像集线器那样每个端口共享带宽,它的每一端口都是独享交换机的一部分总带宽,这样在速率上对于每个端口来说有了根本的保障。如当节点A向节点D发送数据时,节点B可同时向节点C发送数据,而且这两个传输都享有带宽,都有着自己的虚拟连接。如果现在使用的是10Mbps 8端口以太网交换机,因每个端口都可以同时工作,所以在数据流量较大时,那它的总流量可达到8×10Mbps=80Mbps。但如果使用的是10Mbps的共享式hub,那数据流量再大,hub的总流通量也不会超出10Mbps。因为它是属于共享带宽式的,同一时刻只能允许一个端口进行通信。

交换机是一种基于MAC地址识别,能完成封装转发数据包功能的网络设备。交换机可以学习MAC地址,并把其存放在内部地址表中,通过在数据帧的始发者和目标接收者之间建立临时的交换路径,使数据帧直接由源地址到达目的地址。

1. 交换机的工作原理

下面介绍第二层交换机和第三层交换机的工作原理。

1) 第二层交换机工作原理

第二层交换技术发展已较成熟,第二层交换机属数据链路层设备,可以识别数据包中的MAC地址信息,根据MAC地址进行转发,并将这些MAC地址与对应的端口记录在自己内部的一个地址表中。第二层交换机的结构与工作过程如图4.17所示。

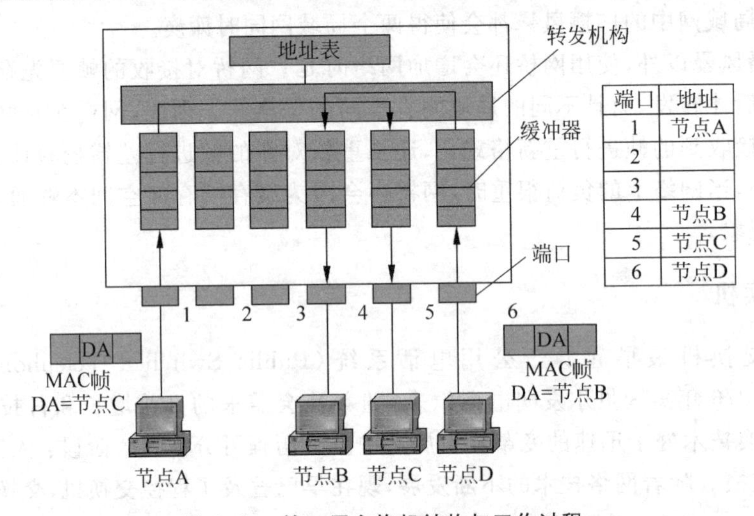

图4.17 第二层交换机结构与工作过程

图中的交换机有6个端口,其中端口1,4,5,6分别连接了节点A、节点B、节点C与节点D。那么交换机的"端口号/MAC地址映射表"就可以根据以上端口号与节点MAC地址的对应关系建立起来。如果节点A与节点D同时要发送数据,那么它们可以分别在Ethernet帧的目的地址字段(Destination Address,DA)中添上该帧的目的地址。

例如,节点A要向节点C发送帧,那么该帧的目的地址DA=节点C;节点D要向节点B发送帧,那么该帧的目的地址DA=节点B。当节点A、节点D同时通过交换机传送帧时,交换机的交换控制中心根据"端口号/MAC地址映射表"的对应关系找出帧的目的地址的输出端口号,那么它就可以为节点A到节点C建立端口1到端口5的连接,同时为节点D

到节点B建立端口6到端口4的连接。这种端口之间的连接可以根据需要同时建立多条,也就是说可以在多个端口之间建立多个并发连接。

2) 第三层交换机的工作原理

一个具有第三层交换功能的设备,是一个带有第三层路由功能的第二层交换机,但它是两者的有机结合,而不是简单地把路由器设备的硬件及软件叠加在局域网交换机上。

第三层交换机的工作原理如下:假设两个使用IP协议的站点A、B通过第三层交换机进行通信,发送站点A在开始发送时,把自己的IP地址与B站的IP地址进行比较,判断B站是否与自己在同一子网内,若目的站B与发送站A在同一子网内,则进行第二层的转发。若两个站点不在同一子网内,如发送站A要与目的站B通信,发送站A要向"默认网关"发出地址解析协议(Address Resolution Protocol,ARP)封包,而"默认网关"的IP地址其实是第三层交换机的第三层交换模块。当发送站A对"默认网关"的IP地址广播出一个ARP请求时,如果第三层交换模块在以前的通信过程中已经知道B站的MAC地址,则向发送站A回复B的MAC地址。否则第三层交换模块根据路由信息向B站广播一个ARP请求,B站得到此ARP请求后向第三层交换模块回复其MAC地址,第三层交换模块保存此地址并回复给发送站A,同时将B站的MAC地址发送到第二层交换引擎的MAC地址表中。从这以后,当A向B发送的数据包便全部交给第二层交换处理,信息得以高速交换。由于仅仅在路由过程中才需要第三层处理,绝大部分数据都通过第二层交换转发,因此第三层交换机的速度很快,接近第二层交换机的速度,同时比路由器的价格低很多。

2. 交换机的功能

交换机是网络中最重要的设备,它在网络产品系统集成和方案设计中起着核心作用。交换机主要完成OSI参考模型中物理层和数据链路层的功能,工作在OSI/RM参考模型的第二层,即数据链路层。主要功能如下。

① 物理编址。它定义了设备在数据链路层的编址方式。

② 网络拓扑结构。它包括数据链路层的说明,定义了设备的物理连接方式,如星状拓扑结构等。

③ 错误校验。它向发生传输错误的上层协议提出警告。

④ 数据帧序列。它重新整理并传输除序列以外的帧。

⑤ 流量控制。它可以延缓数据的传输能力,以使接收设备不会因为在某一时刻收到了超过其处理能力的信息流而崩溃。

随着网络技术的不断发展,交换机也得到了大力发展。目前交换机除了具备以上一些功能外,还具备了一些新的功能,如支持虚拟局域网(Virtual LAN,VLAN)和链路汇聚,甚至还具有防火墙的功能,也即第三层交换机所具有的功能。

第三层交换也称为多层交换技术或IP交换技术,是相对于传统交换概念提出的。传统的交换技术是在OSI模型中的第二层进行操作的,而第三层交换技术是在OSI模型中的第三层实现了分组的高速转发。简言之,第三层交换技术就是"第二层交换技术+第三层转发"。第三层交换技术的出现,解决了局域网中网段划分之后网段中的子网必须依赖路由器进行管理的局面,解决了传统路由器低速、复杂所造成的网络瓶颈问题。

3. 交换机的分类

交换机有如下多种分类方式。

1) 按网络覆盖范围划分

(1) 广域网交换机。广域网交换机主要用于电信城域网互联、互联网接入等领域的广域网中,提供通信用的基础平台。

(2) 局域网交换机。局域网交换机用于局域网,用于连接服务器、工作站、网络打印机、集线器、交换机和路由器等设备,提供高速独立信道。

2) 按传输介质和传输速度划分

按传输介质和传输速度可将交换机划分为以太网交换机、快速以太网交换机、千兆(G位)以太网交换机、10千兆(10G位)以太网交换机、FDDI交换机、ATM交换机以及令牌环交换机。

3) 按应用层级划分

按应用层级可将交换机划分为企业级交换机、校园网交换机、部门级交换机、工作组交换机以及桌面交换机。

4) 按交换机的结构划分

按交换机的端口结构来分,可分为固定端口交换机和模块化交换机两种不同的结构。其实还有一种是两者兼顾,那就是在提供基本固定端口的基础之上再配备一定的扩展插槽或模块。

(1) 固定端口交换机。固定端口即它所带有的端口是固定的。如果是8端口的,就只能有8个端口,再不能添加。16个端口也就只能有16个端口,不能再扩展。目前这种固定端口的交换机比较常见,端口数量没有明确规定,一般是8端口、16端口和24端口。

(2) 模块化交换机。模块化交换机虽然在价格上要贵很多,但拥有更大的灵活性和可扩充性,用户可任意选择不同数量、不同速率和不同接口类型的模块,以适应千变万化的网络需求。而且,机箱式交换机大都有很强的容错能力,支持交换模块的冗余备份,并且往往拥有可热插拔的双电源,以保证交换机的电力供应。在选择交换机时,应按照需要和经费综合考虑选择机箱式或固定方式。一般来说,企业级交换机应考虑其扩充性、兼容性和排错性,因此,应当选用机箱式交换机;而骨干交换机和工作组交换机则由于任务较为单一,故可采用简单明了的固定式交换机。

5) 按交换机工作的协议层划分

随着交换技术的发展,交换机由原来工作在OSI/RM的第二层,而现在有工作在第四层的交换机,所以根据工作的协议层,交换机可分为第二层交换机、第三层交换机和第四层交换机。

(1) 第二层交换机。目前桌面交换机一般都属于这种类型,因为桌面交换机一般来说所承担的工作不十分复杂,又处于网络的最基层,所以也就只需要提供最基本的数据链接功能即可。目前第二层交换机应用最为普遍,一般应用于小型企业或大中型企业网络的桌面层次。

(2) 第三层交换机。第三层交换机比第二层交换机功能更加强,由于它工作于OSI/RM模型的网络层,所以具有路由功能。它是将IP地址信息提供给网络路径选择,并实现不同网段间数据的快速交换。当网络规模较大时,可以根据特殊应用需求划分为小型独立的虚拟局域网网段,以减小网络广播风暴所造成的影响。通常这类交换机采用模块化结构,以适应灵活配置的需要。

(3) 第四层交换机。第四层交换机是采用第四层交换技术而开发出来的交换机产品，工作于 OSI/RM 模型的第四层，即传输层，直接面对具体应用。第四层交换机支持多种协议，如 HTTP，FTP、Telnet、SSL 等。由于该交换技术尚未真正成熟且价格昂贵，所以，目前第四层交换机在实际应用中还较少见。

6) 按是否支持网管功能划分

按是否支持网管功能可将交换机划分网络管理型和非网络管理型两大类。其中，网络管理型交换机的任务就是使所有的网络资源处于良好的状态。网络管理型交换机支持简单网络管理协议(Simple Network Management Protocol，SNMP)，SNMP 协议由一整套简单的网络通信规范组成，可以完成所有基本的网络管理任务，对网络资源的需求量少，具备一些安全机制。网络管理型交换机采用嵌入式远程监视(Remote Monitoring，RMON)标准用于跟踪流量和会话，对决定网络中的瓶颈和阻塞点十分有效。

4.3.7 路由器

路由器工作在网络层，用于连接多个逻辑上分开的网络。它的实物如图 4.18 所示。

1. 路由器的工作原理

通常把网络层地址信息叫做网络逻辑地址，把数据链路层地址信息叫做网络物理地址。物理地址通常是由硬件制造商规定的，例如每块以太网卡都有一个 48 位的站地址，这种地址由 IEEE 管理(给每个网卡制造商指定唯一的前 3 个字节值)，任意两个网卡不会有相同的地址。逻辑地址是由网络管理员在组网设置时指定的，这种地址可以按照网络的组织结构以及每个工作站的用途灵活设置，而且可以根据需要变更。逻辑地址也称做软件地址，用于网络层寻址。如图 4.19 所示，以太网 C 中硬件地址为 105 的站的软件地址为 C·05，这种用"·"记号表示地址的方法既标识了工作站所在的网络段，也标识了网络中唯一的工作站。

图 4.18 路由器

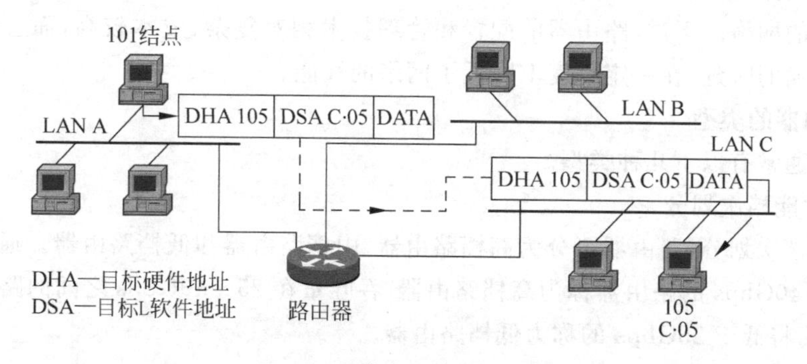

图 4.19 路由器的工作过程

路由器根据网络逻辑地址在互联的子网之间传递分组。一个子网可能对应于一个物理网段，也可能对应于几个物理网段。因此，逻辑地址实际上是由子网标识和工作站硬件地址两部分组成的。

图 4.19 说明了路由器的工作过程。LAN A 中的源节点 101 生成了多个分组，这些分

组带有源地址与目的地址。如果 LAN A 中的 101 节点要向 LAN C 中的目的节点 105 发送数据,那么它只按正常工作方式将带有源地址与目的地址的分组装配成帧发送出去。连接在 LAN A 的路由器接收到来自源节点 101 的帧后,由路由器的网络层检查分组头,根据分组的目的地址查询路由表,确定该分组的输出路径。如图中路由器确定该分组的目的节点在 LAN C,它就将该分组发送到目的节点所在的局域网中。若目的地址不在路由表中,路由器则认为这是个"错误分组",将它丢弃,不再转发。

2. 路由器的功能

(1) 路由选择。路由器可为不同网络之间的用户提供最佳的通信路径。路由器中配有路由表,路由表中列出了整个互联网络中包含的各个节点,以及节点间的路径情况和与它们相关的传输开销。当连接的一个网络上的数据分组到达路由器后,路由器根据数据分组中的目的地址,使用最小时间算法或最优路径算法进行信息传输路径的调节,从最佳路径把分组转发出去。如果某一网络路径发生了故障或阻塞,路由器可以为其选择另一条冗余路径,以保证网络的畅通。路由器还具有路由表维护能力,可根据网络拓扑结构的变化,自动调节路由表。

(2) 协议转换。路由器可对网络层及以下各层进行协议转换。

(3) 实现网络层的一些功能。路由器可以进行数据包格式的转换,实现不同协议、不同系统结构网络的互联。因为不同网络的分组大小可能不同,所以路由器要对数据包进行分段、组装,重新调整分组大小,使之适合于下一个网络的要求。

(4) 流量控制。路由器具有很强的流量控制能力,可以采用优化的路由算法来均衡网络负载,从而有效地控制拥塞,避免因拥塞而使网络性能下降。

(5) 网络管理与安全。路由器是多个网络的交汇点,网间的信息流都要经过路由器,在路由器上可以进行信息流的监控和管理。它还可以进行地址过滤,阻止错误的数据进入,起到防火墙的作用。路由器还能有效抑制广播风暴,起到安全壁垒的作用。如果局域网间是用路由器连接的,则广播风暴将限制在发生的那个局域网中,不会扩散。

(6) 多协议路由选择。路由器是与协议有关的设备,不同的路由器支持不同的网络层协议。多协议路由器支持多种协议,能为不同类型的协议建立和维护不同的路由表,连接运行不同协议的网络。不过,路由器的配置和管理技术相对复杂,成本较高,而且它的接入增加了数据传输的时延,在一定程度上降低了网络的性能。

3. 路由器的类型

路由器通常有以下几种类型。

1) 按性能档次划分

按性能档次划分,路由器可分为高档路由器、中档路由器和低档路由器。通常将路由器吞吐量大于 40Gbps 的路由器称为高档路由器,吞吐量在 25~40Gbps 之间的路由器称为中档路由器,而将低于 25Gbps 的称为低档路由器。

2) 按结构划分

按结构划分,路由器可分为模块化路由器和非模块化路由器。模块化结构可以灵活地配置路由器,以适应企业不断增长的业务需求,非模块化的就只能提供固定的端口。通常中高端路由器为模块化结构,低端路由器为非模块化结构。

3) 按功能划分

按功能划分,路由器可分为骨干级路由器、企业级路由器和接入级路由器。

(1) 骨干级路由器是实现企业级网络互联的关键设备,它数据吞吐量较大。对骨干级路由器的基本性能要求是高速度和高可靠性。为此,骨干级路由器普遍采用诸如热备份、双电源、双数据通路等传统冗余技术,从而使得骨干级路由器的可靠性得到大大提高。

(2) 企业级路由器连接许多终端系统,连接对象较多,但系统相对简单,因此对这类路由器的要求,是以尽量便宜的方法实现尽可能多的端点互联,同时还要求能够支持不同的服务质量。

(3) 接入级路由器主要用于连接家庭或小型企业客户群体。

4) 按所处网络位置划分

按所处网络位置划分,路由器可分为边界路由器和中间节点路由器。边界路由器处于网络的边缘,用于不同网络路由器的连接;而中间节点路由器则处于网络的中间,通常用于连接不同网络,起到一个数据转发的桥梁作用。由于各自所处的网络位置不同,其主要性能即有相应的侧重。如中间节点路由器因为要面对各种各样的网络,要识别这些网络中的各节点,依靠的是这些中间节点路由器的 MAC 地址的记忆功能。因此,选择中间节点路由器时就需要更加注重 MAC 地址记忆功能,也就是要求选择缓存更大、MAC 地址记忆能力较强的路由器。但是边界路由器由于它可能要同时接受来自许多不同网络路由器发来的数据,所以这种边界路由器的背板要有足够的带宽。

5) 按性能划分

按性能划分,路由器可分为线速路由器和非线速路由器。所谓线速路由器就是完全可以按传输介质带宽进行通畅传输,基本上没有间断和延时。通常线速路由器是高端路由器,具有较宽的端口带宽和数据转发能力,能以介质速率转发数据包,而非线速路由器多为中低端路由器,但目前一些新的宽带接入路由器也有线速转发能力。

4. 路由器与第三层交换机的比较

第三层交换机是将局域网交换机的设计思想应用在路由器的设计中产生的。随着 Internet 的广泛应用,第三层交换技术已成为一项重要技术。第三层交换机又称路由交换机、交换式路由器,虽然这些名称不同,但它们所表达的内容基本相同。

传统的路由器通过软件来实现路由选择功能,而第三层交换的路由器是通过专用集成电路(Application Specific Integrated Circuit,ASIC)芯片来实现路由选择功能。第三层交换设备的数据包处理时间将由传统路由器的几千微秒量级减少到几十微秒量级,甚至可以更短,因此大大缩短了数据包在交换设备中的传输延迟时间。

路由器通过软件来实现路由选择功能,因此它对不同的网络层协议类型的限制比较少。通过硬件来实现第三层交换的路由器,在网络层协议类型上受到一定的限制。目前,第三层交换主要是提供 IP 协议与 IPX 协议的路由选择服务。

第三层交换是基于硬件的路由选择。数据包的转发是由专业化的硬件来处理的。第三层交换机对数据包的处理程序与路由器相同,可实现如下功能:

① 根据第三层信息决定转发路径。

② 通过校验和验证第三层包头的完整性。

③ 验证数据包的有效期并进行相应的更新。

④ 处理并响应任何选项信息。

⑤ 在管理信息库中更新转发统计数据。

⑥ 必要的话,实施安全控制。

可见,随着计算机网络的发展,特别是多层交换技术的出现,现在的交换机已经具备了路由器的功能。

4.3.8 网关

网关是一种充当转换重任的计算机系统或设备。在使用不同的通信协议、数据格式或语言,甚至体系结构完全不同的两种系统之间,网关是一个翻译器。与网桥只是简单地传达信息不同,网关对收到的信息要重新打包,以适应目的系统的需求。同时,网关也可以提供过滤和安全功能。

1. 网关的工作原理

网关又称协议转换器,工作在ISO 7层协议的传输层或更高层。它的作用是使处于通信网上、采用高层协议的主机相互合作,完成各种分布式应用。网关提供从运输层到应用层的全方位的转换服务,实现起来非常复杂,因此一般的网关只能提供一对一或少数几种特定应用协议的转换。

图4.20说明了网关的工作原理。如果一个NetWare节点要与另一局域网中的一台TCP/IP主机通信,由于两者的高层网络协议不同,所以局域网中的NetWare节点不能直接访问TCP/IP的主机,它们之间的通信必须由网关来完成。网关的作用是为NetWare产生的报文加上必要的控制信息,将它转换成TCP/IP主机支持的报文格式。当需要反方向通信时,网关同样要完成TCP/IP报文格式到NetWare报文格式的转换。

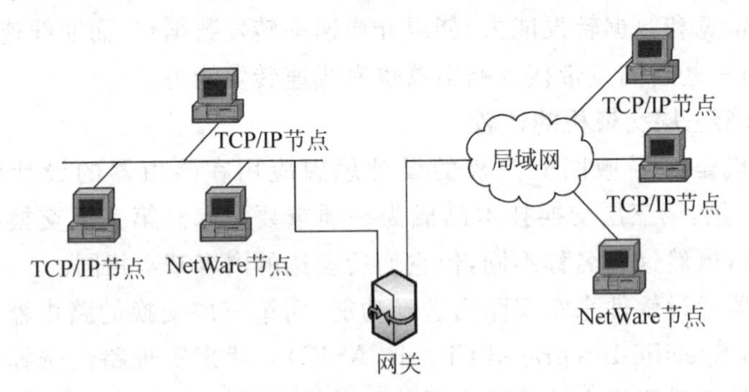

图4.20 网关的工作过程

网关的主要转换项目包括信息格式变换、地址变换、协议变换等。格式变换是将数据包的最大长度、文字代码、数据的表现形式等变换成适用于对方网络的格式。地址变换是由于每个网络地址构造不同,因而在跨网络传输时,需要变换成对方网络所需要的地址格式。协议变换则是把各层使用的控制信息变换成对方网络所需的控制信息,因此要进行信息的分割/组合,数据流量控制、错误检测等。

2. 网关的分类

网关按其功能可以分为协议网关、应用网关和安全网关3种类型。

(1) 协议网关。协议网关通常在使用不同协议的网络区域之间进行协议转换。这一转换过程可以发生在OSI参考模型的第二层、第三层或第二、第三层之间。协议网关是网关中最常见的一种,协议转换必须考虑两个协议之间特定的相似性和差异性,所以它的功能十分复杂。

(2) 应用网关。应用网关是在应用层连接两部分应用程序的网关,是在不同数据格式间翻译数据的系统。它接收一种格式的分组,将之翻译,然后以新的格式发送出去。这类网关一般只适合于某种特定的应用系统的协议转换。

(3) 安全网关。安全网关就是防火墙。有关防火墙的内容将在后面第7章作详细介绍。

网关可以是本地的,也可以是远程的。另外,一个网关还可以由两个半网关构成。在实际应用中,把一个网关分成两个半网关,会给使用和管理带来很大的方便。选择两种不同的半网关组合,可以灵活地互联两种不同的网络。由于半网关可分别属于各网络所有,可以分别进行维护与管理,因此避免了一个网关由两个单位共有而带来的非技术性的麻烦。目前,网关已成为网络上每个用户都能访问大型主机的通用工具。

4.3.9 无线接入点

无线接入点(Access point,AP)的作用相当于局域网集线器。它在无线局域网和有线网络之间接收、缓冲存储和传输数据,以支持一组无线用户设备。AP通常是通过标准以太网线连接到有线网络上,并通过天线与无线设备进行通信。在有多个接入点时,用户可以在接入点之间漫游。接入点的有效范围是20～500m。根据技术、配置和使用情况,一个接入点可以支持15～250个用户,通过添加更多的接入点,可以比较轻松地扩充无线局域网,从而减少网络拥塞并扩大网络的覆盖范围。

AP是一个包含很广的名称,是所有无线覆盖设备的统称。但随着无线路由的普及,当前的AP可分为单纯型AP和扩展型AP两类。单纯型AP的功能相对简单,缺少路由功能,仅相当于无线集线器。而扩展型AP也即无线路由器,由于它功能较全,大多数扩展型AP不但具有路由交换功能还有动态主机配置协议(Dynamic Host Configuration Protocol,DHCP)、网络防火墙等功能。

对于单纯型AP和无线路由器可以从以下几个方面加以区分。

1) 从功能上区分

单纯型AP主要提供无线工作站对有线局域网和有线局域网对无线工作站的访问,在访问接入点覆盖范围内的无线工作站可以通过它进行相互通信。通俗地讲,单纯型AP是无线网和有线网之间沟通的桥梁。由于单纯型AP的覆盖范围是一个向外扩散的圆形区域,因此,应当尽量把单纯型AP放置在无线网络的中心位置,以避免因信号衰减而导致通信失败。

无线路由器是单纯型AP与宽带路由器的一种结合体,它借助于路由器,可实现家庭无线网络中的Internet连接共享,实现ADSL和小区宽带的无线共享接入。另外,无线路由器可以把通过它进行无线和有线连接的终端都分配到一个子网,这样子网内的各种设备交换数据就非常方便。

2) 从应用上区分

单纯型AP在需要大量AP来连网的公司用得较多,所有AP通过以太网连接并连到独立的无线局域网防火墙。

无线路由器在小型办公室/家庭办公室的环境中使用得较多,在这种环境下,一个AP

就足够了。无线路由器一般包括了网络地址转换协议，以支持无线局域网用户的网络连接共享。大多数无线路由器包括一个 4 个端口的以太网转换器，可以连接几台有线 PC，这有利于管理路由器或者把一台打印机连上局域网。

4.3.10 网闸

网闸（Gatekeeper，GAP）的全称安全隔离与信息交换系统，也叫安全隔离网闸。网闸一般指链路层的断开，即物理隔离。基于物理隔离技术的代表产品主要为物理隔离卡/隔离集线器等。网闸在安全性的实现上，也采用了物理隔离卡的思想，即实现了任一时刻链路层的断开，这与串口隔离、防火墙等软隔离是不同的。

与物理隔离卡/集线器相比，网闸最主要的区别是：它能够实现网络间安全适度的信息交换，而物理隔离卡不提供这样的功能。显然，网络间适度信息交换是实现一体化业务办公系统的重要基础，然而这必须在确保网络安全的前提下来实现。

路由器、交换机分别工作在 OSI 7 层协议的网络层和数据链路层，作为网络设备首要考虑的是互通性和互操作性。虽然路由器、交换机也提供了访问控制列表（Access Control List，ACL）和虚拟局域网（Virsual LAN，VLAN）等安全手段，然而这种基于网络包的安全性是非常薄弱的。而网闸所提供的安全适度的信息交换是在网络之间不存在链路层连接的情况下进行的。网闸直接处理网络间的应用层数据，利用存取/发送的方法进行应用数据的交换，在交换的同时，对应用数据进行各种安全检查。防火墙一般在进行 IP 包转发的同时，通过对 IP 包的处理，实现对 TCP 会话的控制，但是对应用数据的内容不进行检查。这种工作方式无法防止泄密，也无法防止病毒和黑客程序的攻击。而网闸通过协议转化、病毒查杀、关键字过滤等多种安全技术，从多个层面上控制了信息交换的整体安全性，最大程度上降低了内部网络遭受攻击和无意泄密等安全风险。

网闸是使用带有多种控制功能的固态开关读写介质连接两个独立主机系统的信息安全设备。由于物理隔离网闸所连接的两个独立主机系统之间，不存在通信的物理连接、逻辑连接、信息传输命令以及信息传输协议，不存在依据协议的信息包转发，只有数据文件的无协议"摆渡"，且对固态存储介质只有"读"和"写"两个命令。所以，物理隔离网闸从物理上隔离、阻断了具有潜在攻击可能的一切连接，使黑客无法入侵、无法攻击和无法破坏，实现了真正的安全。

作为新一代高安全度的企业级信息安全防护设备，网闸依托安全隔离技术，为信息网络提供了更高层次的安全防护能力，不仅使得信息网络的抗攻击能力大大增强，而且有效地防范了信息外泄事件的发生。

1. 网闸的工作原理

网闸技术是一种通过专用硬件使两个或者两个以上的网络在不连通的情况下，实现安全数据传输和资源共享的技术。它采用独特的硬件设计并集成多种软件防护策略，能够抵御各种已知和未知的攻击，显著地提高内网的安全强度，为用户创造安全的网络应用环境。

网闸的工作原理是：切断网络之间的通用协议连接，将数据包进行分解或重组为静态数据，对静态数据进行安全审查，包括网络协议检查和代码扫描等，确认后的安全数据流入内网单元，内部用户通过严格的身份认证机制获取所需数据。

安全隔离与信息交换系统一般由三部分构成：内网处理单元、外网处理单元和专用隔

离硬件交换单元。系统中的内网处理单元连接内网，外网处理单元连接外网，专用隔离硬件交换单元在任一时刻仅连接内网处理单元或外网处理单元，与两者间的连接受硬件电路控制高速切换。这种独特设计保证了专用隔离硬件交换单元在任一时刻仅连通内网或者外网，既满足了内网与外网网络物理隔离的要求，又能实现数据的动态交换。安全隔离与信息交换系统的嵌入式软件系统里内置了协议分析引擎、内容安全引擎和病毒查杀引擎等多种安全机制，可以根据用户需求实现复杂的安全策略。安全隔离与信息交换系统可以广泛应用于银行、政府等部门的内网访问外网，也可用于内网的不同信任域间的信息交互。

2. 网闸的功能

网闸不仅提供基于网络隔离的安全保障，支持 Web 浏览、安全邮件、数据库、批量数据传输和安全文件交换、满足特定应用环境中的信息交换要求，还提供高速度、高稳定性的数据交换能力，可以方便地集成到现有的网络和应用环境中。网闸的功能主要体现在以下几个方面。

1）网闸的应用支持

网闸通过增加应用交换模块支持常见的应用数据交换，通常包括文件数据交换、HTTP 访问、WWW 服务、收发电子邮件、数据库应用，支持 ORACLE、SYBASE、MSSQL、MYSQL、ODBC 及对数据库的访问、数据库的同步，常见的行业应用如 TCP/UDP 的定制等。

2）网闸专用安全操作系统

网闸的专用安全操作系统，是把操作系统裁剪为最小化的嵌入式内核。即将操作系统安全级别设置为最高级，加固操作系统；提供具有最高强度的抗拒绝服务/分布式拒绝服务(Denial of Service and Distributed Denial of Service，DoS/DDoS)攻击特性；支持防扫描的功能和嵌入式的入侵检测防御功能；支持强制访问控制、基于时间的访问控制、安全审计和认证等多种安全机制；具有比防火墙系统更高的安全性、可靠性和可用性。

3）用户身份认证管理

用户身份认证管理用来实现访问控制，用于管理员和用户访问或使用网闸服务端口的鉴别、授权和审计。

4）访问控制

基于时间的访问控制，支持定义网闸准许交换数据的时间；基于 IP 的访问控制，支持定义可以使用网闸的 IP 范围；基于端口的访问控制，支持定义开放端口范围，有些应用采用多端口，还必须提供基于应用的白名单访问控制；网闸管理的访问控制，支持定义管理员管理网闸的 IP。

5）安全审计

安全审计包括审计数据产生、审计分析、审计查阅、审计事件选择、审计事件存储和审计报告等。为了提高审计效率，一般采用 Windows 平台的安全审计软件来独立作业。每个审计记录中至少包括日期、时间、事件类型、主体身份、事件的结果和事件的相关信息等。安全审计应该由安全审计员来完成。

6）安全管理

网闸的管理员划分为系统管理员、配置管理员和审计管理员，实行三权分离，相互制约。系统管理员负责操作系统的配置和管理，可以进行系统维护，但不能对网闸的日志信息进行更改；配置管理员拥有对网闸的安全策略进行管理、配置和修改的权利；审计管理员负责对系统日志进行审计管理。

7）其他可选功能

防病毒功能：将外网的文件和数据交换到内网时，对文件进行病毒检查，确保没有病毒，才允许这些文件转发到内网指定的主机或服务器。

防泄密功能：预防内网用户访问外网网站泄密。主要措施包括禁止使用 post 等命令，禁止 URL 的路径和文件名，禁止同时或连续交叉使用两个或两个以上的网站等。

3. 网闸的主流技术

目前网络隔离的断开技术有两大类。一是动态断开技术，如基于 SCSI 的开关技术和基于内存总线的开关技术。动态断开技术主要是通过开关技术来实现的。一般由两个开关和一个固态存储介质组成。另一类是固定断开技术，如单向传输技术。

1）基于 SCSI 的网闸技术

基于 SCSI 的网闸技术是目前主流的网闸技术。SCSI 是一个外设读写协议，而不是一个通信协议。外设协议是一个主从的单向协议，外部设备仅仅是一个介质目标，不具备任何逻辑执行能力，主机写入数据，但并不知道是否正确。需要读出写入的数据，通过比较来确认写入的数据是否正确。因此，SCSI 本身已经断开了 OSI 模型中的数据链路，没有通信协议。但 SCSI 本身有一套外设读写机制，这些读写机制保证读写数据的正确性和可靠性。该网闸技术的工作示意如图 4.21 所示。需要注意的是，在任何时候 K_1 和 K_2 都不能同时连通。

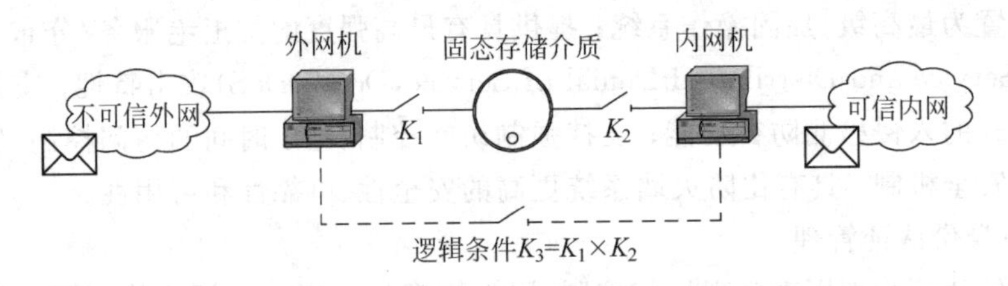

图 4.21 基于 SCSI 的网闸技术

SCSI 的可靠性保证与通信协议的可靠性保证在机制上是不同的。通信协议的可靠性保证是通过对方的确认来完成的。SCSI 写入数据的可靠性保证，是靠验证来确认。对通信协议的攻击，受害者是对方，对 SCSI 的读写机制进行破坏，不会伤害到对方。

2）基于总线的网闸技术

基于总线的网闸技术也是目前成熟的技术之一。这种技术采用一种叫双端口的静态存储器(dual port SRAM)，配合基于独立的复杂可编程逻辑器件(Complex Programmable Logic Device，CPLD)控制电路，以实现在两个端口上的开关，双端口各自通过开关连接到独立的计算机主机上。CPLD 作为独立的控制电路，确保双端口静态存储器的每一个端口上存在一个开关，两个开关不能同时闭合。当交换的内容是文件数据时，它确实给出了一种隔离断开的实现，但当交换的内容是 IP 包，则不是。

因为双端口 RAM 可以进行 IP 包的存储和转发，这是一种结构缺陷。采用这种技术的产品，应该严格检查是否实现了 TCP/IP 协议的剥离，是否实现了应用协议的剥离，确保是应用输出或输入的文件数据被转发，而不是 IP 包。除此之外，还必须有机制来保证双端口 RAM 不会被黑客用来转发 IP 包。如果设计不当，TCP/IP 协议没有剥离，IP 包会直接被写

入内存存储介质，并且被转发。在这种情况下，尽管 OSI 模型的物理层是断开的，链路层也是断开的，由于 TCP/IP 协议的第三层和第四层没有断开，也不是网络隔离。

3）基于单向传输的网闸技术

固定断开技术采用的是单向传输，不需要开关。单向传输必须保证单向。如果硬件上是双向的，仅从数据链路传输的方向上来控制，还是可能被攻击，因此不是严格意义上的网络隔离。单向传输，从本质上改变了通信的概念，不再是双方交互通信，而变成了单向广播。广播者有主控权，接收者完全是被动的。

单向传输最大的难点是如何保障可靠性。发送方并不知道接收方是否可靠地接收到数据，必须通过其他的机制来提供可靠保障，这种类似的机制有很多，如 RAID 技术。

4. 网闸的应用范围

(1) 局域网与互联网之间。有些局域网络，特别是政府办公网络，涉及政府敏感信息，有时需要与互联网在物理上断开，用物理隔离网闸是一个常用的办法。

(2) 办公网与业务网之间。由于办公网络与业务网络的信息敏感程度不同，例如，银行的办公网络和银行业务网络就是很典型的信息敏感程度不同的两类网络。为了提高工作效率，办公网络有时需要与业务网络交换信息。为解决业务网络的安全，比较好的办法就是在办公网与业务网之间使用物理隔离网闸，实现两类网络的物理隔离。

(3) 电子政务的内网与专网之间。在电子政务系统建设中要求政府内网与外网之间用逻辑隔离，在政府专网与内网之间用物理隔离，现在常用的方法是用物理隔离网闸来实现。

(4) 业务网与互联网之间。电子商务网络一边连接着业务网络服务器，一边通过互联网连接着广大用户。为了保障业务网络服务器的安全，在业务网络与互联网之间应实现物理隔离。

(5) 涉密网与非涉密网之间。电子政务建设中一般都对网络按照安全级别进行了安全域的划分，这在一定程度上保证了信息的安全，非涉密的系统及面向公众的信息采集和发布系统主要运行在非涉密网部分。涉密网、非涉密网之间物理隔离，依照涉密信息“最小化”原则，进行涉密网和非涉密网之间两个不同的信息安全域信息的适度“可靠交换”。

4.4　局域网组网示例

4.4.1　对等网络

在 P2P 网络环境中，成千上万台彼此连接的计算机都处于对等或同等的地位，整个网络一般不依赖于专用的集中服务器。网络中的每一台计算机既能充当网络服务的请求者，又能对其他计算机的请求做出响应，提供资源与服务。在实际的对等网组网中有 3 种对等网方案，即最小结构对等网、星状对等网以及总线状对等网，这里仅介绍前两种对等网。

1. 最小结构对等网

该种方案只需使用交叉双绞线连接两台计算机上的网卡，即能组成最小结构对等网。在组网过程中，需要 2 块网卡、2 个 RJ-45 插头以及交叉线 1 根；操作系统采用 Windows 98/2000/XP。制作交叉双绞线时，双绞线两端的水晶头排线顺序分别采用 EIA/TIA 568A 标准和 EIA/TIA 568B 标准，其线序如表 4.2 所示。

将制作好的交叉双绞线两端分别插入两台计算机的网卡中，如图 4.22 所示，即组成了最小结构对等网。

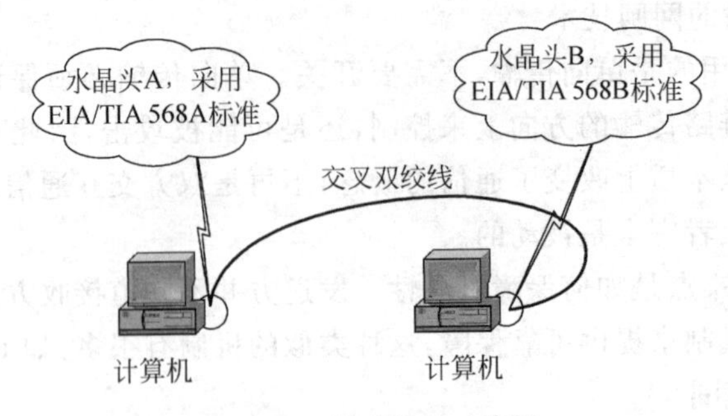

图 4.22 最小结构对等网

2. 星形对等网

星形对等网方案是 100Base-T 总线状以太网结构，要借助集线器或交换机作为中央设备进行组网。客户机和中央设备之间的距离不要超过 100m。星形对等网采用直通双绞线连接集线器或交换机。

在组网过程中，需要每台计算机带有 RJ-45 接口的网卡一个、RJ-45 插头两个以及直通线一根；操作系统采用 Windows 98/2000/XP。制作直通双绞线时，双绞线两端的水晶头排线顺序均采用 EIA/TIA 568A 或 EIA/TIA 568B 标准，其线序如表 4.1 所示。

将制作好的直通双绞线两端分别插入计算机的网卡和集线器或交换机的普通接口中，即完成了星形对等网的硬件连接。星形网络的连接如图 4.23 所示。需要说明的是，星形对等网中的每台计算机既为工作站又为服务器。

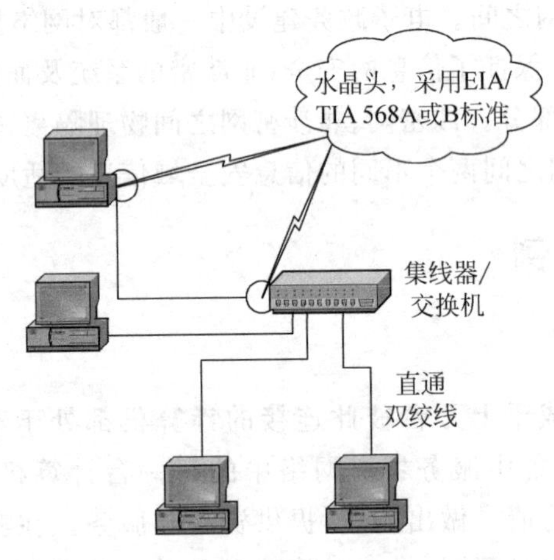

图 4.23 星形对等网络的连接

4.4.2 校园网络

某大学在全校范围内建立了信息管理系统，实现了电子邮件、多媒体通信、数据库信息系统的统一管理，也实现了内部局域网与 Internet 互联等功能。其网络拓扑结构示意如图 4.24 所示。

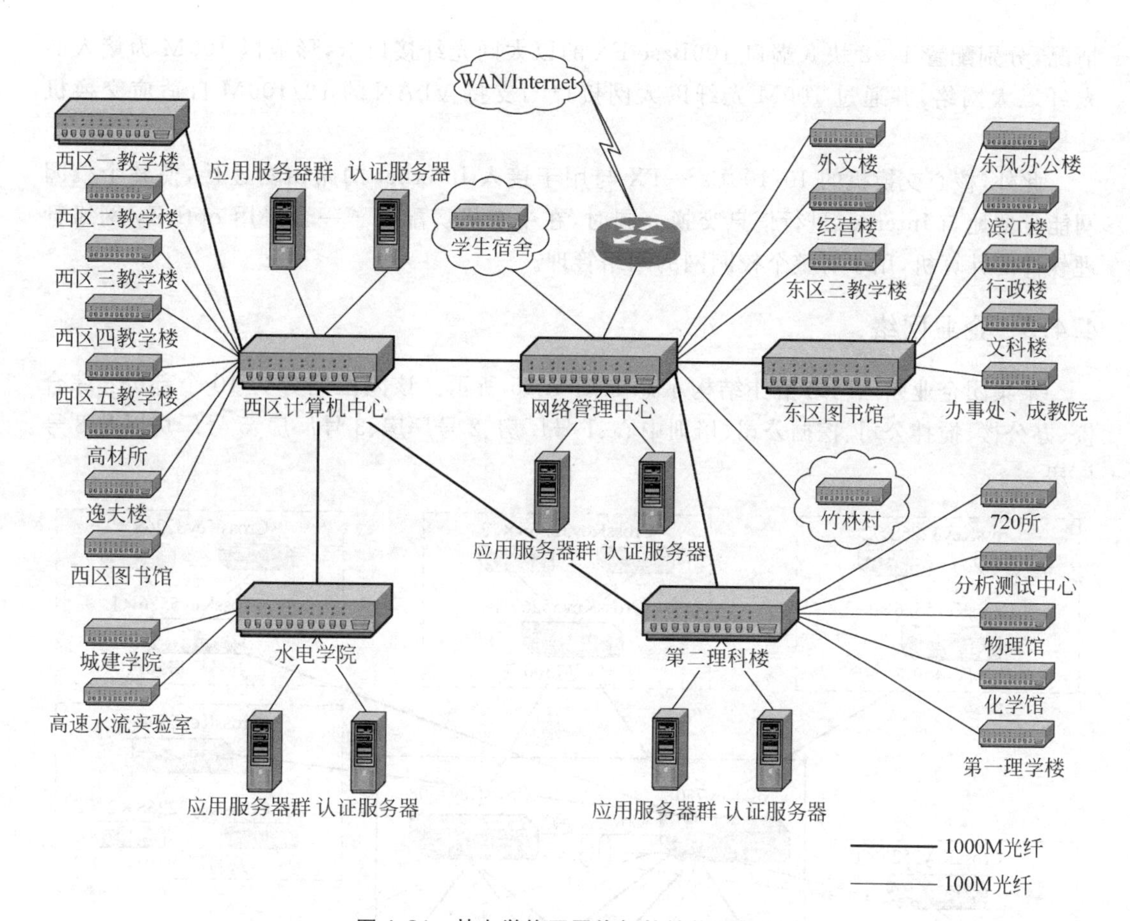

图 4.24 某大学校园网络拓扑结构示意图

该大学采用了100/1000M光纤作为校园网的主干网。由于校园主干网承担了整个学校的网络包交换、子网划分、网络管理等重要任务,因此该网络采用了具有路由功能和包交换性能高的3层交换机作为主干网的节点,它们分别分布在西区计算中心、网络管理中心、第二理科楼,东区图书馆、水电学院和西区一教学楼。前三者构成一环网,既可实现环内高速交换,又提高了网络可靠性。为了保证网络系统的中心交换能力,其主交换机采用了数据吞吐能力不低于7Gbps的交换机。各大楼采用了10/100M自适应的、具有良好性能的和支持虚拟局域网的二层交换机,这样既可以适应目前学校现有的10M/100M设备混合使用的现状,又能为今后增加设备提供了方便。

网络连接着对带宽和可靠性有较高要求的设备,如服务器、交换机等,同时各大楼内的主交换机通过100M的光纤与千兆主干网连接,学生和家属宿舍使用二层交换机直接连接到桌面。因此主干网为3个星状拓扑结构,每个星状网的核心交换机通过千兆光纤相连,整个网络在布线上是一种前面所述的环状结构。

该大学校园网共分成5个子网:西区计算中心子网、网络管理中心子网、第二理科楼子网、水电学院子网以及东区图书馆子网。每个子网都选用了一台北电的Accelar 1200三层交换机作为核心交换机,它带有16个10/100M以太网接口及相应的千兆光纤口,用作核心交换机所在大楼的网络接口。同时在每个Accelar 1200交换机上还根据各子网的不同情况,分别配置1～2块8端口100Base-FX的以太网光纤接口卡,形成以100M为接入的光纤以太网络,并通过100M光纤以太网接口与支持VLAN的10/100M自适应交换机连接。

此外,核心交换机的10/100Base-TX与用于接入Internet的路由器连接,使整个校园网能方便地与Internet进行信息交换。同时,在中心机房配置了一台采用optivity网络管理软件的计算机,用于对整个校园网的网络管理。

4.4.3 企业网络

某集团企业园区网络拓扑结构示意如图4.25所示。该园区网分为10个部分:综合楼、办公楼、搅拌公司、挖掘公司、培训中心、1号厂房、2号厂房、3号厂房、5号厂房以及8号厂房。

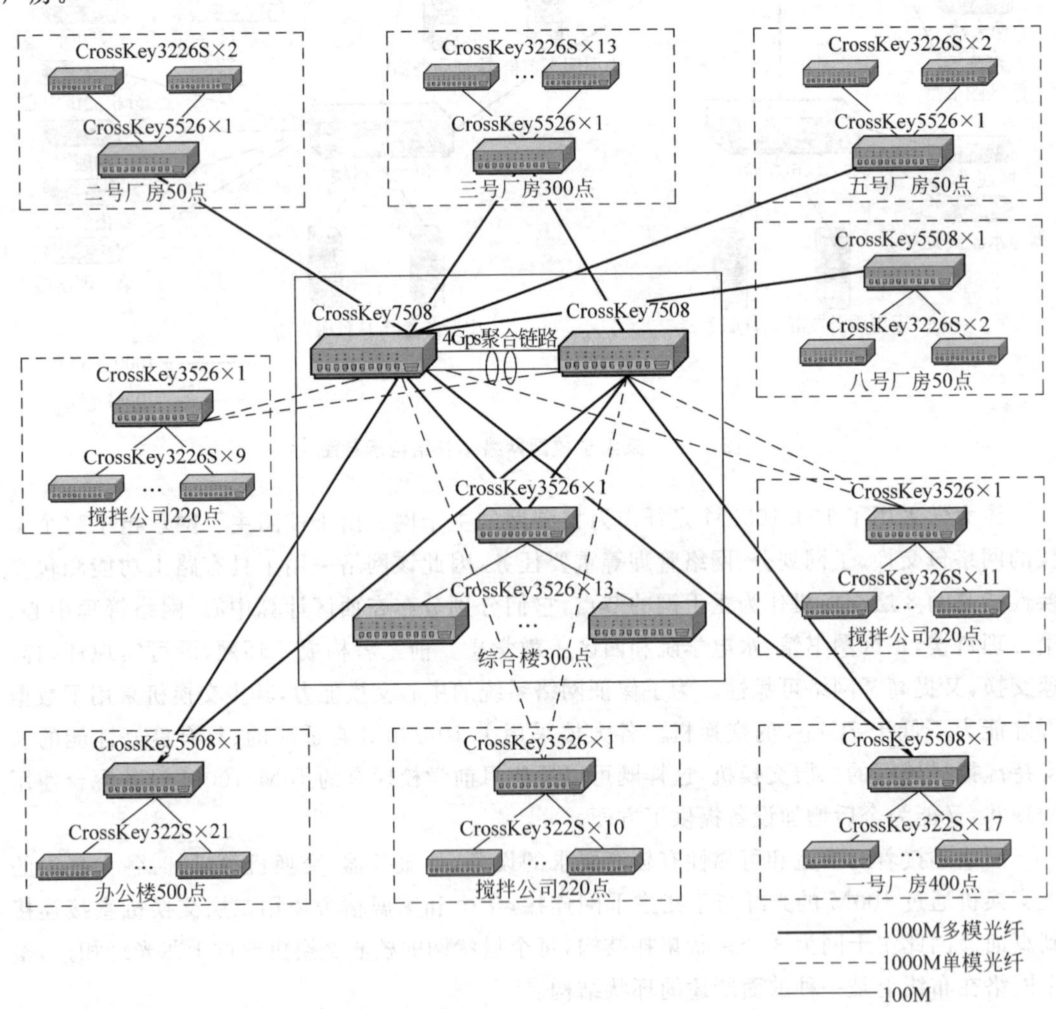

图4.25 某企业集团园区网络拓扑结构示意图

整个网络以1000M光纤为主干,中心交换机具有强大的交换、路由能力功能,可处理海量数据的传输;汇聚交换机支持3层线速转发功能;接入交换机具有灵活的VLAN划分、

QoS 和流量控制等特性。

整个网络结构从逻辑上分为 3 层：核心层、汇聚层和接入层。

(1) 核心层也就是网络管理中心，设在综合楼内，两台 CrossKey7508 核心交换机之间用 2 条千兆光纤互连以实现双机冗余备份，可避免某个核心交换机宕机而使整个网络瘫痪，实现一台交换机出现故障后自动切换到另外一台交换机上。

(2) 汇聚层是 10 个办公楼及厂房的 3 层交换机 CrossKey5508 或 CrossKey3526。节点较多的办公楼用两条 1000M 光纤分别连接到核心交换机 CrossKey7508 上，节点较少的办公楼用一条 1000M 光纤连接到核心交换机 CrossKey7508。

(3) 接入层是每个办公楼及厂房中的二层交换机 CrossKey3226S，分别用 100M 双绞线连接到本地的汇聚设备。

该企业网络具有以下特点。

(1) 网络核心交换机采用双机热备份，实现了关键设备及部件的冗余备份，保证了企业网络具有高可靠性和高稳定性。

(2) 两台核心交换机可以工作在备份模式或负载均衡模式。

(3) 核心交换机均支持服务器和防火墙的流量负载均衡，以提高网络服务器访问性能。

(4) 企业网络主干链路为全光纤链路，传输速率达到 1000M，可以满足企业的大量数据传输、VOD 点播、视频会议及其他网络应用需求。

(5) 汇聚层设备用两条 1000M 光纤分别连接到两台核心交换机，实现主干链路物理备份冗余，避免单点故障而引起网络瘫痪。

(6) 汇聚层设备支持路由功能，大大减少了垃圾数据包的产生及传播。

(7) 接入层交换机最高支持堆叠 8 台，可以方便地扩展网络信息节点。

(8) 接入层交换机支持 802.1x 端口认证，可增加网络访问的安全性。

(9) 支持 IP 地址、MAC 地址及端口的绑定，以防止非法用户的访问。

(10) 可灵活划分 VLAN，并且支持动态 VLAN，既可隔离网络广播又可保障网络访问的安全性。

(11) 整个网络用 CrossView 网络管理软件，统一进行网络拓扑发现和生成、网络配置和网络性能的管理。

(12) 网络采用分层结构，便于网络管理、维护和排错等，可大大降低网络运行成本。

本章小结

本章介绍了网络传输介质、主机(包括用户工作站和服务器)、网络设备(包括网卡、调制解调器、中继器、中线器、网桥、交换机、路由器、网关、无线接入点和网闸)以及局域网组网示例。应指出的是，对各类网络设备，特别是使用较多的交换机和路由器的工作原理应搞清楚。就局域网而言，目前主要使用的有线局域网是主要交换局域网，其采用的拓扑结构大部分为树形拓扑结构，除末线路点外，各结点几乎为以太网交换机，也有少量局域网的主干网采用环形拓扑结构，即为点到点的广域环网，如本章 4.4 节中的校园网示例所述。

思 考 题

1. 计算机网络使用哪些传输介质？试观察你周围的计算机网络，并找出连接计算机的传输介质。

2. 简述各种传输介质的特点。

3. 什么是工作站？

4. 网络服务器有哪些功能？

5. 服务器采用哪些主流技术？

6. 简述网卡的工作原理。

7. Modem 有哪些功能？

8. 简述集线器的功能与工作原理。

9. 简述网桥的工作原理。

10. 简述交换机的工作原理与功能。

11. 简述路由器的工作原理及其功能。

12. 什么是第三层交换？第三层交换机的路由功能和路由器的路由功能有何区别？

13. 什么是无线接入点？

14. 简述网闸的工作原理与功能。

15. 试通过了解你所在单位或学校的计算机网络，说明应该如何组建一个局域网。

第5章　网络操作系统

网络操作系统是计算机网络中用户与网络资源的接口，由一系列软件模块组成，负责控制和管理网络资源。网络操作系统的优劣，直接影响到计算机网络功能的有效发挥，可以说网络操作系统是计算机网络的中枢神经，处于网络的核心地位。早期的网络操作系统只是一种最基本的文件系统，只能提供简单的文件服务和某些安全性能，随着计算机网络的发展，网络操作系统的功能不断得到丰富、完善和提高。因此，掌握网络操作系统是进行一切网络操作的前提和基础。

通过本章学习，可以了解(或掌握)：

- 操作系统及网络操作系统的基本概念、基本原理；
- 操作系统及网络操作系统的发展、分类、特点及基本功能；
- Windows 系列操作系统的发展演变；
- Windows NT/2000 的体系结构、工作组模型及域模型等基本概念；
- Windows 2000 的性能特点及其功能，包括活动目录服务及增强的 IIS 等新功能；
- Windows 2003 的性能特点、功能及其新引进的安全技术；
- UNIX、Linux 等典型网络操作系统的基本情况及其特点。

5.1　操作系统及网络操作系统概述

网络操作系统由操作系统发展而来，故在介绍网络操作系统之前有必要先对操作系统进行简要的介绍。

5.1.1　操作系统概述

1. 操作系统的基本概念

计算机系统由硬件和软件两部分构成。软件又可分为系统软件和应用软件。系统软件是为解决用户使用计算机而编制的程序，如操作系统、编译程序、汇编程序等；应用软件是为解决某个特定问题而编制的程序。在所有软件中，操作系统是紧挨着硬件的第一层软件，其他软件则是建立在操作系统之上。

因此，操作系统在计算机系统中占据着非常重要的地位，它不仅是硬件与所有其他软件之间的接口，而且是整个计算机系统的控制和管理中心。操作系统已成为现代计算机系统中一个必不可少的关键组成部分。

操作系统(Operating System,OS)是若干程序模块的集合,它们能有效地组织和管理计算机系统中的硬件及软件资源,合理地组织计算机工作流程,控制程序的执行,并向用户提供各种服务功能,使得用户能够灵活、方便、有效地使用计算机,使整个计算机系统能够高效运行。

操作系统有两个重要作用:

(1) 管理系统中的各种资源。操作系统是资源的管理者和仲裁者,由它负责资源在各个程序之间的调度和分配,保证系统中的各种资源得以有效利用。

(2) 为用户提供良好的界面。

2. 操作系统的特征

(1) 并发性。并发性是指在计算机系统中同时存在多个程序,宏观上看,这些程序是同时向前推进的。在单 CPU 环境下,这些并发执行的程序是交替在 CPU 上运行的。程序的并发性具体体现在如下两个方面:用户程序与用户程序之间并发执行;用户程序与操作系统程序之间并发执行。

(2) 共享性。共享性是指操作系统程序与多个用户程序共用系统中的各种资源。这种共享是在操作系统控制下实现的。

(3) 随机性。操作系统是运行在一个随机的环境中。一个设备可能在任何时候向处理机发出中断请求,系统也无法知道运行着的程序会在什么时候做什么事情。

3. 操作系统的地位

没有任何软件支持的计算机称为裸机,而实际的计算机系统是经过若干层软件改造的计算机,操作系统位于各种软件的最底层,是与计算机硬件关系最为密切的系统软件,操作系统是硬件的第一层软件扩充,如图 5.1 所示。

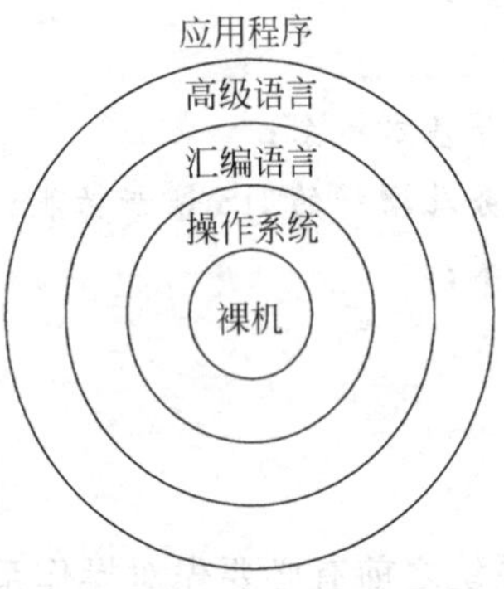

图 5.1 计算机系统的层次结构

4. 操作系统的功能

(1) 进程管理。进程管理主要是对处理机进行管理。CPU 是计算机系统中最宝贵的硬件资源,为了提高 CPU 的利用率,采用了多道程序技术。如果一个程序因等待某一条件而不能运行下去时,就把处理机占用权转交给另一个可运行程序。或者,当出现了一个比当前运行的程序更重要的可运行的程序时,后者应能抢占 CPU。为了描述多道程序的并发执行,就要引入进程的概念。通过进程管理协调多道程序之间的关系,解决对处理机分配调度策略、分配实施和回收等问题,以使 CPU 资源得到最充分的利用。

因操作系统对处理机管理策略的不同,其提供的作业处理方式也不同,如有批处理方式、分时方式和实时方式。从而呈现在用户面前的是具有不同性质的操作系统。

(2) 存储管理。存储管理主要管理内存资源。内存价格相对昂贵,容量也相对有限。因此,当多个程序共享有限的内存资源时,如何为它们分配内存空间,以使存放在内存中的程序和数据能彼此隔离、互不侵扰;尤其是当内存不够用时,如何解决内存扩充问题,即将内存和外存结合起来管理,为用户提供一个容量比实际内存大得多的虚拟存储器,这是操作系统的存储管理功能要承担的重要任务。操作系统的这一部分功能与硬件存储器的组织结构密切相关。

(3) 文件管理。系统中的信息资源是以文件形式存放在外存储器上,需要时再把它们装入内存。文件管理的任务是有效地支持文件的存储、检索和修改等操作,解决文件的共享、保密和保护等问题,以使用户方便、安全地访问文件。操作系统一般都提供很强的文件系统。

(4) 设备管理。设备管理是指计算机系统中除了CPU和内存以外的所有输入、输出设备的管理。除了进行实际I/O操作的设备外,还包括诸如控制器、通道等支持设备。设备管理负责外部设备的分配、启动和故障处理,用户不必详细了解设备及接口的技术细节,就可以方便地对设备进行操作,为了提高设备的使用效率和整个系统的运行速度,可采用中断技术、通道技术、虚拟设备技术和缓冲技术,尽可能发挥设备和主机的并行工作能力。此外,设备管理应为用户提供一个良好的界面,以使用户不必涉及具体的设备物理特性即可方便灵活地使用这些设备。

(5) 用户与操作系统的接口。除了上述4项功能之外,操作系统还应该向用户提供使用它的方法,即用户与计算机系统之间的接口。接口的任务是为用户提供一个使用系统的良好环境,使用户能有效地组织自己的工作流程,并使整个系统高效地运行。除此之外,操作系统还要具备中断处理、错误处理等功能。操作系统的各功能之间不是相互独立的,它们之间存在着相互依赖的关系。

5. 操作系统的类型

操作系统经历了手工操作、早期成批处理、执行系统、多道程序系统、分时系统、实时系统和通用操作系统等阶段。随着硬件技术的飞速发展及微处理机的出现,个人计算机向计算机网络、分布式处理和智能化方向发展,操作系统也因此有了进一步发展。

操作系统可以按不同的方法分类。按硬件系统的大小,可以分为微型机操作系统和中、小型操作系统。按适用范围,可以分为实时操作系统和作业处理系统。按操作系统提供给用户工作环境的不同,可以分为6种:批处理操作系统、分时系统、实时系统、个人计算机操作系统、网络操作系统、分布式操作系统。下面介绍这6种操作系统。

1) 批处理操作系统

在批处理操作系统中,用户一般不直接操纵计算机,而是将作业提交给系统操作员。操作员将作业成批地装入计算机,由操作系统将作业按规定的格式组织好存入磁盘的某个区域(通常称为输入井),然后按照某种调度策略选择一个或几个搭配得当的作业调入内存加以处理;内存中多个作业交替执行,处理的步骤事先由用户设定;作业输出的处理结果通常也由操作系统组织存入磁盘某个区域(称为输出井),由操作系统按作业统一加以输出;最后,由操作员将作业运行结果交给用户。

批处理系统有两个特点:一是"多道",二是"成批"。"多道"是指系统内可同时容纳多个作业,这些作业存放在外存中,组成一个后备作业队列,系统按一定的调度原则每次从后备作业队列中选取一个或多个作业进入内存运行,运行作业结束并退出运行以及后备作业进入运行均由系统自动实现,从而在系统中形成一个自动转接的连续的作业流。而"成批"是指在系统运行过程中不允许用户与其他作业发生交互作用,即作业一旦进入系统,用户就不能直接干预其作业的运行。

批处理操作系统追求的目标是:提高系统资源利用率和扩大作业吞吐量,以及增强作业流程的自动化。

2) 分时系统

分时系统允许多个用户同时联机使用计算机。一台分时计算机系统连有若干台终端，多个用户可以在各自的终端上向系统发出服务请求，等待计算机的处理结果并决定下一个步骤。操作系统接收每个用户的命令，采用时间片轮转的方式处理用户的服务请求，即按照某个次序给每个用户分配一段CPU时间，进行各自的处理。对每个用户而言，仿佛“独占”了整个计算机系统。分时系统的特点如下。

① 多路性。多个用户同时使用一台计算机。微观上是各用户轮流使用计算机，宏观上是各用户在并行工作。

② 交互性。用户可根据系统对请求的响应结果，进一步向系统提出新的请求。这种能使用户与系统进行人-机对话的工作方式，明显地有别于批处理系统，因而分时系统又被称为交互式系统。

③ 独立性。用户之间可以相互独立操作，互不干涉。系统保证各用户程序运行的完整性，不会发生相互混淆或破坏现象。

④ 及时性。系统可对用户的输入及时作出响应。分时系统性能的主要指标之一是响应时间，是指从终端发出命令到系统予以应答所需的时间。

通常，计算机系统中往往同时采用批处理和分时处理方式来为用户服务，即时间要求不强的作业放入“后台”(批处理)处理，需频繁交互的作业在“前台”(分时)处理。

3) 实时系统

实时系统是随着计算机应用领域的日益广泛而出现的，具体含义是指系统能够及时响应随机发生的外部事件，并在严格的时间范围内完成对该事件的处理。实时系统在一个特定的 应用中是作为一种控制设备来使用的。通过模数转换装置，将描述物理设备状态的某些物理 量转换成数字信号传送给计算机，计算机分析接收来的数据、记录结果，并通过数模转换装置向物理设备发送控制信号，来调整物理设备的状态。实时系统可分成两类：

① 实时控制系统。将计算机用于飞机飞行、导弹发射等自动控制时，要求计算机能尽快处理测量系统测量得到的数据，及时地对飞机或导弹进行控制，或将有关信息通过显示终端提供给决策人员。

② 实时信息处理系统。若将计算机用于预订飞机票，查询有关航班、航线、票价等事宜时，要求计算机能对终端设备发来的服务请求及时予以正确的回答。

实时操作系统的一个主要特点是及时响应，即每一个信息接收、分析处理和发送的过程必须在严格的时间限制内完成；另一个主要特点是要有高可靠性。

4) 个人计算机操作系统

个人计算机操作系统是一种联机交互的单用户操作系统，它提供的联机交互功能与分时系统所提供的功能很相似。由于是个人专用，一些功能会简单得多。然而，由于个人计算机应用广泛，对提供方便友好的用户接口和丰富功能的文件系统的要求愈来愈迫切。目前微软公司的 Windows 系统在个人计算机操作系统中占有绝对优势，2006 年底其推出了最新的操作系统 Windows Vista。

5) 网络操作系统

计算机网络是通过通信设施将地理上分散的具有自治功能的多个计算机系统互连起

来，实现信息交换、资源共享、互操作和协作处理的系统。网络操作系统就是在原来各自计算机操作系统上，按照网络体系结构的各个协议标准进行开发，使之包括网络管理、通信、资源共享、系统安全和多种网络应用服务的操作系统。

6）分布式操作系统

分布式操作系统也是通过通信网络将物理上分布的具有自治功能的数据处理系统或计算机系统互连起来，实现信息交换和资源共享，协作完成任务。分布式操作系统要求是一个统一的操作系统，实现系统操作的统一性。分布式操作系统管理分布式系统中的所有资源，负责整个系统的资源分配和调度、任务划分、信息传输控制协调工作，并为用户提供一个统一的界面，用户通过这一界面实现所需要的操作和使用系统资源，至于操作定在哪一台计算机上执行或使用哪台计算机的资源则由操作系统自动完成，用户不必知道。此外，由于分布式系统更强调分布式计算和处理，因此对于多机合作和系统重构、健壮性和容错能力有更高的要求，要求分布式操作系统有更短的响应时间、高吞吐量和高可靠性。

5.1.2 网络操作系统概述

1. 网络操作系统的基本概念

网络操作系统(Network Operating System，NOS)也是程序的组合，是在网络环境下，用户与网络资源之间的接口，用以实现对网络资源的管理和控制。对网络系统来说，所有网络功能几乎都是通过其网络操作系统体现的，网络操作系统代表着整个网络的水平。随着计算机网络的不断发展，特别是计算机网络互连、异质网络互连技术及其应用的发展，网络操作系统朝着支持多种通信协议、多种网络传输协议和多种网络适配器的方向发展。

网络操作系统使联网计算机能够方便而有效地共享网络资源，为网络用户提供所需的各种服务的软件与协议。因此，网络操作系统的基本任务是：屏蔽本地资源与网络资源的差异性，为用户提供各种基本网络服务功能，完成网络共享系统资源的管理，并提供网络系统的安全性服务。

计算机网络系统是通过通信媒体将多个独立的计算机连接起来的系统，每个连接起来的计算机各自独立拥有相应的操作系统。网络操作系统是建立在这些独立的操作系统之上，为网络用户提供使用网络系统资源的桥梁。在多个用户争用系统资源时，网络操作系统进行资源调剂管理，它依靠各个独立的计算机操作系统对所属资源进行管理，协调和管理网络用户进程或程序与联机操作系统进行的交互作用。

2. 网络操作系统的类型

网络操作系统一般可以分为两类：面向任务型与通用型。面向任务型网络操作系统是为某一种特殊网络应用设计的；通用型网络操作系统能提供基本的网络服务功能，支持用户在各个领域应用的需求。

通用型网络操作系统也可以分为两类：变形系统与基础级系统。变形系统是在原有的单机操作系统基础上，通过增加网络服务功能构成的；基础级系统则是以计算机硬件为基础，根据网络服务的特殊要求，直接利用计算机硬件与少量软件资源专门设计的网络操作系统。

纵观近十多年网络操作系统的发展,网络操作系统经历了从对等结构向非对等结构演变的过程,其演变过程如图 5.2 所示。

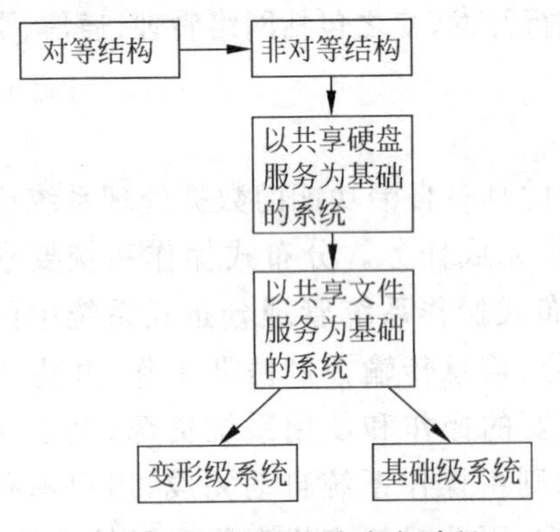

图 5.2 操作系统的演变过程

1) 对等结构网络操作系统

在对等结构网络操作系统中,所有的联网节点地位平等,安装在每个联网节点的操作系统软件相同,连网计算机的资源在原则上都可以相互共享。每台联网计算机都以前后台方式工作,前台为本地用户提供服务,后台为其他节点的网络用户提供服务。

对等结构的网络操作系统可以提供共享硬盘、共享打印机、电子邮件、共享屏幕与共享 CPU 服务。

图 5.2 操作系统的演变过程

对等结构网络操作系统的优点是:结构相对简单,网中任何节点之间均能直接通信。而其缺点是:每台联网节点既要完成工作站的功能,又要完成服务器的功能。即除了要完成本地用户的信息处理任务外,还要承担较重的网络通信管理与共享资源管理任务。这都将加重连网计算机的负荷,因而信息处理能力明显降低。因此,传统的对等结构网络操作系统支持的网络系统规模一般比较小。

2) 非对等结构网络操作系统

针对对等结构网络操作系统的缺点,人们进一步提出了非对等结构网络操作系统的设计思想,即将联网节点分为网络服务器(Network Server)和网络工作站(Network Workstation)两类。

非对称结构的局域网中,联网计算机有明确的分工。网络服务器采用高配置与高性能的计算机,以集中方式管理局域网的共享资源,并为网络工作站提供各类服务。网络工作站一般是配置较低的微型机系统,主要为本地用户访问本地资源与网络资源提供服务。

非对等结构网络操作系统软件分为两部分,一部分运行在服务器上,另一部分运行在工作站上。因为网络服务器集中管理网络资源与服务,所以网络服务器是局域网的逻辑中心。网络服务器上运行的网络操作系统的功能与性能,直接决定着网络服务功能的强弱以及系统的性能与安全性,它是网络操作系统的核心部分。

在早期的非对称结构网络操作系统中,人们通常在局域网中安装一台或几台大容量的硬盘服务器,以便为网络工作站提供服务。硬盘服务器的大容量硬盘可以作为多个网络工作站用户使用的共享硬盘空间。硬盘服务器将共享的硬盘空间划分为多个虚拟盘体,虚拟盘体一般可以分为三个部分:专用盘体、公用盘体和共享盘体。

专用盘体可以被分配给不同的用户,用户可以通过网络命令将专用盘体链接到工作站,用户可以通过口令、盘体的读写属性与盘体属性,来保护存放在专用盘体的用户数据;公用盘体为只读属性,它允许多用户同时进行读操作;共享盘体的属性为可读写,它允许多用户同时进行读写操作。

共享硬盘服务系统的缺点是:用户每次使用服务器硬盘时首先需要进行链接;用户需要自己使用 DOS 命令来建立专用盘体上的 DOS 文件目录结构,并且要求用户自己进行维护。因此,它使用起来很不方便,系统效率低,安全性差。

为了克服上述缺点,人们提出了基于文件服务的网络操作系统。这类网络操作系统分

为文件服务器和工作站软件两个部分。

文件服务器具有分时系统文件管理的全部功能，它支持文件的概念与标准的文件操作，提供网络用户访问文件、目录的并发控制和安全保密措施。因此，文件服务器具备完善的文件管理功能，能够对全网实行统一的文件管理，各工作站用户可以不参与文件管理工作。文件服务器能为网络用户提供完善的数据、文件和目录服务。

目前的网络操作系统基本都属于文件服务器系统，例如 Microsoft 公司的 Windows NT Server 操作系统与 Novell 公司的 NetWare 操作系统等。这些操作系统能提供强大的网络服务功能与优越的网络性能，它们的发展为局域网的广泛应用奠定了基础。

3. 网络操作系统的功能

网络操作系统除了应具有前述一般操作系统的进程管理、存储管理、文件管理和设备管理等功能之外，还应提供高效可靠的通信能力和多种网络服务功能：

(1) 文件服务(file service)。文件服务是最重要与最基本的网络服务功能。文件服务器以集中方式管理共享文件，网络工作站可以根据所规定的权限对文件进行读写以及其他各种操作，文件服务器为网络用户的文件安全与保密提供了必需的控制方法。

(2) 打印服务(print service)。打印服务可以通过设置专门的打印服务器完成，或者由工作站或文件服务器来担任。通过网络打印服务功能，局域网中可以安装一台或几台网络打印机，用户可以远程共享网络打印机。打印服务实现对用户打印请求的接收、打印格式的说明、打印机的配置和打印队列的管理等功能。网络打印服务在接收用户打印请求后，本着先到先服务的原则，将用户需要打印的文件排队，用排队队列管理用户打印任务。

(3) 数据库服务(database service)。随着计算机网络的迅速发展，网络数据库服务变得越来越重要。选择适当的网络数据库软件，依照 C/S 工作模式，开发出客户端与服务器端的数据库应用程序，客户端可以向数据库服务器发送查询请求，服务器进行查询后将结果传送到客户端。它优化了局域网系统的协同操作模式，从而有效地改善了局域网应用系统性能。

(4) 通信服务(communication service)。主要提供工作站与工作站之间、工作站与网络服务器之间的通信服务功能。

(5) 信息服务(message service)。可以通过存储转发方式或对等方式完成电子邮件服务。目前，信息服务已经逐步发展为文件、图像、数字视频和语音数据的传输服务。

(6) 分布式服务(distributed service)。它将网络中分布在不同地理位置的资源，组织在一个全局性的、可复制的分布数据库中，网络中多个服务器都有该数据库的副本。用户在一个工作站上注册，便可与多个服务器连接。对于用户来说，网络系统中分布在不同位置的资源是透明的，这样就可以用简单方法去访问一个大型互联局域网系统。

(7) 网络管理服务(network management service)。网络操作系统提供了丰富的网络管理服务工具，可以提供网络性能分析、网络状态监控和存储管理等多种管理服务。

(8) Internet/Intranet 服务(Internet/Intranet service)。为了适应 Internet 与 Intranet 的应用，网络操作系统一般都支持 TCP/IP 协议，提供各种 Internet 服务，支持 Java 应用开发工具，使局域网服务器容易成为 Web 服务器，全面支持 Internet 与 Intranet 访问。

4. 典型的网络操作系统

目前局域网中主要有以下几类典型的网络操作系统。

(1) Windows 类。微软公司的 Windows 系统在个人操作系统中占有绝对优势，在网络操作系统中也具有非常强劲的力量。由于它对服务器的硬件要求较高,且稳定性能不是很好,所以一般用在中、低档服务器中;高端服务器通常采用UNIX、Linux或Solairs等非Windows操作系统。在局域网中,微软的网络操作系统主要有Windows NT 4.0 Serve、Windows 2000 Server/Advanced Server、Windows 2003 Server/ Advanced Server以及最新的Windows Vista Enterprise等。

(2) UNIX系统。目前UNIX系统常用的版本有:UNIX SUR 4.0、HP-UX 11.0,SUN的Solaris 10.0等,均支持网络文件系统服务,功能强大。这种网络操作系统稳定和安全性能非常好,但由于它多数是以命令方式来进行操作的,不容易掌握,特别是对于初级用户。正因如此,小型局域网基本不使用UNIX作为网络操作系统,UNIX一般用于大型的网站或大型企、事业局域网中。UNIX网络操作系统历史悠久,其良好的网络管理功能已为广大网络用户所接受,拥有丰富的应用软件支持。UNIX是针对小型机主机环境开发的操作系统,是一种集中式分时多用户体系结构。但因其体系结构不够合理,UNIX的市场占有率呈下降趋势。

(3) Linux。Linux是一种新型的网络操作系统,最大的特点是开放源代码,并可得到许多免费的应用程序。目前有中文版本的Linux,如Red Hat(红帽子),红旗Linux等,Linux安全性和稳定性较好,在国内得到了用户的充分肯定。它与UNIX有许多类似之处,目前这类操作系统主要用于中、高档服务器中。

总的来说,对特定计算环境的支持使得每一种操作系统都有适合于自己的工作场合。例如,Windows 2000 Professional适用于桌面计算机,Linux目前较适用于小型网络,Windows 2000 Server适用于中小型网络,而UNIX则适用于大型网络。因此,对于不同的网络应用,需要用户有目的地选择合适的网络操作系统。下面将分别对这几种典型网络操作系统进行较详细的介绍。

5.2 Windows系列操作系统

5.2.1 Windows系列操作系统的发展与演变

Microsoft公司开发Windows 3.1操作系统的出发点是在DOS环境中增加图形用户界面(Graphic User Interface,GUI)。Windows 3.1操作系统的巨大成功与用户对网络功能的强烈需求是分不开的。微软公司很快又推出了Windows for Workgroup操作系统,这是一种对等结构的操作系统。但是,这两种产品仍没有摆脱DOS的束缚,严格地说都不能算是一种网络操作系统。

但Windows NT 3.1操作系统推出后,这种状况得到了改观。Windows NT 3.1操作系统摆脱了DOS的束缚,并具有很强的联网功能,是一种真正的32位操作系统。然而,Windows NT 3.1操作系统对系统资源要求过高,并且网络功能明显不足,这就限制了它的广泛应用。

针对Windows NT 3.1操作系统的缺点,微软公司又推出了Windows NT 3.5操作系统,它不仅降低了对微型机配置的要求,而且在网络性能、网络安全性与网络管理等方面都有了很大的提高,并受到了网络用户的欢迎。至此,Windows NT操作系统才成为微软公司具有代表性的网络操作系统。

后来,微软公司推出 Windows 2000 操作系统,它是在 Windows NT Server 4.0 基础上开发出来的。Windows NT Server 4.0 是整个 Windows 网络操作系统最为成功的一套系统,目前还有很多中小型局域网把它当作标准网络操作系统。Windows 2000 操作系统是服务器端的多用途网络操作系统,可为部门级工作组和中小型企业用户提供文件和打印、应用软件、Web 服务及其他通信服务,具有功能强大、配置容易、集中管理和安全性能高等特点。

2003 年 4 月底,微软发布 Windows 2003 操作系统,它主要是工作于服务器端的操作系统。相比之前的任何一个版本,Windows 2003 功能更多、速度更快、更安全、更稳定,其提供的各种内置服务以及重新设计的内核程序已经与 Windows 2000 版有了本质的区别。无论大中小型企业都能在 Windows 2003 中找到适合的组件,尤其是其在网络、管理、安全性能等方面更是有革命性的改进。

5.2.2 Windows NT 操作系统

1. Windows NT 体系结构

1) 用户模式和内核模式

Windows NT 在两种模式下运行:用户模式和内核模式。

(1) 用户模式(user model)。用户的应用在用户模式下运行,不直接访问硬件,限制在一个被分配的地址空间中,可以使用硬盘作为虚拟内存,访问权限低于内核模式。用户模式进程对资源的访问须经过内核模式组件授权,这有利于限制无权限用户的访问。

(2) 内核模式(kernel model)。集中了所有主要操作系统功能的服务在内核模式下运行,与用户模式的应用进程是分开的。内核模式进程可访问计算机的所有内存,只有内核模式组件可直接访问资源。

2) Windows NT 内存模式

Windows NT 内存模式为虚拟内存系统。它使用虚拟内存体系结构,使所有的应用可以获得充分的内存访问地址,Windows NT 分配给每个应用一个被称为虚拟内存的单独的内存空间,并将这个虚拟内存映射到物理内存,这种映射虚拟内存以 4KB 内存块(称一个 pages)为单位,每个虚拟内存空间有 4GB,共有 1 048 576 个 pages,然而大部分 pages 实际上是空的,因为应用并未全部使用它们,因此,在 Windows NT 内,每个进程可访问高达 4GB 的内存空间。

Windows NT 可以组成两种类型的网络模型:工作组模型和域模型。支持所有的硬件平台及所有硬件拓扑结构,支持多种网络通信协议,安装 Windows NT 网络操作系统,即成为 Windows NT 网。下面分别介绍工作组模型和域模型。

2. 工作组模型

工作组是一组由网络连接在一起的计算机,它们的资源、管理和安全性分散在网络各个计算机上。工作组中的每台计算机,既可作为工作站又可作为服务器,同时它们也分别管理自己的用户账号和安全策略,只要经过适当的权限设置,每台计算机都可以访问其他计算机中的资源,也可提供资源给其他计算机使用,如图 5.3 所示。

这种工作组模式的优点是:对少量较集中的工作站很方便,容易共享分布式的资源,管理员维护工作少,实现简单。但也存在一些缺点:对工作站数量较多的网络不适合,无集中式账号管理、资源管理及安全性管理。

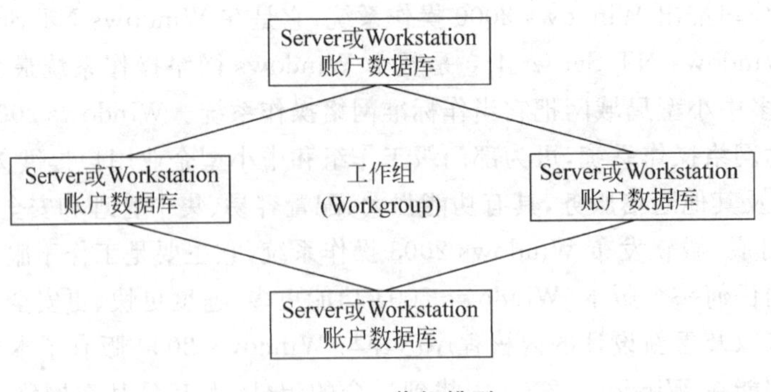

图 5.3 工作组模型

3. 域模型

1) 域的概念

域是安全性和集成化管理的基本单元，是一组服务器组成的一个逻辑单元，属于该域的任何用户都可以只通过一次登录而达到访问整个域中所有资源的目的。在一个 Windows NT 域中，只能有一个主域控制器(Primary Domain Controller)，它是一台运行 Windows NT Server 操作系统的计算机；同时，还可以有备份域控制器(Backup Domain Controller)与普通服务器，它们都是运行 Windows NT Server 操作系统的计算机。

主域控制器负责为域用户与用户组提供信息。后备域控制器的主要功能是提供系统容错，它保存着域用户与用户组信息的备份。后备域控制器可以像主域控制器一样处理用户请求，在主域控制器失效的情况下，它将自动升级为主域控制器。图 5.4 给出了典型的 Windows NT 域的组成。由于 Windows NT Server 操作系统在文件、打印、备份、通信与安全性方面的诸多优点，因此它的应用越来越广泛。

2) 域模型

Windows NT 网络提供了以下 4 种域的模型。

(1) 单域模型。在单域模型下，整个网络只有一个域，域中的所有账号和安全信息都保存在主域控制器上，如图 5.5 所示。

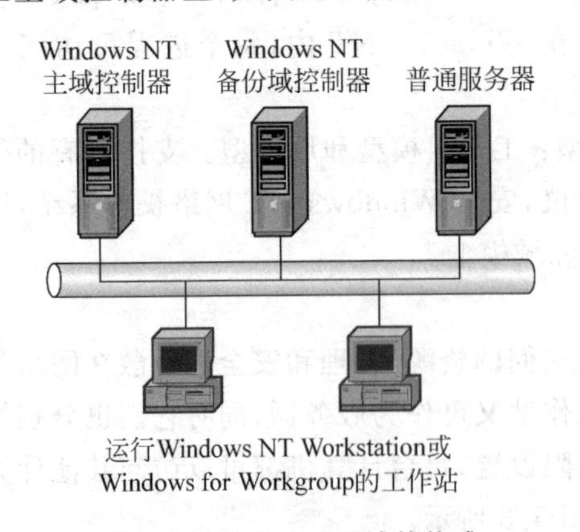

图 5.4 Windows NT 域的构成

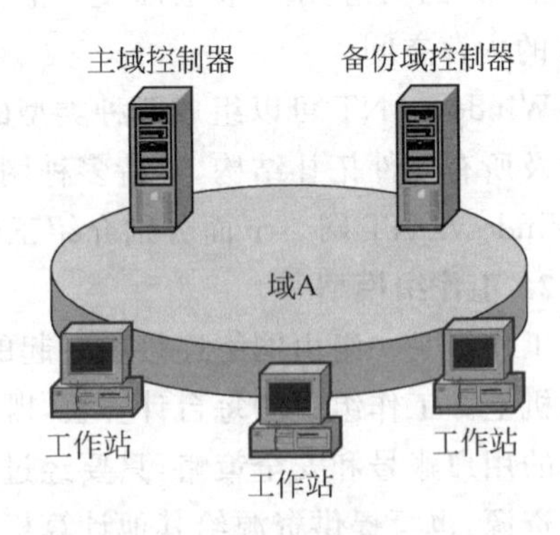

图 5.5 单域模型

单域模型是 4 种模型中最为简单的一种，它具有设计简单、维护和使用方便的特点。在保持高效率工作的情况下，单域模型可以有多达 26 000 个用户账号。

对于那些网络用户和组的数量较少，要求能对用户账号进行集中管理，并且管理工作简单的单位来说，最好选择单域模型。

(2) 单主域模型。单主域模型如图5.6所示。

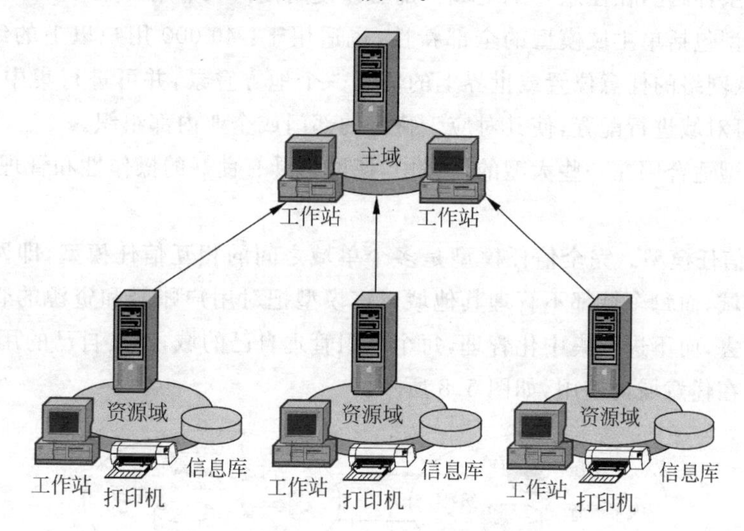

图5.6　单主域模型

单主域模型至少有两个以上的域组成，每个域都有自己的域控制器。其中有一个域作为主域，其他的域作为资源域。所有的用户账号信息保存在主域控制器上，而资源域只负责维护文件、目录和打印机等资源。用户按主域上的账号登录，所有的资源都安装在资源域中。每个资源域都与主域(也称账号域)建立单向的委托关系，使得主域中所有账号的用户可以使用其他域中的资源。

当网络由于工作的需要必须分为多个域，而用户和组的数量又较少时，可采用单主域模型。

(3) 多主域模型。多主域模型中有多个主域存在，每个域的所有账号和安全信息保存在自己的域控制器上。当然，在多主域模型的网络中也可以存在资源域，它的账号由其中的某个主域提供。

多主域模型与单主域模型类似，主域用作账号域，用于创建和维护用户账号。网络中其他的成为资源域，它们不存储和管理用户账号，但可以提供共享文件服务器和打印机等网络资源，如图5.7所示。

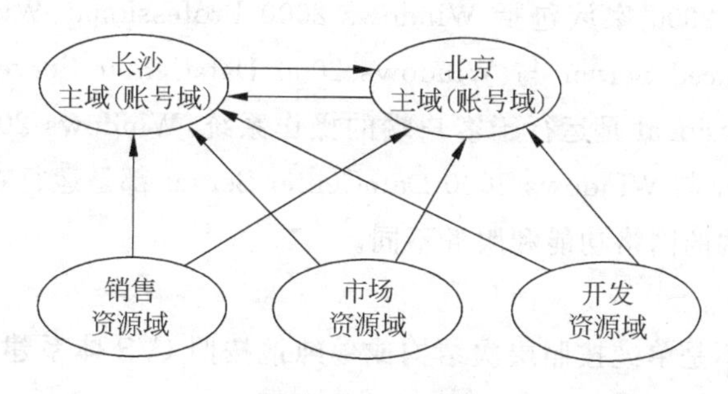

图5.7　多主域模型

在该模型中，每个主域通过双向委托关系与其他主域相连。每个资源域与每个主域建立单向委托关系。因为每个用户账号总存在于某个主域中，且每个资源域又与每个主域建立单向委托关系，因此，在任意一个主域中都可以使用任何一个用户账号。

多主域模型包括单主域模型的全部特性，也适用于：40 000 用户以上的组织；远程用户，用户可以从网络的任意位置或世界上的任意一个地方登录，并可进行集中和分散管理；组织的需要，可对域进行配置，使其对应于特定的部门或企业内部组织。

多主域模型适合用在一些大型的网络中，使网络具有良好的操作性和管理性，并可进行远程登录。

(4) 完全信任模型。完全信任模型是多个单域之间的相互信任模型，即网络中每个域信任其他任何域，而每个域都不管理其他域。该模型把对用户账号和资源的管理权分散到不同的部门中去，而不进行集中化管理，每个部门管理自己的域，定义自己的用户账号，这些用户账号可以在任意域内使用，如图 5.8 所示。

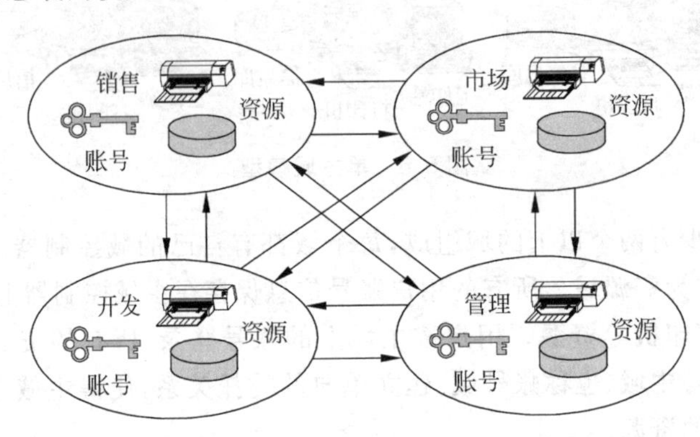

图 5.8　完全信任模型

完全信任模型的优点：对没有中央网络管理部门的企业非常合适，它可扩展到有任何用户数的大型网络，且每个部门对它自己的用户和资源拥有完全控制权，用户账号和资源可按部门单元进行分组。但当其他域中的用户访问本域资源时可能导致安全危机。

5.2.3 Windows 2000 操作系统

Windows 2000 又称 Windows NT 5.0，是微软公司在 Windows NT 4.0 基础上推出的操作系统。Windows 2000 家族包括 Windows 2000 Professional、Windows 2000 Server、Windows 2000 Advanced Server 与 Windows 2000 DataCenter Server 4 个成员。其中，Windows 2000 Professional 是运行于客户端的操作系统，Windows 2000 Server、Windows 2000 Advanced Server 与 Windows 2000 DataCenter Server 都是运行在服务器端的操作系统，只是它们所能实现的网络功能和服务不同。

1. 体系结构

Windows 2000 不是单纯按照层次结构或单纯地按照 C/S 体系建造而成，而是融和了两者的特点。图 5.9 为 Windows 2000 体系结构概图。

Windows 2000 分为用户态和核心态两大部分。

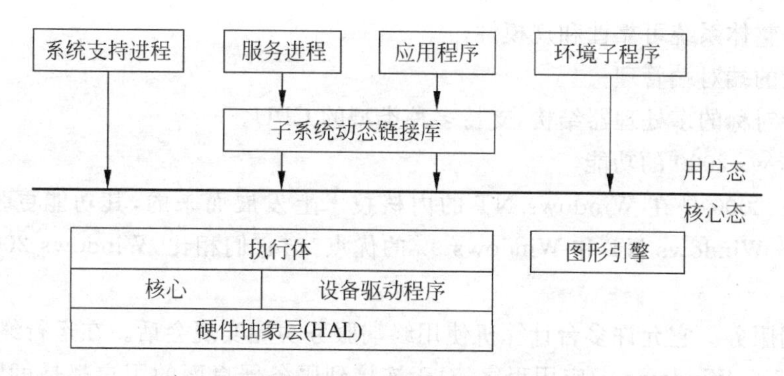

图 5.9　Windows 2000 体系结构概图

1) 用户态

用户态有 4 种类型的用户进程：

(1) 系统支持进程(system support process),如登录进程 WINLOGON 和会话进程 SMSS,这类进程不是 Windows 2000 的服务,不由服务控制器启动。

(2) 服务进程(service process),如事件日志服务等的服务进程。

(3) 环境子系统(environment subsystem),用于向程序提供运行环境(操作系统功能调用接口),Windows 2000 的环境子系统有 Win32\POSIX 和 OS/21.2。

(4) 应用程序(user application),为 Win32,Windows 3.1,MS-DOS,POSIX(UNIX 类型的操作系统接口的国际标准)或 OS/21.2 之一。

服务进程和应用进程不能直接调用操作系统服务,必须通过子系统动态链接库(Subsystem DLLs)和系统交互才能调用。

2) 核心态

核心态组件包括如下内容。

(1) 内核(kernel),包含了最低级的操作系统功能,如线程调度、中断和异常调度、多处理器同步等。Windows 2000 的内核始终运行在核心态,其代码短小紧凑,可移植性很好。

(2) 执行体(executive),是实现高级结构的一组例程和基本对象,包含了基本的操作系统服务,如内存管理器、进程和线程管理、安全控制、I/O 以及进程间的通信。

(3) 设备驱动程序(device drivers),包括文件系统和硬件设备驱动程序等,其中硬件设备驱动程序将用户的 I/O 函数调用转换为对特定硬件设备的 I/O 请求。

(4) 硬件抽象层(hardware abstraction layer,HAL),将内核、设备驱动程序以及执行体同硬件分隔开来,使它们可以适应多种平台。

(5) 图形引擎,包含了实现用户界面的基本函数。

2. Windows 2000 的特点及新增功能

1) Windows 2000 的特点

Windows 2000 操作系统除具有 Windows NT 的特点之外,还在其上做了大量改进,其特点如下：

(1) 全面的 Internet 及应用软件服务；

(2) 具有强大的电子商务及信息管理功能；

(3) 增强的可靠性和可扩展性；

(4) 具有整体系统可靠性和规模性;

(5) 强大的端对端管理;

(6) 支持对称的多处理器结构,支持多种类型的CPU。

2) Windows 2000的功能

Windows 2000是在Windows NT的内核技术上发展而来的,其功能更强、系统更稳定。它继承了Windows NT和Windows 9x的优点,与它们相比,Windows 2000有如下新增功能。

(1) 终端服务。它允许多台计算机使用终端服务功能实现会话。在运行终端服务的服务器上安装基于Windows的应用程序,对于连接到服务器桌面的用户都是可用的,并且在客户桌面上打开的终端会话与在每个设备上打开的会话,其外观与运行方式相同。

(2) 活动目录技术。它是一种采用Internet的标准技术,具有扩展性的多用途目录服务技术。能够有效地简化网络用户及资源管理,能使用户更容易地寻找资源。

(3) 完善的文件服务。它新增了分布式文件系统、用户配额、加密文件系统、磁盘碎片整理、索引服务、动态卷管理和磁盘管理等。

(4) 打印服务。除了对本地打印机自动检查和安装驱动程序,它还支持脱机打印,而且打印机重新连接时,原来存储的打印任务可以继续进行。

(5) Internet信息服务。更新了Internet Information Server(IIS)的版本,提供更方便的安装与管理,体现了扩展性、稳定性和可用性。

3. 活动目录

目录服务的目的是让用户通过目录很容易找到所需的数据。Windows 2000的目录用来存储用户账户、组、打印机等对象的有关数据,这些数据存储在目录数据库中。Windows 2000域中,负责提供目录服务的组件就是活动目录。它的适用范围非常广,可以包含如设备、程序、文件及用户等对象。活动目录以阶梯式的结构,将对象、容器、组织单位等组合在一起,将其存储到活动目录的数据库中。名称空间是一块划好的区域,在这块区域内,可以利用某个名字找到与这个名字相关的信息。活动目录就是一个名称空间,利用活动目录,通过对象的名称找到与这个对象有关的信息。容器(container)也叫容区,与对象相似,有自己的名称,也是属性的集合。但它并不代表一个实体,容器内可以包含一组对象及其他的容器。组织单位(Organization Units,OU)就是活动目录内的一个容器,组织单位内可以包含其他的对象,还可以有其他的组织单位。

Windows 2000的活动目录是一个具有安全性的、分布式的,可分区、可复制的目录结构。与Windows NT 3.x/4.0结构相同,Windows 2000也沿用域的概念。Windows 2000活动目录中的核心单元也是域,将网络设置为一个或多个域,所有的网络对象都存放在域中。对对象的访问由其访问控制链表(Access Control List,ACL)控制,在默认情况下,管理权限被限制在域的内部。任何一个域都可加入其他域中,成为其子域。因为活动目录的域名采用域名系统DNS(Domain Name System)的域名结构来命名,子域的域名内一定包含父域的域名,所以,网络具有统一的域名和安全性,用户访问资源更方便、容易。

活动目录中的多个域可以通过传递式信任关系进行连接,形成树状的域目录树结构,称为一个域树。域目录树内的所有域共享一个活动目录。活动目录内的数据是分散地存储在各个域内,每个域内只存放该域内的数据。使用包含域的活动目录系统,可以通过对象的名称找到与这个对象有关的信息。两个域之间必须建立信任关系,才可访问对方域内的资源。一个域加入域目录树后,这个域会自动信任其上一层的父域,并且父域也自动信任此域,信任关系是双向传递的。域目录树中的用户可以通过传递式信任关系访问域树中的所有其他域,并且具有良好的安全性,管理者也能很方便地管理与检测。同时,活动目录使用一种叫做“多主体式”的对等控制器模式,也就是一个域中的所有域控制器都可接收对象的改变且把改变复制到其他域控制器上。

信任关系的双向传递性这一点,与 Windows NT 的不同。它通过父域与其他域建立的信任关系,自动传递给它而形成隐含的信任关系。因此,当任何一个 Windows 2000 的域加入域目录树后,就会信任域目录树内的所有的域。但是,管理权限却是不可传递的,因此可以通过限制域的范围来增加系统的安全性。

一个网络既可以是单树结构,又可以是多树结构,最小的树就是一个单一的 Windows 2000 域,但一个特定树的名称空间总是连续的。用户打开浏览器,看到的将不再是单独的一个域,而是一个域目录树的列表。把两个以上的域目录树结合起来可以形成一个域森林,组成域森林的域目录树不共享同一个连续的命名空间。

活动目录中存在两种信任机制:传递式双向信任和 Windows NT 3.1/4.0 方式的单向信任关系。第一种信任机制是活动目录独有的,它不需要在每两个域之间都直接建立信任关系,而只要在“信任树”中两个域之间是“连通的”,它们之间就建立了信任关系。第二种信任机制用于以下两种情况:不支持活动目录;活动目录域目录树中的域与一个 Windows 2000 域目录树之间建立信任关系时。这种方式把访问限制在直接信任的域内,也提供一种限制对网络资源访问的方法。

活动目录与 DNS 紧密地集成在一起。在 TCP/IP 网络环境里,用 DNS 解析计算机名称与 IP 地址的对应关系,以便计算机查找相应的设备及其 IP 地址,是 TCP/IP 网络通信中必不可少的部分。一般 Windows 2000 的域名都采用 DNS 的域名,使网上的内部用户(Intranet)和外部用户(Internet)都用同一名称来访问。

在域中 Windows 2000 Server 可以担当不同的服务器角色,完成不同的任务。

Windows 2000 服务器的类型有:

(1) 主域控制器服务器。其中存储有其所控制的域中用户账户和其他的活动目录数据。如果使用基于域的用户账户和安全特性,则必须建立一个或多个域。一个域必须至少有一个主域控制器服务器,但通常有多个主域控制器服务器。每个主域控制器都复制其他主域控制器中的用户账户和其活动目录数据,且为用户提供登录验证。主域控制器必须使用 NTFS(New Technology File System)文件系统,因为所有 FAT(File Allocation Table)或 FAT32 磁盘分区的服务器将失去许多安全特性。

(2) 成员服务器。属于某一个域,但没有活动目录数据。

(3) 独立服务器。不属于某一个域或某个工作组。

4. IIS 简介

IIS(Internet Information Server)是一个信息服务系统,建立在服务器端。服务器接收从客户发来的请求并处理它们的请求,而客户机的任务是提出与服务器的对话。只有实现了服务器与客户机之间信息的交流与传递,Internet/Intranet 的目标才可能实现。

Windows 2000 集成了 IIS 5.0 版,这是 Windows 2000 中最重要的 Web 技术,同时也

使得它成为一个功能强大的 Internet/Intranet Web 应用服务器。

Web 服务器是 IIS 所提供的非常有用的服务,用户可以使用浏览器来查看 Web 站点的网页内容。

文件传输协议(FTP)是 IIS 提供的另外一种非常有用的服务。它允许用户在任何地方传输文档和程序,用户可以将数据传输到世界上任何不知名的站点,它也允许在两个不同的操作系统之间方便地传输文件。FTP 服务器接收来自客户发来的文件传送请求并满足这些请求,FTP 是一种使用最广泛的从一台计算机向另一台计算机传送文件的工具。

除了上述两种服务以外,Windows 2000 IIS 还提供了邮件服务的功能,电子邮件(E-mail)是 Internet 最早提供的主要服务之一,最初许多用户都是为了能够通过 E-mail 服务来收发电子邮件才开始使用 Internet。E-mail 是目前 Internet 上使用最广泛、最频繁的服务。

Windows 2000 的 IIS 还提供了新闻组服务器,它使得人们可以就某一问题进行全球范围内的大讨论。

5.2.4 Windows Server 2003 操作系统

Windows Server 2003 是 Microsoft 公司推出的新一代网络服务器操作系统。Windows Server 2003 家族包括 Windows Server 2003 Web、Windows Server 2003 Standard、Windows Server 2003 Enterprise 与 Windows Server 2003 Datacenter 4 个成员。它们都是运行在服务器端的操作系统,只是其所能实现的网络功能和服务不同。

1. Windows 2003 的体系结构

与 Windows 2000 一样,Windows 2003 融合了分层操作系统和 C/S 操作系统的特点。此前对 Windows 2000 的体系结构已有介绍,故对 Windows 2003 的体系结构在此不再赘述。

2. Windows Server 2003 的特性和新增功能

1) Windows Server 2003 的特性

(1) 可扩充性,即可以通过升级与当前最新技术同步。

(2) 可移植性,即可以在各种硬件体系结构上运行,包括基于 Intel 的 CISC(Comple Instruction Set Computer)系统和 RISC(Reduced Instruction Set Computing)系统。

(3) 可靠性与坚固性,即可以防止内部故障和外部侵扰以避免造成伤害。

(4) 兼容性,即用户界面和应用程序编程接口(API)与已有的 Windows 版本和旧的操作系统兼容,也能和其他操作系统相互操作。

(5) 国际性,主要是指 Windows 2003 支持不同地方的语言、日期、时间、金钱等各种书写方式。

2) Windows Server 2003 的新增功能

Windows Server 2003 系列沿用了 Windows 2000 Server 的先进技术并使之更易于部署、管理和使用。与 Windows 2000 Server 相比,Windows Server 2003 新增了一些功能,并在一些方面做了改进或增强,这些改进或增强主要体现在:

(1) 活动目录,在性能、管理功能、组策略以及安全性方面均有大量改进,大大提高了它的可管理性,并简化了迁移和部署工作。

(2) 集群技术,仅在服务器版和数据库中心版中提供。集群服务提高了关键应用程序服务器的可用性和可伸缩性,当故障发生时,可通过故障转移将服务切换到其他节点。

(3) 文件服务,主要包括远程文件共享、虚拟磁盘服务、增强的分布式文件系统、脱机文件改进等新增功能。

(4) Internet 信息服务 6.0(IIS 6.0),较 Windows 2000 中的 IIS 5.0 已经有了一个质的飞跃。IIS 6.0 在可靠性与可伸缩性、安全性与易管理性以及网络开发与网络支持功能三个方面进行了增强和改进。

(5) 邮局协议(POP3),是 Windows Server 2003 新增的功能。它只是一个具备收发邮件功能的简单服务器,它的配置非常简单,只需按照:指定服务器域名→添加邮箱→指定邮箱名称与密码,这几个步骤就可以完成。

(6) WMS(Windows Media Services),改进了客户端和服务器的连接方式,使数据流在比较恶劣的网络环境下也能流畅地播放。另外,它还可在服务器上增添播放列表,列表既可由管理员手工更改,也可由设定的播放方案自动生成,当然也可用专门编制的流媒体服务器程序来产生。流媒体服务器还提供了 SDK 开发包和各种调用接口,使程序开发人员可以定制和打造个性化的流媒体服务。

(7) 多语言支持,支持多语言的终端服务对话,支持 Windows Installer 技术,以及拥有更多的支持软件和平台,如 Office XP,Windows CE,SQL Server 等。

3. Windows 2003 的新安全技术

IIS 6.0 在 Windows Server 2003 中已经重新设计,以便进一步改变基于 Web 的事务处理的安全性。IIS 6.0 使用户可以将单个 Web 应用隔离到一个自包含的 Web 服务进程中,这样可以防止一个中断的应用进程影响运行在同一 Web 服务器上的另一应用程序。IIS 还提供了内置的监测功能,以便发现、修正并避免 Web 应用程序出现故障。在 IIS 6.0 中,第三方应用程序代码运行在受隔离的工作进程中,而且使用了具有较低权限的 Network Service 登录账户。工作进程隔离通过访问控制列表(Access Control List,ACL)提供了将 Web 站点或应用程序限制在其根目录的能力。这就进一步保护系统,使之免受那种搜索文件系统试图执行脚本或其他内置代码的攻击。

Windows 2003 还通过支持强认证协议(802.1x,即 WiFi)和受保护的可扩展认证协议(Protected Extensible Authentication Protocol,PEAD)改善了网络通信安全性。IPSec 支持已经得到加强,而且进一步集成到操作系统中,从而改善 LAN 和 WAN 的数据加密。

Windows Server 2003 中引入了通用语言数据库(Common Language Runtime,CLR)软件引擎,从而改善了可靠性并创建了较为安全的计算环境。CLR 确认应用程序是否可以无错误的运行并检查安全性许可,从而保证代码不会执行非法操作。CLR 减少了由普通编程错误引起的错误和安全漏洞的数目,这就大大减少了黑客攻击的机会。

Windows Server 2003 支持跨森林间信任,允许公司与其他使用活动目录(active directory)的公司较好的结合。利用合作伙伴的活动目录建立跨森林的信任关系使得用户可以安全地访问资源,而不损失单一登录的方便性。这一功能允许用户与来自合作伙伴活动目录的用户和用户组一起使用 ACL 资源。

通过引入证书管理器(credential manager),单一登录得到进一步的改进,这种技术提供了用户名和密码以及与证书和密钥链接的安全存储,这就使用户可获得一致性的单一登录体验。单一登录允许用户访问网络上的资源，而不必重复地提供其安全证书。

Windows Server 2003 支持受限制的委派(constrained delegation)，委派(delegation)意味着允许一种服务模仿一个用户或计算机账户来访问网络上的资源。Windows Server 2003 中的这一特性允许用户将这类委派限制到特定的服务和资源上。例如，一种利用委派来代表某一用户访问系统的服务，可以被限制为只能模仿用户与单个特定的系统连接，而不允许与网络上的其他机器或服务连接。这类似于将用户限制为只能与有限数目的系统连接。

对一个用户来说，协议转换是一种允许一个服务转化为基于 Kerberos 认证用户身份的技术，而不必已知用户的密码，或者不需要用户通过 Kerberos 认证。这就允许因特网用户使用自定义的认证方法加以认证并接受 Windows 身份。

Windows Server 2003 提供了 .NET 通行证与活动目录的集成，允许使用基于 .NET 通行证的认证，从而向业务伙伴和客户提供基于 Windows 的资源和应用的单一登录体验。通过使用 .NET 通行证服务，常常可减少某管理用户 ID 和密码的成本。

虽然 Windows 2000 支持加密文件，但 Windows Server 2003 还允许使用 EFS (Encrypting File System)对离线文件和文件夹加密。

5.3 UNIX 操作系统

1. UNIX 操作系统的发展

1969 年，贝尔实验室 Ken. Thompson 在小型计算机 PDP-7 上，由早期的 Mutics 型系统开发而形成 UNIX，经过不断补充修改，且与 Richie 一起用 C 语言重写了 UNIX 的大部分内核程序，于 1972 年正式推出。它是世界上使用最广泛、流行时间最长的操作系统之一，无论微型机、工作站、小型机、中型机、大型机乃至巨型机，都有许多用户在使用。目前，UNIX 已经成为注册商标，多用于中、高档计算机产品。

UNIX 操作系统经过几十年的发展，产生了许多不同的版本流派。各个流派的内核很相像，但外围程序等其他程序有一定的区别。现有两大主要流派，分别是以 AT&T 公司为代表的 SYSTEM V，其代表产品为 Solaris 系统；另一个是以伯克利大学为代表的 BSD。

UNIX 操作系统的典型产品有：

(1) 应用于 PC 上的 Xenix 系统、SCO UNIX 和 Free BSD 系统。

(2) 应用于工作站上的 SUN Solaris 系统、HP-UX 系统和 IBM AIX 系统。

一些大型主机和工作站的生产厂家专门为它们的机器开发了 UNIX 版本，其中包括 Sun 公司的 Solaris 系统，IBM 公司的 AIX 和惠普公司的 HP-UX。

2. UNIX 操作系统的组成和特点

1) UNIX 操作系统的组成

UNIX 操作系统由下列几部分组成：

(1) 核心程序(kernel)，负责调度任务和管理数据存储。

(2) 外围程序(shell)，接受并解释用户命令。

(3) 实用性程序(utility program)，完成各种系统维护功能。

(4) 应用程序(application)，在 UNIX 操作系统上开发的实用工具程序。

UNIX 系统提供了命令语言、文本编辑程序、字处理程序、编译程序、文件打印服务、图形处理程序、记账服务和系统管理服务等设计工具,以及其他大量系统程序。UNIX 的内核和界面可以分开。其内核版本有一个约定,即版本号为偶数时,表示产品为已通过测试的正式发布产品,版本号为奇数时,表示正在进行测试的测试产品。

UNIX 操作系统是一个典型的多用户、多任务、交互式的分时操作系统。从结构上看,UNIX 是一个层次式可剪裁系统,它可以分为内核(核心)和外壳两大层。但是,UNIX 核心内的层次结构不是很清晰,模块间的调用关系较为复杂,图 5.10 是经过简化和抽象的结构。

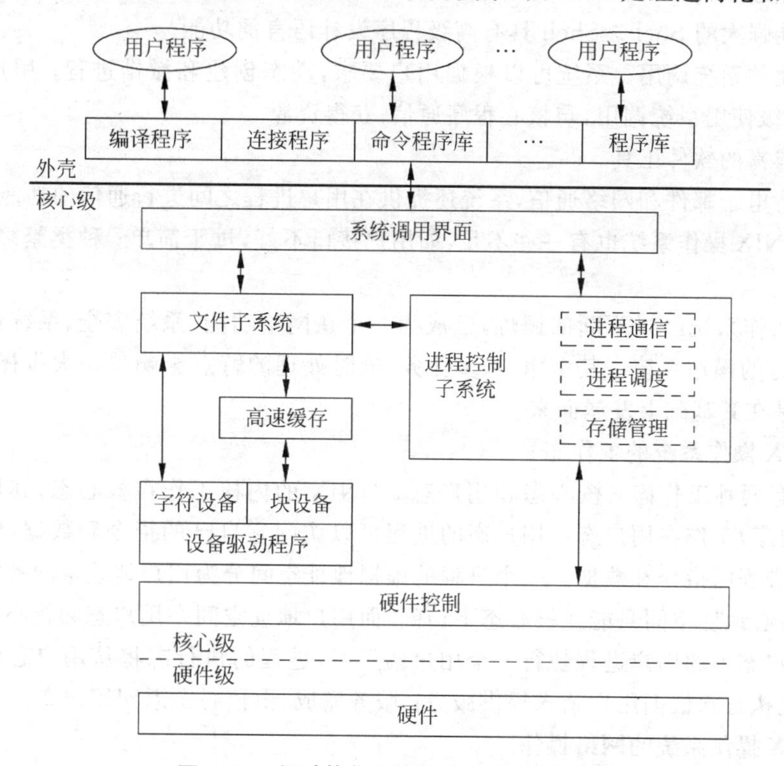

图 5.10 经过简化和抽象的 UNIX 系统结构

核心级直接工作在硬件级之上,它一方面驱动系统的硬件并与其交互作用,另一方面为 UNIX 外围软件提供有力的系统支持。具体地说,核心有如下功能:进程管理,内存管理,文件管理与设备驱动以及网络系统支持。

外壳由应用程序和系统程序组成。应用程序所指的范围非常广泛,可以是用户的任何程序(例如数据库应用程序),也可以是一些套装软件(如人事工资管理程序、会计系统、UNIX 命令等)。系统程序是为系统开发提供服务与支持的程序,如编译程序、文本编辑程序及命令解释程序(shell)等。

在用户层与核心层之间,有一个“系统调用”的中间带,即系统调用界面,其是两层间的接口。系统调用界面是一群预先定义好的模块(大部分由汇编语言编写),这些模块提供一条管道,让应用程序或一般用户能借此得到核心程序的服务,如外部设备的使用、程序的执行和文件的传输等。

2) UNIX 操作系统的特点

UNIX 系统是一个支持多用户的交互式操作系统,具有以下特点。

(1) 可移植性好。使用C语言编写,易于在不同计算机之间移植。

(2) 多用户和多任务。UNIX采用时间片技术,同时为多个用户提供并发服务。

(3) 层次式的文件系统。文件按目录组织,目录构成一个层次结构。最上层的目录为根目录,根目录下可建子目录,使整个文件系统形成一个从根目录开始的树状目录结构。

(4) 文件、设备统一管理。UNIX将文件、目录、外部设备都作为文件处理,简化了系统,便于用户使用。

(5) 功能强大的Shell。Shell具有高级程序设计语言的功能。

(6) 方便的系统调用。系统可以根据用户要求,动态创建和撤销进程;用户可在汇编语言、C语言级使用系统调用,与核心程序通信,获得资源。

(7) 有丰富的软件工具。

(8) 支持电子邮件和网络通信,系统还提供在用户进程之间进行通信的功能。

当然,UNIX操作系统也有一些不足,如用户接口不好,过于简单;种类繁多,且互相不兼容。

UNIX操作系统经过不断的锤炼,已成为一个在网络功能、系统安全、系统性能等各方面都非常优秀的操作系统。其多用户、多任务、分时处理的特点影响着一大批操作系统,如Linux等均是在其基础上发展而来。

3) UNIX操作系统的工作态

UNIX有两种工作态:核心态和用户态。UNIX的内核工作在核心态,其他外围软件(包括用户程序)工作在用户态。用户态的进程可以访问它自己的指令和数据,但不能访问核心和其他进程的指令和数据。一个进程的虚拟地址空间分为用户地址空间和核心地址空间2部分,核心地址空间只能在核心态下访问,而用户地址空间在用户态和核心态下都可以访问。当用户态下的用户进程执行一个用户调用时,进程的执行态将从用户态切换为核心态,操作系统执行并根据用户请求提供服务;服务完成,由核心态返回用户态。

3. UNIX操作系统的网络操作

Internet之所以能成为流行的网络,在于TCP/IP与UNIX的联合。Internet的原形ARPANET的开发者DARPA(美国国防高级研究项目委员会)采纳TCP/IP作为ARPANET的通信协议之后,意识到UNIX将会流行,于是决定把UNIX加入到TCP/IP中。也正是由于在UNIX中添加了电子自由通信和信息共享,才使ARPANET不断发展、扩充和演变为今天的Internet。目前UNIX已经具有丰富的网络操作功能,其中包括如下一些内容。

(1) 显示局域网中各计算机的状态命令:ruptime。

(2) 显示网络中的用户信息。

① 显示网络中所有用户信息命令:rwho。

② 显示网络中指定主机上的用户的信息命令:$ finger。

(3) 远程登录。

① UNIX系统的远程登录命令:rlogin。

② 非UNIX系统的远程登录命令:telnet。

(4) 文件传送。

① UNIX系统的文件传送命令:rcp。

② 非 UNIX 系统的远程登录命令：ftp。

(5) 网络文件共享 NFS(Network File System)。

① NFS 安装命令：mount。

② FS 卸装删除命令：umount。

(6) 电子邮件命令：mail 和 mailx。

(7) 系统配置与系统管理。

5.4　Linux 操作系统

5.4.1　Linux 操作系统的发展

目前，Linux 操作系统已逐渐被国内用户所熟悉，它强大的网络功能开始受到人们的喜爱。Linux 操作系统是一个免费的软件包，它可将普通 PC 变成装有 UNIX 系统的工作站。Linux 操作系统支持很多种软件，其中包括大量免费软件。

最初发明设计 Linux 操作系统的是一位芬兰年轻人 Linux B. Torvalds，他对 Minix 系统十分熟悉。开始 Torvalds 并没有发行这套操作系统的二进制文件，只是对外发布源代码而已。如果用户想要编译源代码，还需要 MINIX 的编译程序才行。起初，Torvalds 想将这套系统命名为 freax，他的目标是使 Linux 成为一个基于 Intel 硬件的、在微型机上运行的和类似于 UNIX 的新操作系统。

Linux 操作系统虽然与 UNIX 操作系统类似，但它并不是 UNIX 操作系统的变种。Torvalds 从开始编写内核代码时就仿效 UNIX，几乎所有 UNIX 的工具与外壳都可以运行在 Linux 上。因此，熟悉 UNIX 操作系统的人就能很容易掌握 Linux。Torvalds 将源代码放在芬兰最大的 FTP 站点上，人们认为这套系统是 Linux 的 Minix，因此就建成了一个 Linux 子目录来存放这些源代码，结果 Linux 这个名字就被使用起来了。在以后的时间里，世界各地的很多 Linux 爱好者先后加入到 Linux 系统的开发工作中。

5.4.2　Linux 操作系统的组成和特点

1. Linux 操作系统的组成

Linux 由 3 个主要部分组成：内核、shell 环境和文件结构。内核(kernel)是运行程序和管理诸如磁盘和打印机之类的硬件设备的核心程序。shell 环境(environment)提供了操作系统与用户之间的接口，它接收来自用户的命令并将命令送到内核去执行。文件结构(file structure)决定了文件在磁盘等存储设备上的组织方式。文件被组织成目录的形式，每个目录可以包含任意数量的子目录和文件。内核、shell 环境和文件结构共同构成了 Linux 的基础。在此基础上，用户可以运行程序、管理文件，并与系统交互。

Linux 本身就是一个完整的 32 位的多用户多任务操作系统，因此不需要先安装 DOS 或其他操作系统(如 Windows，OS/2，MINIX)就可以直接进行安装，当然，Linux 操作系统可以与其他操作系统共存。

2. Linux 操作系统的特点

作为操作系统，Linux 操作系统几乎满足当今 UNIX 操作系统的所有要求，因此，它具有 UNIX 操作系统的基本特征。Linux 操作系统适合作 Internet 标准服务平台，它以低价格、源代码开放、安装配置简单等特点，对广大用户有着较大的吸引力。目前，Linux操作系统已开始应用于Internet中的应用服务器，如Web服务器、DNS域名服务器、Web代理服务器等。

Linux操作系统与Windows NT、NetWare、UNIX等传统网络操作系统最大的区别是：Linux开放源代码。正是由于这点，才引起了人们的广泛注意。

与传统网络操作系统相比，Linux操作系统主要有以下特点：

(1) 不限制应用程序可用内存大小。

(2) 具有虚拟内存的能力，可以利用硬盘来扩展内存。

(3) 允许在同一时间内运行多个应用程序。

(4) 支持多用户，在同一时间内可以有多个用户使用主机。

(5) 具有先进的网络能力，可以通过TCP/IP协议与其他计算机连接，通过网络进行分布式处理。

(6) 符合UNIX标准，可以将Linux上完成的程序移植到UNIX主机上去运行。

(7) 是免费软件，可以通过匿名FTP服务在"sunsite. ucn. edu"的"pub/Linux"目录下获得。

5.4.3 Linux的网络功能配置

Linux具有强大的网络功能，可以通过TCP/IP与网络连接，也可以通过调制解调器使用电话拨号以PPP(Point-to-Point Protocol)连接上网。一旦Linux系统连上网络，就能充分使用网络资源。Linux系统中提供了多种应用服务工具，可以方便地使用Telnet、FTP、mail、news和WWW等信息资源。不仅如此，Linux网络操作系统为Internet丰富的应用程序提供了应有的平台，用户可以在Linux上搭建各种Internet/Intranet信息服务器。当然，要实现这些功能首先要完成Linux操作系统的网络功能设置。

Red Hat Linux允许在安装时进行网络配置，当然如果要在以后完成配置或者改变网络配置，也是可以的。Linux系统上由许多配置文件，用来管理和配置Linux系统网络。这些文件可以通过ipconfig、route和netcfg等网络配置工具来管理。Linux还提供了测试网络状态的工具，使用ping命令可以检查网络接口(网卡)工作是否正常。

1. 设置网络功能

Linux网络功能是在安装的时候一并安装的，在少数情况下，自行安装网络功能时就要进行重编核心或安装模组工作。这里仅介绍安装过程中的网络设置。

(1) 安装程序检查系统网卡。在多数情况下，Linux会自动识别网卡，如果不行的话，就必须选择网卡的驱动程序并指定一些必需的选项。

(2) 配置TCP/IP网络。配置好网卡之后，首先要选择网络配置方式。

① 静态IP地址：必须手工设置网络的信息；

② BOOTP：网络信息通过BOOTP(BOOTstrap Protocol)请求自动提供；

③ DHCP：网络信息通过DHCP(Dynamic Host Control Protocol)请求自动提供。

注意：BOOTP和DHCP选择要求局域网上有一台已经配置好的BOOTP(或DHCP)服务器正在运行。如果选择BOOTP或DHCP，网络配置将自动设置。如果选了静态IP地址，必须自己设定网络的信息。如表5.1是中南大学商学院一台微机配置所需的网络信息。

表 5.1 网络信息实例

Field	Example	Field	Example
Value IP Address	202.198.47.188	Primary Nameserver	202.198.144.65
Netmask	255.255.255.0	Domain Name	csu.edu.cn
Default Gateway	202.198.147.2	Hostname	Hardlab

2. 网络配置文件

在/etc 目录下有一系列文件，如表 5.2，可以使用这些文件来配置和管理 Linux 的 TCP/IP 网络。除了表中描述的文件外，在文件/etc/services 里还列出了系统提供的所有服务。如 FTP 和 Telnet，在文件/etc/protocols 里列出了系统支持的 TCP/IP 协议。

表 5.2 TCP/IP 配置文件

文 件	描 述
/etc/hosts	将主机名和 IP 地址关联起来
/etc/networks	将域名和网络地址关联起来
/etc/host	Conf 列出解析器选项
/etc/hosts	列出远程主机的域名和 IP 地址
/etc/resolv.conf	Conf 列出域名服务器的名称、IP 地址和域名，可使用它来定位远程主机
/etc/protocols	列出系统上可用的协议
/etc/services	列出对网络的服务，如 FTP 和 Telnet
/etc/HOSTNAME	存放系统的名称

(1) 标识主机名：/etc/hosts。hosts 文件负责维护域名和 IP 地址之间的对应关系。当使用域名时，系统会在该文件中查寻对应的 IP 地址，将域名地址转换为 IP 地址。

hosts 文件中域名项的格式如下所示：

```
/etc/hosts
202.198.47.188      hardlab.csu.edu.cn       localhost
202.198.144.65      www.csu.edu.cn
202.114.96.28       freemail.263.net
202.198.58.200      bbs.tsinghua.edu.cn
```

首先是 IP 地址，后面是对应的域名，中间用空格分开，后面还可以为主机名加上别名。每一项记录的后面，可以加入注释内容，注释内容是以#符号开头的一段内容。在 hosts 文件中总可以找到 localhost 一项，它是用于标识本地主机的特殊地址，它可以使本系统上的用户之间互相进行通信。

(2) 网络名称：/etc/networks。networks 文件中包含的是域名和网络的 IP 地址，而不是某个特定主机的域名。不同类型的 IP 地址其网络地址不同。此外，在该文件中还要定义 localhost 的网络地址 202.112.147.0，这个网络地址用于回放设备。

在 networks 文件中，网络域名后面接的是 IP 地址。总可以找到一项，即计算机 IP 地址的网络地址部分。networks 文件的内容项如下所示：

```
/etc/networks
loopback        202.198.47.0
myhome          202.198.47.0
```

(3) /etc/hostname。Host name 文件中包含了系统的主机名称。要改变主机名,可以修改这个文件的内容。netcfg 工具允许更改主机名,并将新的主机名放入 hostname 文件中,可以使用 hostname 命令来显示系统的主机名而不必直接显示该文件的内容。

```
$ hostname
hardlab.csu.edu.cn
```

3. 网络配置工具

Red Hat 提供了一个非常容易使用的网络配置工具：netcfg。Red Hat 控制面板上标为 Network Configuration 的图标即是该配置工具。启动该工具,在打开的窗口中有 4 个面板,每个面板的顶部有一个按钮条,分别是名称(name)、主机(hosts)、接口(interfaces)和路由(routing)。所有的网络配置信息都可以在这些面板上完成。

(1) Names。该面板中的 hostname 和 domain 分别用来配置系统域名的全称和本网络的域名。Search for hostname in additional domains 用来指定搜索域,对于 Internet 地址,系统会先在这些域中查找。Nameservers 用来指定名字服务器地址,可以在其中输入网络名字服务器的 IP 地址,搜索域和名称服务器地址信息都存放在文件/etc/resolv.conf 里。主机名存放在/etc/HostName 文件里。

(2) hosts。hosts 面板用来添加、删除和修改主机名和相关的 IP 地址,也可以增加别名。该面板显示的是/etc/hosts 文件的内容,在该处所做的任何改变都会存放到这个文件里。

(3) interfaces。在 interfaces 面板里列出了系统上网络接口的配置信息。使用 add、edit、alias 和 remove 可以管理网络接口的名称、IP 地址、优先权、启动时是否激活以及当前是否处于活动状态。

(4) routing。routing 面板是用来指定网关系统的,可以输入默认网关或使用的多个网关。如果不使用网关,可以不添加。

除了 netcfg 以外,Linux 还有其他网络配置工具,比如 Linuxconf。用户也可以使用 ifcong 和 route 来配置网络接口。有关这方面的细节,读者可参看有关书籍。

4. 检查网络状态

设置好网络功能后,应该检查主机是否与网络连接无误,使用命令 ping 和 netstat 来检查网络状态。

(1) ping 命令。首先用 ping 命令测试主机的网络功能是否启动,在命令行中输入:

```
$ ping 202.198.47.188
```

ping 后面接的是目标主机的名称,这里测试的是本地主机。ping 命令向目标主机发送请求,然后等待响应,目标主机接到请求后发回响应,信息会显示到发送方的屏幕上。在上述测试主机的过程中,如果没问题,会显示:

```
[root@hardlab root] # ping 202.198.47.188
PING 202.198.47.188(202.198.47.188) : 56 data bytes
64 bytes from 202.198.47.188:icmp_seq=0 ttl=255 time=0.2 ms
64 bytes from 202.198.47.188:icmp_seq=1 ttl=255 time=0.1 ms
64 bytes from 202.198.47.188:icmp_seq=2 ttl=255 time=0.2 ms
64 bytes from 202.198.47.188:icmp_seq=3 ttl=255 time=0.1 ms
```

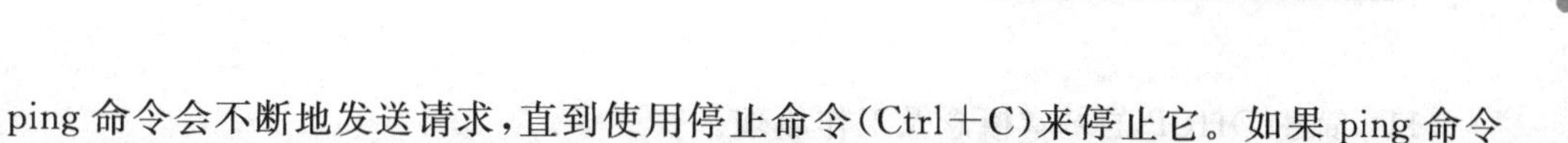

ping 命令会不断地发送请求，直到使用停止命令(Ctrl+C)来停止它。如果 ping 命令失败，说明网络工作不正常，可能是由于某个网络接口、配置或者是由于物理连接有问题。

(2) netstat 命令。netstat 命令提供了有关网络连接状态的实时信息，以及网络统计数据和路由信息。使用该命令不同的选项，可以得到网络上不同信息，如表 5.3 所示。

表 5.3 netstat 选项

选　项	描　述
-a	显示所有的 Internet 套接字信息，包括那些正在监听的套接字
-i	显示所有网络设备的统计信息
-c	在程序中断前，连接显示网络状况，间隔为 1s
-n	显示远程或本地地址，如 IP 地址
-o	显示定时器状态，截止时间和网络连接的以往状态
-r	显示内核路由表
-t	只显示 TCP 套接字信息，包括那些正在监听的 TCP 套接字
-u	只显示 UDP 套接字信息
-v	显示版本信息
-w	只显示 raw 套接字信息
-x	显示 UNIX 域套接字信息

不带选项的 netstat 命令会显示系统上的所有网络连接，首先是活动的 TCP 连接，之后是活动的域套接字。域套接字包含一些进程，用来在本系统和其他系统之间建立通信上。

本 章 小 结

本章首先对操作系统和网络操作系统的基本概念和基本原理进行了简要介绍，力求在理解操作系统相关概念的基础上，了解网络操作系统的发展、分类及其基本功能，并进一步掌握其工作原理和相关概念术语。

思 考 题

1. 什么是操作系统？什么是网络操作系统？简述它们的区别和联系。
2. 网络操作系统具有哪些特征和基本功能？
3. 试比较对等网络和非对等网络的优缺点。
4. 简述几种典型网络操作系统的特点及其适用环境。
5. 域模型与工作组模型的主要优缺点是什么？在组建 Windows NT 网时应考虑哪些因素？
6. FAT 文件系统与 NTFS 文件系统有何区别？若要发挥 Windows NT 网的功能优势，则在安装 Windows NT Server 时应选用何种文件系统？
7. 试述单域模型、单主域模型、多主域模型、完全信任模型网络的结构、功能及优缺点。
8. Windows 2000 操作系统有哪些版本？
9. 简述 Windows 2000 活动目录的概念。
10. 简述 Windows 2000 用户管理。

11. 简述 DHCP 的基本概念及工作原理。
12. 简述 DNS 服务器的概念及工作原理。
13. 简述 WINS 服务的基本概念。
14. 简述 Windows 2003 的新增功能及其特点。
15. Windows NT 操作系统与 UNIX 操作系统有何异同?
16. 简述 UNIX 操作系统的组成及其层次结构。
17. 简述 UNIX 操作系统的特点。
18. 简述 UNIX 和 Linux 操作系统的联系和区别。
19. 简述 Linux 操作系统的组成和特点。

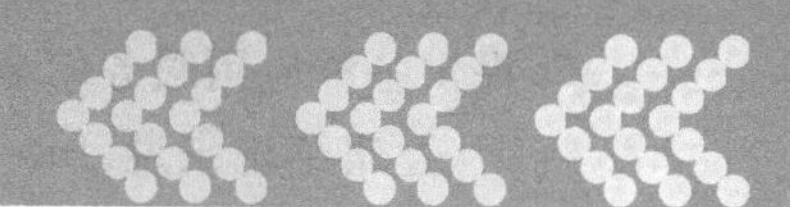

第6章　Internet

Internet是人类历史发展进程中的一个伟大里程碑，是全球信息高速公路的基础。Internet的发展和应用缩短了时空距离，减少了人们相互之间交流的障碍。Internet正潜移默化地改变着人们的生活方式、工作方式和传统观念，或者说Internet正在改变着全世界。

本章以Internet的基本原理和主要应用为主线，讨论了Internet的工作原理、IP地址与域名、Internet的主要接入技术以及Internet的服务和应用。

通过本章学习，可以了解（或掌握）：

- Internet的基本概念和发展历程；
- Internet的工作原理；
- IP地址和域名；
- Internet的主要接入技术；
- Internet的服务和应用；
- Extranet的概念和特点。

6.1　Internet概述

随着Internet技术的发展和广泛应用，Internet对我们的影响已无处不在，它已经成为我们必不可少的工具和资源库。本节内容是Internet的基础知识，主要包括Internet的基本概念，Internet的发展历程，Internet的管理组织以及我国Internet的概貌。

6.1.1　Internet的基本概念

Internet又称为因特网或互联网，是一个庞大的计算机互联系统，它将分散在世界各地的各种各样的计算机相互连接起来，使之成为一个统一的、全球性的网络。从网络技术的角度来看，Internet是一个通过TCP/IP协议将各个机构、各个地区、各个国家的内部网络互联起来的超级数据通信网；从提供信息资源角度来看，Internet是一个集各个部门、各个领域内各种信息资源为一体的超级资源网；从网络管理的角度来看，Internet是一个不受政府或某个组织管理和控制的，包括成千上万个互相协作的组织和网络的集合体。

1. Internet的定义

对于Internet，1995年美国联邦网络理事会给出了如下定义：

(1) Internet是一个全球性的信息系统。

(2) 它是基于 Internet 协议及其补充部分的全球唯一一个由地址空间逻辑连接而成的系统。

(3) 它通过使用 TCP/IP 协议组及其补充部分或其他 IP 兼容协议支持通信。

(4) 它公开或非公开地提供使用或访问存在于通信和相关基础结构的高级别服务。

简言之,Internet 主要是通过 TCP/IP 协议将世界各地的网络连接起来,实现资源共享、提供各种应用服务的全球性计算机网络。

从逻辑结构来说,Internet 使用路由器和交换机将分布在世界各地数以万计的、规模不一的计算机网络互联起来,成为一个超大型国际网。它的各个子网以网状结构互联而成,在每个子网中存在数量不等的主机,子网及其主机均以 IP 协议统一编址。它屏蔽了物理网络连接的细节,使用户感觉使用的是一个单一网络,可以没有区别地访问 Internet 上的任何主机。Internet 的逻辑结构如图 6.1 所示。

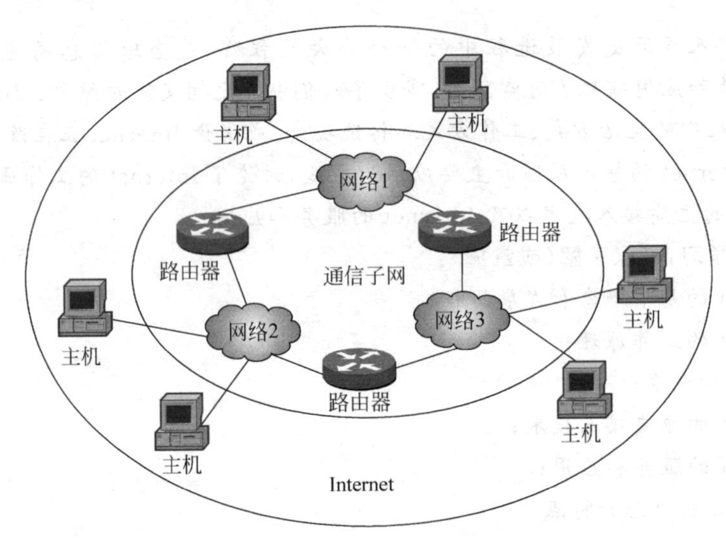

图 6.1 Internet 的逻辑结构

2. Internet 的组成部分

Internet 由硬件和软件两大部分组成,硬件主要包括通信线路、路由器和终端设备,软件部分主要是指信息资源。

(1) 通信线路。通信线路将网络中的路由器、交换机和计算机等设备连接起来,是 Internet 的基础设施。可以说没有通信线路就没有 Internet。通信线路主要有两类:有线通信线路(如光纤、铜缆等)和无线通信线路(如卫星、无线电等)。

(2) 路由器。路由器是 Internet 中极为重要的设备,它是网络与网络之间连接的桥梁,实现了因特网中异构网络间的互联。路由器负责将数据从一个网络传送到另一个网络,它根据数据所要到达的目的地,通过路径选择算法为数据选择一条最佳的传输路径。同时还具有负载平衡,拥塞控制等功能。

(3) 终端设备。接入 Internet 的终端设备既可以是巨型机,也可以是一台普通的台式机或笔记本、手机等,是 Internet 不可缺少的设备。终端设备可分为两类,即服务器(server)和客户机(client)。服务器是 Internet 服务和信息资源的提供者,有 WWW 服务器、电子邮件服务器、文件传输服务器等。而客户机则是这些服务和信息资源的使用者,主要是 PC。

服务器借助于服务器软件向用户提供服务和管理信息资源，用户通过客户机中装载的访问软件访问 Internet 上的服务和资源。应该指出的是，所有连接在 Internet 上的计算机均称为主机(host)，其可以是服务器，也可以是客户机。

(4) 信息资源。Internet 中存在多种类型的资源，主要有超级计算中心、技术资料中心、公共软件库、科学数据库、地址目录库、信息库等。可以说，没有信息资源，Internet 就失去了它的吸引力，正是其丰富的共享资源才使得 Internet 蓬勃发展。

3. Internet 的特点

(1) 灵活多样的入网方式。任何终端设备，只要采用 TCP/IP 协议，与 Internet 中的任何一台主机通信，就可以成为 Internet 的一部分。TCP/IP 协议簇成功地解决了不同硬件平台、不同网络产品和不同操作系统之间的兼容性问题。采用电话拨号、专线、以太网接入、有线电视网、无线接入等方式都可接入 Internet。

(2) 三大技术融为一体。Internet 融合了网络技术、多媒体技术和超文本技术，提供了极为丰富的信息资源和友好的操作界面。

(3) 公平性。接入 Internet 的大小网络都具有平等的地位，没有一个主控 Internet 的机构；所有接入的网络本着自愿的原则，由自身拥有者管理，采用“自治”的模式。

(4) 收费低廉。Internet 的发展获益于政府对信息网络的大力支持，在美国 Internet 的收费标准完全能被普通用户接受，中国 Internet 的收费标准也在不断降低。

(5) 信息覆盖面广、容量大、时效长。Internet 几乎遍及全球所有的国家和地区，连通数以亿计的用户。一旦加入 Internet，即可与世界各地的人们交流信息，实现全球通信。而信息一旦进入发布平台，即可长期存储、长期有效。

尽管如此，我们也应该认识到 Internet 的另一面。Internet 的开放性、自治性使它在安全方面先天不足，尚待改进。Internet 的安全问题，不仅是技术问题，也是一个社会问题和法律问题。另外，Internet 发展中也存在许多美中不足之处，例如，资源的分散化管理则为 Internet 上的信息查找带来较大的困难。

6.1.2 Internet 的发展历程

1. Internet 的发展阶段

Internet 的发展经历了研究实验、实用发展和商业化三个阶段。

1) 研究实验阶段(1968—1983 年)

Internet 起源于 1969 建成的 ARPAnet (Advanced Research Projects Agency Network)，并在此阶段以它为主干网。ARPAnet 最初采用“主机”协议，后改用“网络控制协议”。直到 1983 年，ARPAnet 上的协议才完全过渡到 TCP/IP。美国加利福尼亚伯克利分校把该协议作为其 BSD UNIX(Berkeley Software Distribution UNIX)的一部分，使得该协议流行起来，从而诞生了真正的 Internet。同年，ARPAnet 分成两部分，公用 ARPAnet 和军用 Milnet。这两个子网间使用严格的网关，但可以彼此交换信息。

2) 实用发展阶段(1984—1991 年)

此阶段是 Internet 在教育和科研领域广泛使用的阶段。1986 年，美国国家科学基金会(National Science Foundation，NSF)利用 TCP/IP 协议，在 5 个科研教育服务超级计算机中心的基础上建立了 NSFnet 广域网。其目的是共享它拥有的超级计算机，推动科学研究发展。从1986年到1991年，连入NSFnet的计算机网络从100多个发展到3000多个，极大地推动了Internet的发展。与此同时，ARPAnet逐步被NSFnet替代。到1990年，ARPAnet退出了历史舞台，NSFnet成为Internet的骨干网，作为Internet远程通信的提供者而发挥着巨大作用。

3) 商业化阶段(1991年至今)

在20世纪90年代以前，Internet的使用一直仅限于研究与学术领域，随着Internet规模的迅速扩大，Internet中蕴藏的巨大商机逐渐显现出来。1991年，美国的三家公司GenelraI Atomics,Performance Systems lnternational,UUnet Telchnologies开始分别经营自己的CERFnet、PSInet及Alternet网络，可以在一定程度上向客户提供Internet联网服务和通信服务。他们组成了"商用Internet协会"(Commercial Internet Exchange Association, CIEA)，该协会宣布用户可以把它们的Internet子网用于任何的商业用途。由此，商业活动大面积展开。1995年4月30日，NSFnet正式宣布停止运作，转为研究网络，代替它维护和运营Internet骨干网的是经美国政府指定的三家私营企业：Pacific Bell、Ameritech Advanced Data services and Bellcore以及Sprint。至此，Internet骨干网的商业化彻底完成。

截至2008年7月底，Internet已经联系着全球不同国家和地区的数以万计的子网，全球网站数量突破1.74亿个。其中，我国的域名注册总量约为1485万个，网站数量约为191.9万个；美国的域名注册总量已经超过1亿个。Internet已成为世界上信息资源最丰富的计算机公共网络，全球信息高速公路的基础。

2. 中国Internet的发展

Internet引入中国的时间不长，但由于起点比较高，所以发展很快。从总体来说，中国Internet的发展分为三个阶段。

1) 研究试验阶段(1986—1993年)

这一阶段只为少数高等院校、研究机构提供Internet的电子邮件服务。1986年，北京市计算机应用技术研究所实施的国际联网项目——中国学术网(Chinese Academic Network, CANET)启动。1987年9月，CANET在北京计算机应用技术研究所内正式建成中国第一个国际互联网电子邮件节点，并于当月14日由钱天白教授发出中国第一封电子邮件："Across the Great Wall, we can reach every corner in the word.(跨过长城，走向世界)"，揭开了中国人使用Internet的序幕。1989年到1993年期间，建成了中关村地区教育与科研示范网络(National Computing and Networking Facility of China, NCFC)工程。1990年11月28日，中国正式在SRI-NIC(Stanford Research Institute's Network Information Center)注册登记了中国的顶级域名CN，并开通了使用中国顶级域名CN的国际电子邮件服务，从此中国的网络有了自己的身份标识。

2) 起步阶段(1994—1996年)

这一阶段主要为教育科研应用。1994年1月，美国国家科学基金会同意了NCFC正式接入Internet的要求。同年4月20日，NCFC工程通过美国Sprint公司连入Internet的64Kbps国际专线开通，实现了与Internet的全功能连接，从此中国正式成为有Internet的国家。1994年5月，开始在国内建立和运行中国的域名体系。同年5月15日，中科院高能物理研究所设立了国内第一个Web服务器，推出第一套网页。

随后几大公用数据通信网——中国公用分组交换数据通信网(China Public Packet

Switched Data Network,ChinaPAC)、中国公用数字数据网(China Digital Data Network,ChinaDDN)、中国公用帧中继网(China Frame Relay Network,ChinaFRN)建成,为中国Internet的发展创造了条件。同一时期,中国相继建成四大互联网——中国科学技术网(China Science and Technology Network,CSTNET)、中国教育和科研网(China Education and Research Network ,CERNET)、中国公用计算机网(China Network,CHINANET)、中国金桥信息网(China Golden Bridge Network ,CHINAGBN)。

3) 商业化发展阶段(1997年至今)

1997年6月3日,中国科学院在中科院网络信息中心组建了中国互联网络信息中心(China Internet Network Information Center,CNNIC),同时成立中国互联网络信息中心工作委员会。从1997年至今,中国的Internet在商业网络方面迅速发展。越来越多的企业已经搭乘或正在搭乘网络快车。总体来看,这一阶段,中国Internet在上网计算机数、上网用户人数、CN下注册的域名数、WWW站点数、网络国际出口带宽、IP地址数等方面皆有不同程度的变化,呈现出快速增长态势。

据CNNIC公布的第22次中国Internet发展状况统计报告显示,截至2008年6月底,我国网民数已达到2.53亿,比去年同期增长了9100万人,2008年上半年净增量为4300万人。2005—2008年我国网民规模和增长如图6.2所示。2007年底美国网民数为2.18亿人,按照美国近年来的网民增长速度估算,美国网民人数在2008年6月底不会超过2.3亿人,因此中国网民规模已跃居世界第一位。

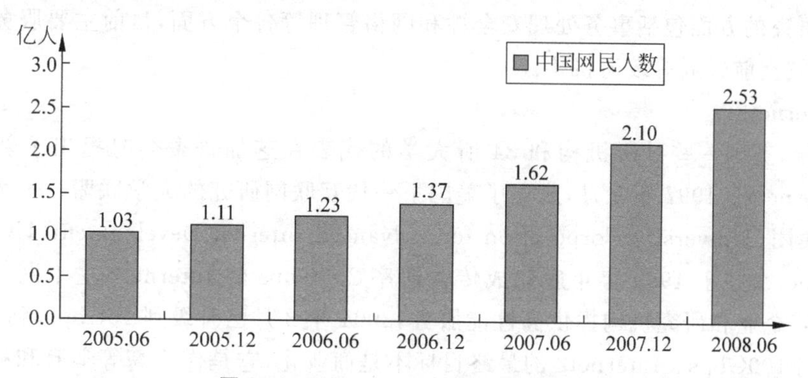

图6.2 2005—2008年中国网民规模

2008年6月底,中国的Internet普及率已经达到19.1%,比2007年底的Internet普及率提高了3.1个百分点。2005—2008年我国互联网普及率增长如图6.3所示。Internet在中国的应用正逐步广泛化,越来越多的人接触到Internet,并从Internet世界获益。

3. 下一代Internet

Internet的产生和发展已对世界经济产生了巨大影响,然而随着网络规模的持续扩大和新型网络应用需求的增长,现有的Internet面临着许多挑战。一方面是IPv4地址空间大约只有40亿个地址可以使用,完全不能满足需要;而且由于Internet在早期缺乏规划,造成了IP地址分配的"贫富不均"现象。另一方面是新的分布式多媒体在线应用,对Internet所带来的影响和问题已经超出了目前IPv4所能解决的范围。这就需要一个新的网络体系结构,提供更高更完善的网络性能,包括更高的带宽、更高的服务质量(Quality of Service,QoS)、可移动性和网络安全性、智能化的网络管理模式等。另外还有无处不在的信息与通信

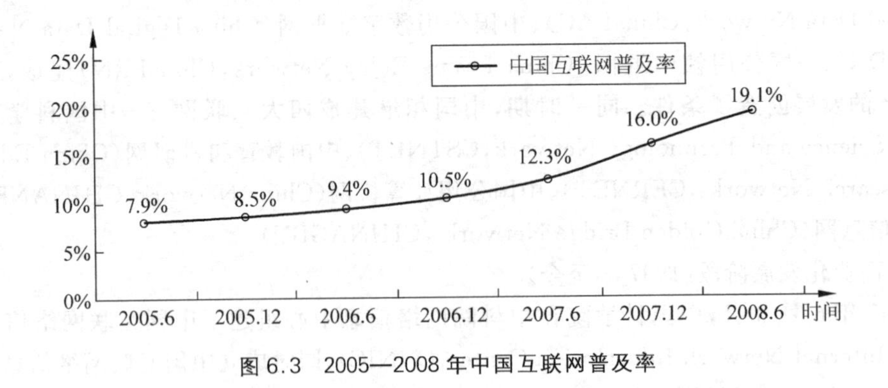

图 6.3 2005—2008 年中国互联网普及率

服务方式，都需要通过探索新的技术来解决。在这样的背景下，下一代 Internet 应运而生。

基于 IPv6 的下一代互联网主要有以下 3 种提法：NGI、Internet2 和 NGN。

1）NGI

1996 年 10 月，美国政府制定并启动了研究发展下一代国际互联网（Next Generation Internet，NGI）计划。其主要研究工作涉及协议、开放、部署高端实验网以及应用演示，其主干网 VBNS（Very High Bandwidth Network Service）由美国国家科学基金会（National Science Foundation，NSF）与美国微波通信公司（Microwave Communications Inc，MCI）合作建立。这个庞大计划的最终目标之一是建立数据传输速率达到 10～100Tbps 的网络。NGI 侧重研究的方面包括事务处理安全性和网格管理等各个方面，目前主要服务于美国国防部、美国航空航天局等政府机构。

2）Internet2

1996 年，美国一些科研机构和 34 所大学的代表在芝加哥聚会时提出了新一代因特网——Internet2。1997 年 9 月，成立了美国下一代互联网研究的大学联盟——大学高级互联网发展集团（University Corporation for Advanced Internet Development，UCAID）专门管理 Internet2，并于 1999 年年底建成传输速率 2.5Gbps 的 Internet2 主干网 Abilene，向 220 个大学、企业和研究机构提供高性能服务，2004 年 2 月已升级到 10Gbps，到 2007 年 10 月已升级到 100Gbps。Internet2 的最终目标不是商业化，它是作为高等学府和科研机构的专用网络，目标是实现远程医疗、数字图书馆和虚拟实验室等资源共享，为科学研究以及教育领域做出贡献。因此，Internet2 不会取代 Internet。

3）NGN

NGN（Next Generation Network）的概念最早来自美国在 1997 年提出的“下一代互联网行动计划”。2004 年初国际电联 NGN 会议给出了 NGN 的定义：NGN 是基于分组的网络；利用多种宽带能力和 QoS 保证的传送技术；其业务相关功能与其传送技术相独立；NGN 使用户可以自由接入到不同的业务提供商；NGN 支持通用移动性。

NGN 几乎是一个无所不包的网络，将电话网、移动网、互联网等各种网络都涵盖进来，目的就是为了克服现在网络的不足，满足人类对移动性和大数据量信息的需求。NGN 包括可软交换网络、下一代 Internet 以及下一代移动网的所有含义。

近年来，中国已经启动了一系列与下一代 Internet 研究相关的计划。这些计划已经取得部分成果，如国家发展与改革委员会的“下一代互联网中日 IPv6 合作项目”于 2006 年

5月27日顺利通过验收，中日IPv6试验网已经建成并投入运行。特别是在下一代互联网络试验网及其应用方面，2000年在北京地区已建成中国第一个下一代互联网NSFCNET和中国第一个下一代互联网络交换中心“Dragon TAP”，实现了与国际下一代Internet2的连接。此外，2004年3月19日，中国第一个NGN主干网——CERNET2试验网正式宣布开通并提供服务。CERNET2是中国下一代互联网示范工程（China Next Generation Internet，CNGI）最大的核心网和唯一的全国性学术网，是目前全球规模最大的纯IPv6技术的下一代互联网主干网。

6.1.3 Internet的管理组织

Internet的特点之一是管理上的开放性。在Internet中没有一个绝对权威的管理机构，任何接入者都是自愿的。Internet是一个互相协作、共同遵守一种通信协议的集合体。

1. Internet的网络组织结构

Internet的网络组织结构是复杂且不断发展的。通常可分成3个级别，即组织性网络、地区性网络和主干网络。各级网络之间由网关互联后构成Internet所特有的3级网络结构。其核心级为主干网络，用户级为组织性网络，中间的过渡级为地区性网络。组织性网络可以看作用户级网络，是指那些接入Internet并由用户自行组织管理的内部网络，如校园网、企业网等。地区性网络往往覆盖较大的地区，如一个省甚至一个国家，它除了向用户提供到Internet的连通外，还提供一系列相关服务，如用户网络管理、申请网络地址等。主干网络为地区性网络提供互联和“中转”作用，使Internet实现在世界范围内连通用户的目的。

Internet是一个开放性的网络系统，没有一个绝对权威的管理机构。Internet服务提供商、Internet协会和Internet主干网组织分别负责不同层次的管理。Internet服务提供商提供用户级、地区级和主干级网络服务，负责Internet服务提供商的日常维护和运行。例如，如果一个大的主干线路路由器出现故障，那么修理路由器并使信息流恢复正常是服务提供商的职责。Internet服务提供商也为最终用户提供Internet服务。

2. Internet的管理者

在Internet中，最权威的管理机构是Internet协会（Internet Society，ISOC），由它制定Internet标准。它是一个完全由志愿者组成的指导Internet政策制定的非赢利、非政府性组织，目的是推动Internet技术的发展与促进全球化的信息交流，主要任务是发展Internet的技术架构。

在Internet理事会下设有3个最重要的机构，分别为Interne体系结构委员会（Internet Architecture Board，IAB），Interne编号管理局（Internet Assigned Numbers Authority，IANA）和Internet工程任务组（Internet Engineering Task Force，IETF）。此外，还有一个与IETF密切相关的机构，Interne研究任务组（Internet Research Task Force，IRTF）。ISOC的组织机构如图6.4所示，各机构的主要功能和职责如下：

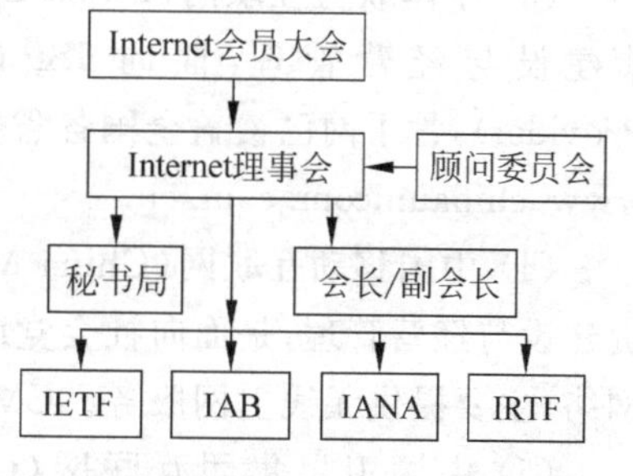

图6.4 ISOC的组织结构

(1) IAB是ISOC的技术咨询机构，专门负责协调Internet技术管理与技术发展。IAB负责监督Internet的协议体系结构和发展，提供创建Internet标准的步骤，管理Internet标准与草案的 PFC(Power Factor Correction)文档,管理各种已分配的 Internet 端口号。

(2) IANA 是管理 IP 地址、分配 Internet RFC(request for comments)序号以及决定与 Internet 运行和服务有关的序号与定义的机构。

(3) IRTF 负责技术发展方面的具体工作并致力于与 Internet 有关的长期项目研究,主要在 Internet 协议、体系结构、应用程序和相关的技术领域开展工作。

(4) IETF 为 Internet 工程和发展提供技术及其他支持,包括简化现有的标准和开发一些新的标准,以及向 Internet 工程指导小组推荐标准。

Internet 的日常管理工作由网络运行中心(Network Operation Center,NOC)与网络信息中心(Network Information Center,NIC)承担。其中,NOC 负责保证 Internet 的正常运行与监督 Internet 的活动;而 NIC 负责为 ISP 和广大用户提供信息方面的支持,包括地址分配、域名注册和管理等。

3. 中国 Internet 的管理者

中国的 Internet 由中国互联网信息中心 CNNIC 进行管理,其主要职责如下:

(1) 为中国的互联网用户提供域名注册、IP 地址分配等注册服务。

(2) 提供网络技术资料、政策与法规、入网方法、用户培训资料等信息服务。

(3) 提供网络通信目录、主页目录与各种信息库等目录服务。

中国互联网信息中心工作委员会由国内著名专家与主干网的代表组成,他们的具体任务是协助制订网络发展的方针与政策,协调中国的信息化建设工作。

6.1.4 我国 Internet 骨干网

截至 2007 年底,经国务院批准,我国全国性的骨干互联网络有 9 个。

1) 经营性的互联网络 5 个

(1) 中国公用计算机互联网(China Commercial Network,ChinaNet)。由中国电信负责建设与经营管理,俗称 163,其网址是 www.chinatelecom.com.cn。

(2) 中国网通公用互联网(China Network Communications Network,CNCNet)。由中国网通集团公司负责经营,由中国科学院、国家广电总局、铁道部、上海市共同联合建设。利用广播电视、铁道等部门已经铺设的光缆网络,连接北京、上海、广州、武汉等城市。CNCNet 的网址是 www.chinanetcom.com.cn。

(3) 中国联通互联网(China Unicom Network,UNINet)。由中国联合通信有限公司负责建设与经营管理,面向 ISP(Internet Service Provider)和 ICP(Internet Content Provider),骨干网已覆盖全国各省会城市,网络节点遍布全国 230 个城市。UNINet 网址是 www.chinaunicom.com.cn。

(4) 中国移动互联网(China Mobile Network,CMNet)。由中国移动通信集团公司负责建设与经营管理,是面向社会党政机关团体、企业集团、各行业单位和公众的经营性互联网络,主要提供无线上网服务。CMNet 网址是 www.chinamobile.com。

(5) 中国卫星集团互联网(China Satellite Network,CSNet)。CSNet 正在建设中,CSNet 的网址是 www.chinasat.com.cn。

2) 非经营性的互联网络 4 个

(1) 中国教育和科研网(China Education and Research Network,CERNet)。由国家投

资建设,教育部负责管理。CERNe已连接了国内大多数高校,并专线连接全国8大区网络中心的主干网,国际线路带宽约为10Gbps。CERNet网址是www.edu.cn。

(2) 中国科技网(China Science and Technology Network,CSTNet)。由国家投资和世界银行贷款建设,由中国科学院网络运行中心负责运行管理,主要连接全国各地的科研机构。CSTNet网址是www.cstnet.net.cn。

(3) 中国国际经济贸易互联网(China International Economic and Trade Network,CIETNet)。面向全国外贸系统企事业单位的专用互联网络,由外贸经济合作部下属的中国国际电子商务中心负责建设和管理。CIETNet网址是www.ciet.net。

(4) 中国长城互联网(China Great Wall Network,CGWNet)。CGWNet是军队专用网,正在建设中。CGWNet网址是www.cgw.cn。

6.2 Internet 工作原理

从本质上讲,Internet是网络的网络,它的工作原理与局域网基本相同。只是由于规模不同,从而产生了从量变到质变的飞跃。具体地说,Internet工作原理主要包括分组交换原理、TCP/IP(Transfer Control Protocol/Internet Protocol)协议和Internet工作模式,下面分别介绍。

6.2.1 分组交换原理

1. 共享线路与延迟

在计算机网络中,系统中的计算机往往是通过共享的方式来共同使用底层的硬件设备,如共享通信线路等。这种方式可以只用少量的线路和交换设备,共享传输线路,从而降低成本。然而共享也带来了弊端,当一台计算机长时间占用共享设备时,就会产生延迟。正如堵车一样,很多车辆挤在同一路口,只能允许几辆车先通过,而别的车必须排队等候。当网络流量较大时,排在前面的可以使用设备,而其他的只能等待。一个好的解决方法是将信息分解成数据包(分组),每台主机每次只能传送一定数量的数据包,这称为轮流共享。

2. 分组交换

将数据总量分割,轮流服务的方法称为分组交换,而计算机网络中用这种方式来保证各台计算机平等共享网络资源的技术就称为分组交换技术。Internet上所有的数据都以分组的形式传送。

分组交换有效地避开了延迟。当某台计算机发送较长信息时,可以分为若干个分组;另一台计算机发送较短信息,可以不分组或少分组。长信息发送一个分组后,短信息有机会发送自己的分组,而无需等待长信息发送完毕,从而避开了延迟。在分组交换网络中,传输速度很快,常常达到每秒传输1000个以上的分组。当几个人同时将信息发送到一个共享网络时,千分之几秒的时间几乎感觉不到,所以可认为延迟不存在。

分组交换允许任何一台计算机在任何时候都能发送数据。当只有一台计算机需要使用网络时,那么它就可以连续发送分组。一旦另一台计算机准备发送数据时,共享开始了,两台计算机轮流发送,公平地分享资源。依次类推,n台计算机都是按照轮流共享的原则,公平地使用网络。当网上有计算机准备发送数据或有计算机停止发送时,分组交换技术能够立即进行自动调整,重新分配网络资源,使每台计算机在任何时候都能公平地分享网络资源。这种网络共享的自动调整全部由网络的接口硬件完成所有细节。

Internet 使用分组交换技术，有效地保证了公平地共享网络资源。实际上，Internet 上的信息传递，就是同一时刻来自各个方向的多台计算机的分组信息的流动过程。

6.2.2 TCP/IP 协议

1. TCP/IP 协议简介

第 2 章已对 TCP/IP 协议进行了简要介绍，这里再进一步展开分析。TCP/IP 协议最早由斯坦福大学两名研究人员于 1973 年提出。随后从 1977 年到 1979 年间推出 TCP/IP 体系结构和协议规范。它的跨平台性使其逐步成为 Internet 的标准协议。通过采用 TCP/IP 协议，不同操作系统、不同结构的多种物理网络之间均可以进行通信。

TCP/IP 协议套件实际上是一个协议簇，包括 TCP 协议、IP 协议以及其他一些协议。每种协议采用不同的格式和方式传输数据，它们都是 Internet 的基础。一个协议套件是相互补充、相互配合的多个协议的集合。其中 TCP 协议用于在程序间传输数据，IP 协议则用于在主机之间传输数据。表 6.1 简单说明了 TCP/IP 协议套件中的成员。

表 6.1 TCP/IP 协议套件

所在层次	协议名称	英文全名	中文名称	作用
应用层	SMTP	Simple Mail Transfer Protocol	简单邮件传输协议	主要用于传输电子邮件
	DNS	Domain Name Service	域名服务	用于域名服务，提供了从名字到 IP 地址的转换
	NSP	Name Service Protocol	名字服务协议	负责管理域名系统
	FTP	File Transfer Protocol	文件传输协议	用于控制两个主机之间文件的交换，远程文件传输
	TELNET	Telecommunication Network	远程通信网络	远程登录协议
	WWW	World Wide Web	万维网协议	既是通信协议，又是实现协议的软件
	HTTP	HyperText Transfer Protocol	超文本传输协议	既是通信协议，又是实现协议的软件
传输层	TCP	Transport Control Protocol	传输控制协议	负责应用程序之间数据传输，是可靠的面向连接
	UDP	User Datagram Protocol	用户数据报协议	负责应用程序之间的数据传输，但比 TCP 简单，是不可靠的无连接的
	NVP	Network Voice Protocol	网络语音协议	用于传输数字化语音
互联层	IP	Internet Protocol	互联网协议	计算机之间的数据传输
	ICMP	Internet Control Message Protocol	互联网控制报文协议	用于传输差错及控制报文
	IGMP	Internet Gateway Message Protocol	互联网网关报文协议	网络连接内外部网关的协议
网络接口层	ARP	Address Resolution Protocol	地址解析协议	网络地址转换，即 IP 地址到物理地址的映射
	RARP	Reverse ARP	反向地址解析协议	反向网络地址转换，即物理地址到 IP 地址的映射

2. TCP/IP 互联网概念结构

Internet 软件围绕着三个层次的概念化网络服务而设计，如图 6.5 所示。底层的服务被定义为不可靠的、尽最大努力传送的和无连接的分组传送系统，这种机制称为 Internet 协议，即 IP 协议，它为其他层的服务提供了基础。中间层是一个可靠的传送服务，对应 TCP 协议，Internet 数据传输的可靠性就由该层来保证，同时它为应用层提供了一个有效平台。最高层是应用服务层。

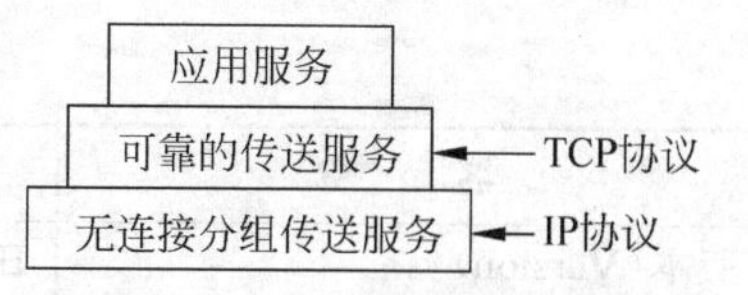

图 6.5　互联网服务的三个概念层

对于 IP 协议，所谓不可靠，指的是不能保证正确传送，分组可能丢失、重复、延迟或不按序传送，而且服务不检测这些情况，也不通知发送方和接收方。所谓无连接，指的是每个分组都是独立处理的，可能经过不同的路径，有的可能丢失，有的可能到达。所谓尽最大努力传输，指的是 Internet 软件尽最大努力来传送每个分组，直到资源用尽或底层网络出现故障时。而在中间这一层 TCP 协议给出了一种可靠的面向连接的传送机制。

3. IP 协议及工作原理

IP 协议详细规定了计算机在通信时应遵循的规则，它是最基本的软件，每台准备通信的计算机都必须有 IP 软件驻留在其内存中。计算机在通信时产生的分组(数据包)都使用 IP 定义的格式，这些分组中除信息外，还有源地址和目的地址。当发送方将准备好的分组发送到 Internet 上后，就可以处理其他事务，由 IP 软件来将数据发送给其他计算机。

IP 有 3 个重要作用。①IP 规定了 Internet 上数据传输的基本单元，以及 Internet 上传输的数据格式。这种向上层(TCP 层)提供的统一 IP 报文是实现异构网互联最关键的一步。②IP 软件完成路由选择功能，选择数据传输的路径。③IP 包含了一组分组传输的规则，指明了分组处理、差错信息发送以及分组丢弃等规则。由于采用无连接的点到点传输机制，IP 协议不能保证报文传递的可靠性。

1) IP 数据报

IP 协议控制传输的协议单元称为 IP 数据报(IP 包或 IP 分组)。IP 协议屏蔽了下层各种物理子网的差异，它使得各种帧或报文格式的差异性对高层协议不复存在，能够向上层提供统一格式的 IP 数据报。IP 数据报采用数据报分组传输的方式，提供的服务是无连接的。理论上，每个数据报可以长达 64KB，但实际上它们往往只有 1500B 左右。每个数据报经 Internet 传输，在此期间有可能被分段为更小的单元。IP 数据报由报头(header)和数据两部分内容组成，其格式如图 6.6 所示。

0　4　8　16　18　24　31

0	4	8	16	18–31
版本号(4位)	IP头长度(4位)	服务类型(8位)	数据报总长度(16位)	
标识(16位)			标志(3位)	片偏移(13位)
生存时间(8位)		传输协议(8位)	报头检验和(16位)	
源地址(64位)				
目的地址(64位)				
可选选项(长度不定)				填充
数据部分				

图 6.6　IP 数据报结构

报头包含一些必要的控制信息，用于在传输途中控制 IP 数据报的寻径、转发和处理，它由 20B 的固定部分和变长的可选项部分构成。IP 数据报格式的说明如表 6.2 所示。

表 6.2 IP 数据报格式说明

名称	功能
版本(Version)	IP 协议的版本，现用的为 IPv4，下一个版本为 IPv6
IP 头长度(IP Head Length，IHL)	以 32 位字为单位给出数据报报头长度，通常为 5 字长(20 字节)，最大值为 15 字长
服务类型(Type of Service，TOS)	规定优先级，时延、吞吐量、可靠性等
数据报总长度(Total Length)	以字节表示整个数据报的长度(报头和报文)，其上限为 65 535 字节(64KB)
标识(identification)	用于控制分片重组，标识分组属于哪个数据报，目标主机根据标识号和源地址进行重组
标志(flag)	DF 为 1，表示数据报不分片；MF 为 1，表示还有属于同一数据报的数据报片
片偏移(fragment offset)	共 13 位，表示本报片在原始数据报的数据区中的位置，片偏移的取值为 0～8192，仅最后一个片没有偏移值。目标主机按标识和偏移值重组数据报
生存时间(time to live)	用于确定数据报在网中传输最多可用多少秒，其作用是避免因特网中出现环路而无限延迟，其取值最大为 255s
传输协议字段(protocol field)	给出传输层所用的协议，例如 TCP、UDP，保证一致性
报头检验和(header checksum)	用来验证报头，以保证报头的完整性
源地址和目的地址	给出发送端和接收端的网络地址和主机地址，即 IP 地址
任选项(option)	主要用于网络控制测试或调试，长度可变。最后为填充位，使全长成为 4 字节的倍数
数据	用于封装 IP 用户数据

2) IP 数据报的分段和重装

网络层以下是数据链路层，由于在不同的物理网络中数据链路层协议对帧长度的要求有所不同，所以 IP 协议要根据数据链路层所允许的最大帧长度对数据报的长度进行检查，必要时将其分成若干较小的数据报进行发送。理想的情况是，每一个 IP 报文正好放在一个物理帧中发送，这样可以使得网络传输的效率更高。例如，以太网中的帧最多可以容纳 1500 字节的数据，FDDI(Fiber Distributed Data Interface)帧中可以容纳 4770 字节的数据。为了把一个 IP 报文放在不同的物理帧中，最大 IP 报文长度就只能等于所有物理网络的最大传输单元(Maximum Transfer Unit，MTU)的最小值。这在很多情况下会导致较低的传输效率。

在发送 IP 报文时，一般选择一个合适的初始长度，如果这个报文要经历 MTU 比 IP 报文长度小的网络，则 IP 协议把这个报文的数据部分分成较小的数据片，组成较小的报文，然后放到物理帧中。分段或分片一般在路由器上进行。

数据报在分段时，每个分段都要加上相应的 IP 报头，形成新的 IP 数据报。此时 IP 报头的相关字段发生了变化。在网络中被分段的各个数据报独立传输，经过中间路由器时可以根据情况选择不同的路由，由此可能导致目的节点接收到的数据报顺序混乱，这时要根据数据报的标识、长度、偏移、标志等字段，将分段的各个IP数据报重新组装成完整的原始数据报。

两个以太网通过一个广域网互联起来，如图6.7所示。以太网的MTU都是1500字节，但其中的广域网络的MTU为620字节。如果主机A发送给主机B一个长度超过620字节的IP报文，路由器R1在收到后，就必须把该报文分成多个分段。

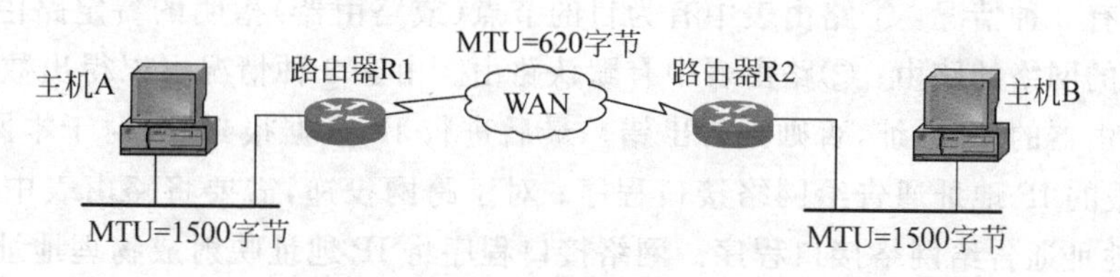

图6.7　网络中的IP报文分段

在进行分段时，每个数据片的长度依照物理网络的MTU确定。由于IP报头中的偏移必须为8的整数倍，所以要求每个分段的长度必须为8的整数倍（最后一个分段除外，它可能比前面的几个分段的长度小，长度可以为任意值）。图6.8是一个包含有1500字节数据的IP报文经过图6.7所示的网络环境中路由器R1后报文的分段情况。

IP报文头	数据片1（600字节）	数据片2（600字节）	数据片3（300字节）

(a) 原始IP报文

分段头	数据片	分段
分段1头（偏移为0字节）	数据片1（600字节）	分段1
分段2头（偏移为600字节）	数据片2（600字节）	分段2
分段3头（偏移为1200字节）	数据片3（300字节）	分段3

(b) 分段后得到的3个数据分段

图6.8　IP数据报的分段

3）IP数据报的封装

IP数据报的传输利用了物理网络的传输能力，网络接口模块负责将IP数据报封装到具体网络的帧（LAN）或分组（X.25网络）中作为信息字段。将IP数据报封装到以太网的MAC数据帧如图6.9所示。

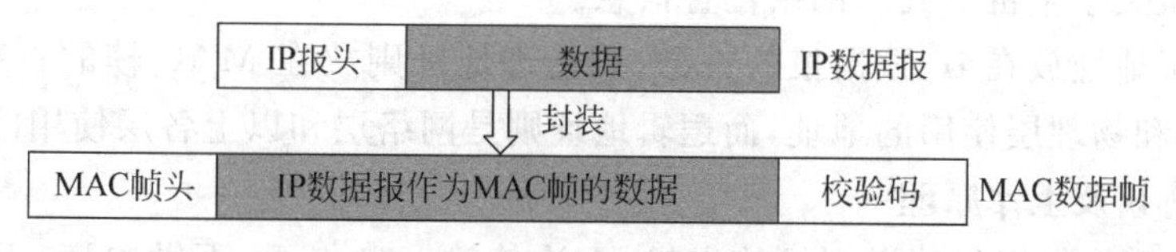

图6.9　IP数据报的封装

4）IP数据报的路由

IP数据报在网络中传输的过程就是路由选择的过程。网络中每个主机和路由器都有一个路由表，路由表主要由目的主机所在的网络地址以及下一个路由器的地址构成，下一个路由器地址是指IP数据报应该发送到的下一个路由器的IP地址或接口。

（1）IP数据报的发送。源节点（或路由器）在发送IP数据报前，首先要将目的节点（或路由器）的IP地址取出，得出其所在的网络地址。其次，根据网络地址判断它是否与源节点属于同一网络，相同时则本网投递IP数据报，否则查找路由表中的路由执行跨网投递。路由表中路由有3种情况：①路由表中有为目的节点（或路由器）指明的特定路由；②路由表中有达到目的网络的路由；③路由表中有默认路由。由这3种情况可以得出数据报应发往的下一个路由器的IP地址，否则报告出错。最后进行IP数据报封装，对于本网投递，需要将IP数据报的IP地址通告给网络接口程序；对于跨网投递，需要将路由表中查找到的路由器的IP地址通告给网络接口程序。网络接口程序将IP地址映射成物理地址（调用ARP协议），并将IP数据报封装成相应的网络的帧结构（物理地址包含在帧头中），然后根据这个物理地址寻找到下一个路由器（或目的主机）。

（2）IP数据报的接收。当接收节点的IP协议收到网络接口程序交接的数据报时，比较数据报中的目的地址与本节点的IP地址是否相同。若相同，则接受该数据报，否则作为待转发的数据报处理，按照IP数据报发送时的处理步骤寻找路由后进行转发。

5）物理地址与逻辑地址

每一个物理网络中的网络设备都有其真实的物理地址。物理网络的技术和标准不同，其物理地址编码也不同。以太网物理地址用48位二进制编码，因此可以用12个十六进制数表示一个物理地址，如00-11-D8-9C-03-55。物理地址也叫介质访问控制（Media Access Control，MAC）地址或MAC地址，它是数据链路层地址，即第二层地址。

物理地址通常是由网络设备的生产厂家直接烧入设备网络接口卡（网卡）的可擦除可编程ROM（Erasable Programmable ROM，EPROM）中的。EPROM存储的是传输数据时真正用来标识发出数据的源端设备和接收数据的目的端设备的地址。也就是说，在网络底层的物理传输过程中，是通过物理地址来标识网络设备的，这个物理地址一般是全球唯一的。

使用物理地址时，只能够将数据传输到与发送数据的网络设备直接连接的接收设备上。对于跨越互联网的数据传输，物理地址不能提供逻辑的地址标识手段。

当数据需要跨越互联网时，可使用逻辑地址来标识位于远程目的地的网络设备的逻辑位置。通过使用逻辑地址，可以定位远程的节点。逻辑地址即IP地址则是第3层地址，所以有时又称为网络地址，该地址是随着设备所处网络位置不同而变化的，即设备从一个网络移到另一个网络时，IP地址也会随之发生相应的改变。也就是说，IP地址是一种结构化的地址，可以提供关于主机所处的网络位置信息。

总之，逻辑地址放在IP数据报的首部，而物理地址则放在MAC帧的首部。物理地址是数据链路层和物理层使用的地址，而逻辑地址则是网络层和以上各层使用的地址。

4. TCP协议及工作原理

IP协议只管将数据包传送到目的主机，无论传输正确与否，不做验证，不发确认，也不保证数据包的顺序，而这些问题就由传输层TCP协议来解决。TCP协议为Internet提供了可靠的、无差错的通信服务。当数据包到达目的地后，TCP检查数据在传输中是否有损失，如果接收方发现有损坏的数据包，就要求发送端重新发送被损坏的数据包，确认无误后再将各个数据包重新组合成原文件。

1) TCP的3个重要作用

(1) TCP提供了计算机程序间的连接。从概念上说，TCP就像人通过电话交谈一样提供计算机程序之间的连接，是一种端到端的服务。一台计算机上的程序选定一个远程计算机并向它发出呼叫，请求和它连接，被呼叫的远程计算机上的通信程序必须接受呼叫，一旦连接建立，两个程序就能够相互发送数据。最后，当程序结束运行时，双方终止会话。由于计算机比人的速度快得多，因而，两个程序能在千分之几秒内建立连接，交换少量数据，然后终止连接。

(2) TCP解决了分组交换系统中的3个问题。

① TCP解决了如何处理数据报丢失的问题，实现了自动重传以恢复丢失的分组。

② TCP自动检测分组到来的顺序，并调整重排为原来的顺序。

③ TCP自动检测是否有重复的分组，并进行相应处理。

检测和丢弃重复的分组相对来说比较容易。因为每一个分组中都有一个数据标识，接收方可以将已收到的数据标识与到来的数据报的标识进行比较，若重复，则接收方不予理睬。而恢复丢失的数据报比较困难，TCP采用时钟和确认机制来解决这一问题。

无论何时，当数据报到达最终目的地时，接收端的TCP软件向源计算机回送一个确认信号，通知发送方哪些数据已经达到，从而保证所有数据都能安全可靠地到达目的地。而当发送方准备发送数据报时，发送方计算机上的TCP软件启动计算机内部的一个计时器计时。若数据在指定的时间内没有到达，也即发送方没有收到接收方在收到某个数据时返回的确认信号，计时器则认为这个数据报可能已丢失，于是发出一个信息通知TCP，要求重发这个数据报。如果数据报在指定的时间内到达目的地，即发送方在指定时间内收到接收方所返回的确认信号，TCP即刻取消这一计时器。

(3) TCP时钟具有自动调整机制。TCP可以自动根据目标计算机离源计算机的远近、网络传输的繁忙情况来自动调整时钟和确认机制中的重传超时值。例如，一个数据报从远方传来花5s到达，可能是正常的；而从附近计算机传来花1s，可能已经不正常，而是超时了。

如果网上同时有许多计算机开始发送数据报，而导致Internet的数据速率下降，TCP则增加在重传之前的等待时间；如果网上传输量减少，线路较空，网速加快，TCP将自动减少超时值。这样，在庞大的Internet中，TCP协议能够自动修正超时值，从而使网上数据传输的效率更高。

2) TCP数据报

Internet中发送方和接收方的TCP软件都是以数据段(segment)形式来交换数据的。TCP软件根据IP协议的载荷能力和物理网络最大传输单元MTU来决定数据段大小，这些数据段称为TCP数据报报文。它由数据报头和数据两部分组成，数据报头携带了该数据报所需的标识及控制信息，包括20个字节的固定部分和一个不固定长度的可选项部分，其格式如图6.10所示。

TCP数据报格式的说明如表6.3所示。

<table>
<tr><td colspan="3">0</td><td colspan="1">16</td><td colspan="1">31</td></tr>
<tr><td colspan="3">原端口(16位)</td><td colspan="2">目的端口(16位)</td></tr>
<tr><td colspan="5">序列号(32位)</td></tr>
<tr><td colspan="5">确认号(32位)</td></tr>
<tr><td>报头长度
(4位)</td><td>保留
(6位)</td><td>编码位
(6位)</td><td colspan="2">窗口大小(16位)</td></tr>
<tr><td colspan="3">检验和(16位)</td><td colspan="2">紧急指针(16位)</td></tr>
<tr><td colspan="4">任选项(长度可变)</td><td>填充</td></tr>
<tr><td colspan="5">数据</td></tr>
</table>

图 6.10 TCP 报文段的首部

表 6.3 TCP 数据报格式说明

名　　称	功　　能
源端口/目的端口(source port/destination port)	各包含一个 TCP 端口编号，分别标识连接两端的两个应用程序。本地的端口编号与 IP 主机的 IP 地址形成一个唯一的套接字。双方的套接字唯一定义了一次连接
序列号(sequence number)	用于标识 TCP 段数据区的开始位置
确认号(acknowledgement number)	用于标识接收方希望下一次接收的字节序号
TCP 报头长度(header length)	说明 TCP 头部长度，该字段指出用户数据的开始位置
标志位(code)	分为 6 个标志：紧急标志位 URG、确认标志位 ACK、急迫标志位 PSH、复位标志位 RST、同步标志位 SYN、终止标志位 FIN
窗口尺寸(window size)	在窗口中指明缓存器大小，用于流量控制和拥塞控制
校验和(checksum)	用于检验头部、数据和伪头部
紧急数据指针(urgent pointer)	表示从当前顺序号到紧急数据位置的偏移量。它与紧急标志位 URG 配合使用
任选项(options)	提供常规头部不包含的额外特性。如所允许的最大数据段长度，默认为 536 字节。其他还有选择重发等选项
数据	用于封装上层数据

3）TCP 连接

TCP 连接包括建立连接，数据传输和拆除连接 3 个过程。TCP 通过 TCP 端口提供连接服务，最后通过连接服务来接收和发送数据。TCP 连接的申请、打开和关闭必须遵守 TCP 协议的规定。TCP 协议采用“三次握手”方法建立连接。TCP 协议是面向连接的协议，连接的建立和释放是每一次通信必不可少的过程。TCP 的每个连接都有一个发送序号和接收序号的过程，建立连接的每一方都发送自己的初始序列号，并且把收到对方的初始序列号作为相应的确认序列号，向对方发送确认，这就是 TCP 协议的“三次握手”。实际上，TCP 协议建立连接的过程就是一个通信双方序号同步的过程。

假如主机 A 的客户进程要与主机 B 通信时，目的主机 B 必须同意，否则 TCP 连接无法建立。为了确保 TCP 连接建立成功，TCP 采用“三次握手”的方式，该方式使得“序号/确认序号”系统能正常工作，从而使他们的序号达成同步。图 6.11 所示为“三次握手”的过程。

第一步，源主机 A 向主机 B 发送一个 SYN=1(同步标志位置为 1)的 TCP 连接请求数

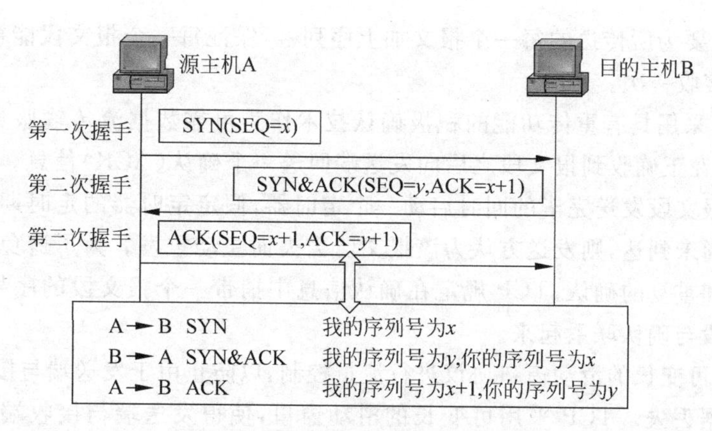

图 6.11 "三次握手"建立 TCP 连接

据报，同时为该数据报生成一个同步序号 SEQ(sequence number)$=x$(例如：SEQ=200)，放在数据报头中一起发送出去(表明在后面传送数据时的第一个数据字节的序号是 $x+1$，即为 201)。

第二步，目的主机 B 若接受本次连接请求，则返回一个确认加同步的数据报(SYN=1 且 ACK=1)，这就是"第二次握手"。其中，同步的序号由主机 B 生成，如 SEQ$=y$，与 x 无关。同时用第一个数据报的序号值 x 加 1($x+1$)作为对它的确认。

第三步，源主机目的 A 再向 B 发送第二个数据报(SEQ= $x+1$)，同时对从主机 B 发来的数据报进行确认，序号为 $y+1$。

在数据传输结束后，TCP 需释放连接。在 TCP 协议中规定，通信双方都可以主动发出释放连接的请求。TCP 协议用 FIN 数据报(数据报头中的 FIN 标志位置 1)来请求关闭一个连接。对方在收到一个带有 FIN 标志位的数据报后，则马上回应确认数据报(ACK=1)，同时执行 CLOSE 操作关闭该方向上的连接，如图 6.12 所示。由于 TCP 连接是全双工的，通信双方可以依次地先后关闭一个单向连接，也可以同时提出关闭连接的请求，这两种情况处理都是一样的。最后，当连接在两个方向上都关闭以后，TCP 协议软件便将该连接的所有记录删除。

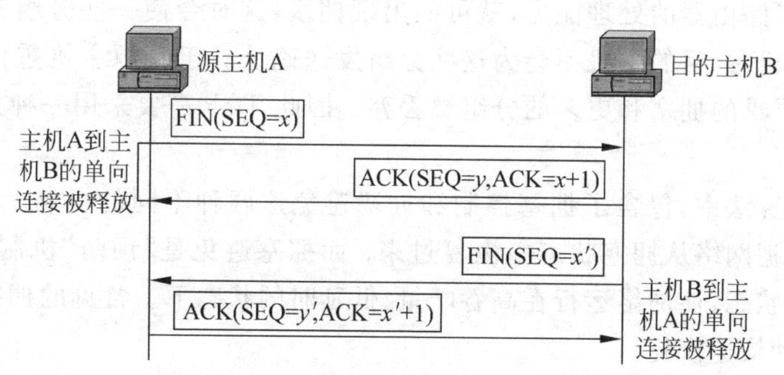

图 6.12 TCP 连接的释放过程

4) TCP 可靠数据传输技术

TCP 协议采用序列号、确认、滑动窗口协议等来保证可靠的数据传输。TCP 协议的目的是实现端到端节点之间的可靠数据传输。

首先,TCP要为所传送的每一个报文加上序列号,保证每一个报文段能被接收方接收,并只被正确地接收一次。

其次,TCP采用具有重传功能的积极确认技术作为可靠数据流传输服务的基础。"确认"是指接收端在正确收到报文段之后向发送端回送一个确认(ACK)信息。"积极"是指发送方在每一个报文段发送完毕的同时启动一个定时器,假定定时器的定时期满而关于报文段的确认信息尚未到达,则发送方认为该报文已丢失而主动重发。为了避免由于网络延迟而引起的确认和重复的确认,TCP规定在确认信息中捎带一个报文段的序号,使接收方能正确地将报文段与确认联系起来。

第三,采用可变长的滑动窗口协议进行流量控制,以防止由于发送端与接收端之间的不匹配而引起数据丢失。TCP采用可变长的滑动窗口,使得发送端与接收端可根据自己的CPU和数据缓存资源对数据发送和接收能力来作出动态调整,从而灵活性更强,也更合理。

5) TCP流量控制与拥塞控制

(1) 流量控制。

关于流量控制在第2.7节已有介绍。TCP采用大小可变的滑动窗口机制实现流量控制。在TCP报文段首部的窗口字段写入的数值,就是当前给对方设置发送窗口的数据上限,并用接受端接收能力(缓冲区的容量)的大小来控制发送端发送的数据量。

在建立连接时,通信双方使用SYN报文段或ACK报文段中的窗口字段捎带着各自的接收窗口尺寸,即通知对方,从而确认对方发送窗口的上限。在数据传输过程中,发送方按接收方通知的窗口尺寸和序号发送一定量的数据,接收方根据接收缓冲区的使用情况动态调整接收窗口,并在发送TCP报文或确认时捎带新的窗口尺寸和确认号通知发送方。

(2) 拥塞控制

拥塞是指网络中存在过多的报文而导致网络性能下降的一种现象。拥塞控制就是对网络节点采取某些措施来避免拥塞的发生,或者对发生的拥塞作出反应。

由于Internet由许多网络和连接设备(路由器等)组合而成,源主机的分组要经过许多路由器才能到达目的主机。路由器先将分组存储到缓存,并对其处理后转发。若分组到路由器过快,超过了路由器的处理能力,就可能出现拥塞,这时会使一些分组被丢弃。当分组不能到达目的主机时,目的主机不会为这些分组发送确认。于是源主机重传这些丢失的分组,这即导致更严重的拥塞和更多的分组被丢弃。因此TCP需要采用一种方法来避免这种情况的发生。

在拥塞控制算法中,包含了拥塞控制和拥塞避免这两种不同的机制。拥塞控制是"恢复"机制,它用于把网络从拥塞状态中恢复过来;而拥塞避免是"预防"机制,它的目标是避免网络进入拥塞状态,使网络运行在高吞吐量、低延时的状态下。常见的拥塞控制机制有慢启动、拥塞避免和快速恢复。

慢启动指,当TCP连接刚建立时,它将拥塞窗口(实际允许传送的TCP报文的总长度)初始化成一个TCP报文。发送端TCP进程一开始只传送一个TCP报文,然后等待接收端的确认,当发送端TCP进程接收到来自接收端的确认后,便将拥塞窗口从1增加到2,然后连续传输两个TCP报文,当接收端成功接收两个TCP报文的确认后,发送端TCP进程将拥塞窗口值从2增加到4,……拥塞窗口呈指数增长,直到达到一个阈值(接收端公告的窗口大小)。

拥塞避免指,当发送端 TCP 进程发现有报文被网络丢弃时,它就将当前拥塞窗口的一半作为慢启动阀值,并重新返回到慢启动过程。在这次启动过程中,拥塞窗口仍然呈指数增长,直到拥塞窗口等于慢启动阀值。当拥塞窗口等于慢启动阀值以后,拥塞窗口开始线性增长(每经过一段时间,拥塞窗口增加 1),直到发送端 TCP 进程逐渐接近原先导致网络丢弃 TCP 报文的拥塞窗口大小。

快速恢复指,当接收端接收到的 TCP 报文不是接收端需要的 TCP 报文时,发送端 TCP 进程并不需要通过返回到慢启动过程,而在连续收到 3 个重复的确认后,发送端重传被丢弃的 TCP 报文,然后进入快速恢复过程。快速恢复过程实际上就是发送端在重传被丢弃的 TCP 报文后,跳过慢启动模式,直接进入拥塞避免过程,即直接线性增长直到拥塞窗口大小达到用户配置的阀值,或者达到接收端公告的窗口大小。这样可以为 TCP 连接提供更高的总吞吐率。

6.2.3 Internet 的工作模式

1. C/S 模式

1) C/S 基本概念

目前,Internet 的许多应用服务,如 E-mail、WWW、FTP 等都是采用客户机/服务器(Client/Server,C/S)工作模式。其中客户机向服务器发出服务请求,服务器对客户机的请求作出响应。这种方式大大减少了网络数据传输量,具有较高的效率,并能减少局域网上的信息阻塞,能够充分实现网络资源共享。理解这一模式以及客户机、服务器和它们之间的关系对掌握 Internet 的工作原理至关重要。

C/S 模式是由客户机、服务器构成的一种网络计算环境,它把应用程序分成两部分,一部分运行在客户机上,另一部分运行在服务器上,由两者各司其职,共同完成。客户机是一种单用户工作站,它从单机角度提供与业务应用有关的计算、联网、访问数据库和各类接口服务。服务器是一种存储共享型的多用户处理机,它从多机角度提供业务所需的计算、联网、访问数据库和各类接口服务。工作过程通常为:客户机向服务器发出请求后,只需集中处理自己的任务,如字处理、数据显示等;服务器则集中处理若干局域网用户共享的服务,如公共数据、处理复杂计算等。

主动启动通信的应用程序称为客户,而被动等待通信的应用程序称为服务器。通过 C/S 可以充分利用两端硬件环境的优势,将任务合理分配到客户端和服务器端来实现,降低了系统的通信开销。服务器是一种存储共享型的多用户处理机,它从多角度提供业务所需的计算、联网、数据库管理和各类接口服务。

2) C/S 运作过程

C/S 的典型运作过程包括 5 个主要步骤:

(1) 服务器监听相应窗口的输入;

(2) 客户机发出请求;

(3) 服务器接收到此请求;

(4) 服务器处理此请求,并将结果返回给客户机;

(5) 重复上述过程,直至完成一次会话过程。

C/S 的典型运作过程如图 6.13 所示。

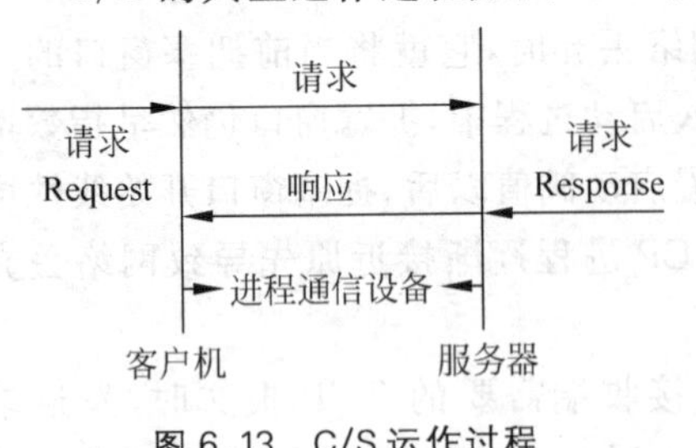

图 6.13 C/S 运作过程

3) C/S 的特点

C/S 工作模式大大提高了网络运行效率，主要表现在：

(1) 减少了客户机与服务器之间的数据传输量，并使客户程序与服务程序之间的通信过程标准化；

(2) 将客户程序与服务程序分配在不同主机上运行，实现了数据的分散化存储和集中使用；

(3) 一个客户程序可与多个服务程序链接，用户能够根据需要访问多台主机。

总之，C/S 能充分发挥客户端 PC 的处理能力，很多工作可以在客户端处理后再提交给服务器。但客户端需要安装专用的客户软件，安装工作量较大。

2. B/S 模式

1) B/S 基本概念

浏览器/服务器(Browser/Server，B/S)结构是一种分布式的 C/S 结构即把传统 C/S 模式中的服务器部分分解为一个数据服务器与一个或多个应用服务器(Web 服务器)，呈三层结构的 C/S 体系。第一层客户机是用户与整个系统的接口。客户机的应用程序精简到一个通用的浏览器软件，如 Netscape Navigator，IE 等。浏览器将 HTML 代码转化成图文并茂的网页。网页还具备一定的交互功能，允许用户在网页提供的申请表上输入信息提交给后台，并提出处理请求。这个后台就是第二层的 Web 服务器。Web 服务器将启动相应的进程来响应这一请求，并动态生成 HTML 代码，其中嵌入处理的结果，返回给客户机的浏览器。第三层数据库服务器的任务类似于 C/S 模式，负责协调不同的 Web 服务器发出的请求，管理数据库。

B/S 结构的组成包括硬件和软件两部分。硬件主要为一台或多台服务器、微机或终端、集线器、交换机、网卡和网线等。软件主要有：

(1) 浏览器。属于客户端软件，负责在网络中向用户提供用户界面管理。通过它，用户可以使用 URL 资源的服务器地址，从而查询所需信息。

(2) 服务器端软件。包括数据库服务器软件和 Web 服务器软件。Web 服务器使用超文本标记语言(Hyper Text Markup Language，HTML)来描述网络上的资源，并以 HTML 数据文件的形式存储在服务器中。数据库服务器主要是由 DBMS 完成对企业内部信息资源的维护和管理。

(3) 网络操作系统。网络操作系统为所有运行在企业内部网上的应用程序提供网络通信服务，即实现网络协议。

(4) 应用软件。

B/S 具有 C/S 所不及的很多优点：更加开放、与软硬件平台无关、应用开发速度快、生命周期长、应用扩充和系统维护升级方便等。B/S 结构简化了客户机的管理工作，客户机上只需安装、配置少量的客户端软件，而服务器将承担更多工作，对数据库的访问和应用系统的执行将在服务器上完成。

2) B/S 运作过程

B/S 的运作过程如图 6.14 所示。从图 6.14 中可看出，B/S 的处理流程是：在客户端，用户通过浏览器向 Web 服务器中的控制模块和应用程序输入查询请求，Web 服务器将用户的数据请求提交给数据库服务器中的数据库管理系统 DBMS；在服务器端，数据库服务器将查询的结果返回给 Web 服务器，Web 服务器再以网页的形式将其发回给客户端。在此过程中，对数据库的访问要通过 Web 服务器来执行。用户端以浏览器作为用户界面，使用简单、操作方便。

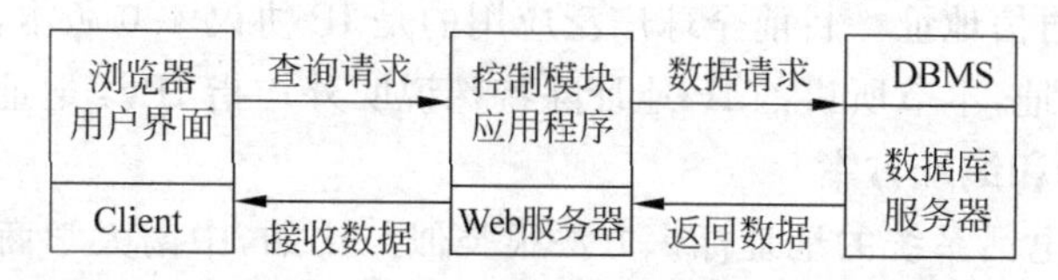

图 6.14 B/S 运作过程

3. C/S 模式和 B/S 模式的比较

C/S 与 B/S 模式是两种不同的工作模式，但他们存在着共同点，也存在着差异，有各自的优劣，适用于不同的情况。两者的对比如表 6.4 所示。

表 6.4 C/S 模式与 B/S 模式的比较

项目	C/S 模式	B/S 模式
结构	分散、多层次结构	分布、网状结构
用户访问	客户端采用事件驱动方式一对多地访问服务器上的资源	客户端采用网络用户界面（Network User Interface，NUI）多对多地访问服务器上资源，是动态交互、合作式的
主流语言	第四代语言（4GL），专用工具	Java、HTML 类
成熟期	20 世纪 90 年代中	20 世纪 90 年代末
优点	① 客户端使用图形用户接口（Graphic User Interface，GUI），易开发复杂程序； ② 一般面向相对固定的用户群，对信息安全的控制能力很强； ③ 客户端有一套完整的应用程序，在出错提示、在线帮助等方面都有强大的功能，并且可以在子程序间自由切换	① 分散应用与集中管理：任何经授权且具有标准浏览器的客户均可访问网上资源，获得网上的服务； ② 跨平台兼容性：浏览器 Web Server、HTTP、Java 以及 HTML 等网上使用的软件、语言和应用开发接口均与硬件和操作系统无关； ③ 系统易维护易操作："瘦"客户端维护工作大大降低，灵活性提高。此外系统软件版本的升级再配置工作量也大幅度下降； ④ 同一客户机可连接任意一台服务器； ⑤ 易开发，能够相对较好的重用
问题	① 客户端必须安装相应软件才可获得服务； ② 与应用平台相关，跨平台性差； ③ 客户端负担较重，服务器应用需客户端程序； ④ 只能与指定服务器相连； ⑤ C/S 程序更加注重流程，对权限多层次校验，对系统运行速度较少考虑	① Web 服务器应用环境弱、不能构造复杂应用程序； ② B/S 建立在广域网之上，对安全的控制能力相对弱，面向的是不可知的用户群； ③ 对安全以及访问速度的多重考虑，建立在需要更加优化的基础之上

6.3 IP地址与域名

6.3.1 IP地址

IP地址是按照IP协议规定的格式,为每一个正式接入Internet的主机所分配的、供全世界标识的唯一的通信地址。目前全球广泛应用的是IP协议4.0版本,记为IPv4,因而IP地址又称为IPv4地址,本节所讲的IP地址除特殊说明外均指IPv4地址。

1. IP地址结构和编址方案

IP地址和固定电话系统的地址标识方法很类似。比如,中南大学商学院某一个办公室的电话本机号是8879784,中南大学所在地长沙的地区区号是0731,我国的国际电话区号是086,那么,该办公室的完整的电话号码为086-0731-8879784。这个号码在全世界都是唯一的,这是一种很典型的分层结构的电话号码定义方法。与电话号码的地区号和本机号类似,IP地址也可以分解成网络标识和主机标识两部分。

IP地址用32位二进制编址,分为4个8位组。IP地址采用分层结构,由网络号(net id)和主机号(host id)两部分构成。网络号确定了该台主机所在的物理网络,它的分配必须全球统一;主机号确定了在某一物理网络上的一台主机,它可由本地分配,不需全球一致。需要注意的是,作为路由器的主机,具有多个相应的IP地址,可同时连接到多个网络上,是一种多地址主机。

根据网络规模,IP地址分为A到E 5类,其中A、B、C类称为基本类,用于主机地址,下面将做详细介绍,D类用于组播,E类保留不用,如图6.15所示。

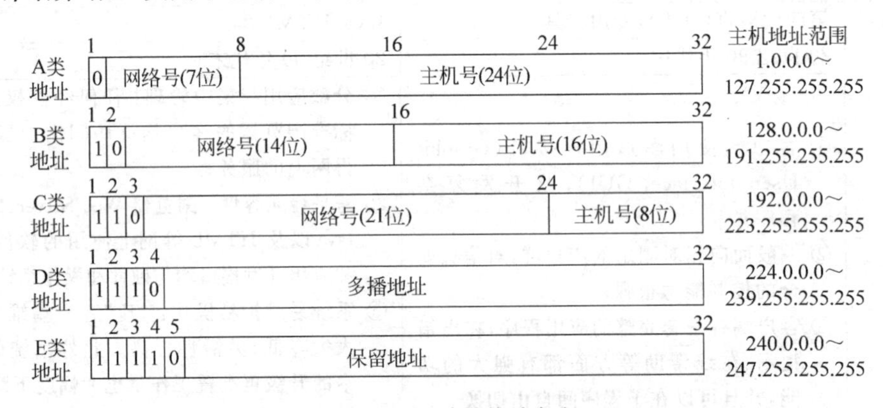

图6.15 IP地址编址方案

(1) A类地址。在IP地址的四段号码中,第一段号码为网络号码,剩下的三段号码为本地计算机的号码。如果用二进制表示IP地址的话,A类IP地址就由1字节的网络地址和3字节主机地址组成,网络地址的最高位必须是"0"。A类IP地址中网络标识长度为7位,主机标识长度为24位,A类网络地址数量较少,一般分配给少数规模达1700万台主机的大型网络。

(2) B类地址。在IP地址的四段号码中,前两段号码为网络号码,B类IP地址就由2字节的网络地址和2字节主机地址组成,网络地址的最高位必须是"10"。B类IP地址中网络标识长度为14位,主机标识长度为16位,B类网络地址适用于中等规模的网络,每个网络所能容纳的计算机数为6万多台。

(3) C类地址。在IP地址的四段号码中,前三段号码为网络号码,剩下的一段号码为本地计算机的号码。如果用二进制表示IP地址的话,C类IP地址就由3字节的网络地址和1字节主机地址组成,网络地址的最高位必须是“110”。C类IP地址中网络的标识长度为21位,主机标识的长度为8位,C类网络地址数量较多,适用于小规模的局域网络,每个网络能够有效使用的最多计算机数只有254台。例如某大学现有64个C类地址,则可包含有效使用的计算机总数为254*64=16 256台。

三类IP地址空间分布为:A类网络共有126个,B类网络共有16 000个,C类网络共有200万个。每类中所包含的最大网络数目和最大主机数目(包括特殊IP在内)总结如表6.5所示。

表6.5 三种主要IP地址所包含的网络数和主机数

地址类	前缀二进制位数	后缀二进制位数	网络最大数	网络中最大主机数
A	7	24	128	16 777 216
B	14	16	16 384	65 536
C	21	8	2 097 152	256

2. IP地址表示方式

IP地址是32位二进制数,不便于用户输入、读/写和记忆,为此用一种点分十进制数来表示,其中每8位一组用十进制表示,并利用点号分割各部分,每组值的范围为0到255,因此IP地址用此种方法表示的范围为0.0.0.0到255.255.255.255。据上述规则,IP地址范围及说明如表6.6所示。例如,有一个IP地址为01010010 01010101 10101010 11101011,则其对应的十进制表示为:82.85.170.235。

表6.6 IP地址范围及说明

地址类	网络标识范围	特殊IP说明
A	0～127	0.0.0.0保留,作为本机; 0.x.x.x保留,指定本网中的某个主机; 10.x.x.x,供私人使用的保留地址; 127.x.x.x保留用于回送,在本地主机上进行测试和实现进程间通信。发送到127的分组永远不会出现在任何网络上
B	128～191	172.16.x.x～172.31.x.x,供私人使用的保留地址
C	192～223	192.168.0.x～192.168.255.x,供私人使用的保留地址,常用于局域网中
D	224～239	用于广播传送至多个目的地址用
E	240～255	保留地址; 255.255.255.255用于对本地网上的所有主机进行广播,地址类型为有限广播

注:① 主机号全为0用于标识一个网络的地址,如106.0.0.0指明网络号为106的一个A类网络。

② 主机号全为1用于在特定网上广播,地址类型为直接广播,如106.1.1.1用于在106段的网络上向所有主机广播。

6.3.2 子网划分

对于一些小规模的网络和企业、机构内部网络即使使用一个C类网络号仍然是一种浪费,因而在实际应用中,需要对IP地址中的主机号部分进行再次划分,将其划分成子网号和主机号两部分，从而把一个包含大量主机的网络划分成许多小的网络，每个小网络就是一个子网。每个子网都是一个独立的逻辑网络，单独寻址和管理，而对外部它们组成一个单一网络，共享某一 IP 地址，屏蔽内部子网的划分细节。

1. 子网和主机

如图 6.16 所示显示了一个 B 类地址的子网地址表示方法。此例中，B 类地址的主机地址共 16 位，取主机地址的高 7 位作子网地址，低 9 位做每个子网的主机号。

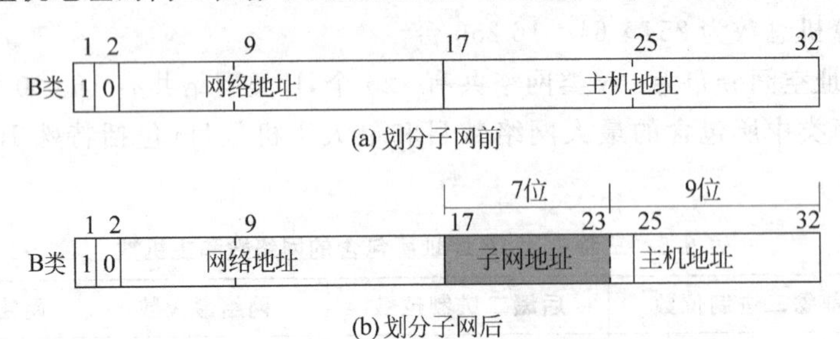

图 6.16　B 类地址子网划分

假定原来的网络地址为 128.10.0.0，划分子网后，128.10.2.0 表示第一个子网；128.10.4.0 表示第二个子网；128.10.6.0 表示第三个子网……

在这个方案中，实际最多可以有 $2^7-2=126$ 个子网(不含全 0 和全 1 的子网，因为路由协议不支持全 0 或全 1 的子网掩码，全 0 和全 1 的网段都不能使用)，每个子网最多可以有 $2^9-2=510$ 台主机(不含全 0 和全 1 的主机)。

子网地址的位数没有限制(但显然不能是 1 位，其实 1 位的子网地址相当于并未划分子网，主机地址也不能只保留一位)，可由网络管理人员根据所需子网个数和子网中主机数目确定。

2. 网络掩码

在数据的传输中，路由器必须从 IP 数据报的目的 IP 地址中分离出网络地址，才能知道下一站的位置。为了分离网络地址，就要使用网络掩码。

网络掩码为 32 位二进制数值，分别对应 IP 地址的 32 位二进制数值。对于 IP 地址中的网络号部分在网络掩码中用"1"表示，对于 IP 地址中的主机号部分在网络掩码中用"0"表示。由此，A、B、C 三类地址对应的网络掩码如下：

A 类地址的网络掩码为 255.0.0.0

B 类地址的网络掩码为 255.255.0.0

C 类地址的网络掩码为 255.255.255.0

划分子网后，将 IP 地址的网络掩码中相对于子网地址的位设置为 1，就形成了子网掩码，又称子网屏蔽码，它可从 IP 地址中分离出子网地址，供路由器选择路由。换句话说，子网掩码用来确定如何划分子网。如前面图 6.16 所示的例子，B 类 IP 地址中主机地址的高 7 位设为子网地址，则其子网掩码为 255.255.254.0。

在选择路由时，用网络掩码与目的 IP 地址按二进制位做"与"运算，就可保留 IP 地址中的网络地址部分，而屏蔽主机地址部分。同理，将掩码的反码与 IP 地址作逻辑"与"操作，可得到其主机地址。例如获取网络地址：

	10000000 00010101 00000011 00001100	(IP 地址 128.21.3.12)
“与”运算	11111111 11111111 00000000 00000000	(网络掩码 255.255.0.0)
结果	10000000 00010101 00000000 00000000	(网络地址 128.21.0.0)

例如，一个 C 类网络地址 192.168.23.0，利用掩码 255.255.255.192 可将该网络划分为 4 个子网：192.168.23.0、192.168.23.64、192.168.23.128、192.168.23.192，其中有效使用的为两个子网 192.168.23.64 和 192.168.23.128。如果该网内一个 IP 地址是 192.168.23.186，通过掩码可知，它的子网地址为 192.168.23.128，主机地址为 0.0.0.58。

由此可见，网络掩码不仅可以将一个网段划分为多个子网段，便于网络管理，还有利于网络设备尽快地区分本网段地址和非本网段的地址。下面用一个例子说明网络掩码的这一作用和其应用过程。如图 6.17 所示，主机 A 与主机 B 交互信息。在 IP 协议中，主机或路由器的每个网络接口都分配有 IP 地址和对应的掩码。

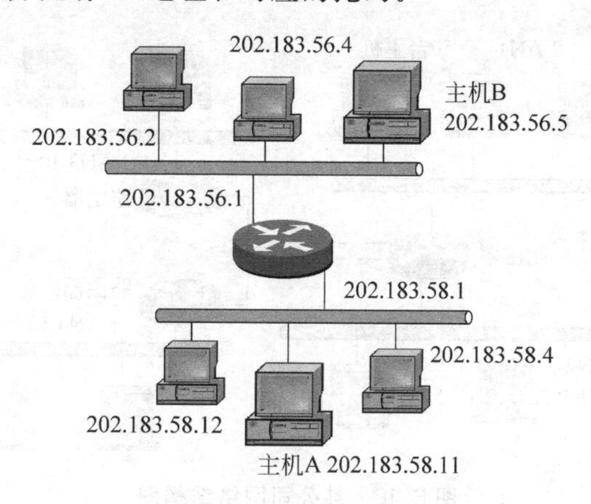

图 6.17 网络掩码应用实例

主机 A 的 IP 地址：202.183.58.11
　　　　网络掩码：255.255.255.0
　　　　路由地址：202.183.58.1
主机 B 的 IP 地址：202.183.56.5
　　　　网络掩码：255.255.255.0
　　　　路由地址：202.183.56.1

路由器从端口 202.183.58.1 接收到主机 A 发往主机 B 的 IP 数据报文后：

① 用端口地址 202.183.58.1 与子网掩码地址 255.255.255.0 进行逻辑“与”，得到端口网段地址：202.183.58.0。

② 将目的地址 202.183.56.5 与子网掩码地址 255.255.255.0 进行逻辑“与”，得目的网段地址 202.183.56.0。

③ 将结果 202.183.56.0 与端口网段地址 202.183.58.0 比较，如果相同，则认为是本网段的，不予转发。如果不相同，则将该 IP 报文转发到端口 202.183.56.1 所对应的网段。

3. 可变长度子网掩码

上面所介绍的是传统的 IP 地址分配方法，它限制在给定的网络地址下只支持一个子网掩码，一旦选定了子网掩码，就固定了子网的数量和大小，所有的子网都具有相同的节点容量,而不管他们是否需要,因而浪费了地址空间。为此,人们提出了可变长度子网掩码(Variable Length Subnet Masking,VLSM)划分方法。VLSM是一种产生不同大小子网的网络分配机制,可以为一个网络配置不同的掩码。

VLSM能有效地分配IP地址空间,在添加每个静态路由时都可指定一个子网掩码,不同类型的子网可以采用不同类型的子网掩码越过网络。这样,网络就可划分不同规模的子网,也就是可变大小的子网,做到可根据网络应用的实际需要,确定子网大小,既节约了IP地址空间,又增加了网络地址分配的灵活性和实用性。

下面结合一个示例来说明VLSM的应用。假设某公司已申请到一块C类地址192.168.10.0,其网络结构如图6.18所示。该网络包含4个子网:子网LAN1有50台主机;子网LAN2有20台主机;子网LAN3和LAN4各有10台主机的。下面为各个子网划分IP地址空间。

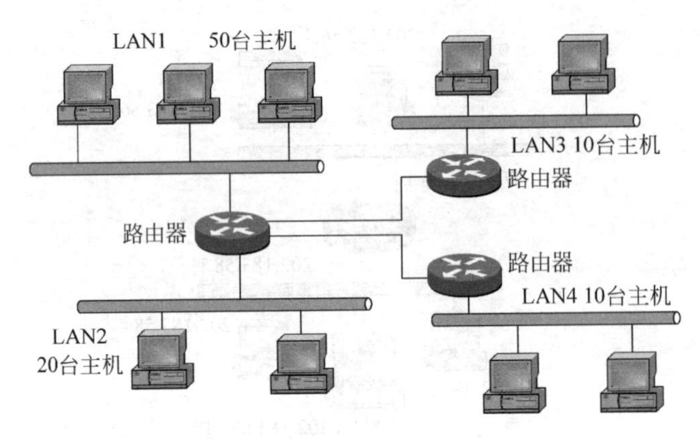

图6.18 某公司网络结构图

若采用固定长度子网掩码划分,则不能满足该公司的要求。因为该公司LAN1有50台主机,故主机号需要6位($2^6=24$),而子网号只有2位,可划分为4个子网($2^2=4$),但路由器不支持全0和全1的子网,因此有效子网仅为2个,不满足该公司只有一个C类地址。而要划分为4个子网的要求,而采用VLSM则可解决此问题,下面采用VLSM进行子网划分,并按子网主机数由大到小的顺序进行IP地址分配。应注意的是,每个IP地址均包括网络地址(即网络号)与主机地址(即主机号)两部分。

第一步,从主机数目最多的子网LAN1开始。上面已分析,LAN1有50台主机,主机号需要6位,而子网号只剩下2位。现取C类地址中主机地址(即主机号)8位中的高2位做子网地址(即子网号),低6位做每个子网的主机号,于是有效子网仅为2个,而且可得到该子网的子网掩码为255.255.255.192(其中192即二进制数11 000 000)。结合该公司C类地址192.168.10.0,可知2个有效子网的网络号分别为192.168.19.64(其中64即二进制数01 000 000)和192.168.10.128(其中128即二进制数10 000 000)。每个子网可容纳的有效主机数为62台,因为全0和全1的两个主机号不能使用。现选取网络号为192.168.10.64的子网分配给LAN1,因为它有50台主机,故LAN1的IP地址的范围为192.168.10.(65～114)。65即二进制数0 100 000 001,114即二进制数01 110 010。余下的另一个子网192.168.10.128留待下面再细分。

第二步,考虑主机数目为20的子网。LAN2有20台主机,主机号需要5位($2^5=32$),

而子网号有3位。现对上一步未被使用的子网192.168.10.128再进行细分。注意,前已分析,该子网的子网号是C类地址中主机地址8位中的前两位,其为10。故现应在此限制下,再从8位中取1位作为细分的子网号,即只可能为100和101,亦即可再细分两个子网,网络号分别为192.168.10.128和192.168.10.160。其中,128即二进制数10 000 000,160即二进制数10 100 000。由于子网号有3位,故这两个子网的子网掩码均为255.255.255.224。每个子网可容纳的有效主机为30台。现选取子网192.168.10.128分配给LAN2,它有20台主机,故其IP地址范围为192.168.10.(129～148)。其中,129和148分别为二进制数10 000 001和10 010 100。余下的另一个子网192.168.10.160留待后面再细分。

第三步,考虑主机数目为10的两个子网。LAN3和LAN4均有10台主机,主机号需要4位($2^4=16$),子网号有4位。现对第二步未被使用的子网192.168.10.160再细分。前已分析,该子网的子网号是C类地址中主机地址8位中的高3位,其为101,故与第二步一样,应在此高3位的限制下,再取8位中的1位作为细分的子网号,即只能为1010和1011,亦即将子网192.168.10.160细分为两个子网,网络号分别为192.168.10.160和192.168.10.176。每个子网容纳的有效主机数为14台。由于子网号有4位,故这两个子网的子网掩码均为255.255.255.240。现将子网192.168.10.160分配给LAN3,它有10台主机,故其IP地址范围为192.168.10.(161～170)。其中,161和170分别为二进制数10100001和10101010。子网192.168.10.176分配给LAN4,它有10台主机,故其IP地址范围为192.168.10.(177～186)。其中,177和186分别为二进制数10 110 001和10 111 010。

最后将各子网IP地址的分配情况列于表6.7。

表6.7 各子网IP地址分配情况

子网编号	主机数目	子网掩码	子网地址	子网的IP地址范围
LAN1	50	255.255.255.192	192.168.10.64	192.168.10.(65～114)
LAN2	20	255.255.255.224	192.168.10.128	192.168.10.(129～148)
LAN3	10	255.255.255.240	192.168.10.160	192.168.10.(161～170)
LAN4	10	255.255.255.240	192.168.10.176	192.168.10.(177～186)

6.3.3 IPv6

1. IPv6概述

IPv4地址总量约为43亿个,但是随着网络的迅猛发展,全球数字化和信息化的加速,IP地址已不能满足需求。IETF的IPng工作组在1994年9月提出了一个正式的草案"The Recommendation for the IP Next Generation Protocol"。1995年底确定了IPng的协议规范,并称为"IP版本6"(IPv6)。IPv6是IPv4的替代品,是IP协议的6.0版本,也是下一代网络的核心协议。IPv6在未来网络的演进中,将对基础设施、设备服务、媒体应用、电子商务等诸多方面产生巨大的产业推动力。IPv6对中国也具有非常重要的意义,是中国实现跨越式发展的战略机遇,将对中国经济增长带来直接贡献。中国从2005年开始进入IPv6,预计将在2010年成为世界上最大的IPv6网络的国家之一。

IPv6主要有以下6个方面的特点:

(1) 更大的地址空间。IPv6地址为128位,代替了IPv4的32位,地址总量大于3.4×

10^{38}个。如果整个地球表面(包括陆地和水面)都覆盖着计算机,那么 IPv6 允许每平方米拥有 7×10^{23}个 IP 地址。可见,IPv6 地址空间是巨大的。

(2) 更小的路由表。IPv6 的地址分配一开始就遵循聚类(aggregation)的原则,这使得路由表中用一条记录(entry)表示一片子网,大大减小了路由器中路由表的长度,提高了路由器转发包的速度。

(3) 自动配置。IPv6 区别于 IPv4 的一个重要特性就是它支持无状态和有状态两种地址自动配置的方式。这种自动配置是对动态主机配置协议(Dynamic Host Configuration Protocol,DHCP)的改进和扩展,使得网络(尤其是局域网)的管理更加方便和快捷,并为用户带来极大方便。无状态地址自动配置方式是获得地址的关键。在这种方式下,需要配置地址的节点使用一种邻居发现机制获得一个局部连接地址。一旦得到这个地址之后,它使用一种即插即用的机制,在没有任何人工干预的情况下,获得一个全球唯一的路由地址。而有状态配置机制,如 DHCP,需要一个额外的服务器,因此也需要很多额外的操作和维护。

(4) 报头的简化。IPv6 简化了报头,减少了路由器处理报头的时间,降低了报文通过 Internet 的延迟。

(5) 可扩展性。IPv6 改变了 IPv4 的报文头的操作设置方法,从而改变了操作位在长度方面的限制,使得用户可以根据新的功能要求设置不同的操作。

(6) 服务质量。IPv4 是一个无连接协议,采用“尽力而为”的传输。而对于 IPv6,IETF 提出了许多模型和机制来满足对 QoS 的需求。

(7) 内置的安全性。IPv6 提供了比 IPv4 更好的安全性保证。IPv6 协议内置标准化安全机制,支持对企业网的无缝远程访问,例如公司虚拟专用网络的连接。

2. IPv6 数据报格式

IPv6 的数据报由 3 部分组成:IPv6 数据报报头、扩展头和高层数据,如图 6.19 所示。IPv6 数据报的各组成部分定义和功能如下:

(1) 版本。占 4 位,指 IP 协议的版本。IPv6 协议中规定该值为 6。

(2) 优先级。该字段的值为 0~7 时,表示在阻塞发生时允许进行延时处理,值越大优先级越高;当值为 8~15 时,表示处理以固定速率传输的实时业务,值越大优先级越高。

(3) 流标识。路由器根据该字段的值在连接前采取不同的策略。在 IPv6 中规定“流”是指从某个源点(单目或组播的)信宿发送的分组群中,源点要求中间路由器作特殊处理的那些分组。

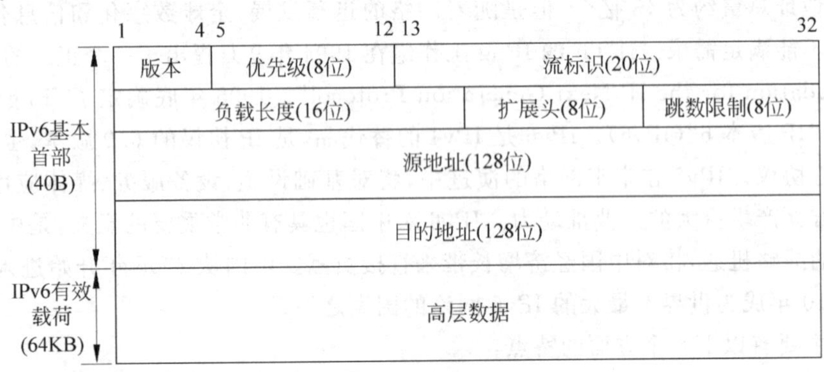

图 6.19 IPv6 数据报格式

(4) 负荷长度。该字段指明除首部自身的长度外，IPv6 数据报所载的字节数。

(5) 扩展头。标示紧接着 IPv6 首部的扩展首部的类型。

(6) 跳数限制。该字段能防止数据报在传输过程中无休止地循环。

(7) 源地址和目的地址分别表示该数据报发送端和接收端的 IP 地址，各占 128 位。

3. IPv6 地址表示法

现有的 IP 地址(IPv4)是用 4 段十进制的数字，并用“.”号隔开来表示，每一段如用二进制表示则包含 8 位。128 位的 IPv6 地址，如果延用 IPv4 的点分十进制法则要用 16 个十进制数才能表示出来，读写起来非常麻烦，因而 IPv6 采用了一种新的方式——冒分十六进制表示法。将地址中每 16 位为一组，写成 4 位的十六进制数，两组间用冒号分隔。例如：用二进制表示 128 位的一个 IPv6 地址：

0110100111011100 1000100001100100 1111111111111111 1111111111111111
0000000000000000 0001001010000000 1000110000001010 1111111111111111

可用点分十进制表示为：105.220.136.100.255.255.255.255.0.0.18.128.140.10.255.255。

可用冒分十六进制表示为：69DC:8864:FFFF:FFFF:0000:1280:8C0A:FFFF。

IPv6 的地址表示有以下 3 种特殊情形：①IPv6 地址中每个 16 位分组中的前导零位可以去掉，但每个分组必须至少保留一位数字。②某些地址中可能包含很长的零序列，可以用一种简化的表示方法——零压缩(zero compression)进行表示，即将冒号十六进制格式中相邻的连续零位合并，用双冒号“::”表示。“::”符号在一个地址中只能出现一次，该符号也能用来压缩地址中前部和尾部的相邻连续零位。③在 IPv4 和 IPv6 混合环境中，有时更适合于采用另一种表示形式，X:X:X:X:X:X:d.d.d.d，其中 X 是地址中 6 个高阶 16 位分组的十六进制值，d 是地址中 4 个低阶 8 位分组的十进制值(标准 IPv4 表示)。

4. IPv6 地址类型

在 IPv6 中，地址是赋给节点上的具体接口。根据接口和传送方式的不同，IPv6 地址有 3 种类型：单播地址、任意播地址和组播地址。

1) 单播地址

单播地址是一个单接口的标识符，数据报将被传送至该地址标识的接口上。对于有多个接口的节点，它的任何一个单播地址都可以用做该节点的标识符。单播地址有多种形式，包括可聚集全球单播地址、NSAP(Network Service Access Point)地址、IPX(Internetwork Packet Exchange)分级地址、链路本地地址、站点本地地址以及嵌入 IPv4 地址的 IPv6 地址。

2) 任意播地址

任意播是 IPv6 增加的一种类型。任意播的目的地是一组计算机，但分组只交付给其中的一个，通常是距离“最近”的一个。任意播地址不能作为 IPv6 信息包的发送地址；不能分配 IPv6 主机，一般只能分配给 IPv6 路由器。

与单播方式相同，任意播地址机制也是一种一对一的通信方式。二者的区别在于单播的通信双方都是指定的或明确的，例如，B 和 C。任意播通信则不同，它的通信接收方是不固定的，它是具有同一任意通信地址的多个接口界面集合中的一个元素。即接收方 $c_i \in C=(c_1, c_2, \cdots, c_n)$，且 $c_1, c_2, \cdots c_n$ 具有相同的 IPv6 地址。

任意播地址结构与单播地址结构完全相同。当给不同的接口界面分配了相同的单播地址后，这些接口界面的地址就变成了任意播地址。子网的任意播地址中，接口界面 ID 全部为 0(不指定接口界面)，其他部分与单播通信时的定义相同。发送给子网路由器的报文将被转发给子网上的一个路由器。子网任意播路由地址格式如图 6.20 所示。

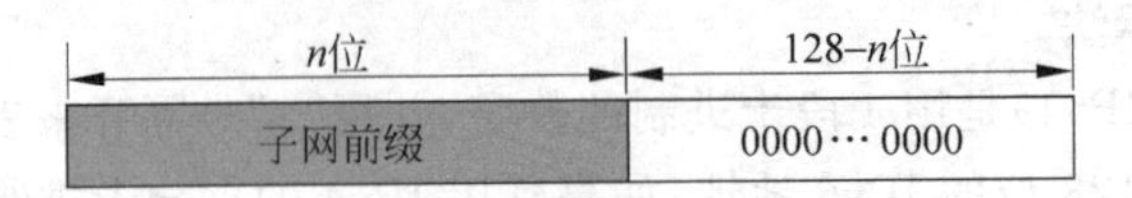

图 6.20 子网任意播路由地址格式

3) 组播地址

组播就是一点对多点的通信，分组交付到一组计算机中的每一个。每个组播通信对应 $n(n>1)$ 个接口界面。发送给具有组播地址的接口界面的报文将被所有具有该地址的接口界面接收。组播地址格式如图 6.21 所示。

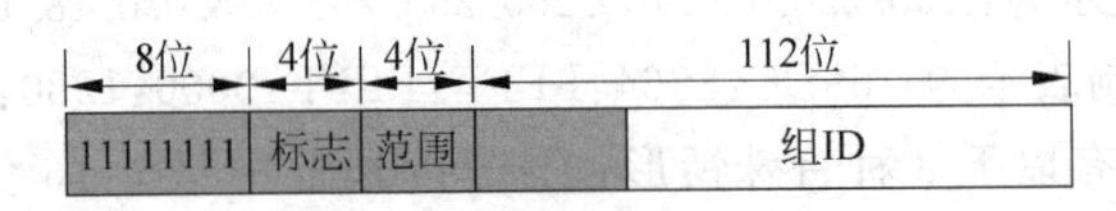

图 6.21 组播地址格式

其中高 8 位是 11111111，表示其后的 120 位地址为组播地址空间。“范围”则定义拥有该地址的接口界面组所在的范围。当“标志”字段值为 0000 时，表示全球性的网络地址分配机构分配的永久性的众所周知的组地址；当“标志”字段值为 0001 时，表示临时性的组地址。

5. 从 IPv4 向 IPv6 过渡

IPv6 虽然作为下一代 Internet 核心协议，但是在当前 IPv4 广泛应用并能很好支撑 Internet 的情况下，IPv6 还不能在较短的时间内代替 IPv4。但总有一些网络要首先使用 IPv6 协议并希望能利用当前的 Internet 正常通信。IPv4 平稳地过渡到 IPv6 需要 IPv4/IPv6 互通技术来保证，IPv4/ IPv6 互通技术主要有隧道技术和双 IP 层/双协议栈技术。

1) 隧道技术

IPv6 技术不断地发展并接入到现有的 IPv4 网络中，在实际应用领域出现了许多本地的 IPv6 网络，但是这些 IPv6 网络还是需要通过 IPv4 骨干网络相连。将这些孤立的“IPv6 岛”相互联通必须使用隧道技术。路由器将 IPv6 的数据分组封装入 IPv4 的数据包，IPv4 分组的源地址和目的地址分别是隧道入口和出口的 IPv4 地址。在隧道的出口处，再将 IPv6 分组取出转发给目的站点。隧道技术只要求在隧道的入口和出口进行修改，对其他部分没有要求，因而非常容易实现。但是隧道技术不能实现 IPv4 主机与 IPv6 主机之间的直接通信。

如图 6.22 所示，在 IPv6 的报文头部加上 IPv4 的报文头后再穿越 IPv4 网络(像穿过隧道一样)，即可将 IPv6 报文传送给 IPv6 目的网络。当 IPv6 报文通过 IPv4 的 Internet 时，网络会自动识别和处理 IPv6 报文(由于 IPv6 报文兼容 IPv4，所以 IPv4 报文不会在 IPv6 协议的网络中产生混乱)。

2) 双 IP 层/双协议栈技术

IPv6 和 IPv4 是同一个协议的两个版本，只是 IPv6 在功能上有所增强，它们都是在网

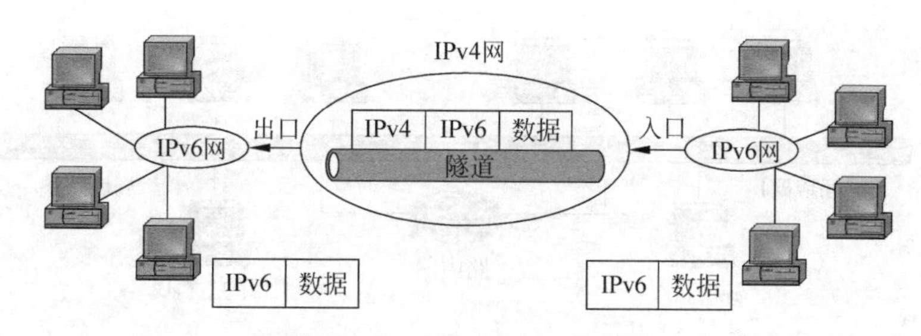

图 6.22 IPv6 通过隧道传输

络层发挥作用，两者都是基于相同的物理平台。由图 6.23(a)所示的协议层可以看出，如果一台主机同时支持 IPv4 和 IPv6 两种协议，那么该主机与 IPv4 主机通信时采用 IPv4 地址，该主机与 IPv6 主机通信时采用 IPv6 地址，这就是双 IP 层技术的工作原理。双 IP 层主机的 TCP 或 UDP 协议可以通过 IPv4 网络、IPv6 网络或者是 IPv6 穿越 IPv4 的隧道通信来实现。

Windows XP、Windows. NET Server 2003 系列中的 IPv6 不使用双协议层结构，而使用双协议栈结构。它的 IPv6 协议的驱动程序 Tcpip6. sys 中包含着 TCP 协议和 UDP 协议的不同实现方案，这种结构称作双协议栈结构，如图 6.23(b)所示。

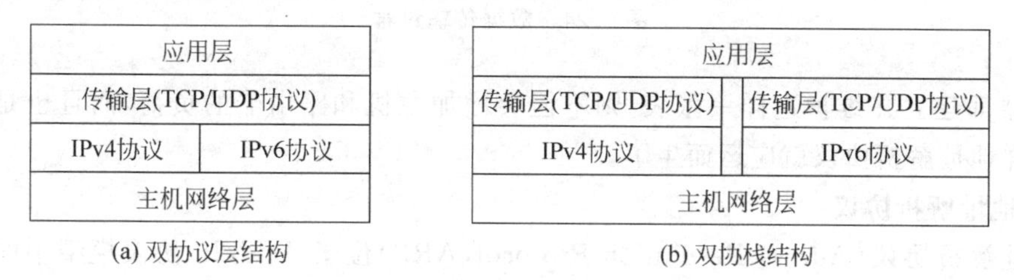

图 6.23 双协议层和双协议栈结构示意

6.3.4 地址解析

1. IP 地址与物理地址的映射

Internet 是通过路由器、网关等网络设备将很多网络互联起来的。由于这些网络可能是 Ethernet、Token Ring、ATM 或其他的各种广域网，因此一个分组从源主机到目的主机就可能要经过多种异型的网络。

对于 TCP/IP 协议来说，主机和路由器在网络层是用 IP 地址来标识的。在网络层，分组用 IP 地址来标识源地址与目的地址。在数据链路层，帧是以物理地址来标识的。图 6.24 展示了数据传输的基本过程。

源主机 A 打算向目的主机 B 发送数据。源主机 A 首先通过传输层将高层数据送到网络层。网络层必须在分组头中加入源 IP 地址 192.168.1.108，以及目的 IP 地址 120.115.1.16。源主机 A 将网络层的分组作为数据链路层的数据，传送到它的数据链路层；此时数据链路层在发送帧的头部加入源物理地址 00-11-D8-9C03-55 与目的物理地址 00-17-31-40-FA-31。然后，数据链路层再将完整的帧传送给它的物理层，由物理层通过网络将比特流发送出去。

在上述过程中，假定在任何一台主机或路由器中都有一张“IP 地址-MAC 地址对照表”，它包括了需要通信的任何一台主机或路由器的信息。但是如果 Internet 的每一台主机

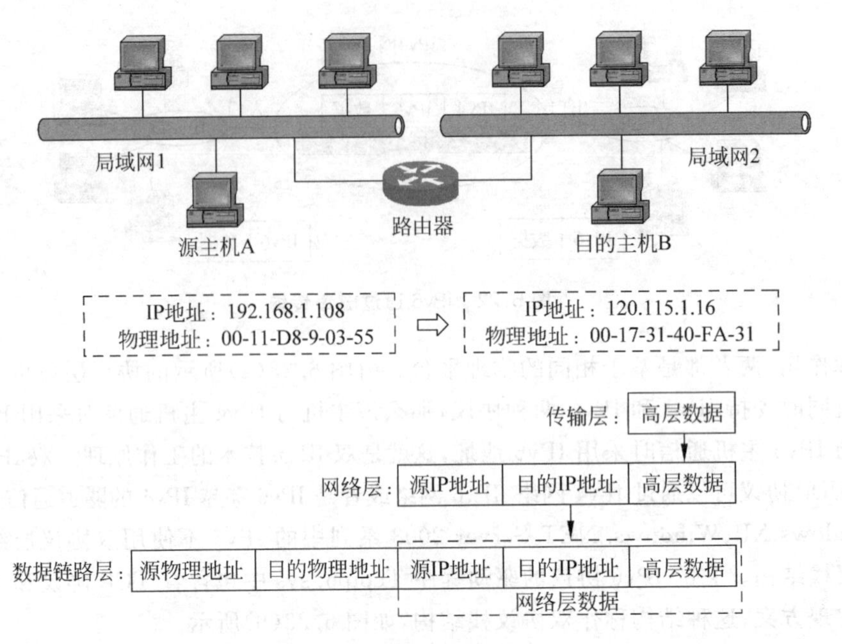

图 6.24 数据传输过程

和路由器都建立并维护这样一张表，则不但会增加主机和路由器的负荷，而且也是不现实的。这样地址解析协议就应运而生了。

2. 地址解析协议

地址解析协议(Adress Resolution Protocol，ARP)位于 TCP/IP 协议模型中的网络接口层，用来获得主机或节点的 MAC 地址并创建一个数据库来保存 MAC 地址与 IP 地址的映射表。MAC 地址是指网卡或设备上的网卡接口的 48 位二进制码地址，ARP 是用来实现 IP 地址与本地网络地址之间映射的。通过设计地址解析协议可以解决获取目的节点 MAC 地址的问题。ARP 将静态映射和动态映射的方法结合起来。在本地主机内部建立一个“ARP 高速缓存表”，用来存放部分 IP 地址与 MAC 地址的映射关系，而且可动态地更新。图 6.25 说明了 ARP 请求响应过程。

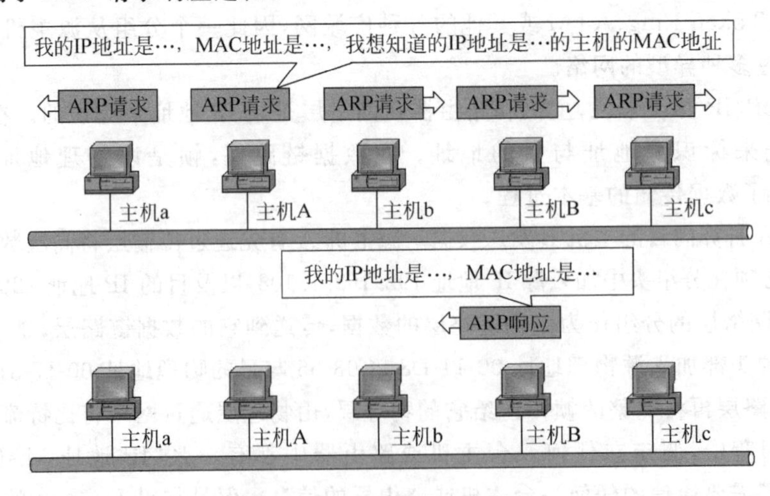

图 6.25 ARP 请求响应过程

(1) 当源主机A要向本地局域网上的某个主机B发送IP数据包时,先在其ARP高速缓存中查看有无主机B的IP地址。如果有,就可查出其对应的硬件地址,再将硬件地址写入MAC帧,然后通过局域网将该MAC帧发往此硬件地址。如果查询不到,则需要进行地址解析。

(2) 源主机A的ARP进程在本局域网上发送一个ARP请求分组广播,ARP请求分组的内容是告知:"我的IP地址是多少,网卡的MAC地址是多少,我想知道的IP地址为多少的主机的MAC地址"。

(3) 在本局域网上的所有主机都收到此ARP请求分组。

(4) 主机B在ARP请求分组中看到自己的IP地址,于是向主机A发送一个ARP响应分组,ARP响应分组的主要内容是:"我的IP地址是多少,我的MAC地址是多少"。而其他的所有主机都不理睬这个ARP请求分组。

(5) 主机A收到主机B的ARP响应分组后,就在其ARP高速缓存中写入主机B的IP地址到MAC地址的映射,然后就可以和主机B进行通信。

3. 反向地址解析协议

当一个主机只知道自己的MAC地址,而不知道自己的IP地址时,它就需要使用反向地址解析协议(Reverse Adress Resolution Protocol,RARP),可以从路由器的ARP缓存中得到它的IP地址。RARP允许局域网的客户机从服务器的ARP表或者缓存上请求IP地址。当设置一台新的机器时,其RARP客户机程序需要向路由器上的RARP服务器请求响应的IP地址。如果在路由表中已经设置了这样一个地址绑定,RARP服务器就将IP地址返回给请求的机器,该机器会将其存储起来以备日后使用。

RARP可以用于以太网、光纤分布式数据接口以及令牌环LAN。在大多数情况下,使用RARP的主机是无盘工作站。

6.3.5 域名机制

网络上主机通信必须指定双方的IP地址。IP地址虽然能够唯一标识网络上的计算机,但它是数字型的,对使用网络的人来说有不便记忆的缺点,因而提出了字符型的名字标识,而引入域名的概念。域名(domain name)是指接入Internet的主机将二进制的IP地址转换成具有层次结构的字符型地址,它是全网唯一的地址。

网络中命名资源(如客户机、服务器、路由器等)的管理集合即构成域(domain)。从逻辑上,所有域自上而下形成一个森林状结构,每个域都可包含多个主机和多个子域,树叶域通常对应于一台主机。每个域或子域都有其固有的域名,Internet所采用的这种基于域的层次结构名字管理机制叫做域名系统(Domain Name System,DNS)。它一方面规定了域名语法以及域名管理特权的分派规则,另一方面,描述了关于域名-地址映射的具体实现。

1. 域名规则

域名系统将整个Internet视为一个由不同层次的域组成的集合体,即域名空间,并设定域名采用层次型命名法,从左到右,从小范围到大范围,表示主机所属的层次关系。不过,域名反映出的这种逻辑结构与其物理结构没有任何关系,也就是说,一台主机的完整域名和物理位置并没有直接的联系。

域名由字母、数字和连字符组成,开头和结尾必须是字母或数字,最长不超过63个字符，而且不区分大小写。完整的域名总长度不超过255个字符，所谓完整的域名即指主机域名，一般由几个域名构成，通常也将主机域名简称为域名。Internet的主机域名的排列原则是低层的子域名在前，而它们所属的高层域名在后面，通常格式如下：

…….三级域名.二级域名.顶层域名

例如：主机域名yjscxy.csu.edu.cn表示中南大学一台计算机的域名地址。

顶层域名又称最高域名，分为两类：一类通常由3个字母构成，一般为机构名，是国际顶级域名；另一类由两个字母组成，一般为国家或地区的地理名称。

(1) 机构名称。如edu为教育机构，com为商业机构等，如表6.8所示。

(2) 地理名称。如cn代表中国，us代表美国，uk代表英国，ca代表加拿大，au代表澳大利亚，jp代表日本等。

表6.8 国际顶级域名——机构名称

域 名	含 义	域 名	含 义
com	商业机构	net	网络组织
edu	教育机构	int	国际组织
gov	政府部门	org	其他非盈利组织
mil	军事机构		

在域名系统中，每个域是由不同的组织来管理的，而这些组织又可以将其子域分给下级组织来管理。这种层次结构的优点是：各个组织在它们的内部可以自由选择域名，只要保证该组织的唯一性，而不用担心与其他组织内的域名冲突。例如，惠普是一家世界级的IT公司，该公司内的主机域名都包括hp.com后缀。如果有一个名为hp的非营利组织也打算用hp来为它的主机命名，由于它是非营利组织，它的主机域名都带有hp.org的后缀。所以，hp.com和hp.org两个域名在Internet中是相互独立的。图6.26所示为Internet域名空间的树状层次结构图。

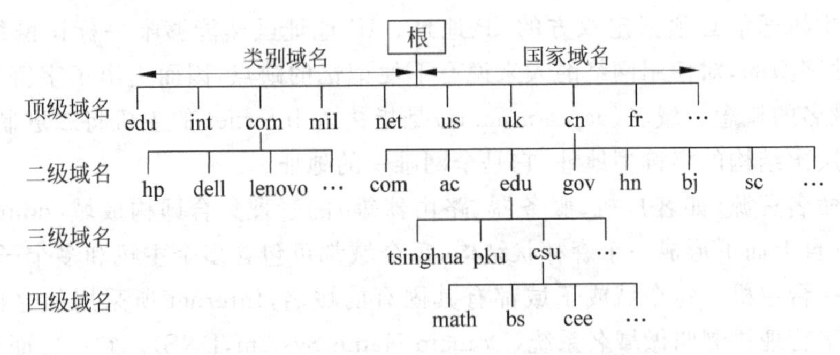

图6.26 Internet域名空间的树状层次结构

随着Internet用户的激增，域名资源十分紧张，为了缓解这种状况，加强域名管理，Internet国际特别委员会在原来基础上增加了以下国际通用顶级域名。

.firm 公司、企业

.store 商店、销售公司和企业

.web 突出WWW活动的单位

.art 突出文化、娱乐活动的单位

.aero 用于航天工业

.coop 用于企业组织

.museum 用于博物馆

.biz 用于企业

.rec 突出消遣、娱乐活动的单位 .name 用于个人
.info 提供信息服务的单位 .pro 用于专业人士
.nom 个人

2. 中国的域名结构

中国的最高域名为cn。二级域名分为类型域名和行政区域名两类。

(1) 类型域名。此类域名共设有6个,即ac表示科研机构,com表示于工、商、金融等企业,edu表示教育机构,gov表示政府机构,net表示网络服务机构,org表示非营利性组织。

(2) 行政区域名。这类域名共34个,适用于中国各省、自治区、直辖市。如bj代表北京市,sh代表上海市,hn代表湖南省,hk代表香港等。

在我国,在二级域名.edu下申请注册三级域名由中国教育和科研计算机网网络中心负责。在二级域名.edu之外的其他二级域名下申请三级域名的,则向中国互联网网络中心CNNIC申请。

3. IP地址、主机域名和物理地址

IP地址和主机域名相对应,主机域名是IP地址的字符表示,它与IP地址等效。当用户使用IP地址时,负责管理的计算机可直接与对应的主机联系,而使用主机域名时,则先将主机域名送往域名服务器,通过域名服务器上的主机域名和IP地址对照表翻译成相应的IP地址,传回负责管理的计算机后,再通过该IP地址与主机联系。Internet中一台计算机可以有多个用于不同目的的主机域名,但只能有一个IP地址(不含内网IP地址)。一台主机从一个地方移到另一个地方,当它属于不同的网络时,其IP地址必须更换,但是可以保留原来的主机域名。

主机域名、IP地址和物理地址是主机标识符的三个不同层次,每一层标识符到另一层标识符的映射发生在网络体系结构的不同点上。首先,当用户与应用程序交互时给出主机域名。第二,应用程序使用DNS将这个名字翻译为一个IP地址,放在数据报中的是IP地址而不是主机域名。第三,IP在每个路由器上转发,常常意味着将一个IP地址映射为另一个IP地址;即将最终的目标地址映射为下一个路由器的地址。最后,IP使用ARP协议将路由器的IP地址翻译成主机的物理地址,在物理层发送的帧头部中有这些物理地址。

6.3.6 域名解析

将主机域名翻译为对应IP地址的过程称为域名解析(name resolution)。请求域名解析服务的软件称为域名解析器(name resolver),它运行在客户端,通常嵌套于其他应用程序之内,负责查询域名服务器,解释域名服务器的应答,并将查询到的有关信息返回给请求程序。

1. 域名服务器

运行主机域名和IP地址转换服务软件的计算机称做域名服务器(Domain Name Server,DNS)。它负责管理、存放当前域的主机名和IP地址的数据库文件,以及下级子域的域名服务器信息。所有域名服务器数据库文件中的主机和IP地址集合组成一个有效的、可靠的、分布式域名-地址映射系统。同域结构对应,域名服务器从逻辑上也成树状分布,每个域都有自己的域名服务器,最高层为根域名服务器,它通常包含了顶级域名服务器的信息。

域名服务器系统也是按照域名的层次安排的,每一域名服务器都只对域名体系中的一部分进行管辖。根据管辖的范围不同,域名服务器可以分为如下3种。

(1) 本地域名服务器。每一个因特网服务提供商(Internet Server Provider,ISP),如一个大学或一个系都可以拥有一个本地域名服务器,有时又称为默认域名服务器。当一个主机发出DNS查询报文时,这个查询报文就首先被送往该主机的本地域名服务器。本地域名服务器离用户较近,一般不超过几个路由器的距离。当所要查询的主机也属于同一个本地ISP时,该本地域名服务器立即就能将所查询的主机名转换为IP地址,而不需要去询问其他的域名服务器。

(2) 根域名服务器。目前在因特网上有十几台根域名服务器,大部分在北美。当一台本地域名服务器不能立即回答某台个主机的查询时(因为没有保存被查询主机的信息),它就以DNS客户的身份向某一台根域名服务器查询。若根域名服务器中有被查询主机的信息,就发送DNS回答报文给本地域名服务器。若没有,但它一定知道某台保存有被查询主机名字映射的授权域名服务器的IP地址。根域名服务器通常用来管辖顶级域,它并不直接对顶级域下面的所有的域名进行转换,但它一定能够找到下面的所有二级域名服务器。

(3) 授权域名服务器。每一台主机都必须在授权域名服务器处注册登记。通常,一台主机的授权域名服务器就是它的本地ISP的一台域名服务器。实际上,为了更加可靠地工作,一台主机最好至少有两台授权域名服务器。授权域名服务器总是能够将其管辖的主机名转换为该主机的IP地址。

2. 域名解析方式和解析过程

域名解析的工作原理如下:客户在查询时,首先向域名服务器发出一个带有待解析的DNS请求报文。域名服务器接到请求报文后,如果发现域名属于自己的管辖范围,则它在本地数据库中查找该主机域名对应的IP地址,并直接回答请求。如果请求中的域名不在自己的管辖范围,那么就向另一个域名服务器发送请求报文。如果第二个服务器能够回答,第一个域名服务器接收到结果后,最后向提出请求的客户发送查询的结果。如果不能,就再次向其他的服务器发送。由于每个服务器都知道根服务器的地址,因此无论经过几次查询,在域名服务器中最终会找出正确的解析结果,除非这个域名不存在。

域名解析方式有两种。一种是递归解析(recursive resolution),要求域名服务器系统一次性完成全部主机域名-地址变换,即递归地一个服务器请求下一个服务器,直到最后找到相匹配的地址,是目前较为常用的一种解析方式。另一种是迭代解析(iterative resolution),每次请求一个服务器,当本地域名服务器不能获得查询答案时,就返回下一个域名服务器的名字给客户端,利用客户端上的软件实现下一个服务器的查找,依此类推,直至找到具有接收者域名的服务器。二者的区别在于前者将复杂性和负担交给服务器软件,适用于域名请求不多的情况。后者将复杂性和负担交给解析器软件,适用于域名请求较多的环境。图6.27给出了一个简单的域名解析流程图。

从图6.27中可以看出,每当一个用户应用程序需要转换对方的主机域名为IP地址时,它就成为域名系统的一个客户。客户首先向本地域名服务器发送请求,本地域名服务器如果找到相应的地址,就发送一个应答信息,并将IP地址交给客户,应用程序便可以开始正式的通信过程。如果本地域名服务器不能回答这个请求,就采取递归或迭代方式找到并解析出该地址。

例如,当主机bs. csu. edu. cn的应用程序请求和主机mail. cnnic. net. cn通信时,图6.28和图6.29分别显示了两种方式的解析过程。

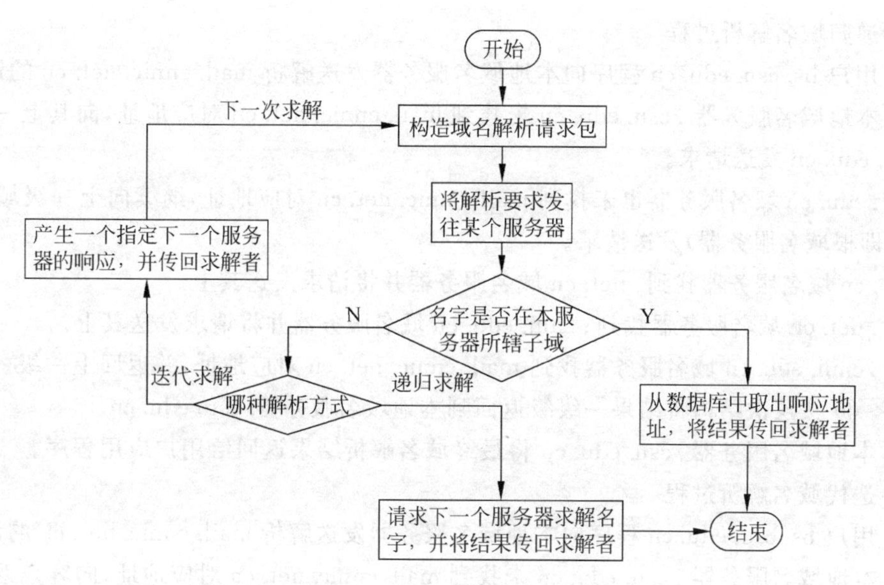

图 6.27 域名解析流程图

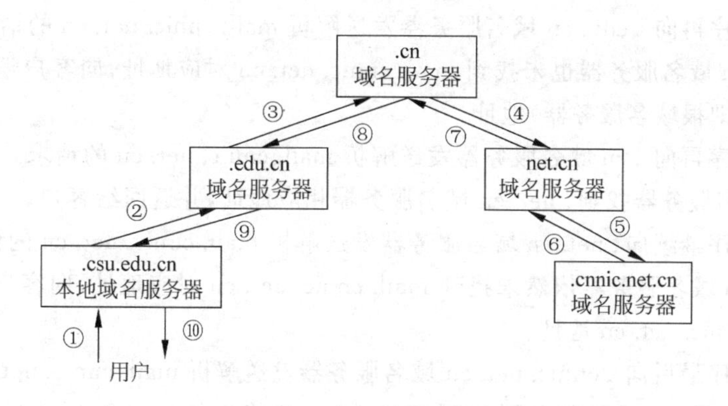

图 6.28 递归域名解析过程

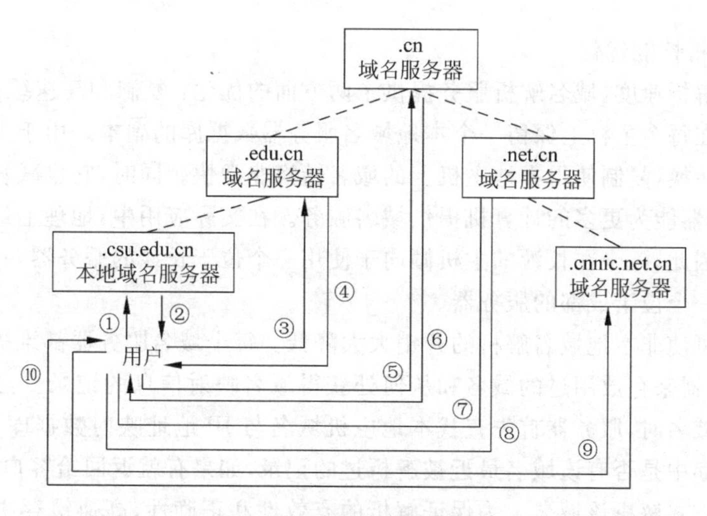

图 6.29 迭代域名解析过程

1）递归域名解析过程

① 用户 bs. csu. edu. cn 程序向本地域名服务器发送解析 mail. cnnic. net. cn 的请求。

② 本地域名服务器 . csu. edu. cn 未找到 mail. cnnic. net. cn 对应地址，向其上一级域名服务器 . edu. cn 发送请求。

③ . edu. cn 域名服务器也未找到 mail. cnnic. net. cn 对应地址，继续向上一级域名服务器 . cn（即根域名服务器）发送请求。

④ . cn 域名服务器找到 . net. cn 域名服务器并将请求发送其上。

⑤ . net. cn 域名服务器找到 . cnni. edu. cn 域名服务器并将请求发送其上。

⑥ . cnni. edu. cn 域名服务器找到 mail. cnnic. net. cn 对应地址，并返回上一级。

⑦～⑨ 按层次结构将结果一级级返回到本地域名服务器. csu. edu. cn。

⑩ 本地域名服务器 . csu. edu. cn 将最终域名解析结果返回给用户应用程序。

2）迭代域名解析过程

① 用户 bs. csu. edu. cn 程序向本地域名服务器发送解析 mail. cnnic. net. cn 的请求。

② 本地域名服务器 . csu. edu. cn 未找到 mail. cnnic. net. cn 对应地址，向客户返回其上一级域名服务器 . edu. cn 地址。

③ 用户程序再向 . edu. cn 域名服务器发送解析 mail. cnnic. net. cn 的请求。

④ . edu. cn 域名服务器也未找到 mail. cnnic. net. cn 对应地址，向客户返回其上一级域名服务器 . cn（即根域名服务器）地址。

⑤ 用户程序再向 . cn 域名服务器发送解析 mail. cnnic. net. cn 的请求。

⑥ . cn 域名服务器找到 . net. cn 域名服务器相应地址，并返回给客户。

⑦ 用户程序继续向 . net. cn 域名服务器发送解析 mail. cnnic. net. cn 的请求。

⑧ . net. cn 域名服务器依然未找到 mail. cnnic. net. cn 对应地址，向客户返回其下一级域名服务器 . cnnic. net. cn 地址。

⑨ 用户程序最后向 . cnnic. net. cn 域名服务器发送解析 mail. cnnic. net. cn 的请求。

⑩ . cnnic. net. cn 域名服务器找到相应地址，并将最终域名解析结果返回用户应用程序。

3. 域名解析性能优化

为了提高解析速度，域名解析服务提供了两方面的优化：复制和高速缓存。

复制是指在每个主机上保留一个本地域名服务器数据库的副本。由于不需要任何网络交互就能进行转换，复制使得本地主机上的域名转换非常快。同时，它也减轻了域名服务器的负担，使服务器能为更多的计算机提供域名服务。在实际应用中，地理上最近的服务器往往响应最快。因此，一个在长沙的主机倾向于使用一个位于长沙的服务器，一个在成都的站点倾向于使用一个位于成都的服务器。

高速缓存可使非本地域名解析的开销大大降低。每个域名服务器都维护一个高速缓存器，由高速缓存器来存放用过的域名和从何处获得域名映射信息的记录。当客户机请求服务器转换一个域名时，服务器首先查找本地主机域名与 IP 地址映射数据库，若无匹配地址则检查高速缓存中是否有该域名最近被解析过的记录，如果有就返回给客户机，如果没有则应用某种解析方式解析该域名。为保证解析的有效性和正确性，高速缓存中保存的域名信息记录设置有生存时间，这个时间由响应域名询问的服务器给出，超时的记录就将从缓存区中删除。

6.3.7 动态主机配置协议

TCP/IP 网络上的计算机都必须有唯一的 IP 地址,IP 地址标识了对应的子网和主机。但是在将计算机移动到不同的子网时,必须更改 IP 地址。在实际应用中,手工设置大中型网络中的计算机 IP 会使得网络管理员工作繁重并容易造成 IP 冲突,使得网络的灵活性、扩展性变差。所以,我们就需要一种高效、动态的 IP 分配方式。

动态主机配置协议(Dynamic Host Configuration Protocol,DHCP)允许通过本地网络上的 DHCP 服务器的 IP 地址数据库为客户端动态指派 IP 地址。DHCP 是一种用于简化主机 IP 配置管理的标准,其工作模式为 C/S。采用 DHCP 标准,通过在网络上安装和配置 DHCP 服务器,启用 DHCP 的客户端可在每次启动并加入网络时,动态地获得其 IP 地址和相关配置参数。DHCP 服务器以地址租约的形式将配置提供给发出请求的客户端。

1. DHCP 的工作过程

DHCP 的工作过程可以分成 4 个步骤,如图 6.30 所示。

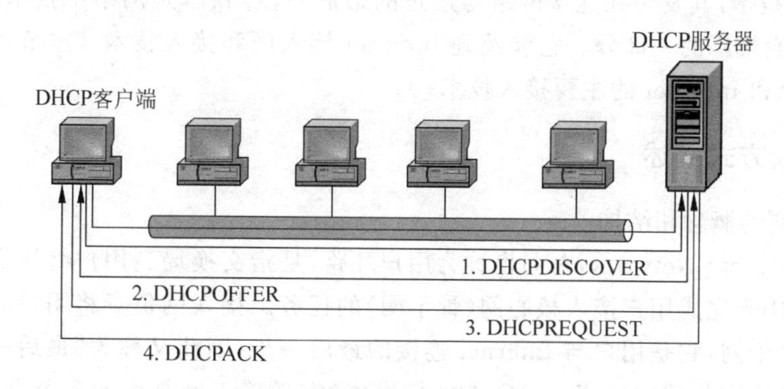

图 6.30 DHCP 工作过程

(1) 发现阶段,即 DHCP 客户端寻找 DHCP 服务器的阶段。DHCP 客户端以广播的形式发送一个 DHCPDISCOVER 数据包,网络中只有 DHCP 服务器在收到信息后给予响应。

(2) 提供阶段,即 DHCP 服务器提供 IP 地址的阶段。在网络中接收到发现消息的 DHCP 服务器都会做出响应,DHCP 服务器会从尚未出租的 IP 地址中挑选一个分配给 DHCP 客户端,向 DHCP 客户机发送一个包含出租的 IP 地址和其他设置的 DHCPOFFER 数据包。

(3) 选择阶段,即 DHCP 客户端选择某台 DHCP 服务器提供的 IP 地址的阶段。在客户端收到服务器提供的信息后,会以广播的方式发出一个包含 DHCPREQUEST 广播包的信息,所有的 DHCP 服务器都会收到这个信息,信息中包括客户端所选择的 DHCP 服务器和服务器提供的 IP 地址。其他没有被选择的 DHCP 服务器则会收回发出的 IP 地址。

(4) 确认阶段,即 DHCP 服务器确认所提供的 IP 地址的阶段。当 DHCP 服务器收到 DHCP 客户机回答的请求信息之后,它便向 DHCP 客户端发送一个 DHCPACK 回应,其中包含它所提供的 IP 地址和其他设置的确认信息,告诉 DHCP 客户端可以使用它所提供的 IP 地址。

至此,DHCP 客户端可以使用 DHCP 服务器所提供的 IP 地址了。但是 DHCP 服务器所提供的IP地址一般都是有期限的，我们把这个期限称为租期，租期的长短通过DHCP服务器来设置。

2. DHCP服务的优缺点

DHCP服务的优点是，网络管理员可以验证IP地址和其他配置参数，而不用去检查每台主机；DHCP不会同时租借相同的IP地址给两台主机；DHCP管理员可以约束特定的计算机使用特定的IP地址；客户机在不同子网间移动时不需要重新设置IP地址。

同时DHCP也存在不少缺点，比如，DHCP不能发现网络上非DHCP客户机已经在使用的IP地址；当网络上存在多个DHCP服务器时，一个DHCP服务器不能查出已被其他服务器租出去的IP地址；DHCP服务器不能跨路由器与客户机通信，除非路由器允许BOOTP转发。

6.4 Internet 接入技术

用户计算机和用户网络接入Internet所采用的技术和接入方式的结构，统称为Internet接入技术，其发生在连接网络与用户的最后一段路程，是网络中技术最复杂、实施最困难、影响面最广的一部分。它涉及到Internet接入网和接入技术。本节主要介绍接入网的相关概念和Internet的主要接入技术。

6.4.1 接入方式概述

1. 接入网的概念和结构

接入网(Access Network,AN)也称为用户环路，是指交换局到用户终端之间的所有机线设备，主要用来完成用户接入核心网(骨干网)的任务。接入网负责将用户的局域网或计算机连接到骨干网，它是用户与Internet连接的最后一步，因此又称为"最后一千米技术"。国际电联电信标准化部门(ITU-T)G.902标准中，定义接入网是由业务节点接口(Service Node Interface,SNI)和用户网络接口(User to Network Interface,UNI)之间一系列传送实体(如线路设备)构成的，具有传输、复用、交叉连接等功能，可以被看作与业务和应用无关的传送网。它的范围和结构如图6.31所示。

图6.31 核心网与用户接入网示意图

2. 接入网分类

接入网的分类方法有很多种，可以按照传输介质、拓扑结构、使用方法、接口标准、业务带宽、业务种类分类。一般情况下接入网根据使用的通信介质可以分为有线接入网和无线接入网两大类，其中有线接入网又可分为铜线接入网、光纤接入网和光纤同轴电缆混合接入网等，无线接入网又可分为固定接入网和移动接入网。

3. 主要接入技术

Internet接入技术很多，按通信速率可划分为宽带网技术和窄带网技术。宽带是一个相对于窄带而言的电信术语，为动态指标，用于度量用户享用的业务带宽，目前国际上还没有统一的定义。一般而论，宽带是指用户接入数据速率达到 2Mbps 及以上、可以提供 24 小时在线的网络基础设备和服务。宽带网技术主要有 ADSL 接入技术、以太网接入技术、光纤同轴电缆混合接入技术、卫星接入技术。窄带网技术的速率不大于 2Mbps，主要有电话交换机接入技术、ISDN 接入技术、帧中继接入技术等。表 6.9 列出了 Internet 主要接入技术的部分典型特征。

表 6.9 Internet 主要接入技术一览表

Internet 接入技术	客户端所需主要设备	接入网主要传输媒介	传输速率/bps	窄带/宽带	有线/无线	特 点
电话拨号接入	普通 Modem	电话线(PSTN)	33.6K～56K	窄带	有线	简单，方便，但速度慢，应用单一；上网时不能打电话，只能接一个终端；可能出现线路繁忙、中途断线等
专线接入(DDN、帧中继、数字电路等)	不同专线方式设备有所不同	电信专用线路	依线路而定	兼有	有线	专用线路独享，速度快，稳定可靠；但费用相对较高
ISDN 接入	NT1、NT2，ISDN 适配器等	电话线(ISDN 数字线路)	128K	窄带	有线	按需拨号，可以边上网边打电话；数字信号传输质量好，线路可靠性高；可同时使用多个终端，但应用有限
ADSL(xDSL)	ADSL Modem ADSL 路由器 网卡，hub	电话线	上行 1.5M 下行 14.9M	宽带	有线	安装方便，操作简单，无须拨号；利用现有电话线路，上网打电话两不误；提供各种宽带服务，费用适中，速度快但受距离影响(3～5km)，对线路质量要求高，抵抗天气能力差
以太网接入及高速以太网接入	以太网接口卡、交换机	五类双绞线	10M、100M、1G、10G	宽带	有线	成本适当，速度快，技术成熟；结构简单，稳定性高，可扩充性好；但不能利用现有电信线路，要重新铺设线缆
HFC 接入	Cable Modem 机顶盒	光纤＋同轴电缆	上行 10M 左右下行 10M～40M	宽带	有线	利用现有有线电视网；速度快，是相对比较经济的方式；但信道带宽由整个社区用户共享，用户数增多，带宽就会急剧下降；安全上有缺陷，易被窃听；适用于用户密集型小区
光纤 FTTx 接入	光分配单元 ODU 交换机，网卡	光纤 铜线(引入线)	10M、100M、1G	宽带	有线	带宽大，速度快，通信质量高；网络可升级性能好，用户接入简单；提供双向实时业务的优势明显；但投资成本较高，无源光节点损耗大

续表

<table>
<tr><th colspan="2">Internet 接入技术</th><th>客户端所需主要设备</th><th>接入网主要传输媒介</th><th>传输速率/bps</th><th>窄带/宽带</th><th>有线/无线</th><th>特　点</th></tr>
<tr><td colspan="2">电力线接入</td><td>局端,电力调制解调器和电源插头</td><td>电力线</td><td>4.5M～45M</td><td>宽带</td><td>有线</td><td>电力网覆盖面广；目前技术尚不成熟,仍处于研发中</td></tr>
<tr><td rowspan="3">无线接入</td><td>卫星通信</td><td>卫星天线和卫星接收Modem</td><td>卫星链路</td><td>依频段、卫星、技术而变</td><td>兼有</td><td rowspan="3">无线</td><td rowspan="3">方便,灵活；具有一定程度的终端移动性；投资少,建网周期短,提供业务快；可以提供多种多媒体宽带服务；但占用无线频谱,易受干扰和气候影响；传输质量不如光缆等有线方式；移动宽带业务接入技术尚不成熟</td></tr>
<tr><td>LMDS</td><td>基站设备BSE,室外单元、室内单元,无线网卡</td><td>高频微波</td><td>上行1.544M
下行51.84M
～155.52M</td><td>宽带</td></tr>
<tr><td>移动无线接入</td><td>移动终端</td><td>无线介质</td><td>19.2K,144K,384K,2M</td><td>窄带</td></tr>
</table>

总之,各种接入方式都有其自身的优劣,不同需要的用户应该根据自己的实际情况做出合理选择。PSTN 和 ISDN 是用户较早使用的两种接入方式,下面简要地介绍这两种技术。

当采用 PSTN(Public Switched Telephone Network)方式接入时,用户只要一条电话线和普通的 Modem 调制解调器,再向 ISP(Internet Service Provider)申请一个账号,即可接入 Internet,或者通过电话线直接进行点对点的互联。

综合业务数字网接入(Integrated Services Digital Network,ISDN),俗称"一线通",是普通电话(模拟 Modem)拨号接入和宽带接入之间的过渡方式。ISDN 接入 Internet 与使用 Modem 普通电话拨号方式类似,也有一个拨号的过程,不同的是,它不用 Modem 而是用另一设备 ISDN 适配器来拨号。另外普通电话拨号在线路上传输的是模拟信号,有 Modem "调制"和"解调"的过程,而 ISDN 的传输是纯数字过程,通信质量较高,其数据传输的误码率比传统电话线路至少改善 10 倍,此外它的连接速度快,一般只需几秒钟即可拨通。使用 ISDN 最高数据速率可达 128Kbps。

宽带综合业务数字网(Broadband Intergrated Services Digital Network,B-ISDN)在基本概念上是与 ISDN 完全一致的,也是以一个综合网来提供所有的业务。然而 ISDN 是以同步时分多路复用和光缆为基础的,而 B-ISDN 是以异步时分多路复用和光缆为基础的,这种技术上的差异导致了两者在实现方法,提供的服务类型和网络灵活性方面的差异。传统 ISDN 只是在窄带意义上实现了所谓的综合业务数字网,而 B-ISDN 才真正是既适应窄带,又适应宽带的综合业务数字网,是 ISDN 发展的主要方向和最终目标。

6.4.2 xDSL 接入

1. xDSL 技术简介

数字用户线路(Digital Subscriber Liner,DSL)是以铜线为传输介质的点对点传输技术。DSL 技术包含几种不同的类型,它们统称为 xDSL,其中 x 将用标识性字母代替。DSL 可以在一根铜线上分别传送数据和语音信号,其中数据信号并不通过电话交换设备,并且不需要拨号,不影响通话。其最大的优势在于利用现有的电话网络架构,不需要对现有接入系统进行改造,就可方便地开通宽带业务,被认为是解决“最后一千米”问题的最佳选择之一。

xDSL 同样是调制解调技术家族的成员,只是采用了不同于普通 Modem 的标准,运用先进的调制解调技术,使得通信数据速率大幅度提高,最高能够提供比普通 Modem 快 300 倍的兆级数据速率。此外,它与电话拨号方式不同的是,xDSL 只利用电话网的用户环路,并非整个网络,采用 xDSL 技术调制的数字信号实际上是在原有语音线路上叠加传输,在电信局和用户端分别进行合成和分解,为此,需要配置相应的局端设备,而普通 Modem 的应用则几乎与电信网络无关。

xDSL 相比其他的宽带网络接入技术,其优势在于,能够提供足够的带宽以满足人们对多媒体网络应用的需求;与 Cable Modem、无线接入技术相比,其性能和可靠性更优越;能够充分利用现有的接入线路等。

按数据传输的上、下行数据速率的相同和不同,xDSL 技术可分为对称和非对称技术两种模式。

对称(symmetrical)DSL 技术中上、下行双向传输速率相同,方式有 HDSL、SDSL、IDSL 等,主要用于替代传统的 T1/E1(1.544Mbps/2.048Mbps)接入技术。这种技术具有对线路质量要求低,安装调试简单的特点。

非对称(asymmetrical)DSL 技术的上行速率较低,下行速率较高,主要有 ADSL、VDSL、RADSL 等,适用于对双向带宽要求不一样的应用,如 Web 浏览、多媒体点播、信息发布、视频点播 VOD 等,因此成为 Internet 接入的重要方式之一。常用的 xDSL 技术如表 6.10 所示。

表 6.10 常用 xDSL 技术列表

xDSL	名称	下行速率/bps	上行速率/bps	双绞铜线对数
HDSL(High speed DSL)	高速率数字用户线	1.544M~2M	1.544M~2M	2 或 3
SDSL(Single Line DSL)	单线路数字用户线	1M	1M	1
IDSL(ISDN DSL)	基于 ISDN 数字用户线	128K	128K	1
ADSL(Asymmetric DSL)	非对称数字用户线	14.9M	1.5M	1
VDSL(Very high speed DSL)	甚高速数字用户线	13M~52M	1.5M~2.3M	2
RADSL(Rate Adaptive DSL)	速率自适应数字用户线	640K~12M	1.5M	1
S-HDSL(Single-pair High speed DSL)	单线路高速数字用户线	768K	768K	1

2. ADSL 技术

ADSL(Asymmetrical Digital Subscriber Line)是在无中继的用户环路上,使用由负载电话线提供高速数字接入的传输技术,是非对称 DSL 技术的一种,可在现有电话线上传输数据,误码率低。

1) ADSL 基本原理

如果在电话线两端分别放置了 ADSL Modem,在这段电话线上便产生了三个信息通道,如图 6.32 所示。一个速率为 1.5~9Mbps 的高速下行通道,用于用户下载信息;一个速率为 16Kbps~1Mbps 的中速双工通道;一个传统电话服务通道;且这三个通道可以同时工作。这意味着可以在下载文件的同时在网上观赏点播的影片,并且通过电话和朋友对影片进行一番评论。这一切都是在一根电话线上同时进行的。这是因为 ADSL 的内部采用了先进的数字信号处理技术和新的算法压缩数据，使大量的信息得以高速传输。所以ADSL才在长距离传输中减小信号的衰减，以及保持低噪声干扰。

图6.32　ADSL信道

2) ADSL的接入模型

一个基本的ADSL系统由局端收发机和用户端收发机两部分组成，收发机实际上是一种高速调制解调器(ADSL Modem)，由其产生上下行的不同数据速率。

ADSL的接入模型主要由中央交换局端模块和远端用户模块组成，如图6.33所示。

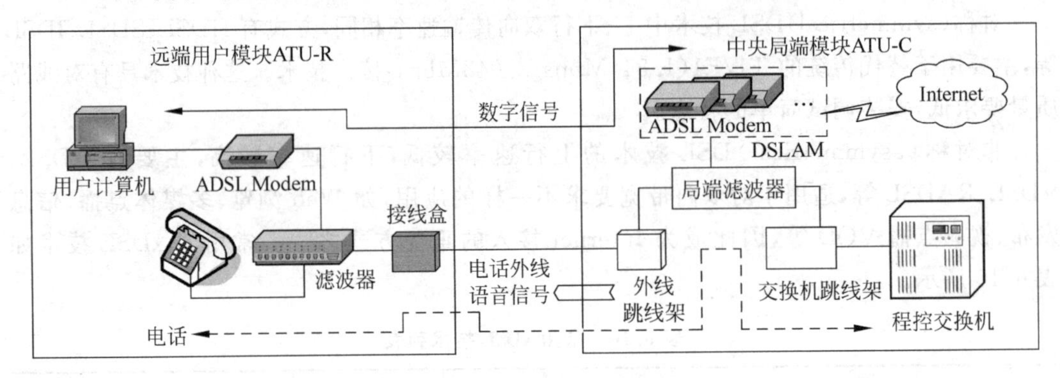

图6.33　ADSL的接入模型

中央交换局端模块包括在中心位置的ADSL Modem、局端滤波器和ADSL接入多路复用系统DSLAM，其中处于中心位置的ADSL Modem被称为ADSL中心传送单元(ADSL Transmission Unit-Central Office End，ATU-C)，而接入多路复用系统中心的Modem通常被组合成一个接入节点，也被称为ADSL接入复用器(Digital Subscriber Line Access Multiplexer ,DSLAM)，它为接入用户提供网络接入接口，把用户端ADSL传来的数据进行集中和分解，并提供网络服务供应商访问的接口，实现与Internet或其他网络的连接。

远端模块由用户ADSL Modem和滤波器组成。其中用户端ADSL Modem通常被叫做ADSL远端传送单元(ADSL Transmission Unit-Remote terminal End，ATU-R)，用户计算机、电话等通过它们接入公用电话交换网PSTN。两个模块中的滤波器用于分离承载音频信号的4kHz以下低频带和调制用的高频带。这样ADSL可以同时提供电话和高速数据传输的服务，两者互不干涉。

在用户端除安装好硬件外，用户还需为ADSL Modem或ADSL路由器选择一种通信连接方式。目前主要有静态IP、PPPoA(Point to Point Protocol over ATM)、PPPoE(Point to Point Protocol over Ethernet)三种。一般普通用户多数选择PPPoA或PPPoE方式，对于企业用户更多选择静态IP地址(由电信部门分配)的专线方式。

PPPoE是以太网点对点协议，采用一种虚拟拨号方式，即通过用户名和密码接入

Internet。这种方式类似于电话拨号和 ISDN,不过 ADSL 连接的并不是具体接入号码(如 163,169 等),而是 ADSL 接入地址,以此完成授权、认证、分配 IP 地址和计费的一系列点对点协议接入过程。在 ADSL Modem 中采用 RFC 1483 桥接封装方式对终端发出的点对点数据包进行 LLC/SNAP 封装,在 ADSL Modem 与网络内的宽带接入服务器之间建立连接,实现 PPP 的动态接入,校园宿舍内 ADSL 201 宽带上网即采用此方式。

PPPoA 是 ATM 点对点协议,它不同于虚拟拨号方式,而是采用一种类似于专线的接入方式。用户连接和配置好 ADSL Modem、本机 TCP/IP 协议,并将局端事先分配给的 IP 地址、网关等设置好之后重启计算机,用户端和局端就会自动建立起一条链接。

ADSL 用途十分广泛,对于商业用户来说,可组建局域网共享 ADSL 上网,还可以实现远程办公、家庭办公等高速数据应用,获取高速低价的极高性价比。对于公益事业来说,ADSL 可以实现高速远程医疗、教学、视频会议的即时传送,达到以前所不能及的效果。

3. HDSL 和 HDSL 2 技术

HDSL(High-rate Digital Subscriber Line)技术是一种基于现有铜线的技术,它采用了先进的数字信号自适应均衡技术和回波抵消技术,以消除传输线路中近端串音、脉冲噪声和波形噪声以及因线路阻抗不匹配而产生的回波对信号的干扰,从而能够在现有的电话双绞铜线(2 对或 3 对)上提供准同步数字序列(Pseudo-Synchronous Digital Hierarchy,PDH)一次群速率(T1 或 E1)的全双工数字连接。它的无中继传输距离可达 3~5km。

第二代高比特率数字用户线(HDSL 2),本质上是在一对线上传送 T1 和 E1 速率信号。HDSL 2 的主要设计目标是:①一对线上实现两对线对 HDSL 的传输速率;②获得与两线对 HDSL 相等的传输距离;③对环路损坏(衰减、桥接头及串音等)的容忍能力不能低于 HDSL;④对现有业务造成的损害不能超过两线对 HDSL;⑤能够在实际环路上可靠地运行;⑥价格要比传统 HDSL 低。实质上,HDSL 2 的设计目标是一种能够传送 1.544Mbps 数据的单线对对称 DSL 技术。因此,要在一对双绞线上达到和两对铜线 HDSL 技术相同的传输性能,必须采用先进的编码和数字信号处理技术。

4. VDSL 技术

甚高速数字用户线(Very high speed Diaital Subscriber Liner,VDSL)可以解决 ADSL 技术在提供图像业务方面的宽带十分有限以及其成本偏高的问题。VDSL 复用上传和下传管道以获取更高的传输速率,它使用了内置纠错功能以弥补噪声等干扰。VDSL 可以在对称或不对称速率下运行,每个方向上最高对称速率是 26Mbps。VDSL 其他典型速率是 13Mbps 的对称速率,52Mbps 的下行速率和 6.4Mbps 的上行速率,26Mbps 的下行速率和 3.2Mbps 的上行速率,以及 13Mbps 的下行速率和 1.6Mbps 的上行速率。VDSL 可以和 POTS(Plain Old Telephone Service)运行在同一对双绞线上。

VDSL 也属于非对称型铜线接入网技术的一种。它与 ADSL 有许多相似之处,也采用频分复用方式,将普通电话、ISDN 和 VDSL 上下行信号放在不同的频带内。接收时采用无源滤波器就可以将 VDSL 滤出。

6.4.3 HFC 接入

有线电视网具有覆盖范围广、带宽大等优点。如何利用有线电视网来解决终端用户接入 Internet 输率低的问题极大地推动了光纤同轴电缆混合网(hybrid fiber coaxial,HFC)的发展。HFC充分利用有线电视网这一资源,改造原有线路,变单向信道为双向信道以实现高速接入Internet。

1. HFC概念

HFC接入技术是以有线电视网为基础,采用模拟频分复用技术,综合应用模拟和数字传输技术、射频技术和计算机技术所产生的一种宽带接入网技术。它利用现有的有线电视网络的宽带特性,将本来单向广播的网络改造成双向通信网络,最终为用户提供宽带接入业务的网络体系。HFC具有传输距离远,传输图像质量高,可形成大规模网络的特点。

HFC网络大部分采用传统的高速局域网技术,但是其最重要的部分——同轴电缆到用户终端这一段使用了另外的一种独立技术Cable Modem。Cable Modem即电缆调制解调器,是一种将数据终端连接到有线电视网,以使用户能进行数据通信,访问Internet等信息资源的设备。

HFC是一种新型的宽带网络,也可以说是有线电视网的延伸。从交换局到服务区,它采用光纤,而在进入用户的"最后一千米"采用有线电视网同轴电缆。HFC网络是目前世界上公认的较好的一种宽带接入方式。HFC综合网可以提供电视广播(模拟及数字电视)、影视点播、数据通信、电信服务(电话、传真等)、电子商贸、远程教学与医疗以及增值服务(电子邮件、电子图书馆)等极为丰富的服务内容。

2. HFC频谱分配方案

HFC支持双向信息的传输,因而其可用频带划分为上行频带和下行频带。所谓上行频带是指信息由用户终端传输到局端设备所需占用的频带,下行频带是指信息由局端设备传输到用户端设备所需占用的频带。各国目前对HFC频谱配置还未取得统一。HFC系统的上行频段为5~42MHz,共37MHz的带宽。其中5~8MHz可以传送状态监视信号,8~12MHz可传VOD信令,15~40MHz用来传送电话信号。50~1000MHz频段用于下行通道,其中50~550MHz频段用来传送现有的模拟CATV信号,每一路的带宽6~8MHz。550~750MHz频段允许用来传输附加的模拟CATV信号或数字CATV信号。750~1000MHz频段已明确用于各种双向通信业务,其中2×50MHz频带可用于个人通信业务,其他未分配的频段可以应付未来可能出现的其他新业务。

3. HFC接入系统

HFC网络中传输的信号是射频信号(Radio Frequency,FR),即一种高频交流变化电磁波信号,类似于电视信号,在有线电视网上传送。整个HFC接入系统由3部分组成:前端系统,HFC接入网和用户终端系统,如图6.34所示。

1) 前端系统

有线电视有一个重要的组成部分——前端,如常见的有线电视基站,它用于接收、处理和控制信号,包括模拟信号和数字信号,完成信号调制与混合,并将混合信号传输到光纤。其中处理数字信号的主要设备之一就是电缆调制解调器端接系统(Cable Modem Termination System,CMTS),它包括分复接与接口转换、调制器和解调器。CMTS的网络侧为一些与网络连接有关的设备,如远端服务器、骨干网适配器、本地服务器等。CMTS的射频侧为数/模混合器、分接器、下行光发射机和上行光接收机等设备。

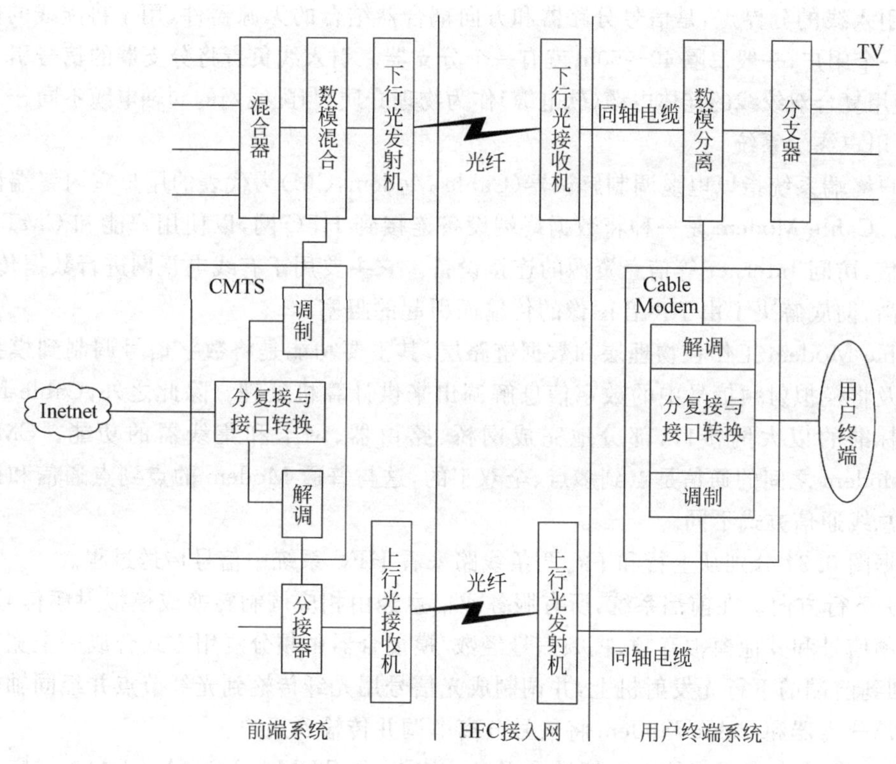

图 6.34 HFC 接入系统

2) HFC 接入网

HFC 接入网是前端系统和用户终端系统之间的连接部分，包括馈线网、配线和引入线 3 部分内容。如图 6.35 所示。其中馈线网(即干线)是前端到服务区光纤节点之间的部分，为星型拓扑结构。它与有线电视网不同的是采用一根单模光纤代替了传统的干线电缆和有源干线放大器，传输上下行信号更快、质量更高、带宽更宽。配线是服务区光纤节点到分支点之间的部分，采用同轴电缆，并配以干线/桥接放大器连接线路，为树形结构，覆盖范围可达 5～10km，这一部分非常重要，其好坏往往决定了整个 HFC 网的业务量和业务类型。最后一段为引入线，是分支点到用户之间的部分，其中一个重要的元器件为分支器，它作为配

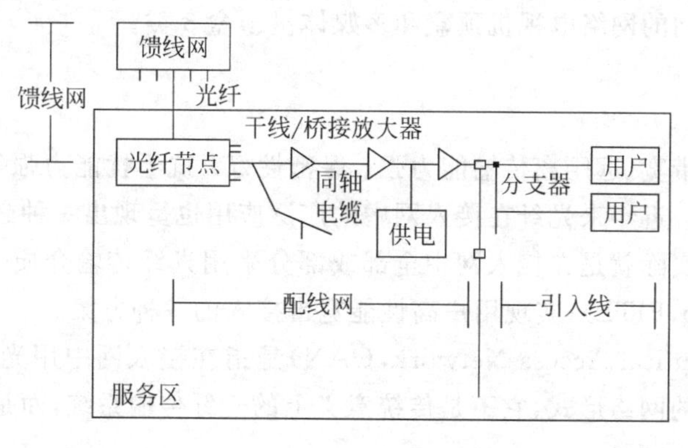

图 6.35 HFC 接入网结构

线网和引入线的分界点，是信号分路器和方向耦合器结合的无源器件，用于将配线的信号分配给每一个用户，一般每隔 40～50m 就有一个分支器。引入线负责将分支器的信号引入到用户，它使用复合双绞线的连体电缆（软电缆）作为物理介质，与配线网的同轴电缆不同。

3）用户终端系统

用户终端系统指以电缆调制解调器（Cable Modem，CM）为代表的用户室内终端设备连接系统。Cable Modem 是一种将数据终端设备连接到 HFC 网，以使用户能和 CMTS 进行数据通信，访问 Internet 等信息资源的连接设备。它主要用于有线电视网进行数据传输，数据速率高，彻底解决了由于声音图像的传输而引起的阻塞。

Cable Modem 工作在物理层和数据链路层，其主要功能是将数字信号调制到模拟射频信号以及将模拟射频信号中的数字信息解调出来供计算机处理。除此之外，Cable Modem 还提供标准的以太网接口，部分地完成网桥、路由器、网卡和集线器的功能。CMTS 与 Cable Modem 之间的通信是点到多点、全双工的，这与普通 Modem 的点到点通信和以太网的共享总线通信方式不同。

依据图 6.34 分别从上行和下行两条线路来看 HFC 系统中信号传送过程。

(1) 下行方向。在前端系统，所有服务或信息经由相应调制转换成模拟射频信号，这些模拟射频信号和其他模拟音频、视频信号经数/模混合器由频分复用方式合成一个宽带射频信号，加到前端的下行光发射机上，并调制成光信号用光纤传输到光纤节点并经同轴电缆网络、数/模分离器和 Cable Modem 将信号分离解调并传输到用户。

(2) 上行方向。用户的上行信号采用多址技术（如 TDMA、FDMA、CDMA 或它们的组合）通过 Cable Modem 复用到上行信道，由同轴电缆传送到光纤节点进行电光转换，然后经光纤传至前端系统，上行光接收机再将信号经分接器分离、CMTS 解调后传送到相应接收端。

4. 机顶盒

机顶盒（Set Top Box，STB）是利用有线广播电视网向用户提供综合信息业务的终端设备。从广义上说，凡是与电视机连接的网络终端设备都可以称为机顶盒。目前的机顶盒多为网络机顶盒，其内部包含操作系统和 Internet 浏览软件，通过电话网或有线电视网接入 Internet，使用电视机作为显示器，从而实现没有计算机的上网。

目前市场上的机顶盒基本上可以分为接收数字电视的数字电视机顶盒，接入通信网、计算机网和广播电视网的网络电视机顶盒和多媒体机顶盒 3 类。

6.4.4 光纤接入

光纤由于无限带宽、远距离传输能力强、保密性好、抗干扰能力强等诸多优点，正在得到迅速发展和应用。近年来光纤在接入网中的广泛应用也呈现出一种必然趋势。

光纤接入技术实际就是在接入网中全部或部分采用光纤传输介质，构成光纤用户环路（Fiber In The Loop，FITL），实现用户高性能宽带接入的一种方案。

光纤接入网（Optical Access Network，OAN）是指在接入网中用光纤作为主要传输介质来实现信息传输的网络形式，它不是传统意义上的光纤传输系统，而是针对接入网环境所专门设计的光纤传输网络。

1. 光纤接入网的结构

光纤接入网的基本结构包括用户、交换局、光纤、电/光交换模块(Electrical/Optical,E/O)和光/电交换模块(Optical/Electrical,O/E),如图 6.36 所示。由于交换局交换的和用户接收的均为电信号,而在主要传输介质光纤中传输的是光信号,因此两端必须进行电/光和光/电转换。

图 6.36 光纤接入网基本结构示意图

光纤接入网的拓扑结构有总线状、环状、星状和树状结构,各种拓扑结构的性能比较如表 6.11 所示。

表 6.11 各种拓扑结构性能比较

比较内容	总线状	环　状	星　状	树　状
成本投资(光缆与电子器件)	低	低	最高	低
维护与运行	测试困难	较好	清除故障所需时间长	测试困难
安全性能	很安全	很安全	安全	很安全
可靠性	比较好	很好	最差	比较好
用户规模	中等规模	有选择性用户	大规模	大规模
宽带能力	高速数据	基群接入	基群接入视频	基群接入和视频高速
新业务要求	容易提供	向每个用户提供较困难	容易提供	向每个用户提供较困难

2. 光纤接入网的分类

从光纤接入网的网络结构看,按接入网室外传输设施中是否含有源设备,OAN 可以划分为有源光网络(Active Optical Network,AON)和无源光网络(Passive Optical Network,PON),前者采用电复用器分路,后者采用光分路器分路,两者均在发展。

AON 指从局端设备到用户分配单元之间均采用有源光纤传输设备,如光电转换设备、有源光电器件、光纤等连接成的光网络。采用有源光节点可降低对光器件的要求,可应用性能低、价格便宜的光器件,但是初期投资较大,有源设备存在电磁信号干扰、雷击以及固有的维护问题,因而有源光纤接入网不是接入网长远的发展方向。

PON 指从局端设备到用户分配单元之间不含有任何电子器件及电子电源,全部由光分路器等无源器件连接而成的光网络。由于它初期投资少、维护简单、易于扩展、结构灵活,大量的费用将在宽带业务开展后支出,因而目前光纤接入网几乎都采用这种结构,它也是光纤接入网的长远解决方案。

3. 光纤接入方式

根据光网络单元(Optical Network Unit,ONU)所在位置,光纤接入网的接入方式分为光纤到路边(Fiber To The Curb,FTTC)、光纤到大楼(Fiber To The Building,FTTB)、光纤到办公室(Fiber To The Office,FTTO)、光纤到楼层(Fiber To The Floor,FTTF)、光纤到小区(Fiber To The Zone,FTTZ)、光纤到户(Fiber To The Home,FTTH)等几种类型,

如图 6.37 所示。其中 FTTH 将是未来宽带接入网发展的最终形式。

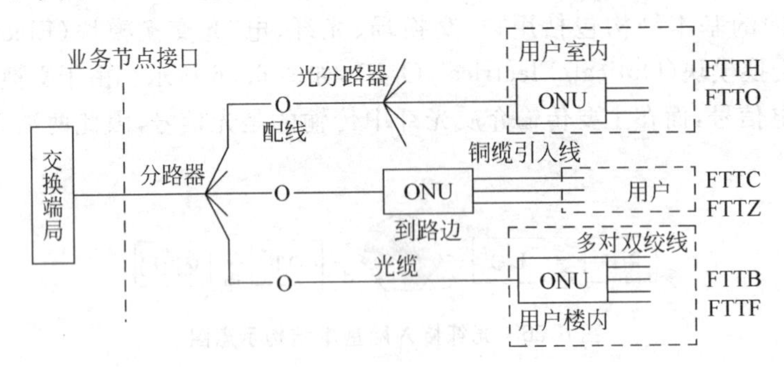

图 6.37 光纤接入方式

根据用户侧光网络单元位置不同,可以分为 3 种主要的光纤接入网。

(1) 光纤到路边(FTTC)。FTTC 结构主要适用于点到点或点到多点的树状分支拓扑,多为居民住宅用户和小型企、事业用户使用,典型用户数在 128 户以下,经济用户数正逐渐降低至 8～32 户乃至 4 户左右。FTTC 结构是一种光缆/铜缆混合系统,其主要特点是易于维护、传输距离长、带宽大,初始投资和年维护运行费用低,并且可以在将来扩展成光纤到户,但铜缆和室外有源设备需要维护,增加了工作量。

(2) 光纤到楼(FTTB)。FTTB 可以看作是 FTTC 的一种变型,最后一段接到用户终端的部分要用多对双绞线。FTTB 是一种点到多点结构,通常不用于点到点结构。FTTB 的光纤化程度比 FTTC 更进一步,光纤已敷设到楼,因而更适于高密度用户区,也更接近于长远发展目标,预计会获得越来越广泛的应用,特别是那些新建工业区或居民楼以及与宽带传输系统共处一地的场合。光纤到楼层(FTTF)与它类似。

(3) 光纤到家(FTTH)和光纤到办公室(FTTO)。在 FTTB 的基础上 ONU 进一步向用户端延伸,进入到用户家即为 FTTH 结构。如果 ONU 放在企业、事业单位用户(公司、大学、研究所、政府机关等)终端设备处并能提供一定范围的灵活业务,则构成光纤到办公室(FTTO)结构。FTTH 和 FTTO 都是一种全光纤连接网络,即从本地交换机一直到用户全部为光连接,中间没有任何铜缆,也没有有源电子设备,是真正全透明的网络,因而归于一类。FTTO 适于点到点或环状结构,而 FTTH 通常采用点到多点方式。FTTH 主要特点是,可以采用低成本元器件,ONU 可以本地供电,因而故障率大大减少,维护安装测试工作也得以简化。此外由于它是全透明光网络,对传输制式、带宽、波长和传输技术没有任何限制,适于引入新业务,是一种最理想的业务透明网络,也是用户接入网发展的长远目标。

4. FTTx+LAN 接入

近年发展起来的建立在 5 类双绞线基础上的以太网技术,已成为目前使用最为广泛的局域网技术,其最大特点是扩展性强、投资成本低,用户终端带宽可达 10Mbps～10Gbps,入户成本相对较低,具有强大的性能价格比优势。另一方面,干线采用光纤已逐渐成为一种趋势,因而将光纤接入结合以太网技术可以构成高速以太网接入,即 FTTx+ LAN,通过这种方式可实现“万兆到大楼,千兆到层面,百兆到桌面”,为实现最终光纤到户提供了一种过渡。

FTTx+LAN 接入比较简单,在用户端通过一般的网络设备,如交换机、集线器等将同一幢楼内的用户连成一个局域网,用户室内只需要以太网 RJ-45 信息插座和配置以太网接口卡(即网卡),在另一端通过交换机与外界光纤干线相连即可。

虽然以太网无法借用现成的有线电视网和电话网,必须单独铺设线路,安装设备,然而它比 ADSL 和 Cable Modem 更具广泛性和通用性,而且它的网络设备和用户端设备都比 ADSL、HFC 的设备便宜很多。此外,它给用户提供标准的以太网接口,能够兼容所有带标准以太网接口的终端,除了网卡,用户不需要另配任何新的接口卡或协议软件,因而总体来看 FTTx+LAN 是一种比较廉价、高速、简便的数字宽带接入技术,特别适用于中国这种人口居住密集型的国家。

6.4.5 以太网接入技术

以太网接入技术和传统的用于局域网的以太网技术不一样,它仅仅借用了以太网的帧结构和接口,其网络结构和工作原理完全不一样。它具有高度的信息安全性,电信级的网络可靠性,强大的网络管理功能,并且能保证用户的接入带宽。

1. 以太网接入的基本结构

基于以太网技术的宽带接入网的网络结构如图 6.38 所示。它由局侧设备和用户侧设备组成,局侧设备在小区内,用户侧设备一般在居民楼内;或者局侧设备位于商业大楼顶,用户侧设备位于楼层。局侧设备提供 IP 骨干网的接口,用户侧设备提供用户终端计算机相连的 10/100Base-T 接口。局侧设备具有汇聚用户侧设备网络管理信息的功能。

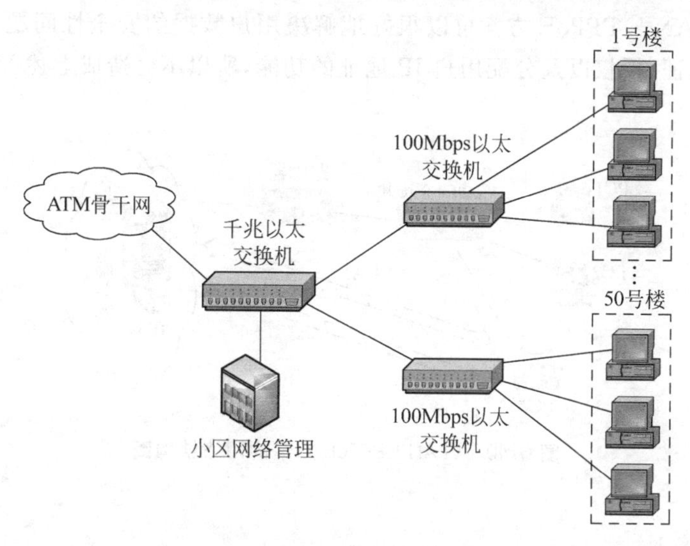

图 6.38 以太网接入的网络结构

2. 以太网接入方式

以太网技术发展到今天,特别是交换以太网设备和全双工以太网技术的发展,使得人们开始思考将以太网技术应用到公用的网络环境。这种应用主要的解决方案有两种:VLAN 方式和 VLAN+PPPoE 方式。VLAN 方式的网络结构如图 6.39 所示,局域网交换机的每一个端口配置成独立的 VLAN,享有独立的 VID(VLAN ID)。将每个用户端口配置成独立的 VLAN,利用支持 VLAN 的局域网交换机进行信息的隔离,用户的 IP 地址被绑定在端口的 VLAN 号上,以保证正确路由选择。

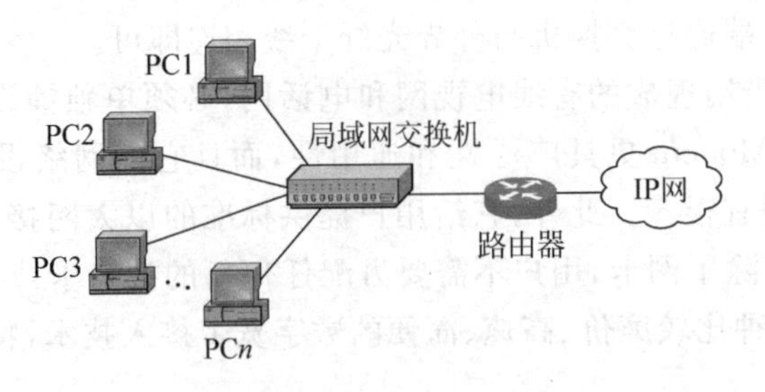

图 6.39　VLAN 方案的网络结构

在 VLAN 方式中，利用 VLAN 可以隔离 ARP、DHCP 等携带用户信息的广播消息，从而使用户数据的安全性得到了进一步的提高。在这种方案中，虽然解决了用户数据的安全性问题，但是缺少对用户进行管理的手段，即无法对用户进行认证、授权。为了识别用户的合法性，可以将用户的 IP 地址与该用户所连接的端口 VID 进行绑定，这样设备可以通过核实 IP 地址与 VID 来识别用户是否合法。但是，这种解决方案带来的问题是用户 IP 地址与所在端口捆绑在一起，只能进行静态 IP 地址的配置。另一方面，因为每个用户处在逻辑上独立的子网内，所以对每一个用户至少要配置一个子网的 4 个 IP 地址：子网地址、网关地址、子网广播地址和用户主机地址。PPP(Point to Point Protocol)协议可以有效地处理用户的认证、授权等问题，于是人们提出了 VLAN＋ PPPoE 的解决方案，该方案的网络结构见图 6.40。VLAN＋ PPPoE 方案可以很好地解决用户数据的安全性问题，同时由于 PPP 协议提供用户认证、授权以及分配用户 IP 地址的功能，所以不会造成上述 VLAN 方案所出现的问题。

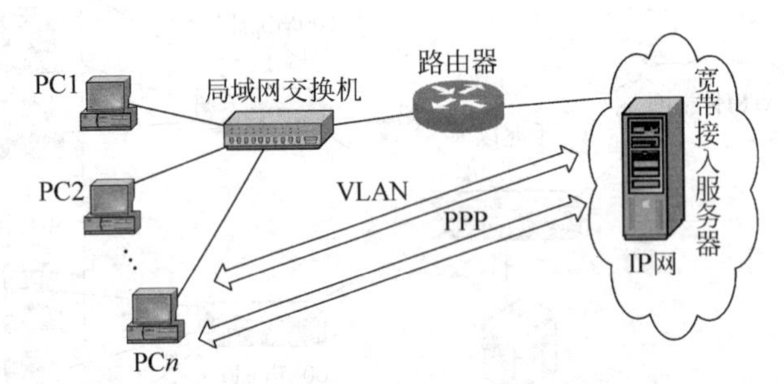

图 6.40　VLAN＋PPPoE 方案的网络结构图

6.4.6　无线接入

随着无线通信的发展和移动用户的急剧增加，无线接入技术呈现勃勃生机。2007 年底全球移动通信服务普及率达到 50%左右。截至 2008 年 6 月底，我国使用无线接入的网民中以手机为终端的无线接入规模已经达到 7305 万人。无线接入在众多的新兴接入技术备受瞩目。

无线接入技术是指从业务节点到用户终端之间的全部或部分传输设施采用无线手段，向用户提供固定和移动接入服务的技术。采用无线通信技术将各用户终端接入到核心网的系统，或者是在市话局端或远端交换模块以下的用户网络部分采用无线通信技术的系统都统称为无线接入系统。由无线接入系统所构成的用户接入网称为无线接入网。

1. 无线接入的组成部分

无线接入系统的组成一般包括 4 个基本模块：用户台(Subscriber Sation,SS)、基站(Basic Station,BS)、基站控制器(Basic Station Control,BSC),网络管理系统(Network Management System,NMS),如图 6.41 所示。用户台是一个无线终端,可以识别用户的用户号码,并转发基站与用户终端之间的电信业务信号。基站由收发机组成,提供无线信道和空中接口,并对空中接口进行认证和加密解密,对无线资源进行管理等。基站控制器是控制整个无线接入运行的子系统,它决定各个用户的电路分配,监控系统的性能,提供并控制无线接入系统与外部网络间的接口,实现有线与无线信令的转换。网络管理系统负责所有信息的存储与管理,以及检测网内设备,诊断并排除故障。

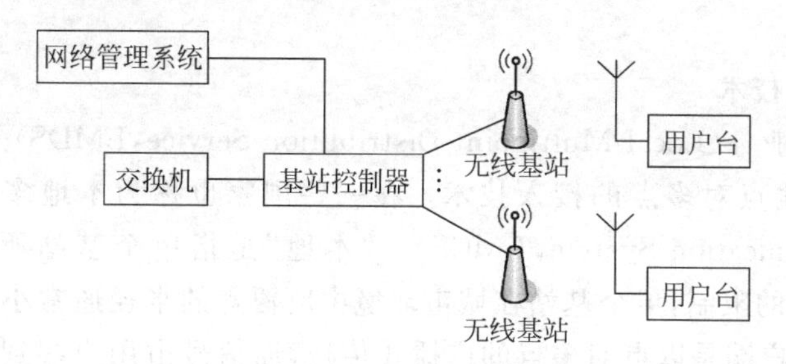

图 6.41 无线接入系统

2. 无线接入网的拓扑结构

无线接入网的拓扑结构通常分为两类：无中心方式和有中心方式。采用无中心方式的无线接入网,一般所有节点都使用公共的无线广播信道,并采用相同的协议争用公共的无线信道。任意两个节点之间可以相互直接通信。当节点较多时,由于每个节点都要通过公共信道与其他节点直接通信,会导致网络服务质量降低因此网络的布局受到限制。采用有中心方式的无线接入网,有一个无线站点(节点)是中心点,此站点控制接入网中所有其他站点对网络的访问。由于有中心节点控制,所以当网络中节点数目增多时,网络的吞吐量和延时性能可以得到一定的控制,不会像无中心网络一样性能急剧恶化。

3. 无线接入的分类

根据接入方式和终端特征,无线接入通常可分为固定无线接入和移动无线接入两大类。

(1) 固定无线接入,指从业务节点到固定用户终端采用无线技术的接入方式,用户终端不含或仅含有限的移动性。主要包括卫星、微波、固定蜂窝、固定无绳和无线光传输。

(2) 移动无线接入,指用户终端移动时的接入,包括移动蜂窝通信网(GSM、CDMA、TDMA、CDPD)、无线寻呼网、无绳电话网、集群电话网、卫星全球移动通信网以及个人通信网等。

无线接入是本地有线接入的延伸、补充或临时应急方式。由于篇幅有限,此部分仅重点介绍固定无线接入中的卫星通信接入和 LMDS 接入,以及移动无线接入中的 WAP 技术、移动蜂窝接入、Wi-Fi 和 WiMAX。

4. 卫星通信接入

卫星通信利用卫星的宽带 IP 多媒体广播可解决 Internet 带宽的瓶颈问题。由于卫星广播具有覆盖面大,传输距离远,不受地理条件限制等优点,所以利用卫星通信作为宽带接入网技术，在复杂的地理条件下，是一种有效方案并且有很大的发展前景。目前，应用卫星通信接入 Internet 主要有两种方案，全球宽带卫星通信系统和数字直播卫星接入技术。

全球宽带卫星通信系统，将静止轨道卫星（Geosynchronous Earth Orbit，GEO）系统的多点广播功能和低轨道卫星（Low Earth Orbit，LEO）系统的灵活性和实时性结合起来，可为固定用户提供 Internet 高速接入、会议电视、可视电话、远程应用等多种高速的交互式业务。数字直播卫星接入（Direct Broadcasting Satellite，DBS）技术，它利用位于地球同步轨道的通信卫星将高速广播数据送到用户的接收天线，所以一般也称为高轨卫星通信。其特点是通信距离远，费用与距离无关，覆盖面积大且不受地理条件限制，频带宽、容量大，适用于多业务传输，可为全球用户提供大跨度、大范围、远距离的漫游和机动灵活的移动通信服务等。

5. LMDS 接入技术

本地多点分配业务（Local Multipoint Distribution Service，LMDS）是工作于 10GHz 以上的频段、宽带无线点对多点的接入技术。在一些国家也称为本地多点通信系统（Local Multipoint Communication System，LMCS）。“本地”是指单个基站所能够覆盖的范围，LMDS 因为受传播的限制，单个基站在城市环境中所覆盖的半径通常小于 5km。“多点”是指信号由基站到用户端是以点对多点的广播式传送，而信号由用户端到基站则是以点对点的方式传送。“分配”是指基站将发出的信号（可以同时包括语音、数据及 Internet 视频业务）分别分配至各个用户。“业务”是指系统运营商与用户之间的业务提供与使用关系，即用户从 LMDS 网络所能得到的业务完全取决于运营商对业务的选择。

LMDS 工作于毫米波段，以高频微波为传输介质，以点对多点的固定无线通信方式，提供宽带双向语音、数据及视频等多媒体传输，其可用频带至少 1GHz，上行数据速率为 1.544～2Mbps，下行数据速率可达 51.84～155.52Mbps。LMDS 实现了无线“光纤”到楼，是“最后一千米”光纤的灵活替代技术。

LMDS 网络通常由 4 部分组成：基础骨干网络、基站、用户端设备以及网管系统。基础骨干网络又称为核心网络，该核心网络可以由光纤传输网、ATM 交换或 IP 交换、IP ＋ ATM 架构而成的核心交换平台以及与 Internet、公用电话网（PSTN）互连模块等组成。基站采用多扇区覆盖，使用在一定角度范围内聚焦的喇叭天线来覆盖用户端设备。用户端通过网络界面单元完成调制解调功能，支持各种应用或服务。设备主要有室外单元（outdoor units）和室内单元（indoor units）。室外单元包括指向性天线、微波收发设备；室内单元包括调制解调模块和网络接口模块。网管系统负责完成告警与故障诊断、系统配置、计费、系统性能分析和安全管理等功能。

LMDS 传输容量可与光纤相比，同时又兼有无线通信经济和易于实施等优点。作为一种新兴的宽带无线接入技术，LMDS 可为交互式多媒体应用以及大量电信服务提供经济和简便的解决方案，并且可以提供高速 Internet 接入、远程教育、远程计算、远程医疗和用于局域网互联等。

6. WAP 技术

无线应用协议（Wireless Application Protocol，WAP）是由 WAP 论坛制定的一套全球化无线应用协议标准。它基于已有的 Internet 标准，如 IP、HTTP、URL 等，并针对无线网络的特点进行了优化，使得 Internet 的内容和各种增值服务适用于手机用户和各种无线设备用户。WAP独立于底层的承载网络,可以运行于多种不同的无线网络之上,如移动通信网(移动蜂窝通信网)、无绳电话网、寻呼网、集群网、移动数据网等。WAP标准和终端设备也相对独立,适用于各种型号的手机、寻呼机和个人数字助手(Personal Digital Assistant,PDA)等。

WAP网络架构由3部分组成,即WAP网关、WAP手机和WAP内容服务器。移动终端向WAP内容服务器发出URL地址请求,用户信号经过无线网络,通过WAP协议到达WAP网关,经过网关"翻译",再以HTTP协议方式与WAP内容服务器交互,最后WAP网关将返回的Internet丰富信息内容压缩、处理成二进制码流返回到用户尺寸有限的WAP手机的屏幕上。

7. 移动蜂窝接入

移动蜂窝接入技术主要包括基于第一代模拟蜂窝系统的CDPD(Cellular Digital Packet Data)技术,基于第二代数字蜂窝系统的GSM(Global System for Mobile Communications)和GPRS(General Packet Radio Service),以及在此基础上的改进数据速率GSM服务EDGE(Enhanced Datarate for GSM Evolution)技术,目前正向第三代蜂窝系统(the third Generation,3G)发展。GSM在中国已得到了广泛应用,GPRS可提供115.2Kbps,甚至230.4Kbps的数据速率,称为2.5代,而EDGE则被称为2.75代,因为它的数据速率已达第三代移动蜂窝通信下限384Kbps,并可提供大约2Mbps的局域数据通信服务,为平滑过渡到第三代打下了良好基础。

目前,3G正在发展中。3G面向高速数据和多媒体应用,其终端使用时,在室内可达2Mbps,步行时速率为384Kbps,高速车辆行走时为144Kbps。国际电信联盟(ITU)确定的3G标准主要有3个:欧洲和日本提出的宽频分码多重存取(Wideband Code Division Multiple Access,WCDMA)、美国提出的多载波分复用扩频调制(CDMA 2000)标准和中国大唐集团提出的时分同步码分多址接入(Time Division-Synchronous Code Division Multiple Access,TD-SCDMA)标准。其中,TD-SCDMA是由中国第一次提出并在此无线传输技术的基础上与国际合作,而形成的全球3G标准之一,标志着中国在移动通信领域已经进入世界领先之列。

在发展3G的同时,全球已开始研究开发第四代移动通信(the forth Generation,4G)和第五代移动通信(the fifth Generation,5G)。4G的传输速率可达10Mbps,可以把蓝牙无线局域网和3G等技术结合在一起组成无缝的通信解决方案及相应的产品。5G的手机除了通话,可接收丰富的多媒体信息外,还可以演示三维立体游戏,参与三维立体电视会议。表6.12为各代移动蜂窝技术的比较。

表6.12 各代移动蜂窝技术之间的比较

	典型代表	主要技术	特 性
第一代	AMPS	小区制蜂窝系统	模拟语音
第二代	GSM	数字蜂窝(时分复址)	数字语音,数据速率为9.6Kps
第2.5代	GRPS	通用分组数字蜂窝	数字语音,数据速率为115Kbps,数据在线连接
第三代	W-CDMA	宽带码分多址	数据速率为2Mbps,数据在线连接宽带业务
第四代	EM-BS	宽带多媒体	无线接入,155Mbps

8. Wi-Fi

无线保真(Wireless Fidelity,Wi-Fi)是指符合 802.11、802.11a、802.11b 和 802.11g 等通信标准的短距离传输技术。这些标准都属于 IEEE 定义的一个无线网络通信的工业标准 IEEE 802.11。Wi-Fi 是适合办公室和家庭中使用的短距离无线技术。

1997 年,发表了 Wi-Fi 第一个版本,其定义了介质访问控制层(MAC 层)和物理层。物理层定义了工作在 2.4GHz 的 ISM 频段上的两种无线调频方式和一种红外传输方式,总数据传输速率设计为 2Mbps。两个设备之间的通信可以自由直接地进行,也可以在基站(BS)或者访问点(AP)的协调下进行。

1999 年加上了两个补充版本:802.11a 定义了一个在 5GHz 的 ISM(Industrial Scientific Medical)频段上的数据传输速率可达 54Mbps 的物理层。802.11b 定义了一个在 2.4GHz 的 ISM 频段上数据传输速率高达 11Mbps 的物理层,在信号较弱或有干扰的情况下,带宽可调整为 5.5Mbps、2Mbps 和 1Mbps,带宽的自动调整有效地保障了网络的稳定性和可靠性。2.4GHz 的 ISM 频段在世界上绝大多数国家通用,因此 802.11b 得到了最为广泛的应用,也是当前应用最为广泛的 WLAN 标准。

Wi-Fi 具有如下特点:

(1) 速度快。2.4GHz 直接序列扩频,最大数据传输速率为 11Mbps。

(2) 动态速率转换。当射频情况变差时,可将数据传输速率降低为 5.5Mbps、2Mbps 或 1Mbps。

(3) 可靠性。使用与以太网类似的连接协议和数据包确认,来提供可靠的数据传送和网络带宽的有效使用。

(4) 电源管理。网络接口卡可转到休眠模式,访问点将信息缓冲到客户,延长了笔记本电脑电池的寿命。

(5) 漫游支持。当用户在楼房或公司部门之间移动时,允许在访问点之间进行无缝连接。

(6) 可伸缩性。在有效使用范围内,最多可以同时定位 3 个访问点,支持上百个用户。

(7) 安全性。内置式鉴定和加密。

9. WiMAX 技术

全球微波互联接入(World Interoperability for Microwave Access,WiMAX)是一种定位于宽带 IP 城域网的无线接入技术,其最大覆盖范围是 50km。WiMAX 主要用于固定无线宽带接入、地理位置分散的信息热点回程传输或大业务量用户的接入。WiMAX 作为一种城域网接入手段,采用了多种技术来应对建筑物阻挡情况下的非视距和阻挡视距的传播条件,因此可以实现非视距传输。

WiMAX 已成为 IEEE 802.16 标准的代名词。根据是否支持移动特性,IEEE 802.16 标准可以分为固定宽带无线接入空中接口标准和移动宽带无线接入空中接口标准,其中 802.16、802.16a、802.16d 属于固定无线接入空中接口标准,而 802.16e 则属于移动宽带无线接入空中接口标准,因此移动 WiMAX 技术就是指 802.16e 标准。表 6.13 为 802.16 系列各空中接口标准特征的比较。

表 6.13 IEEE 802.16 系列标准比较

	802.16	802.16a	802.16d	802.16e
使用频段	10～66GHz	<11GHz	10～66GHz 和<11GHz	6GHz
视距条件	视距	视距＋非视距	视距＋非视距	非视距
固定/移动性	固定	固定	固定(固定、便携)	移动、漫游
信道带宽	25～28MHz	1.25～20MHz	1.25～20MHz	1.25～20MHz
数据传输速率	32 ～ 134MHz(以28MHz 为载波带宽)	在 20MHz 信道上提供约 75Mbps 的速率	在 20MHz 信道上提供约 75Mbps 的速率	在 5MHz 信道上提供约 15Mbps 的速率
覆盖范围	2～5km	5～10km	5～15km	2～5km

WiMAX 的优势主要体现在这一技术集成了 Wi-Fi 无线接入技术的移动性与灵活性以及 xDSL 等基于线缆的传统宽带接入技术的高带宽特性。其技术优势是,传输距离远、接入速度高,系统容量大,互操作性好,能提供广泛的、高质量的多媒体通信服务和安全保证。

6.4.7 电力线接入

电力网络是世界上分布最广的有线网络,其普及率和牢固程度远远超过计算机网、电话网和有线电视网。如果能利用电力线来传输数据,实现"最后一千米"的高速接入,那么只要将终端接入电源,就可享受到高速数据服务带来的便利。

随着调制技术、集成电路和调制解调器的发展,以及高速率、多功能、低费用的电力线通信技术的逐步实现,电力通信技术将成为一种实用的通信技术。电力线通信技术以其覆盖范围广、连接方便、传输质量高、速度快、带宽稳定等显著特点,将广泛适用于居民小区、办公区、监控安防等领域,尤其适用于已建成楼宇的宽带改造。

电力线接入是把户外通信设备插入到变压器用户侧的输出电力线上,该通信设备可以通过光纤与主干网相连,向用户提供数据、语音和多媒体等业务。户外设备与各用户端设备之间的所有连接都可看成是具有不同特性和通信质量的信道,如果通信系统支持室内组网,则室内任两个电源插座间的连接都是一个通信信道。

目前,电力线通信(Power Line Communication,PLC)开始应用于高速数据接入和室内组网。它通过电力线载波方式传输数字化数据、语音和图像等多媒体业务信号,是对原有电力线技术的发展。在室内组网方面,计算机、打印机、电话和各种智能控制设备都可通过普通电源插座,由电力线连接起来,组成局域网。现有的各种网络应用如语音、电视、多媒体业务和远程教育等,都可通过电力线向用户提供,以实现接入和室内组网的多网合一。

目前 PLC 技术领先全球的有两大阵营:一是 HomePlug 电力线联盟(powerline alliance),另一是环球电力线协会(Universal Powerline Association,UPA)。许多发达国家的 PLC 技术已经进入实用化阶段,尤其是欧洲已有非常成功的应用,如德国 60%～70%的用户是通过电力线来进行宽带接入。美国联邦通信委员会(Federal Communication Commission,FCC)于 2004 年下半年通过投票决定,采用电力线接入作为普及宽带的方式之一。日本于 2004 年 8 月底,共在 14 家服务商的 28 种设备中进行了实验,根据试验数据确定了电力线通信的实用化;并于 2006 年 10 月 4 日,日本总务省解除了对高速电力线通信的禁令。目前,欧洲已有 20 多家电力公司在欧洲和全球各地进行 100 项 PLC 服务的测试。

我国 PLC 也得到了长足的发展。中国电力科学研究院自 1999 年开始从事高速 PLC 的研究工作,2001 年 8 月在沈阳建立了国内第一个高速 PLC 实验网络。2004 年,PLC 在北京、山东、福建、广东和武汉等地就已经悄然崛起。截至 2004 年 8 月,北京地区已有 297 个住宅小区,约 16 万个家庭通过电力线上网。现在,北京、上海、深圳等大城市的 PLC 已经得到了较快的发展。相信在不久的将来,我国的电力线通信、接入技术会有突破性发展。

6.5 Internet 传统服务和应用

Internet 提供了多种服务和应用,按信息资源的不同可分为两类,面向文本的服务和面向多媒体的服务与应用。前者主要有传统的基本服务,如 WWW、E-mail、FTP 等,后者主要是基于流媒体技术的网络服务。

6.5.1 WWW 服务

WWW(World Wide Web)又称万维网,简称 Web 或 3W,是由欧洲粒子物理研究中心(the European Laboratory for Particle Physics,CERN)于 1989 年提出并研制的基于超文本方式的大规模、分布式信息获取和查询系统,是 Internet 的应用和子集。

WWW 提供了一种简单、统一的方法来获取网络上丰富多彩的信息,它屏蔽了网络内部的复杂性,可以说 WWW 技术为 Internet 的全球普及扫除了技术障碍,促进了网络飞速发展,并已成为 Internet 最有价值的服务。

1. WWW 中的主要概念

WWW 中使用了一种重要信息处理技术——超文本(hypertext),它是文本与检索项共存的一种文件表示和信息描述方法。超文本文档最重要的特色是文档之间的链接。互相链接的文档可以在同一个主机上,也可以分布在网络上的不同主机上,超文本就因为有这些链接才具有更好的表达能力。

在 WWW 系统中,信息是按照超文本方式组织的。用户在浏览文本信息的时候,可以方便地选择"热字"。"热字"就是一些核心词汇,往往就是上下文关联的单词。通过选择"热字"可以跳转到其他的文本信息,这就是超文本的工作原理。

检索项就是指针,每一个指针可以指向任何形式的、计算机可以处理的其他信息源。这种指针设定相关信息链接的方式就称为超链接(hyperlink),如果一个多媒体文档中含有这种超链接的指针,就称为超媒体(hypermedia),它是超文本的一种扩充,不仅包含文本信息,还包含诸如图形、声音、动画、视频等多种信息。由超链接相互关联起来的,分布在不同地域、不同计算机上的超文本和超媒体文档就构成了全球的信息网络,成为人类共享的信息资源宝库。

超文本标记语言(Hyper Text Mark Language,HTML)由 HTML 标记和用来表示信息的文本组成。它描述网络资源以及创建超文本和超媒体文档,是一种专门用于 WWW 的编程语言。HTML 具有统一的格式和功能定义,生成的文档以.htm,.html 等为文件扩展名,主要包含文头(head)和文体(body)两部分。文头用来说明文档的总体信息,文体是文档的详细内容,为主体部分,含有超链接。

信息资源以网页(web page)的形式储存在 WWW 服务器中,用户通过 WWW 客户程序(浏览器)向 WWW 服务器发出请求,WWW 服务器根据请求的内容将保存的某些页面发送给客户;浏览器接收后对其进行解释,最终将图、文和声音并茂的页面呈现在用户面前。对于一般的网站都有主页(home page),主页通常是包含个人或机构基本信息的页面,用于对个人或机构进行综合的介绍,是访问网站的入口点。比如,只需输入 www. csu. edu. cn,服务器就会查到中南大学的主页并返回给用户。

2. WWW 工作原理

WWW 采用 C/S 模式。客户端软件通常称为 WWW 浏览器(browser),简称浏览器。浏览器软件种类繁多,目前常见的有 IE(Internet Explorer)、Firfox 等,其中 IE 是全球使用最广泛的一种浏览器。运行 Web 服务器(web server)软件,并且有超文本和超媒体驻留其上的计算机就称为 WWW 服务器或 Web 服务器,它是 WWW 的核心部件。

浏览器和服务器之间通过超文本传输协议(HyperText Transfer Protocol,HTTP)进行通信和对话,该协议建立在 TCP 连接之上,默认逻辑端口为 80。用户通过浏览器建立与 WWW 服务器的连接,交互地浏览和查询信息,其请求-响应模式如图 6.42 所示。浏览器首先向 WWW 服务器发出 HTTP 请求,WWW 服务器作出 HTTP 应答并返回给浏览器,然后浏览器装载超文本页面,并解释 HTML,以显示给用户。

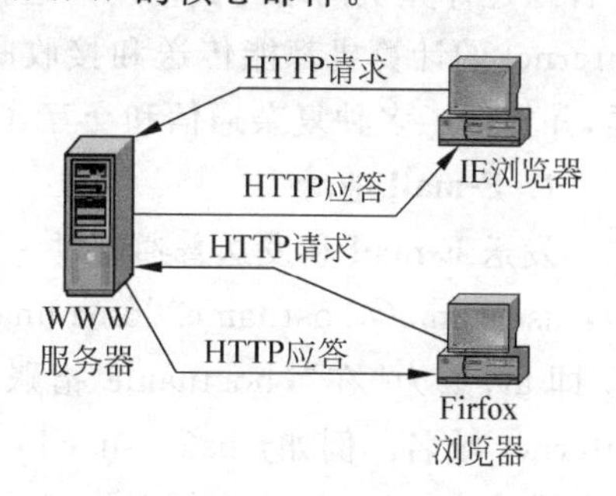

图 6.42 WWW/HTTP 请求-响应模式

3. 统一资源定位器 URL

在 Internet 中有如此众多的 WWW 服务器,而每台服务器中又包含很多的页面,人们如何才能找到所需要的页面呢? WWW 采用了统一资源定位地址(Uniform Resource Locator,URL)很好地解决了这个问题。URL 是一种用来唯一标识网络信息资源的位置和存取方式的机制,通过这种定位就可以对资源进行存取、更新、替换和查找等各种操作,并可在浏览器上实现 WWW、E-mail、FTP、新闻组等多种服务。

URL 的通用形式为:＜URL 的访问方式＞://＜主机域名＞:＜端口＞/＜路径＞
其中:＜URL 的访问方式＞指明资源类型,常用的有 WWW、HTTP、FTP 和 News;＜主机域名＞可以是域名方式或 IP 地址方式给出被访问对象所在的 Web 服务器;＜端口＞给出 Web 服务器侦听的端口号,由于针对不同的访问方式,Web 服务器都有对应的常用端口号;＜路径＞指出访问对象在 Web 中的存放位置,如文件的访问路径。

下面是针对不同访问方式的 URL 实例:

(1) HTTP URL

http://主机全名[:端口号]/文件路径和文件名

如,http://csu. edu. cn/

(2) FTP URL

ftp://[用户名[:口令]@]主机全名/路径/文件名

如,ftp://csu_user@ftp. csu. edu. cn/software/ 缺省用户名为 anonymous。

(3) News URL

news:新闻组名

如,news:comp. infosystems. www. providers

　　news:bwh. 2. 00100809c@access. digex. net

(4) Gopher URL

gopher://主机全名[:端口号]/[类型[项目]],其中类型为0表示文本文件,为1表示菜单

如,gopher://gopher. micro. umn. edu/11/

6.5.2 电子邮件服务

电子邮件(E-mail)已成为Internet上使用最多和最受用户欢迎的信息服务之一,它是一种通过计算机网络与其他用户进行快速、简便、高效、价廉的现代通信手段。只要接入了Internet的计算机都能传送和接收邮件。目前,电子邮件系统越来越完善,功能也越来越强,并提供了多种复杂通信和交互式的服务。

1. E-mail地址

发送E-mail和发送普通邮件一样,首先需要知道对方的地址。E-mail地址的一般格式为:username@hostname. domainname。其中username指用户在申请时所得到的账户名,@即at,意为"在",hostname指账户所在的主机,有时可省略,domainname是指主机的Internet域名。例如:bs@csu. edu. cn是中南大学商学院的E-mail地址。其中,bs是商学院的账户名,这一账户在域名为csu. edu. cn的主机上。

2. E-mail工作原理

E-mail服务采用C/S结构。E-mail的工作原理如图6.43所示。首先,发送方将写好的E-mail发送给自己的邮件服务器。其次,发送方的邮件服务器接收到E-mail后,根据邮件收信人的地址将E-mail发往收信人的邮件服务器。再次,收信人邮件服务器根据收信人的姓名将E-mail存放到收信人的电子邮箱中。最后,收信人可以从其邮件服务器中读取相应的邮件。

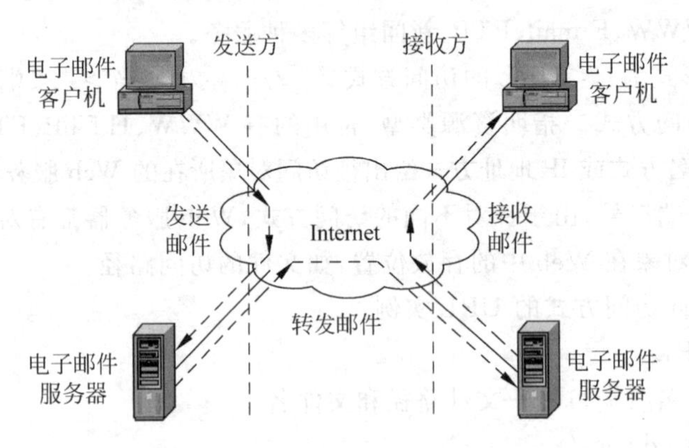

图6.43 E-mail服务的工作原理

3. E-mail协议

Internet上的电子邮件系统需要遵循统一的协议和标准,才能在整个Internet上实现电子邮件传输。

目前常用的邮件协议有如下两类：

1）传输方式的协议

（1）简单邮件传输协议（Simple Mail Transfer Protocol，SMTP）。主要用于主机与主机之间的电子邮件传输，包括用户计算机到邮件服务器以及邮件服务器到邮件服务器之间的邮件传输。SMTP 功能比较简单，只定义了电子邮件如何通过 TCP 连接进行传输，而不规定用户界面、邮件存储、邮件的接收等方面的标准。SMTP 以文本形式传送电子邮件，有一定的缺陷。

（2）多用途 Internet 邮件扩展 MIME（Multipurpose Internet Mail Extensions）协议。它是一种编码标准，突破了 SMTP 只能传送文本的限制，增强了 SMTP 功能。MIME 定义了各种类型数据，如图像、音频、视频等多媒体数据的编码格式，使多媒体可作为附件传送。

2）邮件存储访问方法的协议

（1）邮政协议第 3 版（Post Office Protocol version 3，POP3）。它用于电子邮箱的管理，用户通过该协议访问服务器上的电子邮箱。POP3 协议使用 C/S 的工作模式。接收邮件的用户主机运行 POP 客户程序，ISP 的邮件服务器则运行 POP 服务器程序。POP 服务器只有在用户输入用户名和口令后才能对邮箱进行读取，POP3 协议允许用户在不同地点访问服务器上的邮件。POP3 服务器是一个具有存储转发功能的中间服务器，在邮件交付给用户之后，它就不再保存这些邮件了。

（2）Internet 邮件访问协议第 4 版（Internet Message Access Protocol version 4，IMAP4）。它主要用于实现远程动态访问存储在邮件服务器中的邮件，并且扩展了 POP3，它不仅可以进行简单读取，还可以进行更复杂的操作。不过，目前 POP3 的使用比 IMAP4 要广泛得多。

由上述协议的用途可见，主机上的邮件软件要同时使用两种协议，如图 6.44 所示。在发送邮件时，发送主机和 SMTP 服务器建立一个 SMTP 连接进行邮件发送。在接收邮件时，接收主机和 POP3 或 IMAP4 服务器建立 POP（或 IMAP）连接进行邮件读取。

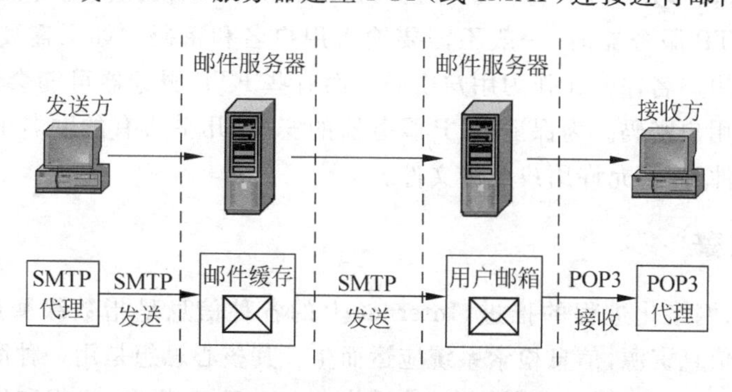

图 6.44 电子邮件系统协议的使用情况

电子邮件系统协议的工作过程为：

① 要发送电子邮件时，通常由发送者的用户代理通过 SMTP 协议发往目的地的邮件服务器。所谓用户代理（user agent）又称为邮件阅读器，是一个应用软件，可以让用户阅读、回复、转发、保存和创建邮件，还可从邮件服务器的信箱中获得邮件。

② 通过 SMTP 协议接收发给邮件服务器用户的邮件，并保存在用户的邮箱里。

③ 通过 POP3 协议将用户邮箱的内容传至用户个人电脑中,即用户收取电子邮件。

4. E-mail 的使用方式

E-mail 的使用方式,主要有两种,一种是客户端软件方式,即在本地机上安装支持电子邮件基本协议的软件,例如 Outlook Express、FoxMail 等。另一种是网页方式,即在 ISP 的网页上申请免费邮箱。例如,雅虎(www. yahoo. com. cn)、网易(www. 163. com)、搜狐(www. sohu. com)、新浪(www. sina. com)、Gmail 等。

6.5.3 文件传输服务

文件传输服务(File Transfer Protocol,FTP)是将文件从一台主机传输到另一台主机的应用协议。FTP 服务就是建立在此协议上的两台计算机间进行文件传输的过程。FTP 服务由 TCP/IP 协议支持,因而任何两台 Internet 中的计算机,无论地理位置如何,只要都装有 FTP 协议,就能在它们之间进行文件传输。FTP 提供交互式的访问,允许用户指明文件类型和格式并具有存取权限,它屏蔽了各计算机系统的细节。FTP 专门用于文件传输服务,主要提供文件上传、下载、Web 网站维护、文件交换与共享等服务。

FTP 采用 C/S 工作模式。提供 FTP 服务的计算机称为 FTP 服务器,它相当于一个巨大的文件仓库。用户本地的计算机称为客户。FTP 服务主要是客户从服务器上下载文件,或者上传文件给服务器。

FTP 可以实现上传和下载两种文件传输方式,而且可以传输几乎所有类型的文件。Internet 上有成千上万个提供匿名文件传输服务的 FTP 服务器。登录方式很简单,只需在浏览器地址栏内输入 ftp://<ftp 地址>,便可进入该 FTP 服务器。FTP 地址形式类似于 WWW 网址,如 ftp. csu. edu. cn 是中南大学 FTP 服务器地址。如果是非匿名的,则输入 ftp://<用户名>@<ftp 地址>命令,并在弹出的对话框中键入用户密码即可。

匿名 FTP 服务的实质是提供服务的机构在它的 FTP 服务器上建立了一个公开账户(一般为 anonymous),并赋予该账户访问公共目录的权限,以便提供免费服务。用户访问这些匿名服务的 FTP 服务器时,一般不需要输入用户名和密码。如果需要的话,可以使用 anonymous 作为用户名,guest 作为用户密码。而有些 FTP 服务器可能会使用户用自己的 E-mail 地址作为用户密码。为保证 FTP 服务器的安全,几乎所有的匿名 FTP 服务器都只允许用户下载文件,而不允许用户上传文件。

6.5.4 搜索引擎

随着信息化、网络化进程的推进,Internet 上的各种信息呈指数级膨胀。面对这些大量、无序、繁杂的信息资源,信息检索系统应运而生。其核心思想是用一种简单的方法,按照一定策略,在 Internet 中搜集、发现信息,并对信息进行理解、提取、组织和处理,帮助人们快速寻找到想要的内容,摒弃无用信息。这种为用户提供检索服务,起到信息导航作用的系统就称为搜索引擎。

1. 搜索引擎的形成和发展

搜索引擎起源于 1990 年蒙特利尔大学(Montreal McGill University)学生 Alan Emtage、Peter Deutsch、Bill Wheelan 发明的 Archie。Archie 是第一个自动索引 Internet 上匿名 FTP 网站文件的系统。

1991 年美国明尼苏达大学创建了 Gopher。Gopher 是一种综合的网上文件查询系统，也是一种基于菜单的检索工具。用户只要在构成树形结构的多层菜单中选择特定的项目，即可找到所需信息。它的客户端界面友好，功能较强，成为当时 Internet 的主要信息传播工具。

1993 年美国内华达大学开发出一个类似 Archie 的 Gopher 搜索工具 Veronica，用以提供 Gopher 的节点地址。此时的搜索工具已能检索网页。同年 10 月 Martin Koster 创建了 ALIWEB，它是 Archie 的 HTTP 版本。ALIWEB 靠网站主动提交信息来建立自己的链接索引，类似于现在人们熟知的 Yahoo。不过随着网络技术的迅猛发展，Archie、Gopher、Veronica 已成为历史。

到 1993 年底，一些基于跟踪链接搜索原理和超链接分析技术的搜索引擎开始纷纷涌现，其中以 JumpStation、The World Wide Web Worm（Goto 的前身，也就是今天的 Overture）和 Repository-Based Software Engineering (RBSE) spider 最负盛名。这 3 个引擎之中的 RBSE 是第一个在搜索结果排列中引入关键字串匹配程度概念的引擎。

1994 年 4 月，斯坦福（Stanford）大学的两名博士生，David Filo 和美籍华人杨致远（Gerry Yang）共同创办了 Yahoo，并成功地使搜索引擎的概念深入人心。最早具有现代意义的搜索引擎是同年 7 月由 Michael Mauldin 创建的 Lycos，从此搜索引擎进入了高速发展时期。

1998 年 9 月，Google 公司成立。Google 集成了搜索、多语言支持、用户界面等功能上的革新，再一次改变了搜索引擎的定义。

1996 年，中国内地出现了提供搜索引擎的网站“搜狐”。1997 年出现了“天网搜索”（http://e.pku.edu.cn），它是我国目前最大的公益性搜索引擎。2000 年，出现了“百度”搜索引擎（www.baidu.com）。

2. 搜索引擎的分类

根据搜索引擎所基于的技术原理，可以把它们分为三大类。

(1) 全文搜索引擎(full text search engine)。全文搜索引擎通过从 Internet 上提取各个网站的信息（以网页文字为主）并存放于数据库中，检索与用户查询条件匹配的相关记录，然后按一定的排列顺序将结果返回给用户，因此它们是真正的搜索引擎。国外具代表性的有 Google、Fast/AllTheWeb、AltaVista、Inktomi、Teoma、WiseNut 等，国内著名的有百度。

(2) 目录索引(search index/directory)。目录索引是按目录分类的网站链接列表。用户完全可以不用进行关键词(keywords)查询，仅靠分类目录也可找到需要的信息。目录索引中最具代表性的莫过于大名鼎鼎的 Yahoo，其他著名的还有 Open Directory Project、LookSmart、About 等。国内的搜狐、新浪、网易搜索也都属于这一类。

(3) 元搜索引擎 (META search engine)。元搜索引擎在接受用户查询请求时，同时在其他多个引擎上进行搜索，并将结果返回给用户。著名的元搜索引擎有 InfoSpace、Dogpile、Vivisimo 等（元搜索引擎列表），中文元搜索引擎中具代表性的是搜星搜索引擎。在搜索结果排列方面，有的直接按来源引擎排列搜索结果，如 Dogpile，有的则按自定的规则将结果重新排列组合，如 Vivisimo。

3. 搜索引擎的原理

搜索引擎的工作原理可以概括为“蜘蛛”系统＋全文检索系统＋页面生成系统＋用户

接口。

(1) “蜘蛛”(spider)系统,即能够从 Internet 上自动搜集网页的数据搜集系统,也称之为“机器人(robot)”或搜索器。它能够将搜集所得的网页内容交给索引和检索系统处理。因为有点像蜘蛛在网上爬一般,所以命名为 spider 系统。世界上第一个用于监测 Internet 发展规模的“机器人”程序是 Matthew Gray 开发的 World wide Web Wanderer。刚开始它只用来统计 Internet 上的服务器数量,后来则发展为能够检索网站域名、网页内容的搜索系统。

(2) 信息全文检索系统,也称为索引器,即计算机程序通过扫描每一篇文章中的每一个词,根据其出现的频率,抽取出索引项,建立以词为单位的排序文件(索引表)。一个搜索引擎的有效性在很大程度上取决于索引的质量。

(3) 页面生成系统,即根据用户的查询在索引库中快速检出文档,进行文档与查询的相关度评价,并将检索出的结果进行排序,高效地组装成 Web 页面以返回给用户的系统。

(4) 用户接口,即输入用户查询、显示查询结果、提供用户相关性反馈机制的界面及接口。其目的主要是方便用户使用搜索引擎,高效率、多方式地从搜索引擎中得到有效、及时的信息。

目前搜索引擎领域的商业开发非常活跃,各界对此的研究、开发十分关注。现在搜索引擎变得十分注意提高信息查询结果的精度、有效性,采用基于智能代理的信息过滤和个性化服务以及分布式体系结构以提高系统规模和性能,并重视交叉语言检索的研究和开发。

4. 常见的搜索引擎

目前存在数量众多的搜索引擎,下面列举几个常见的。

中文 Yahoo:http://cn.yahoo.cn。

Google 搜索:http://www.google.com。

百度搜索:http://baidu.com/index.php。

搜狐:http://www.sohu.com。

下面列举几个专用搜索引擎。

域名搜索引擎:http://www.cnnic.cn/cnnic/query/domain.html。

网址搜索引擎:http://www.websites.com。

主机名搜索引擎:http://www.mit.edu:8001/。

FTP 搜索引擎:http://ftpsearch.ntnu.no。

5. 使用技巧

1) 中文搜索技巧

(1) 空格。在关键词之间加空格,其作用等同于 and。

(2) 逗号。寻找至少包含一个指定关键词的信息,其作用类似于 or。

(3) <in>title。查询网页标签(title)中含有关键词的页面。

(4) 通配符。通配符代表任意字符,使用它可以获得某个范围的信息查询。

(5) 双引号。用双引号括起来的词表示要精确匹配,不包括演变形式。

(6) “+”、“-”号。在搜索词前用“+”表示搜索结果中必须包含的词;用“-”表示搜索结果中不希望出现的词。

(7) 指定文件类型。使用 filetype:文件类型,可以搜索到指定文件类型的资料。比如,

“中南大学 filetype:ppt”,搜索到的是关于中南大学的幻灯片。

2) 西文搜索技巧

(1) ＜near＞。寻找在一定区域范围内同时出现的检索单词文档。单词间隔越小的排列位置越靠前,间隔最大不超过 1000 个单词。例如,science＜near/10＞news 表示查找 science 和 news 间隔不大于 10 个单词的文档。

(2) ＜phrase＞。寻找在一个短语内同时出现检索单词的文档。例如,science＜phrase＞news 查找在一个短语中同时出现 science 和 news 的文档。

(3) 单引号。用单引号括起来的单词表示其变化形式也作为匹配单词。例如,‘compute’表示查找包含 compute 的所有单词(compute、computer、computerize)的文档。

(4) 双引号。用双引号括起来的单词表示要精确匹配单词本身,不包括其变化形式。

(5) and、or、not。在默认情况下做操作符使用,表示“与”、“或”、“非”,不需要括起来,若作为关键词文字,则其本身要用双引号。

6.5.5 多媒体网络应用

前面所介绍的是以文本为主的 Internet 应用,但随着网络的发展、人们需求的增长,以声音和图像为主的多媒体网络应用越来越广泛。

1. 多媒体网络应用分类

按照用户使用时的交互频繁程度,可以将多媒体网络应用分为 3 类。

(1) 现场交互应用(Live Interactive Applications,LIA)。其要求时延在 150～400ms。Internet 电话、实时电视会议等为这一类的实例。

(2) 交互应用(Interactive Applications,IA)。其要求时延在 1～5s。声音点播、影视点播等为这一类的实例。在这些应用中,用户仅要求服务器开始传输文件、暂停,从头播放或者跳转而已。

(3) 非实时交互应用(Non-interactive Applications,NA)。其时延要求低,10s 以内都可以接受。现场视频直播、电视广播和预录制内容的广播是这一类的实例。在这些应用中,发送端连续发出声音和电视数据,而用户只是简单地调用播放器播放,如同普通的无线电广播或者电视广播。

2. 主要的多媒体网络应用

在 Internet 上,如下 5 种多媒体网络应用非常广泛。

(1) 现场声音和电视广播或者预录制内容的广播。这种应用类似于普通的无线电广播和电视广播,不同的是在 Internet 上广播,用户可以接收世界上任何一个地方发出的声音和电视广播。这种广播可以使用单播传输,也可使用更有效的组播传输。

(2) 声音点播(Audio On Demand,AOD)。声音点播即是在线收听,客户机请求服务器传送经过压缩并保存在声音点播服务器上的声音文件,这些文件可以包含任何类型的声音内容。

(3) 视频点播(Video On Demand,VOD)。视频点播也称为交互电视,这种应用与声音点播类似,也采用流式传输(streaming)机制,可以实现视频的实时传送,做到即点即播。

(4) 网络电话。这种应用是指人们在 Internet 上进行通话,就像人们在传统的线路交换电话网络上相互通信一样,可以近距离通信,也可以长途通信,而费用却非常低。

(5) 分组实时电视会议。多人在 Internet 上进行视频会议,通过摄像头将参会人的头像、实时场景显示于客户终端。参与人之间可以互相看到并发言,如同在办公室开会一般。

6.5.6 Internet 的其他服务

Internet 的服务多种多样,除上述介绍的以外,其他主要服务还有 Telnet、Usenet、BBS、QQ、MSN、BT、eMule、Blog 等。

1. 远程登录

远程登录(telnet)是允许本地计算机与网络上另一远端计算机取得"联系",并进行程序交互的远程终端协议。Telnet 服务是指在 Telnet 协议的支持下,用户计算机通过 Internet 暂时成为远程计算机终端的过程。用户远程登录成功后,可随意使用服务器上对外开放的所有资源。

Telnet 采用 C/S 工作模式,客户机程序与服务器程序分别负责发出和应答登录请求,它们都遵循 Telnet 协议,网络在两者之间提供媒介,使用 TCP 或 UDP 服务。

可以用专门的 Telnet 客户软件来实现 Telnet。目前比较简单的方法是将自己的 WWW 浏览器软件作为 Telnet 客户机软件,输入 URL 地址,即可实现远程登录。如输入:telnet://ibm.com 后按回车键,即可登录到 IBM 公司 Telnet 主机上。

2. 新闻组

新闻组(usenet)是由遍布全世界的成千上万台计算机和 Usenet 服务器组成的网络系统,它根据管理员达成的协议,在这些计算机之间进行信息交换。通过 Usenet 用户可以自由发表意见和了解别人的意见。

Usenet 包括各种主题的论坛,每一个主题就是一个新闻组,这些新闻组覆盖了从科研、教育到新闻、体育、文化、宗教等方方面面,几乎包括人类关心的所有话题。新闻组的主题与其名称有一定的对应关系。Usenet 上最有价值的资源是各类 FAQ(Frequently Asked Questions),即关于一些高频问题的解答,特别在学术方面,有一定参考价值。

3. 电子公告牌

电子公告牌(Bulletin Board System,BBS)是 Internet 上的一个资源信息服务系统,通过计算机远程访问把各类共享信息、资源以及联系提供给各类用户。BBS 提供的主要服务有:各种信息发布、分类讨论区、站内公告、线上聊天、消息传送、校园信息服务、科学技术知识服务、文学艺术、休闲服务、在线游戏、个人工具箱等以及其他信息服务系统的转接服务。

中国许多大学都设有 BBS 站点,如清华大学的"水木清华"bbs.tsinghua.edu.cn,北京大学的"未名湖"bbs.pku.edu.cn,中南大学的"云麓园"bbs.csu.edu.cn 等等。

BBS 的登录方式有两种:Telnet 方式和 Web 方式。过去主要采用 Telnet 直接登录到服务器上,现在由于脚本技术的突飞猛进以致使得采用 Web 浏览更加方便、快捷、丰富多彩。BBS 为广大网友提供了自由发表言论和互相交流的场所,现已成为 Internet 吸引新用户的主要热点之一。

4. 即时通信服务

Internet 上目前流行的实时通信软件主要有:聊天室、即时通信软件(Instant Messenger,IM)等。

1）聊天室

聊天室是 Internet 提供的最主要的实时交流手段。用户可以根据自己的喜好选择不同主题的聊天室，与其他在线用户聊天。

2）IM 软件

目前流行的 IM 软件主要有 ICQ、QQ、MSN、网易 POPO 等。它们有着共同点，也有着自己的特色，如 QQ 和 MSN。

QQ，原名为 OICQ（意为 Open ICQ），是腾讯公司开发的中国版 ICQ，ICQ 取自“I Seek You”的谐音，是一种基于 Internet 的全球免费即时联系工具。用户可以通过 QQ 显示朋友是否在线，与在线朋友发消息、互传文件、语音和视频聊天、发短信、发送 QQ 炫、自定义自己的界面和字体等。随着 QQ 软件的发展，QQ 的功能也越来越多样化，界面也越来越漂亮。使用 QQ，用户要先下载和安装 QQ 软件，并申请一个 QQ 号，这样就可以凭此号码登录 QQ 服务器，和朋友联络了。

MSN Messenger 简称 MSN，是微软公司推出的在全球广泛使用的即时通信软件。MSN 界面简洁，和 QQ 有着许多相似的功能。另外 MSN 也有与 QQ 不一样的地方。MSN 可以以极低的费用拨打世界上几乎任何地方的电话，并且发送文件非常方便，不会受到防火墙的限制，而 QQ 发送文件时往往要求双方用户在同一个防火墙内。使用 MSN，必须首先申请一个 hotmail 或 MSN 邮箱，然后下载并安装 MSN 软件，安装完成即可通过 hotmail 或 MSN 邮箱登录和联系人交谈。

6.6 Internet 的新技术及应用

6.6.1 网格技术

1. 网格概述

网格（grid）的概念产生于 20 世纪 90 年代中期，是从电力网的概念借鉴过来的，其最终目的是希望用户能像使用电力一样方便地使用网格计算能力。“网格计算之父”Ian Foster 给出的定义是：网格是构筑在互联网上的一组新兴技术，它将高速互联网、高性能计算机、大型数据库、传感器、远程设备等融为一体，为人们提供更多的资源、功能和服务。

网格是利用现有互联网的架构，把地理上广泛分布的各种资源，包括计算资源、存储资源、带宽资源、软件资源、数据资源、信息资源、知识资源等整合成一个逻辑整体（一台虚拟的超级计算机），它能够为用户提供一体化的信息和计算、存储、访问等应用服务，实现互联网上所有资源的全面连通、全面共享，消除信息孤岛和资源孤岛。

根据网格的计算方式分类，可以分为 3 类，即计算网格、拾遗网格和数据网格。计算网格的主要功能是专门留出用于计算能力的资源，在此类网格中，大多数机器是高性能的服务器。拾遗网格常用于大量的桌面系统，机器上可用的 CPU 周期和其他资源被收集起来，通常授予桌面系统主人控制其资源何时可以加入网格的权利。数据网格负责容纳和提供对跨多个组织的数据访问。用户有权访问数据，而不关心数据位于哪里。

2. 网格的特点

网格作为一种集成的计算机资源环境，具有以下特点。

（1）系统多层次的异构性。网格可以包含多种异构资源，包括跨越地理分布的多个管理域。构成网格计算系统的超级计算机有多种类型，不同类型的超级计算机在体系结构、操作系统以及应用软件等多个层次上可能具有不同的结构。

(2) 扩展性。网格计算系统初期的规模较小，随着超级计算机系统的不断加入，系统的规模随之扩大。网格可以从最初包含少数资源发展成具有成千上万资源的大网格，由此可能带来的一个问题是，随着网格资源的增加而引起性能下降以及网格延迟。因此，网格必须能适应规模的变化。

(3) 可适应性。网格中具有很多资源，而资源发生故障的概率很高。网格的资源管理或应用必须能动态地适应这些情况。与一般的局域网系统和单机的结构不同，网格计算系统由于地域分布广和系统复杂使其整体结构经常发生变化，所以网格计算系统必须能够适应这种不可预测的结构变化。

(4) 动态和不可预测的系统行为。在传统的高性能计算系统中，计算资源是独占的，因此系统的行为是可以预测的。而在网格计算系统中，由于资源共享使得系统行为和性能经常变化，以致其系统行为变得不可预测。

(5) 多级管理域。由于构成网格计算系统中的超级计算机资源通常属于不同的机构或组织，并且使用不同的安全机制，因此需要各个机构或组织共同参与解决多级管理域的问题。

3. 网格的体系结构

网格的体系结构给出了网格的基本组成与功能，描述了网格组成部分的关系以及它们集成的方法，定义了支持网格有效运转的机制。目前，主要的网格体系结构有两类：一类是Foster等早期提出的五层沙漏结构；另一类是开放网格服务结构OGSA。

1) 五层沙漏模型

五层沙漏结构的思想是以“协议”为中心，强调服务与应用编程接口(Application Program Interface，API)和软件开发工具包(Software Development Kit，SDK)的重要性。在五层沙漏结构中，共享的概念不仅仅是交换文件，而是更强调对计算机、软件、数据以及其他资源的直接访问。五层沙漏模型自上而下分别为应用层、汇聚层、资源层、连接层和构造层。

五层结构之所以形如沙漏，是因为各部分协议的数量分布不均。对于最核心的部分，要实现上层各种协议向核心协议映射，同时实现核心协议向下层其他各种协议映射，核心协议在所有支持网格计算的地点都应该得到支持，因此核心协议的数量不应该太多，这样核心协议就形成了协议层次结构中的一个瓶颈。在五层结构中，资源层和连接层共同组成这一核心的瓶颈部分。该沙漏模型可形象地用图6.45表示。

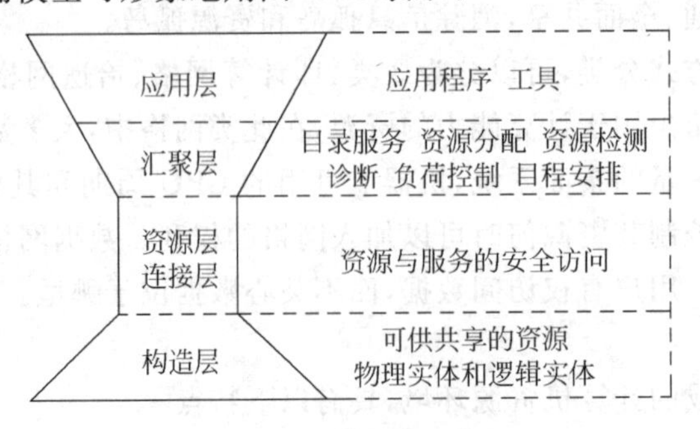

图6.45 五层沙漏结构

2）开放网格服务结构

开放网格服务结构（Open Grid Services Architecture，OGSA）是 Global Grid Forum 4 的重要标准建议，是目前最新最有影响力的一种网络体系结构，被称为下一代的网格结构。OGSA 的思想是将一切都抽象为服务，包括计算机、程序、数据和仪器设备等。这种观念有利于通过统一的标准接口来管理和使用网格。Web 服务提供了一种基于服务的框架结构，但 Web 服务面对的一般都是永久性服务，而在网格应用环境中，大量的是临时性的短暂服务。考虑到网格环境的具体特点，OGSA 在原来 Web 服务概念的基础上，提出了“网格服务（grid service）”概念，用于解决与临时服务发现、动态服务创建以及服务生命周期管理等相关的问题。基于网格服务的概念，OGSA 将整个网格看作是“网格服务”的集合，但是这个集合不是一成不变的，而是可以扩展的，这反映了网格的动态特性。网格服务通过定义接口来完成不同的功能，服务数据是关于网格服务实例的信息，因此网格服务可以简单地表示为“网格服务＝接口/行为＋服务数据”。

4. 国内外网格研究现状和趋势

目前，美国和欧洲的网格研究处于世界领先地位。它们的研究范围和规模都相对较大，并且已经推出了一些试验系统，比如美国的全球信息网格（Global Information Grid，GIG）、Globus 项目、IPG（Information Power Grid），欧洲的英国国家网格（UK National Grid，UNG）、欧洲数据网格（European Data Grid，EDG）以及 E-Science。

Globus 项目是美国 Argonne 国家实验室研发的目前国际上最有影响的网格计算项目之一，其主要研究任务包括 4 个方面：网格基础理论和关键技术研究、软件及工具的开发、试验平台的建立和网格应用的开发。随着对 Globus 项目的深入研究，针对它的目标也进一步扩展，希望通过 Globus 项目方便对地理上分布的研究人员建立虚拟组织，进行跨学科的虚拟合作。Globus 将主要研究重点放在了资源的访问接口或访问界面上，从共享的角度考虑如何把资源安全有效和方便地提供给用户使用。目前，Globus 把在商业计算领域中的 Web Service 技术融合进来，希望能够对各种商业应用提供广泛的基础性的网格环境支持，实现更方便的信息共享和互操作。

面对网格所带来的创新机遇，我国的研发机构和相关企业也在把握时机。从 1995 年开始，中国科学院计算技术研究所就建立了专门的网格研究队伍，开始研究与网格相关的技术。目前，我国的网格计算研究，主要集中于中国科学院计算技术研究所、中国人民解放军国防科学技术大学、江南计算技术研究所、清华大学等几家在高性能计算方面有较强实力的研究单位。其研发重点是我国用户迫切需要，国外研究还比较薄弱，而且技术上可能产生突破性创新的领域。我国目前正在研究的有 5 大网格项目：中国国家网格（又称国家高性能计算环境）、863 空间信息网格、国家自然科学基金网格、教育科研网格、上海信息网格。下面简要介绍 Globus 和我国的教育科研网格两个项目。

中国教育科研网格（China Grid）是教育部“211 工程”公共服务体系建设的重大专项项目，同时也是国家 863 计划高性能计算重大专项的典型应用。China Grid 的目标是，到 2010 年通过网格联结“211 工程”的所有重点高校，从而将广泛分布在中国教育科研网 CERNET 和高校中的异构海量资源集成起来，实现 CERNET 环境下资源的有效共享，形成高水平低成本的服务平台；将高性能计算送到教育和科研网用户的桌面上，成为国家科研教学服务的大平台。

6.6.2 P2P 技术

尽管P2P(Peer to Peer)的应用已经深入到网络的方方面面，但是对于许多网络用户来说，P2P还是一个比较陌生的名词。我们最常用的网络实时通信工具，如腾讯QQ和下载工具如BT(BitTorrent)、emule，都是对P2P通信与共享原理的应用。现在流行的QQ直播，观看的用户越多，节目速度越流畅，这就是P2P的特点。下面对P2P的一些基本概念和工作原理进行简要介绍。

1. P2P的基本概念

P2P即对等网络或对等计算，是以非集中方式使用分布式资源来完成关键任务的一类系统和应用。资源包括计算能力、数据、网络带宽和场景(计算机、人和其他资源)，关键任务包括分布式计算、数据/内容共享，通信和协同、或平台服务。

P2P网络具有强大的扩展力，通过低成本交互来聚合资源，使整体大于部分之和。P2P网络具有低成本的共享特性，使用现存的基础设施，削减和分布成本。P2P网络具有匿名性和隐秘性，允许对等端在其数据和资源上享有很大的自治控制权。

2. P2P网络工作模式

在P2P网络中，弱化了服务器的功能，甚至取消了服务器，任意两台PC互为服务器/客户机。P2P网络中的每个节点地位都是相等的，每个节点既可充当服务器，为其他节点提供服务，同时又可充当客户端，享用其他节点提供的服务。由于每个节点在工作时都向网络共享资源，因此对等节点越多，网络的性能越好。即使只有一个对等节点存在，网络也是处于活动状态的，节点所有者可以随意地将自己的信息发布到网络上。P2P技术将导致信息资源向所有用户的计算机分布，即“边缘化”。

3. P2P网络结构

P2P网络有如下3种结构。

(1) 集中式P2P网络。集中式P2P网络，形式上由一个中心服务器来负责记录共享信息以及回答对这些信息的查询。每一个对等实体对它将要共享的信息以及进行的通信负责。这种形式不同于传统意义上的C/S模式。传统意义上的C/S模式采用的是一种垄断的手段，所有资料都放在服务器上，客户机只能从服务器上读取信息，并且客户机之间不具有交互能力。而集中式P2P网络则是所有网上提供的资料都分别存放在提供该资料的客户上，服务器上只保留索引信息，此外服务器与对等实体以及对等实体之间都具有交互能力。

(2) 完全分布式P2P网络。完全分布式P2P网络不再使用中央服务器，没有中央控制节点，不会因为某一节点故障导致全部瘫痪，是真正的分布式网络。这种结构对网络的动态变化有较好的容错能力，同时支持复杂查询，比如带有规则表达式的多功能查询、模糊查询等。

(3) 混合式P2P网络。混合式P2P网络结合了集中式P2P和分布式P2P网络的优点，在设计思想和处理能力上得到了进一步优化。混合式P2P在分布式模式的基础上，将用户节点按能力进行分类，使某些节点担任特殊的任务。混合式P2P网络包含用户节点、搜索节点和索引节点共3种节点。用户节点不具有任何特殊的功能。搜索节点处理搜索请求，从他们的子节点中搜索文件列表，这些节点必须有128Mbps以上的网速，一般应具有高性能的处理器。连接速度快、内存充足的节点可以作为索引节点。索引节点保存可以利用的搜索节点信息、搜索状态信息以及尽力维护网络的结构。一个节点可以既是搜索节点又是索引节点。

4. P2P 网络的应用

Internet 最初产生和发展的一个主要动力就是资源共享，也正是文件交换的需求直接导致了 P2P 技术的兴起。随着对 P2P 思想的理解和技术的发展，作为一种软件架构，P2P 还可以被开发出多种应用模式。除了最初的文件交换之外，还有一些新的应用，如分布式存储、深度搜索、分布式计算、个人即时通信和协同工作等。

目前 P2P 技术主要应用在以下领域：

(1) 文件共享。两台主机之间直接交换文件，不必通过服务器，俗称 BT(BitTorrent)下载。这是一种与传统 C/S 下载模式完全不同的新型下载模式，它充分利用了网络带宽，提高了下载速度，深受用户喜爱。相关的 BT 下载软件很多，例如国外的 Gnutella、BitTorrent 等，国内的电骡、电驴、点石、卡盟、BitComet 等。

(2) 协同工作。指多个用户之间利用网络中的协同计算平台互相协作来共同完成计算任务。协同技术可以让不同地点的参与者通过网络在一起工作，并共享各种信息资源。Lotous 公司开发的 Groove 是目前最著名的 P2P 协同工作产品。Groove 采用中间传递服务器来实现 P2P 多播，并采用 XML 表示路由协议。多个不同的用户组之间不仅仅可以共享文件、聊天信息，还可以共享各种应用程序。

(3) 分布式计算。分布式计算也称为网格计算，它能把 Internet 中众多计算机暂时不用的计算资源积聚起来，完成超级计算机的任务。如美国的 SETI@HOME 项目即由分布于世界各地的 200 万台个人电脑组成计算机阵列，以搜索射电天文望远镜信号中的外星文明迹象。据统计，在不到两年的时间里，这种计算方法已经完成了单台计算机 3.45 万年的计算量。

(4) 搜索引擎。P2P 技术使用户能够深度搜索文档，并无需通过 Web 服务器，也可以不受信息文档格式的限制，达到传统目录式搜索引擎无法达到的深度。传统搜索只能搜索到 20%～30%的网络资源，而 P2P 搜索理论上则可包括网络上所有开放的信息资源。目前最著名的 P2P 搜索引擎是 Pandango。

6.6.3 Web 2.0

1. Web 2.0 的基本概念

目前 IT 业界关于 Web 2.0 尚无统一定义。2004 年国际 Web 2.0 大会提出了“Web 成为一个平台”的口号。Wiki 百科全书说，“Web 2.0 是对于感知到的 World Wide Web 正在进行的变化：WWW 从网站的集合转变为向终端用户提供 Web 应用的计算平台的统称”。从这个定义，可以看出 Web 2.0 并不是一个具体的事物，而是一个阶段，是促成这个阶段的各种技术和相关产品与服务的一个总称。所以，很难说 Web 2.0 是什么，但是可以说哪些是 Web 2.0。因此也有如下定义：Web 2.0 是以 Flickr、Craigslist、Linkedin、Tribes、Delicio. us、43things. com 等网站为代表，以 Blog、Tag、SNS(Social Networking Service)、RSS(Really Simple Syndication)、Wiki 等应用为核心，依据六度分割、XML、AJAX 等新理论和技术实现的互联网新一代模式。

2. Web 2.0的特点

(1) 微内容。微内容(microcontent)是指在网络上至少拥有一个唯一编号或地址的元数据(metadata)和数据的有限汇集。Web 2.0的信息传播以微内容为基础,如在Blog的应用中,一条评论、图片、书签、超链接等,都是微内容。通过聚合、管理、分享、迁移这些微内容,进一步组合成各种个性化的应用。

(2) 开放性。Web 2.0的开放性体现在两个方面:一是架构开放、应用程序接口API开放。采用开放架构,鼓励用户参与和贡献。通过开放API,使网站功能得到最大限度的拓展和传播,如Google Map,在开放了自己的API后,使网站的服务更具吸引力,同时增强了服务的功能与竞争力。二是版权开放。软件代码免费提供,更多用户可以参与到软件产品的合作开发中。

(3) 社会性。社会性特征表现为网络用户参与的社会性和交往的社会性。Web 2.0个人用户并非是孤立的,而是彼此相联的。Web 2.0以自组织的方式让人、群体、内容和应用等充分"动"起来,让更多的用户互动并产生丰富内容,使网站服务的使用价值与吸引力大为增强。

3. Web 2.0主要技术

Web 2.0使用标准化协议的网站内容的联合,让最终用户在其他环境中使用网站的数据,其主要采用的技术有以下两种:

AJAX(Asynchronous Java Script and XML)是一种创建交互式网页应用的网页开发技术。其通过远程脚本调用技术,使用XML Http Request对象与Web服务器进行异步数据交换,将数据处理由服务器转移到客户端,减少了服务器的资源占用,从而使网络应用软件处理速度加快。Google在其一系列著名的交互应用程序中使用了该技术,如Google讨论组、Google地图、Google搜索建议和Gmail等。

RSS(Really Simple Syndication)是一种用于共享新闻和其他Web内容的数据交换规范,起源于Netscape公司的"Push"技术,是一种将客户订阅的内容传送给客户的通信协同格式。RSS采用XML技术,目前广泛用于Web 2.0、Blog、Wiki和网上新闻频道。世界多数知名新闻社网站都提供RSS订阅支持。

6.6.4 流媒体技术

1. 流媒体的基本概念

流媒体在6.5.5节中已提及,所谓流媒体技术,是使音频和视频形成稳定、连续的传输流和回放流的一系列技术、方法和协议的总称。流媒体系统是通过流媒体技术以实现包括视频、音频等信息的实时传送。流媒体技术的特点是:实现即点即播,客户几乎不需要等待即可获得高质量的连续视/音服务,并且对客户端的存储空间要求很低。流媒体在播放时不需要下载整个文件,只需将开始部分存入内存中,其余的数据流可以边接收边播放。随着流媒体技术的逐步成熟,它与其他技术,包括Web、数据库、网络、视频服务器等技术,形成了完整的流媒体服务系统,已在娱乐、教育、培训和企业通信等领域得到越来越多的应用。

2. 流媒体的关键技术

流媒体的关键技术是流式传输。流式传输是声音、图像等由服务器向用户连续、实时地传输,用户只需要经过几秒或几十秒的启动延时即可进行观看。实现流式传输的方法有顺序流式传输(progressive streaming)和实时流式传输(realtime streaming)。顺序流式传输就是顺序下载,在下载文件的同时用户可观看在线媒体。在预定时刻,用户只能观看已下载的那部分,而不能跳到还未下载的部分。这种传输不适合长片段和有随机访问要求的视频,严格说来是一种点播技术。实时流式传输要求媒体信号带宽与网络连接匹配,使媒体可被实时观看,在传输期间可以根据用户连接速度进行调整。

流式传输的实现需要在客户端使用一定的缓存。这是因为Internet以包传输为基础进行断续的异步传输,对一个实时Audion/Video(音频/视频)源或存储的A/V文件来说,在传输中它们要被分解为许多包,由于网络是动态变化的,各个包选择的路由可能不同,故到达客户端的时间延迟也就不等。为此,使用缓存系统来弥补延迟和抖动的影响,并保证数据包的顺序正确,从而使媒体数据能连续输出,而不会因为网络暂时拥塞致使播放出现停顿。通常高速缓存所需容量并不大,因为高速缓存使用环形链表结构来存储数据,通过丢弃已经播放的内容,流可以重新利用空出的高速缓存空间来缓存后续尚未播放的内容。

由于TCP需要较多的开销,故不太适合传输实时数据。在流式传输的实现方案中,一般采用HTTP/TCP来传输控制信息,而使用实时传输协议(Real-time Transport Protocol,RTP)/UDP来传输实时声音数据。实时传输控制协议(Real-time Transport Control Protocol,RTCP)和RTP一起提供流量控制和拥塞控制服务。

流式传输的一般过程为:用户选择某一流媒体服务后,Web浏览器与Web服务器之间使用HTTP/TCP交换控制信息,以便把需要传输的实时数据从原始信息中检索出来;然后客户端的Web浏览器启动播放器,同时利用HTTP/TCP协议调出所需参数并对播放器进行初始化,这些参数包括目录信息、A/V数据的编码类型或与A/V检索相关的服务器地址。

3. 流媒体的应用

随着流媒体技术的发展和应用,流媒体业务正变得日益盛行。流媒体技术广泛用于多媒体新闻发布、网络广告、电子商务、视频点播、远程教育、远程医疗、网络电台、实时视频会议、交互游戏等互联网信息服务的各方面。

6.6.5 博客、维基、播客和网络视频

1. 博客

Blog的全名是Web Log,后来缩写为Blog,中文意思是"网络日志",简称为"网志"。而博客(Blogger)就是写Blog的人。Blog从字面上理解是,"一种表达个人思想、网络链接、内容,按照时间顺序排列,并且不断更新的出版方式"。一个Blog其实就是一个网页,它通常是由简短且经常更新的文档所构成,这些张贴的文章都按照年份和日期倒序排列。Blogger是一类人,他们习惯在网上写日记。现在越来越多的人喜欢上了博客,使博客成为目前除了E-mail、BBS、QQ(或MSN)之外第四大网络交流方式。

根据使用者和内容的不同,博客可以分为两类,个人博客和博客社区。博客社区又可以分为由共同关心某类问题的人和团体形成的博客社区,以学术专题讨论为目的的博客社区和以新闻时事发表评论为目的的博客社区。

Blog大量采用了RSS技术,对读者来说,可以通过RSS订阅一个Blog,及时了解该Blog作者最近的更新。对一个博客来说,RSS可以使自己发布的文章易于被计算机程序理

解并摘要。一般来说，大部分的 Blog 系统都支持自动生成 RSS 的功能，在编辑 Blog 页面上的信息时自动更新。

2. 维基

维基(Wiki)是一种超文本系统，支持面向社群的协作式写作，同时也包括一组支持这种写作的辅助工具。维基是博客的一种进化，它也是一个具备博客精髓的完整网站。不过浏览维基网站的每一个人都拥有发表言论和修改内容的权力。维基人也称“维客”，他必须具备“维基精神”，即一方面是原创精神，另一方面是懂得如何理性地和所有其他人一起进行知识分享与合作。

从严格意义上来说，维基是博客的一种。两者的区别是，维基都有 edit this page 的链接，允许访问者对页面做出修改。这个链接的存在是 Wiki 区别于 Blog 的地方，后者只允许读者发表针对性的评论来提供反馈信息，但是除了编辑自己发表的内容，不能修改原作者或者其他读者发布的信息。Blog 可以用来建立由具有共同兴趣爱好的人们组成的社区。而维基在这个基础上更向前迈了一步，可以构建共识(consensus-building)。维基就好像在上学的时候，对于某个问题，每个同学都可以说出自己的想法，然后大家来对这个想法进行修改。

在 1995 年，美国程序设计员沃德·坎宁安创建了第一个维基(Wiki Wiki Web)系统，堪称“维基之父”。目前世界上最大的 Wiki 系统是维基百科，它是一个基于 Wiki 和 GNU FDL(GFDL)的百科全书网站系统，致力于创建内容开放的百科全书。该系统于 2001 年 1 月开始投入运作，至 2005 年 3 月，英文条目已经超过 50 万条，远远超过了《2005 大英百科全书》的 6.5 万个条目。自 2002 年 10 月至今，全世界的维基人已写成的中文百科条目已超过 40 000 项

3. 播客

播客(Podcast/Podcasting)是苹果电脑的“iPod”与“broadcast(广播)”的合成词，指一种在互联网上发布文件并允许用户订阅以自动接收新文件的方法，或用此方法来制作的电台节目。播客也被称为“有声博客”。订阅播客节目可以使用相应的播客软件。这种软件可以定期检查并下载新内容，并与用户的便携式音乐播放器同步内容。一般来说，任何数字音频播放器都可以播放播客节目。同时，播客技术也可用来传送视频文件，它是把博客中的文字换成了音频或视频，可以说播客就是博客的影音视频版。但是当博客进化成播客，个人化广播却带来网络的革命。

根据内容的不同，播客可以分成以下 3 类：

(1) 个人播客。个人播客使用麦克风、摄像头、计算机等将自己的生活感悟记录下来，作为个人音频版、视频版的日记传输到播客共享空间与网友共享。

(2) 传统广播节目的播客。ABC、NBC、ESPN 等著名的广播公司，他们都开辟了新闻频道的播客节目。播客节目的内容是经过编辑后的电视节目的播客版本，并增加一些符合播客格式的特制内容。

(3) 专业播客提供商。作为信息服务业的新动态，出现了专业播客提供商。例如 iTunes Music Store 作为专业音乐下载播客提供商，目前可提供 15 000 个节目下载。

应指出的是，播客虽近年才出现，但发展迅速。2001 年，Dave Winer 在 RSS2.0 说明里增加了声音元素。Winer 的公司 UserLand Software 把这项功能内嵌到其博客软件中。

2004 年 2 月 12 日，镜报文章“听觉革命：在线广播遍地开花”中提到了 podcasting 这一概念。同年 9 月 15 日，Dannie J. Gregoire 直接使用“自动-同步”这一概念来描述“自动下载，同步播放”这一想法。

而播客真正开始流行是在 2004 年底。美国一些非赢利性广播台发现播客很适合他们制作的讲故事、专访、评论、对话等节目。于是人们借助于 RSS 技术将 MP3 音频文件连缀起来，也就形成具有强大生命力的虚拟电波频段。网友可以将网上的广播节目下载到自己的 iPod 等 MP3 播放器中随身收听，享受随时随地的自由。同时也可以自己制作声音节目，并将其上传到网上与广大网友分享。

2004 年 8 月 13 日，世界上第一个专业播客网站——亚当·利科的每日源程序(www.dailysourcecide.com)诞生，之后，播客网站在美国大量涌现。2004 年底，中国第一个播客网站——土豆网(www.toodou.com)诞生，之后又出现了中国播客网(www.vvlogger.com)、动听播客网(podcast.blogchina.com)、播客天下(www.imboke.com)等播客网站。

4. 网络视频

网络视频是基于流媒体技术的文本、声音和图像的结合而形成，采用 P2P 模式。网络视频在播放前只将部分内容缓存，并不下载整个文件，在数据流传送的同时，用户可在计算机上利用相应的播放器或其他的硬件、软件对压缩的动画、视/音频等流式多媒体文件解压后进行播放。这样就节省了下载等待时间和存储空间，使延时大大减少，而多媒体文件的剩余部分将在后台的服务器内继续下载。与平面媒体不同，视频媒体边下载边播放，其最大特点在于互动性，这也是互联网最具吸引力的地方。通过注册，人们即可以一个创建者的身份登录上线，凭此身份共享或者发布视频，浏览其他用户视频节目，发表对节目的意见以及添加好友，订阅感兴趣的频道和节目等。同样，用户也能把自己制作的视频传到网络平台上共享。加入群(group)后，还能一起对某些视频进行讨论。

与传统的媒体相比，视频媒体有以下特点：更注重互动和交流；能让大众变成媒体主体而非仅仅为媒体的对象；娱乐性更加突出；它的非权威性使得大众更加广泛地参与等。

目前，全球最大的网络视频网站是 YouTube。它由 Chad Hurley、Steve S. Chen 和 Jawed Karim 于 2005 年初创办，2006 年 10 月 9 日被 Google 公司以 16.5 亿美元的价格收购。YouTube 的口号是“展示你自己”。它的内容目前包括 12 个分类，即艺术动画、运载工具、喜剧短片、娱乐消遣、音乐欣赏、博客社区、人类言行、宠物动物、科学技术、体育运动、旅游名胜和网络游戏。作为全球网民共同精心培育的资源库，YouTube 的优势在于，人们可以免费、便捷地上传、观看、评论和下载。

YouTube 有强大的分类搜索功能，可以通过 most recent(最近)、top rated (评价最高)、most discussed(议论最多)、top favorites(最喜爱)、recently featured(新近特色)浏览，也可以按照时间顺序浏览 this week(本周)、this month(本月)、all time(全部时间)，还可以根据 categories(分类)观看。YouTube 同时提供活跃的频道和活跃的群供用户参考。人们可以用文字或视频新建回复。在网络视频网站上，用户之间的多向交流以及用户的双向选择使之成为一个可操纵的良性互动圈。

从目前 YouTube 的发展态势和我国国内日渐成熟的视频网站来看，集交流功能、娱乐休闲功能为一体的视频网站将会成为未来网络的一大分支。在 YouTube 和国内宽带逐步普及的刺激下，以P2P为核心的网络视频渐渐成为热门。据不完全统计，中国出现了诸如我乐网、六间房、土豆网、青娱乐等多家影响较大的视频网站。同时各网站、社区也层出不穷地打造视频内容，目前中国市场大约有超过150家经营视频共享业务。

6.7 Intranet和Extranet

6.7.1 Intranet

随着Internet的不断发展，一种称为Intranet的网，即企业内部网，获得飞速发展和广泛应用。Intranet的发展有其深刻的历史背景。一方面由于全球经济的发展，市场竞争激烈，企业，特别是一些大、中型企业为了生存和发展，需要建立自己的内部网络。另一方面从技术角度来看，在Internet技术和信息服务发展的基础上，构造一个企业内部专用网已有成熟的技术。

1. Intranet概述

Intranet是指采用Internet技术（软件、服务和工具），以TCP/IP协议为基础，并以Web为核心应用，服务于企业内部事务，将其作业计算机化，从而实现企业内部资源共享的网络。简言之，Intranet是使用企业自有网络来传送信息的私有Internet。

Intranet既具有企业内部网络的安全性，又具备Internet的开放性和灵活性；提供对企业内部应用的同时又能够提供对外发布信息，并可访问Internet的信息资源；成本低，安装维护方便。

1）Intranet的特点

Intranet是以Internet技术为基础的网络体系，是Internet技术在企业LAN或WAN上的应用。其基本思想是在内部网络中采用TCP/IP作为通信协议，利用Internet的Web模式作为标准平台，同时建立防火墙把内部网和Internet隔开。Intranet可以和Internet互联在一起，也可以自己成为一个独立的网络。它虽是一种专用网络，却是一个开放的系统。整体而言，Intranet具有以下基本特点。

（1）信息资源共享。Intranet使公司内部员工得以随时随地共享信息资源。此外，电子化的多媒体文件节省了印刷及运送成本，并使文件的内容更新方便、快捷。

（2）安全的网络环境。Intranet属于企业内部网络，只有企业内部的计算机才可存取企业的内部资源。Intranet对用户权限控制非常严格，如除公共信息外，其他信息只允许某个或某几个部门，有时甚至是某个或某几个人才有读写权限。

（3）采用B/S结构。由于Intranet采用B/S结构，用户端使用标准的通用浏览器，所以不必开发专用的前端软件，从而降低了开发费用，节省了开发时间，同时也减少了系统出错的可能性。应用系统的全部软件和数据库集中在服务器端，因此维护和升级工作也相对容易一些。

（4）静态与动态的页面操作。Intranet不再局限于静态的数据检索及传递，它更加注重动态页面。由于企业的大部分业务都与数据库有关，因此要求Intranet能够实时反映数据库的内容。通过授权，用户除了查询数据库外，还可对数据库的内容进行增加、删除、修改操作。

（5）独立IP编址。Intranet的IP编址系统在企业内部中是独立的，不受Internet的限制和管辖，因此其 DNS 自成系统，各种信息服务对应的服务器也是企业内部专用的。

2）Intranet 的功能与服务

Intranet 有利于增进企业内部员工的沟通、合作及协商，提高企业的工作效率，营造良好的协同工作环境；有利于企业业务流程重组，提升企业的响应能力；有利于企业节省培训、软件购置、开发及维护成本；有利于企业节约办公费用，提高办公效率；有利于提高系统开发人员的生产力。

Intranet 主要提供以下应用服务：

(1) 信息发布。现代企业规模不断扩大，企业员工可能分散于不同的地域。通过企业的 Intranet，可进行各种级别的公文等信息的发布。这样不仅可以节省大量的文本印刷费用，而且还能节约宝贵的时间，使分布在各地的企业员工能全面了解相关信息，实现无纸化办公。

(2) 管理和操作业务系统。在建立企业内部管理和业务数据库服务器后，企业员工使用浏览器通过 Web 服务器访问数据库，并进行有关业务操作，可实现传统管理系统的全部功能，包括办公自动化、人事管理、财务管理等。

(3) 用户组和安全性管理。可以建立用户组，在每个用户组下再建立用户。对于某些需要控制访问权限的信息，可以对不同的用户组或用户设置不同的读、写权限，对于需要在传输中保密的信息，可以采用加密、解密技术。

(4) 远程操作。企业分支机构通过专线或电话线路远程登录访问总部信息，同时，总部信息也可传送到远程用户工作站进行处理。

(5) 电子邮件。在企业 Intranet 系统中设置 mail Server，为企业每个员工建一个账号，这样员工不仅可以相互通信，而且可以使用统一的 E-mail 账号对外收发 E-mail。

(6) 网上讨论组和视频会议。在企业 Intranet 系统中设置 News Server，可根据需要建立不同主题的讨论组。在讨论组中可以限制哪些人能够参加，哪些人不能参加，有相应权限的企业员工可以就某一事件进行深入讨论。另外，企业还可通过 Intranet 召开视频会议。

2. Intranet 体系结构与网络组成

1）Intranet 体系结构

Intranet 的体系结构如图 6.46 所示，包括网络平台、服务平台和应用系统 3 个层次，系统管理和系统安全涵盖了整个结构。各部分说明如下。

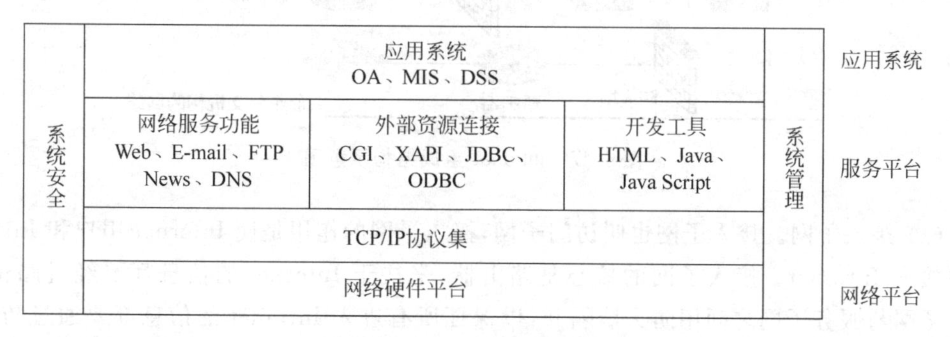

图 6.46 Intranet 的体系结构

网络平台包括网络硬件平台和网络系统软件平台两个层次。服务平台包括网络服务、外部资源连接与开发工具 3 部分。应用系统包括企业专用业务系统、企业管理信息系统、办公自动化系统、决策支持系统等。系统管理对于大中型企业内部网来说应该具备全面的功能，不仅要对网络平台中各种设备（主要包括网络设备、网间互联设备和各种服务器等）进行静态和动态的运行管理，如果需要的话，还可以对桌面客户机、接入设备（包括网卡、Modem 等）等进行管理，而后者往往占了整个系统设备的绝大部分，即所谓“管理到面”。系统管理另一个重要的功能是对应用系统（包括网络服务功能）的管理。系统安全功能涵盖了整个系统。加密、授权访问、认证、数字签名等保证了系统内部数据传输和访问的安全性。防火墙与入网认证等安全措施可以防止外部非法入侵者对系统数据的窃取和破坏。

2) Intranet 网络组成

Intranet 采用的协议是 TCP/IP，但是 TCP/IP 安全性较差。所以，Intranet 必须采取一些措施来提高安全性，安全性在一定程度上影响了 Intranet 的网络结构。通常，把 Intranet 分成几个子网。不同子网扮演不同角色，实现不同的功能，子网之间用路由器或防火墙隔开。这样做，既有利于功能划分，也可以提高 Intranet 的安全性。

子网的划分除了考虑安全因素之外，还应考虑用户数量、服务种类、工作负载等多种因素。一般来说，可把 Intranet 划分为接入子网、服务子网和内部子网 3 个子网。图 6.47 为一个典型的 Intranet 组成结构示意图。

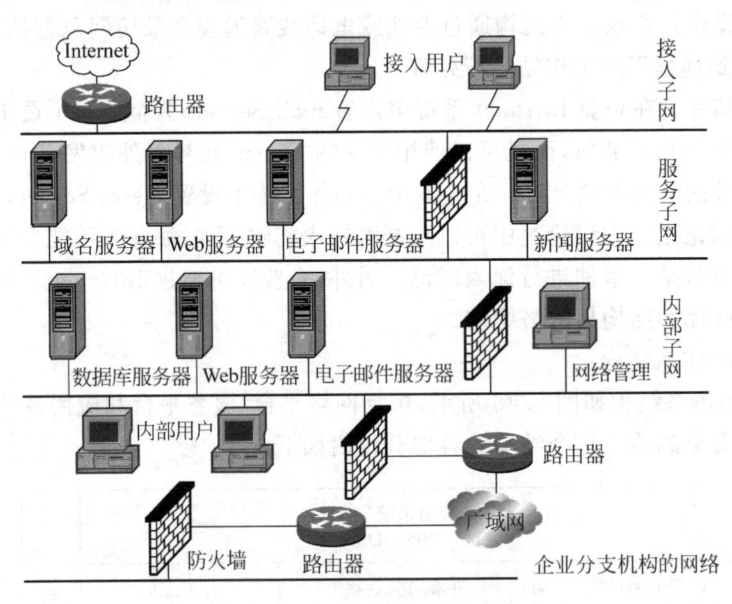

图 6.47 Intranet 组成结构示意图

(1) 接入子网。接入子网也叫访问子网，接入子网的作用是使 Internet 用户和 Intranet 用户接入 Internet。接入子网的核心是路由器，来往于 Internet 的信息都要经过路由器。接入子网与服务子网之间用防火墙隔开，以保证所有进入 Intranet 的信息都要通过防火墙过滤。

(2) 服务子网。服务子网的作用是提供信息服务，主要用于企业向外部发布信息。在服务子网上有 Web 服务器、域名服务器、电子邮件服务器、新闻服务器等，服务子网通过防火墙与内部子网互联。外部用户可以访问服务子网以了解企业动态和产品信息。

(3) 内部子网。内部子网是企业内部使用的网络，是 Intranet 的核心。内部子网包含支持各种服务的企业数据，主要用于企业内部的信息发布与交流、企业内部的管理。内部子网有企业的各种业务数据库，运行着各种应用程序，网络管理也在内部子网上，所以必须采取很强的安全措施。

在内部子网上，除数据库服务器外，还可以有用于内部信息发布和交流的电子邮件服务器、Web 服务器等。如果企业在其他地区有分支机构，则需要通过广域网互联，内部子网与广域网之间也要用防火墙隔离。

6.7.2 Extranet

Extranet 又称外联网，它被看作企业网的一部分，是现有 Intranet 向外的延伸。目前，大多数人认为：Extranet 是一个运用 Internet/Intranet 技术使企业与其客户、其他企业相连来完成其共同目标的合作网络。它通过存取权限的控制，允许合法使用者存取远程企业的内部网络资源，达到企业与企业间资源共享的目的。

Extranet 可以作为公用的 Internet 和专用的 Intranet 之间的桥梁，也可以被看作是一个能被企业成员访问或与其他企业合作的内联网 Intranet 的一部分。成功的 Extranet 技术应该是 Internet、Intranet 和 Extranet 3 者的自然集成，使企业能够在 Intranet、Extranet 和 Internet 等环境中游刃有余。

按照网络类型，Extranet 可分为 3 类：公用网络、专用网络和虚拟专用网络（Virtual Private Network，VPN）。

(1) 公用网络。公用网络外部网是指一个组织允许公众通过任何公共网络（如 Internet）访问该组织的 Intranet，或两个以至更多的企业同意用公共网络把它们的 Intranet 互联在一起。

(2) 专用网络。专用网络外部网是两个企业间的专线连接，这种连接是两个企业的 Intranet 之间的物理连接。专线连接是两点之间永久的专用电话线连接。与一般的拨号连接不同，专线是一直连通的。这种连接最大的优点是安全。除了两个或几个合法连入专用网络的企业，其他任何人和企业都不能进入该网络。所以，专用网络保证了信息流的安全性和完整性。

(3) 虚拟专用网络。虚拟专用网络外部网是一种特殊的网络，第 7 章将进行介绍。它采用一种称做“通道”或“数据封装”的系统，用公共网络及其协议向贸易伙伴、顾客、供应商和雇员发送敏感的数据。这种通道是 Internet 上的一种专用通路，可保证数据在企业之间 Extranet 上的安全传输。由于最敏感的数据处于最严格的控制之下，VPN 也就提供了安全的保护。利用建立在 Internet 上的 VPN 专用通道，处于异地的企业员工可以向企业的计算机发送敏感信息。

人们常常把 Extranet 与 VPN 混为一谈。虽然 VPN 是一种外部网，但并不是每个 Extranet 都是 VPN。设计 VPN 可以节省成本。同使用专线的专用网络不一样，VPN 适时地建立了一种临时的逻辑连接，一旦通信会话结束，这种连接就断开了。VPN 中“虚拟”一词是指：这种连接看上去像是永久的内部网络连接，但实际上是临时的。

6.7.3 Internet、Intranet 及 Extranet 的比较

Intranet 是利用 Internet 各项技术建立起来的企业内部信息网络。与 Internet 相同，Intranet 的核心是 Web 服务。通常 Extranet 是利用 Internet 将多个 Intranet 连接起来。Internet 与 Intranet 及 Extranet 的关系如图 6.48 所示。

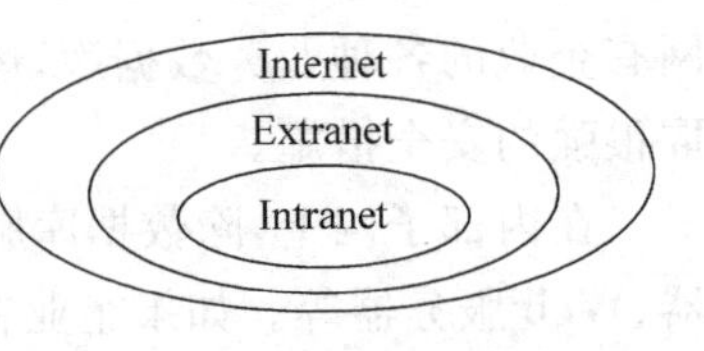

图 6.48　Internet、Intranet 和 Extranet 的关系

它们三者的区别如表 6.14 所示。

表 6.14　Internet 与 Intranet 及 Extranet 的比较

	Internet	Intranet	Extranet
参与人员	一般大众	公司内部员工	公司内部员工、顾客、战略联盟厂商
存取模式	自由	授权	授权
可用带宽	少	多	中等
隐私性	低	高	中等
安全性需求	较低	高	较高

具体地说，三者的区别与联系如下。

(1) Extranet 是在 Internet 和 Intranet 基础设施上的逻辑覆盖。它主要通过访问控制和路由表逻辑连接两个或多个已经存在的 Intranet，使它们之间可以安全通信。

(2) Extranet 可以看做是利用 Internet 将多个 Intranet 连接起来的一个大的网络系统。Internet 强调网络之间的互联，Intranet 是企业内部之间的互联，而 Extranet 则是把多个企业互联起来。若将 Internet 称为开放的网络，Intranet 称为专用封闭的网络，那么，Extranet 则是一种受控的外联网络。Extranet 一方面通过 Internet 技术互联企业的供应商、合作伙伴、相关企业及客户，促进彼此之间的联系与交流。另一方面，又像 Intranet 一样，位于防火墙之后，提供充分的访问控制，使得外部用户远离内部信息。形象地讲，各个企业的 Intranet 被各自的防火墙包围起来，彼此之间是隔绝的，建立 Extranet，就是在它们的防火墙上凿一个洞，使企业之间能够彼此沟通。当然，实际操作要复杂得多。

总之，三者既有区别又有联系，企业应该针对不同的网络，分别采取相应的开发、维护及安全策略。

本章小结

本章主要介绍了 Internet 的基本概念和发展历程、工作原理、IP 地址和域名、接入技术和主要服务应用。对 Internet 的工作原理、IP 地址与域名(特别是子网划分)、主要接入技术以及服务与应用，应清楚掌握。

思考题

1. 什么是 Internet? 简要阐述它的特点并说明它的逻辑结构。
2. 简述 Internet 的发展历程及发展趋势，说一说你对 Internet 的认识和评价。
3. 简要说明 Internet 主要管理机构的功能和职责?

4. 简述 Internet 的工作原理。

5. TCP 和 IP 的工作原理各是什么?

6. 简要阐述 TCP 流量控制和拥塞控制的方法。

7. 详细说明 C/S 与 B/S 的工作原理。

8. 简要说明 IP 地址的编址方案。

9. IPv6 有什么特点? 说明它的格式。

10. 将某一个 C 类网络(192.168.1.0)划分出 4 个子网,每个子网至少可容纳 30 台主机。计算并给出子网掩码和各子网的 IP 地址范围。

11. 名词解释:物理地址、逻辑地址、IP 地址、域名、网络地址、主机地址、网络掩码、子网掩码。

12. 假设某企业已申请到一个 C 类网络地址 218.196.85.0,该企业的网络包含如下 5 个子网:子网 A 有 60 台主机,子网 B 有 20 台主机,子网 C 有 10 台主机,子网 D、E 各有两台主机。请利用 VLSM 为各个子网划分 IP 地址空间。

13. 简述域名解析的过程。

14. 什么是接入网? 说明接入网的结构和作用。

15. Internet 接入技术有哪几种分类? 如何划分?

16. 简述 ADSL 的原理和特点。

17. 光纤接入有哪些方式?

18. 无线接入有哪些方式? 简述主要方式的特点。

19. Internet 的基本服务有哪些?

20. 简述搜索引擎的工作原理。目前主要的搜索引擎有哪些?

21. 什么是 Web 2.0. 简述其特点。

22. 查阅相关的文献资料,试述博客、博客和维基的发展历程和特点。

23. 什么是 Intranet? 简述其特点。

24. 简述 Internet、Intranet 和 Extranet 的区别和联系。

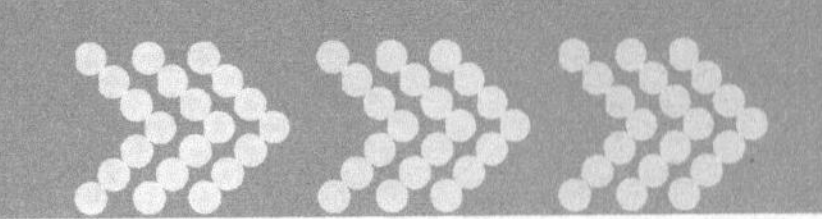

第7章 网络安全

网络安全是通过各种安全技术，保护在公用通信网络中传输、交换和存储信息的真实性、机密性和完整性，并对信息的传输及内容具有控制能力。安全是计算机网络正常运行必须重点考虑的问题，是一个关系到国家安全、社会稳定、民族文化继承和发扬的重要问题。随着网络的发展、普及和各种网络安全问题的产生，网络安全正越来越受到人们的重视。

通过本章的学习，可以了解（或掌握）：

- 网络安全的概念、对象、服务和特征；
- 密码体制的基本概念；
- 防火墙的基本概念；
- 病毒的基本概念与防治方法；
- 入侵检测与漏洞扫描的基本概念与方法；
- 网络攻击的基本方法与分类；
- VPN 的基本概念与隧道技术；
- 无线局域网安全技术；
- 数据库与网络操作系统的安全机制；
- 企业网络安全策略。

7.1 网络安全概述

随着计算机网络规模的不断扩大以及新的应用，如电子商务、远程医疗等的不断涌现，威胁网络安全的潜在危险性也在增加，使得网络安全问题日趋复杂，对网络系统及其数据安全的挑战也随之增加。网络安全问题往往具有伴随性，即伴随网络的扩张和功能的丰富，网络安全问题会随之变得更加复杂和多样，网络系统随时都可能面临新的漏洞和隐患。

7.1.1 网络安全的概念

网络安全是一个系统性概念，不仅包括计算机上信息存储的安全性，还要考虑信息传输过程的安全性。计算机系统受攻击的 3 部分为硬件、软件与数据，这也是安全措施需要保护的 3 个部分。具体而言，网络节点的安全和通信链路上的安全共同构成了网络系统的安全，如图 7.1 所示。网络系统安全可以表示为通信安全＋主机安全→网络安全。

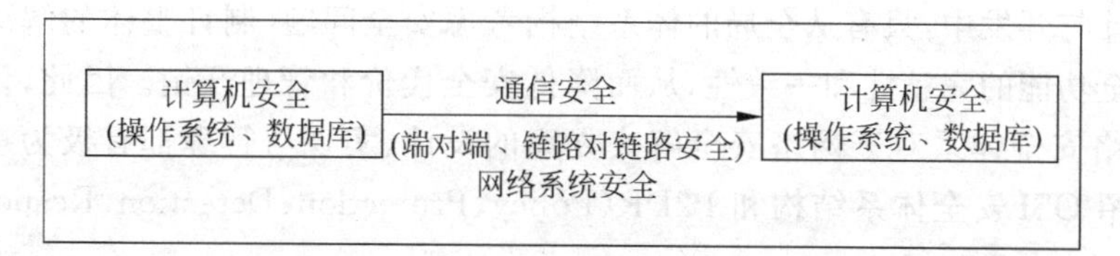

图 7.1 网络系统安全

网络安全从不同的角度出发可以得到不同的划分。按照保护对象分,网络安全包含信息依存载体的安全和信息本身的安全。信息载体是指信息存储、处理和传输的介质,主要是物理概念,包括计算机系统、传输电缆、光纤及电磁波等。信息载体的安全主要指介质破坏、电磁泄露、干扰和窃听等。信息本身的安全主要指信息在存储、处理和传输过程中受到破坏、泄露和丢失等,从而导致信息的保密性、完整性和可用性受到侵害。

简言之,网络安全就是借助于一定的安全策略,使信息在网络环境中的保密性、完整性及可用性受到保护,其主要目标是确保经网络传输的信息到达目的计算机后没有任何改变或丢失,以及只有授权者才可以获取响应信息。因此必须确保所有组网部件均能根据需求提供必要的功能。

需要注意的是,安全策略的基础是安全机制,安全机制决定安全技术,安全技术决定安全策略,最终的安全策略是各种安全手段的系统集成,如防火墙、加密等技术如何配合使用。

1. 网络安全目标

网络安全的目标主要表现在以下几个方面:

(1) 保密性是网络信息不被泄露给非授权的用户和实体,以避免信息被非法利用的特性。保密性是在可靠性和可用性基础之上,保障网络信息安全的重要手段。常用保密技术包括防侦收、防辐射、信息加密、物理保密等。

(2) 完整性是网络信息未经授权不能进行改变的特性,即网络信息在存储或传输过程中不被偶然或蓄意地删除、修改、伪造、乱序、重放、插入等破坏和丢失的特性。完整性是一种面向信息的安全性,它要求保持信息的原样,即信息的正确生成和正确存储和传输。影响网络信息完整性的主要因素有设备故障、误码、人为攻击、计算机病毒等。保障网络信息完整性的主要方法有协议、纠错编码方法、数字签名、数字证书等。

(3) 可用性是网络信息可被授权实体访问并合法使用的特性。可用性还应该满足身份识别与确认、访问控制、审计跟踪、业务流控制等功能。

(4) 可靠性是网络信息系统能够在规定条件下和规定的时间内完成规定功能的特性。可靠性是系统安全的基本要求之一,是所有网络信息系统的建设和运行目标。网络信息系统的可靠性测度主要有抗毁性、生存性和有效性。

(5) 不可抵赖性也称作不可否认性,在网络信息系统的信息交互过程中,确保所有参与者都不可能否认或抵赖曾经完成的操作和承诺。防抵赖分为发送防抵赖和接收防抵赖。利用信息源证据可以防止发送方不真实地否认已发送信息,利用递交接收证据可以防止接收方事后否认已经接收的信息。

(6) 可控性是对网络信息的传播及内容具有控制能力的特性。

2. 网络安全体系结构与模型

网络安全体系是网络安全的抽象描述。在大规模的网络工程建设、管理及基于网络安全系统的设计与开发中，只有从全局的体系结构考虑安全问题，制订整体的解决方案，才能保证网络安全功能的完整性和一致性，从而降低安全代价和管理开销。因此，认识、理解并掌握一般网络安全体系对于网络安全解决方案的设计、实现与管理都有极为重要的意义。这里主要介绍 OSI 安全体系结构和 P2DR(Policy、Protection、Detection、Response)网络安全模型。

在开放式互联参考模型 OSI/RM 的扩展部分，安全体系结构是指对网络系统安全功能的抽象描述，一般只从整体上定义网络系统所提供的安全服务和安全机制。安全体系结构主要包括安全服务、协议层次以及实体单元等元素，如图 7.2 所示。

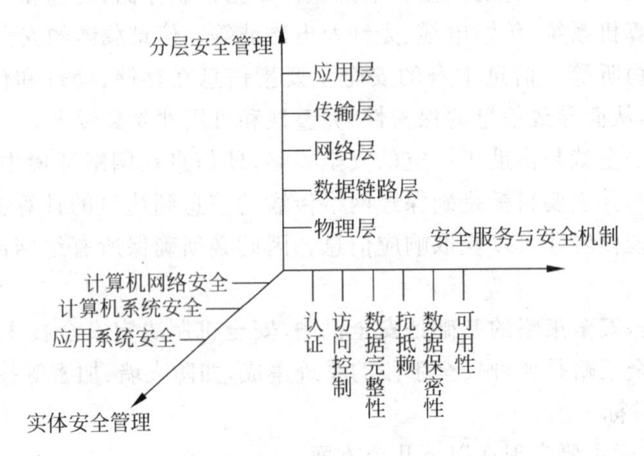

图 7.2 安全体系结构示意图

P2DR 网络安全模型认为：与信息安全相关的所有活动，包括攻击行为、防护行为、检测行为和响应行为都需要消耗时间。因此，可以用时间来衡量一个体系的安全性和安全能力。

P2DR 模型包括 4 个主要部分：安全策略(policy)、防护(protection)、检测(detection)和响应(response)。防护、检测和响应组成了一个完整动态的安全循环，它要求在整体安全策略的控制和指导下，综合运用防护工具和检测工具来了解和评估系统的安全状态，并通过适当的反映将系统调整到最安全和风险最低的状态。

在 P2DR 模型中，安全策略是整个网络安全的依据和核心，所有防护、检测和响应都是根据安全策略来实施和进行的。网络安全策略一般包括两个部分：总体安全策略和具体安全规则。总体安全策略用于阐述本部门的网络安全的总体思想和指导方针，具体安全规则用于定义具体网络活动。

防护指根据系统可能出现的安全问题采取的预防措施，通常包括数据加密、身份验证、访问控制、安全扫描、入侵检测等技术。通过它可以预防大多数入侵事件，使系统保持在相对安全的环境下。防护可分为系统安全防护、网络安全防护和信息安全防护等。

如果攻击者穿过防护系统，检测系统将产生作用。通过系统检测，入侵者身份、攻击源、系统损失等将被检测出来，并作为系统动态响应的依据。

系统在检测出入侵后，P2DR 的响应系统将立刻开始工作，进行事件处理。响应工作可分为紧急响应和恢复处理。紧急响应指事件发生之后采取的相应对策，恢复处理指将系统恢复到原来的状态或比原来更为“安全”的状态。

虽然 P2DR 安全模型在指定网络系统安全行为准则、建立完整信息安全体系框架方面具有很大优势,但它也存在忽略内在变化因素等弱点。因此,在选择网络体系模型,构建健全的网络体系时,应对网络安全风险进行全面评估,并制订合理的安全策略,采取有效的安全措施,才能从根本上保证网络的安全。

7.1.2 网络安全风险

网络中存在各种各样的网络安全威胁。安全威胁是指人、事、物或概念对某一资源的机密性、完整性、可用性或合法使用所造成的危害。由于这些威胁的存在,进行网络安全评估对网络正常运行具有重要意义。风险是关于某个已知的、可能引发某种成功攻击的脆弱性代价的测度。脆弱性是指在保护措施中和在缺少保护措施时系统所具有的弱点。通常情况下,当某个脆弱资源的价值越高,被攻击成功的概率越高,则风险越高,安全性越低;反之,当某个脆弱资源的价值越低,被攻击成功的概率越低,则风险越低,安全性越高。显然,对可能存在的安全威胁及系统缺陷进行分析,制定合理的防范措施,可降低和消除安全风险。

1. 影响网络安全的因素

影响网络安全的因素很多,主要有:

(1) 外部因素。外部因素是难以预料的,无法知道什么人和什么事会对网络的安全造成影响,自然灾害、意外事故、病毒和黑客攻击以及信息在传输过程中被窃取都会影响网络安全。

(2) 内部因素。有一定访问权限级别的用户,如果不进行认真地监视和控制,就可能成为主要威胁,如操作人员使用不当,安全意识差等。另外,软件故障和硬件故障也会对网络安全构成威胁。

2. 安全威胁分类

威胁计算机网络安全的因素一般可分为人为和非人为两类。人为因素主要有黑客入侵、病毒破坏、逻辑炸弹、电子欺诈等,而非人为因素主要包括各种自然环境对网络造成的威胁,如温度、雷击、静电、电磁、设备故障等。目前对网络信息产生威胁的因素有:

(1) 自身失误。网络管理员或网络用户对网络都拥有不同的管理和使用权限,利用这些权限可对网络造成不同程度的破坏,如管理员密码泄露、临时文件被盗等行为,都有可能使网络安全机制失效,从而使网络从内部被攻破。

(2) 恶意访问。指未经同意和授权使用网络或访问计算机资源的行为,如有意避开系统访问控制机制,对网络设备和资源进行非正常使用,或擅自扩大权限,越权访问信息等。

(3) 信息泄密。指重要信息在有意和无意中被泄露和丢失,如信息在传递、存储、使用过程中被窃取等。

(4) 服务干扰。指通过非法手段窃取信息的使用权,并对信息进行恶意添加、修改、插入、删除或重复无关的信息,不断对网络信息服务系统进行干扰,使系统响应减慢甚至瘫痪,严重影响用户的正常使用。

(5) 病毒传播。电脑病毒通过电子邮件、FTP、文件服务器、防火墙等侵入到网络内部,并对系统文件进行删除、修改、重写等操作,使程序运行错误、死机甚至对硬件造成损坏等。

(6) 固有缺陷。Internet 或其他局域网因缺乏足够的总体安全策略构想而在组网阶段就遗留下来的安全隐患和固有安全缺陷等。

(7) 线路质量。传输信息的线路质量可能直接影响到联网的效果,从而难以保证信息的完整性,严重时甚至会导致网络完全中断。

7.1.3 网络安全策略

面对众多的安全威胁,为了提高网络的安全性,除了加强网络安全意识,做好故障恢复和数据备份外,还应制定合理有效的安全策略,以保证网络和数据的安全。安全策略指在某个安全区域内,用于所有与安全活动相关的一套规则。这些规则由安全区域中所设立的安全权力机构建立,并由安全控制机构来描述、实施和实现。安全策略是一个文档,用来描述访问规则、决定策略如何执行以及设计安全环境的体系结构。它又决定了数据访问、Web访问习惯、口令使用或加密方式、E-mail附件、Java和ActiveX使用等方面的内容,详细说明了组织中每个人或小组的使用规则。安全策略有3个不同的等级,即安全策略目标、机构安全策略和系统安全策略,它们分别从不同的层面对要保护的特定资源所要达到的目的、采用的操作方法和应用的信息技术进行定义。

由于安全威胁包括对网络中设备和信息的威胁,因此制定安全策略也应围绕这两方面进行,主要的安全策略如下。

1. 物理安全策略

计算机网络实体是网络系统的核心,它既是对数据进行加工处理的中心,也是信息传输控制的中心。它包括网络系统的硬件实体,软件实体和数据资源。因此,保护计算机网络实体的安全,就是保护网络的硬件和环境、存储介质、软件和数据安全。物理安全策略的目的是保护计算机网络实体免受破坏和攻击,验证用户的身份和使用权限,防止用户越权操作。物理安全策略主要包括环境安全,灾害防护,静电和电磁防护,存储介质保护,软件和数据文件保护以及网络系统安全的日常管理等内容。

2. 信息加密策略

信息加密的目的是保护网内的数据、文件和控制信息,保护网上传输的数据。网络加密是信息加密的一部分。网络加密常用的方法有链路加密、端点加密和节点加密3种。链路加密是保护网络节点之间的链路信息安全;端点加密是为源端用户到目的端用户的数据提供保护;节点加密是为源节点到目的节点之间的传输链路提供保护。多数情况下,信息加密是保证信息机密性的唯一方法。信息加密过程是由各种加密算法来具体实施。如果按照收发双方密钥是否相同来分类,加密算法分为私钥密码算法和公钥密码算法。

3. 访问控制策略

访问控制策略属于系统安全策略,它是在计算机系统和网络中自动地执行授权,其主要任务是保证网络资源不被非法使用和访问。从授权角度分析,访问控制策略主要有基于身份的策略、基于角色的策略和多等级策略。通常,访问控制策略实现的形式共包括7个大类:入网访问控制、网络的权限控制、目录级安全控制、属性安全控制、网络服务器安全控制、网络检测和锁定控制、网络端口和节点的安全控制。

4. 防火墙控制策略

防火墙是一种保护计算机网络安全的技术性措施,它是内部网与公用网之间的第一道屏障。防火墙是执行访问控制策略的系统,用来限制外部非法用户访问内部网络资源和内部非法向外部传递允许授权的数据信息。在网络边界上通过建立相应网络通信监控系统来隔离内部和外部网络,以阻挡外部网络的入侵,防止恶意攻击。

5. 反病毒策略

网络中的系统可能受多种病毒的威胁,为了免受病毒所造成的损失,可以将多种防病毒技术综合使用,建立多层次的病毒防护体系。同时,由于病毒在网络中存储、传播、感染的方式各异且途径多种多样,故在构建网络防病毒体系时,要考虑全方位使用企业防病毒产品,实施层层设防、集中控制、以防为主、防杀结合的防病毒策略,使网络没有病毒入侵的缺口。防病毒策略主要包括病毒的预防、检测和清除。

6. 入侵检测策略

入侵检测是近年来出现的新型网络安全技术措施,目的是提供实时的入侵检测及采取相应的防护手段,如记录证据用于跟踪和恢复,断开网络连接等。它能够对付来自内外网络的攻击,实时监视各种对主机的访问请求,并及时将信息反馈给控制台。一般网络入侵检测系统能够精确地判断入侵事件,并针对不同操作系统特点对入侵立即进行反应,在平时则对网络进行全方位的监控与保护。

7. 虚拟专用网技术

虚拟专用网利用隧道技术和加密解密等技术将多个内部网络通过公用网络进行安全连接,是通过网络数据的封包和加密传输建立安全传输通道的技术。该技术采用了鉴别、访问控制、保密性、完整性等措施,以防止信息被泄露、篡改和复制。

7.1.4 网络安全措施

计算机网络最重要的是向用户提供信息服务及其拥有的信息资源。但为了有效地保护计算机网络的安全,需要相应的网络安全措施,实现以最小成本达到最大程度的安全保护。这里从安全层次、安全协议加以分析。

1. 安全层次

网络的体系结构是一种层次结构。从安全角度来看,各层都能提供一定的安全手段,且各层次的安全措施不同。图 7.3 表示 TCP/IP 协议映射到 ISO/OSI 体系结构时安全机制的层次结构。

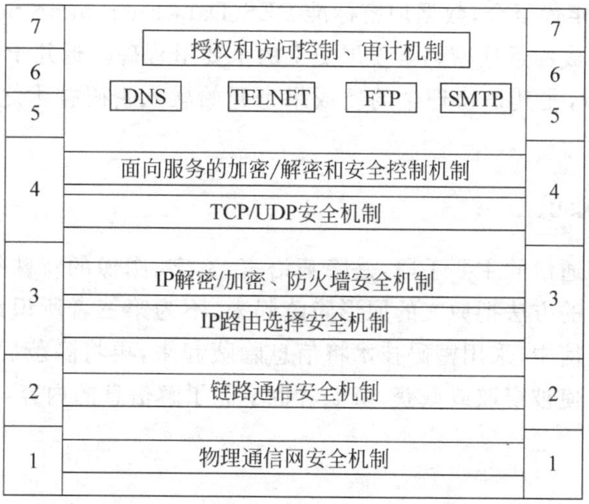

层	安全机制	层
7	授权和访问控制、审计机制	7
6	DNS TELNET FTP SMTP	6
5		5
4	面向服务的加密/解密和安全控制机制 TCP/UDP安全机制	4
3	IP解密/加密、防火墙安全机制 IP路由选择安全机制	3
2	链路通信安全机制	2
1	物理通信网安全机制	1

图 7.3 TCP/IP 安全机制的层次结构

在物理层，通信线路上采用加密技术使窃听不可能实现，同时避免传输信息被检测出来。

在数据链路层，通过点对点链路加密来保障数据传输的安全性。但网络中信息的传递要经过多个路由器连接形成的通信信道，每个路由器都要进行加密和解密。而这些路由器上可能有潜伏的安全隐患，可通过节点加密方法保证其安全性。

在网络层，有IP路由选择安全机制和基于IP协议安全技术的控制机制。防火墙技术能处理信息在内外边界网络的流动，并确定可以进行哪些访问。

在传输层，IPV6提供了基于TCP/UDP的安全机制，实现了基于面向连接和无连接服务的加密、解密和安全控制机制，例如身份认证、访问控制等。

在传输层以上的各层，对TCP/IP协议而言，都属于应用层，可以采用更加复杂的安全手段，例如加密、用户级的身份认证、数字签名技术等。

2. 安全协议

安全协议的建立和完善是安全保密系统走上规范化、标准化道路的基本要素。一个较为完善的内部网和安全保密系统，至少要实现加密机制、验证机制和保护机制。

对应于OSI的7层模型，Internet协议组可分为应用层、传输层、网络层和接口层等4层，而考虑到安全性能，主要的安全协议集中在应用层、传输层和网络层。应用层上的安全协议主要用于解决Telnet、E-mail和Web的安全问题。在传输层中，常用的安全协议主要包括安全外壳(Secure Shell，SSH)协议、安全套接层协议(Secure Socket Layer，SSL)和套接字安全(Socket Security，SOCKS)协议。而在网络层通过IP安全(IP Security，IPSec)服务实现安全通信，其协议有IPv4和IPv6。

7.2 密码技术

密码技术是实现信息安全的核心技术，采用密码技术可以屏蔽和保护需要保护的信息。密码技术有着悠久的历史，4000年前至公元14世纪是以手工加密为主的古典密码技术的孕育、兴起和发展时期。16世纪前后，采用了密表和密本作为密码的基本体制，并以机械手段加密。20世纪70年代至今，数据加密标准DES(Data Encryption Standard，DES)和公开密码体制这两大成果成为近代密码学发展史上的重要里程碑。近几十年，混沌理论、隐显密码学等正在探索之中，尤其是物理学的新成果也开始融入密码技术之中，出现了量子密码技术。

7.2.1 密码基础知识

密码是实现秘密通信的主要手段，是隐蔽语言、文字、图像的特殊符号。凡是用特殊符号按照通信双方约定的方法把原文的原形隐蔽起来，不为第三者所识别的通信方式称为密码通信。在计算机通信中，采用密码技术将信息隐蔽起来，再将隐蔽后的信息传输出去，使信息在传输过程中即使被窃取或截获，窃取者也不能了解信息的内容，从而保证信息传输的安全。

1. 基本定义

一般的密码系统是由明文、密文、密钥和加密(解密)组成的可进行加密和解密的系统。明文(plain text)指被变换前的信息，它是一段有意义的文字或数据，可用P或M表示。密

文(cicipher text)是明文变换后的形式,密文是一段杂乱无章的数据,字面上没有任何意义,可用C表示。加密的思想就是伪装明文以隐藏其真实内容,即把明文转化成密文。伪装明文的操作称为加密,加密时所使用的变换规则称为加密算法,一般用E(encryption)表示。由密文恢复出明文的过程称为解密。解密时所使用的信息变换规则称为解密算法,一般用D(decryption)表示。密钥是在明文转换为密文或密文转换为明文时所必须使用的参数数据,一般用K(key)表示。加密时使用的密钥叫加密密钥,解密时使用的密钥叫解密密钥。一般来说,加密算法很难做到绝对保密,加密算法基本上是稳定不变的,改变的只是密钥。因此现代密码学的一个基本原则是:一切秘密寓于密钥之中。其实对于同一种加密算法,密钥的位数越长,安全性越高。这是因为密钥的位数越多,密钥空间(key space)就越大,也就是密钥的可能范围就越大,那么攻击者也就越不容易破译密文。

图7.4给出了一个加密与解密的示意图。如果用户A希望通过网络给用户B发送"My bank account# is 2007"的报文,但不希望第三者知道这个报文的内容,他可以采用加密的办法,首先将该明文变成一个无人识别的密文。在网络上传输的是密文,网络上的窃听者即使得到了这个密文,也很难理解。用户B收到密文后,采用双方商议的解密算法与密钥,就可以将密文还原成明文。

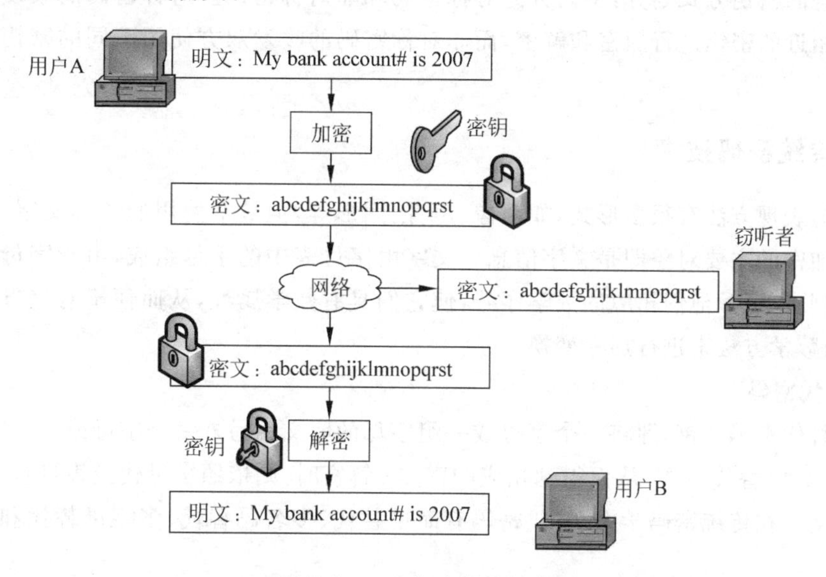

图7.4 一个加密解密过程

2. 技术分类

依据不同标准,可将密码划分为许多类型。

按应用技术或历史发展阶段划分,密码可分为手工密码、机械密码、电子机内乱密码和计算机密码等。其中手工密码指以手工完成的密码;机械密码是采用机械密码机或电动密码机来完成加密解密操作;电子机内乱密码主要通过电子电路,以严格的程序进行逻辑运算,并加入少量制乱元素而生成密码;计算机密码则是以计算机软件编程来进行运算加密。

按密码转换操作的原理划分,密码分为替代密码和移位密码。替代密码也叫置换密码,在加密时将明文中的每个或每组字符由另外一个或一组字符所替换,并隐藏原字符,从而形成密文。移位密码也叫换位密码，在加密时只对明文字母重新排序，改变每个字母的位置但并不将其隐藏。

按明文加密的处理过程划分，密码可分为分组密码和流密码。分组密码在加密时首先将明文序列以固定长度进行分组，每组明文用相同的密钥和算法进行变换，从而得到密文。流密码在加密时先把报文、语音、图像等原始信息转换为明文数据序列，再将其与密钥序列进行“异或”运算，最后生成密文序列发送给接收者。接收者再用相同的密钥序列与密文序列进行逐位解密来恢复明文序列。

按保密的程度划分，密码可分为理论上保密的密码、实际上保密的密码和不保密的密码。理论上保密的密码指任何努力都不可能破译原信息；实际上保密的密码指理论上可破译，但在现有客观条件下将花费超过密文本身价值的代价才能破译的密码；不保密的密码指在获取一定数量的密文，使用一些技术之后即可得到原信息的密码。

按明文形态分为模拟型密码与数字型密码。模拟型密码用以加密模拟信息。如对动态范围之内，连续变化的语音信号加密的密码。数字型密码用于加密数字信息，是对两个离散电平构成的0、1数字序列加密的密码。

按密码的密钥方式划分，密码分为对称密码和非对称密码。对称密码的收发双方都使用相同或相近的密钥进行加密和解密，而非对称密码的收发双方使用不同的密钥来加密和解密。

7.2.2 传统密码技术

数据的表现方法有很多形式，如图像、声音、图形等，但最常使用的还是文字，所以传统加密技术加密的主要对象即是文字信息。文字由字母表中的字母组成，由于字母是按顺序排列的，因此可赋予他们相应的数学序号，使它们具有数学属性，从而便于对字母进行算术运算，利用数学方法来进行加密变换。

1. 替代密码

使用替代密码加密，即将一个字母或一组字母的明文用另外一个字母或一组字母替代，如D替代A，O替代B等，从而得到相应的密文；解密时，则依照字母代换表进行逆替代，从而得到明文。在传统密码学中，替代密码有简单替代、多名码替代、多字母替代和多表替代4种。

简单替代也叫单表替代，指将明文的一个字母用相应的一个密文字母进行代替，从而根据密钥形成一个新的字母表，与原明文字母表有一一映射关系。最早的“凯撒密码”就是一种单表替代密码，也是一种移位替代密码。凯撒密码就是把明文所有字母都用它右面的第K个字母替代，并认为Z后面又是A。这种映射关系可表示为如下函数：$E(a)=(a+k) \bmod 26$。

从表7.1中可以看出，26个字母对应的序号为0～25。令加密密钥K=3，此时凯撒密码加密变换可表示为：$E(m)=(m+3) \bmod 26$。例如，明文是ATTACK AT FIVE，则$E(A)=(0+3) \bmod 26=3=D$；$E(T)=(19+3) \bmod 26=22=W$；…；$E(E)=(4+3) \bmod 26=7=H$。所以密文就是DWWDFNDWILYH。

表 7.1 替代密码映射表

字母	A	B	C	D	E	F	G	H	I	J	K	L	M
序号	0	1	2	3	4	5	6	7	8	9	10	11	12
字母	N	O	P	Q	R	S	T	U	V	W	X	Y	Z
序号	13	14	15	16	17	18	19	20	21	22	23	24	25

对 K=3 的凯撒密码，其字母替代映射表如表 7.2 所示。

表 7.2 字母替代映射表

明文	A	B	C	D	E	F	G	H	I	J	K	L	M
密文	D	E	F	G	H	I	J	K	L	M	N	O	P
明文	N	O	P	Q	R	S	T	U	V	W	X	Y	Z
密文	Q	R	S	T	U	V	W	X	Y	Z	A	B	C

凯撒密码的优点是密钥简单易记，但由于密文与明文的对应关系过于简单，安全性差。

多名码替代是单个明文字母可以映射成几个密文字母，如 A 可能对应于 5，13，25 或 56 等。

多表替代密码是由多个替代表依次对明文消息的字母进行替代的加密方法。

多字母替代密码每次对多于一个的字母进行替代的加密方法，优点在于将字母的自然频率隐藏或均匀化，有利于抗统计分析。

2. 置换密码

置换密码在加密时，明文和密文的字母顺序保持相同，但顺序被打乱了。在置换密码中，明文以固定的宽度水平地写在一张图标纸上，密文按垂直方向读出；解密就是将密文按相同的宽度写在图标纸上，然后水平地读出明文。置换密码分为列换位法和矩阵换位法。列换位法是将明文字符分割成固定长度的分组，将一组看作一行，形成 m 行 n 列的矩阵，但不够部分不补字母或者其他字符。矩阵换位法是将明文中的字母按给定的顺序安排在一个矩阵中，然后按另一种顺序选出矩阵中的字母来产生密文，不够部分用 AB 等字母填充。

7.2.3 对称密钥密码技术

1. 对称加密的基本概念

对称加密技术对信息的加密与解密都使用相同的密钥，如图 7.5 所示。由于通信双方加密与解密使用同一个密钥，因此只要第三方获取密钥就会造成失密。对称加密存在着通信双方之间确保密钥安全交换的问题。如果一个用户要与网络中 N 个其他用户进行加密通信，每个用户对应一把密钥，那么他就需要维护 N 把密钥。当网络中有 N 个用户互相进行加密通信，就会有 N(N−1)/2 把密钥。因此，对称加密的保密性在于密钥的安全性，密钥需要在一个秘密的通道中传输。如何产生满足保密需求的密钥，如何安全、可靠地传送密钥是个复杂的问题。

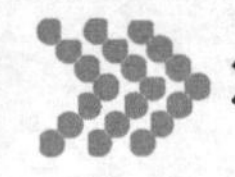

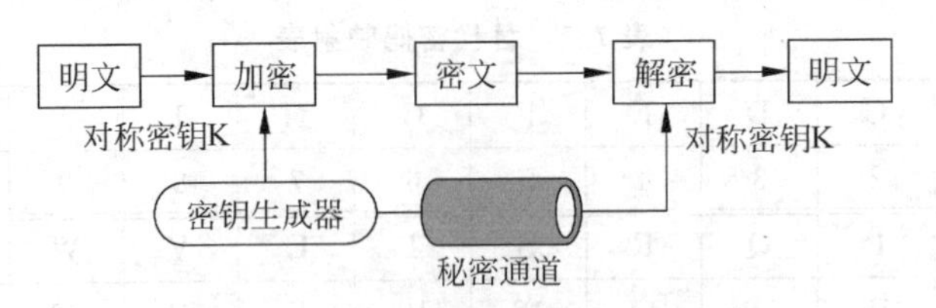

图 7.5 对称密钥密码体制加密解密图

2. 流加密和分组加密

流密码是将明文划分成字符(如单个字母)或其编码的基本单元(如 0、1),然后将其与密钥流作用以加密,解密时以同步产生的相同密钥流解密。流密码强度完全依赖于密钥流产生器所产生序列的随机性和不可预测性,其核心是密钥流生成器的设计。而保持收发两端密钥流的精确同步是实现可靠解密的关键。如图 7.6 所示,明文流与密钥流进行“异或”运算即可得到密文,接收方收到密文后,用密文流与密钥流再“异或”运算就可得到明文。

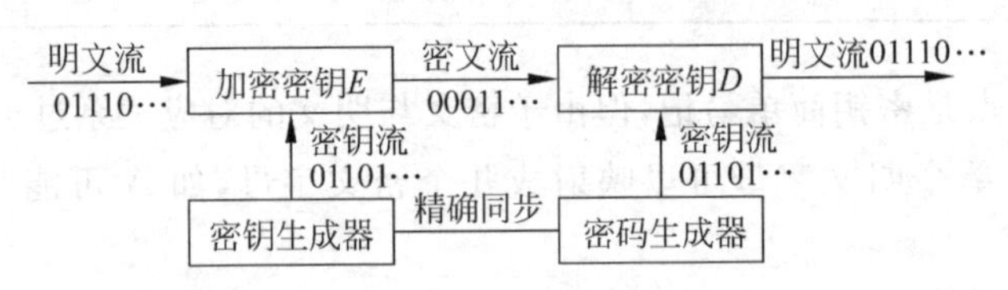

图 7.6 流密码加密解密图

分组密码的工作原理是将明文分成固定的块,用同一密钥算法对每一块加密,输出也是固定长度的密文,即每一个输入块生成一个输出块。分组密码(block cipher)是将明文消息编码表示后的数字序列 $x_1, x_2, \cdots, x_m$,划分成长为 m 的组 $x=(x_0, x_1, \cdots, x_{m-1})$,各组分别在密钥 $k=(k_0, k_1, \cdots, k_{l-1})$控制下变换成等长的输出数字序列 $y=(y_0, y_1, \cdots, y_{n-1})$,其加密函数 E: $\mathbf{V}_n \times K \rightarrow \mathbf{V}_n$,$\mathbf{V}_n$ 是 n 维矢量空间,K 为密钥空间。它与流密码不同之处在于输出的每一位数字不仅与相应时刻输入的明文数字有关,还与一组长为 m 的明文数字有关。这种密码实质上是字长为 m 的数字序列的代换密码,如图 7.7 所示。

通常取 $n=m$;若 $n>m$,则为有数据扩展的分组密码;若 $n<m$,则为有数据压缩的分组密码。分组密码每次加密的明文数据量是固定的分组长度 n,而实际中待加密消息的数据量是不定的,因此需要采用适当的工作模式来隐蔽明文中的统计特性、数据的格式等,以提高整体的安全性,降低删除、重放、插入和伪造成功的机会。

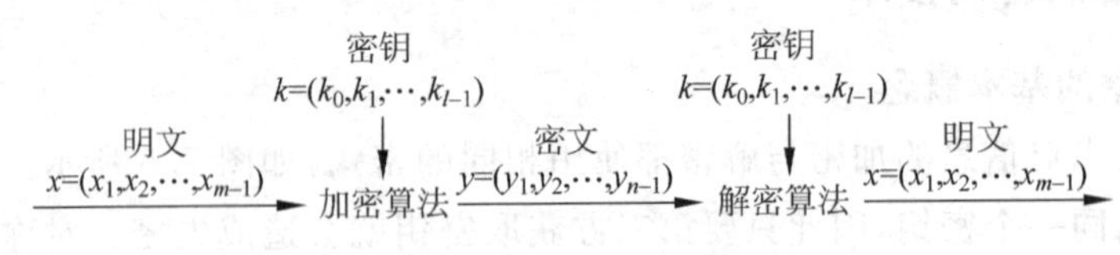

图 7.7 分组密码框图

3. DES

DES(Data Encryption Standard)的出现是密码史上一个重要事件,它是密码技术史上第一个应用于商用数据保密的、公开的密码算法,开创了公开密码算法的先例。它最先由 IBM 公司研制,经过长时间论证和筛选,由美国国家标准局于 1977 年颁布。DES 主要用于民用敏感信息的加密,1981年被国际标准化组织接受作为国际标准。其算法流程如图7.8所示。

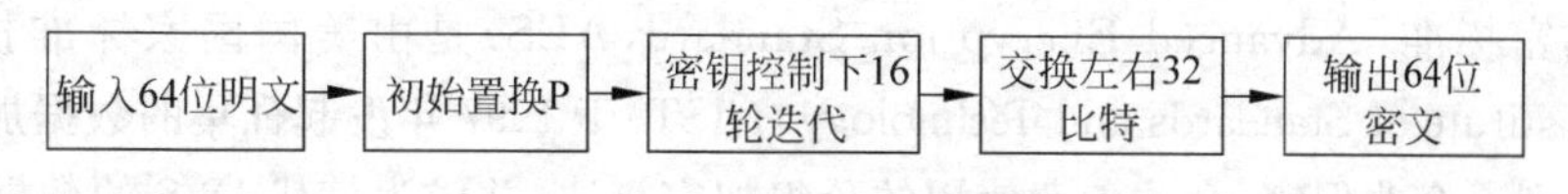

图7.8 DES算法流程图

DES的密钥长度为64位,有效密钥长度为56位,有8位用于奇偶校验。解密过程与加密过程相同,解密密钥也与加密密钥相同,只是在解密时按逆向顺序依次取用加密时使用的密钥进行解密。

DES整个加密过程是公开的,系统的安全性靠密钥保密。DES主要采用替换和移位与代数等多种密钥技术。它使用56位密钥对64位二进制数据块进行加密,每次加密可对64位的输入数据进行16轮编码,在经过一系列替换和移位后,输入的64位原始数据就转换成完全不同的64位输出数据。DES算法仅使用最大为64位的标准算法和逻辑运算,运算速度快,密钥产生容易,适合在当前大多数计算机上用软件方法实现,同时也适合在专用芯片上实现。

DES是迄今为止世界上使用最广泛的一种分组密码算法,被公认为世界上第一个密码标准算法。它具有算法容易实现、速度快、通用性强等优点。目前,DES主要应用在计算机网络通信、电子现金传送系统、保护用户文件和用户识别等方面。DES存在密码位数少、保密强度较差等缺点。此外,由于DES算法完全公开,其安全性完全依赖对密钥的保护,必须有可靠的信道来分发密钥,因此密钥管理过程非常复杂,不适合在网络环境下单独使用,但可以与非对称密钥算法混合使用。

4. TDEA,IDEA和AES

针对DES算法密钥短的问题,在DES的基础上提出了三重和双密钥加密方法,这就是所谓的三重DES算法(Triple Data Encryption Algorithm,TDEA)。它使用两个DES密钥K_1,K_2进行三次DES加密,效果相当于将密钥长度增加一倍。其运行步骤如下:发送方先使用密钥K_1进行第一次DES加密,再使用密钥K_2对上一结果进行DES解密,最后用密钥K_1对以上结果进行第二次DES加密,如图7.9所示。其加密过程可表示为:$C=E_{K1}(D_{K2}(E_{K1}(M)))$;在接收方则相反,对应使用$K_1$解密,$K_2$加密,再使用$K_1$解密,则解密过程可表示为:$M=D_{K1}(E_{K2}(D_{K1}(C)))$。

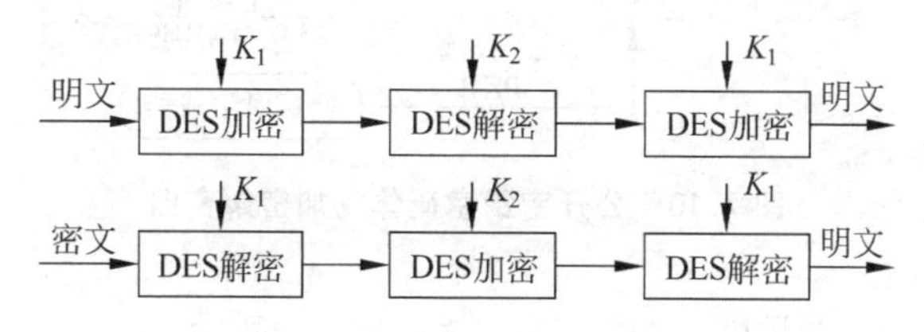

图7.9 三重DES加密与解密

国际数据加密算法(International Data Encryption Algorithm,IDEA)也是一种分组密码算法,64位明文输入,对应64位密文输出,密钥长度为128位。IDEA采用8次累加,而DES采用16次累加,但IDEA的每次累加相当两次DES累加。与DES不同的是,IDEA采用软件和硬件实现,其速度都一样迅速,并且它的密钥比 DES 多一倍,增加了破译难度,目前足以对付穷举攻击。

高级加密标准(Advanced Encryption Standard,AES)是由美国国家标准技术研究所(National Institute of Standards and Technology,NIST)于 1997 年发起征集的数据加密标准,目的是希望得到一个非保密、全球免费使用的分组加密算法,并成为替代 DES 的数据加密标准。NIST 于 2000 年选择了比利时两位科学家提出的 Rijndael 算法作为 AES 算法。Rijndael 是一种分组长度与密钥长度都可变的密码算法,其分组长度和密钥长度分别为 128 位、192 位和 256 位。Rijndael 算法具有安全、高效和灵活等优点,该算法满足了 AES 的要求,可根据不同的加密级别采取不同的密钥长度,其分组长度也是可变的。

7.2.4 公开密钥密码技术

对称密码体制加密、解密都使用相同的密钥,这些密钥由发送方和接收方分别保存。对称密码体制的主要问题是密钥的生成、管理、分发都很复杂。对称密码体制的缺陷促进了公开密钥密码体制的产生。

1. 公开密钥密码概述

美国斯坦福大学的两名学者 W. Diffie 和 M. Hellman 于 1976 年发表了文章 *New Direction in Cryptography*,提出了"公开密钥密码体制"的思想,开创了密码学研究的新方向。公开密钥密码体制的产生主要有两个原因:一是由于对称密钥密码体制的密钥分配问题;二是由于对数字签名的要求。

与传统的对称密钥密码体制不同,公开密钥密码体制要求密钥成对出现,一个为加密密钥,另一个为解密密钥,且不能从其中一个推导出另一个。其中一个密钥对外公布,称为公开密钥;另外一个密钥绝对保密,称为私有密钥。用公开密钥加密的信息只能用私有密钥解密,反之亦然。以公开密钥作为加密密钥,用户私有密钥作为解密密钥,可实现多个用户加密的消息只能由一个用户解读,这主要用于保密通信,如图 7.10 所示。以用户私有密钥作为加密密钥,公开密钥作为解密密钥,可实现由一个用户加密的消息由多个用户解读,这主要用于数字签名,如图 7.11 所示。由于公钥算法不需要联机密钥服务器,密钥分配协议简单,所以极大地简化了密钥管理。

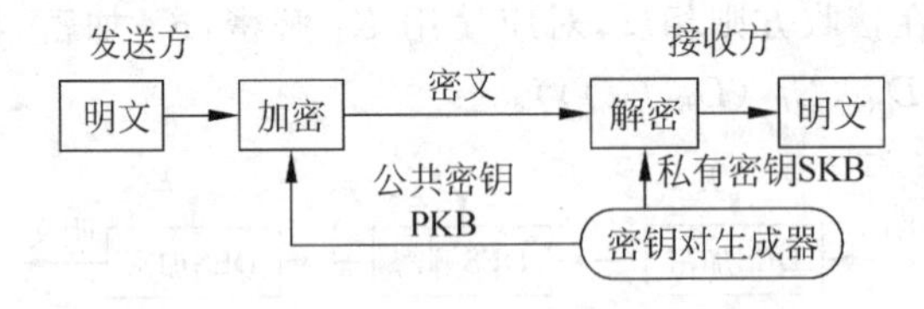

图 7.10 公开密钥密码体制加密解密图

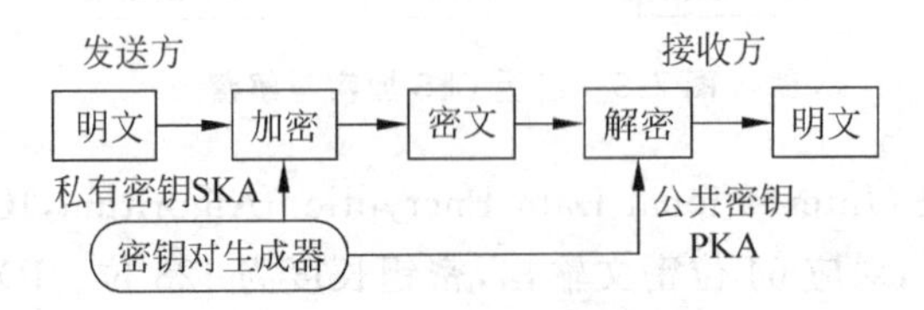

图 7.11 数字签名示意图

公钥密码体制的原理为：用户A和B各自拥有一对密钥(PKA，SKA)和(PKB，SKB)，私钥SKA、SKB分别由A、B各自秘密保管，而公钥PKA、PKB则以证书的形式对外公布。当A要将明文消息P安全地发送给B，则A用B的公钥PKB加密P得到密文$C=E_{PKB}(P)$；而B收到密文C后，用自己的私钥SKB解密恢复明文$P=D_{SKB}(C)=D_{SKB}(E_{PKB}(P))$。

现有大量的公钥密码算法，包括背包体制、RSA（根据其发明者命名，即R. Rivest，A. Shamir和L. Adleman)算法、数字签名算法(Digital Signature Algorithm，DSA)算法、Diffie-Hellman算法等，它们的安全性都是基于复杂的数学问题。

2. RSA算法

RSA密码系统的安全性是基于大素数分解的困难性，即两个大的素数相乘计算出积很容易，但从积求出这两个大素数却很难。

假定用户A在系统中进行加密和解密，则可以根据以下步骤选择密钥和进行密码变换。

(1) 用户A随机选择两个100位以上的十进制大素数p,q，并保密。

(2) 计算出它们的乘积$N=pq$，并将N公开。

(3) 计算出N的欧拉函数$\Phi(N)=(p-1)(q-1)(\mathrm{mod}\ N$。

(4) 用户从$[1,\Phi(N)-1]$中任选一个与$\Phi(N)$互为素数的数e，作为公开密钥。

(5) 用欧几米德算法，计算同余方程$ed=1\ \mathrm{mod}\ \Phi(N)$，得到另一个数$d$，作为私有密钥。这样就产生了一对密钥：公钥$(e,N)$，私钥$(d,N)$。

(6) 任何向A发送明文的用户，均可用A的公开密钥e加密。若整数M为明文，C为密文，则有加密$C=M^e(\mathrm{mod}\ N)$，得到密文C。

(7) 用户A收到密文C后，可利用自己的私有密钥d进行解密，$M=C^d(\mathrm{mod}\ N)$。

3. RSA算法举例

下面用一个简单的例子说明RSA算法的应用。

1) 产生一对密钥

① 选择两个素数：$p=5,q=11$；

② 计算$N=pq=55$；

③ 计算N的欧拉函数$\Phi(N)=(p-1)(q-1)=40$；

④ 从[1,39]间选一个与40互为素数的数，如$e=7$，根据式$7d\ \mathrm{mod}\ 40=1$解得$d=23$。于是得到公钥(7,55)；私钥(23,55)。

2) 对密钥进行加密解密

首先将密文分组，使每组明文的值在[1,54]之间。当明文M是1时，则加密过程为$M^7=1^7\mathrm{mod}\ 55=1$，解密过程为$C^{23}=1^{23}\mathrm{mod}\ 55=1$。当明文$M$是2时，则加密过程为$M^7=2^7\ \mathrm{mod}\ 55=18$，解密过程为$C^{23}=18^{23}\mathrm{mod}\ 55=2$……，当明文$M$为54时，加密过程为$M^7=54^7\ \mathrm{mod}\ 55=54\ \mathrm{mod}\ 55=54$，解密过程为$C^{23}=54^{23}=54\ \mathrm{mod}\ 55=54$。

从表7.3可以看出RSA加密实质上是一种单表变换，需要大量的数学计算。目前无论是用软件还是用硬件实现RSA，其速度都无法同对称密钥密码算法相比。但是RSA体制的加密强度依赖于大数分解的困难程度。对于两个100位以上的十进制大素数，破译大约需要1000年。因此，RSA从理论上来说十分安全。

表 7.3 加密表

明文	密文	明文	密文	明文	密文	明文	密文
1	1	14	9	28	52	42	48
2	18	16	36	29	39	43	32
3	42	17	8	31	26	46	51
4	49	18	17	32	43	47	53
6	41	19	24	34	34	48	27
7	28	21	21	36	31	49	14
8	2	23	12	37	38	51	6
9	4	24	29	38	47	52	13
12	23	26	16	39	19	53	37
13	7	27	3	41	46	54	54

4. Diffie-Hellman 密钥交换

密钥交换是指通信双方交换会话密钥，以加密通信双方后续连接所传输的信息。每次逻辑连接使用一把新的会话密钥，用完就丢弃。Diffie-Hellman 算法是第一个公开密钥算法，发明于 1976 年。Diffie-Hellman 算法能够用于密钥分配，但不能用于加密或解密信息。

Diffie-Hellman 算法有两个公开参数：p 和 g，且由 p 可求出 g。参数 p 是一个大素数，参数 g 是一个比 p 小的整数，对于 1 到 $p-1$ 之间的任何一个数，都可以用 $g^i \bmod p(1\leqslant i\leqslant p-1)$ 得到。也就是说，通过计算 $g^i \bmod p(1\leqslant i\leqslant p-1)$，可得到 1 到 $p-1$ 之间数字的无重复全排列。

Diffie-Hellman 密钥交换过程为：发送方 A 生成一个随机私有数 a，接收方 B 生成随机私有数 b。然后他们使用参数 p 和 g 以及他们的私有数算出公开数。A 的公开数 $X=g^a \bmod p$，B 的公开数 $Y=g^b \bmod p$，然后他们互换公开数。最后 A 使用 $(g^b)^a \bmod p$ 计算 K_{ab}，而 B 使用 $(g^a)^b \bmod p$ 计算 K_{ba}。由于 $K_{ab}=K_{ba}=K$，因此 A 和 B 就拥有共享秘密密钥 K，如图 7.12 所示。

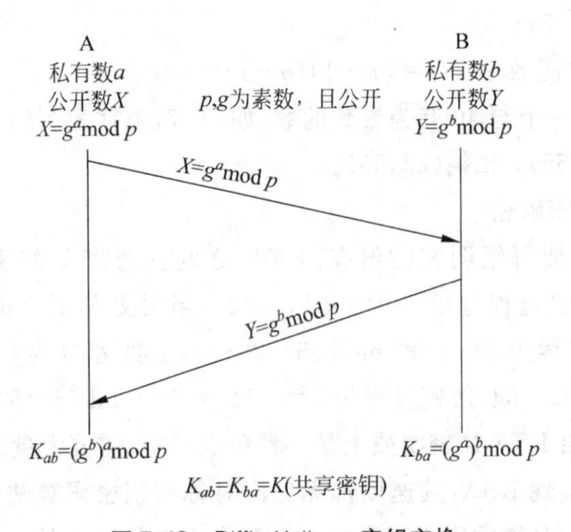

图 7.12 Diffie-Hellman 密钥交换

下面用一个简单的例子来说明上述过程。

① A 和 B 协商后选择采用素数 $p=5$，并计算出 $g(g<p)$，因此 g 可以是 2 或者 3。这是因为：2 mod 5=2，2^2 mod 5=4，2^3 mod 5=3，2^4 mod 5=1；3mod 5=3，3^2 mod 5=4，3^3 mod 5=2，3^4 mod 5=1；1、2、3 和 4 构成了一个无重复的全排列。假设双方约定 $g=3$，并对外公开。

② A 选择随机私有数 $a=2$，计算 $X=g^a \bmod p=3^2 \bmod 5=4$，并发送给 B。

③ B 选择随机私有数 $b=3$，计算 $Y=g^b \bmod p=3^3 \bmod 5=2$，并发送给 A。

④ A 计算 $K_{ab}=(g^b)^a \bmod p=(g^b \bmod p)^a \bmod p=2^2 \bmod 5=4$。

⑤ B 计算 $K_{ba}=(g^a)^b \bmod p=(g^a \bmod p)^b \bmod p=4^3 \bmod 5=4$。

可知会话密钥为 $K_{ab}=K_{ba}=K=4$。

7.2.5　混合加密方法

混合加密算法是非对称加密和对称加密相结合的算法。非对称算法计算量很大且在速度上不适合加密大量数据，而对称算法密钥的管理和分发却十分困难和复杂。为了弥补两种算法的不足，可采用对称密钥加密明文数据，然后使用非对称密钥加密对称密钥，如图 7.13 所示。发送方的加密过程可表示成 $E_{PKB}(K) \| E_K(M)$，接收方的解密过程可表示成 $D_{SKB}(E_{PKB}(K) \| E_K(M))=K \| E_K(M), D_K(E_K(M))=M$。其中 PKB，SKB 分别为接收方的公开密钥和私有密钥；M 为发送方要发送的明文；K 为发送方与接收方共有的对称密钥，符号 $\|$ 表示"与"。

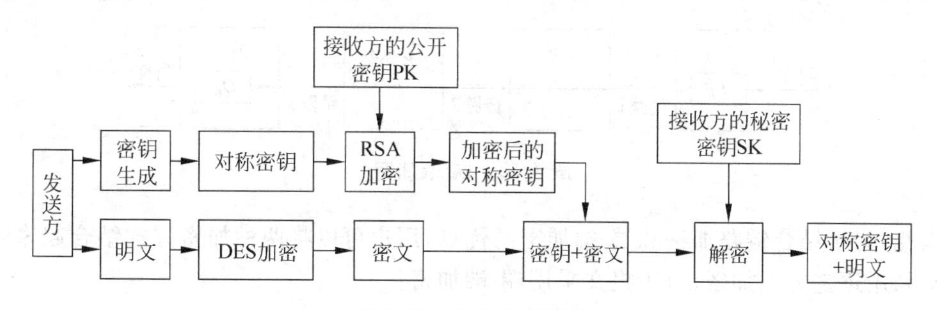

图 7.13　混合加密模型

一般来说，需要加密的数据量很大，而对称密钥的数据量则相对很小，以混合加密方法可充分利用对称密钥密码技术运算速度快、成本低的优点和公开密钥密码技术反破译能力强、密钥分发方便的优点。而且由于每次密钥只使用一次，因此即使在某次传输中密钥不慎泄漏，它只会影响本次交换的信息。

7.2.6　网络加密方法

1. 链路加密

链路加密是对一条链路的通信采取的保密措施，如图 7.14 所示。信息在每台节点机内都要被解密后再加密，依次进行，直至到达目的地。使用链路加密装置能为某链路上的所有报文提供传输服务。如果报文仅在一部分链路上加密而在另一部分链路上不加密，则相当于未加密，仍然是不安全的。与链路加密类似的节点加密方法，是在节点处采用一个与节点机相连的密码装置(被保护的外围设备),密文在该装置中被解密并被重新加密,明文不通过节点机,避免了链路加密节点处易受攻击的缺点。

链路加密方式比较简单,实现比较容易;可防止对报文流量分析的攻击;一个中间链路被攻破时,不影响其他链路上的信息。链路加密的缺点是一个中间节点被攻破时,通过该节点的所有信息将被泄露;加密和维护费用大,用户费用很难合理分配;链路加密只能认证节点,而不面向用户,它不能提供身份鉴别。

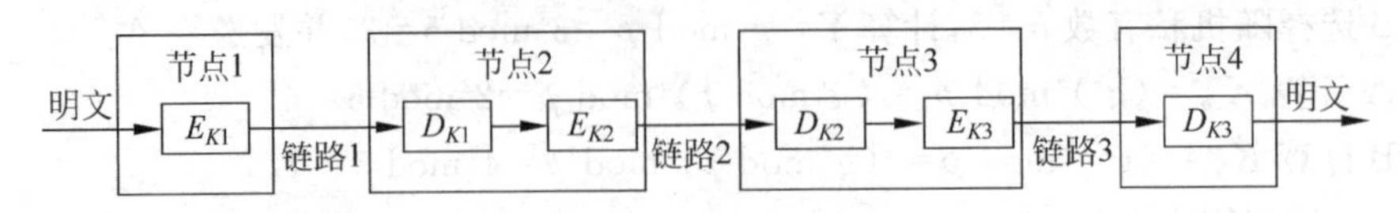

图 7.14 链路加密

2. 端-端加密

端-端加密是对整个网络的通信系统采取的保护措施,允许数据从源点到终点的传输过程中始终以密文形式存在。消息只在源点加密,终点解密,如图 7.15 所示。因此,消息在整个传输过程中均受到保护,即使某个中间节点被损坏也不会使消息泄露。端-端加密可提供灵活的保密手段,如主机到主机、主机到终端、主机到进程的保护;加密费用低,加密费用能准确分摊;加密可用软件实现,使用起来很方便;端-端加密对用户是可见的,用户可以看到加密后的结果;端-端加密起点、终点明确,可以进行用户认证。但它不能防止对信息流量分析的攻击;整个通信过程中各分支相互关联,任何局部受到破坏时将影响整个通信过程。

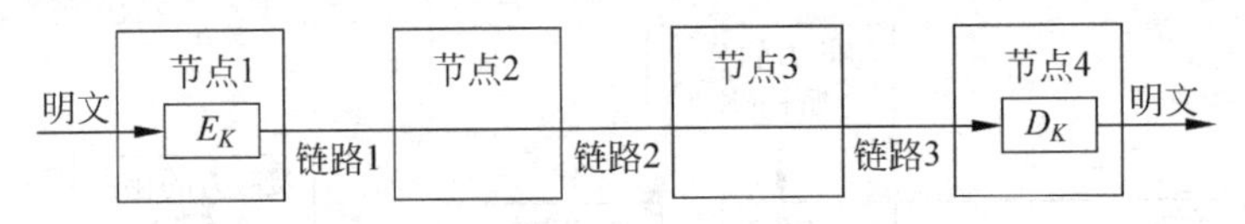

图 7.15 端-端加密

因此,为了结合链路加密和端-端加密的优点,用户可以将两种加密方式结合起来,对于报文头采用逐链方式加密,对于报文采用端-端加密。

7.3 网络鉴别与认证

网络安全系统一个很重要的方面就是防止非法用户对系统的主动攻击和非法访问,如伪造,篡改信息,私自访问加密信息等。这种安全要求对实际网络系统的应用是相当重要的。随着网络的进一步普及,网络鉴别与认证技术逐渐发展起来,并广泛应用于日常生活,采用鉴别与认证技术,不仅可对网络中的各种报文进行鉴别,而且还可以确定用户身份,以防止不必要的安全事故发生。

7.3.1 鉴别与身份验证

1. 鉴别的概念

鉴别是防止主动攻击的重要技术,目的是验证用户身份的合法性和用户间传输信息的完整性与真实性。它主要包括报文鉴别和身份验证两个方面。报文鉴别和身份验证可采用数据加密技术,数字签名技术及其他相关技术来实现。

报文鉴别是为了确保数据的完整性和真实性,对报文的来源、时间性和目的地进行验证,其过程通常涉及到加密和密钥的交换。加密可使用对称密钥和非对称密钥进行混合加密。

身份验证就是验证申请进入网络的用户是否为合法用户,以防止非法用户访问系统。身份验证的方式一般有口令验证、摘要算法验证、基于公开密钥基础设施(Public Key Infrastructure ,PKI)的验证等。验证、授权和访问控制都与网络实体安全有关。虽然用户身份只与验证有关,但很多情况下还需要考虑授权及访问控制等方面的问题。通常情况下,授权和访问控制都是在成功验证之后进行的。

2. 报文鉴别

报文鉴别是一个过程,它使得通信的接收方能够验证所收到的报文中包括发送者、报文内容、发送时间和发送序列等内容的真伪。报文鉴别又称为完整性校验,整个过程一般包括以下 3 个内容:报文是由指定的发送方产生;报文内容没有被修改过;报文是按已经传送的相同顺序收到的。所有这些需要确定的内容均可通过数字签名、信息摘要或散列函数来完成。

3. 身份验证

身份验证一般涉及到两个过程:识别和验证。识别要求对网络中的每个合法用户都具有识别能力,保证识别的有效性以及代表用户身份识别符的唯一性。验证是指在访问者声明自己身份后,系统对其声明的身份进行验证,以防假冒。

识别信息一般是非秘密的,如用户信用卡卡号、用户名、身份证号码等。而验证信息一般是秘密的,如用户信用卡密码、登录密码等。身份验证的方法一般有口令验证、个人持证验证和个人特征验证等。其中口令验证最为简单,系统开销最小,但安全性也最差;持证为个人持有物,如钥匙、磁卡、智能卡等,相比口令验证安全性更好,但验证系统比较复杂;个人特征验证,如指纹识别、声音识别、血型识别、视网膜识别等,其安全性最好,但验证系统也最为复杂。身份认证技术是能够对信息收发双方进行真实身份鉴别的技术,是保护网络信息资源安全的首要部分,它的任务是识别、验证网络信息系统中用户身份的合法性和真实性,按不同授权访问系统各级资源、并禁止非法访问者进入系统接触资源。身份认证在网络安全中的地位相当重要,是最基本的安全服务。

7.3.2 数字签名

数字签名在信息安全,包括身份认证、数据完整性、不可否认性以及匿名性等方面有重要应用,特别是在大型网络安全通信中的密钥分配、认证以及电子商务系统中有重要作用。

1. 报文摘要

报文摘要是由单向 Hash 函数将需要加密的明文"摘要"成一串定长的密文,即单向散列(Hash)值,它有固定的长度,且不同的明文摘要成密文,其结果总是不同的,而同样的明文其摘要必定一致。这样摘要便可验证明文在传输过程中是否被篡改。一个好的报文摘要具有下述性质,即报文中的任何一点微小变化,将导致摘要的大面积变化(雪崩效应);试图从摘要中恢复出报文是不可能的;找到两条具有相同摘要值的报文也是不可能的。

现举个例子来说明单向 Hash 函数的实现方法。假设生成单向 Hash 函数的办法是:

对一段英文消息中的字母 a,e,h 出现的次数进行计算,生成的消息摘要值 H 取字母 a,e 出现次数的乘积,再加上字母 h 出现的次数。那么对于一段英文消息:The bank account is two zero zero eight,这段英文中 a 出现的次数 2,e 出现的次数为 4,h 出现的次数为 2。那么生成的消息摘要值为 H=2×4+2=10。如果有人截获了这段消息,并把它改成:The bank account is two zero zero seven。则这段英文中,a 出现的次数 2,e 出现的次数为 5,h 出现的次数为 1。则新的摘要值 H1 =2×5+1=11。显然,被人修改的摘要值已经发生变化。通过检查消息摘要值的方法就可以发现消息是否被人篡改。

目前,在众多摘要算法中,最常用的是信息-摘要算法(Message-Digest Algorithm 5,MD5)和安全散列算法(Secure Hash Algorithm-1,SHA-1)。其中,MD5 算法的摘要长度为 128 位,是目前最主要的报文摘要算法。SHA-1 算法与 MD5 算法很相似,但其摘要长度更长,有 160 位、192 位和 256 位 3 个版本,因而比 MD5 算法更安全,强度更高,备受密码学界的推崇。

2. 数字签名基本概念

数字签名是实现交易安全的核心技术之一,它的实现基础就是加密技术。数字签名将信息发送者的身份与信息传送结合起来,可以保证信息在传输过程中的完整性,并提供信息发送者的身份验证,以防止信息发送者抵赖行为的发生。数字签名是用发送方的私有密钥加密,接收方用发送方的公钥解密。数字签名必须保证以下几点:

(1) 保证信息的完整性,数据不被篡改。根据 Hash 函数的性质,一旦原始信息被改动,所生成的数字摘要就会发生很大的变化,因此,通过这种方式,能防止原始信息被篡改。

(2) 抗否认性。使用公开密钥的加密算法,由于只有发送方一人拥有私钥,因此,发送方不能否认发送过信息。

(3) 身份验证。使用公开密钥的加密算法,由于只有发送方一人拥有私钥,因此,可确定信息来自发送方,防止接收方伪造一份声称来自于发送方的报文。

数字签名有两种:一种是对整体消息的签名,即消息经过密码变换后被签名的消息整体;一种是对压缩消息的签名,即附加在被签名消息之后或某一特定位置上的一段签名图样。

3. 数字签名的基本过程

在传统的商务活动中,人们通过对商务文件进行签名来保证文件的真实有效性,对签字方进行约束并防止其事后抵赖。在电子商务活动中,则对电子文档进行数字签名,商务文档与数字签名一起发送,以作日后查证的依据,从而为电子商务提供不可否认服务。把 Hash 函数与公钥算法结合起来,可以同时保证数据的完整性和真实性。完整性是指传输的数据未被修改,而真实性则保证是由确定的合法者产生的 Hash 摘要,而不是由其他人假冒。把这两种机制结合起来便产生了所谓的基于数字摘要的数字签名,其原理如图 7.16 所示。

(1) 被发送文件用 Hash 算法产生摘要 S1。

(2) 发送方用自己的私人密钥 SK1 对摘要 Sl 再加密,这就形成了数字签名 F。

(3) 随机产生一个对称密钥 K,将原文用该密钥进行对称加密,形成密文 P1。

(4) 将对称密钥 K 和数字签名 F 用接收方的公开密钥 PK2 进行加密,形成密文 P2。

(5) 将密文 P1 和密文 P2 发送到接收方。

(6) 接收方用自己的私人密钥 SK2 对密文 P2 解密,得到对称密钥 K 和数字签名 F。

(7) 用发送方的公开密钥 PK1 对数字签名 F 解密，还原摘要 S1。

(8) 用对称密钥 K 对密文 P1 解密，还原原文。

(9) 用同一 Hash 算法还原原文产生新的摘要 S2。

(10) 将摘要 S1 与 S2 对比，如两者一致，则说明传送过程中信息没有被破坏或篡改过，否则即被破坏或篡改过。

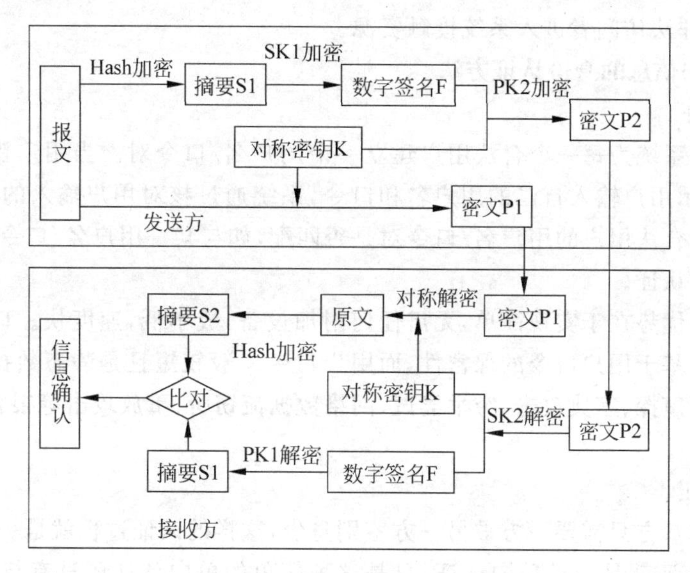

图 7.16 数字签名的处理过程

4. 数字签名技术

目前应用最广泛的数字签名算法有 Hash 签名、RSA 签名、DSS 签名、椭圆曲线数字签名算法等。

Hash 签名是最主要的数字签名方法。它与 RSA 数字签名不同，它是将数字签名与要发送的信息紧密联系在一起，特别适合于电子商务活动。将一个商务合同的内容和要发送的信息紧密联系在一起，增加了可靠性和安全性。

RSA 密码技术的优点是没有密钥分配问题，网络越复杂，网络用户越多，其优点越明显。因为公开密钥加密使用两个不同的密钥，其中有一个是公开的，另一个是保密的。公开密钥可以保存在系统目录内、未加密的电子邮件中、电话号码簿或公告牌里，网上任何用户都可获得公开密钥。而私有密钥是用户专用的，从而用户可用私有密钥加密"摘要值"以实现签名。

数字签名算法(Digital Signature Algorithm，DSA)，是 Schnorr 和 E1Gamal 签名算法的变种，被美国 NIST 作为数字签名标准(Digital Signature Standard，DSS)。DSS 是由美国国家标准化研究院和国家安全局共同开发的。DSA 是另一种公开密钥算法，它不能用作加密，只用作数字签名。DSA 使用公开密钥，为接收者验证数据的完整性和数据发送者的身份，它也可用于由第三方去确定签名和所签数据的真实性。DSA 算法的安全性基于求解离散对数的困难性，其困难之处在于要在有限域内进行数学取幂的逆操作。

椭圆曲线数字签名算法是一种运用 RSA 和 DSA 来实施数字签名的方法。基于椭圆曲线的数字签名具有与 RSA 数字签名和 DSA 数字签名基本上相同的功能，但实施起来更有效,因为椭圆曲线数字签名在生成签名和进行验证时要比 RSA 和 DSA 来得快。

7.3.3 常用身份认证技术

身份认证技术能够对信息收发双方进行真实身份鉴别,可保护网络信息资源的安全。它的任务是识别、验证网络信息系统中用户身份的合法性和真实性,按不同授权访问系统各级资源、并禁止非法访问者进入系统接触资源。

1. 基于秘密信息的身份认证方法

1) 口令认证

口令认证是系统为每一个合法用户建立一个用户名/口令对。当用户登录系统或使用某项功能时,提示用户输入自己的用户名和口令,系统通过核对用户输入的用户名/口令对与系统内已有的合法用户的用户名/口令对是否匹配,如与某一用户名/口令对匹配,则该用户的身份得到了认证。

口令认证的优势在于实现简单,无需任何附加设备,成本低,速度快。口令认证的缺点在于安全性仅仅基于用户口令的保密性,而用户口令一般较短且是静态数据,容易猜测,且易被攻击。采用窥探、字典攻击、穷举尝试、网络数据流窃听、重放攻击等很容易攻破该认证系统。

2) 单向认证

如果通信的双方只需要一方被另一方鉴别身份,这样的认证过程就是一种单向认证,前面所述的口令认证就是一种单向认证,只是这种简单的单向认证还没有与密钥分发结合。与密钥分发结合的单向认证主要有两类方案:一类采用对称密钥加密体制,需要一个可信赖的第三方——通常称为密钥分发中心(Key Distribution Center,KDC),用这个第三方来实现通信双方的身份认证和密钥分发(如 DES 算法)。KDC 是网络环境中被大家公认的可信第三方,它与每个网络通信方都保持一个共享密钥。需第三方参与的单向认证过程如下,其中"‖"表示"与"。

① A 向 KDC 要求与 B 建立共享密钥(会话密钥),A 向 KDC 发送自己与 B 的身份标识以及随机数 N_1。N_1 为仅使用一次的随机数,用于抵御重放攻击,防止伪造。可表示为:A→KDC: $ID_A \| ID_B \| N_1$。

② KDC 在收到消息①后,KDC 负责为 A、B 随机生成一个共享密钥 K_{AB},然后用密钥 K_B 将 K_{AB} 与 A 的标识 ID_A 一起加密生成 A 想访问 B 的凭据,再将 K_{AB},ID_B 和 N_1 一起用 K_A 加密。可表示为:KDC→A: $E_{KA}[K_{AB} \| ID_B \| N_1 \| E_{KB}[K_{AB} \| ID_A]]$。

③ A 收到消息②后进行解密,A 获得了访问 B 的共享密钥 K_{AB},并用 K_{AB} 加密向 B 所传输的信息。可表示为:A→B: $E_{KB}[K_{AB} \| ID_A] \| E_{KAB}[M]$。

其中,ID_A、ID_B 分别为 A、B 的标识;N_1 为序号,用于抵御重放攻击,防止伪造。K_A 为用户 A 和 KDC 的共有密钥,网络中其他用户无法知道 K_A;K_B 为用户 B 和 KDC 的共有密钥,网络中其他用户无法知道 K_B;K_{AB} 为用户 A、B 的本次会话密钥;M 为明文。

另一类采用非对称密钥加密体制加密和解密,这种方法使用不同的密钥,无需第三方参与,典型的公钥加密算法有 RSA 认证等。它的优点是能适应网络的开放性要求、密钥管理简单并且可方便地实现数字签名和身份认证等功能,是目前电子商务等技术的核心基础,其缺点是算法复杂。其认证过程是:A→B: $E_{PKB}[K_{AB}] \| E_{KAB}[M]$。此时用接收方 B 的公钥

PKB 加密会话密钥 K_{AB}，接收方 B 用自己的私有密钥解密后就可得到会话密钥 K_{AB}。

单向认证运算量最小、速度快、安全度高，但其密钥的秘密分发难度大。

3) 双向认证

双向认证中，通信双方需要互相鉴别各自的身份，然后交换会话密钥，典型方案是 Needham-Schroeder 协议，其优点是保密性高，但会遇到消息重放攻击。

① A→KDC：$ID_A \| ID_B \| N_1$；

② KDC→A：$E_{KA}[K_{AB} \| ID_B \| N_1 \| E_{KB}[K_{AB} \| ID_A]]$；

③ A→B：$E_{KB}[K_{AB} \| ID_A]$；

④ B→A：$E_{KAB}[N_2]$；

⑤ A→B：$E_{KAB}[f(N_2)]$。

(N_2 为任一随机数，其中 $f(N_2)$ 为 N_2 的某一个函数，如 $f(N_2)=N_2-1$ 等。)

可以看出双向认证与单向认证相比，只是多了接收方 B 的反向认证，但实质是相同的。

2. 基于物理安全性的身份认证方法

尽管前面提到的身份认证方法在原理上有很多不同，但它们有一个共同的特点，就是只依赖于用户知道的某个秘密的信息。与此对照，另一类身份认证方案是依赖于用户特有的某些生物学信息或用户持有的硬件(如智能卡/令牌等)。

1) 智能卡/令牌

智能卡/令牌具有硬件加密功能，有较高的安全性。每个用户持有一张智能卡，智能卡存储用户个性化的秘密信息，同时在验证服务器中也存放该秘密信息。进行认证时，用户输入 PIN(个人身份识别码)，智能卡认证 PIN，成功后，即可读出智能卡中的秘密信息，进而利用该秘密信息与主机之间进行认证。基于智能卡/令牌的认证方式是一种双因素的认证方式(PIN+智能卡)，即使 PIN 或智能卡被窃取，用户仍不会被冒充。智能卡提供硬件保护措施和加密算法，可以利用这些功能加强安全性能，例如可以把智能卡设置成用户只能得到加密后的某个秘密信息，从而防止秘密信息的泄露。但智能卡/令牌认证可能会遗失或被盗用，使用者必须谨记随身携带。同时，令牌的分发和跟踪管理也比较困难和麻烦，实施和管理代价也远高于口令系统。

2) 生物特征认证

生物特征认证是指采用人类自身的生理和行为特征来验证用户身份的技术。人类自身的指纹、掌形、虹膜、视网膜、面容、语音、签名等具有先天性、唯一性、不变性等特点，利用生物特征来识别个人身份，用户使用时无须记忆，更难以借用、盗用和遗失。因此，生物特征认证更为安全、准确和便利。但生物特征认证也可能发生拒认、误认和特征值不能录入等错误。拒认指当用户的认证被拒绝通过，导致需要多次认证才能验证通过。误认指将非法用户误认为正当用户通过验证，导致致命错误。特征值不能录入指某些用户的生物特征值有可能因故不能被系统记录，从而导致用户不能使用系统，如上肢残缺者不能使用指纹或掌纹系统，口吃者不能使用语音识别系统等。由于以上 3 类错误，生物特征认证应用受到了一定的限制，并由于成本和技术成熟度等原因，还有待推广和普及。

7.3.4 数字证书

数字证书(digital certificate)是各类实体在网上进行信息交流及商务活动的身份证明，

在电子交易的各个环节,交易各方都需验证对方证书的有效性,从而解决相互间的信任问题。它是一个数据结构,将某一成员的识别符和一个公钥值绑定在一起,并由某一认证机构的成员进行数字签名。一旦用户知道认证机构的真实公钥,就能检查证书签名的合法性。

1. 数字证书概述

数字证书是一个经过认证机构(Certificate Authority,CA)数字签名的、包含公开密钥拥有者信息以及公开密钥的文件。最简单的数字证书包含一个公开密钥、名称以及CA的数字签名。一般情况下,证书中还包括密钥的有效时间、证书授权中心名称和该证书的序列号等消息。

数字证书利用一对相互匹配的密钥进行加密和解密。每个用户自己设定一个特定的且仅为本人所知的私钥,并用它进行解密和签名;同时,用户需要设定一个公钥并由本人公开,为公众所共享,用于加密和签名。当发送保密文件时,发送方使用接收方的公钥对数据加密,而接收方则使用自己的私钥解密,这样信息就可以安全地传送到目的地。通过数字证书的手段可以保证加密过程是一个不可逆的过程,只有私有密钥才能对加密文件进行解密。

数字证书按拥有者分类,一般分为个人证书、企业证书、服务器证书和信用卡身份证书。它们又拥有各自不同的分类,如个人证书又分为个人安全电子邮件证书和个人身份证书。企业证书分为企业安全电子邮件证书和企业身份证书。服务器证书又分为Web服务器和服务器身份证书。信用卡身份证书包括消费者证书、商家证书和支付网关证书等。从数字证书的用途上看,数字证书又可分为签名证书和加密证书。签名证书主要用于对用户信息进行签名,以保证信息的不可否认性;加密证书主要用于对用户传送信息进行加密,以保护认证信息以及公开密钥的文件。

数字证书认证是基于公开密钥基础设施(Public Key Infrastructure,PKI)标准的网上身份认证系统进行的。数字证书以数字签名的方式通过第三方权威认证机构有效地进行网上身份认证,帮助网上各个交易实体识别对方身份和表明自己身份,具有真实性和防抵赖功能。与物理身份证不同的是,数字证书还具有安全、保密、防篡改的特性,可对企业网上传输的信息进行有效保护和安全传输。

2. 数字证书的格式

数字证书的类型有很多种,主要包括X.509公钥证书、SPIK(Simple Public Key Infrastructure)证书、PGP(Pretty Good Privacy)证书和属性(attribute)证书。但现在大多数证书都建立在ITU-T X.509标准基础之上,图7.17给出了X.509版本3的证书格式。

版本号	序列号	签名算法	颁发者	有效期	主体	主体公钥信息	颁发者唯一标识符	扩展	签名

图7.17 X.509版本3的证书格式

X.509是一种通用的证书格式,认证者总是CA或由CA指定的人。X.509证书包含以下数据。

(1) X.509版本号。指出该证书使用了何种版本的X.509标准,版本号可能会影响证书中一些特定的信息。

(2) 证书序列号。由CA给每一个证书分配的唯一数字型编号。当证书被取消时,此序列号将放入由CA签发的证书作废表中。

(3) 签名算法标识符。用于指定CA签署证书时所使用的公开密钥算法或Hash算法等签名算法类型。

(4) 证书颁发者。一般为证书颁发机构的可识别名称。

(5) 证书有效期。标明了证书的起始日期和时间以及终止日期和时间,证书在这两个日期之间是有效的。

(6) 主体信息。证书持有人的唯一标识符,该信息在Internet上应该是唯一的,须指出该主体的通用名、组织单位、证书持有人的姓名、服务处所等信息。

(7) 证书持有人的公钥。包括证书持有人的公钥、算法标识符和其他相关的密钥参数。

(8) 认证机构。证书发布者的信息,是签发该证书的实体唯一CA的X.509名字,使用该证书意味着信任签发证书的实体。

(9) 扩展部分。特指专用的标准和专用功能的字段。

(10) 发布者数字签名。由发布者私钥生成的签名,以确保这个证书在发放之后没有被篡改过。

3. 认证机构系统

认证机构系统是电子商务体系的核心环节,是电子交易的基础。它通过自身的注册审核体系,检查核实进行证书申请的用户身份和各项相关信息,使网上交易的用户属性与真实性一致。它是权威的、可信赖的和公正的第三方机构,专门负责发放并管理所有参与网上交易实体所需的数字证书。

CA系统为实现其功能,主要由3部分组成:

(1) 认证机构。认证机构是一台CA服务器,是整个认证系统的核心,它保存根CA的私钥,其安全等级要求最高。CA服务器具有产生证书、实现密钥备份等功能,这些功能应尽量独立实施。CA服务器通过安全链接同登记机构(Registration Authority,RA)和轻量目录访问协议(Lightweight Directory Access Protocal,LDAP)服务器实现安全通信。CA服务器的主要功能包括CA初始化和CA管理、处理证书申请、证书管理和交叉认证。

(2) 注册机构。通常为了减轻CA服务器的处理负担,专门用一个单独的机构即注册机构(RA)来实现用户的注册、申请以及部分其他管理功能。RA注册机构由RA服务器和RA操作员组成。RA服务器由操作员管理,而且还配有LDAP服务器。客户只能访问RA操作员,不能直接和RA服务器通信,RA操作员是Internet用户进入CA系统的访问点。用户通过RA操作员实现证书申请、撤销、查询等功能。RA服务器和RA操作员之间的通信都通过安全Web会话实现,RA操作员的数量没有限制。

(3) 证书目录服务器。由于认证机构颁发的证书只是捆绑了特定实体的身份和公钥,而没有提供如何找到该证书的方法,因此需建立目录服务器(directory service server)来提供稳定可靠的、规模可扩充的在线数据库系统来存放证书。目录服务器存放了认证机构所签发的所有证书,当终端用户需要确认证书信息时,通过LDAP协议下载证书或者吊销证书列表,或者通过在线证书状态协议(Online Certificate State Protocol,OCSP)向目录服务器查询证书的当前状况。

4. 数字认证

数字认证是检查一份给定的证书是否可用的过程,也称为证书验证。数字认证引入了一种机制来确保证书的完整性和证书颁发者的可信赖性。在考虑证书的有效性或可用性时,除了简单的完整性检查还需要其他的机制。

数字认证包括如下主要内容:

(1) 一个可信的 CA 已经在证书上签名,即 CA 的数字签名被验证是正确的。

(2) 证书有良好的完整性,即证书上的数字签名与签名者的公钥和单独计算出来的证书 Hash 值相一致。

(3) 证书处在有效期内、证书没有被撤销。

(4) 证书的使用方式与任何声明的策略或使用限制相一致。

在 PKI 中,认证是一种将实体及其属性和公钥绑定的一种手段。如前所述,这种绑定表现为一种签名的数据结构即公钥证书,这些证书上都有颁发 CA 的私钥签名。CA 对它所颁发的证书进行数字签名,从完整性的角度来看,证书是受到了保护。如果它们不含有任何敏感信息,证书可以被自由随意地传播。

7.3.5 公钥基础设施

公钥基础设施(Public Key Infrastructure,PKI)产生于 20 世纪 80 年代,它结合多种密码技术和手段,采用证书进行公钥管理,通过第三方的可信任机构 CA 把用户的公钥和用户的其他标识信息捆绑在一起,在 Internet 上验证用户的身份,为用户建立一个安全的网络运行环境,并可以在多种应用环境下方便地使用加密和数字签名技术来保证网上数据的机密性、完整性、有效性。PKI 实际上是一套软硬件系统和安全策略的集合,它提供了一整套安全机制,使用户在不知道对方身份或分布地很广的情况下,以证书为基础,通过一系列的信任关系进行通信和交易。

1. PKI 的组成

一个实用的 PKI 体系应该是安全的、易用的、灵活的和经济的,它必须充分考虑互操作性和可扩展性。从系统构建的角度,PKI 由 3 个层次构成,如图 7.18 所示。

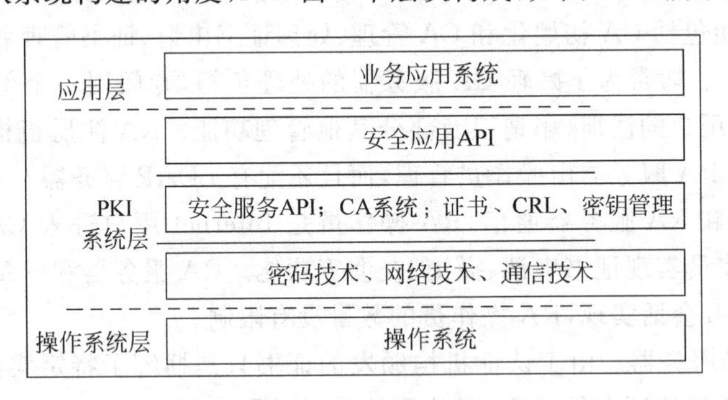

图 7.18 PKI 系统应用框架

PKI 系统的最底层位于操作系统之上,为密码技术、网络技术和通信技术等,包括各种硬件和软件。中间层为安全服务(Application Programme Interface,API)和认证服务,以及证书、证书撤销列表(Certificate Reveocation List,CRL)和密钥管理服务。最高层为安全应用 API,包括数字信封、基于证书的数字签名和身份认证等 API,为上层的各种业务应用提供标准的接口。

一个完整的 PKI 系统具体包括认证机构 CA、数字证书库、密钥备份及恢复系统、证书作废处理系统和客户端证书处理系统等部分。

(1) 认证机构。CA 证书机制是目前被广泛采用的一种安全机制,使用证书机制的前提是建立 CA 以及配套的 RA 注册审批机构系统。

(2) 数字证书库。证书库是 CA 颁发证书和撤销证书的集中存放地,可供用户进行开放式查询,获得其他用户的证书和公钥。

(3) 密钥备份及恢复系统。PKI 提供的密钥备份和恢复解密密钥机制是为了解决用户由于某种原因丢失了密钥使得密文数据无法被解密的情况。

(4) 证书作废处理系统。证书作废处理系统是 PKI 的一个重要组件。证书的有效期是有限的,证书和密钥必须由 PKI 系统自动进行定期更换,超过有效期限就要按作废处理。

(5) 客户端证书处理系统。为了方便客户操作,在客户端装有软件,申请人通过浏览器申请、下载证书,并可以查询证书的各种信息,对特定的文档提供时间戳请求等。

2. PKI 的运行模型

为了更好了解 PKI 系统运行情况,需要进一步明确活动的主体是谁及其相关操作。在 PKI 的基本框架中,包括管理实体、端实体和证书库 3 类实体,其职能如下:

(1) 管理实体。它包括认证机构 CA 和注册机构 RA,是 PKI 的核心,是 PKI 服务的提供者。CA 和 RA 以证书方式向端实体提供公开密钥的分发服务。

(2) 端实体。它包括证书持有者和验证者,它们是 PKI 服务的使用者。

(3) 证书库。它是一个分布式数据库,用于存放和检索证书以及撤销证书列表。

PKI 操作分为存取操作和管理操作两类。前者涉及管理实体或端实体与证书库之间的交互,操作目的是向证书库存放、读取证书和作废证书列表;后者涉及管理实体与端实体之间或管理实体内部的交互,操作目的是完成证书的各项管理任务和建立证书链。具体 PKI 系统的运作流程如图 7.19 所示。

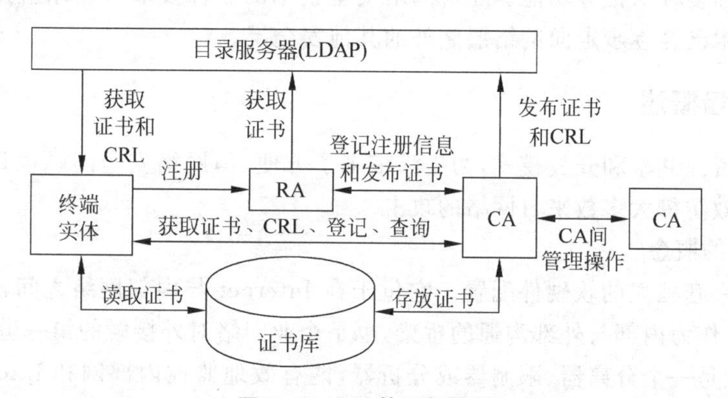

图 7.19 PKI 的运行模型

用户向 RA 提交证书申请或证书注销请求,由 RA 审核;RA 将审核后的用户证书申请或证书注销请求提交给 CA;CA 最终签署并颁发用户证书,并且登记在证书库中,同时定期更新证书撤销列表(Certificate Reveocation List,CRL),供用户查询。从根 CA 到本地 CA 之间存在一条链,下一级 CA 由上一级 CA 授权。

3. PKI 提供的服务

PKI 主要提供以下服务：

(1) 认证。认证是确认实体自己所申明的主体。在应用程序中有实体鉴别和数据来源鉴别两种情形。前者只简单认证实体本身的身份，后者鉴定某个指定的数据是否来源于某个特定的实体，确定被鉴别的实体与一些特定数据有着静态的不可分割的联系。

(2) 机密性。机密性是确保数据的秘密，除指定的实体外，无人能读出这些数据。它是用来保护主体的敏感数据在网络中传输和非授权泄漏时，自己不会受到威胁。

(3) 数据完整性。数据完整性是确认数据没有被非法修改。无论是传输还是存储过程中的数据，都需要通过完整性检查。

(4) 不可否认。不可否认用于从技术上保证实体对他们行为的诚实，包括对数据来源的不可否认和接受后的不可否认。

(5) 安全时间戳。安全时间戳是一个可信的时间权威机构用一段可认证的完整数据表示时间戳。最重要的不是时间本身的准确性，而是相关时间日期的安全，以证明两个事件发生的先后关系。在 PKI 中，它依赖于认证和完整性服务。

(6) 特权管理。特权管理包括身份鉴别、访问控制、权限管理、许可管理和能力管理等。在特定环境中，必须为单个实体、特定的实体组和指定的实体角色制定策略。这些策略规定实体、组和角色能做什么、不能做什么。其目的是在维持所希望的安全级别的基础上，进行每日的交易。

7.4 防火墙技术

作为内部网与外部网之间的第一道屏障，防火墙是最先受到人们重视的网络安全产品之一。防火墙不仅具有数据包过滤、应用代理服务和状态检测等功能，还支持加密、VPN、强制访问控制和多种认证等功能。随着网络安全技术的整体发展和网络应用的不断变化，现代防火墙技术已经逐步走向网络层之外的其他安全层。

7.4.1 防火墙概述

互联网的资源共享和开放模式，为生活带来了方便，但网络安全问题也日益突出，使用防火墙可以有效防御大多数来自网络的攻击。

1. 防火墙的概念

防火墙是一套独立的软硬件配置。它位于在 Internet 与内部网络之间，是两个网络之间的安全屏障，作为内部与外部沟通的桥梁，也是企业网络对外接触的第一道屏障。在逻辑上，防火墙可能是一个分离器、限制器或分析器，能有效地监控内部网和 Internet 之间的任何活动，保证内部网络的安全。简单地说，防火墙就是位于两个信任程度不同的网络之间的软件或硬件组合，它对两个网络之间的通信进行控制，通过强制实施允许的安全策略，防止对重要信息资源的非法存取和访问，达到保护系统安全的目的。

2. 防火墙的功能

一般地，防火墙可以防止来自外部网络通过非授权行为访问内部网，而其另外一个重要的特性就是，防火墙可以提供一个单独的“阻塞点”，并支持在“阻塞点”上设置安全和审计检查。防火墙的日志记录和安全审计功能可以向网络安全管理员提供一些重要信息，使管理员能够对当前的网络状况进行通行规则的设定。总的来说，防火墙具有以下功能：

(1) 防火墙为内部网络提供安全屏障。防火墙可检测所有经过的数据细节，并根据事先定义好的策略允许或禁止这些数据通过。它可以极大地提高内部网络的安全性，并通过过滤不安全的服务降低风险。

(2) 防火墙可强化网络安全策略。通过以防火墙为中心的安全方案配置，能将所有的安全功能（如口令、加密、身份认证、审计等）配置在防火墙上。与将网络安全分散在各主机上相比，集中的防火墙安全管理将更为经济，更具可操作性。

(3) 防火墙能对网络存取和访问进行监控审计。防火墙能将所有通过自己的访问都进行记录，并同时提供网络使用情况的统计数据。当发生可疑情况时，防火墙能立刻进行报警，并提供网络检测和攻击的详细信息，方便网络安全管理员迅速进行威胁分析，并进行实际排查。

(4) 防火墙能防止内部信息外泄。通过利用防火墙对内部网络进行划分，可实现对内部网络重点网段的隔离，从而限制局部重点或敏感网络安全问题对全局网络造成的影响。防火墙所提供的阻塞内部网络DNS信息的功能，也能有效地隐藏内部网络中的机密的主机域名和IP地址。

(5) 防火墙能提供安全策略检查。所有进出网络的信息都必须通过防火墙，防火墙成为网络上的一个安全检查站，通过对外部网络进行检测和报警，可将检查出来的可疑访问一一拒绝和拦截。

(6) 防火墙是实施网络地址翻译(Network Address Translation，NAT)的理想场所。防火墙在内外网之间的特殊位置决定了它在网络地址翻译实施中的重要地位，在防火墙上实施NAT可将有限的IP地址动态或静态地与内部的IP地址对应起来，用来缓解地址空间短缺的问题。

3. 目前防火墙的局限性

防火墙可以使内部网络在很大程度上免受攻击，但还有很多威胁是防火墙无能为力的，其中包括：

(1) 防火墙不能防范内部人员的攻击，它只能提供周边防护，并不能控制内部用户对内部网络滥用授权的访问。内部用户可窃取数据、破坏硬件和软件，并巧妙地修改程序而不接近防火墙。

(2) 防火墙不能防范绕过它的攻击，如果站点允许对防火墙后的内部系统进行拨号访问，那么防火墙将不能阻止进攻者进行的拨号进攻。

(3) 防火墙不能防御全部威胁。虽然好的防火墙设计方案能够在一定程度上防御新的威胁，但由于攻击技术不断革新，而防火墙技术一直以被动的方式进行相应革新，故防火墙不可能防御所有的威胁。

(4) 防火墙不能防御恶意程序和病毒。防火墙大多采用包过滤的工作原理，扫描内容针对源、目标地址和端口号，而不扫描数据的确切内容。即便是一些应用程序级的防火墙，在面对可使用各种手段隐藏在正常数据中的恶意程序和病毒，防火墙也显得无能为力。此外，防火墙只能防御从网络进入的恶意程序和病毒，而不能处理通过被感染系统进入网络并在内部网络内大肆传播的病毒和恶意程序。

7.4.2 防火墙的主要技术

1. 包过滤技术

包过滤技术是防火墙在网络层和传输层根据数据包中的包头信息有选择地实施允许通过或阻止数据包。防火墙根据事先定义好的过滤规则审查每个数据包的头部,以便确定其是否与某一条包过滤规则匹配。过滤规则基于数据包的包头信息进行制定。包过滤技术包括两种基本类型:静态包过滤技术和动态包过滤技术。

1) 静态包过滤技术

静态包过滤防火墙工作在网络层和传输层,与应用层无关。静态包过滤防火墙技术依据的是分组交换技术。用户在网络中传输的信息被分割成具有一定大小和长度的包进行传输,每一个数据包的包头中都会包含数据包的IP源地址、目标地址、传输协议(TCP、UDP、ICMP等)、TCP/UDP目标端口、ICMP消息类型等信息。这些分组采用存储转发技术逐一发送到目标主机。

静态包过滤防火墙根据定义好的过滤规则检查每个通过它的数据包,以确定其是否与某一条或多条过滤规则相匹配,并决定是否允许该数据包通过,即它对每一个数据包的包头按照包过滤规则进行判定,与规则相匹配的包则根据路由表信息继续转发,否则,则丢弃。过滤规则是一个在系统内部设置的访问控制表(access control table),它是根据数据包的包头信息来制定的。静态包过滤防火墙通过读取数据包中的地址信息来判断这些"包"是否来自可信任的安全站点,一旦发现来自危险站点的数据包,防火墙便会将这些数据拒之门外。其工作流程如图7.20所示。

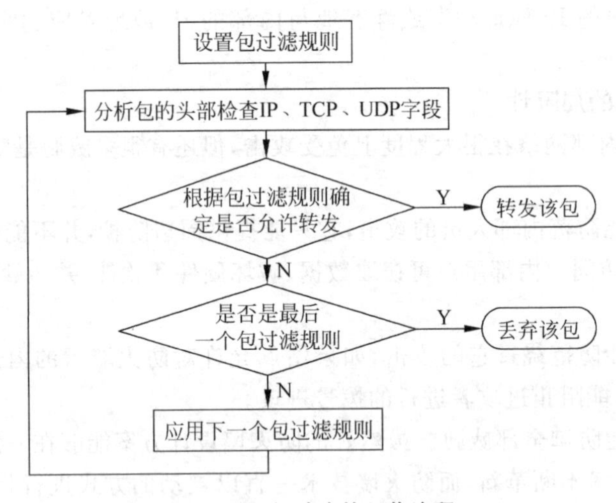

图7.20 包过滤的工作流程

静态包过滤防火墙的优点是:逻辑简单,网络效率高,透明性好,价格低廉,易于安装和使用;它不针对各个具体的网络服务采取特殊的处理方式,具有很强的通用性;大多数路由器都提供分组过滤功能,使用包过滤防火墙不会增加网络成本;可以满足大部分网络用户的安全需求。

静态包过滤防火墙的缺点是:访问控制表中的过滤规则数目有限,因而各种安全要求不可能充分满足，而且随着过滤规则数目的增加，设备及网络性能均会受到很大的影响；由于缺少上下文关联信息，不能有效地过滤如UDP等协议；静态包过滤技术只能根据数据包的来源、目标和端口等网络信息进行判断，无法识别基于应用层的恶意侵入；不支持用户认证，不提供日志功能。

2）动态包过滤技术

动态包过滤技术采用动态设置包过滤规则的方法，避免了静态包过滤所具有的问题。采用这种技术的防火墙对通过其建立的每一个链接都进行跟踪，并且根据需要可动态地在过滤规则中增加或更新条目。

总的来说，包过滤技术作为防火墙的应用有两类：一是路由设备在完成路由选择和数据转发之外，同时进行包过滤，这是常用的方式；二是在一种称为屏蔽路由器的路由设备上启动包过滤功能。

包过滤技术的优点在于一个过滤路由器能协助保护整个网络；数据包过滤不需要用户进行任何特殊的训练即可操作，对用户完全透明；再次，过滤路由器速度很快，效率较高，并且技术通用、廉价、有效并易于安装、使用和维护，适合在很多不同情况的网络中采用。但包过滤技术安全性较差，不能彻底防止地址欺骗，无法执行某些安全策略。所以很少把包过滤技术当作单独的安全解决方案，而经常与其他防火墙技术组合使用。

2. 应用代理技术

开发代理的最初目的是对Web进行缓存，减少冗余访问，但现在主要用于防火墙。代理服务器通过侦听网络内部客户的服务请求，检查并验证其合法性，若合法，它将作为一台客户机向真正的服务器发出请求并取回所需信息，再转发给客户。对于内部客户而言，代理服务器好像原始的公共服务器；对于真正的服务器而言，代理服务器好像原始的客户，即代理服务器充当了双重身份，并将内部系统与外界完全隔离开来，外面只能看到代理服务器，而看不到任何内部资源。基于代理技术的防火墙经历了两个发展阶段：代理防火墙和自适应代理防火墙。

1）代理防火墙

代理防火墙也叫应用层网关(application gateway)防火墙。这种防火墙通过一种代理(proxy)技术参与到一个TCP连接的全过程。从内部发出的数据包经过这样的防火墙处理后，就好像是源于防火墙外部网卡一样，从而可以达到隐藏内部网结构的作用。它的核心技术就是代理服务器技术。

所谓代理服务器，是指代表客户处理服务器连接请求的程序，如图7.21所示。它工作在应用层，它完全控制内部与外部网络之间的流量，强制执行用户认证，并提供较详细的审计日志。当代理服务器得到一个客户的连接意图时，它们将核实客户请求，并经过特定的安全化的代理应用程序处理连接请求，将处理后的请求传递到真实的服务器上，然后接受服务器应答，并做进一步处理后，将答复交给发出请求的最终客户。代理服务器在外部网络向内部网络申请服务时发挥了中间转接的作用。代理防火墙最突出的优点就是安全。由于每一个内外网络之间的连接都要通过代理的介入和转换，通过专门为特定的服务(如http)编写的安全化的应用程序进行处理，然后由防火墙本身提交请求和应答，没有给内外网络的计算机以任何直接会话的机会,从而避免了入侵者使用数据驱动类型的攻击方式入侵内部网。包过滤类型的防火墙是很难彻底避免这一漏洞的。

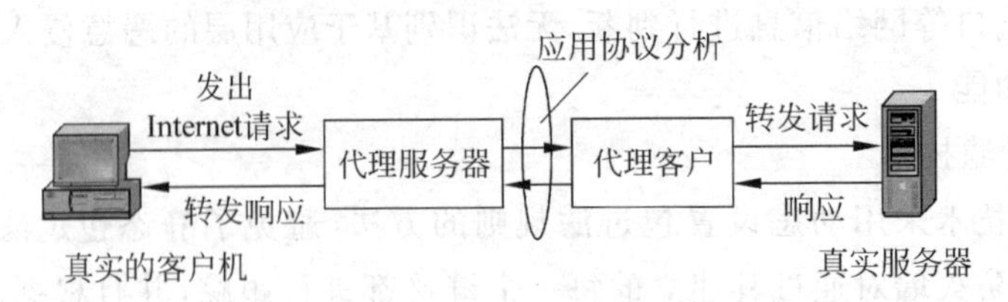

图 7.21 代理服务器

代理型防火墙的优点是安全性较高,内部与外部网络之间的任何一个连接都要经过代理服务器的监视和传送。其缺点是数据处理速度慢,尤其是在网络吞吐率较高时,会成为内部与外部网络之间的瓶颈,而且代理服务器必须针对客户机可能产生的所有应用类型逐一进行设置,大大增加了系统管理的复杂性。

2) 自适应代理技术

最新的自适应代理防火墙技术,本质上也属于代理服务技术,但它结合了动态包过滤技术,因此具有更强的检测功能。它拥有代理服务防火墙的安全性和包过滤防火墙的高速度等优点。

在自适应代理防火墙中,对数据包的初始安全检查仍然在应用层进行,一旦建立安全通道,其后的数据包就可重新定向到网络层快速转发;另外,自适应代理技术可根据用户定义的安全规则(如服务类型、安全级别等),动态适应传送中的数据流量。当安全要求较高时,安全检查仍在应用层中进行,以保证防火墙的最大安全性;而一旦可信任身份得到认证,其后的数据便可直接通过速度快得多的网络层。

7.4.3 防火墙的体系结构

一般,构成防火墙的体系结构有 5 种:过滤路由器结构、双宿主机网关、屏蔽主机结构、屏蔽子网结构和组合结构。

1. 过滤路由器结构

这是最基本的防火墙体系结构,如图 7.22 所示。过滤路由器是一个具有数据包过滤功能的路由器,路由器上安装有 IP 层的包过滤软件,可以进行简单的数据包过滤。因为路由器是受保护网络和外部网络连接的必然通道,所以屏蔽路由器的使用范围很广,但其缺点也非常明显,一旦屏蔽路由器的包过滤功能失效,受保护网络和外部网络就可以进行任何数据的通信。

2. 双宿主机网关

如果一台主机装有两块网卡,一块连接受保护网络,一块连接外部网络,那么这台主机就是双宿主机网关,如图 7.23 所示。一般主机上都有相应的路由软件,能够很容易地实现屏蔽路由器的功能,并且可以有详尽的日志,也可以安装相应的系统管理软件,便于系统管理员使用。但一旦入侵者入侵双宿主机并使其只具有路由功能,则任何网上用户均可随便访问内部网。

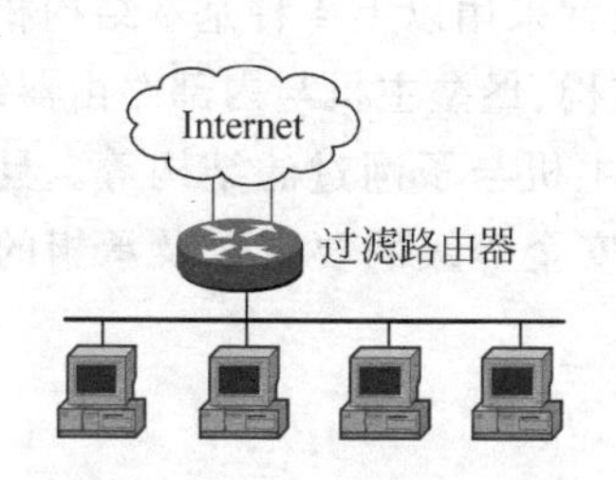

图 7.22 过滤路由器示意图

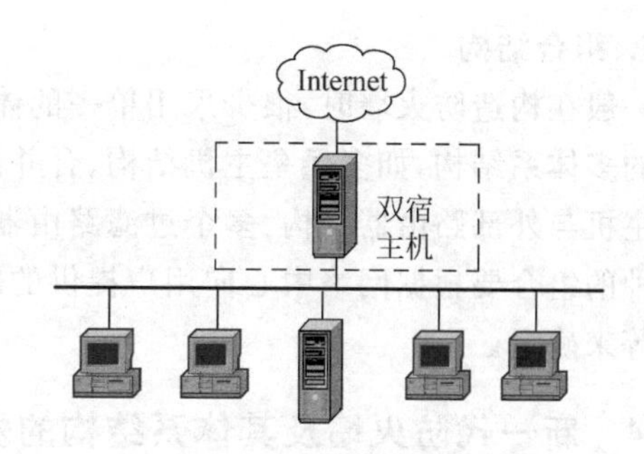

图 7.23 双宿主机网关示意图

3. 屏蔽主机网关

屏蔽主机网关是由一个双宿主机网关(堡垒主机)和一个过滤路由器组成的。防火墙的配置包括一个位于内部网络上的堡垒主机和一个位于堡垒主机和Internet之间的过滤路由器,如图7.24所示。过滤路由器首先阻塞外部网络进来的除了通向堡垒主机的所有其他信息流。外部信息流首先要经过过滤路由器的过滤,过滤后的信息流被转发到堡垒主机上,然后由堡垒主机上的应用服务代理对这些信息流进行分析并将合法的信息流转发到内部网络的主机上;外出的信息首先经过堡垒主机上的应用服务代理的检查,然后被转发到过滤路由器,然后由过滤路由器将其转发到外部网络上。

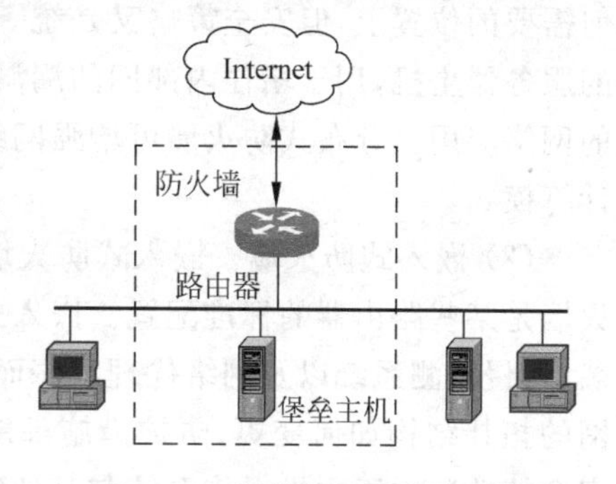

图 7.24 屏蔽主机网关防火墙

屏蔽主机结构的优点是包含了过滤路由器和堡垒主机,从而提供了双重安全保护,网络层和应用层的安全设施使得攻击内部网络变得更难;过滤路由器位于堡垒主机和Internet之间,因此过滤主机网关在具备双宿主机网关优点的同时,也消除了其直接访问的弊端;由于堡垒主机位于内部网络上,因此内部主机可以很容易访问到它。但屏蔽主机网关要求对两个部件配置以便能协同工作,所以防火墙的配置工作很复杂。

4. 屏蔽子网结构

屏蔽子网防火墙是在屏蔽主机网关防火墙的基础上再加一个路由器。两个屏蔽路由器都放在子网的两端,在内部网络和外部网络之间形成一个被隔离的子网,如图7.25所示。内部网络和外部网络均可访问被屏蔽子网,但禁止它们穿过被屏蔽子网通信。外部屏蔽路由器和应用网关与屏蔽主机网关防火墙中的功能相同。内部屏蔽路由器在应用网关与受保护网络之间提供附加保护,从而形成三道防线。因此,一个入侵者要进入受保护的网络比主机过滤防火墙更加困难。但是,它要求的设备和软件模块较多,其配置较贵且相当复杂。

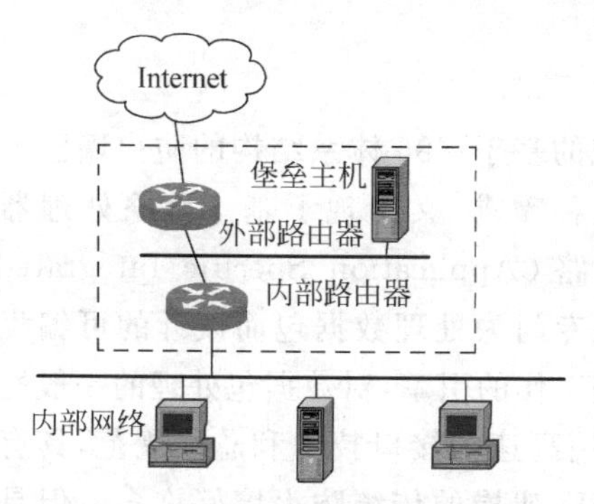

图 7.25 屏蔽子网防火墙

5. 组合结构

一般在构造防火墙时，很少采用单一的体系结构，而经常采用以上4种基本结构相组合而成的多体系结构，如多堡垒主机结构、合并内外路由器结构、堡垒主机与内部路由器结构、堡垒主机与外部路由器结构、多个过滤路由器结构和双目主机与子网过滤结构等。具体选用何种的组合要根据网络中心向用户提供的服务、对网络安全等级的要求以及承担的风险情况等来确定。

7.4.4 新一代防火墙及其体系结构的发展趋势

1. 新一代防火墙种类

(1) 分布式防火墙。分布式防火墙是指那些驻留在网络中的主机(如服务器等)，并对主机系统自身提供安全防护的防火墙产品。传统的防火墙只是网络中的单一设备，它的管理是局部的，而对分布式防火墙而言，每个防火墙可根据安全性的不同需求布置在网络中任何需要的位置上，但安全策略又是统一策划和管理的。分布式防火墙主要应用于企业网络的服务器主机，用于堵住内部网的漏洞，避免来自企业内部网的攻击，支持基于加密与认证的网络应用。分布式防火墙可增强网络内部的安全性，其与网络的拓扑无关，而且支持移动计算模式。

(2) 嵌入式防火墙。嵌入式防火墙是内嵌于路由器或交换机的防火墙产品。嵌入式防火墙是某些路由器的标准配置。嵌入式防火墙为弥补并改善各类安全能力不足的边缘防火墙、入侵监测系统以及网络代理程序而设计，它可以确保内网与外网具有以下功能：不管内网的拓扑结构如何变更，防护措施都能延伸到网络边缘并为网络提供保护；这类防火墙的安全特性独立于主机操作系统与其他安全性程序。

(3) 智能防火墙。智能防火墙从技术特征上，是利用统计、记忆、概率和决策的智能方法来对数据进行识别，并达到访问控制的目的。智能防火墙成功地解决了普遍存在的拒绝服务攻击、病毒传播和高级应用入侵，代表着防火墙的主流发展方向。新一代的智能防火墙自身的安全性较传统的防火墙有很大的提高，在特权最小化、系统最小化、内核安全、系统加固、系统优化和网络性能最大化方面，与传统防火墙相比，有质的飞跃。智能防火墙执行全访问的访问控制，而不是简单地进行过滤策略。基于对行为的识别，可以根据什么人、什么时间、什么地点(网络层)、什么行为来执行访问控制，大大增强了防火墙的安全性。

2. 防火墙体系结构的发展趋势

随着网络应用特别是多媒体应用的快速发展，传统的基于X86体系结构的防火墙已不能满足网络的高吞吐量、低时延的需求。为了满足这种需求，又出现了基于网络处理器(network processor)的防火墙和基于专用集成电路(Application Specific Integrated Circuit，ASIC)的防火墙这两种新技术。网络处理器是专门为处理数据包而设计的可编程处理器，它的特点是内含了多个可以并发进行数据处理工作的引擎，对数据包处理的一般性任务进行了优化。同时硬件体系结构的设计也大多采用高速的接口技术和总线规范，具有较高的I/O能力，所以这类防火墙的性能要比基于CPU架构的传统防火墙好许多。但是网络处理器防火墙本质上是基于软件的解决方案，它在很大程度上依赖于软件设计的性能。而ASIC防火墙将算法固化在硬件中，使用专门的硬件来处理网络数据流，在性能上有明显的优势。但 ASIC 防火墙缺乏灵活性。总之,从性能、功能、技术成熟度方面考虑,ASIC 方案较好。而从进入门槛、研发成本和灵活性考虑,则网络处理器更好一些。目前防火墙的体系结构已经处于一个更新换代的门槛上,未来的发展趋势基本上是沿着网络处理器与 ASIC 两个方向发展。

7.5 反病毒技术

7.5.1 计算机病毒概述

1. 计算机病毒的概念

计算机病毒是指编制或在计算机程序中插入破坏计算机功能或者毁坏数据,影响计算机使用并且能够自我复制的一组计算机指令或者程序代码。计算机病毒可通过软盘、移动硬盘和硬盘等磁介质传播,也可通过计算机网络通信、文件交换(如 Word 宏病毒等)、电子邮件的附件、Internet 的聊天室传播,还可以通过点对点的通信系统和无线通道及调制解调器、无线电收发器、串/并口传播。计算机病毒的产生过程可分为:程序设计、传播、潜伏、触发、运行和实行攻击。病毒的产生原因有:玩笑或恶作剧、个别人的报复心理、版权保护和经济、军事和政治目的等。

2. 计算机病毒组成

计算机病毒程序一般由引导模块、传染模块和破坏模块组成。引导模块的作用是将病毒由外存引入内存,使病毒的传染模块和破坏模块处于活动状态,以监视系统运行。传染模块负责将病毒传染给其他计算机程序使病毒向外扩散。病毒的传染模块由两部分组成:病毒传染的条件判断部分和病毒传染程序主体部分。破坏模块是病毒的核心部分,它体现了病毒制造者的意图。病毒的破坏模块由两部分组成:病毒破坏的条件判断部分和破坏程序主体部分。

3. 计算机病毒的特征

任何计算机病毒都是人为制造并具有破坏性的程序。概括起来,计算机病毒具有破坏性、传染性、隐蔽性、潜伏性、不可预见性、衍生性等特点。

破坏性指任何病毒只要侵入计算机系统,都会对系统及应用程序产生不同程度的影响。

传染性也叫自我复制或传播性,是计算机病毒的本质特征。在一定条件下,病毒可以通过某种渠道从一个文件或一台计算机上传染到另外没有被感染的文件或计算机上。

隐蔽性指计算机系统在感染病毒后一般仍然能够运行,被感染的程序也能正常执行,用户不会感到明显的异常。病毒的存在、传染和对数据的破坏过程不易为计算机操作人员发现。

潜伏性指计算机病毒感染系统后一般不会即时发作,它长期潜伏在系统中,选择特定的时间、满足特定的诱发条件时才会启动。例如著名的“黑色星期五”在 13 号且为星期五的日子里才会发作。

不可预见性指随着计算机病毒制作技术的不断提高,种类不断翻新,防病毒技术明显落后于病毒制造技术。因此,对未来病毒的类型、特点及破坏性等很难预测。

衍生性指计算机病毒程序易被他人模仿和修改,从而产生原病毒的变种,衍生出多种“同根”的病毒。

7.5.2 网络病毒

Internet 的开放性成为计算机病毒广泛传播的有利途径，Interent 本身的安全漏洞也为产生新的计算机病毒提供了良好的条件，加之一些新的网络编程软件（如 JavaScript，ActiveX）为计算机病毒渗透到网络的各个角落提供了方便，因此网络病毒得以兴起。

1. 网络病毒概述

网络病毒实际上是一个笼统的概念，可从两方面理解。一是网络病毒专门指在网络上传播、并对网络进行破坏的病毒；二是网络病毒是指与 Internet 有关的病毒，如 HTML 病毒、电子邮件病毒、Java 病毒等。这里所讨论的网络病毒指后者。据权威报告分析显示，目前病毒的传播渠道主要是网络，其比例已经高达 97%。

网络病毒主要是利用软件或系统操作平台等安全漏洞，通过执行嵌入在网页 HTML 内的 Java Applet 小应用程序、JavaScript 脚本语言程序及 ActiveX 软件部分网络交互技术支持的可自动执行的代码程序，强行修改用户操作系统的注册表设置及系统实用配置程序，或非法控制系统资源盗取用户文件，或恶意删除硬盘文件、格式化硬盘等。这些非法恶意程序的执行完全不受用户控制。用户一旦浏览含有该病毒的网页，即会在无法察觉的情况下感染网络病毒，并给自己的系统带来威胁。

网络病毒种类大致可分为两类，一种是通过 JavaScript、Java Applet 或 ActiveX 编辑的脚本程序修改 IE 浏览器设置，其可能的后果有：默认主页被强行修改；主页设置被屏蔽和锁定且设置选项失效，禁止用户改回；IE 标题栏被添加非法信息；IE 收藏夹被强行添加非法网站的地址链接等。另一种是通过 JavaScript、Java Applet 或 ActiveX 编辑的脚本程序修改用户操作系统，使系统出现异常，其可能的后果有：开机出现对话框；系统正常启动后，IE 被锁定网址自动调用打开；格式化硬盘；非法读取或盗窃用户密码或隐私文件；锁定禁用注册表；更改特定文件夹和文件的名称；私自打开端口与外界联络等。

2. 网络病毒的特点

计算机网络的主要特征是资源共享。一旦共享资源感染了病毒，网络各节点间信息的频繁传输会将计算机病毒迅速传染到其所共享的机器上，从而形成多种共享资源的交叉感染。网络病毒的迅速传播、再生、发作，比单机病毒造成更大的危害，在 Internet 中，网络病毒具有以下特点：

(1) 传播方式复杂。网络病毒传染的方式一般有电子邮件、网络共享、网页浏览、服务器共享目录等，其传播方式多且复杂，难以防范。

(2) 传播速度快，范围广。在网络环境下，病毒可以通过网络通信机制，借助网络线路进行迅速扩展，特别是通过 Internet，新出现的病毒可以在短时间内迅速传播到世界各地。

(3) 清除难度大，难以控制。在网络环境下，病毒感染的站点数量多，范围广，很容易在一个网段形成交叉感染。只要有一个站点的病毒未被清除干净，它就会在网络上再次传播开来，使刚完成清理工作的站点再次被感染。

(4) 破坏危害大。网络病毒将直接影响网络的工作，轻则降低速度，影响工作效率；重则破坏服务器系统资源，使通信线路产生拥塞，造成网络系统全面瘫痪。

(5) 病毒变种繁多，功能多样。随着编程技术和网络语言的日益丰富，计算机病毒的编制技术也不断随之发展和变化，其功能也由最开始的简单自身复制挤占硬盘空间到目前的多样化功能,如开启后门、远程控制、密码窃取等,从而使其更具危害性。

3. 网络病毒的传播

Internet的飞速发展给防病毒工作带来了新的挑战。Internet上有众多的软件、工具可供下载,有大量数据需要交换,这在客观上为病毒的大面积传播提供了可能和方便。Internet本身也衍生出一些新病毒,如Java和ActiveX病毒。这些病毒不需要宿主程序,它们可通过Internet肆意寄生,也可以与传统病毒混杂在一起,不被人们察觉。更有甚者,它们可跨越操作平台,一被传染便可毁坏所有操作系统。网络病毒一旦突破网络安全系统,传播到网络服务器,进而在整个网络上传染和再生,就可能使网络资源遭到严重破坏。

除通过电子邮件传播外,病毒入侵网络的途径还有:病毒通过工作站传播到服务器硬盘,再由服务器的共享目录传播到其他工作站;网络上下载带病毒的文件的传播;入侵者通过网络漏洞进行传播等。Internet也可以作为网络病毒的载体,并通过自身将网络病毒方便地传送到其他站点。比如,用户在使用网络时,可能在不注意的情况下直接从文件服务器中复制已感染病毒的文件;用户在工作站上执行一个带毒操作文件后,该文件所携带的病毒会感染网络上其他可执行文件;用户在工作站上执行带毒内存驻留文件后,再访问网络服务器时可能使更多的文件感染病毒。

4. 网络病毒的攻击手段

网络病毒的攻击手段可分为非破坏攻击和破坏性攻击。非破坏性攻击一般为了扰乱系统的运行,并不盗取系统资料,通常采用拒绝服务攻击或信息炸弹。破坏性攻击是以侵入计算机系统、盗取系统保密信息、破坏系统的数据为目的。网络病毒的攻击手段主要有:

(1) 设置网络木马。该方法是利用漏洞进入用户的计算机系统,通过修改注册表自启动,运行时有意不让用户察觉,将用户计算机中的所有信息都暴露在网络中。大多数黑客程序的服务器端都是木马。

(2) 网络监听。网络监听是一种监视网络状态、数据流以及网络上传输信息的管理工具,它可以将接口设置为监听模式,可以截获网上传输的信息。

(3) 网络蠕虫。网络蠕虫是利用网络缺陷和网络新技术,对自身进行大量复制的病毒程序。

(4) 捆绑器病毒。人们在编写程序时希望通过一次点击可以同时运行多个程序,然而这一工具却成了病毒的新帮凶。

(5) 网页病毒。网页病毒是利用网页进行破坏的病毒,它存在于网页之中,其实质是利用Script语言编写一些恶意代码。当用户登录某些含有网页病毒的网站时,网页病毒就会悄悄激活。轻则修改用户的注册表,重则可以关闭系统的许多功能,使用户无法正常使用计算机系统,更有甚者可以将用户的系统进行格式化。

(6) 后门程序。程序员在设计功能复杂的程序时,一般会采用模块化的思想,将整个项目分割为多个功能模块,分别进行设计、调试,这时后门就是一个模块的秘密入口。由于程序员的疏忽或其他原因,后门没有去掉。黑客会利用穷举搜索法发现并利用这些后门,进入系统并发动攻击。

(7) 黑客程序。黑客程序一般都有攻击性,它会利用漏洞控制远程计算机,甚至破坏计算机。黑客程序通常在用户的计算机上植入木马,与木马内外勾结,对计算机安全构成威胁。

(8) 信息炸弹。信息炸弹是指使用一些特殊的工具软件,短时间内向目标服务器发送大量超出系统负载的信息,以造成目标服务器超负荷、网络堵塞、系统崩溃的攻击手段。

7.5.3 特洛伊木马

特伊洛木马的英文名为Trojanhorse,它是一种基于远程控制的黑客工具。木马程序通常寄生在用户的计算机系统中,盗窃用户信息,并通过网络发给黑客。它与普通的病毒程序不同,并不以感染文件,破坏系统为目的,而是以寻找后门,窃取密码和重要文件为主,还可对计算机进行跟踪监视、控制、查看、修改资料等操作,具有很强的隐蔽性,突发性和攻击性。

1. 特洛伊木马的传播方式

特洛伊木马的传播方式主要有4种:一是通过E-mail传播,控制端将木马程序以附件的形式附在邮件上发送出去,收件人只要打开附件就会感染木马;二是通过软件下载传播,一些非正式的网站往往以提供软件下载为名,将木马捆绑在软件安装程序上,用户只要一运行此类安装程序,木马就会自动安装;三是通过会话软件的“文件传输”功能进行传播,不知情的用户一旦打开带有木马的文件,就立刻感染木马;四是通过网页传播,黑客可以通过JavaScript、Java Applet或ActiveX编辑脚本程序,使木马程序在用户浏览染毒网页时从系统后台偷偷下载并自动完成安装。

2. 特洛伊木马的工作原理

特洛伊木马程序与其他病毒程序一样,都需要在运行时隐藏自己。传统的文件型病毒寄生于可正常执行程序体中,通过宿主程序的执行而执行,与之相反,大多数木马程序都拥有一个独立的可执行文件。木马通常不容易被发现,因为它是以一个正常应用的身份在系统中运行的。木马的运行可以有以下3种模式:潜伏在正常程序应用中,附带执行独立的恶意操作;潜伏在正常程序中,但会修改正常的应用程序进行恶意操作;完全覆盖正常程序应用,执行恶意操作。

特洛伊木马程序也采用客户机/服务器工作模式。它一般包括一个客户端和一个服务器端,客户端放置在木马控制者的计算机中,服务器端放置在被入侵的计算机中,木马控制者通过客户端与被入侵计算机的服务器端建立远程连接。一旦连接建立,木马控制者可以通过对被入侵计算机发送指令的办法来传输和修改文件。通常,木马程序的服务器部分都是可以定制的,攻击者可以定制的项目包括服务器运行的IP端口号、程序启动时机、如何发起调用、如何隐身、是否加密等。另外,攻击者还可以设置登录服务器的密码,确定通信方式,比如发送一个宣告成功接管的E-mail,或者联系某个隐藏的Internet交流通道,广播被侵占机器的IP地址。当木马程序的服务器部分完成启动后,它还可以直接与攻击者机器上运行的客户端程序通过预先定义的端口进行通信。

3. 特洛伊木马的危害及分类

从本质上讲,特洛伊木马是一种基于远程控制的工具,但其具有隐藏性和非授权性特点。它可以实现窃取宿主计算机数据、接受非授权操作者指令、远程管理服务器端进程、修改删除文件和数据、操纵系统注册表、监视服务器端动作、建立代理攻击跳板和释放网络蠕虫病毒等功能

因此,根据特洛伊木马的特点及其危害范围,木马可以分为网游木马、网银木马、即时通信木马、后门木马和广告木马。网游木马主要针对网络游戏,木马制作者通过散布木马来大

量窃取专门的网游账号,再将账号中的装备和虚拟货币转移或者出卖,从而获取现实利益。网银木马是一种专门针对网络银行进行攻击的木马,它采用记录键盘和系统信息的方法盗窃网银账号和密码,并发送到木马散布者指定的邮箱,直接导致用户的经济损失。即时通信木马利用即时通信工具(如QQ,MSN等)进行传播,在感染木马之后,计算机会自动下载病毒和木马散布者指定的任意程序,其危害程度大小不一。后门木马采用反弹端口技术绕过防火墙,对被感染的系统进行远程文件和注册表的操作,从而达到俘获被控制计算机屏幕,远程重启和关闭计算机等目的。广告木马采用各种技术隐藏于系统内,它修改IE等网络浏览器主页,修改网页定向,定时弹出广告窗口,并收集系统信息发给传播广告木马的网站。

7.5.4 网络蠕虫

网络蠕虫与传统计算机病毒不同,并非以破坏计算机为目的,而是以计算机为载体,主动攻击网络。它是一种通过网络传播的恶性代码,不仅具有传播性、隐蔽性和破坏性等普通病毒的特点,还具有自己的一些特征,如不利用文件寄生以及使网络造成拒绝服务等。网络蠕虫的传染目标是网络内的所有计算机。

1. 网络蠕虫的基本结构和传播

网络蠕虫的基本程序结构包含传播模块、隐藏模块和目的功能模块。传播模块主要负责蠕虫的传播,一般包括扫描子模块、攻击子模块和复制子模块;隐藏模块使网络蠕虫在侵入计算机后,立刻隐藏自身,防止被用户所察觉;目的功能模块主要用于实现对计算机的控制、监视和破坏。

网络蠕虫程序的一般传播过程为:扫描、攻击和复制3个阶段。网络蠕虫的扫描功能模块负责收集目标主机的信息,寻找可利用的漏洞或弱点。当程序向某个计算机发送的探测漏洞信息收到成功反馈数据后,就得到了一个可传播的对象,并进入攻击阶段。在攻击阶段中,网络蠕虫按步骤自动攻击前面扫描所找到的对象,并取得该计算机的权限。在复制阶段,复制模块通过原计算机和新计算机的交互将网络蠕虫程序复制到新计算机中并启动,从而完成一次典型的传播。

2. 网络蠕虫的分类

根据使用者情况的不同,网络蠕虫可以分为面向企业用户的网络蠕虫和面向个人用户的网络蠕虫。面向企业用户的网络蠕虫具有很大的主动攻击性,一般利用系统漏洞进行攻击,突然瘫痪网络,但由于其目标集中目的单一,较易被查杀。面向个人用户的网络蠕虫病毒由于传播方式多样和复杂,很难在网络上被根除掉。

根据传播和攻击的特性,网络蠕虫还可以分为漏洞蠕虫、邮件蠕虫等。漏洞蠕虫主要利用微软的系统漏洞进行传播,它可制造大量攻击数据堵塞网络,并可造成被攻击系统不断重启、系统速度变慢等现象,是网络蠕虫中数量最多的一类。电子邮件蠕虫主要通过邮件进行传播,它使用自己的SMTP引擎,将病毒邮件发给搜索到的邮件地址,此外,它还能利用IE漏洞,使用户在没有打开附件的情况下就感染病毒。

3. 网络蠕虫的特点

网络蠕虫具有以下特点:

(1) 传播迅速,清除难度大。一旦网络中某台计算机感染了网络蠕虫,则在很短的时间内,网络上所有计算机都会被依次传染,同时网络出现拥塞,严重影响网络的正常使用。

(2) 利用操作系统和应用程序漏洞主动进行攻击。网络蠕虫会主动利用各种漏洞来获得被攻击计算机系统的相应权限,继而完成复制和传播过程。在攻击过程中,由于漏洞的多样性和不可预知性,网络中的计算机很难避免被网络蠕虫感染。

(3) 传播方式多种多样。网络蠕虫可以利用包括文件、电子邮件、网络共享等多种方式来进行传播。

(4) 病毒制作技术与传统病毒有所不同。许多新型网络蠕虫利用了最新的编程语言和编程技术来实现,从而易于修改以产生新的变种,同时也能有效躲避防病毒软件的拦截和搜索。它甚至可以潜伏在 HTML 页面内,在计算机上网浏览时进行感染。

(5) 一般与黑客技术紧密结合。由于网络蠕虫具有主动传播和难以防范等特点,因此在现代黑客技术中被广泛采用,不少网络蠕虫加入了开启被感染计算机后门的功能,有的甚至与木马技术相结合,以取得被感染计算机完全的非授权控制。

7.5.5 病毒防治技术

随着计算机技术和 Internet 的发展,计算机病毒对网络的危害也越来越大,为了维持网络的正常运作,保护用户个人数据和个人隐私不被侵犯,应采取行之有效的计算机病毒防治技术,并合理应用软硬件综合进行病毒防治,尽量不给计算机病毒以任何可乘之机。

1. 病毒防治技术分类

反病毒技术主要分 3 类:

(1) 预防病毒技术。它通过自身常驻系统内存,优先获得系统的控制权,监视和判断系统中是否有病毒存在,进而阻止计算机病毒进入计算机系统和对其进行破坏,主要手段包括加密可执行程序、引导区保护、系统监控与读写控制等。

(2) 检测病毒技术。它通过对计算机病毒的特征来进行判断的侦测技术,如自身校验、关键字、文件长度的变化等。病毒检测一直是病毒防护的支柱,然而随着病毒的数目和可能切入点的大量增加,识别古怪代码串的进程变得越来越复杂,而且容易产生错误和疏忽。因此,新的反病毒技术应将病毒检测、多层数据保护和集中式管理等多种功能集成起来,形成多层次防御体系,既具有稳健的病毒检测功能,又具有数据保护能力。

(3) 消除病毒技术。它可通过对病毒的分析,清除病毒并恢复原文件。大量的病毒针对网上资源和应用程序进行攻击,存在于信息共享的网络介质上,因而要在网关上设防,在网络入口实时杀毒。对于内部网络感染的病毒,如客户机感染的病毒,可通过服务器防病毒功能,在病毒从客户机向服务器转移的过程中将其清除掉,把病毒感染的区域限制在最小范围内。

2. 常用病毒预防技术

计算机病毒防治的关键是做好预防工作,防患于未然。对计算机用户来说,预防病毒感染的措施主要有两个:一是选用先进可靠的反病毒软件对计算机系统进行实时保护,预防病毒入侵;二是从个人角度,严格遵守病毒预防的有关守则,并不断学习病毒防治知识和经验。从技术的角度看,目前最常用的病毒预防技术有实时监视技术和全平台防病毒技术两种。

实时监视技术可通过修改操作系统,使操作系统本身具备防病毒功能,将病毒隔绝于计算机系统之外。实时监视技术的防病毒软件由于采用了与操作系统的底层无缝连接技术,实时监视器所占用的系统资源极小，基本不会影响用户的操作，它会在计算机运行的每一秒都执行严格的防病毒检查，确保从 Internet、光盘、软盘等途径进入计算机的每一个文件都是安全的，一旦发现病毒，则自动将病毒隔离或清除。

全平台防病毒技术是面向各种不同操作系统的病毒防治技术。目前，病毒活跃的平台有 DOS、Windows、Windows NT 等。为了使防病毒软件做到与底层无缝连接，实时地检查和清除病毒，必须在不同的平台上使用相应平台的防病毒软件。只有在每一个点上都安装相应的防病毒模块，才能在每一点上都实时地抵御各种病毒的攻击，使网络真正实现安全性和可靠性。

3. 病毒的发展趋势及防范对策

现在的计算机病毒已经由从前的单一传播、单种行为变成了 Internet 传播，集电子邮件、文件传染等多种传播方式，融木马、黑客、网络蠕虫等多种攻击手段于一身，形成了与传统病毒概念完全不同的新型病毒。根据这些病毒的发展和演变，未来计算机病毒具有如下发展趋势。

(1) 病毒网络化。新型病毒将与 Internet 和 Internet/Extranet 更紧密的结合在一起，利用一切可以利用的方式进行传播。

(2) 病毒功能综合化。新型病毒将集文件传染、网络蠕虫、木马、黑客程序于一身，破坏性大大加强。

(3) 病毒传播多样化。新型病毒将通过网络共享、网络漏洞、网络浏览、电子邮件、即时通信软件等途径进行传播。

(4) 病毒多平台化。新型病毒将不仅只针对 Windows 和 Linux 平台，更会扩散到手机、PDA 等移动设备上。

因此，为了使现代防病毒技术跟上病毒技术发展步伐，保证网络系统安全，这就要求新型的防病毒软件必须能够做到：

(1) 全面地与 Internet 结合，不仅能进行手动查杀和文件监控，还必须对网络层、邮件客户端进行实时监控，防止病毒入侵。

(2) 建立快速反应的病毒检测信息网，在新型病毒爆发的第一时间提供解决方案。

(3) 提供方便的在线自动升级服务，使计算机用户随时拥有最新的防病毒能力。

(4) 对病毒经常攻击的应用程序进行重点保护。

(5) 提供完善、及时的防病毒咨询，提高用户的防病毒意识，尽快使用户了解新型病毒的特征和解决方案。

7.6 入侵检测与防御技术

传统的安全防御策略，如访问控制机制、加密技术、防火墙技术等，采用的是静态安全防御技术，对网络环境下日新月异的攻击手段缺乏主动响应。而检测技术是动态安全技术的核心技术之一，是防火墙的合理补充，是安全防御体系的一个重要组成部分。

7.6.1 入侵检测技术概述

入侵检测是指及时发现并报告计算机系统中违反安全策略的行为，如非授权访问、Web 攻击、探测攻击、邮件攻击和网络服务缺陷攻击等。入侵检测系统（Intrusion Detection

System,IDS)是从计算机网络系统的一个或若干关键点收集信息并根据相应规则对这些信息进行分析,查看系统中是否有违反安全策略行为和遭到袭击的迹象。它可以在不影响网络性能的情况下对网络进行监视,从而提供对系统内部攻击、外部攻击和误操作的实时保护,被认为是防火墙之后的第二道安全门。具体说来,入侵检测系统的主要功能有:

(1) 检测并分析用户和系统的活动。

(2) 核查系统配置和漏洞。

(3) 评估系统关键资源和数据文件的完整性。

(4) 识别已知的攻击行为。

(5) 统计分析异常行为。

(6) 操作系统日志管理,并识别违反安全策略的用户活动。

1. 入侵检测系统的系统模型

通用入侵检测框架(Common Intrusion Detection Framework,CIDF)阐述了一个入侵检测系统的通用模型。CIDF 将 IDS 需要分析的数据统称为事件,它可以是网络中的数据包,也可以是从系统日志等其他途径得到的信息。它将一个入侵检测系统分为以下组件,如图 7.26 所示。

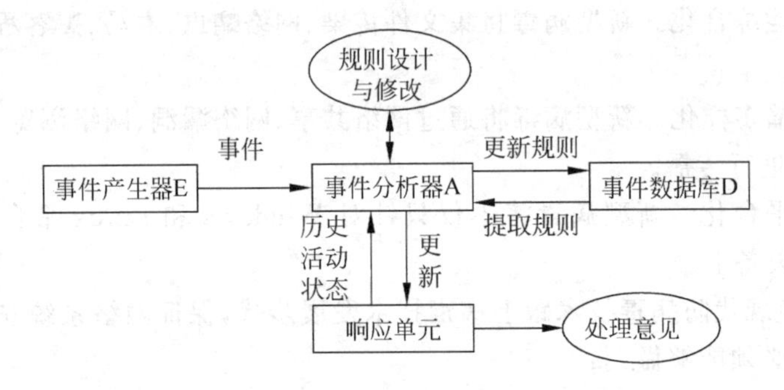

图 7.26 CIDF 模型

(1) 事件产生器(event generators)。事件产生器采集和监视被保护系统的数据,并且将这些数据进行保存,一般是保存到数据库中。这些数据可以是网络的数据包,也可以是从系统日志等其他途径搜集到的信息。

(2) 事件分析器(event analyzers)。事件分析器的功能主要分为两个方面:一是用于分析事件产生器搜集到的数据,区分数据的正确性,发现非法的或者潜在危险的、异常的数据现象,通知响应单元做出入侵防范;二是对数据库保存的数据做定期的统计分析,以发现某段时期内的异常表现,进而对该时期内的异常数据进行详细分析。

(3) 响应单元(response units)。响应单元是协同事件分析器工作的重要组成部分,一旦事件分析器发现具有入侵企图的异常数据,响应单元就对具有入侵企图的攻击施以拦截、阻断、反追踪等手段,保护被保护系统免受攻击和破坏。

(4) 事件数据库(event databases)。事件数据库记录事件分析单元提供的分析结果,同时记录下所有来自事件产生器的事件,以备以后的分析与检查。

2. 入侵检测的过程

从整体上看,入侵检测系统在进行入侵检测时主要过程分为:信息收集、信息分析以及结果处理，如图 7.27 所示。

(1) 信息收集。信息收集的内容包括系统、网络、数据以及用户活动的状态和行为。可以在计算机网络系统中的若干不同关键点收集信息，这不仅扩大了检测范围，也方便系统综合各源点信息来正确判断系统是否受到攻击。在这个阶段中，务必要保证用于检测网络系统的软件具有可靠的完整性和较强的坚固性，防止因被攻击而导致原有软件系统或文件被篡改，以免收集错误信息或者完全不能检测入侵信息。

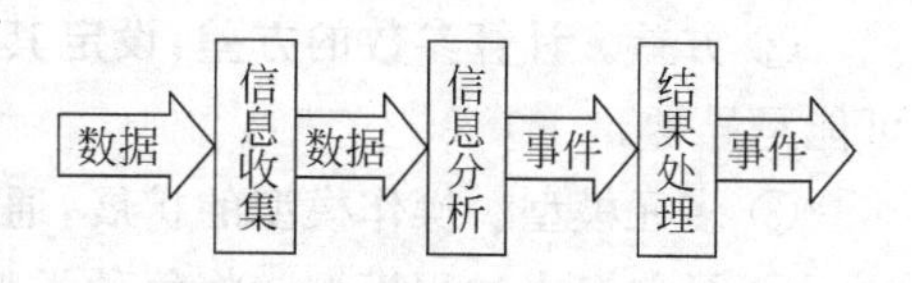

图 7.27 入侵检测的基本结构

(2) 信息分析。信息分析一般通过模式匹配、统计分析和完整性分析 3 种技术手段对收集到的有关系统、网络、数据以及用户活动的状态和行为等信息进行分析。其中前两种方法主要用于实时入侵检测，而后一种方法主要用于事后分析。

模式匹配指将收集到的信息与已知的网络入侵和系统已有的模式数据库进行比较，从而发现可能违反安全策略的行为。该方法只需收集相关数据集合，减少了系统负担，技术已相当成熟，但缺点是需要不断升级以应付不断出现的入侵攻击，并不能检测从未出现过的入侵攻击手段。

统计分析首先为系统对象(如用户、文件、目录和设备等)创建一个统计描述，统计正常使用时的一系列可测量属性(如访问次数、操作失败次数和延时长度等)。测量属性的平均值将被用来与网络、系统的行为进行比较，只要观察值在正常波动的范围之外，就认为有入侵发生。此方法的优点在于可检测到未知的入侵和某些方式复杂的入侵，但缺点是误报、漏报概率高，而且不能适应用户行为的突然改变。

完整性分析主要关注某个文件或对象的修改。它利用严格加密机制来识别对象文件的任何变化。这种方法的优点是只要攻击导致文件或其他被监视对象的任何改变，都能被立刻发现；其缺点是只能用批处理方式实现，适用于事后分析。

(3) 结果处理。结果处理包括主动响应、被动响应或者两者的混合。主动响应是当攻击或入侵被检测到时，自动做出的一些动作，包括收集相关信息、中断攻击过程、阻止攻击者的其他行动、反击攻击者。被动响应提供攻击和入侵的相关信息，包括报警和告示、SNMP 协议通知、定期事件报告文档，然后由管理员根据所提供的信息采取相应的行动。

7.6.2 入侵检测方法

1. 入侵检测的方法

入侵检测系统常用的检测方法有特征检测、统计检测与专家系统。

(1) 特征检测。特征检测对已知的攻击或入侵的方式作出确定性的描述，形成相应的事件模式。当被审计的事件与已知的入侵事件模式相匹配时，即报警。它的原理与专家系统相仿，其检测方法与计算机病毒的检测方式类似。目前基于对包特征描述的模式匹配应用较为广泛。该方法预报检测的准确率较高，但对于无先验知识(即专家系统中的预定义规则)的入侵与攻击行为无能为力。

(2) 统计检测。统计模型常用于异常检测，在统计模型中常用的测量参数包括：审计事件的数量、间隔时间、资源消耗情况等。常用的入侵检测 5 种统计模型为：

① 操作模型。该模型假设异常可通过测量结果与一些固定指标相比较得到，固定指标

可以根据经验值或一段时间内的统计平均得到,举例来说,在短时间内的多次失败的登录很有可能是口令尝试攻击。

② 方差。计算参数的方差,设定其置信区间,当测量值超过置信区间的范围时表明有可能是异常。

③ 多元模型。操作模型的扩展,通过同时分析多个参数实现检测。

④ 马尔柯夫过程模型。将每种类型的事件定义为系统状态,用状态转移矩阵来表示状态的变化,根据状态的改变情况来实现检测。

⑤ 时间序列分析。将事件计数与资源耗用根据时间排成序列,如果一个新事件在该时间发生的概率较低,则该事件可能是入侵。

统计方法的最大优点是它可以“学习”用户的使用习惯,从而具有较高检出率与可用性。但是它的“学习”能力也给入侵者以机会通过逐步“训练”使入侵事件符合正常操作的统计规律,从而透过入侵检测系统。

(3) 专家系统。用专家系统对入侵进行检测,经常是针对有特征入侵行为。所谓的规则,即是知识,不同的系统与设置具有不同的规则,且规则之间往往无通用性。专家系统的建立依赖于知识库的完备性,知识库的完备性又取决于审计记录的完备性与实时性。入侵的特征抽取与表达,是入侵检测专家系统的关键。在系统实现中,将有关入侵的知识转化为 if-then 结构(也可以是复合结构),条件部分为入侵特征,then 部分是系统防范措施。运用专家系统防范有特征入侵行为的有效性完全取决于专家系统知识库的完备性。

2. 入侵检测的分类

入侵检测系统是根据入侵行为与正常访问控制行为的差别来识别入侵的,根据入侵采用不同的原理,可分为异常检测、误用检测。

1) 异常检测

异常检测假设入侵者活动异常于正常的活动。为实现该类检测,IDS 建立正常活动的“规范集”,当主体的活动违反其统计规律时,认为可能是“入侵”行为。如果系统错误的将异常活动定义为入侵,称为错报。如果系统未能识别真正的入侵行为称为漏报。

异常检测具有抽象出系统正常行为从而可检测系统异常行为的能力。这种能力不受系统以前是否知道这种入侵与否的限制,所以能够检测新的入侵行为。另外异常检测较少依赖于特定的主机操作系统,对内部合法用户的越权违法行为检测能力强。但是若入侵者了解到检测规律,就可以小心地避免系统指标的突变,而使用逐渐改变系统指标的方法逃避检测。另外,异常检测的检测效率也不高,检测时间较长。最重要的是,这是一种“事后”的检测,当检测到入侵行为时,破坏早已经发生了。

2) 误用检测

误用检测为已知系统和应用软件的漏洞建立入侵特征模式库。检测时将收集到的信息和特征模式进行匹配来判断是否发生入侵。误用检测对已知的攻击有较高的检测准确度,但不能很好地检测到新型的攻击或已知攻击的变体,需要不断升级才能保证系统检测能力的完备性。

误用检测准确度高,技术相对成熟,便于进行系统维护。但它不能检测出新的入侵行为,完全依赖入侵特征的有效性,维护特征库的工作量大,难以检测来自内部用户的攻击。

7.6.3 入侵检测系统

1. 入侵检测系统的分类

入侵检测系统可分为基于主机的入侵检测系统(Host-based IDS,HIDS)和基于网络的入侵系统(Network-based IDS,NIDS)。

1) 基于主机的入侵检测系统

基于主机的入侵检测产品通常是安装在被重点检测的主机之上,往往以系统日志、应用程序日志等作为数据源,并利用主机上的其他信息,对该主机的网络实时连接以及对系统审计日志进行智能分析和判断。当有文件被修改时,IDS将新的记录条目与已知的攻击特征相比较,看它们是否匹配。如果匹配,就会向系统管理员报警或者作出适当的响应。基于主机的入侵检测系统能确定攻击是否成功,能监视特定的系统活动,适用被加密和交换的环境,但它只能保护本地单一主机,而且占用大量存储资源和CPU资源,实时性差。

2) 基于网络的入侵检测系统

基于网络的入侵检测系统的数据源是网络上的数据包。往往将一台主机的网卡设为混杂模式,监听所有本网段内的数据包并进行判断。一般基于网络的入侵检测系统担负着保护整个网段的任务,放置在比较重要的网段内,不停地监视网段中的各种数据包,对每一个可疑的数据包进行特征分析。如果数据包与产品内置的某些规则吻合,基于网络的入侵检测系统就会发出警报甚至直接切断网络连接。目前,大部分入侵检测产品是基于网络的。其优点是,能实时检测和响应;攻击者转移证据很困难;对主机资源消耗少;与使用的具体操作系统无关。其最大的缺点是,NIDS本身也会受到攻击。

3) 基于主机的和基于网络的入侵检测系统的集成

许多机构的网络安全解决方案都同时采用了基于主机和基于网络的两种入侵检测系统,因为这两种系统在很大程度上是互补的。实际上,许多客户在使用IDS时都配置了基于网络的入侵检测。在防火墙之外的检测器检测来自外部Internet的攻击。DNS、E-mail和Web服务器经常是攻击的目标,但是它们又必须与外部网络交互,不可能对其进行全部屏蔽,所以应当在各个服务器上安装基于主机的入侵检测系统,其检测结果也要向控制台报告。因此,即便是小规模的网络结构也常常需要基于主机和基于网络的两种入侵检测能力。

2. 入侵检测系统的部署

入侵检测系统有不同的部署方式和特点,根据所掌握的网络检测和安全需求,可选取各种类型的入侵检测系统。部署工作包括基于网络的入侵检测系统和基于主机的入侵检测系统的部署规划。

1) 基于网络的入侵检测系统的部署

基于网络的入侵检测系统可以在网络的多个位置进行部署,可以在隔离区(DeMilitarized Zone,DMZ)、外网入口、内网主干与关键子网处部署,如图7.28所示。

部署在DMZ区的入侵检测器可以检测到来自外部的攻击,这些攻击已经渗入第一层防御体系。它可以检测出网络防火墙的性能和配置策略中的问题,也可以对内外提供服务的重要服务器进行集中检测。部署在外网入口的入侵检测器可以检测和记录所有对外部网络的攻击行为,包括对内部服务器、防火墙本身的攻击以及内网计算机不正常的数据通信行为。部署在内网主干的入侵检测器主要检测内网流出和经过防火墙过滤后流入内网的网络

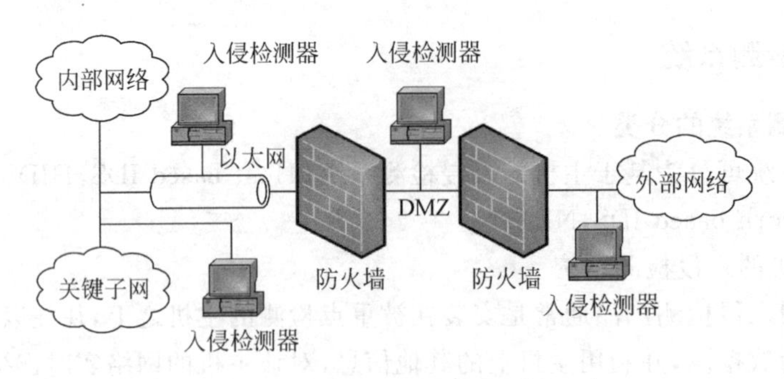

图 7.28 网络入侵检测系统的部署示意图

数据。部署在关键子网上的入侵检测器可以有效保护关键子网不被外部或没有权限的内部用户的侵入,防止关键数据的泄露或丢失。

2) 基于主机的入侵检测系统的部署

在基于网络的入侵检测部署并配置完成后,基于主机入侵检测系统的部署可以给系统提供高级别的保护。但部署在每台主机上将会耗费大量的时间和资金,而且维护日志和系统升级也将花费大量资金。因此可以将基于主机入侵检测系统部署在关键主机上,这样可以减少规划部署的花费,也可以将管理的精力集中在最需要保护的主机上。

3. 入侵检测系统的发展趋势

入侵检测系统的发展方向如下:

(1) 分布式入侵检测。它是针对分布式网络攻击的检测方法,使用分布式的方法来检测分布式的攻击,其中的关键技术为检测信息的协同处理与入侵攻击的全局信息提取。

(2) 智能化入侵检测。即使用智能化的方法与手段来进行入侵检测。目前常用的智能化方法有神经网络、遗传算法、模糊技术、免疫原理等。

(3) 应用层入侵检测。许多入侵的语义只有在应用层才能理解,而目前的 IDS 仅能检测如 Web 之类的通用协议,而不能处理如数据库系统等其他的应用系统。许多基于客户、服务器与中间件以及对象技术的大型应用,需要应用层的入侵检测保护。

(4) 入侵检测的评测方法。用户需对众多的 IDS 系统进行评价,评价指标包括 IDS 检测范围、系统资源占用、IDS 系统自身的可靠性与鲁棒性。通过设计通用的入侵检测测试和评估方法与平台,以实现对多种 IDS 系统的检测已成为当前 IDS 的一个重要研究领域。

(5) 全面的安全防御方案。它使用安全工程风险管理的思想与方法来处理网络安全,将网络安全作为一个整体工程来处理,从管理、网络结构、加密通道、防火墙、病毒防护、入侵检测等方面对网络作全面评估,然后提出可行的解决方案。

7.6.4 漏洞扫描技术

就目前的系统安全而言,只要系统中存在漏洞,也就一定存在着潜在的安全威胁。漏洞扫描技术就是对计算机系统或其他网络设备进行相关安全检测,从而发现安全隐患和可被利用的漏洞技术。

1. 漏洞扫描概念

网络漏洞是系统软、硬件存在的脆弱性。网络漏洞的存在可导致非法用户入侵系统或未经授权获得访问权限,造成信息被篡改和泄露、拒绝服务或系统崩溃等。因此,系统管理员可根据安全策略，采用相应的漏洞扫描工具以实现对系统的安全保护。

漏洞扫描是网络管理系统的重要组成部分，它不仅可实现复杂烦琐的信息系统安全管理，而且可从目标信息系统和网络资源中采集信息，帮助用户及时找出网络中存在的漏洞，分析来自网络外部和内部的入侵信号，甚至能及时对攻击做出反应。

漏洞扫描通常采用被动策略和主动策略。被动策略一般基于主机，对系统中不合适的设置、口令以及其他与安全规则相抵触的对象进行检查。主动策略则一般基于网络，通过执行脚本文件来模拟系统攻击行为，并记录系统的各种反应，从而发现可能存在的漏洞。

2. 常用的漏洞扫描技术

漏洞扫描技术可分为5种：

(1) 基于应用的扫描技术。它指采用被动的、非破坏性的办法检查应用软件包的设置，从而发现安全漏洞。

(2) 基于主机的扫描技术。它指采用被动的、非破坏性的办法对系统进行扫描，涉及到系统内核、文件属性等问题，还包括口令解密，可把一些简单的口令剔除。因此，它可以非常准确地定位系统存在的问题，发现系统漏洞。其缺点是与平台相关，升级复杂。

(3) 基于目标的扫描技术。它指采用被动的、非破坏性的办法检查系统属性和文件属性，如数据库、注册号等，通过消息文摘算法，对文件的加密数据进行检验。其基本原理是采用消息加密算法和 Hash 函数，如果函数的输入有一点变化，那么其输出就会发生大的变化，这样文件和数据流的细微变化都会被感知。这些算法加密强度极大，不易受到攻击，并且其实现是运行在一个闭环上，不断地处理文件和系统目标属性，然后产生检验数，并将这些检验数同原来检验数相比较，一旦发现改变就通知管理员。

(4) 基于网络的扫描技术。它指采用积极的、非破坏性的办法来检验系统是否有可能被攻击崩溃。它利用一系列的脚本对系统进行攻击，然后对结果进行分析。这种技术通常被用来进行穿透实验和安全审计。它可以发现网络的一系列漏洞，也容易安装，但是，会影响网络的性能。

(5) 综合利用上述 4 种方法的技术。这种技术集中了以上 4 种技术的优点，极大地增强了漏洞识别的精度。

3. 漏洞扫描技术的选用

在选用漏洞扫描技术时，应该注意以下技术特点：

(1) 扫描分析的位置。在漏洞扫描中，第一步是收集数据，第二步是分析数据。在大型网络中，通常采用控制台和代理相结合的结构，这种结构特别适用于异构型网络，容易检测不同的平台。在不同威胁程度的环境下中，可以有不同的检测标准。

(2) 报表与安装。漏洞扫描系统生成的报表是理解系统安全状况的关键，它记录了系统的安全特征，针对发现的漏洞提出需要采取的措施。整个漏洞扫描系统还应该提供友好的界面及灵活的配置特性，而且安全漏洞数据库需要不断更新补充。

(3) 扫描后的解决方案。一旦扫描完毕，如果发现漏洞，则系统会采取多种反应机制。预警机制可以让系统发送消息、电子邮件、传呼等来报告发现的漏洞。报表机制则列出所有漏洞的报表，以根据这些报告采用有针对性的补救措施。与入侵检测系统一样，漏洞扫描有许多管理功能，通过一系列的报表可让系统管理员对这些结果做进一步的分析。

(4) 扫描系统本身的完整性。有许多设计、安装、维护扫描系统要考虑的安全问题。安全数据库必须安全,否则就会成为黑客的工具,因此,加密就显得特别重要。由于新的攻击方法不断出现,所以要给用户提供一个更新系统的方法,更新的过程也必须给予加密,否则将产生新的危险。实际上,扫描系统本身就是一种攻击,如果被黑客利用,那么就会产生难以预料的后果。因此,必须采用保密措施,使其不会被黑客利用。

7.6.5 入侵防护技术

防火墙只能拒绝明显可疑的网络流量,但仍允许某些流量通过,因此对许多入侵攻击无计可施。入侵检测技术只能被动地检测攻击,而不能主动地把变化莫测的威胁阻止在网络之外。面对越来越复杂的网络安全问题,人们迫切需要一种主动入侵防护的解决方案,以保证企业网络在各种威胁和攻击环境下正常运行,因此,入侵防护技术诞生了。

1. 入侵防护系统的概念

入侵防护系统(Intrusion Prevention System,IPS)是一种主动的、智能的入侵检测系统,能预先对入侵行为和攻击性网络流量进行拦截,避免其造成任何损失,它不是简单地在恶意数据包传送时或传送后才发出报警信号。IPS 通常部署在网络的进出口处,当它检测到攻击企图后,就会自动地将攻击包丢掉或采取措施将攻击源阻断,如图 7.29 所示。

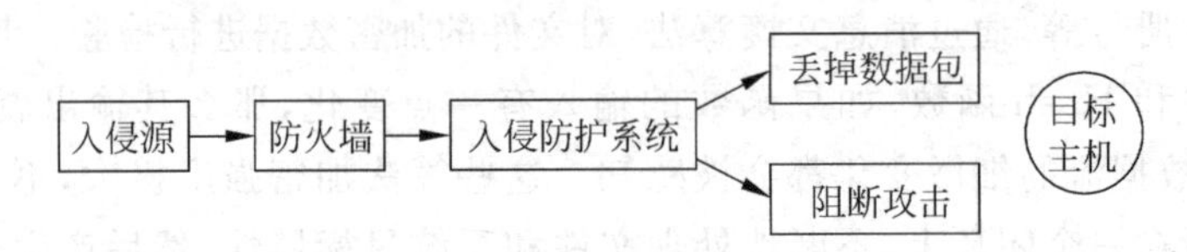

图 7.29 入侵防护系统示意图

2. 入侵防护系统的工作原理

入侵防护系统与 IDS 在检测方面的原理基本相同,它首先由信息采集模块实施信息收集,内容包括网络数据包、系统审计数据和用户活动状态及行为等,利用来自网络数据包和系统日志文件、目录和文件中的不期望的改变、程序执行中的不期望行为,以及物理形式的入侵信息等方面,然后利用模式匹配、协议分析、统计分析和完整性分析等技术手段,由检测引擎对收集到的有关信息进行分析,最后由响应模块对分析后的结果做出适当的响应。入侵防护系统与传统的 IDS 有两大重要区别:自动拦截和在线运行,两者缺一不可。防护工具(软、硬件方案)必须设置相关策略,以对攻击自动做出响应,要实现自动响应,系统就必须在线运行。当黑客试图与目标服务器建立会话时,所有数据都会经过 IPS 位于活动数据路径中的传感器。传感器检测数据流中的恶意代码,核对策略,在未转发到服务器之前将含有恶意代码的数据包拦截。由于是在线实时运作,因而能保证处理方法适当且可预知。

3. 入侵防护系统的关键技术

(1) 主动防御技术。通过对关键主机和服务的数据进行全面的强制性防护,对其操作系统进行加固,并对用户权力进行适当限制,以达到保护驻留在主机和服务器上数据的效果。这种防范方式不仅能够主动识别已知的攻击方法,对于恶意的访问予以拒绝,而且还能成功防范未知的攻击行为。

(2) 防火墙和 IPS 联动技术。一是通过开放接口实现联动,即防火墙或 IPS 产品开放一个接口供对方调用,按照一定的协议进行通信、传输警报。该方式比较灵活,防火墙可以行使访问控制功能，IPS 系统可以执行入侵检测功能，丢弃恶意通信，确保该通信不能到达目的地，并通知防火墙进行阻断。由于是两个系统的配合运作，所以要重点考虑防火墙和 IPS 联动的安全性。二是紧密集成实现联动，把 IPS 技术与防火墙技术集成到同一个硬件平台上，在统一的操作系统管理下有序地运行，所有通过该硬件平台的数据不仅要接受防火墙规则的验证，还要被检测判断是否含有攻击，以达到真正的实时阻断。

(3) 综合多种检测方法。IPS 有可能引发误操作，阻塞合法的网络事件，造成数据丢失。为避免发生这种情况，IPS 采用了多种检测方法，最大限度地正确判断已知和未知攻击。其检测方法包括误用检测和异常检测，增加状态信号、协议和通信异常分析功能，以及后门和二进制代码检测。为解决主动性误操作，采用通信关联分析的方法，让 IPS 全方位识别网络环境，减少错误告警。通过将琐碎的防火墙日志记录、IDS 数据、应用日志记录以及系统弱点评估状况收集到一起，合理推断出将要发生哪些情况，并做出适当的响应。

(4) 硬件加速系统。IPS 必须具有高效处理数据包的能力，才能实现百兆、千兆甚至更高速网络流量的数据包检测和阻断功能。因此，IPS 必须基于特定的硬件平台，必须采用专用硬件加速系统来提高 IPS 的运行效率。

4. 入侵防护分类

入侵防护系统根据部署方式可分为 3 类：网络型入侵防护系统(NIPS)、主机型入侵防护系统(HIPS)、应用型入侵防护系统(AIPS)。

(1) 网络型入侵防护系统(Network-based Intrusion Prevention System，NIPS)。网络型入侵防护系统采用在线工作模式，在网络中起到一道关卡的作用。流经网络的所有数据流都经过 NIPS，起到保护关键网段的作用。一般的 NIPS 都包括检测引擎和管理器，其中流量分析模块具有捕获数据包、删除基于数据包异常的规避攻击、执行访问控制等功能。作为关键部分的检测引擎是基于异常检测模型和误用检测模型，响应模块具有制定不同响应策略的功能，流量调整模块主要根据协议实现数据包分类和流量管理。NIPS 的这种运行方式实现了实时防御，但仍然无法检测出具有特定类型的攻击，误报率较高。

(2) 基于主机的入侵防护系统(Host-based Intrusion Prevention System，HIPS)。基于主机的入侵防护系统是预防黑客对关键资源(如重要服务器、数据库等)的入侵。HIPS 通常由代理(agent)和数据管理器组成，采用类似 IDS 异常检测的方法来检测入侵行为，也就是允许用户定义规则，以确定应用程序和系统服务的哪些行为是可以接受的、哪些是违法的。Agent 驻留在被保护的主机上，用来截获系统调用并检测和阻断，然后通过可靠的通信信道与数据管理器相连。HIPS 这种基于主机环境的防御非常有效，而且也容易发现新的攻击方式，但配置非常困难，参数的选择会直接关系到误报率的高低。

(3) 应用型入侵防护系统(Application Intrusion Prevention System，AIPS)。应用型入侵防护系统是网络型入侵防护系统的一个特例，它把基于主机的入侵防护系统扩展成位于应用服务器之前的网络设备，用来保护特定应用服务(如 Web 服务器和数据库等)的网络设备。它通常被设计成一种高性能的设备，配置在应用数据的网络链路上，通过 AIPS 安全策略的控制来防止基于应用协议漏洞和设计缺陷的恶意攻击。

7.6.6 网络欺骗技术

网络欺骗技术是根据网络系统中存在的安全弱点，采取适当技术，伪造虚假或设置不重要的信息资源，使入侵者相信网络系统中这些信息资源具有较高价值，并具有可攻击和窃取的安全漏洞,然后将入侵者引向这些资源。网络欺骗技术既可迅速检测到入侵者的进攻并获知其进攻技术和意图,又可增加入侵者的工作量、入侵复杂度以及不确定性,使入侵者不知道其进攻是否奏效或成功。网络欺骗技术使网络防御一方可以跟踪网络进攻一方的入侵行为,根据掌握的进攻方意图及其采取的技术,先于入侵者及时修补本方信息系统和网络系统存在的安全隐患和漏洞,达到网络防御的目的。

网络欺骗一般通过隐藏和伪装等技术手段实现,前者包括隐藏服务、多路径和维护安全状态信息机密性,后者包括重定向路由、伪造假信息和设置圈套等等。下面将简单介绍几种网络欺骗技术。

1. 蜜罐技术

蜜罐(honey pot)技术模拟存在漏洞的系统,为攻击者提供攻击目标。其目标是寻找一种有效的方法来影响入侵者,使得入侵者将技术、精力集中到蜜罐而不是其他真正有价值的正常系统和资源中。蜜罐技术还能做到一旦入侵企图被检测到时,迅速地将其切断。蜜罐是一种用作侦探、攻击或者缓冲的安全资源,用来引诱人们去攻击或入侵它,其主要目的在于分散攻击者的注意力、收集与攻击和攻击者有关的信息。

但是,对于手段高明的网络入侵,蜜罐技术作用很小。因此,分布式蜜罐技术便应运而生,它将蜜罐散布在网络的正常系统和资源中,利用闲置的服务端口充当欺骗,从而增大了入侵者遭遇欺骗的可能性。它具有两个直接的效果,一是将欺骗分布到更广范围的IP地址和端口空间中,二是增大了欺骗在整个网络中的百分比,使得欺骗比安全弱点被入侵者扫描器发现的可能性增大。

1) 蜜罐的类型

根据攻击者同蜜罐所在的操作系统的交互程度即连累等级,蜜罐分为低连累蜜罐、中连累蜜罐和高连累蜜罐。低连累蜜罐只提供某些伪装服务;中连累蜜罐提供更多接口同操作系统进行交互;高连累蜜罐可以全方位与操作系统进行交互。

从商业运作的角度,蜜罐又分为商品型和研究型。商品型蜜罐通过引诱黑客攻击蜜罐以减轻网络的危险。研究型蜜罐通过蜜罐获得攻击者的信息,加以研究,实现知己知彼,既了解黑客们的动机,又发现网络所面临的危险,从而更好地加以防范。

从具体实现的角度,可以分为物理蜜罐和虚拟蜜罐。高交互蜜罐通常是一台或多台拥有独立IP和真实操作系统的物理机器,提供部分或完全真实的网络服务,这种蜜罐叫物理蜜罐。中低交互的蜜罐可以是虚拟的机器、虚拟的操作系统、虚拟的服务,这样的蜜灌就是虚拟蜜罐。配置高交互性的物理蜜罐成本很高,相对而言虚拟蜜罐需要较少的计算机资源和维护费用。

2) 蜜罐的布置

根据需要,蜜罐可以放置在外部网中,也可以放置在内部网中。通常情况下,蜜罐可以放在防火墙外面和防火墙后面等。蜜罐放在防火墙外面,消除了在防火墙后面出现一台主机失陷的可能,但是蜜罐可能产生大量不可预期的通信量,如端口扫描或网络攻击所致的通信流。蜜罐放在防火墙后面,有可能给内部网引入新的安全威胁。通常蜜罐提供大量的伪装服务,因此不可避免地修改防火墙的过滤规则,使它对进出内部网和蜜罐的通信流加以区别对待。一旦蜜罐失陷,那么整个内部网将完全暴露在攻击者面前。

蜜罐如图7.30所示,蜜罐A部署在组织的防火墙之外,目标是研究每天有多少针对组织的攻击企图。此位置适于部署低交互度蜜罐，能够检测对系统漏洞的所有攻击行为。蜜罐 A 容易被攻击者识别，被攻破的风险很大，而且有时因检测的数据量过大而使用户难以处理。

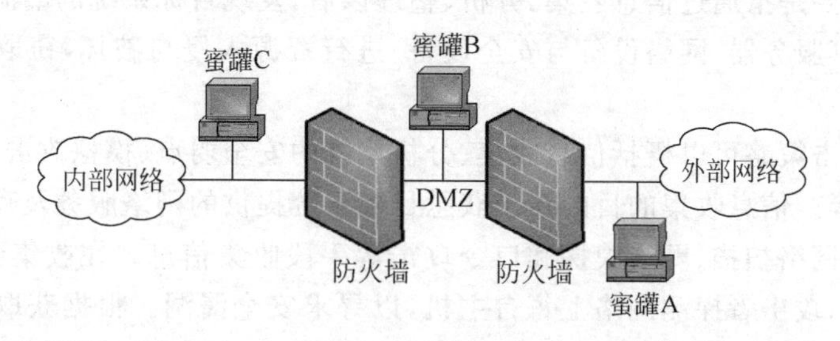

图 7.30　蜜罐布置图

蜜罐 B 部署在组织安全防线以内的 DMZ，目标是检测或者响应高风险网络上的攻击或者未授权活动。蜜罐 B 隐藏于 DMZ 区域的各种服务器之中，将其工作状态类似于网络内的其他系统(如 Web 服务器)。当攻击者顺序扫描和攻击各服务器时，蜜罐可以检测到攻击行为，并通过与攻击者的交互响应取证其攻击行为。当攻击者随机选取服务器进行攻击时，蜜罐 B 有被避开的可能性。蜜罐 B 不易被攻击者发现，因此，只要有出入蜜罐 B 的活动流量均可判定为可疑的未授权行为，从而可以捕获到高价值的非法活动。

蜜罐 C 部署在组织的内部网络，目标是检测或响应来自组织内部的攻击或者未授权活动。此位置的蜜罐对于捕获来自内部的扫描和攻击作用最大。

2. 蜜网技术

蜜网(honey net)技术实质上仍是一种蜜罐技术，但它与传统的蜜罐技术相比具有两大优势。首先，蜜网是一种高交互型的用来获取广泛的安全威胁信息的蜜罐，高交互意味着蜜网是用真实的系统应用程序以及服务来与攻击者进行交互；其次，蜜网是由多个蜜罐以及防火墙、入侵防御系统、系统行为记录、自动报警、辅助分析等一系列系统和工具所组成的一整套体系结构，这种体系结构创建了一个高度可控的网络，使得安全研究人员可以控制和监视其中的所有攻击活动，从而去了解攻击者的攻击工具、方法和动机。蜜网体系结构具有三大核心需求，即数据控制、数据捕获和数据分析。数据控制是对攻击者在蜜网中对第三方发起攻击行为进行限制的机制，以减轻蜜网架设的风险；数据捕获技术能够监控和记录攻击者在蜜网内的所有行为；数据分析技术则是对捕获到的攻击数据进行整理和融合，以辅助安全专家从中分析出这些数据背后的攻击工具、方法、技术和动机。

根据构建蜜网所需的资源和配置，可分为两类：物理蜜罐和虚拟蜜罐。

(1) 物理蜜网。体系架构中的蜜罐主机都是真实的系统，通过与防火墙、物理网关、入侵防御系统、日志服务器等一些物理设备组合，共同组成一个高可控的网络。这类蜜网组建对物理系统的开销很大，而且它是由真实系统构建的，对安全性能要求更高，一旦蜜罐主机被攻陷，则将波及内网的安全。

(2) 虚拟蜜网。在同一硬件平台上运行多个操作系统和多种网络服务的虚拟网络环境，相对于物理蜜网开销小，易于管理。但同时由于这类蜜网一般通过一些虚拟操作系统软件在单台主机上部署整个蜜网，因此扩展性差，而且虚拟软件本身也会有漏洞，一旦被攻击者破坏，则整个蜜网就会被控制。

7.7 网络攻击技术

网络攻击主要是指通过信息收集、分析、整理以后,发现目标系统的漏洞与弱点,有针对性地对目标系统(服务器、网络设备与安全设备)进行资源入侵与破坏,窃取、监视与控制机密信息的活动。

攻击者的攻击策略可以概括信息收集、分析系统的安全弱点、模拟攻击、实施攻击、改变日志、清除痕迹等。信息收集的目的在于获悉目标系统提供的网络服务及存在的系统缺陷,攻击者往往采用网络扫描、网络嗅探和口令攻击等手段收集信息。在收集到攻击目标的有关网络信息之后,攻击者探测网络上每台主机,以寻求安全漏洞。根据获取的信息,建立模拟环境,对其攻击,并测试可能的反应,然后对目标系统实施攻击。猜测程序可对截获的用户账号和口令进行破译;破译程序可对截获的系统密码文件进行破译;对网络和系统本身漏洞可实施电子引诱(如木马)等。大多数攻击利用了系统本身的漏洞,在获得一定的权限后,以该系统为跳板展开对整个网络的攻击。同时,攻击者通常试图毁掉攻击入侵的痕迹,并在目标系统上新建安全漏洞或后门,以便在攻击点被发现之后,继续控制该系统。

J. Anderson 早在 1980 年的著作中就指出有以下 3 种类型的攻击者:

(1) 伪装者。伪装者指没有被授权使用计算机,却通过了系统访问控制获得合法账号的人,通常是来自系统的外部人员。

(2) 违法者。违法者指未经授权而访问系统的数据、程序和资源的合法人员,或者虽然经过授权但是错误使用其权利的用户,通常是来自系统内部的人员。

(3) 秘密用户。秘密用户指夺取系统控制管理权,并以此逃避审计和访问控制,或者禁止审计数据收集的用户,其既可能来自外部人员,也有可能来自内部人员。

7.7.1 网络攻击的目的、手段与工具

1. 网络攻击的目的

攻击者攻击网络系统的目的通常有以下几种。

(1) 对系统的非法访问。

(2) 获取所需信息,包括科技情报、个人资料、金融账户、信用卡密码、科技成果及系统信息等。

(3) 篡改、删除或暴露数据资料,达到非法目的。

(4) 获取超级用户权限。

(5) 利用系统资源对其他目标进行攻击、发布虚假信息、占用存储空间等。

(6) 拒绝服务。

2. 网络攻击的手段

攻击者进行网络攻击总有一定的手段,只有了解其攻击手段,才能采取正确的对策以对付网络攻击。

(1) 口令入侵。所谓口令入侵是指使用某些合法用户的账户和口令登录到目的主机,然后再实施攻击活动。这种方法的前提是必须先得到该主机上某个合法用户的账号,然后再进行合法用户口令的破译。攻击者获取口令通常有 3 种方法。一是通过网络监听,非法得到用户口令。这种方法有一定局限性,但危害大,监听者往往可获得其所在网段的所有用

户账号和口令。二是在知道用户账号后利用专门软件强行破解用户口令。这种方法不受网段限制,但攻击者需要一定的时间和耐心。三是在获得一个服务器上的用户口令文件后,用暴力破解程序来破解用户口令。

(2) 放置木马程序。特洛伊木马程序可以直接侵入用户的电脑并进行破坏,它常被伪装成工具程序或者游戏等诱使用户打开带有特洛伊木马程序的邮件附件或从网上直接下载,一旦用户打开这些邮件的附件或者下载这些程序之后,它们就会像古特洛伊人在敌人城外留下的藏满士兵的木马一样留在自己的电脑中,并在用户的计算机系统中隐藏一个可以在 Windows 启动时悄悄执行的程序。当用户连接到 Internet 上时,这个程序就会通知攻击者,来报告用户的 IP 地址以及预先设定的端口。攻击者在收到这些信息后,再利用这个潜伏在用户计算机中的程序,就可以任意修改用户计算机的参数设定、复制文件、窥视整个硬盘中的内容等,从而达到控制用户计算机的目的。

(3) 电子邮件攻击。电子邮件攻击主要有两种方式。一是电子邮件轰炸,就是通常所说的邮件炸弹。电子邮件轰炸是指用伪造的 IP 地址和电子邮件地址向同一邮箱发送数以千计内容相同的邮件,致使收信人的邮箱被"炸",严重时可能会给电子邮件服务器系统带来危险,甚至瘫痪。二是电子邮件欺骗,攻击者佯装自己是系统管理员给用户发送邮件,其邮件地址和系统管理员完全相同,要求用户修改口令,或者在看似正常的附件中加载病毒或其他木马程序。

(4) 利用一个节点攻击其他的节点。攻击者在攻破一台主机后,往往以此主机为根据地,攻击其他主机。它们可以用网络监听的方法,尝试攻破同一网络中的其他主机,也可以通过 IP 欺骗,攻击其他主机。这种方法很狡猾,但难度也大。

(5) 网络监听。网络监听是主机的一种工作模式,主机可以接收本网段在同一条物理通道上传输的所有信息,而不管信息的发送方和接收方是谁。如果两台主机进行通信的信息没有加密,使用监听工具就可以截获口令和账号等用户资料。虽然此方法有一定的局限性,但监听者往往能够获得其所在网段的所有用户的口令和账号。

(6) 利用账号进行攻击。攻击者会利用操作系统提供的默认账号和密码进行攻击,如 UNIX 主机都有 FTP 和 guest 等默认账户。攻击者可以利用 UNIX 操作系统提供的命令收集信息,不断提高自己的攻击能力。系统管理员关掉默认账户或者提醒无口令用户增加口令,一般可以克服这类攻击。

(7) 获取超级用户权限。攻击者可利用特洛伊木马程序或自己编写的导致缓冲区溢出的程序对系统进行攻击,一旦非法获得对用户机器的完全控制权,或获得超级用户的权限,攻击者就可以隐藏自己的行踪,在系统中留下后门,从而可以修改资源配置,拥有对整个网络的控制权。这种攻击一旦成功,危害性极大。

3. 攻击者常用的工具

攻击者常用的工具有扫描器、嗅探器、破解器、木马和炸弹等。

(1) 扫描器。扫描器是检测本地或远程系统安全性较差的软件。通过与目标主机的 TCP/IP 端口建立连接并请求某些服务,记录目标主机的应答,收集目标主机的相关信息,从而发现目标主机某些内在的安全弱点。扫描器有 IP 跟踪器、IP 扫描器、端口扫描器和漏洞扫描器。

(2) 嗅探器。嗅探器是一种常用的收集有用数据的工具,收集的信息可以是用户的账号和密码，或者商业机密数据。攻击者使用嗅探器可暗中监视用户的网络状况并获得用户账号、信用卡号码和私人信息等机密数据。

(3) 木马工具。木马是一种黑客程序，它本身一般并不破坏硬盘上的数据，只是悄悄地潜伏在被感染的电脑里，被感染后攻击者可以通过 Internet 找到这台机器，在自己的电脑上远程操纵它，窃取用户的上网账号和密码。著名的木马工具软件如冰河木马、广外女生等，功能都很强大，被攻击者广泛利用。

(4) 炸弹工具。邮件炸弹即向受害者发送大量垃圾邮件，由于邮箱容量有限，当庞大的邮件垃圾到达信箱的时候，就会把信箱挤爆，把正常的邮件冲掉。同时，由于占用大量的网络资源导致网络阻塞。攻击者常用的炸弹工具有邮件类炸弹、IP 类炸弹和 QQ 类炸弹等。

7.7.2 网络攻击类型

任何以干扰、破坏网络系统为目的的非授权行为都称为网络攻击。网络攻击通常可分为拒绝服务攻击、利用攻击、信息收集攻击和虚假信息攻击 4 类。

1. 拒绝服务攻击

拒绝服务攻击(Denial of Service，DoS)是攻击者通过各种手段来消耗网络带宽或服务器的系统资源，最终导致被攻击服务器资源耗尽或系统崩溃而无法提供正常的服务。这种攻击可能并没有对服务器造成损害，但可以使人们对被攻击的服务器所提供的服务信任度下降，影响公司声誉以及用户对网络的使用。DoS 攻击主要是攻击者利用 TCP/IP 协议本身的漏洞或网络中各个操作系统的漏洞实现的。攻击者首先向服务器发送众多的带有虚假地址的请求，服务器发送回复信息后等待回传信息，由于地址是伪造的，所以服务器一直等不到回传的消息，分配给这次请求的资源就始终没有被释放。当服务器等待一定的时间后，连接会因超时而被切断，攻击者会迅速传送新的一批请求，在这种反复发送伪地址请求的情况下，服务器资源最终会被耗尽。DoS 攻击主要有以下几种类型。

(1) 带宽耗用 DoS 攻击。带宽耗用 DoS 攻击是一种最阴险的攻击，它的目的就是消耗网络的所有可用带宽。这种攻击可以发生在局域网中，最常见的是攻击者远程消耗系统资源。

(2) 资源耗竭 DoS 攻击。资源耗竭 DoS 攻击集中于系统资源而不是网络带宽的消耗。一般来说，这种攻击涉及诸如 CPU 利用率、内存、文件系统和系统进程总数等资源的消耗。攻击者通常具有一定数量系统资源的合法访问权，然后就会滥用这些访问权消耗额外的资源。这样，系统和合法用户就被剥夺了原来享用的资源，造成系统崩溃或可利用资源耗尽。

(3) 编程缺陷 DoS 型。编程缺陷 DoS 攻击就是利用应用程序、操作系统等在处理异常情况时的逻辑错误而实施的 DoS 攻击。攻击者通常向目标系统发送精心设计的畸形分组来试图导致服务的失效和系统的崩溃。

(4) 基于路由的 DoS 攻击。在基于路由的 DoS 攻击中，攻击者操纵路由表项以拒绝向合法系统或网络提供服务。攻击者往往通过假冒源 IP 地址就能创建 DoS 攻击，这种攻击的目标是受害网络的分组或经由攻击者的网络路由。

(5) 基于域名服务器的 DoS 攻击。域名服务器(DNS)是一个分布式数据库，用于 TCP/IP 中，以实现域名与 IP 地址的转换。基于 DNS 的 DoS 攻击与基于路由的 DoS 攻击类似。大多数 DNS 攻击涉及欺骗受害者的域名服务器，高速缓存虚假的地址信息。当用户请某 DNS 服务器执行查找请求时,攻击者就达到了把它们重新定向到自己喜欢的站点上的效果。

2. 利用攻击

利用攻击是一类试图直接对用户机器进行控制的攻击,最常见的利用型攻击有以下3种。

(1) 口令猜测。攻击者首先识别主机,并判断该主机是否支持基于 TELNET 服务或网络文件系统(Network File System,NFS)服务。如果该主机支持 TELNET 服务或 NFS 服务,而且该主机有可利用的用户账号,攻击者就使用口令识别程序获取口令并控制主机。选择难以猜测的口令,比如字母与标点符号的组合,确保像 TELNET 和 NFS 这样可利用的服务不暴露在公共范围,如果这些服务支持锁定策略,可先进行锁定。这些措施可以预防口令猜测攻击。

(2) 特洛伊木马。特洛伊木马是一种直接由攻击者或通过可信的用户秘密安装到目标主机的程序。安装成功并获得管理员权限后,该程序就可以直接远程控制目标系统。采取不下载可疑程序并拒绝执行、运用网络扫描软件定期监视内部主机上的 TCP 服务等措施可预防该类攻击。

(3) 缓冲区溢出。缓冲区是用户为程序运行时在计算机中申请的一段连续的内存,它保存了给定类型的数据。缓冲区溢出攻击是指通过向程序的缓冲区写入超出其长度的内容,造成缓冲区的溢出,从而破坏程序的堆栈,使程序转而执行其他的指令,以达到攻击的目的。缓冲器溢出可能会带来两种结果:一是过长的字符串覆盖了相邻的存储单元,引起程序运行失败,严重的可导致系统崩溃;另一种后果是利用这种漏洞可以执行任意指令,甚至可以取得系统特权,由此而引发多种攻击。通过不断更新操作系统"补丁"可预防这种攻击。

3. 信息收集攻击

信息收集攻击是被用来为进一步入侵系统提供有用的信息。这类攻击主要包括扫描技术和利用信息服务技术等,具体实现有以下6种。

(1) 地址扫描。运用 ping 程序探测目标地址,若对此作出反应,则表示其存在。在防火墙上过滤掉 ICMP 应答消息可预防该攻击。

(2) 端口扫描。通常使用扫描软件向网络中的主机连接一系列的 TCP 端口,扫描软件可以找到主机的开放端口并建立连接。许多防火墙能检测到系统是否被扫描,并自动阻断扫描企图。

(3) 反向映射。攻击者向主机发送虚假信息,然后根据返回"主机不可到达"这一消息特征判断出哪些主机正在工作。攻击者通常会采用不会触发防火墙规则的常见消息类型,这些类型包括 RESET、SYN/ACK 消息、DNS 响应包等。网络地址翻译(NAT)和非路由代理服务器能自动抵御此类攻击,也可在防火墙上过滤"主机不可到达"ICMP 应答。

(4) 慢速扫描。由于一般扫描侦测器的实现是通过监视某个时间段里一台特定主机发送连接的数目(例如每秒10次)来决定是否在被扫描,攻击者可以通过使用扫描速度慢一些的扫描软件进行扫描而不易被侦测到。用户可通过引诱服务来对慢速扫描进行侦测。

(5) DNS 域转换。DNS 协议不对转换或信息的更新进行身份认证,这使得该协议以不同的方式被利用。对一台公共的 DNS 服务器,攻击者只需实施一次 DNS 域转换就能得到所有主机的名称以及内部 IP 地址。可采用防火墙过滤掉域转换请求来避免这类攻击。

(6) finger 服务。finger 服务用于服务器向远程请求者提供系统用户相关信息。攻击者使用 finger 命令来刺探一台 finger 服务器以获取关于该系统的用户信息。采取关闭 finger 服务并记录尝试连接该服务的对方 IP 地址,或者在防火墙上进行过滤,可预防该服务攻击。

4. 虚假信息攻击

虚假信息攻击用于攻击目标配置不正确的消息,主要以高速缓存污染和伪造电子邮件攻击。

(1) DNS 高速缓存污染。由于 DNS 服务器与其他域名服务器交换信息时不进行身份认证,攻击者可将一些虚假信息掺入,并把用户引向自己的主机。可采取在防火墙上过滤 DNS 更新,外部 DNS 服务器不能更改内部服务器对内部机器的识别等措施预防该攻击。

(2) 伪造电子邮件。由于 SMTP 并不对邮件发送者的身份进行鉴定,攻击者可对网络内部用户伪造电子邮件,声称是来自某个客户认识并相信的人,并附带上可安装的木马程序,或者附带引向恶意网站的连接。采用广泛应用于电子邮件和文件加密软件 PGP(Pretty Good Privacy)等安全工具或电子邮件证书对发送者进行身份鉴别等措施可预防该攻击。

7.8 VPN 技术

虚拟专用网(Virtual Private Network,VPN)是依靠 Internet 服务提供商和其他网络服务提供商,在公用网络中建立专用数据通信网络的技术。在虚拟专用网中,任意两个节点之间的连接并没有传统专用网所需的端-端物理链路,而是利用某种公用网的资源动态组成的。Internet 工程任务组(Internet Engineering Task Force,IETF)将基于 IP 的 VPN 定义为:使用 IP 机制仿真出私有广域网,通过私有隧道技术在 Internet 上仿真一条点到点的专线技术。所谓虚拟,是指用户不再需要拥有实际的长途数据线路,而是使用 Internet 的长途数据线路。所谓专用,是指用户可以为自己制定一个最符合自己需求的网络。VPN 技术采用了鉴别、访问控制、保密性、完整性等措施,以防止信息被泄露、篡改和复制。

7.8.1 VPN 概述

1. VPN 的类型

VPN 有 3 种类型:远程访问 VPN(Access VPN)、企业内部 VPN(Intranet VPN)以及扩展的 VPN(Extranet VPN)。

1) 远程访问 VPN

对于出差流动员工、远程办公人员和远程小办公室,Access VPN 通过公用网络与企业的 Extranet 和 Intranet 建立私有的网络连接,如图 7.31 所示。Access VPN 的结构有两种类型:一是用户发起的 VPN 连接;二是接入服务器发起的 VPN 连接。用户发起的 VPN 连接是指远程用户通过服务提供点接入 Internet,再通过网络隧道协议与企业网建立一条隧道(可加密)连接,从而访问企业网内部资源。在这种情况下,用户端必须维护和管理发起隧道连接的有关协议和软件。在接入服务器发起的 VPN 连接应用中,用户通过本地号码或免费号码拨入 ISP,然后 ISP 的网络访问服务器(Network Access Server, NAS)再发起一条隧道连接用户的企业网。在这种情况下所建立的 VPN 连接对远端用户是透明的,构建 VPN 所需的协议及软件均由 ISP 负责管理和维护。

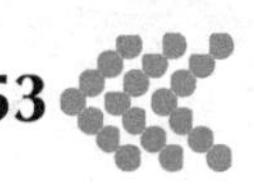

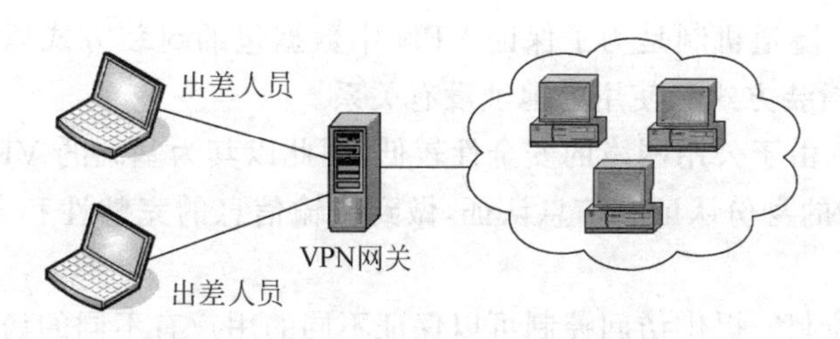

图 7.31 Access VPN 示意图

2) 企业内部 VPN

内部网 VPN 是指企业将各分支机构的 LAN 连接而成的网络,如图 7.32 所示。通过公用网络将企业各分支机构的局域网和总部的局域网连接起来,以实现资源共享,信息安全传递,既提高了工作效率,也节省了采用专线上网通信的高额费用。

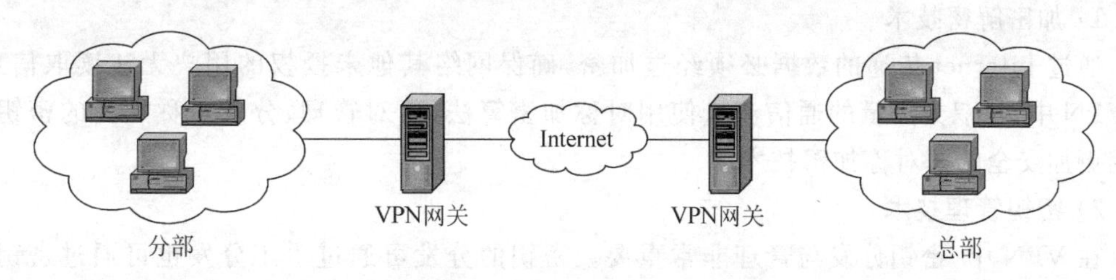

图 7.32 企业内部 VPN 示意图

3) 扩展的 VPN

如果一个企业希望将客户、供应商、合作伙伴等连接到企业内部网,可以使用 Extranet VPN,它实质上也是一种网关对网关的 VPN。与 Intranet VPN 不同的是,它需要在不同企业内部网络间组建,需要有不同协议和设备之间的配合和不同的安全配置,如图 7.33 所示。

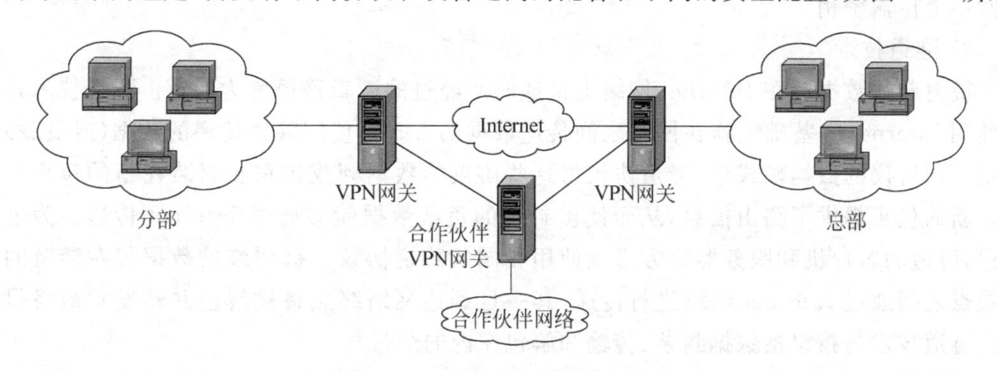

图 7.33 扩展的 VPN 示意图

2. VPN 的基本功能

(1) 数据的封装和加密。通过对数据的封装和加密可以使要传输的数据在公用网络上传输时只有接收者可以阅读,即使数据被人截取也不会泄露信息。

(2) 支持数据分组的透明传输。在 VPN 上传输的数据分组与支持 VPN 的公用网络上传输的分组可以没有任何关系,它们可以使用不同的协议和不同的寻址结构,即使有相同的寻址结构,地址空间也可以重叠。

(3) 隧道机制。隧道机制是为了保证 VPN 中数据包的封装方式以及封装后所使用的地址与传输网络的封装方式和使用的地址没有关系。

(4) 安全功能。由于公用网络的安全性较低,因此以其为基础的 VPN 必须满足用户需要的安全,通过用户的身份认证和信息认证,做到传输信息的完整性和合法性,并能鉴别用户的身份。

(5) 提供访问控制。提供访问控制可以保证不同的用户有不同的访问权限。

(6) 服务质量。VPN 应根据不同用户的要求支持不同级别的服务,包括网络正常运行时间、宽带以及等待时间。

3. VPN 网络安全技术

目前 VPN 主要有 4 项技术来保证网络安全:加密解密技术、密钥管理技术、隧道技术与身份鉴别技术。

1) 加密解密技术

通过 Internet 传递的数据必须经过加密,确保网络其他未授权的用户无法读取信息。在 VPN 中,对双方大量的通信流量使用对称加密算法,而对管理、分发对称加密的密钥则采用更加安全的非对称加密技术。

2) 密钥管理技术

在 VPN 中,密钥分发与管理非常重要。密钥的分发可通过手工分发也可通过密钥交换协议动态分发。手工分发只适合密钥更新不太频繁的简单网络。而密钥交换协议采用软件动态生成密钥,保证密钥在 Internet 上安全传输而不被窃取。而且密钥可快速更新,以提高 VPN 安全性。目前主要的密钥交换与管理标准主要有 SKIP(Simple Key Management for IP)与安全联盟和密钥管理协议(Internet Security Association and Key Management Protocol, ISAKMP)。SKIP 是由 Sun 公司所推出的技术,主要利用 Diffie-Hellman 算法在网络上传输密钥。

3) 隧道技术

被封装的数据包在 Internet 网络上传递时所经过的逻辑路径称为隧道。隧道技术是通过使用 Internet 的基础设施在网络之间传递数据的方式。使用隧道传递的数据(或负载)可以是不同协议的数据帧或包,隧道协议将这些协议的数据帧或包重新封装在新的包头中发送。新的包头提供了路由信息,从而使被封装的负载数据能够通过 Internet 传递。为创建隧道,隧道的客户机和服务器双方必须使用相同的隧道协议。被封装的数据包在隧道的两个端点之间通过 Internet 网络进行传递,其一旦到达网络终点将被解包并转发到最终目的地。隧道技术是指包括数据封装、传输和解包在内的全过程。

隧道技术可分为第二层或第三层隧道协议为基础的技术,上述分层按照开放系统互联(OSI)的参考模型划分。第二层隧道协议对应 OSI 模型中的数据链路层,使用帧作为数据交换单位。点对点隧道协议(Point-to-Point Tunneling Protocol, RFC2637, PPTP),第二层隧道协议(Layer Two Tunneling Protocol, RFC2661, L2TP)和第二层转发(Layer Two Tunneling Protocol, RFC2341, L2F)都属于第二层隧道协议,都是将数据封装在点对点协议(PPP)帧中,通过 Internet 发送。第三层隧道协议对应 OSI 模型中的网络层,使用包作为数据交换单位。通用路由封装协议(General Routing Encapsuling, GRE)以及 IP 安全隧道模式(IPSecurity, IPSec)都属于第三层隧道协议,都是将 IP 包封装在附加的 IP 包头中通过 IP 网络传送。

4）身份鉴别技术

VPN 方案必须能够验证用户身份并严格控制只有授权用户才能访问 VPN。另外，方案必须还能够提供审计和计费功能，显示何人在何时访问了何种信息。当用户通过 VPN 客户端访问 VPN 网关时，客户端首先对用户进行双因子身份验证，双因子即用户数字证书和该数字证书的使用口令。VPN 客户端采用基于 PKI 技术的数字证书技术，完成 VPN 网关服务器和用户身份的双向验证。验证通过后，VPN 网关服务器产生对称会话密钥，并分发给用户。在用户与 VPN 网关服务器的通信过程中，使用该会话密钥对信息进行加密传输。身份验证和保护会话密钥在传递过程中的安全，主要通过非对称加密算法完成，VPN 系统使用 1024 位的 RSA 算法，具有高度的安全性。

7.8.2 隧道协议

1. 隧道协议的基本概念

无论哪种隧道协议都是由传输协议、封装协议以及乘客协议组成的。以 L2TP 为例，传输协议被用来传送封装协议。IP 和帧中继都是非常合适的传输协议。如果用户想通过 Internet 将其分公司网络连接起来，但它的网络环境是 Internet 网间分组交换协议（Internetwork Packet Exchange protocol，IPX），这时用户就可以使用 IP 作为传输协议，通过封装协议封装 IPX 的数据包，就可在 Internet 上传递 IPX 数据。封装协议被用来建立、保持和拆卸隧道，包括 L2F、L2TP、PPTP、GRE 等协议。乘客协议是被封装的协议，它们可以是 PPP、SLIP 等，这是用户真正要传输的数据。以邮政系统为例，乘客协议就是写好的信，信的语言可以是汉语或英语等，具体如何解释由发信人与收信人自己负责，这对应于乘客协议的数据解释由隧道双方负责。封装协议就是信封，可以是平信、挂号信或者特快专递，这对应于多种封装协议，每种封装协议的安全级别不同。传输协议就是信的运输方式，可以是陆运、海运或者空运，这对应于不同的传输协议。

根据隧道的端点是用户计算机还是拨号服务器，隧道可分为自愿隧道（Voluntary tunnel）和强制隧道（Compulsory tunnel）。自愿隧道是指由用户或客户端计算机通过发送 VPN 请求配置和创建一条隧道。此时，用户端计算机作为隧道客户方成为隧道的一个端点。强制隧道是由支持 VPN 的拨号接入服务器配置和创建一条隧道。此时，用户端的计算机不作为隧道端点，而是由位于客户计算机和隧道服务器之间的远程接入服务器作为隧道客户端，成为隧道的一个端点。近年相继出现了一些新的隧道技术，如点对点隧道协议（PPTP）、第二层隧道协议（L2TP）、安全 IP（IPSec）隧道模式等。

2. 点对点隧道协议

点对点隧道协议将点对点协议（PPP）的数据帧封装进 IP 数据包中，通过 TCP/IP 网络进行传输。PPTP 可以对 IP、IPX 数据进行加密传递，PPTP 报文由 PPTP 控制报文和 PPTP 数据报文组成，控制报文负责隧道的创建、维护和终止。数据报文负责使用通用路由封装协议（GRE）对 PPP 数据帧进行封装。PPTP 的功能特性被分成两部分：PPTP 访问服务器（PPTP Access Concentrator，PAC）和 PPTP 网络服务器（PPTP Network Server，PNS）。

3. 第二层转发协议

第二层转发协议是Cisco公司提出的隧道协议，作为一种传输协议L2F支持拨号接入服务器将拨号数据流封装在PPP帧内，并通过广域网链路传送到L2F服务器(路由器)。L2F服务器把数据包解包之后重新引入(inject)网络。与PPTP和L2TP不同，L2F没有确定的客户方。应当注意的是，L2F只在强制隧道中有效。

4. 第二层隧道协议

L2TP综合了PPTP和L2F的优势，可以让用户从客户端或访问服务器端发起VPN连接。L2TP支持封装的PPP帧在IP、X.25、帧中继或ATM等网络中传输，但目前仅定义了基于IP网络的L2TP。L2TP隧道协议可用于Internet及企业专用的Intranet。L2TP的客户端是使用L2TP隧道协议和IPSec安全协议的VPN客户端，而L2TP服务器是使用L2TP隧道协议和IPSec安全协议的VPN服务器。客户端与服务器进行VPN通信的前提是二者之间有连通且可用的IP网络。如果L2TP客户端是通过拨号上网，则先拨号到本地的ISP建立PPP连接，然后访问Internet。

L2TP主要由L2TP访问集中器(L2TP Access Concentrator，LAC)和L2TP网络服务器(L2TP Network Server，LNS)构成，LAC是附属在交换网络上的具有PPP端系统和L2TP处理能力的设备，LAC是一个NAS，它为用户通过PSTN/ISDN提供网络接入服务。LNS是PPP端系统上处理L2TP协议服务器端部分的软件。LAC支持客户端的L2TP，它用于发起呼叫，接收呼叫和建立隧道；LNS是所有隧道的终点。在传统的PPP连接中，用户拨号连接的终点是LAC，L2TP使PPP协议的终点延伸到LNS。

5. IPSec隧道协议

为了实现在专用或公用IP网络上的安全传输，安全IP隧道模式使用安全方式封装和加密整个IP包。它首先对IP数据包进行加密，然后将密文数据包再次封装在明文IP包内，通过网络发送到接收端的VPN服务器。VPN服务器对收到的数据包进行处理，在去除明文IP包头，对内容进行解密之后，获得原始的IP数据包，再将其路由到目标网络的接收计算机。IPSec通过认证首部(Authentication Header，AH)和封装安全净荷(Encapsulating Security Payload，ESP)来保证数据保密性和完整性。AH主要用于解决数据传输过程中的完整性问题，而ESP用于解决数据传输过程中的保密性和完整性问题。在使用了ESP后，就无须采用AH。AH的基本原理就是先用报文摘要对内层IP分组和外层IP分组中的不变字段值(传输过程中不会改变的字段值，如源和目的IP地址、协议类型等)进行运算，然后对运算结果进行加密。加密可形象的表示为：AH＝E_{KEY}(MD(外层IP首部不变字段＋内层IP分组))。发送方按照选定的算法对传输数据进行报文摘要运算，然后再对运算结果加密，将加密后的密文作为AH字段放在报文中，再将报文通过Internet发送到接收端。接收端为检测数据的完整性，将接收到的内层IP分组和外层IP分组中的不变字段值进行与发送端同样的报文摘要和加密运算，将运算结果和AH字段值比较。若相等，表明报文在传输过程中未被篡改，否则，表明数据在传输过程中被破坏。另外，为了方便检测报文传输过程中的完整性，发送端在发送前先将内部IP分组加密，对ESP首部和加密后的内部IP分组进行报文摘要运算，并对运算结果进行加密，然后将加密后的运算结果放入ESP字段。报文中的各字段内容经过下列式子产生：内部IP分组密文＝$E_{1\mathrm{KEY}1}$(内层IP分组)；ESP认证字段＝$E_{2\mathrm{KEY}2}$(MD(ESP首部＋内层IP分组密文))。

IPSec有两种工作方式：隧道模式和传输模式。在隧道方式中，整个用户的IP数据包被用来计算ESP包头，整个IP包被加密并和ESP包头一起被封装在一个新的IP包内。这样当数据在Internet上传送时，真正的源地址和目的地址被隐藏起来。对受隧道模式保护的分组来说，它的通信终点在原IP头中指定，加密终点在新IP头中指定，这两个地址一般是不同的。通常，加密终点是一个安全网关，通信终点是受该安全网关保护的网络中的某个主机。安全网关收到IPSec分组后，经过处理，剥离出原来的IP分组，按照其中指定的目的地址，把它转发到最终目的地，即通信终点。

在传输模式中，只对高层协议（TCP、UDP、ICMP等）及数据进行加密。在这种模式下，源地址、目的地址以及所有IP包头的内容都不加密。对受传输模式保护的分组来说，它的通信终点和加密终点是一样的，都是IP头中"目的地址"字段所指定的地址。

7.9 无线局域网安全技术

近年来，无线局域网应用越来越多，它将扩展有线局域网或在某些情况下取而代之。可以预见，未来无线局域网将依靠其无法比拟的灵活性、可移动性和极强的扩容性，使人们真正享受到简单、方便、快捷的连接。

但是，与有线网络一样，无线局域网正面临安全问题的困扰，其中包括来自网络用户的攻击、未认证用户获得存取权和来自公司或工作组外部的窃听。由于无线媒体的开放性，窃听是无线通信常见的问题，使得无线网络的安全性更差。

7.9.1 无线局域网的安全问题

目前，困扰无线局域网发展的因素已不是速度，而是安全、应用和互联互通方面的问题，其中安全已成为制约无线局域网发展的重要因素。调查显示，在所有不愿采用无线局域网的用户中，有40%的原因来自安全问题。可见，安全问题不解决，无线局域网的应用前景必将大受影响。与有线网络相比较，无线局域网的安全问题主要有两个方面。

1. 物理安全

无线设备包括站点（STAtion，STA）和接入点（Access Point，AP）。站点通常是由一台PC或者笔记本电脑加上一块无线网络接口卡构成；接入点通常由一个无线输出口和一个有线网络接口构成，其作用是提供无线与有线网络之间的桥接。物理安全是关于这些无线设备自身的安全问题。首先，无线设备存在许多的限制，这将对存储在这些设备的数据和设备间建立的通信链路产生潜在的影响。与个人计算机相比，无线设备如个人数字助理（Personal Digital Assistant，PDA）和移动电话等，存在电池寿命短、CPU处理速度小等缺陷。其次，无线设备虽有一定的保护措施，但是这些保护措施总是基于最小信息保护需求的。如果存储重要信息的无线设备被盗，那么小偷就可能无限期的对设备拥有唯一的访问权，不断地获取受保护的数据。因此，有必要加强无线设备的各种保护措施。

2. 存在的威胁

因无线局域网传输介质的特殊性，使得信息在传输过程中具有更多的不确定性，受到的影响更大，主要表现在：

(1) 窃听。由于无线局域网使用2.5GHz范围的无线电波进行网络通信，任何人都可以用一台带无线网卡的PC或者廉价的无线扫描仪进行窃听，但是发送者和预期的接收者无法知道传输是否被窃听，且无法检测到窃听。

(2) 修改替代。在无线局域网中，通过增加功率或者定向天线可以很容易使某一节点的功率高于另一节点。这样，较强节点可以屏蔽较弱节点，用自己的数据取代，甚至会代替其他节点做出的反应。

(3) 传递信任。当内部网包括一部分无线局域网时，就会为攻击者提供一个不需要物理安装的接口用于网络入侵。但在无线网络环境下，受攻击却不能通过一条确定的路径找到这个接口，这使得有效认证机制特别重要。在所有的情况下，参与通信的双方都应该能相互认证。

(4) 基础结构攻击。基础结构攻击是基于系统中存在的漏洞，如软件臭虫、错误配置以及硬件故障等。这种攻击也会出现在无线局域网中。但是针对这种攻击进行的保护几乎是不可能的，除非发生了，否则不可能知道臭虫的存在。所能做的就是尽可能地降低破坏所造成的损失。

(5) 拒绝服务。无线局域网存在一种比较特殊的拒绝服务攻击，攻击者可以发送与无线局域网相同频率的干扰信号来干扰网络的正常运行，从而导致正常的用户无法使用网络。如果攻击者有足够功率的无线电收发器，就能容易地产生干扰信号，以至于无线局域网无法使用这个无线电通道。

(6) 置信攻击。在通常的情况下，攻击者可以将自己伪造成基站。因为移动设备通常将自己切换到信号最强的网络，如果失败了就尝试下一个网络，当攻击者拥有一个很强的发送设备时，就能让移动设备登录到他的网络，并通过分析窃取密钥和口令，以便发动针对性攻击。

7.9.2 无线局域网安全技术

1. 无线局域网的早期安全技术

通常网络的安全性主要体现在两个方面：一是访问控制，它用于保证敏感数据只能由授权用户进行访问；另一个是数据加密，它用于保证传送的数据只被所期望的用户所接收和理解。无线局域网相对于有线局域网所增加的安全问题主要是由于其采用了电磁波作为载体来传输数据信号，其他方面的安全问题两者是相同的。

1) SSID 访问控制

服务标识符(Service Set Identifier，SSID)技术即将一个无线局域网分为几个需要不同身份验证的子网，每一个子网都需要独立的身份验证，只有通过身份验证的用户才可以进入相应的子网。因此可以认为 SSID 是一个简单的口令，通过对 AP 点和网卡设置复杂的 SSID，并禁止 AP 向外广播 SSID，可以实现一定访问控制功能。SSID 严格来说不属于安全机制，而且所有使用该网络的人都知道 SSID，因而很容易泄漏。

2) MAC 地址过滤

通过限制接入终端的 MAC 地址来确保只有经过注册的设备才可以接入无线网络，这是 MAC 地址过滤。由于每一块无线网卡拥有唯一的 MAC 地址，在 AP 内部可以建立一张“MAC 地址控制表”，只有在表中列出的 MAC 才是合法的可以接入的无线网卡，否则将会被拒绝接入。利用 MAC 地址过滤可以有效地防止未经过授权的用户侵入无线网络，但是该安全措施存在两个安全隐患：①由于 MAC 地址以明文形式出现在信息帧中，攻击者可以很容易地嗅探到用户的 MAC 地址；②大部分无线网卡允许通过软件来设置其 MAC 地址。因此，攻击者通过窃听来获取授权用户的 MAC 地址，然后通过软件将想用的地址写入网卡就可以冒充这个合法的 MAC 地址，这样攻击者就可以通过访问控制的检查而获取访问受保护网络的权限。另外，MAC 地址过滤属于硬件认证，而不是用户认证。但是这个方案要求 AP 中的 MAC 地址列表必须随时更新，可扩展性差。

3）WEP

有线等效保密（Wired Equivalent Privacy，WEP）是为了保证数据能安全地通过无线网络传输而制定的一个加密标准，使用了共享密钥 RSA 加密算法，只有在用户的加密密钥与 AP 的密钥相同时才能获准存取网络的资源，从而防止非授权用户的监听以及非法用户的访问。密钥长度有 40 位，128 位，152 位加密。但共享密钥 RSA 数据加密会经常遭受袭击，加密信息很容易被人破解，而且缺少密钥管理。用户的加密密钥必须与 AP 的密钥相同，并且一个服务区内的所有用户都共享同一把密钥，且是通过手工配置与维护共享密钥。倘若一个用户丢失密钥，则将殃及到整个网络。

2. WLAN 安全的增强性技术

为了推进 WLAN 的发展和应用，因此业界开发了很多增强 WLAN 安全的方法。

1）IEEE 802.1x 扩展认证协议

IEEE 802.1x 使用远程用户拨号认证系统（Remote Authentication Dial In User Service，RADIUS）等标准安全协议提供集中的用户标识、身份验证、动态密钥管理。基于 IEEE 802.1x 认证体系结构，其认证机制是由客户端设备、接入设备、后台 RADIUS 认证服务器三方完成。IEEE 802.1x 通过提供用户和计算机标识、集中的身份验证以及动态密钥管理，可将无线网络安全风险减小到最低程度。配置 RADIUS 客户端的无线接入点将连接请求发送到后台 RADIUS 服务器。后台 RADIUS 服务器处理此请求并准予或拒绝连接请求。如果准予请求，则根据所选身份验证方法，该客户端获得身份验证，并且为会话生成唯一密钥。然后，客户机与 AP 激活加密软件，利用密钥进行通信。

2）WPA 保护机制

Wi-Fi 保护性接入（Wi-Fi Protected Access，WPA）是继承了 WEP 基本原理而又解决了 WEP 缺点的一种新技术。其原理是根据通用密钥，配合表示计算机 MAC 地址和分组信息顺序号的编号，分别为每个分组信息生成不同的密钥。然后与 WEP 一样将此密钥用 RSA 数据加密技术处理。通过这种处理，所有客户端的所有分组信息所交换的数据将由各不相同的密钥加密而成。这样，无论收集到多少这样的数据，要想破译出原始的通用密钥是几乎不可能的。WPA 还具有防止数据中途被篡改的功能和认证功能。

WPA 采用临时密钥完整性协议（Temporal Key Integrity Protocol，TKIP）、IEEE 802.1x 和 EAP（Extensible Authentication Protocol）等技术，在保持 Wi-Fi 认证产品硬件可行性的基础上，解决 IEEE 802.11 在数据加密、接入认证和密钥管理方面存在的缺陷。因此，WPA 在提高数据加密能力、增强网络安全性能和接入控制能力方面具有重要意义。WPA 是一种比 WEP 更为强大的加密算法。作为 IEEE 802.11i 的子集，WPA 包含了认证、加密和数据完整性校验 3 个组成部分，是一个完整的安全性方案。

3）国家标准 WAPI

无线局域网鉴别与保密基础结构（Authentication and Privacy Infrastructure，WAPI）

是针对 IEEE 802.11 中 WEP 协议安全问题，在中国无线局域网国家标准 GB 15629.11 中提出的 WLAN 安全解决方案。WAPI 采用公开密钥体制的椭圆曲线密码算法和对称密钥密码体制的分组密码算法，分别用于 WLAN 设备的数字证书、密钥协商和传输数据的加密解密，从而实现设备的身份鉴别、链路验证、访问控制和用户信息在无线传输状态下的加密保护。

WAPI 的主要特点是采用基于公钥密码体系的证书机制，真正实现了移动终端与无线接入点间双向鉴别。用户只要安装一张证书就可在覆盖 WLAN 的不同地区漫游，方便用户使用。另外，它充分考虑了市场应用，从应用模式上可分为单点式和集中式两种。单点式主要用于家庭和小型公司的小范围应用，集中式主要用于热点地区和大型企业，可以和运营商的管理系统结合起来，共同搭建安全的无线应用平台。采用 WAPI 能够彻底扭转目前 WLAN 多种安全机制并存且互不兼容的现状，从而可根本解决安全和兼容性问题。

4) IEEE 802.11i

由于 WPA 在 WLAN 安全上的固有缺陷和 WLAN 安全要求的不断提高，IEEE 标准委员会于 2005 年 6 月 25 日审批通过了新一代的无线局域网安全标准：IEEE 802.11i 标准。该标准定义了鲁棒安全网络(Robust Security Network，RSN)的概念，增强了 WLAN 中的数据加密和认证性能，并针对 WEP 加密机的各种缺陷进行了多方面改进。IEEE 802.11i 标准主要包括加密技术 TKIP 和高级加密标准(Advanced Encryption Standard，AES)，以及认证协议 IEEE 802.1x。其基本结构如表 7.4 所示。

表 7.4 IEEE 802.11i 标准基本结构

上层认证协议(EAP)	
IEEE 802.1x	
TKIP	CCMP

(1) 认证方面。IEEE 802.11i 采用 802.1x 接入控制来实现无线局域网的认证与密钥管理，并通过 EAP-Key 对加密密钥进行创建和更新。

(2) 数据加密方面。IEEE 802.11i 定义了 TKIP，计数器模式密码块链信息认证码协议(Counter-Mode/CBC-MAC Protocol，CCMP)和无线鲁棒认证协议(Wireless Robust Authenticated Protocol，WRAP)3 种加密机制。一方面，TKIP 采用了扩展的 48 位初始向量、密钥混合函数(Key Mixing Function，KMF)、重放保护机制和 Michael 消息完整性检验(安全的 MIC 码)这 4 种有力的安全措施，解决了 WEP 中存在的安全漏洞，提高了安全性。另一方面，TKIP 不用修改 WEP 硬件模块，只需修改驱动程序，升级也很方便。

7.10 数据库安全与操作系统的安全

7.10.1 数据库安全

数据库系统作为信息的聚集体，是计算机信息系统的核心部件，其安全性至关重要。数据库安全是指数据库的任何部分都没有受到侵害，或没有受到未经授权的存取和修改。数据库安全主要包括数据库系统的安全和数据库数据的安全。

数据库系统安全是指在系统级控制数据库存取和使用的机制，应尽可能地堵住潜在的各种漏洞，防止非法用户利用这些漏洞侵入数据库系统，保证数据库系统不因软硬件故障及灾害的影响而不能正常运行。数据库系统安全包括硬件运行安全，物理控制安全，操作系统安全，用户有连接数据库的授权，灾害、故障恢复。

数据库数据安全是指在对象级控制数据库的存取和使用的机制，规定哪些用户可以存取指定对象及在对象上允许有哪些操作类型。数据库数据安全包括：有效的用户名/口令鉴别，用户访问权限控制，数据存取权限、方式控制，审计跟踪，数据加密，防止电磁信息泄露。

数据库数据的安全措施应能确保数据库系统关闭后，数据库数据存储媒体被破坏或当数据库用户误操作，数据库数据信息不会丢失。

1. 数据库的安全机制

面对数据库的安全威胁，必须采取有效的措施，以满足其安全需求。从数据库管理系统的角度考虑，安全系统应当至少包含身份验证、访问控制和数据加密，并应具备信息流控制、审计跟踪和攻击检测、推理控制等功能。

(1) 用户标识和鉴别。标识是指用户根据系统提供的方式出示自己的身份证明。鉴别则是系统对用户的身份证明进行核对，通过鉴定后用户才能获得系统使用权。用户标识和鉴别是系统提供的最外层安全保护措施，其中最简单的方法是通过用户名或用户标识号和密码来标识和鉴别请求用户。另外，指纹识别技术、IC 卡等实用可行的技术也可应用于鉴别。

(2) 访问控制。访问控制是数据库系统内部对已经进入系统的用户的访问控制，是安全数据保护的前沿屏障。它是数据库安全系统中的核心技术，也是最有效的安全手段，限制了访问者和执行程序可以进行的操作，这样通过访问控制就可防止安全漏洞隐患。数据库管理系统中对数据库的访问控制是建立在操作系统和网络安全机制基础之上的。只有被识别被授权的用户才有对数据库中的数据进行输入、删除、修改和查询等权限。

(3) 视图机制。视图是系统提供给用户以多种角度观察数据库中数据的重要机制，是从一个或几个基本表(或视图)导出的表，它与基本表不同，是一个虚表。数据库中只存放视图的定义，而不存放视图对应的数据，这些数据仍存放在原来的基本表中。从某种意义上讲，视图就像一个窗口，透过它可以看到数据库中自己感兴趣的数据及其变化。进行存取权限控制时可以为不同用户定义不同的视图，把数据对象限制在一定的范围内，即通过视图机制把要保密的数据对无权存取的用户隐藏起来，从而自动地对数据提供一定程度的安全保护。

(4) 信息流控制。信息流控制的基本思路是对可访问对象之间流动的信息或者说对信息流程加以监控和管理，以保护信息不会从保护级别较高的对象传送到级别较低的某个对象中去。

(5) 推理控制。推理就是根据低密级数据和模式推导出高密级数据的存在，推理控制的目的就在于防止用户通过间接的方式获取不该获取的数据或信息。限制推理可以防止由推理得到未授权的存取路径，也将限制那些并不打算存取非授权用户的数据查询请求。

(6) 审计跟踪和攻击检测。审计功能是关系型数据库管理系统达到 C2 以上安全级别必不可少的一项指标。审计功能在系统运行时，将自动对数据库的所有操作记录在审计日志中。攻击检测系统则是根据审计数据分析检测内部和外部攻击者的攻击企图，以发现系统安全的弱点。日志记录和审计对于事后的检查十分有效，保证了数据的物理完整性。

(7) 数据库加密。对于一些重要部门的数据库，仅靠上述这些措施还不足以保证敏感数据的安全，数据加密正是数据库安全的最后一道重要防线。加密的基本思想就是根据有效的算法将原始数据转换为一种不可直接识别的格式,从而使得数据不被正确解密则无法获取,以达到防止重要数据在存储或传输中被窃取的目的。但由于受数据库结构和数据库应用环境的限制,它与一般的网络加密和通信加密有很多的区别,在数据库中数据存储的周期较长,密钥的保存周期长,其加密方法和密钥管理均有其特点。通常数据库存储加密采用库外加密和库内加密两种方式。

(8) 数据备份。由于软硬件故障、意外或恶意地使用 Delete 或 Update 语句、具有破坏性的病毒、自然灾害(如火灾、水灾、地震等)及盗窃等情况都可以导致数据丢失。为了最小化杜绝数据丢失和恢复丢失的数据,必须对数据库进行安全管理、定期数据备份。定期进行数据备份是减少数据损失的有效手段,能让数据库遭到破坏(恶意或者误操作)后,恢复数据资源,这也是数据库安全策略的一个重要部分。制订适合自己的数据库备份策略,必须满足数据的可用性要求。最好能够测试备份和恢复过程,这有助于确保拥有从各种故障中恢复所需的备份,并且当真正的故障发生时可以快速平稳地执行恢复过程。

2. 数据备份与恢复

1) 数据备份与恢复概述

数据备份就是指为防止系统出现操作失误或系统故障导致数据丢失,而将全系统或部分数据集合从应用主机的硬盘或阵列中复制到其他存储介质(磁带、磁盘、光盘等)上的过程。

数据恢复是指将备份到存储介质上的数据再恢复到计算机系统中,它与数据备份是一个相反的过程。数据恢复措施在整个数据安全保护中占有相当重要的地位,因为它关系到系统在经历灾难后能否迅速恢复运行。

一般来说,数据恢复操作比数据备份操作更容易出现问题。数据备份只是将信息从磁盘复制出来,而数据恢复则要在目标系统上创建文件。在创建文件时会出现许多差错,如超过容量限制、权限问题和文件覆盖错误等。数据备份操作不需知道太多的系统信息,只需复制指定信息就可以了,而数据恢复操作则需要知道哪些文件需要恢复,哪些文件不需要恢复等等。

2) 数据备份的类型

按数据备份时数据库状态的不同可分为冷备份、热备份和逻辑备份等类型。

冷备份是指在关闭数据库的状态下进行的数据库完全备份。备份内容包括所有的数据文件、控制文件、联机日志文件、ini 文件(配置文件)等。因此,在进行冷备份时数据库将不能被访问。冷备份通常只采用完全备份。

热备份是指在数据库处于运行状态下,对数据文件和控制文件进行的备份。使用热备份必须将数据库运行在归档方式下,因此,在进行热备份的同时可以进行正常的数据库的各种操作。

逻辑备份是最简单的备份方法,可按数据库中某个表、某个用户或整个数据库进行导出。使用这种方法,数据库必须处于打开状态,而且如果数据库不是在 restrict 状态将不能保证导出数据的一致性。

根据备份的数据内容可分为完全备份、增量备份、差别备份和按需备份。

所谓完全备份,就是按备份周期(如一天)对整个系统所有文件(数据)进行备份。这种备份方式比较流行,也是克服系统数据不安全的最简单方法,操作起来也很方便。有了完全备份,网络管理员可清楚地知道从备份之日起便可恢复网络系统的所有信息,恢复操作也可一次性完成。如发现数据丢失时,只要用一盘故障发生前一天备份的磁带,即可恢复丢失的数据,但这种方式的不足之处是由于每天都对系统进行完全备份,在备份数据中必定有大量的内容是重复的,这些重复的数据占用了大量存储空间,这对用户来说就意味着增加成本。另外,由于进行完全备份时需要备份的数据量相当大,因此备份所需时间长。对于那些业务繁忙,备份窗口时间有限的单位来说,选择这种备份策略是不合适的。

所谓增量备份,就是指每次备份的数据只是相当于上一次备份后增加的和修改过的内容,即备份的都是已更新过的数据。这种备份的优点很明显:没有或减少了重复备份数据,既节省存储介质空间,又缩短了备份时间。但它的缺点是恢复数据过程比较麻烦,不可能一次性地完成整体的恢复。

差分备份也是在完全备份后将新增加或修改过的数据进行备份,但它与增量备份的区别是每次备份都把上次完全备份后更新过的数据进行备份。差分备份可节省备份时间和存储介质空间。差分备份兼具了完全备份发生数据丢失时恢复数据较方便和增量备份节省存储介质空间及备份时间的优点。

所谓按需备份,就是指除正常备份外,额外进行的备份操作。按需备份可以有许多理由,比如,只想备份很少几个文件或目录,备份服务器上所有的必需信息,以便进行更安全的升级等等。这样的备份在实际中经常遇到,它可弥补冗余管理或长期转储的日常备份的不足。

3) 数据恢复的类型

数据恢复操作通常可分为三类:全盘恢复、个别文件恢复和重定向恢复。全盘恢复就是将备份到介质上的指定系统信息全部转储到它们原来的地方。全盘恢复一般应用在服务器发生意外灾难时导致数据全部丢失、系统崩溃或是有计划的系统升级、系统重组等情况下,也称为系统恢复。个别文件恢复就是将个别已备份的最新版文件恢复到原来的地方。对大多数备份来说,这是一种相对简单的操作。个别文件恢复远比全盘恢复使用得多。利用网络备份系统的恢复功能,很容易恢复受损的个别文件(数据)。需要时只要浏览备份数据库或目录,找到该文件(数据),启动恢复功能,系统将自动驱动存储设备,加载相应的存储媒体,恢复指定文件(数据)。重定向恢复是将备份的文件(数据)恢复到另一个不同的位置或系统上去,而不是做备份操作时它们所在的位置。重定向恢复可以是整个系统恢复,也可以是个别文件恢复。重定向恢复时需要慎重考虑,要确保系统或文件恢复后的可用性。

3. 数据库的加密技术

数据库加密技术是将数据库中的原始数据转换成人们不能识别的数据(密文)。数据库的数据加密一般是在通用的数据库管理系统之上,增加一些加密/解密控件,来完成对数据本身的控制。数据库的数据加密通常是对记录的字段加密。当然,在数据备份到离线的介质上送到异地保存时,也有必要对整个数据文件加密。实现数据库加密以后,各用户(或用户组)的数据由用户使用自己的密钥加密,数据库管理员对获得的信息无法随意进行解密,从而保证了用户信息的安全。另外,通过加密,数据库的备份内容成为密文,从而能减少因备份介质失窃或丢失而造成的损失。由此可见,数据库加密对于企业内部安全管理,也是不可或缺的。

7.10.2 网络操作系统的安全

1. 网络操作系统安全概述

网络操作系统(Network Operation System,NOS)是为网络用户能够方便而有效地共享网络资源而提供的各种服务的软件及相关规程,它是整个网络的核心,通过对网络资源的管理,使网上用户能方便、快捷、有效地共享网络资源。

网络操作系统主要有以下两类安全漏洞:

(1) 输入/输出(I/O)非法访问。在一些操作系统中,一旦I/O操作被检查通过以后,该操作系统就继续执行操作而不再进行检查,这样就可能造成后续操作的非法访问。某些操作系统使用公共的系统缓冲区,任何用户都可以搜索该缓冲区。如果该缓冲区没有严密的安全措施,其中的机密信息(用户的认证数据、身份证号码、密码等)就有可能被泄露。

(2) 操作系统陷门。某些操作系统为了维护方便、增强系统兼容性和开放性,在设计时预留了一些端口或者保留了某些特殊的管理程序功能,但这些端口和功能在安全性方面未受到严格的监视和控制,为黑客留下了入侵系统的“后门”。

网络操作系统安全是整个网络安全的基础。操作系统安全机制主要包括访问控制和隔离机制。隔离控制主要有物理(设备或部件)隔离、时间隔离、逻辑隔离和加密隔离等实现方法;而访问控制是安全机制的关键,也是操作系统安全中最有效、最直接的安全措施。访问控制系统一般包括主体(subject)、客体(object)、安全访问策略。主体是指发出访问操作、存取请求的主动方,它包括用户、用户组、主机终端或应用进程等。主体可以访问客体。客体是指被调用的程序或要存取的数据访问,它包括文件、程序、内存、目录、队列、进程间报文、I/O设备物理介质等。安全访问政策是一套规则,可用于确定一个主体是否对客体拥有访问能力。操作系统内的活动都可以看作是主体对计算机系统内部所有客体的一系列操作。操作系统中任何含有数据的东西都是客体,可能是一个字节、字段或记录程序等。能访问或使用客体活动的实体是主体,主体一般是用户或者代表用户进行操作的进程。在计算机系统中,对于给定的主体和客体,必须有一套严格的规则来确定一个主题是否被授权获得对客体的访问。

2. 访问控制

为了系统信息的保密性和完整性,系统需要实施访问控制。它是对用户访问网络系统资源进行的控制过程。只有被授予一定权限的用户,才有资格去访问有关的资源。访问控制具体包括两方面含义:一是指对用户进入系统的控制,最简单最常用的方法是用户账户和口令限制,其次还有一些身份验证措施;二是用户进入系统后对其所有访问资源进行的限制,最常用的方法是访问权限和资源属性限制。

访问控制所考虑的是对主体访问客体的控制。主体一般是以用户为单位实施访问控制(划分用户组只是对相同访问权限用户的一种管理方法),此外,网络用户也有以IP地址为单位实施访问控制的。客体的访问控制范围可以是整个应用系统,包括网络系统、服务器系统、操作系统、数据库管理系统以及文件、数据库、数据库中的某个表甚至是某个记录或字段等。一般来说,对整个应用系统的访问,宏观上通常是采用身份鉴别的方法进行控制,而微观控制通常指在操作系统、数据库管理系统中所提供的用户对文件和数据库表、记录/字段的访问所进行的控制。

1) 访问控制的类型

访问控制可分为自主访问控制和强制访问控制两大类。所谓自主访问控制，是指系统允许用户有权访问自身所创建的访问对象(文件、数据表等)，并可将这些对象的访问权授予其他用户或从授予权限的用户处收回其访问权限。访问对象的创建者还有权进行"权限转让"，即将"授予其他用户访问权限"的权限转让给别的用户。自主访问控制允许用户自行定义其所创建的数据，它以一个访问矩阵来表示读、写、执行、附加以及控制等访问模式。

所谓强制访问控制，是指由系统(通过专门设置的系统安全员)对用户所创建的对象进行统一的强制性控制，按照规则决定哪些用户可以对哪些对象进行何种操作系统类型的访问，即使是创建者用户，在创建一个对象后，也可能无权访问对象。强制访问控制策略以等级和范畴作为其主、客体的敏感标记。这样的等级和范畴，必须由专门设置的系统安全员通过由系统提供的专门截面来进行设置和维护，敏感标记的改变意味着访问权限的改变。因此可以说，所有用户的访问权限完全是由安全员根据需要确定的。强制访问控制还有其他的安全策略，如"角色授权管理"，其将系统中的访问操作按角色进行分组管理，一种角色执行一种操作，由系统安全员进行统一授权。当授予某一用户某个角色时，该用户就有执行对应一组操作的权限。当安全员撤销其授予用户的某一角色时，相应的操作权限也同时被撤销。

2) 访问控制措施

访问控制是保证网络系统安全的主要措施，也是维护网络系统安全、保护网络资源的重要手段。通常具体的访问控制措施有以下几种。

(1) 入网访问控制。入网访问控制是为用户安全访问网络设置的第一道关口，它是通过对某些条件设置来控制用户是否能进入网络的一种安全控制方法。它能控制哪些用户可以登录网络，在什么时间、什么地点(站点)登录网络等。入网访问控制主要就是对要进入系统的用户进行识别，并验证其合法身份。系统可以采用用户账户和口令、账户锁定、安全标识符及其他一些身份验证等方法实现。

(2) 权限访问控制。一个用户登录入网后，并不意味着就能够访问网络中的所有的资源。用户访问网络资源的能力将受到访问权限的限制。访问权限控制一个用户能访问哪些资源(目录和文件)，以及对这些资源能进行哪些操作。在系统为用户指定用户账户后，系统根据该用户在网络系统中要做的工作及相关要求，可为用户设定访问权限。用户要访问的系统资源包括目录、子目录、文件和设备资源。用户对这些资源的访问操作可有读、写、建立、删除、更改等。

(3) 属性访问控制。属性是文件、目录等资源的访问特性。系统可直接对目录、文件的敏感资源规定其访问属性。通过设置资源属性可以控制用户对资源的访问。属性是在权限安全性基础上提供的进一步的安全性。属性是系统直接给资源设置的，它对所有的用户都具有约束权，一旦目录、文件的资源具有某些属性，用户(包括超级用户)都不能进行超出这些属性规定的访问，即不论用户的访问权限如何，只按照资源自身的属性实施访问控制。如某文件具有只读属性，对其有读写权限的用户也不能对该文件进行写操作。要修改目录或文件的属性，必须有对该目录或文件的修改权；要改变用户对目录或文件的权限，用户必须具有对该目录和文件的访问控制权。属性可以控制访问权限所不能控制的权限，如可以控制一个文件是否可以同时被多个用户使用等。

(4) 网络服务器安全性。系统可控制使得网络服务器上的软件只能从系统目录上装载,而只有网络管理员才具有访问系统的权限。网络允许在服务器控制台上执行一系列操作,系统可授权控制台操作员具有操作服务器的权利,控制台操作员可通过服务器控制台装载和卸载功能模块、安装和删除软件。可通过设置口令和相关实用程序,锁定服务器控制台键盘,禁止非控制台操作员操作服务器,修改、删除重要数据或破坏数据。可以设定服务器登录时间限制、非法访问者检测和关闭的时间间隔等。一个局域网上可以有多个服务器,每个服务器独立完成本系统的安全管理,而不依赖于其他服务器。每个服务器具有自己的管理员和管理员口令。

(5) 身份验证。身份验证是证明某用户是否为合法用户的过程,它是信息安全体系中的重要组成部分。身份验证的方法有很多种,不同的方法适合于不同的环境,网络组织可以根据自己的情况加以选择。常见的身份验证的方法有用户名和口令验证、数字证书验证、Security ID 验证、用户的生理特征验证以及智能卡验证。

(6) 网络检测和锁定控制。网络管理员应对网络实施监控,服务器应记录用户对网络资源的访问,并以图形、文字或声音等形式报警,以引起网络管理员的注意。如果非法用户试图进入网络,网络服务器应能自动记录其企图尝试进入网络的次数,如果非法访问的次数达到设定数值,那么该账户将被自动锁定。

(7) 网络端口和节点的安全控制。网络中服务器的端口往往使用自动回呼设备、静默调制解调器加以保护,并以加密的形式来识别节点的身份。自动回呼设备用于防止假冒合法用户,静默调制解调器用以防止黑客的自动拨号程序对计算机的攻击。网络还常对服务器和用户端采取控制,用户必须携带证实身份的验证器(如智能卡、磁卡、安全密码发生器等),在对用户的身份验证合法之后,才允许用户进入用户端。然后,用户端和服务器再进行相互验证。

7.11 企业网络安全方案

Internet 的广泛使用为企业管理、运营等带来了前所未有的高效和快捷。但企业计算机网络的安全隐患亦日益突出,诸如病毒侵袭、黑客入侵、拒绝服务、密码破解、网络窃听、数据篡改、垃圾邮件和恶意扫描等。大量的非法信息堵塞合法的网络通信,最后导致网络失效,因此必须系统地规划和部署企业网络的安全解决方案。

1. 网络安全因素

影响网络安全的因素主要有外部因素和内部因素。外部因素是难以预料的,无法知道什么人和什么事会对网络的安全造成影响,自然灾害、意外事故、病毒和黑客攻击以及信息在传输过程中被窃取都会影响网络安全。内部因素主要指有一定访问权限级别的用户,如果不进行认真地监视和控制,就可能成为主要威胁,如操作人员使用不当,安全意识差等。另外,软件故障和硬件故障也会对网络安全构成威胁。

2. 安全方案的设计和实现

1) 安全需求分析

首先应确定企业哪些信息需要保护,然后分析网络结构及应用情况,发现可能存在安全隐患的地方,以便用安全策略加以解决。要分清楚哪些地方需要保护,哪些地方不需要保护,需要保护的地方又要分出保护层次,而不能一视同仁,这样才能合理部署安全方案。对于大多数企业来说，一般要考核以下一些方面：机房、主机环境、网络设备和通信线路对安全的需求；Internet 接入服务器的安全需求；内部网用户安全访问 Internet 的安全需求；对内网用户访问 Internet 的监控及带宽控制的需求；内部网服务器和外部网站系统的安全需求；电子邮件系统的安全需求；内外网网络数据传输安全的需求；计算机病毒防范的需求；用户身份鉴别和认证的安全需求；数据保密存储的需求。

2）制定安全策略

安全策略在安全方案中起着统领全局的重要作用，对于网络建设者和运营者而言，实现安全的第一要务是明确网络的业务定位、提供服务类型和提供服务对象。这些情况直接影响到安全策略的制定和实施过程，对于较大的企业应该有自己的网络安全技术专家，因此应参与工程的设计、谈判和运行，他们对整体网络拓扑和服务有非常透彻的了解，可以保证网络安全策略自始至终的连续性。对于大部分企业来说，拥有这样的技术力量是不现实的，建议购买市场上的网络安全服务，如网络安全风险评估、网络设计安全评估、网络安全维护等服务，这样也能达到较好的安全水平。企业安全策略的制定应该在充分考察和研究以后，至少要包括：物理安全策略；访问控制策略；开放的网络服务及运行级别策略；网络拓扑、隔离手段、依赖和信任关系；机房设备和数据的物理安全及保障；网络管理职能的分割与责任分担；用户的权利分级和责任；攻击和入侵应急处理流程和灾难恢复计划；密码安全；网络安全管理；操作系统及应用和安全产品的更新策略；系统安全配置策略等。

3）安全产品和安全服务

安全产品包含网络安全类、反病毒类、商用密码类以及身份认证类等产品。其中，网络安全类包含扫描器、防火墙、入侵检测系统和网站恢复系统等产品。反病毒类包含服务器和网关等的反病毒产品。商用密码类产品包含虚拟私有网、公共密钥体系、密钥管理系统、加密机等。身份认证类产品包括动态口令、智能卡、证书、指纹识别、虹膜识别等。

安全服务主要有安全需求分析、安全策略制定、系统漏洞审计、系统安全加固、系统漏洞修补、渗透攻击测试、数据库安全管理与加固、安全产品配置、紧急事件响应、网络安全培训等。

本 章 小 结

本章简要介绍了网络安全的相关概念、密码技术、网络鉴别与认证、防火墙技术、反病毒技术、入侵检测与防御技术、网络攻击技术、虚拟专用网技术、无线局域网安全技术、数据库安全与操作系统的安全以及企业网络安全方案等内容，对其中的公开密钥密码技术、防火墙的主要技术、虚拟专用网技术应有较深入的了解。

思 考 题

1. 什么是网络安全？常见的网络安全威胁有哪些？
2. 请列出你熟悉的几种常见的网络安全防护措施。
3. 什么是替代密码和移位密码？举例说明。
4. 加密技术的基本原理是什么？对称密钥密码技术和公钥密码技术有什么区别？
5. 常见的公钥密码技术有哪些？什么是数字签名？

6. 解释链路加密和端-端加密。
7. 公开密钥如何应用于保密通信和数字签名?
8. 简述身份认证的常用方法。
9. 简述 PKI 的组成及基本框架。
10. 什么是数字证书? CA 系统有几部分组成?
11. 防火墙的工作原理是什么? 它有哪些功能?
12. 防火墙的主要技术有哪些?
13. 防火墙有几种体系结构,各有什么特点?
14. 代理防火墙有哪些优缺点?
15. 简述防火墙的发展趋势。
16. 简述计算机病毒的组成及特征。
17. 简述木马、网络蠕虫的原理及种类。
18. 什么是入侵检测和漏洞扫描,各有什么作用?
19. 简述基于主机的入侵检测系统和基于网络的入侵检测系统的异同。
20. 简述网络攻击的目的、手段与工具。
21. 简述网络攻击的类型与防范方法。
22. 简述 VPN 的分类与关键技术。
23. 简述 L2TP、PPTP 及 IPSec 等隧道协议。
24. 简述 IPSec 的安全机制。
25. 无线局域网中有哪些常见的安全技术?
26. 简述数据库常用的安全机制。
27. 什么是数据备份? 数据备份有哪些类型?
28. 简述网络操作系统常用的访问控制机制。
29. 网络操作系统的入网访问控制通常包括哪些?

第8章 网络工程与管理

网络工程指将系统的、规范的和可度量的方法应用于网络系统的设计、建造和维护的过程，即将工程化应用于网络系统的建设中。作为一门学科，网络工程必须研究并总结与网络设计、实施和维护有关的概念和客观规律。本章从网络规划与设计和系统集成的基本概念出发，引导读者去了解网络工程的建设过程。而网络管理是当前计算机网络理论与技术发展的一个重要分支，了解网络管理知识是一个网络管理者借以保证网络系统正常运行的重要前提。最后，通过3个具体的案例，以使读者更好地了解网络工程的建设过程。

通过本章学习，可以了解(或掌握)：

◆ 网络规划与设计的内容；

◆ 网络系统集成的内容、步骤；

◆ 如何进行网络的综合布线；

◆ 典型的网络管理体系结构；

◆ 网络管理技术和常用软件。

8.1 网络规划与设计

8.1.1 网络规划

网络规划是在用户需求分析和系统可行性论证的基础上，确定网络总体方案和网络体系结构的过程。网络规划直接影响到网络的性能和分布情况，它是网络系统建设的重要一环。

1. 需求分析

在网络方案设计之前，需要从多方面对用户进行调查，弄清用户真正的需求。通常采用自顶向下的分析方法，了解用户所从事的行业，该用户在行业中的地位和与其他单位的关系等。不同行业的用户，同一行业的不同用户，对网络建设的需求是不同的。了解其项目背景，有助于更好地了解用户建网的目的和目标。

在了解用户建网的目的和目标之后，应进行更细致的需求分析和调研，一般从下列几个方面进行：

(1) 网络的物理布局。充分了解用户的位置、距离、环境，并进行实地考察。

(2) 用户设备的类型与配置。调查用户现有的物理设备。

(3) 通信类型和通信流量。确定用户之间的通信类型，并对数据、语音、视频以及多媒体等的通信流量进行估算。

(4) 网络服务。网络服务包括数据库系统、共享数据、电子邮件、Web应用、外设共享以及办公自动化等。

(5) 网络现状。如果在一个现有网络的基础上规划建立一个新的网络系统,则需了解现有网络的使用情况,尽可能在设计新的网络系统时考虑对旧系统的利用,这样才能保护用户原有的投资,节约费用。

(6) 网络所需要的安全程度。根据用户需求选用不同类型的防火墙和采用不同的安全措施,以保证网络系统的安全。

2. 可行性分析

可行性分析是结合用户的具体情况,论证建网目标的科学性和正确性,从而提出一个解决用户需求的方案。它主要包括技术和经费预算的可行性。技术可行性主要包括以下4方面的内容:

(1) 传输。包括各网络节点传输方式、通信类型、通信容量、数据速率等。

(2) 用户接口。包括采用的协议、工作站类型等。

(3) 服务器。包括服务器类型、容量和协议等。

(4) 网络管理能力。包括网络管理、网络控制和网络安全等。

在进行经费预算的可行性分析时,要考虑建网所需设备的购买和安装费用、用户培训和支持费用以及网络运行和维护费用,尤其应该考虑用户培训和运行维护费用的预算,这是维持网络正常运行最为关键的部分。

在网络系统的规划中,通常应给出几个总体方案供用户选择,以便用户根据具体情况从中选择最佳方案。

8.1.2 网络设计

网络设计是根据网络规划及总体方案,对网络类型、协议、子网划分、逻辑网络和设备选型等进行工程化设计的过程。

1. 网络设计原则

网络设计,一般应遵循下列原则:

(1) 开放性原则。符合国际或公认的工业标准,具备开放功能,以便于不同网络产品的互联,并考虑设备在技术上的扩充性。

(2) 可扩展性原则。在网络设计时要充分考虑网络的扩展性。网络的覆盖范围、数据速率、支持的最大节点数不仅要满足目前系统的要求,而且要考虑今后发展的需要。同时,要保护用户现有投资,充分利用现有计算机资源及其他设备资源。

(3) 先进性与实用性兼顾原则。应尽可能地采用先进而成熟的技术,采用先进的设计思想、先进的软硬件设备以及先进的开发工具。同时注重实用性,使网络系统获得较高性价比。

(4) 安全与可靠性原则。网络的可靠性、安全性应优先考虑。选择适当的冗余,保证网络在故障情况下能正常运行。设置各种安全措施,保证从网络用户到数据传输各环节的安全。

(5) 可维护性原则。有充分的网络管理手段,可维护性好。

2. 网络类型及协议的选择

用户需求分析已经对需求有了详细的描述。在网络设计中,设计人员首先应根据所用的计算机及网络的应用水平、业务需求、技术条件、费用预算等,选择恰当和合理的网络类型及协议。

一般情况下，对局域网，应确定采用何种网络技术（以太网、FDDI 和 ATM）。目前，企事业单位通常采用的是交换以太 LAN；一些对网络可靠性要求较高的单位，采用 FDDI；在视频会议、医学成像、语音、远程教育等方面有特殊要求的单位可采用 ATM。

对要通过广域网进行通信的网络，应着重考虑它的接入技术。例如，一个企业两个相距较远的分支机构，可通过公用网络采用 VPN 技术进行信息传送。

而对于网络协议，目前，TCP/IP 已经是事实上的国际工业标准，并广泛应用于 Internet。建议企事业单位网络以及要与 Internet 连接的网络，宜选择 TCP/IP 作为主要的协议，其他协议作为辅助的、局部的补充协议。

3. 子网划分

本书 6.3 节中，已经介绍了如何将一个网络划分成若干子网，以防止广播风暴并调节网络负荷。在实际系统的设计中，常常需要将一个网络划分为若干个子网，这是网络设计中应考虑的问题。

划分子网的方法很多，通常采用通过物理连接或虚拟局域网 VLAN 来实现。VLAN 是在交换局域网技术的基础上建立的。目前，在交换局域网中，往往使用 VLAN 来划分子网。

划分子网的策略也有很多。在实际应用中，最常用的是按部门划分和按任务划分两种方式。

4. 网络的逻辑设计

网络的逻辑设计主要包括网络拓扑结构设计、网络地址的分配和命名、安全策略和管理策略设计等内容。

(1) 网络拓扑结构的分层设计。逻辑结构设计通常采用网络层次结构设计方法，该方法采用分层化的模型来设计园区网和企业网，其三层结构网络如图 8.1 所示。

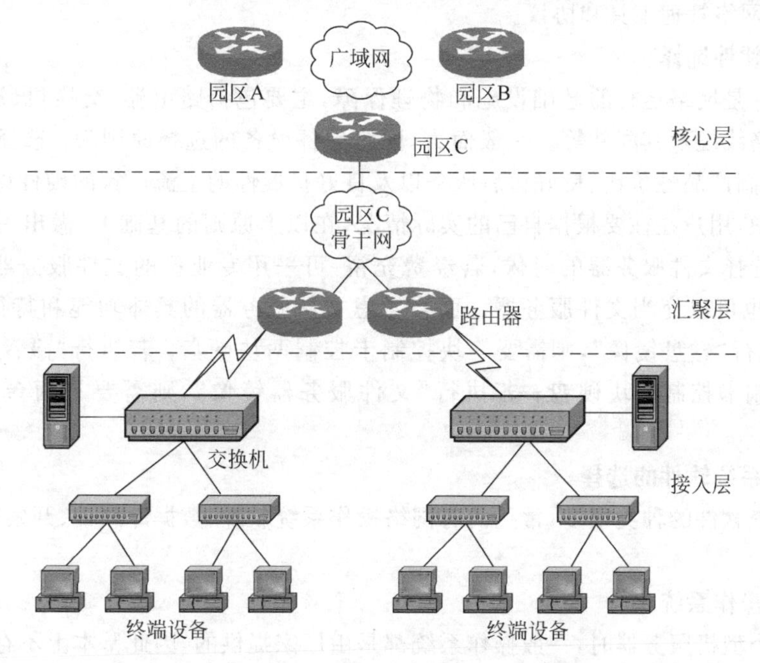

图 8.1 网络拓扑设计的三层结构网络图

其中，核心层主要是由高端路由器、交换机组成的网络中心。核心层的主干交换机一般采用高速率的链路连接技术，在与分布层骨干交换机相连时要考虑建立链路冗余连接，以保证与骨干交换机之间存在备份连接和负载均衡，完成高带宽、大容量网络层路由交换功能。汇聚层主要包括路由器、千兆位交换机、防火墙和服务器群(包括域名服务器、文件服务器、数据库服务器、应用服务器、WWW服务器等)、网络管理终端以及主干链路等，它们均可采用千兆模块生成树冗余链路连接。分布层交换机和用户访问层交换机之间可以利用全双工技术和高传输率网络互联，保证分支主干无带宽瓶颈。而接入层主要由hub、交换机和其他设备组成，用来连接入网用户。设计时可采用网络管理、可堆叠的以太网交换机作为网络的接入级交换机，以适应高端口密度的部门级大中型网络。交换机的普通端口直接与用户计算机相连，高速端口上连高速率的分布层网络交换机，可以有效缓解网络骨干的瓶颈。

(2) 网络地址的分配和命名。在网络设计时，应给出网络地址分配方案和命名模型。在网络地址分配方案中，一般采用分层方式对网络地址进行分配，并使用一些有意义的标号，以改进其可伸缩性和可用性。同时也可以对多种网络资源进行命名，简短而有意义的名字可以简化网络管理，增强网络的性能和可用性。

(3) 网络安全和管理策略设计。网络安全和管理策略设计是网络设计的重要一环。网络安全设计一般包括安全性需求分析、确定网络安全策略、开发实现安全策略、测定安全性等方面的内容。

网络管理设计主要包括以下内容：

① 确定网络管理的目标，即用户对性能管理、故障管理、配置管理、安全管理、计费管理等方面的需求以及实现的可能性。

② 确定网络管理结构，主要包括网络管理设备，网络管理代理、网络管理系统等内容。

③ 确定网络管理工具和协议。

5. 网络硬件选择

网络硬件是网络运行的基础设施和物理保障，主要包括路由器、交换机、服务器、工作站、网卡、网络线缆及其配件等。一般而言，网络硬件设备的选择原则为：选择拥有先进和成熟技术、较高产品性价比、良好售后服务以及良好扩展性的主流厂家的硬件设备。但是在实际的选择中，用户往往要根据自己的实际情况，在以上原则的基础上，做出一个平衡的选择。例如在选择文件服务器的时候，若经费充裕，可采用专业型的文件服务器；若经费有限，一般PC也可以充当文件服务器。而当考虑文件服务器的具体功能和特征时，比如容错能力，若执行“磁盘镜像”，则需要一块控制卡控制两块硬盘；若执行“磁盘复制”，则需要有两块控制卡控制两块硬盘；若执行“文件服务器镜像”，则需要有两台服务器同时运行。

6. 网络系统软件的选择

网络系统软件的种类很多，常见的有网络操作系统软件、数据库软件、开发软件、群件软件等。

1) 网络操作系统

在使用小型机服务器时，一般操作系统都是由厂家提供的，因此基本上不存在选择的问题。在选择PC架构的服务器时，用户拥有较多的选择。目前可以选择的网络操作系统主要有UNIX、Linux、Windows Server、OS/2 WarpServer、Solaris等等。Linux大部分是免费软件，其源代码是完全公开的，在商业系统中的使用较为慎重，而OS/2 WarpServer、Solaris两个操作系统，则需要和硬件设备结合起来考虑。Windows Server操作系统具有良好的用户界面，较为完善的应用支持，对于一般规模的网络具有良好的适应性。UNIX则具有较好的稳定性，但对于网络管理员要求较高，而且管理相对复杂。

2) 其他系统管理软件

数据库软件主要有Oracle、IBM DB2、Informix和Microsoft SQL Server等产品，用户可以根据各自的应用特点选择。

群组软件有Microsoft Exchange和Lotus Notes/Domino。

8.2 网络系统集成

8.2.1 网络系统集成概述

在一个时刻需要获取和交换信息的社会，越来越多的人希望能够将一定范围内(例如一个办公室或一个企业)的计算机通过一定的方法连接起来，以实现计算机之间的数据交换和资源共享，这样的一个系统必然涉及计算机、数据库等多种平台的结合与集成。将这种根据用户需求，结合计算机、网络等技术，把各个分离的子系统连接成为一个整体的过程，可以视为一个简单的网络系统集成的过程。

1. 系统集成的定义

美国信息技术协会(Information Technology Association of America，ITAA)对系统集成的定义是：根据一个复杂的信息系统或子系统的要求，验明多种产品和技术，建立一个完整的解决方案的过程。

从这个意义上，也可以将网络系统集成(Networks System Integration，NSI)定义为：以用户的应用需要和投入资金的规模为出发点，综合应用各种计算机网络技术，适当选择各种软硬件产品，经过相关人员的集成设计、安装调试、应用开发等大量技术性工作和相应的管理性、商务性工作，集成一个能够满足用户的实际工作要求，具有良好性能和适当价格的计算机网络系统的全过程。

2. 系统集成的特点

系统集成具有以下特点：

(1) 系统集成要以满足用户的需求为根本出发点。

(2) 系统集成不是选择最好产品的简单行为，而是要选择最适合用户需求和投资规模的产品和技术。

(3) 系统集成体现更多的是设计、调试与开发，是技术含量很高的活动。

(4) 系统集成包含技术、管理等方面，是一项综合性的系统工程。技术是系统集成工作的核心，管理是系统集成项目成功实施的可靠保障。

(5) 性能价格比的高低是评价一个系统集成项目设计是否合理和实施成功的重要参考因素。

3. 系统集成的分类

对于系统集成，一般分为软件集成、硬件集成和网络系统集成。网络系统集成开始仅限于计算机局域网，但随着计算机网络技术的迅速发展和应用范围的日益广泛，逐步出现了智能大厦集成技术、智能小区集成技术，如图 8.2 所示。

- 系统集成
  - 软件集成
  - 硬件集成
  - 网络系统集成
    - 局域网集成
    - 智能大厦网络系统集成
    - 智能小区网络系统集成

图 8.2 系统集成的分类

1）软件集成

软件集成是指为某种特定的应用环境而架构的工作平台，或者说软件集成是为某一特定应用环境中的异构软件提供接口，为提高工作效率而创造环境。

现在许多软件制造商都在把自己的产品进行集成，为客户提供更好的服务。例如，微软公司将 Windows 操作系统软件与 IE 浏览器集成在一起，使得用户访问 Internet 更加方便，系统功能得到大大增强。

2）硬件集成

硬件集成是指把各个硬件子系统连接起来，以达到或超过系统设计的性能技术指标。例如，办公自动化制造商把计算机、复印机、传真机等硬件设备进行系统集成，为用户创造出一种高效、便利的工作环境。

3）网络系统集成

网络系统集成的过程，是为实现某一应用目标而进行的基于计算机、网络、服务器、操作系统、数据库等大中型应用信息系统的建设过程，是针对某种应用目标而提出的全面解决方案的实施过程，是各种产品设备进行有机组合的过程，图 8.3 就是一个局域网系统集成的简单示意图。

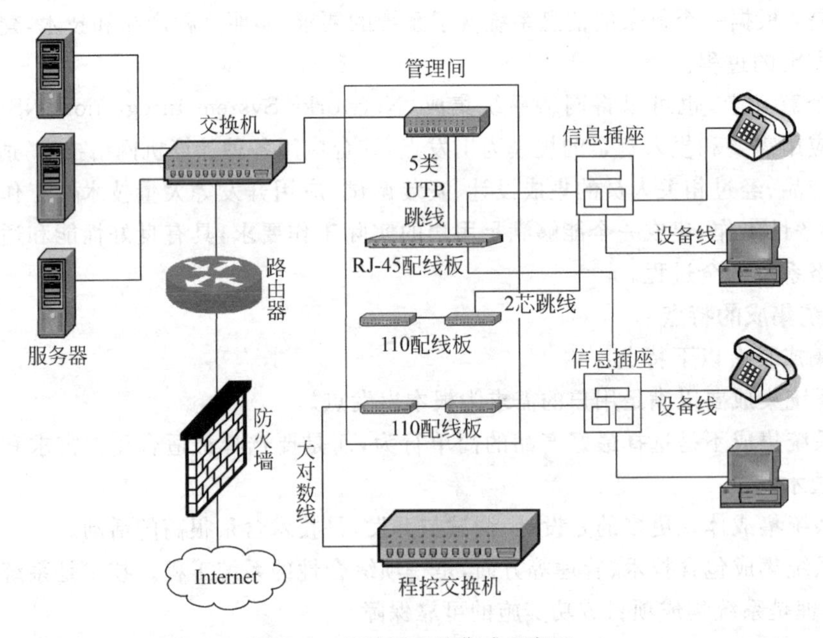

图 8.3 局域网系统集成示意图

4. 网络系统集成的产生和发展

网络系统集成起源于 20 世纪 80 年代，发展于 20 世纪 90 年代，其最初的产生是为了解决信息孤岛问题。随着计算机技术的发展，特别是近年来，网络、存储等相关技术取得了突破性的进展，使得网络系统集成的功能越来越强大。如今的企业网、校园网、政务网和商务网等都是网络系统集成的产品。

网络系统集成主要朝着互联和高速的方向发展。一方面随着计算技术网络化的趋势，使网络系统集成从以往的设备和技术集成朝着网络应用互联集成的方向发展；另一方面随着网络通信的光纤化，出现了多种新的光以太网通信技术（如 10Gbps 以太网），使得无论是局域网的系统集成还是智能大厦网络系统集成都朝着高速率方向发展。

如今，网络系统集成以其自身的特点和优势，在工业、商业、金融、政府、教育、科技以及日常生活的各个领域都得到了广泛的应用。

8.2.2 网络系统集成的原则

网络系统集成通常包括以下一些原则：

1）开放性和标准化原则。开放性和标准化原则是指采用的标准、技术、结构、系统组件和用户接口等必须遵循开放性和标准化的要求。符合国际标准的设备和技术可保证多种设备的互操作性、兼容性、可维护性和对前期投资的保护。

2）实用性原则。实用性就是网络系统集成能够最大限度地满足实际工作需要的系统性能。该性能是系统集成商对用户最基本的承诺，从使用的角度看，这是最重要的。

3）先进性原则。先进性是指系统集成要采用先进和成熟的信息技术，使系统能够在一定的时期内保持系统的效能，适应今后技术发展变化和业务发展变化的需要。

4）可靠性和安全性原则。可靠性是指系统在规定的条件和时间内无故障运行的能力。系统的可靠性越高，系统可以无故障工作的时间就越长。系统设计时，应考虑系统是否要长期不间断地运行、数据是否需要双机备份或者分布式存储以及故障后的恢复措施等。

安全性有两种含义，即网络系统的安全性和应用软件的安全性。网络系统的安全性主要是指系统数据的安全性。一个高性能的网络系统，应能够对系统的所有资源进行统一管理和调控，快速响应用户需求，使其各类信息资源能够有效地为决策人员、管理人员、科研人员以及各类用户提供良好的信息服务。应用软件的安全性则应根据应用的需要，符合必须的安全级别，通常最低的安全级别为 C2 级。开放的应用软件系统应具有严格的分级权限管理，防止非法用户越权使用系统资源。

5）可扩展和维护原则。一般而言，系统维护在整个系统的生命周期中所占的比重最大。因此，提高系统的可扩充性和可维护性是提高网络系统集成性能的必要手段。系统集成应配置灵活，提供备用和可选方案，能够在规模和性能两个方面进行扩展，以适应应用和技术发展的需要。

6）经济性原则。经济性就是在满足系统性能需求的前提下，应尽可能地选用性价比高的设备，以节省投资。

8.2.3 网络系统集成的步骤和内容

一个网络系统集成方案不但要对硬件设备、系统软件平台和应用软件进行选取，还应对工程实施方案进行周密的安排和部署。图 8.4 是网络系统集成的一般步骤。

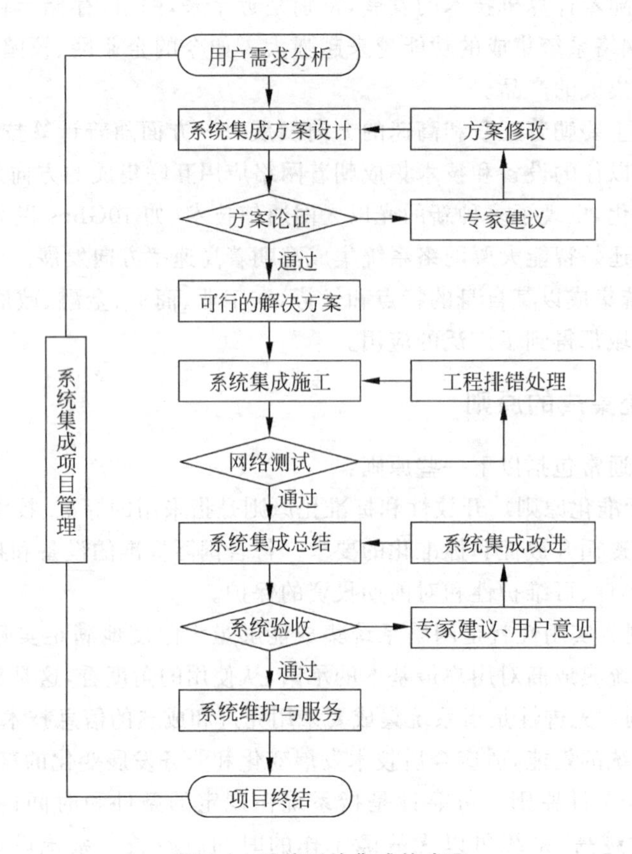

图 8.4　网络系统集成的步骤

作为一个综合性很强的系统工程，网络系统集成的具体工作会随着项目的不同而有所变化，但至少包括以下几个内容。

1. 网络系统总体结构设计

在进行系统总体结构设计时，应该在需求分析的基础上，确定相关平台，画出网络系统逻辑结构图。网络系统逻辑结构图的设计是软件开发的基础，是系统集成的关键一环。

网络系统逻辑结构图的设计要抓住两个要点：一是要充分了解系统的功能要求；二是要充分了解计算机处理数据的特殊要求。抓住了这两点就可以比较快速、准确地画出一个子系统或平台的子结构图，然后在此基础上将这些子结构图按其逻辑关系进行组合，以得到网络系统的逻辑结构图。

2. 相关平台方案的设计和论证

从逻辑结构图出发，确定系统基础平台配置，从而确定系统所需的网络技术、传输介质和拓扑结构，以及网络资源配置和接入外网等方案，经过论证，得出系统整体解决方案。网络系统集成基础平台的设计一般从网络系统安全的和网络系统管理的角度出发，要考虑以下几个方面的问题，包括网络通信支持平台、网络通信平台、网络资源平台的构建以及网络操作系统、网络协议、开发软件和 Web 应用系统的选择。网络系统集成基础平台如图 8.5 所示。

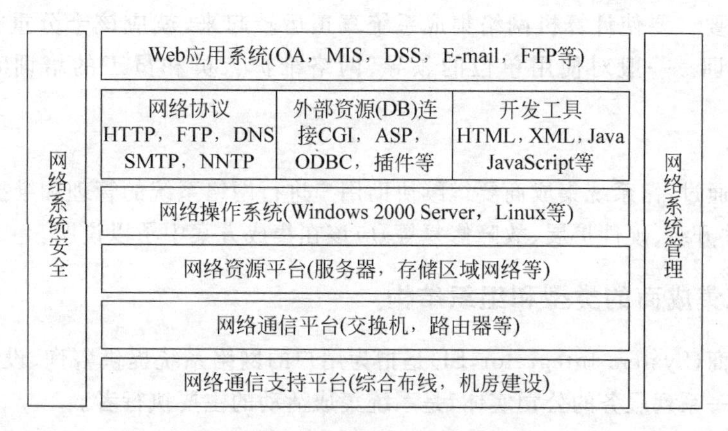

图 8.5 网络系统集成基础平台

3. 硬件和软件产品的采购

硬件采购包括采购交换机、路由器、UPS 电源、服务器以及 PC 等各类产品。软件则主要包括网络操作系统软件和网络应用系统软件两类。值得注意的是，有些网络应用软件应根据具体需求进行开发。

4. 安装和实施

计算机网络实施主要是完成物理网络的构造和网络软件的安装，一般包括主干网络和子干网络的建设。在这一阶段要系统地制定安装步骤，准备各种物理器件、设备及必备工具。

5. 联调测试

网络实施完成后要对整个网络进行测试，它是保证网络系统质量以及正常运行的关键。对于在施工过程中产生的线缆和光缆损伤、接触不良、绕线、串线和短路等各种问题，要及时发现和解决，以消除布线中存在的隐患，确保万无一失。

联调测试一般有以下 3 个阶段。

前期是路由测试(双绞线和光纤测试)：注意线路通、断、短、混、串的情况，双绞线和光纤的端接要认真测试。在测试中，要及时整理记录，便于修正错误。

中期是系统线路指标测试：布线一经铺设就很难更改，所以进行全面彻底的检测既是保障达到设计指标和把握工程质量的强有力手段，又是为后期的网络建设构筑理想平台的基础。

后期是问题修正：在前两阶段测试的基础上，对出现的问题查明原因，予以修正，并做出全面的测试报告，并汇总呈报负责人。

6. 系统验收

计算机网络工程全部完成后，施工单位应写出竣工报告，并提供计算机网络的详细存档资料以及主要设备的有关参数等。用户在验收时，应组成专业验收组逐项测试，以验证工程质量。

7. 培训

一个网络系统集成建设的成败除了取决于系统开发的技术水平以外，使用人员的应用水平也很重要。要使计算机网络集成系统真正运转起来，就应该十分重视对使用和维护人员进行培训。一般对使用单位的领导、网络维护人员和员工的培训时间不得少于一周。

8. 维护

工程验收通过后，系统集成商要继续协助用户进行网络系统的管理和维护工作，对相关问题（例如软件升级、硬件扩展、故障修复等）应该在集成方案中予以说明。

8.2.4 系统集成商的类型和组织结构

系统集成商(System Integrator,SI)是指为用户的网络系统提供咨询、设计、供货、实施及售后维护等一系列服务的公司实体，是系统集成活动的主要执行者。

随着世界信息化向深度和广度方向发展，对网络系统集成商的要求也越来越高。网络系统集成商不但要保证传统的计算机系统的质量，还要提供越来越新的服务，以满足诸如通信系统、控制系统、办公自动化系统等方面的要求。

1. 系统集成商的类型

系统集成商可分为独立的系统集成商和合作的系统集成商。

1）独立的系统集成商

(1) 最终用户。应用系统的使用者（即最终用户）按照系统集成的工作方式开发自己的系统时，他就成了系统集成商，此时既是系统投资方又是开发方。对于技术实力足够强大的企业或政府部门而言，这是一种可取的系统集成办法。

(2) 系统集成专业公司。这类系统集成商的优势在于精通技术、熟悉产品，但对企业或事业单位内部的业务不熟悉，所以系统分析工作量将很大，会引起系统开发成本的增加。

2）合作的系统集成商

(1) 以最终用户为主，系统集成专业公司为辅。由使用单位提出系统的总体目标、系统框架和具体实施方法，系统集成公司则只负责提供所需的各种软硬件平台，并提供技术支持，网络系统总集成由使用单位负责。这种方式的优点是主动权掌握在投资方，缺点是责任不清，难以调动集成商的积极性，实施起来困难较大。

(2) 以系统集成公司为主，最终用户为辅。使用单位提出总体目标，提供必要数据，由系统集成公司负责进行总体设计、选择平台和系统开发。投资方人员仅以修正开发设计错误的方式参与系统的开发。这种方式中，系统集成公司负主要责任（总体实施和技术责任），企业则以总监的身份对开发方的进度进行必要的督促。这种方式是目前国内外广为采用的方式。

2. 系统集成商的组织结构

一个功能完善的系统集成商一般应拥有20～100名员工，划分成下列几个部门。

(1) 项目管理部。解决系统集成项目的非技术性问题。责任人为项目经理，他主要负责系统集成项目目标定义、项目规划、项目跟踪、变更控制、项目复审、项目保证、费用估算、风险评测、项目分包和项目验收鉴定等工作。

(2) 系统集成部。解决系统集成项目的技术性问题，如需求分析调研、网络方案设计、设备选型、组网工程、网络规划维护管理、网络基础应用平台构筑以及网络工程测试等。

(3) 应用软件开发部。应用软件开发人员可划分为两类。第一类为常设人员，人数不多，但要有一名系统分析员，负责每个网络系统集成项目中的那些软件系统，如防火墙、人力资源管理、工资管理、公文流转、办公自动化等系统。这类系统可建立起公司自主版权的软件阵营，在创造效益的同时提高自身的竞争能力。第二类为机动人员，一旦工程项目中有软件开发的需要，在系统分析员做好设计文档后，可临时聘人来做。

(4) 网络施工工程部(可选)。负责网络土木建筑施工、综合布线等，当然也可外包。

(5) 采购与外联部。除政府采购外，一般的系统集成项目都附带网络及资源设备的采购。

(6) 综合管理与财务部。财务人员配合项目管理部完成系统项目费用概算、账目处理、财务结算等日常财务管理；综合管理人员主要担负文秘、接待、宣传推广等事务工作，为公司提供保障。

3. 系统集成商应注意的几个问题

一个系统集成商不仅要在技术上实现用户的需求，同时还要对用户投资的可行性和有效性进行有效的分析，对用户的系统实施及售后维护都要有所保障。一般而言，系统集成商要注意以下问题：

(1) 系统集成商需要拥有一批各种专业的技术人员，而且要有一定的工程经验和经济实力。

(2) 从技术角度来看，计算机技术、应用系统开发技术、网络技术、控制技术、通信技术、建筑装修等技术，综合运用在一个工程中是系统集成技术发展的一种必然趋势。系统集成商除了要具备所需行业的专业知识、专业技能以及丰富的集成经验外，还应具有工程管理等多方面的知识。

(3) 项目扩张与资金占压问题。系统集成商的成败常常和所获项目的多少密切相关。为了争取更多的项目，系统集成商往往努力获得任何一个可能的项目。而系统集成是一个资金占压很重的过程，一般来讲，系统集成商需要垫付50%～80%的资金，直到项目完成。项目的过多涉及，必然给系统集成商带来高成本，从而导致资金断链。

总之，系统集成是一个综合性的工程，所涉及的不仅仅是技术和设备的问题，而且还涉及到方方面面的关系问题。

8.3 综合布线系统工程设计

8.3.1 综合布线系统概述

当今，一个现代化的大楼内，除了有电话、传真、空调、消防、动力电线、照明电线外，计算机网络线路也是不可缺少的。布线系统的对象是建筑物或楼宇内的传输网络，以使语音和数据通信设备、交换设备和其他信息管理系统彼此相连，并使这些设备与外部通信网络连接。它包含着建筑物内部和外部线路(网络线路、电话局线路)间的民用电缆及相关的设备连接措施。布线系统由许多部件组成，主要有传输介质、线路管理硬件、连接器、插座、插头、适配器、传输电子线路、电气保护设施等，并由这些部件来构造各种子系统。

1. 综合布线系统的概念

综合布线的称呼很多，常使初学者感到迷惑。例如有结构化综合布线系统(Structured

Cabling System,SCS)、综合布线系统(Generic Cabling System,GCS)、建筑物与建筑群综合布线系统(Premises Distribution System,PDS)、智能大楼布线系统(Intelligent Building System,IBS)、工业布线系统(Industrial Distributing System,IDS)等等。实际上,GCS和SCS是综合布线的不同叫法,是一种与专业布线系统相区别的广义表达,两者实质是相同的。PDS、IBS和IDS则是3个综合布线典型系列产品,它们的原理和设计方法基本相同。PDS以商务环境和办公自动化环境为主,IBS以大楼环境控制和管理为主,而IDS以传输各种特殊信息和适应快速变化的工业通信为主。通常我们所说的综合布线系统多指建筑物与建筑群综合布线系统,简称综合布线系统(PDS),PDS是其他布线系统的基础,它主要包括语音和数据通信的布线系统。

PDS又称开发式布线系统(open cabling system),是一种模块化、灵活性极高的建筑物或建筑群内的信息传输系统,是一个能够支持语音、数据、图形图像应用的电信布线系统。它能使建筑物或建筑群内的语音、数据通信设备、信息交换设备、建筑物物业管理以及建筑物自动化管理设备等系统之间彼此相连,也能使建筑物内信息通信设备与外部的信息通信网络之间互联。

2. 综合布线系统的标准

综合布线系统标准领域的先行者是国际电信工业协会和电子工业协会(Electronics Industries Association and Telecommunications Industries association,EIA/TIA)。1985年,EIA/TIA开始布线标准的制定工作,经过6年的努力,于1991年形成第一版EIA/TIA-568,这是综合布线标准的奠基性文件。

目前,综合布线系统一般采用国际通用标准,如ISO/IEC(国际标准化组织/国际电子技术委员会)颁布的《信息技术——用户房屋综合布线》ISO/IEC IS 11801标准,欧洲和北美采用的《商务楼布线标准》EIA/TIA-568A、EIA/TIA-568B标准,中国工程建设标准化协会(China Association for Engineering Construction Standardization,CECS)颁布的《建筑与建筑群综合布线系统工程设计规范》CECS 72:97和《建筑与建筑群综合布线工程及验收规范》CECS 89:97等标准。布线标准为综合布线系统工程的设计提供了统一的标准,这些标准以新技术为基础,使得布线结构随技术更新而更新,且更新代价最小。在对综合布线系统进行设计、安装和现场测试时,标准必须一致,否则就会出现差异。

3. 综合布线系统的设计等级

对于建筑物的综合布线系统,一般分为3种不同的布线系统等级,即基本型综合布线系统、增强型综合布线系统和综合型综合布线系统。

1) 基本型综合布线系统

基本型综合布线系统适用于综合布线系统中配置标准较低的场合,用铜芯电缆组网。

其系统配置如下:

(1) 每一个工作区(每$10m^2$左右)有一个单孔8芯的信息插座。

(2) 每一个工作区的配线电缆为一条4对非屏蔽双绞线,引至楼层配线架。

(3) 完全采用压接式交叉连接硬件,并与未来的附加设备兼容。

(4) 每个工作区的干线电缆(即楼层配线架至设备间总配线架电缆)至少有两对双绞线。

基本型综合布线系统是一个经济有效的布线方案,它支持语音或语音与数据综合型产

品,并能够全面过渡到数据的异步传输或综合型布线系统。其特点为:

(1) 一种富有价格竞争力的布线方案,能够支持所有语音和数据传输应用,从而可应用于语音、语音与数据综合的高速传输。

(2) 采用气体放电管式过压保护和能够自恢复的过流保护。

(3) 便于维护、管理。

(4) 能够支持众多厂家的产品设备和特殊信息的传输。

2) 增强型综合布线系统

增强型综合布线系统适用于中等配置标准的场合,用铜芯电缆组网,要求布线不仅具有增强的功能,而且还具有扩展的余地。它适用于语音传输或者传输速率要求较高的场合。

其系统配置如下:

(1) 每个工作区有两个以上的信息插座。

(2) 每个工作区对应的信息插座均有独立的水平布线电缆引至楼层配线架。

(3) 具有压接式跳接线或插接式快速跳线的交叉连接硬件。

(4) 每个工作区的干线电缆(即楼层配线架至设备间总配线架电缆)至少有3对双绞线。

增强型综合布线系统提供了更高的功能和扩展能力,不仅支持语音和数据的应用,还支持图像、影视、视频会议等,并能够利用接线板进行管理,可方便过渡到综合型综合布线系统。其特点为:

(1) 每个工作区有两个信息插座,不仅灵活方便,而且功能齐全。

(2) 任何一个插座都可以提供语音和高速数据传输。

(3) 可统一色标,便于管理与维护。如果需要,可利用模块化配线架进行管理。

3) 综合型综合布线系统

综合型布线系统适用于配置标准较高的场合(如规模较大的智能大楼),它不仅采用了铜芯双绞线线缆,而且为了传输高质量的高频宽带信号,特采用了多模光纤线缆和双介质混合体线缆(即由铜芯线缆和光纤线缆混合而成),是将双绞线和光缆纳入建筑物布线的系统。

其系统配置如下:

(1) 在基本型和增强型综合布线系统的基础上增设了光缆系统或混合电缆。

(2) 每个工作区至少有一个双孔或多孔的信息插座,特殊工作区可采用多插孔的双介质混合型信息插座。

(3) 在水平线缆、主干线(垂直干线)线缆以及建筑物群之间干线线缆中配置了光纤线缆。

(4) 在每个增强型工作区的干线电缆(即楼层配线架至设备间总配线架电缆)至少有3对双绞线线缆;在每个基本型工作区的干线电缆中至少配有两对双绞线。

(5) 每个建筑物群之间的线缆(至本建筑物外的线缆)中至少有两对双绞线线缆。

综合型综合布线系统除了具有增强型系统的所有特点之外,还具备:

(1) 在整个系统内通过光纤支持语音和高速数据应用。

(2) 提高了抗电磁干扰的能力。

(3) 通过光纤互联或交连器件,实现光纤用户自行管理。

(4) 引入光纤,适用于规模较大的智能大楼。

8.3.2 综合布线系统的构成

综合布线系统一般被划分为6个子系统:工作区子系统、水平干线子系统、管理间子系统、垂直干线子系统、设备间子系统以及建筑群子系统。

大楼的综合布线系统是将各种不同组成部分构成一个有机的整体,而不是像传统的布线那样自成体系,互不相干。综合布线系统结构和组成如图8.6和图8.7所示。

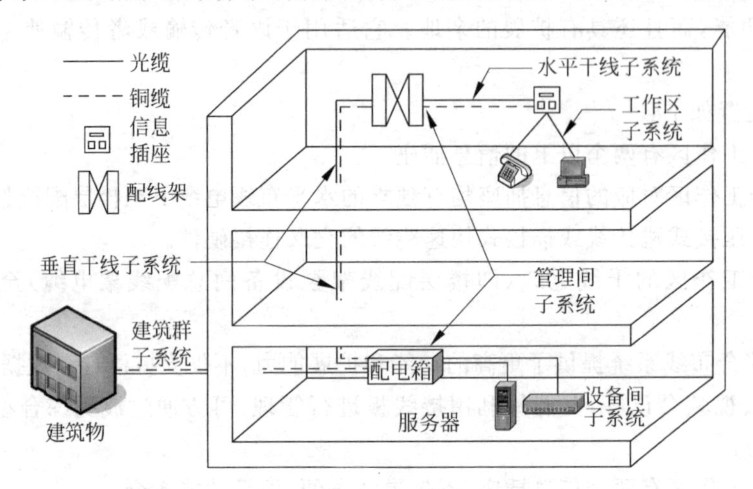

图8.6 综合布线系统结构图

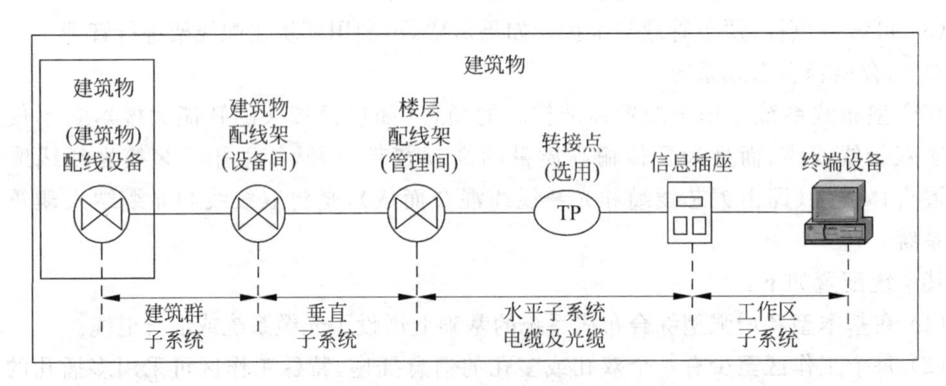

图8.7 综合布线系统组成

1. 工作区子系统

工作区子系统(work area subsystem)又称为服务区子系统,它是由终端设备以及连接到信息插座的连接线或跳线组成,包括插座盒、连接跳线以及适配器,如图8.8所示。其中,终端设备可以是电话、计算机、网络打印机以及数字摄像机等设备。在进行终端设备和信息插座连接时,可能需要某种传输电子装置,但这种装置并不是工作区子系统的一部分。例如,调制解调器,具有将数字信号变换为模拟信号以及将模拟信号恢复为数字信号的功能,但不能说是工作区子系统的一部分。

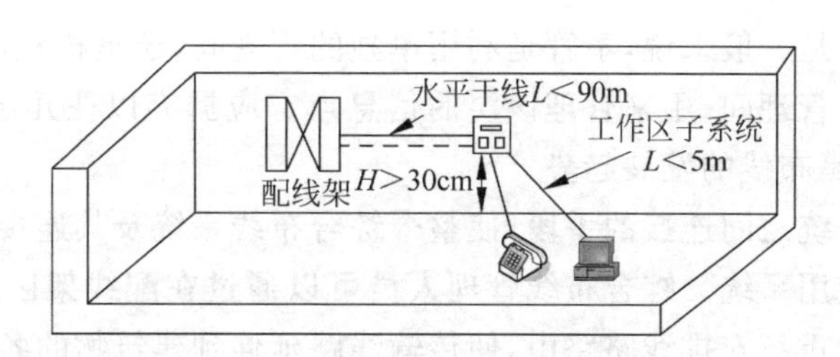

图 8.8 工作区子系统和水平干线子系统

工作区子系统中所使用的连接器必须具有国际 ISDN 标准的 8 位接口，这种接口能接收所有低压信号以及高速数据网络信息和数码声频信号。工作区子系统设计时要注意如下要点：

(1) 信息插座到设备间的连线用双绞线，一般不要超过 5m。

(2) 信息插座须安装在墙壁上或不易碰到的地方，插座距离地面 30cm 以上。

(3) 信息插座和与双绞线连接时不要接错线头。

2. 水平干线子系统

水平干线子系统(horizontal backbone subsystem)是从工作区的信息插座开始到管理间子系统的配线架，是布线系统水平走线部分和同一楼层内铺设的线缆，如图 8.8 所示。

水平干线子系统一般为星状结构，电缆宜采用 4 对双绞线作为传输介质，包括非屏蔽双绞线和屏蔽双绞线。屏蔽双绞线一般在干扰源很强及保密要求极高的场合中使用。但在某些需要高速交换的地方，如设计部门、企业服务器等，可采用光纤作为传输介质，也就是通常所说的光纤到桌面。

根据综合布线的要求，水平干线子系统的电缆或光缆，应在配线间或设备间的配线装置上进行端接，以构成语音、数据、图像和建筑物监控等系统。在水平干线子系统的设计中，综合布线的设计者应具有全面的介质设施方面的知识，能够向用户或用户的决策者提供完善而又经济的方案。

为适应新技术的发展，建议水平干线子系统的传输介质，采用超 5 类或 6 类以上的双绞线及相应的信息模块，把光纤到桌面作为选项。

设计时要注意如下要点：

(1) 水平干线子系统一般用双绞线，长度一般不超过 90m。

(2) 确定介质布线方法和线缆走向，用线必须走线槽或在天花板吊顶内布线，尽量不走地面线槽。

(3) 确定距工作区子系统距离最近、最远的信息插座位置，计算水平区所需线缆长度。

(4) 4 类双绞线传输速率为 16Mbps，5 类双绞线传输速率为 100Mbps。

3. 管理间子系统

管理间子系统(administration room subsystem)设置在楼层配线间内，是连接垂直干线子系统和水平干线子系统的设备，由各楼层配线架、相关交连或互联的硬件、跳线、插头以及各种颜色的标签等装置组成，其主要设备是配线架、hub、机柜和电源。

管理间子系统，应根据管理的信息点的多少安排使用房间的大小。如果信息点多，就应该考虑一个房间来放置；信息点少时，就没有必要单独设立一个管理间，可选用墙上型机柜来处理该子系统。但是一般来说，不管是利用单独的管理间，还是机柜，在综合布线时，都应在每一楼层设立一个管理间，用来管理该层的信息点。应摒弃以往几层楼共享一个管理间子系统的做法，这也是布线的发展趋势。

管理间提供子系统之间连接的手段，使整个综合布线系统及其连接的系统设备、器件等构成了一个有机的应用系统。综合布线管理人员可以通过在配线架区域调整交接方式，使整个应用系统有可能重新安排线路路由，使传输线路延伸到建筑物的各个工作区。因此，只要在配线连接区域调整交接方式，就可以管理整个应用系统终端设备，从而实现综合布线系统的灵活性、开放性和可扩展性。

设计时要注意如下要点：

(1) 配线架一般由光配线盒和铜配线架组成，其配线对数可由管理的信息点数决定。

(2) 利用配线架的跳线功能，可灵活改建和调整线路。

(3) 管理间子系统应有足够的空间放置配线架和网络设备(hub、交换机等)。

(4) 有 hub、交换机的地方要配备专用稳压电源，并且要保持一定的温度和湿度，以保养好设备。

4. 垂直干线子系统

垂直干线子系统(riser backbone subsystem)也称骨干子系统，是布线系统的垂直走线部分。垂直干线子系统将整栋楼主配线架与各楼层配线间内的配线架相连，并负责连接管理间子系统到设备间子系统，通常铺设在弱电竖井内或专用上升管路内。垂直干线子系统提供建筑物的干线电缆，一般使用光缆或选用大对数的非屏蔽双绞线。垂直干线子系统结构如图 8.9 所示。它与水平干线子系统的区别在于：水平干线子系统总是在一个楼层上，仅与信息插座、管理间的配线架连接。

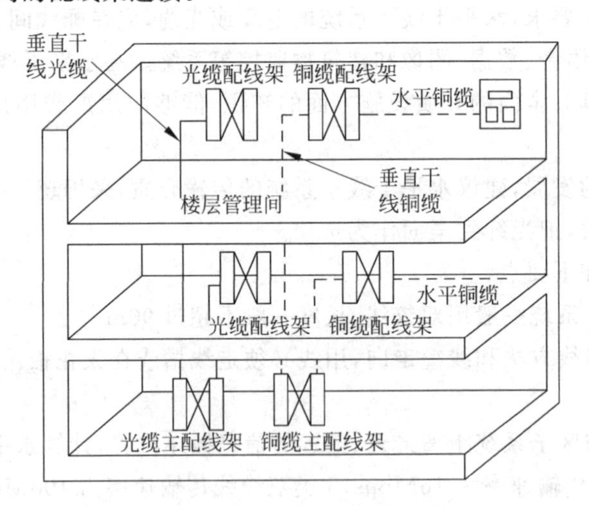

图 8.9 垂直子系统示意图

该子系统由所有的布线电缆组成，或由导线和光缆以及将此光缆连到其他地方的相关支撑硬件组合而成。传输介质可能包括一幢多层建筑物的楼层之间垂直布线的内部电缆或从主要单元如计算机房或设备间和其他干线接线间来的电缆。

为了与建筑群的其他建筑物进行通信，干线子系统将中继线交叉连接点和网络接口(由电话局提供的网络设施的一部分)连接起来。网络接口通常放在设备间或与设备间相邻的房间。

垂直干线子系统还包括:

(1) 供垂直干线或接线间和设备间的电缆走线用的弱电竖井和竖向或横向通道。

(2) 设备间和网络接口之间的连接电缆或设备与建筑群子系统各设施间的电缆。

(3) 垂直干线接线间与各远程通信(卫星)接线间之间的连接电缆。

(4) 主设备间和计算机主机房之间的干线电缆。

设计时要注意如下要点:

(1) 垂直干线子系统一般选用光缆,以提高传输速率。

(2) 室外远距离传输多选用单模光纤,室内传输多采用多模光纤。

(3) 垂直干线电缆的拐弯处,不要直角拐弯,应有相当的弧度,以防光缆受损。

(4) 垂直干线电缆要防遭破坏,如埋在路面下,则要防止挖路、修路对电缆造成危害,架空电缆要防止雷击。

(5) 确定每层楼及整幢大楼的干线和防雷电的设施。

5. 设备间子系统

设备间子系统(equipment room subsystem)也称机房子系统,是每一幢大楼内用于安装设备、放置综合布线的连接件(如配线架)并提供管理语音、数据、图像和建筑物控制等应用系统设备的场所。设备间子系统由电缆、主配线架和相关各种公共设备组成。它的功能是将各种公共系统设备(包括计算机主机、数字程控交换机、服务器和各种控制系统)与主配线架连接起来,同时也是网络管理和值班人员的工作场所。通过设备间子系统可以完成各楼层配线子系统之间通信线路的调配、连接和测试,可以与本建筑物外的公用通信网连接。设备间子系统结构如图 8.10 所示。

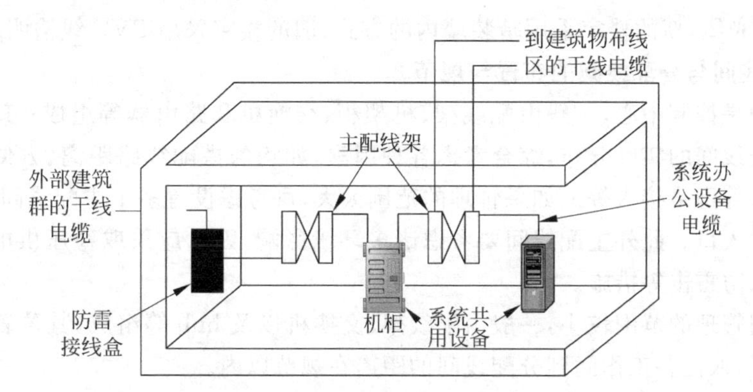

图 8.10 设备间子系统示意图

设计时应注意如下要点:

(1) 设备间要有足够的空间保障设备的存放。

(2) 设备间要有良好的工作环境(温度、湿度)。

(3) 设备间的建设标准应按机房建设标准设计。

6. 建筑群子系统

建筑群子系统(campus subsystem)也称楼宇子系统,它是将一个建筑物中的电缆延伸到另一个建筑物的通信设备和装置，通常由光缆和相应设备组成。它支持楼宇之间通信所需的硬件，其中包括电缆、光缆以及防止电缆上的脉冲电压进入建筑物的电气保护装置。

在由多幢建筑物构成的建筑群时，经常选择地理位置处于中心地带的建筑为建筑群主配线架所在建筑物，通过建筑群主配线架直接与其他各建筑物的主配线架相连。

在建筑群子系统中，会遇到室外铺设电缆问题，一般有架空电缆、直埋电缆、地下管道电缆3种情况，或者是这3种的任何组合，具体情况应根据现场环境来决定。设计要点与垂直干线子系统相同。

8.3.3 综合布线方案设计

一个完整的综合布线方案除了各子系统模块的设计，还应该注意以下问题。

1. 综合布线设计的整体要求

一个综合布线方案从整体上应满足实用性、灵活性、模块化、可扩充性和经济性等原则。

2. 综合布线系统常用传输介质

网络设备(例如交换机)间相互传递信息是通过传输介质进行的，传输介质决定了网络的传输速率、网络段的最大长度、传输可靠性(抗电磁干扰能力)以及网络接口板的复杂程度等，对网络成本也有较大影响。一般常用的传输介质有双绞线、同轴电缆和光纤。了解传输介质的种类和特征，有利于正确地设计和建设网络，本书4.1节中，已经详细介绍了不同类型的传输介质以及它们的特征。一般来说，在实际的布线工程中，具体使用哪一种传输介质，要根据网络的拓扑结构、所选局域网技术以及所需传输速度等来进行选择。

3. 布线规范

EIA/TIA结构化布线标准规定了6大布线区间，包括出入口设施、机房、骨干缆线、配线机架柜、水平缆线和工作区间，在布线时要注意其相应的布线规范。例如水平布线采用超5类双绞线或光缆，新的楼宇采用暗装墙内的方式，旧的楼宇采用PVC线槽明装的方式。

4. 主配线间与分配线间的布置与规范

主配线间是控制中心，一般由配线架、机架柜、交换机和路由器等组成；其位置的选择应考虑各分配线间的实际分布，综合考虑各种因素，如均匀搭配线路距离、方便服务器的高速连接以及外部网络接入等。如果管理的范围太大，可考虑设置多个主配线间，也可能有多个外部网络接入口。此外主配线间要考虑诸多环境影响，因此应采取稳压供电、温度/湿度控制、防断电、防雷击等措施。

分配线间管理的范围较小，一般由配线架、交换机以及hub等组成，其位置要考虑工作间的分布情况，保证各工作间到分配线间的距离在规范以内。

5. 网络环境

对于网络环境来说，现行国家标准《建筑与建筑群综合布线系统工程设计规范》(GB 50311—2000)、《计算站场地技术条件》(GB 2887—1989)、《电子计算机机房设计规范》(GB 50174—1993)、《计算站场地安全要求》(GB 9361—1988)有明确的要求，可参照执行。

总之，综合布线应优先考虑防火和防雷电，然后严格按照规范考虑布线系统中的照明电线、动力电线、通信线路、暖气管道、冷热空气管道、电梯之间的距离以及接地与焊接等问题，最后才能考虑线路的走向和美观程度。对于综合布线方案的设计，我们将在本章第5节中结合具体的布线案例进行介绍。

8.3.4 智能化建筑与综合布线

1. 智能化建筑

美国智能化建筑学会(American Intelligent Building Institute,AIBI)对智能化建筑的定义是,将结构、系统、服务、运营相互联系,全面综合,以达到最佳组合,获得高效率、高功能与高舒适性的建筑物,从而为用户提供一个高效的工作环境。在我国,《智能建筑设计标准》(GB/T 50314—2006)对智能化建筑的定义是,以建筑物为平台,兼备信息设施系统、信息化应用系统、建筑设备管理系统、公共安全系统等,集结构、系统、服务、管理及其优化组合为一体,向人们提供安全、高效、便捷、节能、环保、健康的建筑环境。

2. 智能化建筑系统的组成和基本功能

智能化建筑系统主要包括3部分,即大楼自动化(又称建筑自动化或楼宇自动化,Building Automation,BA)、通信自动化(Communication Automation,CA)和办公自动化(Office Automation,OA)。这3个自动化通常称为3A,它们是智能化建筑中最重要的,而且是必须具备的基本功能。目前有些地方为了突出某项功能,以提高建筑等级和工程造价,又提出了防火自动化(Fire Automation,FA)和信息管理自动化(Management Automation,MA),形成5A智能化建筑。但从国际惯例来看,通常只采用3A的提法。

(1) 大楼自动化。大楼自动化主要是对智能化建筑中所有机电装置和能源设备实现高度自动化和智能化集中管理。具体来说,是以中央计算机或中央监控系统为核心,对房屋建筑内设置的供水、电力照明、空气调节、冷热源、防火、防盗、监控显示、门禁系统以及电梯等各种设备的运行,进行集中控制和科学管理。

(2) 通信自动化。通信自动化是智能化建筑的基础,通常由以程控数字用户电话交换机为核心的通信网和计算机系统局域网组成。这些设备和传输网络与外部公用通信设施联网,可完成语音、文字、图形和数据等高速传输和准确处理。通常,通信自动化由语音通信、视频通信和数据通信3部分组成。

(3) 办公自动化。办公自动化是在计算机和通信自动化的基础上建立起来的系统。办公自动化通常以计算机为中心,配置传真机、电话机等各种终端设备,包括文字处理机、复印机、打印机和一系列现代化的办公和通信设备以及相应软件。由于利用了先进的计算机和通信技术组成高效、优质服务的人机信息处理系统,因此拥有办公自动化的建筑能充分简化人们的日常办公业务活动,从而可大大提高办公效率和工作质量。

如今,信息化的发展使更多的人倾向居住于智能化建筑中。当智能化建筑随着人们的需求从零散的分布趋于集中时,便形成了智能化小区。智能化小区是指以智能化建筑为主体,并有相应的公共服务设施的房屋建筑群,因此,其系统组成和基本功能与智能化建筑既有区别,又有联系,但在综合布线系统的设计和安装方面则区别不大。

3. 智能化建筑与综合布线系统的关系

智能化建筑是集建筑技术、通信技术、计算机技术和自动控制技术等多种高新技术之大成,所以智能化建筑工程项目内容极为广泛。

综合布线系统将智能化建筑内的各种终端设备、机电装置以及各种通信设施在一定条件下相互连接,形成一个完整配套的有机整体,从而实现建筑的高度智能化。在这个意义上,综合布线系统在智能化建筑中具有决定性的作用,可以说它是智能化建筑的神经中枢。

需要指出的是，智能化建筑内部虽然都采用了综合布线系统，但是，采用了综合布线系统的建筑未必都是智能化建筑。

4. 综合布线的发展趋势

综合布线是美国贝尔实验室为适应高速传输线路的需求而提出并首先实施的。至今全球智能化建筑发展迅速，对智能化建筑和智能化小区的需求日益增加，推动着综合布线技术的迅猛发展；同时计算机网络的传输速率在近年增加了1000倍，从10Mbps达到了10Gbps，这对承载其应用的传输介质也提出了更高的要求。目前，综合布线系统已呈现出以下发展趋势：

(1) 未来几年，6类甚至7类双绞线将成为综合布线电缆的主导产品，而光纤则将是未来布线的首选传输介质。

(2) 全光网络逐步替代铜缆网络也是一个新的发展趋势。

(3) 区域配线应用技术。例如多用户信息插座以及集合点配线箱的使用，将会使未来的建筑物体现出更多的多样性和集成性。

(4) 综合布线系统标准将不断完善。工业化布线标准TR-42.9的制订，将保证系统在极端的灰尘、温度、湿度或振动环境下的可靠性。

(5) 更加先进的抗电磁干扰与防火技术。

(6) 智能子系统的应用将越来越广泛。例如空调自控系统、安防监控系统，甚至个人环境控制系统，将使个人可以控制周围环境，比如温度、灯光照明、空气流速等。

8.4 网络管理概述

8.4.1 网络管理及其目标

1. 网络管理

网络管理，简单地说就是为保证网络系统能够持续、稳定、安全、可靠和高效地运行，对网络实施的一系列方法和措施。网络管理的任务就是收集、监控网络中各种设备和设施的工作参数、工作状态信息，将结果显示给管理员并进行处理，从而控制网络中的设备、设施、工作参数和工作状态，使其可靠运行。

2. 网络管理的目标

网络管理的主要目标是：

(1) 减少停机时间，改进响应时间，提高设备利用率。

(2) 减少运行费用，提高效率。

(3) 减少或消除网络瓶颈。

(4) 适应新技术。

(5) 使网络更容易使用。

(6) 安全。

可见，网络管理的目标是最大限度地增加网络的可用时间，提高网络设备的利用率、网络性能、服务质量和安全性，简化网络管理和降低网络运行成本，并提供网络的长期规划。网络管理通过提供单一的网络操作控制环境，可以在复杂网络环境下管理所有的子网和设备，以统一的方式控制网络，排除故障和配置网络设备。

3. 网络管理的基本功能

在实际的网络管理过程中,网络管理具有多种功能。在OSI网络管理标准中定义了网络管理的5个基本功能:配置管理、性能管理、故障管理、安全管理和计费管理。事实上,网络管理还包括其他一些功能,如网络规划、网络操作人员管理等。不过除了网络管理的5个基本功能外,其他管理功能的实现都与具体的网络条件有关,因此一般只需关注这5个功能即可。

1) 配置管理

配置管理(configuration management)包括视图管理、拓扑管理、软件管理、网络规划和资源管理。仅当有权配置整个网络时,才可能正确地管理该网络,排除出现的问题,因此这是网络管理最重要的功能。配置管理的关键是设备管理,主要包括布线系统的维护和关键设备管理两个方面。

2) 性能管理

网络性能主要包括网络吞吐量、响应时间、线路利用率、网络可用性等参数。网络性能管理(performance management)是指通过监控网络运行状态,调整网络性能参数来改善网络的性能,确保网络平稳运行。它主要包括性能数据的采集和存储、性能门限的管理以及性能数据的显示和分析。

3) 故障管理

故障管理(fault management)又称失效管理,主要对来自硬件设备或路径节点的报警信息进行监控、报告和存储,以及进行故障诊断、定位与处理。所谓故障,就是那些引起系统以非正常方式运行的事件。它可分为由损坏的部件或软件故障引起的故障,以及由环境引起的外部故障。

用户希望有一个可靠的计算机网络。当网络中某个组成部件失效时,必须迅速查找到故障并能及时给予排除。通常,分析故障原因可以有效地防止类似故障的再次发生。网络故障管理包括故障检测、隔离和排除三方面。

4) 安全管理

安全管理(security management)主要保护网络资源与设备不被非法访问,以及对加密机构中的密钥进行管理。

安全管理是网络系统的薄弱环节之一。安全管理作为降低网络及其网络管理系统风险的一种手段,它是一些功能的组合,通过分析网络安全漏洞,以及通过实施网络安全策略,可动态地确保网络安全。相应地,网络安全管理应包括对授权机制、访问机制、加密和加密密钥的管理等。

5) 计费管理

计费管理(accounting management)主要管理各种业务资费标准,制定计费政策,以及管理用户业务使用情况和费用等,其目的是控制和检测网络操作的费用和代价。计费管理对网络资源的使用情况进行收集、解释和处理,提出计费报告,包括计费统计、账单通知和会计处理等内容,为网络资源的应用核算成本并提供收费依据。

根据用户所使用网络资源的种类,计费管理分为3种类型:基于网络流量的计费;基于使用时间的计费;基于网络服务的计费。

8.4.2 网络管理的体系结构

目前,计算机网络中有两种最基本的网络管理体系结构,即由国际标准化组织(ISO)于20世纪80年代末提出的基于OSI 7层参考模型的网络管理体系结构和由Internet工程任务组(Internet Engineering Task Force,IETF)提出的基于TCP/IP的网络管理体系结构。但是,无论哪种网络管理的体系结构,都可以从模型、协议以及它所采用的分布模式来分析和构造。

1. 网络管理模型

一个网络管理体系结构通常由功能模型、信息模型、组织模型以及通信模型等4种模型组成。功能模型定义了分解复杂"管理"任务的可能性,信息模型侧重于管理信息的描述和规范,组织模型侧重于管理实体和受管实体间的任务分工和协作形式,而通信模型确定了管理信息通信的可能性。

1) 功能模型

网络管理任务包括网络资源的规划和配置、系统工作负荷的测量、性能数据的收集和评价、故障的诊断和排除、用户访问权限检查和保护等。一般可把这些任务分配到按ISO标准定义的功能域中,即网络管理功能。

ISO在ISO/IEC7498-4文档中定义了网络管理的5大功能,即前面我们讲到的配置管理、性能管理、故障管理、安全管理和计费管理。

2) 信息模型

信息模型是网络管理模型最重要的部分,它描述了管理信息结构的框架,决定了网络资源的数据表示以及实际的协议如何定义。不同的管理协议之间的差异就在于信息模型的区别,这种差异主要是普适性和简单性的折中所致。

信息模型主要涉及管理信息库(Management Information Base,MIB)和管理信息结构(Structure of Management Information,SMI)两方面的内容。

MIB是系统中管理对象的网络信息的组合,是信息模型的现实体现。网络资源是以对象的形式存放于MIB中,主要包括在ISO标准中定义的如下管理信息结构:要管理的资源抽象为管理对象(Managed Object,MO);资源的有关信息抽象为被管理对象的属性(attribute);资源之间的关系定义为管理对象的关系(relationship)。MIB仅是一个概念上的数据库,分布在网络管理中心以及所有代理系统的本地MIB中。MIB的访问是一个网络管理系统实现的关键。需要指出的是,MIB不是定义被管的一切对象,而是按类定义对象。例如,支持路由功能的所有对象。

SMI是指对象在MIB中的存放形式。目前两个标准管理信息结构模型是OSI SMI和Internet SMI。OSI SMI采用完全的面向对象方法,其被管理对象由与对象有关的属性、操作、时间和行为封装而成,对象之间有继承和包含的关系。对于Internet SMI,网络管理信息是面向属性的,因此Internet SMI对象没有属性的概念以及对象之间也没有继承和包含的关系,其管理信息的定义更注重简单性和可扩展性。

3) 组织模型

组织模型涉及网络管理系统中管理进程所扮演的角色及其相互关系。通常管理进程有3种角色:管理者(manager)、代理(agent)和委托代理(proxy agent)。管理者是网络管理中心网络管理员的代表，负责向远程代理发送网关请求命令。代理和委托代理是网络资源的代表，它们接受来自管理者的网络管理请求命令，并对管理资源实施操作，然后返回操作结果。

在管理者和代理之间可以存在一对多的关系，即某一管理者可与若干个代理交换，对于小规模的网络，可采用这种结构进行管理信息交换；反之，对中、大规模的网络而言，仅用一个管理者对整个网络进行管理是不妥当的，网络管理系统的功能应由分布在网络中的多个管理者共同承担。此时，某一代理与若干个管理者交换信息，代理需要处理来自多个管理者的多个操作之间的协调问题。

为了在各网络管理系统中能彼此交换信息，管理者和代理必须使用相同的网络管理协议、功能模型、信息模型和通信模型，否则必须进行管理信息的转换。

这里简单地介绍一个基本的网络管理组织模型，即管理者-代理的网络管理模型。在目前的网络管理中，一般采用的就是基于管理者-代理的管理组织模型，如图8.11所示。

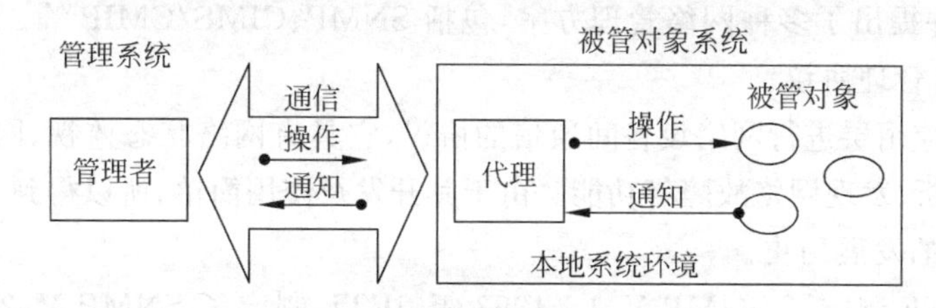

图8.11 管理者-代理的网络管理模型

该模型主要由管理者、管理代理和被管对象组成。其中管理者负责整个网络的管理，管理者与代理之间利用网络通信协议交换相关信息，实现网络管理。

网络管理者可以是单一的PC、单一的工作站或按层次结构在共享接口下与并发运行的管理模块连接的几个工作站。

代理是被管对象或设备上的管理程序，它把来自管理者的命令或信息请求转换为本地设备特有的指令，监视设备的运行，完成管理者的指示，或返回它所在设备的信息。另外，代理也可以把自身系统中发生的事件主动通知管理者。一般的代理都是返回它本身的信息，而委托代理，则可以提供其他系统或设备的信息。

管理者将管理要求通过管理操作指令传送给被管理系统中的代理，代理则直接管理设备。但是，代理也可能因为某些原因而拒绝管理者的命令。管理者和代理之间的信息交换可以分为从管理者到代理的管理操作和从代理到管理者的事件通知两种。

4) 通信模型

通信模型描述了为实施网络管理所需的通信过程，它主要定义了网络管理者和被管理对象之间、管理者和管理者之间信息交换的方案和机制，包括信息交换时所涉及的功能、协议、操作命令和报文等。

表8.1简单介绍了OSI和IETF两种不同的网络管理通信模型。OSI采用公共管理信息服务/公共管理信息协议(Common Management Information Service/Protocol，CMIS/CMIP)进行信息交互，而IETF采用简单网络管理协议(Simple Network Management Protocol，SNMP)。在信息的传输方面，OSI可以采用面向连接的传输，也可以采用无连接

的传输,而IETF仅用无连接的传输。针对被管对象,OSI和IETF也各自定义了不同的管理操作命令。

表8.1 OSI和IETF的网络管理通信模型

机制 体系结构	传输机制	通信机制	操作命令
OSI	有连接或无连接传输	CMIP	CMIS
IETF	UDP/IP无连接传输	SNMP	由SNMP协议规定

2. 网络管理协议

随着网络规模增大,简单的网络管理技术已不能适应网络迅速发展的要求。以往的网络管理系统往往是厂商开发的专用系统,很难对其他厂商的网络系统、通信设备等进行管理,显然这种状况不适应网络发展的需要。20世纪80年代初期,Internet的发展使人们意识到了这一点,并提出了多种网络管理方案,包括SNMP、CIMS/CMIP等。

1) 简单网络管理协议

SNMP是在应用层进行网络设备间通信的协议,它具有网络状态监视、网络参数设定、网络流量统计与分析、发现网络故障等功能。由于其开发及使用简单,所以得到了普遍应用。

(1) SNMP的发展历史。

1988年,IETF制定了SNMP V.1。1993年,IETF制定了SNMP V.2,该版本受到各网络厂商的广泛欢迎,并成为事实上的网络管理工业标准。SNMP V.2是SNMP V.1的增强版。SNMP V.2较SNMP V.1版本在系统管理接口、协同操作、信息格式、管理体系结构和安全性几个方面均有较大改善。1998年1月,SNMP V.3发布,SNMP V.3涵盖了SNMP V.1和SNMP V.2的所有功能,并增加了安全性。

(2) SNMP的管理体系结构和操作。

图8.12是SNMP的网络管理体系结构,包括网络元素、网络管理中心、管理者、代理、委托代理以及MIB等6类实体。网络元素的主要部分是被管对象;网络管理中心(Network Management Center,NMC)是网络管理模型的核心,负责管理代理和MIB,它以数据报表的形式发出和传送命令,从而达到控制代理的目的;管理者是在网络管理中心利用SNMP通信的实体;代理是收集被管理设备的各种信息和响应网络中SNMP服务器的要求,并将其传输到MIB数据库中,一般包括智能集线器、网桥、路由器、网关及任何合法节点的计算机;委托代理代表那些不能用SNMP与网络管理中心的管理者通信的网络资源的实体,作用是在SNMP和别的网络管理协议之间进行转换;MIB负责存储设备的信息。

SNMP协议最重要的特性就是简洁清晰,从而使系统的负载可以减至最低限度。SNMP没有一大堆命令,只定义了4种管理操作:取(get),表示从代理那里取得指定的MIB变量值;取下一个(get next),表示从代理的表中取得下一个指定的MIB的值;设置(set),表示设置代理指定的MIB的变量值,对管理信息进行控制或修改。

以上3种操作都是采用轮询监控方式,主要对ISO/OSI 7层参考模型中较低层次进行管理。管理者按一定时间间隔向代理获取管理信息,并根据管理信息判断是否有异常事件发生,从而周期性地维持对网络资源的实时监视和控制。轮询监控的主要优点是对代理资源要求不高,缺点是管理通信开销大。

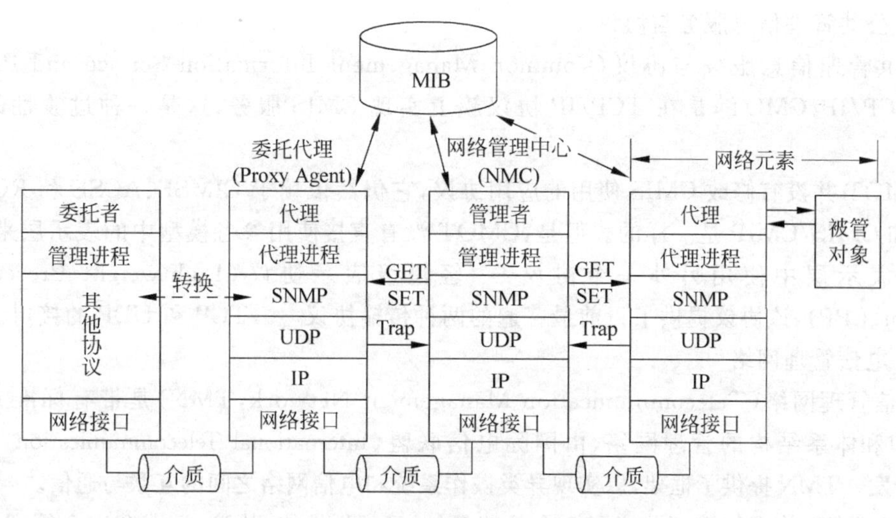

图 8.12 SNMP 的网络管理体系结构

还有一个操作称为报警(trap),当管理对象发生紧急情况时,使用称为 trap 的报文主动向网络管理中心报警,不需等待接收方响应。

SNMP 的基本功能包括网络性能监控、网络差错检测和网络配置。在图 8.12 中,SNMP 用于网络管理中心与管理代理及委托代理之间交互管理信息。网络管理中心通过 SNMP 向代理发出各种请求报文,代理则接收这些请求后完成相应的操作。

(3) SNMP 体系结构的主要特点。

由于 SNMP 是为 Internet 而设计的,而且是为了提高网络管理系统的效率,所以网络管理系统在传输层采用了用户数据报(UDP)协议。SNMP 有如下几个特点:尽可能降低管理代理的软件成本和资源要求;提供较强的远程管理功能,以适应对 Internet 网络资源的管理;体系结构具备可扩充性,以适应网络系统的发展;管理协议本身具有高度的通用性,可应用于任何厂商任何型号和品牌的计算机、网络和网络传输协议之中。

2) 公共管理信息服务/公共管理信息协议

CMIS/CMIP 是 OSI 提供的网络管理协议簇。CMIS 定义了每个网络组成部件提供的网络管理服务,CMIP 则是实现 CIMS 服务的协议。

OSI 网络协议旨在为所有设备在 OSI 参考模型的每一层提供一个公共网络结构,而 CMIS/CMIP 正是这样一个用于所有网络设备的完整网络管理协议簇。

出于通用性的考虑,CMIS/CMIP 的功能和结构与 SNMP 不同,SNMP 是按照简单和易于实现的原则设计的,而 CMIS/CMIP 则能提供支持一个完整网络管理方案所需的功能。

CMIS/CMIP 的整体结构建立在 OSI 参考模型基础之上,网络管理应用进程使用 OSI 参考模型中的应用层。而且在这层上,公共管理信息服务单元(Common Management Information Service Element,CMISE)提供了应用程序以使用 CMIP 协议接口。同时该层还包括了两个 OSI 应用协议:联系控制服务元素(Association Control Service Element,ACSE)和远程操作服务元素(Remote Operations Service Element,ROSE),其中 ACSE 在应用程序之间建立和关闭通信连接,而 ROSE 则处理应用之间请求的传送和响应。另外,值得注意的是 OSI 没有在应用层之下特别为网络管理定义协议。

3) 公共管理信息服务与协议

公共管理信息服务与协议(Common Management Information Service and Protocol Over TCP/IP,CMOT)是在TCP/IP协议簇上实现CMIS服务,这是一种过渡性的解决方案。

CMOT并没有修改CMIS使用的应用协议,它仍然依赖于CIMSE、ACSE和ROSE协议,这和CMIS/CMIP是一样的。但是,CMOT没有直接使用参考模型中的表示层来实现,而是在表示层中使用另外一个协议——轻量级表示协议(Lightweight Presentation Protocol,LPP),该协议提供了目前最普遍的两种传输协议——TCP和UDP的接口。

4) 电信管理网络

电信管理网络(Telecommunication Management Network,TMN)是带有标准OSI协议、接口和体系结构的管理网络,由国际电信联盟(International Telecommunication Union,ITU)开发。TMN提供了框架,以实现异类操作系统和电信网络之间的互联与通信。

TMN模型将网络管理分成了5个功能领域:配置、性能、故障、记账和安全管理。

TMN模型按照服务提供商的业务与运行功能来组织功能层。每个管理功能都集中在给定的级别上,而没有其他层的细节。TMN提供了有组织的体系结构,它允许各种操作系统和电信设备交换管理信息。TMN模型缺少管理IP的技术和允许IP服务的接口。ITU和其他标准组织已经开始为IP技术定义网络管理模型。

3. 网络管理模式

现在计算机网络变得越来越复杂,对网络管理性能的要求也越来越高,网络管理模式也朝着分布式、层次化的方向发展。从目前的应用来看,网络管理模式有集中式、分层式、分布式以及分布式与分层式相结合4种。

1) 集中式网络管理模式

集中式网络管理模式是目前使用最为普遍的一种模式,例如在8.4.2小节中所讲到的管理者-代理模型,当一个网络管理者对整个网络的管理负责,处理来自多个代理的通信信息时,就是一个集中式网络管理。唯一的管理者为全网提供集中的决策支持,并控制和维护管理工作站上的信息存储。

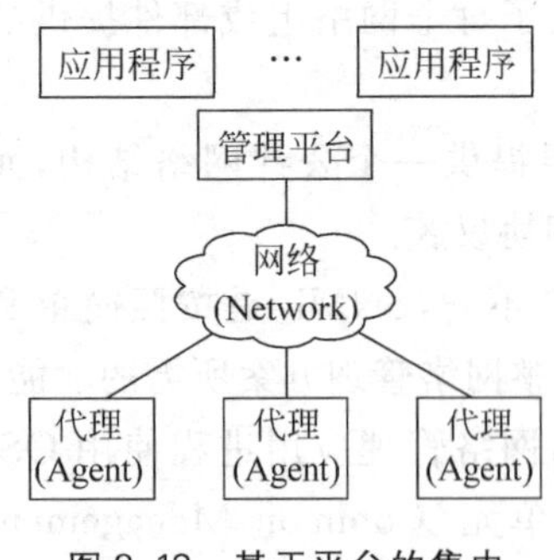

图8.13 基于平台的集中式网络管理

集中式有一种变化的形式,即基于平台的形式,如图8.13所示,将唯一的网络管理者分成管理平台和管理应用两部分。管理平台是对管理数据进行处理的第一阶段,主要进行数据采集,并能对底层管理协议进行屏蔽,为应用程序提供一种抽象的统一的视图。管理应用在数据处理的第二层,进行决策支持和执行一些比信息采集和简单计算更高级的功能。这两部分通过公共应用程序接口(Application Programming Interface, API)进行通信。这种结构易于维护和扩展,也可简化异构的、多厂商的、多协议网络环境集成应用程序的开发。但总体而言,它仍是一种集中式的管理体系,应用程序一旦增多,管理平台就成了瓶颈。集中式结构简单、低价格以及易维护等特性使其成为传统的普遍的网络管理模式,但随着网络规模的增大,被管对象种类增多,管理信息传输量也将增大,这就将占用管理平台通信处理机大量的时间和存储空间,必然会引起拥塞,甚至系统崩溃。

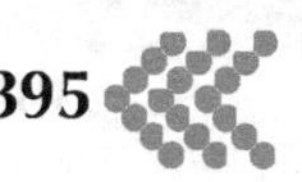

2）分布式网络管理模式

为了减少中心管理控制台、局域网连接和广域网连接以及管理信息系统不断增长的负担，将信息分布到网络各处，使得管理变得更加自动化，在最靠近问题源的地方能够做出基本的决策，这就是分布式管理的核心思想。

分布式网络管理模式如图 8.14 所示，网络的管理功能分布到每一个被管设备，即将局部管理任务、存储能力和部分数据库转移到被管设备中，使被管设备成为具有一定自我管理能力的自治单元，而网络管理系统则侧重于网络的逻辑管理。按分布式网络管理方法组成的管理结构是一种对等式的结构，有多个管理者，每个负责管理一个管理域，相互通信都在管理域进行。在图 8.12 所示的管理模式中，当管理者 1 需要其他域（如管理者 8）的信息时，管理者 1 马上与管理者 8 建立连接，然后从那里取回信息。

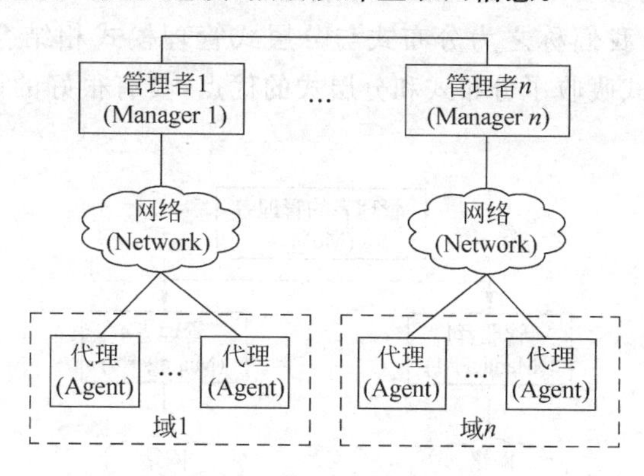

图 8.14　分布式网络管理模式

分布式管理将管理任务都分布给各域的管理者，从而可轻松容纳整个网络的增长和变化。因为随着网络的扩展，任务和职责通过增加新的管理者的方式，不断的分布开来，从而保证了网络的稳定、可靠，也降低了管理的复杂性。

3）分层式网络管理模式

尽管分布式网络管理能解决集中式网络管理中出现的一系列问题，但目前还无法实现完全的分布方案，因此，目前的网络管理是分布式与集中式相结合的分层式网络管理模式，如图 8.15 所示。

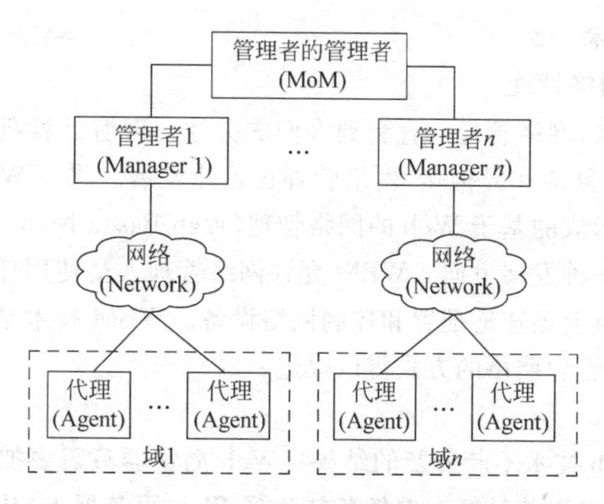

图 8.15　分层式网络管理模式

分层式网络管理模式是在集中式管理中的管理者和代理间增加一层或多层管理实体，即中层管理者，从而使管理体系层次化。一个域管理者只负责该域的管理任务，并不需要了解网络中其他部分的存在，域管理者的管理者(Manager of Managers，MoM)位于整个网络的最高层，收集各个域管理者的信息。分层式结构可以通过加入多个 MoM 进行扩展，也可在 MoM 上再构建 MoM，使网络管理体系成为一种具有多个层次的结构，这种结构的管理模式比较容易开发集成的管理应用，使这些管理程序能从各个不同的域中读取信息。

分层式与分布式的最大区别是：各域管理者之间不相互直接通信，只能通过管理者的管理者间接通信。

4) 分布式与分层式相结合的网络管理模式

在图 8.15 中，当管理者 1 与管理者 n 等域管理者在某些管理任务上能够自主的相互通信，不必通过 MoM 时，我们称之为分布式与分层式管理模式相结合的网络管理模式，如图 8.16 所示。这种模式吸收了分布式和分层式的优点，具有很好的可扩展性，它采用了域管理和 MoM 的思想。

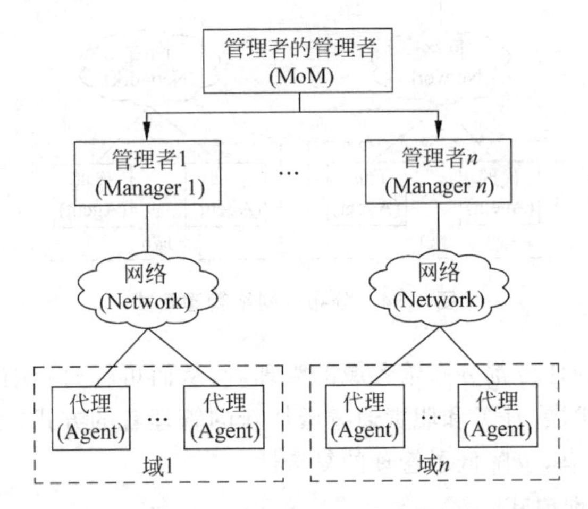

图 8.16　分布式与分层式相结合的网络管理模式

8.4.3　网络管理的技术与软件

1. 网络管理的技术

1) 基于 Web 的网络管理

自从网络诞生以来，网络管理一直受到人们的关注。随着计算机网络和通信规模的不断扩大，网络结构日益复杂和异构化，网络管理也迅速发展。将 WWW 应用于网络以及设备、系统、应用程序而形成的基于 Web 的网络管理(Web-Based Management，WBM)系统是目前网络管理系统的一种发展方向。WBM 允许网络管理人员使用任何一种 Web 浏览器，可在网络任何一个节点上迅速地配置和控制网络设备。WBM 技术是网络管理方案的一次革命，它将使网络用户管理网络的方式得以改进。

(1) WBM 特点。

WBM 技术是 Web 技术不断普及的结果。Web 浏览器只需要拥有适量磁盘空间的一般计算机，管理人员就可以将计算存储任务转移到 Web 服务器上，从而可使用户在客户机平台上访问它们，这种所谓瘦客户机/胖服务器模式不但减少了硬件花费，而且使用户得到了更大的灵活性。因此，产生了将网络管理和 Web 结合起来的 WBM 技术。可以说，Web 技术的迅猛发展促进了 WBM 技术的产生与发展。

WBM 融合了 Web 功能与网络管理技术，从而为网络管理人员提供了比传统工具更为有力的手段。WBM 使得管理人员能够在任何站点、通过 Web 浏览器监测和控制企业网络，并且能够解决很多由于多平台结构而产生的互操作性问题。

WBM 可提供比传统命令驱动的远程登录屏幕更直接、更易用的图形界面。因为浏览器操作和 Web 页面对 WWW 用户来讲十分熟悉，所以 WBM 既降低了培训费用，又促进了网络运行状态信息的利用。

另外，WBM 是发布网络操作信息的理想方法。而且，由于 WBM 需要的仅仅是基于 Web 的服务器，所以 WBM 能够快速地集成到 Intranet 之中。作为一种网络管理模式，WBM 表现出强大的生命力，以其特有的灵活性，易操作性赢得了许多技术专家和用户的青睐。

(2) WBM 的实现模型。

目前，WBM 有两种基本的实现方案，彼此平行地发展着。第一种是代理方案，也就是将一个 Web 服务器加到一个内部工作站(代理)上，如图 8.17 所示。这个工作站轮流地与端设备通信，浏览器(用户)通过 HTTP 协议与代理通信，同时代理通过 SNMP 协议与端设备通信。这种方案的典型实现方法是提供商将 Web 服务加到一个已经存在的网络管理设备上去。

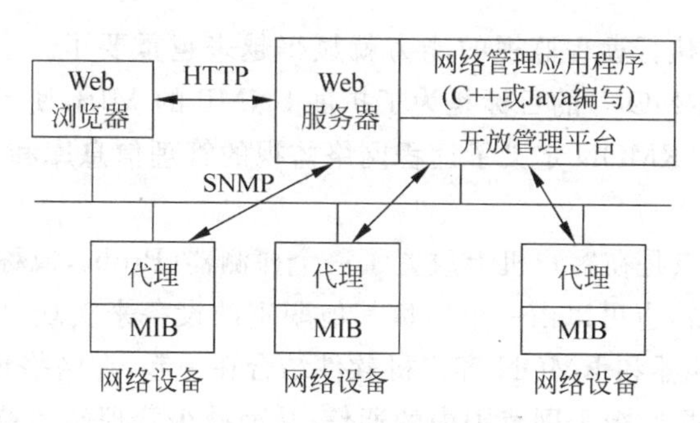

图 8.17 基于 Web 管理的代理方案

代理方式保留了基于工作站的网络管理系统以及设备的全部优点，同时还使其访问更加灵活。代理者能与所有被管设备通信，Web 用户也就可以通过代理者实现对所有被管设备的访问。代理者与被管设备之间的通信沿用 SNMP 和 CMNP，因此可以利用传统的网络管理设备实现这种方案。

第二种实现 WBM 的方案为嵌入式，将 Web 真正地嵌入到网络设备中，每个设备有它自己的 Web 地址，管理人员能够轻松地通过浏览器访问设备并且管理它，如图 8.18 所示。例如，天网防火墙就采用了嵌入式的 WBM 方式。

嵌入式给各台单独的设备带来了图形化的管理。它提供了简单易用的接口，优于现在的命令行或基于远程登录的界面，而且 Web 接口可提供更简单的操作而又不减弱其功能。

嵌入式对于小规模的环境也许更为理想，小型网络系统简单并且不需要强有力的管理系统以及企业的全局视图。通常企业在网络和设备控制培训方面不足，而嵌入到每个设备

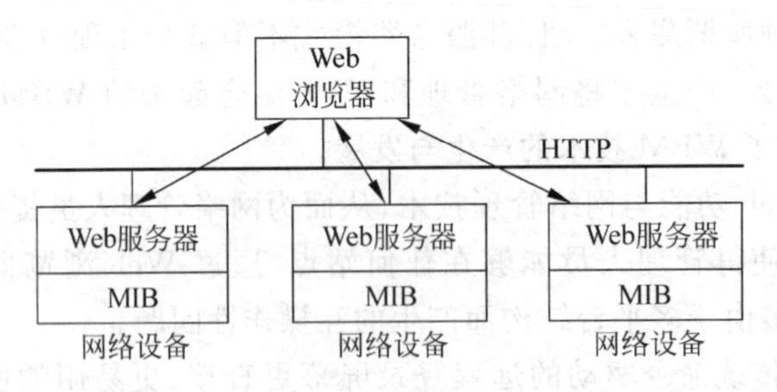

图 8.18 基于 Web 管理的嵌入式方案

的 Web 服务器可使用户从复杂的网络管理中解放出来。另外,基于 Web 的设备能提供真正的即插即用,这将减少安装及故障排除时间。

然而,这种方案要求生产厂商对所生产的各类网络产品进行必要的改造,并且针对某一个设备进行 Web 化的管理。

在未来的 Intranet 中,基于代理与基于嵌入式的两种网络管理方案都将被应用。大型企业通过代理来进行网络监视与管理,而且代理方案也能充分管理大型机构的纯 SNMP 设备;内嵌式方案对于小型网络的管理则十分理想。显然,将两种方式混合使用,更能体现二者的优点,即在一个网络中既有代理 WBM,同时又有嵌入式 WBM。这样,对于网络中已经安装了基于 SNMP 的设备,可以通过 Proxy 方式解决,而对于新设备使用嵌入式 WBM,则可使这些设备易于设置和管理。

2) RMON 技术

随着网络的扩展,执行远程监视的能力就显得越来越重要了。远程网络监控(Remote Monitor of Network,RMON)的目标是为了扩展 SNMP 的 MIB,使 SNMP 更为有效、积极主动地监控远程设备。RMON 定义了远程网络监视的管理信息库和 SNMP 管理站与远程监视器之间的接口。

RMON 的主要特点是在客户机上放置了一个探测器(Probe,或称为探针),这个探测器可以是一个独立的设备,也可以由一个担负其他职责的设备来实现,比如一个工作站、服务器或者是路由器。探测器和 RMON 客户机软件结合在一起,在网络环境中实现 RMON 技术。RMON 的作用就是监视子网范围内的通信,从而减少管理站和被管理系统之间的通信负担。一般情况下,SNMP 代理只关注被管设备的本地信息,而探测器关注某一网段的整体流量信息。RMON 的监控功能是否有效,关键就在于其探测器是否具有存储和统计历史数据的能力,若具备这种能力,则就不需要不停地轮询才能生成一个有关网络运行状况的趋势图。当一个探测器发现一个网段处于不正常状态时,它会主动与网络管理控制台的 RMON 客户应用程序联系,将描述不正常状况的信息捕获并转发。

RMON 2 扩充了 RMON,它在 RMON 标准的基础上提供一种新层次的诊断和监控功能。RMON 2 标准能将网络管理员对网络的监控层次提高到网络协议栈的应用层。因而,除了能监控网络通信与容量外,还提供有关各种应用所占用的网络带宽的信息,这是 C/S 环境中进行故障诊断的重要依据。在 C/S 网络中,RMON 2 探测器能够观察整个网络中应用层的对话。最好将 RMON 2 探测器放在数据中心、高性能交换机或服务器集群中的高性能服务器之中。原因很简单,因为大部分应用层通信都经过这些地方。物理故障最有可能出现在这些地方,而用户正是从这里接入网络的。

3）基于CORBA技术的网络管理

（1）CORBA简介。

公共对象请求代理(Common Object Request Broker Architecture，CORBA)是公共对象管理组织(Object Management Group，OMG)为解决分布式处理环境下，硬件和软件系统的互联互通而提出的一种开放的、分布式计算结构。

CORBA使得许多通用的网络编程任务，例如对象登记、定位和激活、差错处理等得以自动实现。CORBA的核心是对象请求代理(Object Management Architecture，ORB)。在分布式处理中，ORB接受客户端发出的处理请求，并为客户端在分布环境中找到实施对象，向实施对象传送请求的数据，对实施对象的实现方法进行处理，并将处理结果返回给客户。简单地说，CORBA是一个面向对象的分布式计算平台，通过ORB，CORBA允许不同的程序之间透明地进行相互操作，而不用关心对方位于何地、由谁来设计、运行于何种软硬件平台以及用何种语言来实现等。

（2）纯CORBA技术的网络管理系统。

在纯CORBA网络管理系统中，根据被管对象的功能和地位分析，可以将被管对象作为一个CORBA对象来实现，封装代理的网络管理功能，用接口定义语言(Interface Definition Language，IDL)描述其接口，提供给管理对象进行网络管理操作。管理对象可以如同调用本地对象一样调用代理提供的服务，完成对网络设备的配置管理、故障管理、计费管理等。

但是基于CORBA开发的网络管理系统必须面对如何集成现有网络管理系统的问题，这就是下面要解决的不同管理系统域之间的互操作问题。

（3）CORBA网络管理与传统网络管理的互联。

基于CORBA的网络管理系统域和传统网络管理系统域之间的互联可以通过网关来实现。在CORBA/SNMP网关的支持下，CORBA管理域的管理器可以和SNMP管理域的管理代理交互。同样，CORBA域的管理器可以通过CORBA/CMIP网关的支持，和CMIP域的管理代理进行交互。因此，CORBA网络管理系统是建立在SNMP和CMIP之上的，可以屏蔽网络管理协议的异构性。

该方案不仅利用CORBA面向对象、分布式计算的优势无缝地集成各种现有的网络管理设备，而且通过两种网关将原有的网络管理系统继承下来，以便老设备、老系统继续使用，从而节约成本。

4）基于移动代理的网络管理

（1）移动代理的产生及定义。

移动代理的产生是分布式人工智能、并行问题求解、分布式计算以及Internet和Intranet应用等领域发展的综合成果。

移动代理是一种代表其他实体的，能在异构计算机网络的主机间自主迁移的计算机程序。此程序能够自主地决定在何时、何地进行迁移，能在程序任意执行点上挂起并将执行代码连同运行状态一起传送到其他主机，然后继续执行，并能克隆自己或产生自代理并把它们散布到网络上，然后通过代理相互合作以完成更加复杂的任务。移动代理机制的显著特点是，客户代理能够迁移到业务代理所在的服务器上，并与之进行本地高速通信，这种本地高速通信不再占用网络资源。

移动代理的目的是为了使程序尽可能地接近数据源，并在数据源处理数据和实施管理操作，从而可以降低网络的通信开销，平衡负载，提高完成任务的效率。移动代理一般采用脚本(Script)语言实现，其"迁移→计算→迁移"的工作模式以及代理间的通信和协作能力为网络管理提供了全新的整体解决方案。

(2) 基于移动代理的网络管理体系结构。

移动代理是人工智能和分布式系统的研究热点之一，而移动代理在网络管理中的应用则是移动代理应用中很重要且很有效的应用之一。它们可以移动到存有数据的地方，利用预先赋予他们的智能，选取使用者感兴趣的信息，并作相应的处理，这样就不需要传输大量的原始数据和中间临时数据，从而节省了带宽。

基于移动代理的网络管理体系结构如图 8.19 所示，其主要包括以下 3 个部分：网络管理工作站(Network Management Station, NMS)，它的功能与传统 SNMP 的管理站相似；网络元素(Network Element, NE)，由于要在其上运行移动代理，因此必须加载移动代理执行环境 MAE(Mobile Agent Environment)；移动代理(Mobile Agent, MA)，具有本地处理能力和移动性，可以处理数据并传送到其他 NE 或 NMS 上。

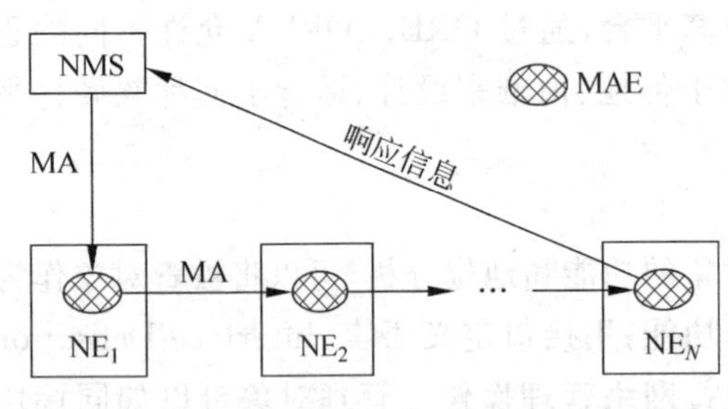

图 8.19 基于移动代理的网络管理体系结构

(3) 基于移动代理的网络管理工作步骤。

步骤一，NMS 产生一个移动代理 MA，其内部包括了所需要的网络管理功能，然后将此 MA 发送到第一个被管理的设备 NE 上。

步骤二，MA 在 NE 上运行，调用本地的资源，根据预先设置的网络管理功能执行相应操作。

步骤三，将处理后的结果数据和 MA 的现有状态保存在 MA 中。

步骤四，判断这个 NE 是不是最后一个未处理过的 NE，如果不是，MA 将自动传送到下一个 NE，然后转到步骤二执行。如果是最后一个未处理过的 NE，则执行步骤五。

步骤五，MA 处理完最后一个 NE 之后，将所有 NE 上的响应信息传送到 NMS 进一步处理。

由于移动代理的网络管理体系结构具有分布灵活、动态、容易扩展等特性，从而有效地减少了网络管理的数据流量，缩短了管理响应时间，避免了传统 SNMP 轮询带来的较大网络管理通信开销，克服了传统集中网络管理模式中的主要缺陷。

2. 常用网络管理软件

目前，常见的网络管理软件有 HP 公司的 OpenView、IBM 公司的 NetView、Sun 公司的 Sun Net Manager、Cisco 公司的 Cisco Works、3Com 公司的 Transcend 等。

1) HP OpenView

HP OpenView 是第一个综合的、开放的、基于标准的管理平台，它提供了标准的、多功能的网络系统管理解决方案。HP OpenView 的特点是得到了第三方应用开发厂家的广泛接受和支持，它不仅为第三方应用开发商提供了简单开发平台，而且还提供了最终用户直接安装使用的实用产品，可在多个厂商硬件平台和操作系统上运行。

HP OpenView 平台由以下 3 部分组成。一是用户表示服务。用户表示服务是用图形显示所有IT资源的当前状态和工作情况，自动用图形显示用户熟悉的管理环境状况。其窗口应用程序接口(Windows API)允许应用程序以图形显示网络系统设备的当前状态，接口比较灵活，但其导航能力不如NetView/6000。所有和HP OpenView软件交互的工作都必须通过X-Windows接口，没有基于文本的报警功能。二是数据管理服务。数据管理服务程序组织数据的存取。数据存放在一个公共的、定义完善的数据存储单元中，提供SQL数据查询支持，使得应用程序易于实现数据操作和报表生成。而且第三方应用程序各自负责存储自己的信息，这样可以防止一些不应该共享的数据被人访问。三是公共服务。公共服务提供了固有的管理功能，与管理软件一起，为系统管理提供重要信息。其中包括：发现和布局服务、事件监视器、事件管理服务和通信协议。

HP OpenView具有以下特点：

(1) 自动发现网路拓扑结构。HP OpenView具有很高的智能，它一经启动，就能自动发现缺省的网段，以图标的形式显示网络中的路由器、网关和子网。

(2) 性能分析。使用OpenView中的应用软件HP LAN Prob Ⅱ可进行网络性能分析，查询SNMP MIB可监控网络连接故障。

(3) 故障分析。OpenView提供多种故障报警方式，例如，通过图形用户接口来配置和显示报警。

(4) 数据分析。OpenView提供有效的历史数据分析功能，可实时用图表显示任何指标的数据分析报告。

(5) 多厂商支持。允许其他厂商的网络管理软件和MIB集成到OpenView中，并得到了众多网络厂商的一致支持。

2) IBM NetView

NetView是IBM公司的网络管理产品，主要运行在UNIX系统上。它是IBM公司收购系统管理软件厂商Tivioli之后形成的网络管理解决方案的拳头产品。

Tivioli NetView可以满足大型和小型网络管理的需要，能够提供可扩展的、全面的、分布式网络管理解决方案以及灵活的管理关键任务的能力。Tivioli NetView的功能已经超过了传统网络管理的概念。使用Tivioli NetView，可以发现TCP/IP网络，显示网络拓扑结构，发现事件与SNMP traps的关联性，并对其进行管理，监视网络的运行状况以及收集性能数据。

Tivioli具有如下特点：管理异构的、多厂商网络环境，可进行网络配置、故障和性能管理，具有动态设备发现功能以及易于使用的用户界面，能与关系数据库系统集成，并支持众多的第三方应用程序，具有IP监控和SNMP管理以及多协议监控和管理功能，可提供MIB管理工具和应用开发接口API，同时该软件易于安装和维护。

3) Cisco Works

Cisco Works是一个基于SNMP的网络管理应用系统，它能和几种流行的网络平台集成使用。Cisco Works建立在工业标准平台上，能监控设备状态，维护配置信息以及查找故障。

Cisco Works提供以下主要功能：

(1) 自动安装管理。能使用相邻的路由器来远程安装一个新的路由器，从而使安装更加自动化、更加简便。

(2) 配置管理。可以访问网路中本地与远程Cisco设备的配置文件，必要时可进行分析和编辑。同时能比较数据库中两个配置文件的内容，以及将设备当前使用的配置和数据库中上一次的配置进行比较。

(3) 设备管理。创建并维护一个数据库，其中包括所有网络硬件、软件、操作权限级别、负责维护设备的人员以及相关的场地。

(4) 设备监控。监控网络设备以获得环境信息和统计数据。

(5) 设备轮询。通过使用轮询来获得有关网络状态的信息。轮询获得的信息被存放在数据库中，可以用于以后的评估和分析。

(6) 通用命令管理器和通用命令调度器。通过调度器可以在任何时候对某一设备或某一组设备启用以及执行系统命令。

(7) 性能监控。可查看有关设备的状态信息，包括缓冲区、CPU 负载、可用内存和使用的协议与接口。

(8) 离线网络分析。收集网络历史数据，以对性能和通信量进行分析。集成的 Sybase SQL 关系数据库服务器存储 SNMP MIB 变量，用户可使用这些变量来创建和生成图表。

(9) 路径工具和实时图形。用路径工具可查看并分析任意两个设备之间的路径，分析路径的使用效率，并收集出错数据；通过使用图形功能可查看设备的状态信息，比如路由器的性能指标(缓冲区空间、CPU 负载、可用内存)和协议(IP、SNMP、TCP、UDP、IPX 等)的通信量。

(10) 安全管理。通过设置权限来防止未授权人员访问 Cisco Works 系统和网络设备，只有合法用户才能配置路由器、删除数据库备份信息以及定义轮询过程等工作。

4. 网络管理软件发展趋势及网络管理软件的选择

网络管理软件正朝着集成化、分布化、智能化的方向快速发展。集成化是指能够和企业信息系统相结合，运用先进的软件技术将企业的应用整合到网络管理系统中，并且网络管理软件的接口统一。智能化是指在网络管理中引入专家系统，不仅能实时监控网络，而且能进行趋势分析，提供建议，真实反映系统的状况。网络管理系统的操作界面进一步向基于 Web 的模式发展，用户使用方便，并降低了维护费用和培训费用。另外，软件系统的可塑性将增强，企业能够根据自身的需要定制特定的网络管理模块和数据视图。

用户选购网络管理软件时，必须结合具体的网络条件。目前的网络管理软件可以按功能划分为网元管理(主机系统和网络设备)、网络层管理(网络协议的使用、LAN 和 WAN 技术的应用以及数据链路的选择)、应用层管理(应用软件)3 个层次。其中最基础的是网元管理，最上层是应用层管理。

一般来说，选择网络管理软件应遵循以下原则：

(1) 结合企业网络规模，以企业应用为中心。这是购置网络管理软件的基本出发点。网络管理软件应能根据应用环境以及用户需求提供端到端的管理，要综合考虑企业网络未来可能的发展并和企业当前的应用相结合。

(2) 网络管理软件应具有可扩展性，并支持网络管理标准。扩展性还包括具有通用接口供企业进行二次开发，并支持 SNMP，RMON 等协议。

(3) 多协议支持和支持第三方管理工具。多协议支持指可以提供 TCP/IP、IPX 等各种网络协议的监控和管理。有些网络设备需要特殊的第三方工具进行管理，因此网络管理软件也应该支持和这些第三方工具交换数据。

(4) 使用手册说明详细,使用方便,网关软件可快速进行参数及数据视图的配置。

选择网络管理系统除了以上考虑外,还要考虑管理成本低廉,维护便捷等因素。大型企业的网络管理系统应具有专业化和智能化的特点,能自动分析数据,评价配置,并进行网络模拟和资源预测等。中小企业比较倾向于采用集中式的网络管理。无论何种规模的企业,不能认为只要安装了网络管理系统就万事大吉了,必须从网络管理的角度来认识和维护网络,网络管理系统只是网络管理的一个方面,还要注意与管理人员的专业水平、管理制度和其他辅助网络工具相结合。

8.4.4 网络管理案例——校园网管理

1. 校园网的特点

在信息传播技术迅猛发展的今天,校园网以其丰富的信息资源、良好的交互性能以及开放性等特点,越来越受到人们的青睐。由于校园网不仅承担着信息交流、提高校园管理效率和为传统教育的改革提供发展平台的任务,同时还承担了下一代教学和个性化学习试验平台的重任,因此校园网是一种与商业网络、政府网络不同的园区网络。它具有自身的特点,即充满了活力,各种新的网络应用层出不穷。但由于用户群体(尤其是学生群体)活跃,网络环境开放,计算机系统多样化,且普遍存在系统漏洞,所以校园网内计算机病毒泛滥,外来系统入侵和攻击等恶意破坏行为频繁,内部用户滥用网络资源以及发送垃圾邮件等不良现象层出不穷。如何使校园网长期稳定、安全地运行,是各个学校校园网管理工作中的重点。

2. 校园网安全策略体系

在校园网管理中有一个悖论,即从信息安全的角度出发,让第三者知道的东西越少越好,而从网络安全管理的角度出发,知道的东西越多越好。如何平衡以上两点,则需要由安全策略来决定。为了保证校园网安全、稳定地长期运行,有必要在校园网建设的初期就建立安全策略体系。校园网的安全策略体系中通常考虑采用如下策略和技术:

(1) 组织管理。建立健全的管理机构和管理制度,加强管理人员的队伍建设,加强对网络用户的网络安全教育和网络技能培训工作。

(2) 物理安全策略。认真做好防火、防尘、防盗、防水、防震、防雷电、防电磁辐射等措施,建立健全的设备管理制度。

(3) 访问控制策略。访问控制是网络安全的核心策略之一,它的主要任务就是防止对网络资源的非法访问。

(4) 安全审计。安全审计主要是实时监测网络上与安全有关的事件,将这些情况如实记录,获得入侵证据和入侵特征,实现对攻击的分析和跟踪。

(5) 防火墙技术。防火墙的建立,用于执行访问控制策略。

(6) 入侵检测系统(Intrusion Detection System,IDS)。入侵检测能力是衡量一个防御体系是否完整有效的重要因素。入侵检测系统可以弥补防火墙的不足。

(7) 加密技术。信息加密是保证网络信息安全最有效的技术之一。网络加密通常有链路加密、端点加密和节点加密 3 种。

(8) 身份认证技术。身份认证技术是在网络通信中标志通信各方身份信息的技术,如数字证书、口令机制等。在各种应用中要解决统一身份认证问题。

(9) 账号管理机制。账号管理指设置账号登录权限,对账号的操作进行审核、记录并及时清除过期账号。

(10) 多元素绑定、防盗用策略。通过用户名、IP-MAC、端口等多元素绑定,防止网络资源被盗用。

(11) VLAN 技术和 VPN 技术。VLAN 技术是控制网络广播风暴、保证网络安全的一种重要手段; VPN 技术可以让用户通过 Internet 安全地登录到内部网络。

(12) 安全漏洞防范。系统漏洞已经成为计算机病毒横行、黑客攻击的主要途径。及时安装各种补丁、升级应用程序、封锁系统安全漏洞已成为最重要的安全措施之一,应为不同的操作系统提供补丁升级平台。当用户数量很多时,要提供本地的补丁升级平台。

(13) 防病毒安全体系。注意解决防病毒软件的安装和智能升级问题,以及计算机病毒的监控问题。

(14) 数据备份和恢复技术。天灾、战争、计算机病毒、黑客入侵、人为破坏等都将造成数据丢失,而数据备份和恢复是指在安全防护机制失效的情况下,可进行应急处理和响应,及时恢复信息,以减小攻击的破坏程度。

3. 网络接入认证技术的选择

校园网中存在着不同的用户群体,因而各有不同的特点。例如教工用户群体,他们主要是利用网络查询和交流信息,因此看重的是网络资源的丰富程度和网络的稳定性。他们的文化素养较高,一般都会遵守校园网的有关规定。而学生用户群体除了通过网络获取与学习有关的知识外,更看重网络的开放性和娱乐性。他们所产生的网络流量往往占到所有网络流量的70%以上,而且他们的好奇心很强,喜欢下载各种黑客软件并针对校园网存在的漏洞进行尝试,因此往往对网络安全造成很大的影响。为了保证校园网稳定地运行,有必要针对不同的用户群体采用不同的网络接入认证技术。目前在校园网中常用的接入技术有 Web/Portal、IEEE 802.1x 和 PPPoE 三种,其中在本校园网管理案例中,Portal/Web 认证主要用于教学和行政管理的用户。而对于校园中最活跃的学生用户群体,即滥用网络资源现象最严重的学生区网络,则主要采用 IEEE 802.1x 认证技术。为此,这里对 Web/Portal 以及 IEEE 802.1x 认证技术稍加介绍。

1) Portal/Web 认证

Portal 又称为门户网站,Portal 认证通常也称为 Web 认证。

Portal/Web 认证的基本原理是:未认证用户只能访问特定的站点服务器,任何其他访问都被无条件地重定向到 Portal 服务器;只有在认证通过后,用户才能访问 Internet。Portal 的基本组网方式如图 8.20 所示,它由 4 个基本要素组成:认证客户机、接入设备、Portal 服务器和认证/计费服务器。

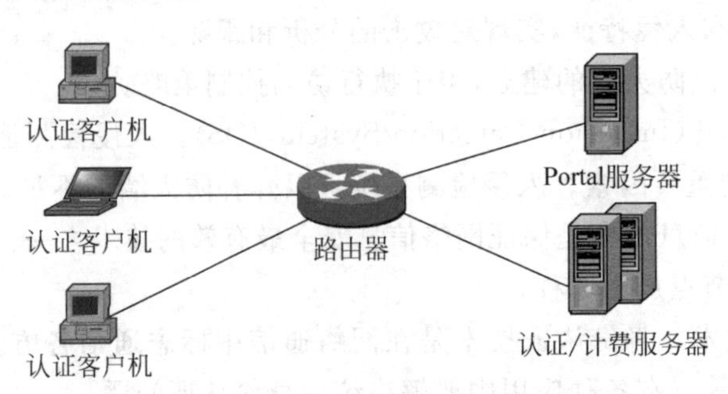

图 8.20 Portal 的基本组网方式

(1) 认证客户机。认证客户机为运行 HTTP/HTTPS 协议的浏览器。用户在没有通过认证前，所有 HTTP 请求都被提交到 Portal 服务器。

(2) 接入设备。用户在没有通过认证前，接入设备将认证客户机的 HTTP 请求无条件强制到 Portal 服务器。

(3) Portal 服务器。Portal 服务器是一个 Web 服务器，用户可以用标准的 WWW 浏览器访问。Portal 服务器提供免费门户服务和基于 Web 认证的界面，接入设备与 Portal 服务器之间交互认证客户机的认证信息。网络内容运营商(Internet Content Provider, ICP)可通过该站点向用户提供各自站点的相关信息。

(4) 认证/计费服务器。完成对用户的认证和计费。接入设备和认证/计费服务器之间通过 RADIUS 协议进行交互，完成认证、计费的功能。

Portal/Web 认证的优点主要有：

(1) 使用简单，用户无需安装客户端软件。

(2) 新业务支撑能力强大。利用 Portal 认证的门户功能，运营商可以将信息查询、网上购物等业务放到 Portal 上。

Portal/Web 认证的缺点主要有：

(1) 认证是在第七层协议上实现的，从逻辑上来说为了确认网络第二层的连接而跑第七层做认证，这不符合网络逻辑。

(2) 由于认证是在第七层协议上实现的，对设备的性能必然提出更高要求，增加了建网成本。

(3) Portal/Web 认证是在认证通过前就为用户分配了 IP 地址，而且分配 IP 地址的动态主机配置协议(Dynamic Host Configuration Protocol, DHCP)服务器对用户而言是完全裸露的，容易被恶意攻击。一旦 DHCP 服务器受攻击瘫痪，整个网络就没法进行认证了。

(4) Portal/Web 认证的用户连接性差，不容易检测用户是否离线，基于时间的计费较难实现。

(5) 用户在访问网络前，不管是 TELNET、FTP 还是其他业务，必须使用浏览器进行 Portal/Web 认证，易用性不好，而且认证前后业务流和数据流无法区分。

2) IEEE 802.1x 认证体系

802.1x 是 IEEE 为了解决基于端口的接入控制(Port-Based Network Access Control)而定义的一个标准。802.1x 认证系统提供了一种用户接入认证的手段，它仅关注端口的打开与关闭。对于合法用户(根据账号和密码)接入时，该端口打开，而对于非法用户接入或没有用户接入时，则使端口处于关闭状态。

802.1x 协议起源于 802.11 协议，后者是 IEEE 的无线局域网协议。制订 802.1x 协议的初衷是为了解决无线局域网用户的接入认证问题。802.1x 是基于端口的认证协议，是一种对用户进行认证的方法和策略。端口可以是一个物理端口，也可以是一个逻辑端口(如 VLAN)。对于一个端口，如果认证成功那么就“打开”这个端口，允许所有的报文通过；如果认证不成功就使这个端口保持“关闭”，即只允许 802.1x 的认证协议报文通过。

802.1x 的体系结构包括 3 个部分，即请求者系统、认证系统和认证服务器，如图 8.21 所示。

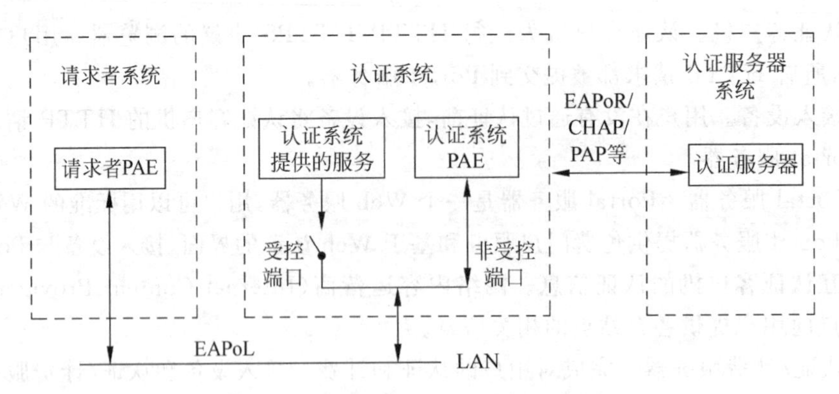

图 8.21 IEEE 802.1x 认证的体系结构

请求者是位于局域网链路一端的实体，由连接到该链路另一端的认证系统对其进行认证。请求者通常是支持 IEEE 802.1x 认证的用户终端设备，用户通过启动客户端软件发起 802.1x 认证。认证系统对连接到链路对端的认证请求者进行认证。认证系统通常为支持 802.1x 协议的网络设备，它为请求者提供服务端口，该端口可以是物理端口也可以是逻辑端口，一般在用户接入设备(如 LAN 交换机和 AP)上实现 802.1x 认证。认证服务器系统是为认证系统提供认证服务的实体，一般使用远程用户拨号认证服务(Remote Authentication Dial In User Service，RADIUS)服务器来实现认证服务器的认证和授权功能，而常用的认证协议有基于局域网的扩展认证协议(Extensible Authentication Protocol over LAN，EAPoL)、挑战握手认证协议(Challenge Handshake Authentication Protocol，CHAP)以及密码认证协议(Password Authentication Protocol，PAP)等。

请求者和认证系统之间运行 802.1x 定义的基于局域网的扩展认证协议(Extensible Authentication Protocol over LAN，EAPoL)。请求者和验证者都拥有端口访问实体(Port Access Entity，PAE)单元，请求者的 PAE 负责对验证信息请求做出响应，验证者的 PAE 负责与请求者之间的通信，代理授予通过验证服务器验证的证书，并且控制端口的授权状态。认证系统每个物理端口内部包含有受控端口和非受控端口。非受控端口始终处于双向连通状态，主要用来传递 EAPoL 协议帧，可随时保证接收认证请求者发出的 EAPoL 认证报文；受控端口只有在认证通过的状态下才打开，用于传递网络资源和服务。

按照不同的组网方式，802.1x 认证可以采用集中式组网(汇聚层设备集中认证)、分布式组网(接入层设备分布认证)和本地认证组网 3 种不同的组网方式。在不同的组网方式下，802.1x 认证系统所在的网络位置有所不同。

(1) 802.1x 集中式组网(汇聚层设备集中认证)。802.1x 集中式组网方式是将 802.1x 认证系统端放到网络位置较高的局域网交换设备上，这些局域网交换设备为汇聚层设备。网络位置较低的局域网交换只将认证报文传给作为 802.1x 认证系统端的网络位置较高的局域网交换设备，集中在该设备上进行 802.1x 认证处理。汇聚层设备集中认证如图 8.22 所示，这种组网方式的优点在于采用 802.1x 集中管理方式，降低了管理和维护成本。

(2) 802.1x 分布式组网(接入层设备分布认证)。802.1x 分布式组网方式适用于受控组播等特性的应用。802.1x 分布式组网是把 802.1x 认证系统端放在网络位置较低的多个局域网交换设备上，这些局域网交换设备作为接入层边缘设备。认证报文送给边缘设备，进

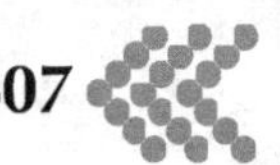

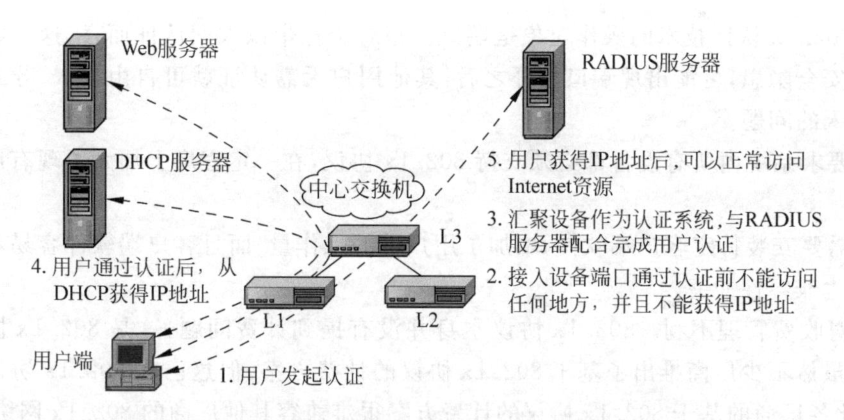

图 8.22　IEEE 802.1x 集中式组网（汇聚层设备集中认证）

行 802.1x 认证处理。这种组网方式的优点在于，采用中/高端设备与低端设备认证相结合的方式，可满足复杂网络环境的认证；认证任务分配到众多的设备上，减轻了中心设备的负荷。接入层设备分布认证如图 8.23 所示。

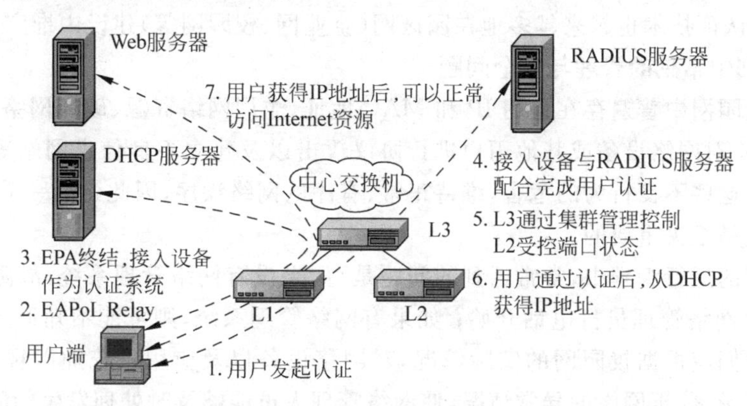

图 8.23　IEEE 802.1x 分布式组网（接入层设备分布认证）

(3) 802.1x 本地认证组网。本地认证的组网方式在小规模应用环境中非常适用。它的优点在于节约成本，不需要单独购置昂贵的服务器。而且 802.1x 的验证、授权和记账（Authentication、Authorization、Accounting，AAA）认证可以在本地进行，不用到远端认证服务器上去认证。但随着用户数目的增加，还是应该由本地认证向 RADIUS 认证迁移。

IEEE 802.1x 的主要优点如下：

(1) 它是国际行业标准，而且微软的 Windows XP 等操作系统内置支持。

(2) 不涉及其他认证技术所考虑的 IP 地址协商和分配问题，是各种认证技术中最为简化的实现方案，易于支持多业务。

(3) 容易实现，网络综合造价低。

(4) 在网络第二层结合 MAC 地址、端口、账户和密码等参数实现用户认证，绑定技术具有较高的安全性。

(5) 控制流和业务流完全分离，对传统包月制等单一收费制网络少量改造，即可升级成运营级网络，实现多业务运营。

IEEE 802.1x 的主要缺点如下：

(1) 802.1x认证技术的操作对象是端口。相对于宽带以太网认证而言,这一特性存在着很大的安全隐患,可能出现端口打开之后,其他用户无需认证就可自由接入,导致无法控制非法接入的问题。

(2) 要求系统内所有设备都必须支持802.1x协议,在一定程度上加大了现有网络的改造难度。

(3) 需要安装特定客户端软件,增加了用户端的工作量,而且客户端软件容易和其他应用软件产生兼容性冲突。

(4) 对收费管理不利。802.1x协议本身并没有提到计费问题,这是802.1x协议致命的缺陷。虽然不少厂商推出了基于802.1x协议的计费方案,但这已在802.1x协议标准之外了,因此各厂商的基于802.1x协议的计费方案很难兼容其他厂商的802.1x网络设备。

近年来,802.1x已经在国内宽带建设,尤其是中国教育科研网(CERNET)中得到了广泛的应用,并得到客户的认同和推动。随着网络不断发展以及网络应用的多元化,802.1x认证技术所具备的实现简单、认证效率高、安全可靠、网络带宽利用率高等特点,将日益显示出其优越性。目前,国内外众多的交换机厂商所生产的二、三层接入交换机都已经支持802.1x协议,802.1x认证技术也越来越多地在园区网(企业网、校园网等)建设中推广。

4. 校园网中常见的管理与安全问题

目前在校园网中普遍存在盗用IP和MAC地址、滥用网络资源、破坏网络基础设施、私接和乱接网络、对网络设备或其他用户进行协议攻击以及建立不良信息网站等不良上网行为。为了减轻这些不良行为的危害,维持正常、有序的网络秩序,因此建立一个安全、有效的网络管理系统是至关重要的。

在校园网的运行管理中,常常遇到的问题是,如果没有网络管理系统,故障查找和诊断总是从用户给网络管理员打电话开始;如果有网络管理系统,则可能不知道选择哪个管理系统更好。我们应根据校园网的实际情况,对网络设备以及应用系统加以规划、监控和管理,并跟踪、记录、分析网络的异常情况,使网络管理人员能够及时处理发生的问题。一个好的网络管理系统应具备以下功能:

① 显示,表明状态的变化。

② 诊断,了解网络的状态。

③ 控制,控制或改变网络状态的能力。

④ 数据库,记录和存储与网络相关的信息。

网络管理的关键是要知道网络中到底发生了什么,网络中有哪些应用程序在运行。尽管很多商业网络管理软件有很强的设备管理和性能管理能力,但由于价格昂贵,对异构网络产品兼容性不好,而且安全性管理的功能一般都比较弱,所以单个的商业管理软件往往不能满足复杂网络结构的管理需求。目前在Internet上有很多开放源码的软件,例如常见的Linux系统中的iptables防火墙、snort入侵检测系统、wireshark协议分析软件、MRTG网络性能监测软件等,都可以用来实现网络管理和安全的功能。因此通过集成多种管理软件得到的数据,经过综合分析,就可以得知网络中发生的各种事件并采取相应的措施,确保网络安全、稳定地运行。对于在校园网运行和管理中经常遇到的问题,以及如何处理等,现分别介绍如下。

1) 计算机机房的维护管理

在校园网中,由于计算机多(一般几百台到数千台不等),用户的流动性大,难以管理,黑

客攻击、计算机病毒(尤其是蠕虫病毒和 DoS 攻击)发作频繁,对网络性能影响巨大。因此应特别注意:

(1) 有不少的机房管理人员喜欢将计算机不断地重装操作系统,希望由此解决计算机病毒频繁发作的问题。但由于没有及时安装系统补丁程序,往往会带来更多的安全问题。维护操作系统的安全性,及时安装最新的系统补丁程序和及时更新病毒特征库,往往比重装操作系统更有效。当机房里的计算机过多时,应该考虑建立专有的补丁更新服务器。

(2) 在计算机机房的管理中,有一个常见的误区,就是当机房里有计算机病毒发作时,系统管理员往往只对局域网的代理服务器进行系统维护,安装系统补丁程序和更新病毒特征库,其实这是远远不够的。这时必须要对局域网里的每一台计算机(而不管机房里有多少台计算机)都进行系统维护才能真正地解决问题。

(3) 最好在每个机房的网络出口上设置一台防火墙,对机房进出的流量进行管理和控制。

2) 网络核心设备的性能与选型

校园网核心路由设备的性能对于网络的性能、稳定和安全有极大的影响。核心设备要有足够强的处理能力才能提供判断网络性能和故障的信息,以应付日益猖獗的网络蠕虫病毒并拒绝 DoS 攻击。核心设备的选型不仅要看其数据包的转发能力,而且还应重点了解其所能提供的网络管理信息和对各种网络行为的处理能力,而后者往往是国产网络设备的薄弱环节。

3) 防火墙的性能和部署位置

由于各种网络攻击手段层出不穷,因此防火墙要有足够强的数据处理能力才能应付当前的网络病毒和网络攻击,同时还要有足够多的端口才能满足日益复杂的网络拓扑的需求。防火墙的部署位置要尽量向接入层靠近,才能最大限度地减轻网络蠕虫病毒和 DoS 攻击的危害。

4) 路由器的配置

能否正确配置路由器,对于网络性能和安全的影响很大。例如,通过在 Cisco 路由器中建立访问控制列表并在相应端口进行配置,并在路由器端口上启用源路由校验和访问控制列表,可以在很大程度上减轻常见网络蠕虫病毒(如冲击波病毒、震荡波病毒、SQLsnake 蠕虫等)和 DoS 攻击的危害,并显著改善网络的性能。另外在路由器端口上启用 Netflow 监测功能,则对于了解网络的运行状况也会有很大的帮助。

5) 防范垃圾邮件

目前在校园网中通常采用如下措施防范垃圾邮件的泛滥:

① 安装邮件(计算机病毒)过滤网关。

② 关闭邮件服务器的转发功能。

③ 封锁垃圾邮件和转发垃圾邮件的服务器。

④ 将发垃圾邮件的行为纳入上网行为管理的范围。

6) 善用网络统计信息

善用网络统计信息是管理网络的重要手段之一。通过分析网络的各种统计信息,往往可以发现很多网络行为的特征,并以此为依据,采取相应的措施,达到改善网络性能和网络安全的目的。

(1) 利用多路由器通信图示器(Mutil Router Traffic Grapher,MRTG)得到网络流量图,以进行分析,如图 8.24 所示。

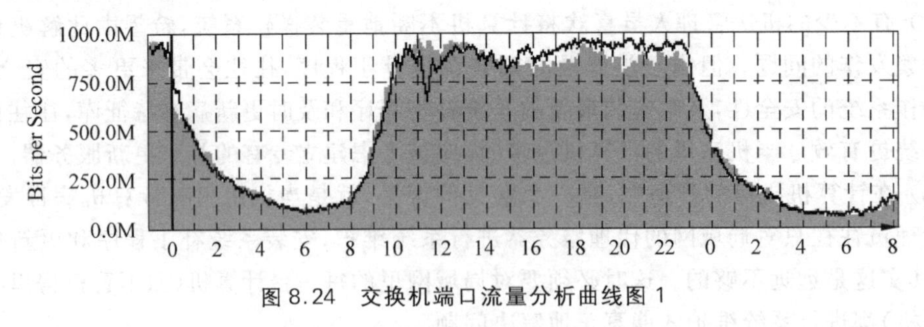

图 8.24 交换机端口流量分析曲线图 1

在图 8.24 中,阴影表示输入流量,黑线表示输出流量(该交换机端口采用全双工通信)。从图中可以看出,网络流量已长时间(从 10 点到 23 点)达到了端口带宽的上限,出现了严重的阻塞现象。同时,也可以从下述相应代码看出,该端口出现了严重的丢包现象。

```
drop 34961 packets (表示已丢包数)
avg_in 88612000bit/s 14558pkt/s(表示平均输入流量和包数)
avg_out 94062000bit/s 30010pkt/s (表示平均输出流量和包数)
```

(2) 从持续的平顶形状的流量图和异常的端口每秒转发包数(进出的转发包数比例严重失调),可以得知网络中存在 DoS 攻击,需要通知有关用户尽快处理,否则将对网络安全造成严重影响,如图 8.25 所示。

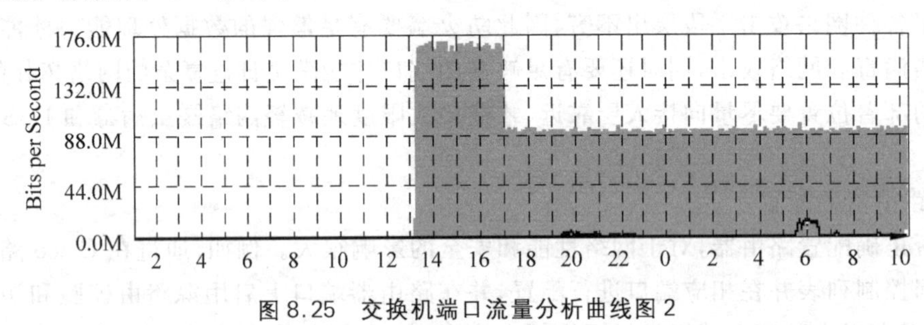

图 8.25 交换机端口流量分析曲线图 2

在正常情况下,网络流量曲线为多峰状,同时流入/流出或流出/流入的包转发率很少超过 10。在图 8.25 中,从 17 点到次日 10 点,流量几乎不变,流量曲线呈平顶状,输入流量大,而输出流量很小(见图 8.25 中靠近横坐标轴的黑线),这是 DoS 攻击的典型特征之一。同时,也可从下述相应代码得出,平均输入流量与平均输出流量的比值为 470,远远大于 10。

```
drop 0 packets
avg_in 95456000bit/s 28174pkt/s
avg_out 191000bit/s 60pkt/s
```

(3) 利用从路由器中得到 Netflow 数据,以进行分析,如表 8.2 所示,其中,SrcIf 表示路由器输入接口,ScrIPaddress 表示数据源 IP 地址,DstIPaddress 表示目的地 IP 地址,Pr 表示协议种类,SrcP 表示数据源端口,DstP 表示目的地端口,Pkts 表示数据包数量。

表 8.2 路由器中的 Netflow 的数据

	SrcIf	ScrIPaddress		DstIPaddress	Pr	SrcP	DstP	Pkts
1	Se3/1	211.69.241.235	Null	211.69.77.103	06	0612	**0087**	1
2	Se3/1	211.69.240.116	Null	211.69.99.183	06	112E	**01BD**	2
3	Se3/1	211.69.241.235	Null	211.69.80.31	06	0577	**0087**	2
4	Se3/1	211.69.241.235	Null	211.69.79.248	06	053C	**0087**	2
5	Se3/1	211.69.241.235	Null	211.69.99.113	06	10AE	**0087**	2
6	Se3/1	207.14.65.39	Se3/1	210.43.120.141	06	0D7B	0050	11
7	Se3/1	209.63.165.23	Se3/1	210.43.123.206	06	0F6C	0050	3
8	Se3/1	10.254.65.241	Se3/1	210.43.124.214	06	09ED	0050	55
9	Se3/1	211.69.240.116	Null	211.69.79.226	06	04F6	**01BD**	1
10	Se3/1	211.69.242.36	Null	211.69.94.127	06	091A	**01BD**	2
11	Se3/1	210.43.59.235	Se3/1	210.43.123.195	06	0F93	0050	47
12	Se3/1	211.69.241.235	Null	211.69.80.134	06	05FC	**01BD**	2
13	Se3/1	211.69.240.116	Null	211.69.79.192	06	045B	**01BD**	2
14	Se3/1	211.69.242.36	Null	211.69.82.218	06	0593	**01BD**	2
15	Se3/1	211.69.242.36	Null	211.69.91.138	06	05AA	**01BD**	2
…	…	…	…	…	…	…	…	…

说明：0087—冲击波病毒；01BD—震荡波病毒。

从 DstP 一列的数据可以得知，网络中存在大量的计算机蠕虫病毒所产生的数据包，需要通知有关用户及时清除计算机蠕虫病毒的危害；同时还可以从 6～8 行的数据得知，Se3/1 接口所连接的网络设备上有关路由的配置存在问题，没有进行源路由检查，导致 IP 欺骗的数据包可以通过该端口向外发送，因此有必要通知相关设备的系统管理员修改配置，消除 IP 欺骗对外部网络的危害。

(4) 利用服务器主机的日志对异常网络进行分析，从而识别出对信息安全威胁较大的入侵企图。例如：

```
Jan 24 18:50:41 localhost sshd[18568]: authentication failure; rhost=202.118.167.84 user=nobody
Jan 24 18:50:44 localhost sshd[18570]: authentication failure; rhost=202.118.167.84 user=mysql
Jan 24 19:04:09 localhost sshd[19402]: authentication failure; rhost=202.118.167.84 user=webalizer
Jan 24 19:04:48 localhost sshd[19441]: authentication failure; rhost=202.118.167.84 user=postfix
Jan 24 19:04:51 localhost sshd[19444]: authentication failure; rhost=202.118.167.84 user=squid
Jan 24 19:05:23 localhost sshd[19476]: authentication failure; rhost=202.118.167.84 user=root
Jan 24 19:06:01 localhost sshd[19509]: authentication failure; rhost=202.118.167.84 user=games
Jan 24 19:06:24 localhost sshd[19532]: authentication failure; rhost=202.118.167.84 user=adm
```

从上面的主机日志中，可以看出 IP 地址为 202.118.167.84 的用户，在不断地试用不同的用户名来连接一台服务器。在 10 多分钟的时间内，它分别用了 nobody，mysql，webalizer，postfix，squid，root 等账号企图登录服务器，因此可以确定 202.118.167.84 这个 IP 是一台在对网络中的服务器进行字典攻击的计算机，对此必须引起高度警惕。

(5) 网络拓扑安全是一种容易被忽略但却容易被突破的安全问题。由于在校园网中，私接、乱接网络的现象比较严重，极易出现网络拓扑环路，从而引发广播风暴。图 8.26 是由 MRTG 软件得到的流量图，表示从星期二到星期四出现了广播风暴，产生了很大的网络异常流量，对网络性能造成了严重的影响。

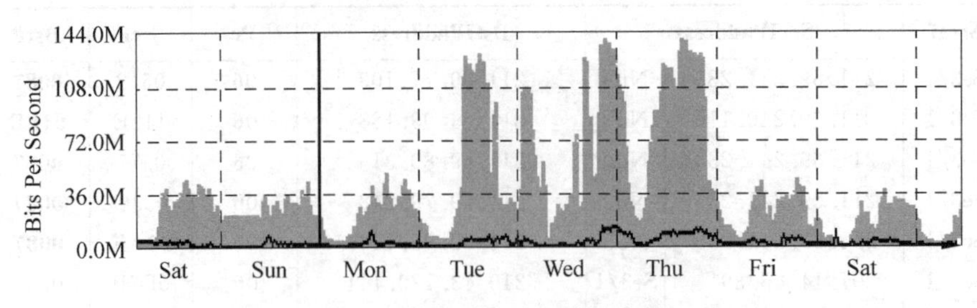

图 8.26　交换机端口流量分析曲线图 3

同时，从下述由交换机产生的日志信息代码也可以看出，在设备名为 S3026E-3 的交换机的 25 端口上出现了拓扑环路。因此，应及时拆除拓扑环路，使网络恢复正常工作。

```
%Sep 9 10:16:34 2006 S3026E-3 DRV_NI/5/LOOP BACK:
Loopback does exist on port 25 vlan 1, please check it
```

(6) 目前在校园网的局域网中常见的地址解析协议(Address Resolution Protocol，ARP)欺骗攻击行为，通常会造成该局域网的用户与其他网络通信中断的后果。可以通过协议分析软件(例如 Sniffer 或 Wireshark 等)捕获的 ARP 广播包进行分析。例如在图 8.27 中，可以看到 IP 地址为 202.197.70.161 的计算机正在局域网内播发 ARP 欺骗的广播包，因此应通知该用户尽快清除 ARP 病毒的影响，不然会影响到该局域网其他用户正常上网。

```
11821 09:16:: 202.197.70.161   52:54:ab:13:90:c5  202.197.70.254     00:e0:fc:21:6a:69  ARP  60 202.197.70.10 is at 52:54:ab:13:90:c5
11822 09:16:: 202.197.70.161   52:54:ab:13:90:c5  202.197.70.254     00:e0:fc:21:6a:69  ARP  60 202.197.70.10 is at 52:54:ab:13:90:c5
11829 09:16:: 202.197.70.161   52:54:ab:13:90:c5  202.197.70.254     00:e0:fc:21:6a:69  ARP  60 202.197.70.239 is at 52:54:ab:13:90:c5
11830 09:16:: 202.197.70.161   52:54:ab:13:90:c5  202.197.70.254     00:e0:fc:21:6a:69  ARP  60 202.197.70.239 is at 52:54:ab:13:90:c5
11831 09:16:: 202.197.70.161   52:54:ab:13:90:c5  202.197.70.254     00:e0:fc:21:6a:69  ARP  60 202.197.70.239 is at 52:54:ab:13:90:c5
11832 09:16:: 202.197.70.161   52:54:ab:13:90:c5  202.197.70.254     00:e0:fc:21:6a:69  ARP  60 202.197.70.239 is at 52:54:ab:13:90:c5
12373 09:16:: 169.254.126.197  00:0d:61:a1:8c:a2  Broadcast          ff:ff:ff:ff:ff:ff  ARP  60 who has 169.254.126.90? Tell 169.254.126.197
12374 09:16:: 169.254.126.197  00:0d:61:a1:8c:a2  Broadcast          ff:ff:ff:ff:ff:ff  ARP  60 who has 169.254.126.90? Tell 169.254.126.197
13112 09:16:: 202.197.70.161   52:54:ab:13:90:c5  3comEuro_1f:34:98  00:30:1e:1f:34:98  ARP  60 202.197.70.254 is at 52:54:ab:13:90:c5
13113 09:16:: 202.197.70.161   52:54:ab:13:90:c5  3comEuro_1f:34:98  00:30:1e:1f:34:98  ARP  60 202.197.70.254 is at 52:54:ab:13:90:c5
13114 09:16:: 202.197.70.161   52:54:ab:13:90:c5  3comEuro_1f:34:98  00:30:1e:1f:34:98  ARP  60 202.197.70.254 is at 52:54:ab:13:90:c5
13115 09:16:: 202.197.70.161   52:54:ab:13:90:c5  3comEuro_1f:34:98  00:30:1e:1f:34:98  ARP  60 202.197.70.254 is at 52:54:ab:13:90:c5
13667 09:16:: 202.197.70.161   52:54:ab:13:90:c5  202.197.70.254     00:e0:fc:21:6a:69  ARP  60 202.197.70.13 is at 52:54:ab:13:90:c5
13668 09:16:: 202.197.70.161   52:54:ab:13:90:c5  202.197.70.254     00:e0:fc:21:6a:69  ARP  60 202.197.70.13 is at 52:54:ab:13:90:c5
13671 09:16:: 202.197.70.161   52:54:ab:13:90:c5  202.197.70.254     00:e0:fc:21:6a:69  ARP  60 202.197.70.13 is at 52:54:ab:13:90:c5
13672 09:16:: 202.197.70.161   52:54:ab:13:90:c5  202.197.70.254     00:e0:fc:21:6a:69  ARP  60 202.197.70.13 is at 52:54:ab:13:90:c5
13675 09:16:: 202.197.70.161   52:54:ab:13:90:c5  202.197.70.254     00:e0:fc:21:6a:69  ARP  60 202.197.70.238 is at 52:54:ab:13:90:c5
13676 09:16:: 202.197.70.161   52:54:ab:13:90:c5  202.197.70.254     00:e0:fc:21:6a:69  ARP  60 202.197.70.238 is at 52:54:ab:13:90:c5
13678 09:16:: 202.197.70.161   52:54:ab:13:90:c5  202.197.70.254     00:e0:fc:21:6a:69  ARP  60 202.197.70.238 is at 52:54:ab:13:90:c5
```

图 8.27　ARP 分析数据

7) 新兴网络媒体的管理

新兴网络媒体博客(Blog)、威客(Wiki)、播客(Podcast)等的出现，使得 Internet 变得更丰富多彩，但也带来了网络管理风险，因此应注意以下问题：要制定管理规章；把好信息发布关，保护敏感数据；加强对知识产权与匿名访问的管理。

当今，校园网已经成为高校公共信息基础设施之一。随着校园网络规模的不断扩大，高校正常的教学和行政管理越来越依赖校园网的安全稳定运行。因此，有效的网络日常运行管理和网络安全防范显得更加重要。若没有一支相对稳定的技术管理队伍，没有长期积累的日常工作经验和系统管理人员的责任心，则再好的网络设备和安全设施也将无法保障校园网长期稳定地运行。可见，校园网的安全稳定运行依赖于健全的组织机构、管理条例、适当的安全策略和系统管理人员的责任心。校园网的主体是人，说到底，校园网安全稳定运行所面临的最大挑战是对人的防范，对人的教育和对人的依赖。

8.5　网络工程设计案例

8.5.1　系统集成案例——某市电子政务系统设计

信息化水平标志着一个国家的现代化水平，随着国家信息化带动工业化发展战略的制定，电子政务建设已被定义为国家信息化建设的牵头工程。

电子政务建设的指导思想是转变政府职能，提高工作效率和监管的有效性，更好地服务人民群众；以需求为导向，以应用促发展，通过积极推广和应用信息技术，增强政府工作的科学性、协调性和民主性，全面提高依法行政能力，加快建设廉洁、勤政、务实、高效的政府，促进国民经济持续快速发展和社会全面进步。根据这一指导思想，要求电子政务建设坚持如下原则：电子政务建设必须紧密结合政府职能转变和管理体制改革，根据政府业务的需要，结合人民群众的要求，突出重点，稳步推进；重点抓好建设统一网络平台，建设和整合关系国民经济和社会发展全局的业务系统；正确处理发展与安全的关系，综合平衡成本和效益，一手抓电子政务建设，一手抓网络与信息安全，制定并完善电子政务网络与信息安全保障体系。

1. 需求分析

该市已在市政府大楼信息中心建立网控中心，市委、市人大和市政府等单位的网络普及率也达到了一定的程度，全市各政务部门逐步建成了相当规模的信息资源数据库，基础性、战略性信息资源开发利用已取得进展，部门业务数据库建设已成为信息资源开发的重点，并且经过多年的建设，全市各政务部门结合各自职能，建成了众多的应用系统，如文档管理、人事管理和财务管理等办公自动化系统，已建立政府网站，对外发布信息，“金”字工程，包括金税工程、金关工程、金盾工程和金保工程等已取得明显成效。

尽管该市电子政务系统的建设取得了不少成绩，但还存在以下问题：

(1) 部分与部门网络不能互联互通，缺乏统一规划，信息孤岛现象严重。

(2) 网络建设各自为政，纵向系统广域网重复建设现象严重。

(3) 内、外网应用系统、信息资源界面划分不清。

(4) 网络安全防护能力薄弱，安全问题日显突出。

电子政务网不同于一般意义上的数据网，它所承载的内容大多涉及国家的政治和经济机密，安全性要求很高，因此在采用信息化建设提高政府办公效率和服务能力的同时，一定要保障网上数据的安全。其一是安全隔离的要求，电子政务网连接了很多部门，一定要保障各部门数据在电子政务网上的安全隔离，防止黑客进入其中一个部门就能进入整个电子政务网这种情况的出现。其二是网络设备安全的要求，防止黑客对网络设备的攻击，保障电子政务网不间断地提供服务。

为此，该电子政务网分为内网和外网两部分。电子政务内网是开展涉密业务的党政机关的办公专用网络，这些信息和应用系统往往关系到国家重大事务和机密。因此，在满足工作需求的前提下，其覆盖范围应尽可能少。在本电子政务网中，通过网闸，实现电子政务内网与电子政务外网之间严格的物理隔离。而电子政务外网是政府对外服务的业务专网，主要用于政府部门访问外部 Internet，发布政府公共信息，受理、反馈公众请求，包括各类公开信息和一般的、非敏感性的社会服务，故只需通过防火墙与外部 Internet 进行逻辑隔离。

电子政务网建成后，政府办公的各项业务将向电子政务网迁移，它的稳定运行将成为政府部门顺利办公，提高工作效率的重要保障，因此电子政务网必须是一个稳定的网络。稳定性要求包括如下几个方面：一是设备架构的稳定性。要能够提供电信级可靠性设计的产品，保障数据的无中断转发，保障设备故障的快速排除和恢复能力。二是传输链路的稳定。传输链路将设备连成了网，传输链路的不稳定将直接导致网络的不稳定，因此要采用相应的技术保障链路的稳定性。三是路由的稳定性。保障链路稳定采用的是数据链路层的技术，而数据链路层之上是网络层的路由技术，路由的稳定十分重要。四是业务的稳定。电子政务网上的业务实现很多依赖于多协议标记交换（Multi Protocol Label Switching，MPLS）VPN，因此保障 MPLS VPN 的稳定同样重要。保障了上述 4 个层面的稳定，才能最终保障网络应用的稳定。

电子政务网是国家信息化建设的重要推动力量，电子政务网的先进性将直接推进信息技术在国民经济中的广泛应用。而网络的建设不仅仅要看到目前的需求，还要考虑到今后几年网络和业务发展的需求，要考虑到保护投资的要求。因此采用先进的技术建设电子政务网，为将来的扩容、升级和网络新技术改造保留充分的空间，应该在保证满足现有应用的基础上适度超前。

具体需求如下：

(1) 网络互联互通。网络平台应在横向上能够方便连接市政府组成部门、直属机构、办事机构、事业单位等部门，以及横向连接市委、市人大、市政协等；在纵向上能够实现与省电子政务外网平台、市县电子政务外网网络平台的连接。

(2) 网络发展与安全的需求。建立统一的电子政务外网平台，很好地整合硬件资源，减少重复建设。同时，将网络安全纳入统一的平台考虑，外网平台必须具备高度的可靠性和稳定性，从网络安全、应用安全、数据资源保护、安全管理以及对出现问题的查找、定位、分析、处理、恢复等方面满足不同的安全需求。为应对今后的技术发展和业务量的扩展，还应具备可伸缩、可管理、可扩展的能力，满足网络平台平滑升级的要求。

(3) 各联网部门横向网络的应用。统一外网平台建立后，各个联网部门将逐步开展横向电子政务业务。外网平台既要满足互联互通，又要保证相关部门横向业务系统的相对独立性，应当提供各个横向业务高速通达、逻辑专用、安全可靠、方便使用的横向系统虚拟专用网络，支持省直部门的横向 MPLS VPN 需求。

(4) 各联网部门纵向网络的应用。电子政务外网平台的城域网建成后，各个纵向网络将逐步整合到统一的连接通道。外网平台既要满足互联互通，又要保证部门纵向系统的相对独立性和现有纵向网络系统的正常运行，应当提供各个部门高速通达、逻辑专用、安全可靠、方便使用的纵向系统虚拟专用网络，支持至少 60 个市直部门的 MPLS VPN 需求，并有足够的扩充能力，满足部门纵向系统的应用和原有业务系统的平稳过渡需求。

(5) 各联网部门实现公共资源共享。各联网部门连接到外网平台后，应该能够通过外网平台方便访问外网平台内部数据中心、外部数据中心和 Internet 等公共资源。同时，统一的外网平台，应提供数据交换和整合功能，支持跨平台操作，支持各种不同数据库，实现数据的实时获取、转换、传输、交换、整合等，实现信息资源共享。此外，通过统一出口，方便与社会各界、企业、个人等实现数据交换，满足各个联网部门数据存储的不同需求。数据量少的部门，采用数据集中存储、集中管理方式；数据量大的部门，采用数据的分布存储管理方式；

公共数据资源采用集中存储、分布存储管理的方式。

(6) 省电子政务外网接入。网络平台应在纵向上能够实现与省电子政务外网平台的接入,并对 MPLS VPN 跨自治域等可能产生的问题提出建设性方案。

(7) Internet 接入。网络平台应能够提供统一 Internet 接入,并提供 ISP 链路负载均衡和 Web 加速缓存解决方案。

(8) 各联网部门不同接入方式。统一的外网平台,应满足市政府组成部门、直属机构、办事机构、事业单位等市直部门以及中央在该市所属省单位以及其他部门根据不同要求,以不同带宽、不同接入方式接入到统一外网平台的需求。

(9) 市县接入。外网平台核心广域网设备须满足不同阶段带宽的需求。市级到县级广域网以同步数字体系(Synchronous Digital Hierarchy,SDH)155M 数字电路为主,多业务传送平台(Multi-Service Transport Platform,MSTP)8M 数字电路备份。

2. 建设目标

遵循《某市电子政务建设规划》的总体框架,依托市内公共通信设施的基础资源,采用先进的信息、网络技术,以电子政务应用为主导,以资源整合为核心,以安全保障为支撑,构建标准统一、功能完善、安全可靠的具有该市特色的全市电子政务外网平台,承担政府部门之间的非涉密的信息交换和业务互动,在网络环境下逐步实现同层次和上下级政府机构之间各主要业务系统的信息交换和信息共享,开展政府部门面向企业和公民的监管和服务业务,支持政府公共业务系统的开发和应用。

建设的总体目标是:按照该市电子政务总体规划,建立统一的电子政务外网平台,建成内容完整、数据准确的政务资源数据库,基本建立政务信息资源共享机制,基本建立信息安全基础设施及保障体系、电子政务政策法规体系。用 3 年左右的时间,基本建成上联省、下联区县、标准统一、功能完善、安全可靠、纵横互通的全市电子政务网络,实现全部政务部门联网,80%以上政府职能部门上网,50%以上的行政许可项目在线办理,满足各级政务部门进行社会管理、公共服务的需要,为企业和公众提供透明、方便、快捷的政务服务。

3. 网络拓扑结构设计

该市电子政务外网总体布局如下:

(1) 在该市政府内信息中心建立网控中心。

(2) 在该市各区分别建立区网控中心,高速接入市网控中心。

(3) 其他部门以光纤、数字电路或其他方式就近接入市网控中心或汇聚节点。

(4) 该市管辖的 4 县建立县网控中心,并通过广域网接入市网控中心。

(5) 该市电子政务外网采用交换以太网。

按照该市电子政务外网平台的总体框架,将以市政府一号楼、市政府二号楼、市委、劳动局、国土局等 5 个地点为主要汇聚节点,构筑该市电子政务外网平台的城域网。政务城域网应具备可伸缩性、可用性、可管理性、可扩展性、开放性及安全性,以满足 IP 数据业务的爆炸性增长对网络的要求,满足新业务的增加对网络平台平滑升级的要求。网络设计可按照分层次结构的原则自顶向下设计,分别划分为核心层、汇聚层、接入层。通过合理划分网络层次的方法,隔离网络故障;通过路由聚合、缺省路由、合理规划 IP 地址等手段减小路由表的规模;通过链路和设备的冗余备份等手段来提高网络的稳定性、可靠性。

根据省外网平台建设要求和《X省电子政务外网平台技术规范》的要求，结合该市电子政务外网需求，拓扑结构采用双核心星状网络架构。根据该市电子政务外网的总体结构，从市到县区，从县(区)到乡(镇)，必须建立统一的高带宽、高稳定、安全可靠的广域网主干通道。其中，市级到县级广域网采用SDH 155M数字电路为主，MSTP 8M数字电路备份。纵向虚拟专网利用MPLS VPN技术建立各纵向系统的虚拟专用网络。

4. 网络设计

1) 电子政务网总体组网架构

网络设计按照分层结构的原则自顶向下设计，分别划分为核心层、汇聚层、接入层。网络拓扑结构包括城域网和广域网两大部分：其中城域网采用以太网技术，广域网采用数字电路技术，包括下属市县接入。采用多协议标记交换/边界网关协议(Border Gateway Protocol,BGP)VPN(3层)解决方案并提供各部门、系统网络间的逻辑隔离(VLAN、VPN)，保证互访的安全控制。

网络结构设计如下：

(1) 核心层(市网控中心)。外网平台网控中心，设在市政府机关信息中心机房。采用双核心配置(配置两台高性能的核心交换路由器)。核心设备之间通过两条千兆以太网(Gigabit Ethernet,GE)接口捆绑互联作双机热备份，提供设备和端口冗余，保证核心设备的实时切换，避免单点故障。核心设备通过城域网分别与6个汇聚节点设备连接，通过广域网接入下属市县网络平台。同时，每台设备配置主控制引擎、交换网板、电源和端口冗余，并提供交换网板负载均衡冗余热备份，提供核心设备超越电信级的高可靠性，以保证整个电子政务网的高稳定性。

(2) 汇聚层(省城内汇聚节点)。设计6个汇聚点：市委节点、市人大节点、市政府节点、市政府机关二院节点、市政协节点、河西节点。汇聚节点向上分别连接双核心设备，向下连接各汇聚点园区部门接入设备和就近部门接入设备。采用高性能汇聚路由器作为城域汇聚节点设备，提供电信级可靠性。配置GE单模/多模光接口模块、10/100/1000M电接口模块。GE单模光接口模块上联网控中心核心设备，向下连接各汇聚点园区部门接入交换机和就近的部门接入交换机。

(3) 接入层(单位接入节点)。主要是指6个汇聚点的园区省直部门宽带接入设备、其他主要市直部门的宽带接入设备、部分市直部门的窄带接入设备、市县的接入设备。市直部门宽带接入设备上联汇聚节点设备，下联各部门局域网。部分市直部门窄带接入设备上联网控中心窄带接入设备，下联各部门局域网。市县的接入设备上联核心节点设备，下联各市县网络平台核心设备。接入设备采用三层智能交换机，配置GE单模/多模光接口模块和10/100/1000M电接口模块。GE光接口模块上联汇聚节点交换机，10/100/1000M电接口模块下联各省直部门局域网。

其网络拓扑图如图8.28所示。

2) 市Internet接口和数据中心

数据中心采用3台三层千兆交换机，一台用于外部数据中心，一台用于内部数据中心，一台用于托管服务器接入。外部数据中心交换机通过千兆线路连接防火墙，内部数据中心和托管服务器接入交换机通过千兆线路直接连接核心路由器，如图8.29所示。

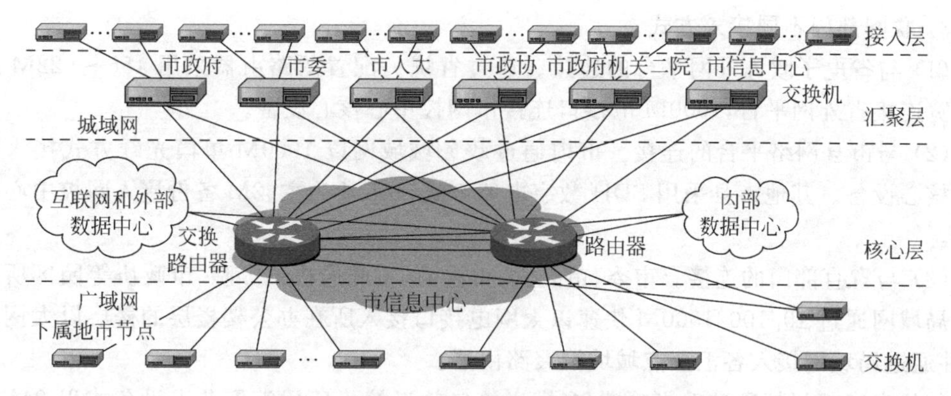

图 8.28 电子政务外网网络拓扑结构示意图

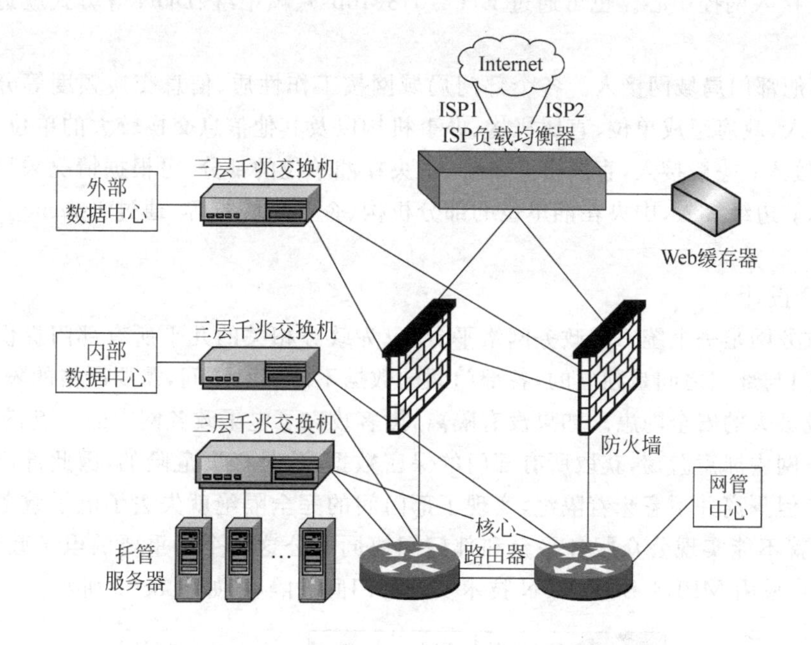

图 8.29 Internet 接口和数据中心结构示意图

在横向上，通过城域汇聚设备，汇聚市政府组成部门、直属机构、办事机构、事业单位等市直部门，以及市委、市人大、市政协等。向各单位提供 GE、快速以太网（FastEthernet，FE）、E1、帧中继、DDN 等灵活的接入链路，实现就近的各种形式的接入，作为 MPLS VPN 的提供商端路由器设备，提供各单位 MPLS VPN 横向和纵向 VPN 支持和用户授权，使各单位可自如访问电子政务网上的公共数据资源和 Internet 资源。

在纵向上，通过市核心路由器与省电子政务网节点连接，采用 MPLS/BGP VPN 跨域解决方案，实现省外网承载的纵向 VPN 与市网相应 VPN 互通，并使电子政务网内用户实现对省网内公共资源的访问。

通过广域汇聚设备连接各市县电子政务外网网络平台，并通过该设备将 MPLS 延伸到各市县，形成完整的全市 MPLS VPN 电子政务外网，实现市内厅局的纵向 VPN，并使各市县单位可以访问市电子政务网公共资源，实现纵向的互联互通。

3）联网部门不同接入方式

（1）与省电子政务外网平台的连接。通过省统一配置的路由器采用155～622M或千兆带宽连接省外网平台，1000M电接口连接市网控中心核心设备。

（2）与市县网络平台的连接。市内通过政务城域网以1000M单模光纤方式接入网控中心核心设备。其他市县采用SDH数字电路方式，155M为主、2M备份接入网控中心核心设备。

（3）与省直部门的连接。市委、市人大、市政府、市政府机关二院、市政协等园区所在各部门局域网通过10/100/1000M快速以太网电接口接入所在办公楼楼层的楼层以太网交换机，并通过局域网接入各汇聚点城域汇聚路由器。

其他省直部门都通过千兆单模/多模光接口就近接入所属汇聚节点设备或以2M数字电路等方式接入网控中心。也可通过E1(2.048Mbps)、帧中继、DDN等方式就近接入汇聚节点设备。

（4）其他部门局域网接入。各个部门局域网按工作性质、信息交换频度等分成3个层次：核心接入，政府组成单位、直属机构、办事机构以及其他信息交换较大的单位，采用光纤方式，高速接入；一般接入，直属事业单位、中央在湘单位的部分，可根据情况采用光纤或其他方式接入；边缘接入，中央在湘单位的部分机构(企业)、院校等，通过Internet VPN方式接入。

4）安全设计

电子政务网是一个统一的政务网络平台，应为政务相关的几乎所有部门提供基础网络服务，而部门与部门之间是独立的，各部门间的数据不能随意访问，需要严格的隔离和控制，否则将造成极大的安全隐患。如果没有隔离，黑客攻破了电子政务网中的一点，就可以在整个电子政务网中肆意游荡，获取所有部门的保密数据，这是极度危险的，因此部门间的隔离极为重要。但隔离并不意味着隔绝，实现了部门间的完全隔绝就失去了电子政务网统一平台的意义，就不能实现公众服务平台和部门间协同办公这两个最重要的电子政务网功能。在本案例中，采用MPLS/BGP VPN技术实现部门间的隔离，如图8.30所示。

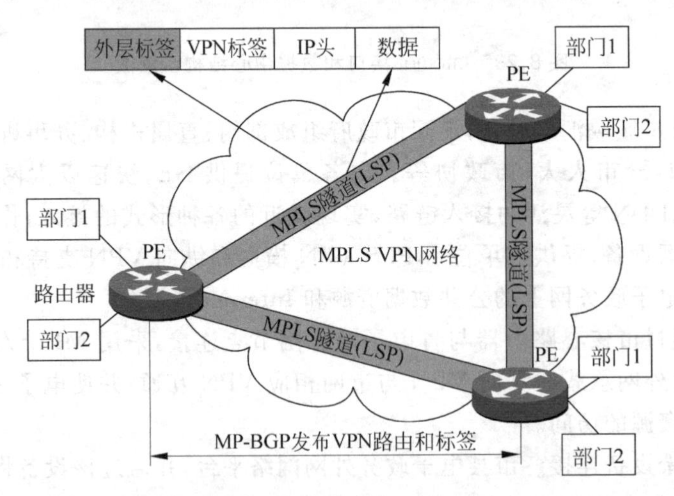

图8.30 MPLS /BGP VPN图

MPLS/BGP VPN 一般包括提供商端核心路由器(Provider Edge,PE)、用户端路由器(Customer Edge,CE)、骨干网核心路由器(Provider,P)3 种路由器。其中在 CE/PE、PE/PE 之间使用 BGP 协议作为标签控制协议,这其中 CE/PE 之间属于 BGP 自治域间通信;PE/PE 之间属于 BGP 自治域内通信。PE/P 之间可以使用 IETF 为 MPLS 定义的任何标签控制协议,即可以使用标签分发协议(Label Distribution Protocol,LDP)或其他控制协议。

对于电子政务网分布在不同地理位置的相同系统,可以利用市电子政务骨干网来实现互联。其目的是实现地市不同系统和省中心不同系统的互联,实现分布在不同地理位置的相同业务部门内部的信息互通,并根据用户实际要求,针对不同业务的要求进行业务的隔离和受控互通。不同地理位置相同系统的互联如图 8.31 所示。

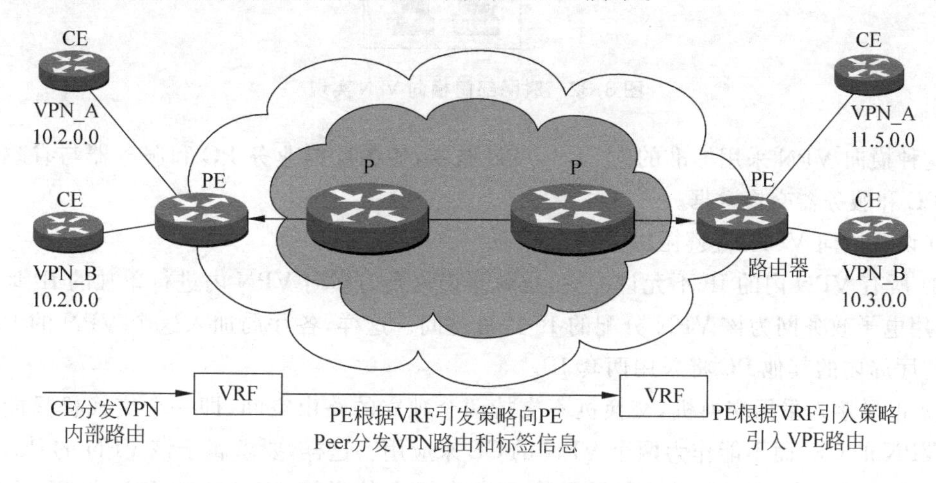

图 8.31 不同地理位置相同系统的互联图

主要原理为:每个 CE 设备可以看成是一个业务系统,CE 设备可以是 3 层交换机或者路由设备,每个 PE 和若干个 CE 设备互联,CE 通过静态路由或 BGP 将用户网络中的路由信息通知 PE,同时根据用户要求在 PE 之间传送 VPN-IP 信息以及相应标记,而在 PE 与 P 路由器之间,则采用传统的路由协议,相互学习路由信息,采用 LDP 进行路由信息与标记的绑定,使得 PE 路由器拥有骨干网络的路由信息以及每一个 VPN 的路由信息。

其实现过程如下:当属于某一 VPN 的 CE 用户数据进入网络时,在 CE 与 PE 连接的接口上可以识别出该 CE 属于哪一个 VPN,在所传的数据包上打上 VPN 标记,同时到该 VPN 的路由表中去读取下一跳转的地址信息,即与该 CE 作节点(peer)的 PE 的地址。在该 PE 中需读取骨干网络的路由信息,从而得到下一个 P 路由器的地址,同时采用 LDP 在用户前传数据包中打上骨干网络中的标记。接着是信息在 P 路由器和 P 路由器之间的传递。直到到达目的端 PE 之前的最后一个 P 路由器,此时将外层标记去掉,读取内层标记,找到 VPN,并送到相关的接口上,进而将数据传送到 VPN 的目的 CE。

(1) 横向互通。

各联网部门有共同的业务应用,并需要相互交换数据,如市政府与各厅局相关业务,这样就需要建立横向 VPN,如图 8.32 所示。

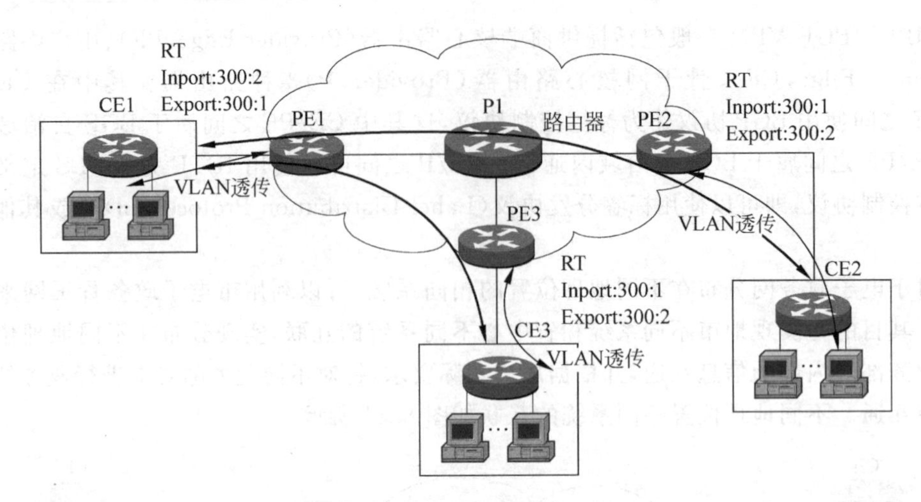

图 8.32　联网部门横向 VPN 实现

这种横向 VPN 采用标准的 MPLS VPN 技术，使各厅局业务 PC 和服务器与省政府的相应 PC 和服务器交换数据。

在设置横向 VPN，应遵循以下两个原则：

① 所有 VPN 内的 IP 不允许冲突，也就是说需要对横向 VPN 内进行单独的 IP 地址规划，采用电子政务网为该 VPN 分配的 IP 地址空间。这样，各厅局加入这个 VPN 的 PC、服务器与厅局内的其他 PC 将采用两套 IP。

② 市局接入采用交换机，交换机不支持两个独立的路由空间，即一个交换机只能作为一个 VPN 的 CE，而不能作为两个 VPN 的 CE 来应用。这样，要求属于该 VPN 的 PC、服务器要单独置于一个 VLAN 内，在厅局接入交换机上传送该 VLAN 给 PE，在 PE 上对该 VLAN 启用虚拟路由转发表（VPN Routing and Forwarding instances，VRF），而这些 PC、服务器相当于这个 VRF 的直连路由，这种情况称为无 CE 的 MPLS VPN。

（2）纵向隔离。

为保障数据安全，各纵向系统要进行 VPN 隔离。以工商部门为例，省、市、县三级都有相应的工商部门，上下存在业务和行政关系，是一个纵向系统。在技术实现时，市工商局和县工商局采用标准 MPLS/BGP VPN 技术，实现 VPN 功能，如图 8.33 所示。

市局 A 与县局 A 的实时（Real Time，RT）配置可互相交换路由信息，形成 VPN A。市局 B 与县局 B 的 RT 配置可互相交换路由信息，形成 VPN B。但 VPN A 与 VPN B 不能交换路由信息，形成了纵向 VPN 间的隔离，保障联网部门的业务安全。各 VPN 内部可独立规划分配 IP 地址，可以采用重叠的 IP 地址段，如 10. x. x. x 段的私有 IP 地址。

但是如果一个纵向系统因系统内部访问服务器的流量过大，则需要将服务器放到省中心机房托管。考虑到采用 MPLS VPN 技术要求汇聚服务器群的设备必须能很好支持 MPLS VPN，并且能对服务器群提供安全保护，该市采用支持防火墙模块的交换路由器，如图 8.34 所示。

（3）对省外网的接入。

由于管理的原因，省外网与市电子政务网采用的 BGP 应用系统（Application System，AS）域不同，两个 AS 自治域互相独立。要让市业务部门与省网承载的同业务部门进行业

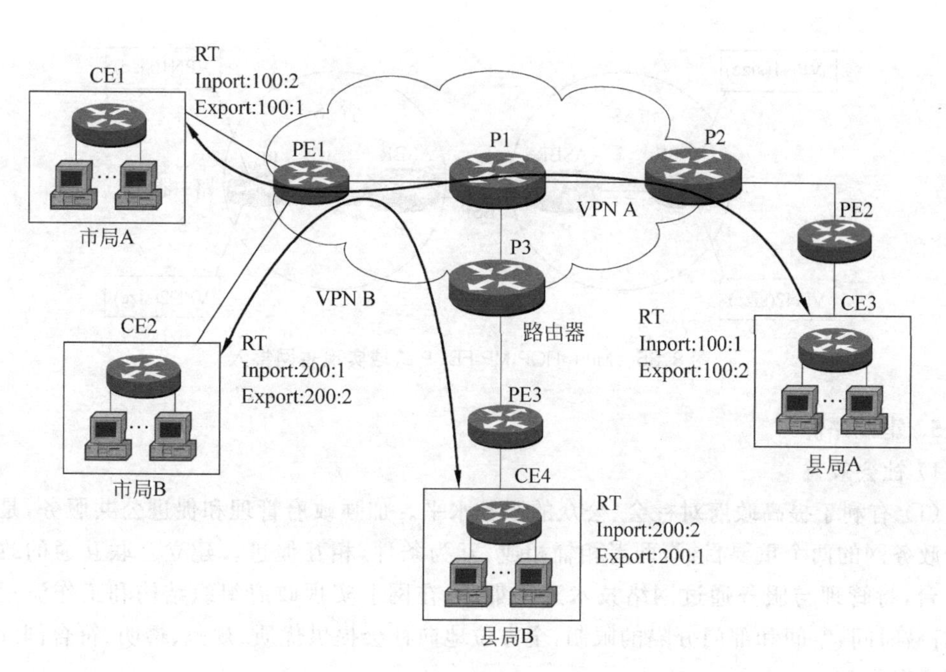

图 8.33 联网部门纵向 VPN 实现图

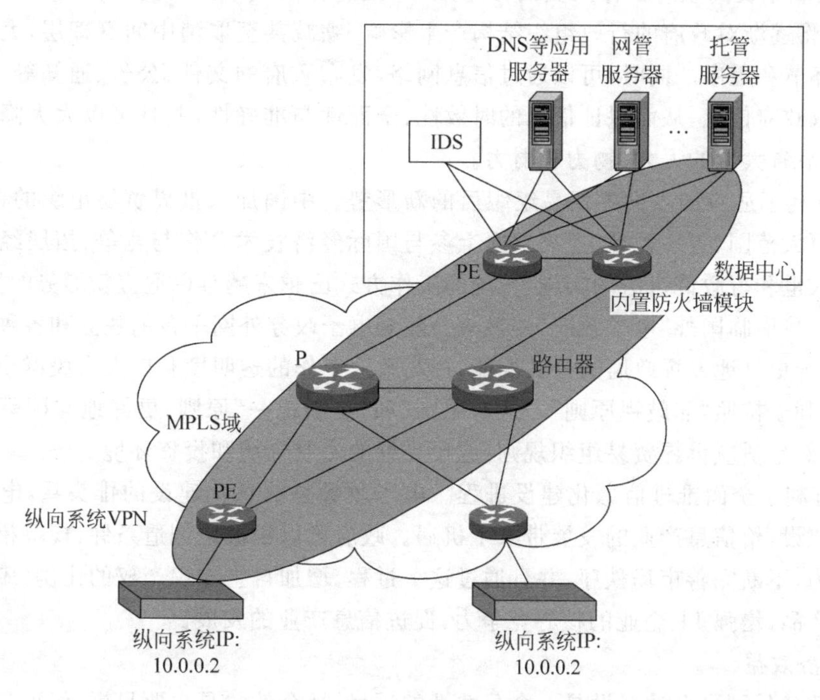

图 8.34 服务器托管图

务互通，也就是让省网承载的部门 VPN 与市内相应部门的 VPN 进行互通，则必须解决 MPLS VPN 跨 AS 域的问题。该市采用 Multi-HOP MP-EBGP 实现，如图 8.35 所示。这种方式的可扩展性较好，不需要在应用系统边界路由器（Application System Boundary Router，ASBR）上维护具体用户的 VPN 路由信息。

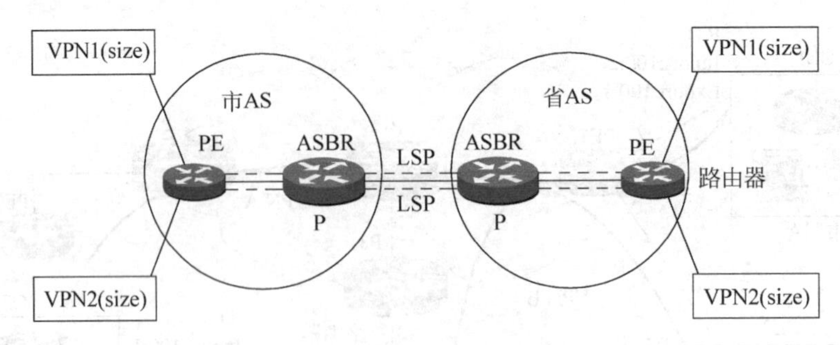

图 8.35 Multi-HOP MP-EBGP 跨域实现省网接入

5. 建设评价

1) 社会效益

(1) 有利于提高政府对社会、公众的服务水平。加强政府管理和促进公共服务，是建设电子政务网的两个重要目标，两者相辅相成，互为条件，相互促进。建立互联互通的政府网络平台，将管理与服务通过网络技术进行集成，在网上实现政府组织结构和工作流程的优化，打破时间、空间和部门分隔的限制，全方位地向社会提供优质、规范、透明、符合国际水准的管理和服务。

(2) 有利于提高政府工作人员的办事效率，减少行政成本。外网平台的建立和各种应用的开展，将逐渐对政府的行政组织结构产生影响，缩减甚至取消中间管理层，大大简化行政运作的环节和程序。同时，可以通过信息网络，发布政府的文件、公告、通知等，使公众能迅速地获取政府信息，从而保证信息的时效性、全面性与准确性，并且可以大大降低信息的传递成本，节省大量的人力、物力和财力。

(3) 有利于适应加入世界贸易组织后的新形势。中国加入世界贸易组织的根本目的，就是要在更大范围、更广领域、更高层次上参与国际经济技术合作与竞争，拓展经济发展空间。随着入世和行政许可法的实施，传统的工作方式已越来越难以适应新形势的发展要求，"手工政府"将面临国外"电子政府"的挑战。随着电子政务外网平台的建立和各种应用的开展，将有利于更好地发挥政府的公共职能，提高政府工作的透明度和广大人民群众对政务的参与度，有利于按照"非歧视原则"、"透明原则"和"法制统一"原则，更好地与国际惯例和标准接轨，更好地适应世界贸易组织规则，建设良好的法制环境和投资环境。

(4) 有利于全面推进信息化建设进程。电子政务是信息化建设的排头兵，电子政务外网平台的建设，给信息产业的发展带来了机遇。政府可以积极地创造条件，规范招投标和政府采购行为，不断完善市场秩序，并且通过这一过程，增加自主知识产权的比例，应用成熟的国产软件产品，增强 IT 企业的核心竞争力，促进信息产业的发展。

2) 经济效益

电子政务外网平台的建设是一个公益性的项目，社会效益是主要目标，但也具有一定的经济效益。

(1) 避免重复建设，有效减少电子政务建设和运行成本。建立统一的电子政务外网平台，能够从根本上解决部门各自为政、重复建设的问题，实现资源共享、避免信息孤岛，大大降低电子政务建设和运营成本。

(2) 挖掘增值服务，创造直接经济效益。在电子政务外网平台建设中，有些项目除了给政府部门提供服务，还可以用于电子商务，进行有偿服务，创造部分经济效益。

8.5.2 综合布线系统的设计案例

1. 工程概况

某会堂作为对外宣传的重要展示窗口，是一座着眼于未来的现代化大会堂，对信息化、网络化和智能化的高要求是毋庸置疑的。会堂总建筑面积为20 000多平方米，共计4层，主机房在第三层，主干速率为1000Mbps，到桌面速率为100/1000Mbps自适应，用于数据信息、语音信息、视频信息的共享。大楼共计855个信息点位，其中网络点位570个（内网285个，外网285个），语音和视频点位285个。

2. 需求分析

作为一座服务于21世纪的现代化会堂，该会堂对信息交换、网络互联、管理信息系统的应用要求较高，故建设一个实用、可靠、先进并可灵活扩充的综合布线系统是最基本的需要。

1）应用需求

综合布线是大楼内计算机网络系统的基础设施，是管理信息系统的信息传输通道，是整个大楼智能化系统的神经中枢，如图8.36所示，因此该综合布线系统必须满足如下应用需求：

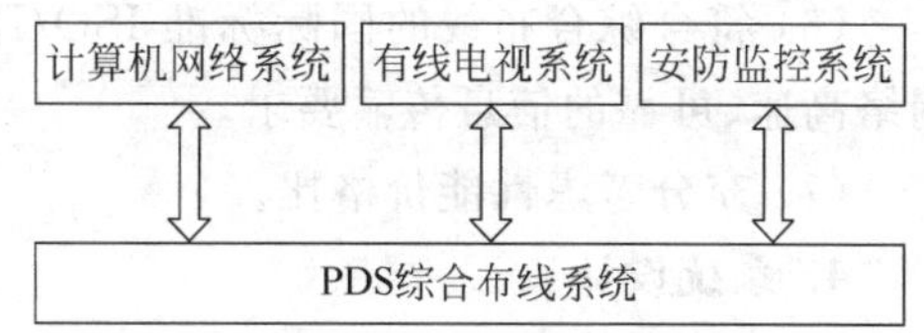

图8.36 综合布线与其他系统的关系

（1）可支持以太网、快速以太网、令牌环网、ATM、ISDN等网络及其应用，并可应用于任何网络结构配置。

（2）提供极其灵活的特性来适应未来应用的需要，设备变迁时要灵活、方便，并且为会堂未来若干年管理信息系统的发展预留一定余地。

（3）产品的通用性应满足各种网络产品及通信系统的接入要求，同时应具备高度可靠性。

（4）具有高速的传输能力，应能满足语音、数据、图像、多媒体信息大容量传输的需要，尤其是数据系统的高速数据传输的要求。

2）技术指标

（1）以星状高速交换以太网的拓扑结构建立会堂的计算机网络系统。

（2）主干线缆采用超5类非屏蔽双绞线或4芯多模光纤，速率为1000Mbps，到桌面速率为100/1000Mbps自适应。

（3）主干以及二级网段采用交换机链路冗余和双网卡技术保证网络可靠性。

（4）大楼共计855个信息点位，其中网络点位570个，语音和视频点位285个。

综上所述，该会堂综合布线系统应覆盖以下部分：数据部分，涉及计算机网络互联的计算机系统以及各类计算机外部设备等；语音部分，涉及传统语音通信系统，包括语音、传真、语音会议、无线分机的控制站点设备等；视频信息，包括视频会议、有线电视系统以及安防监控系统。

3. 设计原则及目标

该会堂布线系统的设计自始至终贯彻“实用性、耐久性、安全性、经济性和环境化”的设计思想，使整个布线系统的设计遵循先进性、可靠性、可行性、标准化、开放性和可扩展性原则，保证系统设计达到以下目标：

(1) 不但要满足当今通信技术的应用，即在系统中能实现语音、数据通信、图像传输以及多媒体信息的传输，而且也能满足未来通信技术的发展。

(2) 能满足灵活应用的要求，即在任何一个信息插座上都能连接不同类型的终端设备，如个人计算机、可视电话机、可视图文终端、传真机等。

(3) 除去固定于建筑物内的线缆，其余所有的接插件都应是模块化的标准件，既能使语音、数据、图像设备和交换设备等与其他管理信息系统彼此相连，也能使这些设备与外部相连接，包括建筑物外部网络或电信线路的连接点、设备之间的所有线缆和相关的连接部件(如配线架、连接器、插座、插头、适配器)、电气保护设备等。这些标准插接件用来构建各种子系统，不仅要易于实施，而且要能够随需求的变化而平稳升级。

(4) 要有良好的可扩充性，以便将来技术更新和发展时，很容易将设备扩充进去，例如，当信息交换对网络传输速率的要求更高时，这时只需要更换高速交换机即可，不需要更换布线系统。

(5) 综合布线系统的应用，尽可能降低用户重新布局或设备搬迁的费用，并节省搬迁的时间，降低系统维护费用。

(6) 符合综合布线的国际标准 ISO/IEC IS11801 和 EIA/TIA-568A，充分保证计算机网络高速、可靠的信息传输要求。

(7) 充分考虑性能价格比。

4. 系统设计

1) 系统总体设计

根据国际电子工业协会(EIA)和国际电信工业协会(TIA)制定的结构化布线系统标准(EIA/TIA-568A)以及中国工程建设标准化协会制定的标准《建筑与建筑群综合布线系统工程设计规范》CECS 72:97，结构化布线系统有工作区子系统、水平干线子系统、垂直干线子系统、设备间子系统、管理间子系统和建筑群子系统共 6 个子系统组成，本方案从以上 6 个方面进行设计规划。综合布线系统结构如图 8.37 所示，中心机房(主配线间)设在 3 楼，在一层、二层、三层设立楼层配线间。

2) 部件选择原则

对于一个布线系统，最重要的部分是传输介质，通常使用的传输介质有双绞线、光缆及连接部件。这些传输介质及连接部件的选择原则是：兼容性、灵活性、可靠性、先进性和标准化。本会堂布线系统采用康普(Comptronics)公司的 6 类系列产品，包括水平双绞线、模块化配线架、信息模块、室内多模光缆以及光纤配线架等。

3) 系统详细设计

综合布线系统物理拓扑结构为星状拓扑结构，该结构下的每个分支子系统都是相对独立的单元，对每个分支子系统的改动都不影响其他子系统。只要改变接点连接的方式就可使综合布线在星状、总线状、环状、树状等结构之间进行转换，即支持集中网络又能支持分布式网络系统。通过统一规划和模块化设计，满足语音和数据信息点即插即用和随时互换，建立的系统能够支持以太网、ISDN 等网络及应用，并方便地与 Internet 或数据专用网络互联。

工程共设计信息点 855 个，各信息点的具体分布情况见表 8.3。

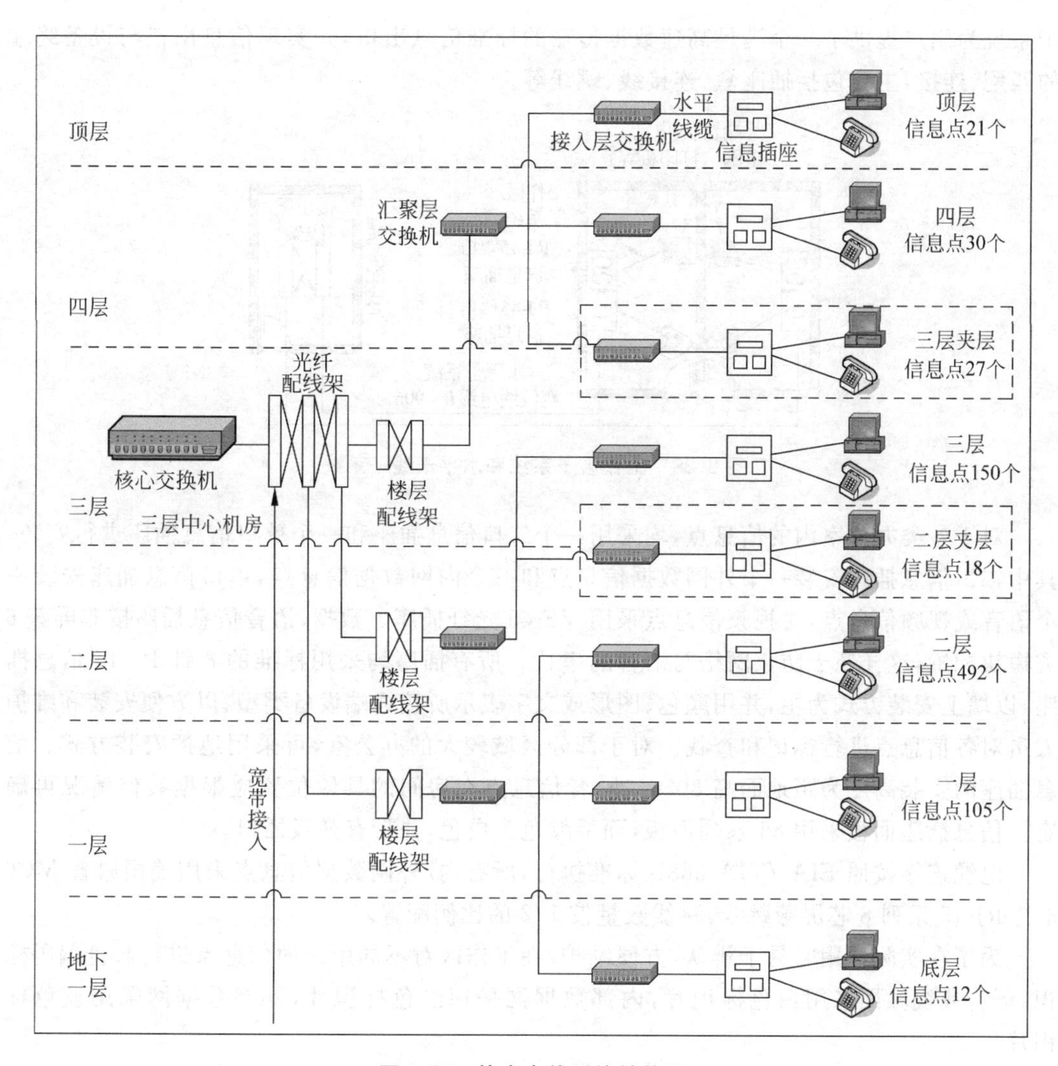

图 8.37 综合布线系统结构图

表 8.3 信息点详细分布表

楼层	内网点数	外网点数	语音点数	光纤	备　注
地下一层	4	4	4	—	
一层	35	35	35	2	内外网均采用光纤
二层	164	164	164	2	内外网均采用光纤
二层夹层	6	6	6	—	内外网均采用光纤
三层	50	50	50	3	其中办公厅主机房至中心机房一根
三层夹层	9	9	9	—	
四层	10	10	10	—	
顶层	7	7	7	—	
合计	285	285	285	7	

(1) 工作区子系统。

工作区由终端设备以及连接到信息插座的连接线或跳线组成,如图 8.38 所示。工作区子系统为用户提供了一个满足高速数据传输的标准信息出口，并实现信息出口与设备终端的匹配、连接，主要包括插座盒、连接线、跳线等。

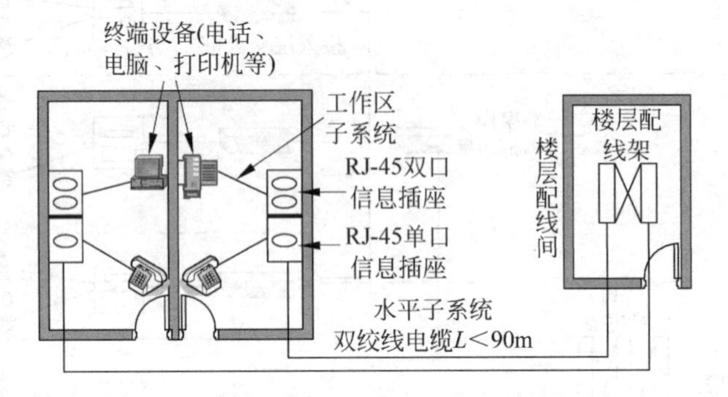

图 8.38 工作区子系统和水平干线子系统

对于各类办公室内的信息点，均采用一个二口信息插座和一个单口信息插座进行安装。其中二口信息插座安装一个外网数据信息点和一个内网数据信息点，单口信息插座安装一个语音或视频信息点，对视频信息点采用 VF-45 光纤插座。数据、语音信息插座按非屏蔽 6 类模块配置，这样便于防止网络与语音的串扰。所有插座均采用标准的 8 针 RJ-45 信息插座，以墙上安装方式为主，并用颜色、图形或文字表示所接终端设备类型，以方便安装和维护人员对各信息点进行标记和查找。对于部分区域较大的办公室，可采用地插安装方式。信息插座的安装高度为距地面高 30cm 处，各信息点在房间的具体位置应根据装修情况再确定。信息插座面板采用 86 系列面板，面板颜色为白色，并带有弹板插口。

电缆连接按照 EIA /TIA-568B 标准执行，所有内/外网数据信息点采用美国康普 MC6 6 类 RJ-45 系列 8 芯屏蔽跳线，跳线数量按 1/2 的比例配置。

为了在实际使用时易于辨认，方便维护，在工作区对不同用途的信息点进行彩色编码标识，语音或视频网采用白色标识片，内部数据网采用红色标识片，外部数据网采用蓝色标识片。

(2) 水平干线子系统。

水平干线子系统从工作区的信息插座开始，经水平线缆到管理间子系统的配线架，主要包括信息插座、转接点、水平电缆等设备，如图 8.38 所示。

水平干线子系统每一条水平双绞线的长度均不超过 90m，其配线架、水平线缆及信息模块按 6 类标准配置，支持数据、语音、图像的传输应用，在必要时可以实现语音、数据信息点的互换。

根据用户的数据传输要求和将来扩展的需要，设备间与各楼层工作间的高速数据传输水平线缆采用超 5 类 4 对非屏蔽双绞线，支持 100MHz 的带宽，语音和监控信息的传输也采用超 5 类 4 对非屏蔽双绞线。而监控视频信息的传输则采用 4 芯多模光纤。

在本方案中，采用直接埋管方式进行水平干线子系统布线，即在土建施工阶段，在建筑物的混凝土垫层里预埋硬质塑料管道或金属管道。

(3) 垂直干线子系统。

垂直干线子系统是指从楼层分配线间至楼内的中心机房的电缆，以及贯穿整个建筑物各个水平区子系统连接交换机的传输介质。它将主配线架(Main Distribution Frame,

MDF)与各分配线架(Intermediate Distribution Frame,IDF)以星状结构连接起来,贯穿于大楼的垂直及水平主线槽中。各楼层线缆从各楼层配线间起,经弱电竖井内垂直预设桥架,最后汇至主配线间,如图 8.39 所示。楼内竖井中应有金属线槽,一般每隔 2m 焊一根粗钢筋,以安装和固定垂直子系统的电缆。

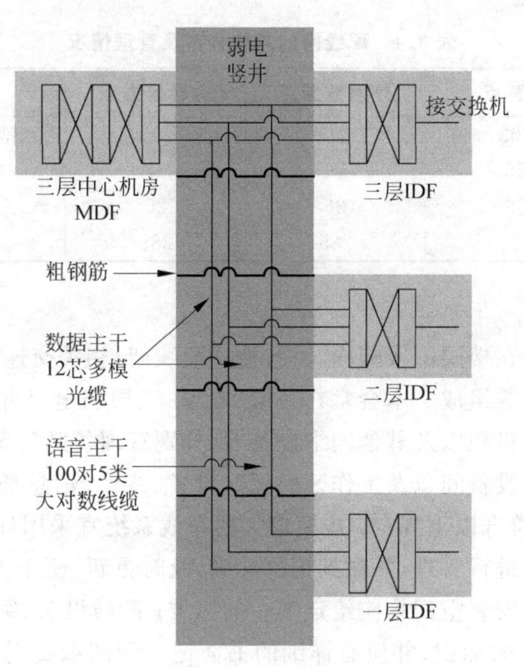

图 8.39　垂直主干子系统示意图

本方案中,会堂内 MDF 至 IDF 数据主干采用两条 12 芯 50/125μm 万兆多模光纤,引至 IDF 保密和非保密机柜各一条,相应的在主配线间及分配线间使用 24 口 6 类 RJ-45 光纤配线架。语音主干采用一条 100 对 5 类大对数线缆,引至 IDF 非保密机柜。该线缆对语音应用有着良好支持,并可保证水平工作区语音信息点两倍的冗余,满足每个机柜的语音主干数量在对数上充分的预留。语音主干采用 110 型挂墙式配线架管理,并配有足够的安装背板、连接块以及标签条,并且在配线架两端配以一对交叉 5 类线缆,便于灵活交叉连接和管理维护。

(4) 设备间子系统。

设备间子系统是会堂内用于安装设备、放置综合布线的连接件(如配线架)并提供管理语音、数据、图像和建筑物控制等应用系统设备的场所,一般由电缆、主配线架和相关各种公共设备组成。

本会堂的中心机房(主配线间)设在三楼,主要放置服务器、交换机以及其他网络设备。所有的网络设备和配线设备必须置于 19 英寸机柜内。所有数据线缆的水平部分要求采用标准机柜型 24 口 6 类 RJ-45 型配线架进行管理,而垂直部分则采用光纤配线架管理。语音线缆采用 400 对类型光纤配线架管理,配线架接头采用双工连接头,耦合器采用 12 口光纤耦合板,方便安装维护,以使配置更为优化。

设备间设计的基本原则为:方便管理且尽量平行水平布线以避免线缆超长,同时面积基本满足需要,从总体上保证线缆的安全和理线的整齐美观。此外,主配线间还要考虑电源、接地、照明、防水、防尘等计算机机房的基本要求。各配线间电缆一般可从主干线槽经过防静电地板进入相应机柜,在完成分组、上架、理线、绑扎后,进行最后的线缆卡接。

各级配线间的具体分布及管理情况详见表 8.4。

表 8.4 配线间的具体分布及管理情况

配线间	语音点	外网数据点	内网数据点	管理区域
一层 IDF	203	203	203	地下一层、一层、二层楼
MDF/二层 IDF	56	56	56	二层夹层、三层
三层 IDF	26	26	26	三层夹层、四层、顶层
合计	285	285	285	

(5) 管理间子系统。

管理间子系统设置在楼层配线间内,由各楼层配线架、相关交连或互联的硬件、跳线、插头以及各种颜色的标签等组成。本会堂在一层、二层、三层弱电竖井内设立楼层配线间,主要放置交换机、配线架、机柜以及其他网络设备等,分别管理各区信息点。

整个布线管理应对设备间以及工作区的配线设备、线缆、信息插座等设施,按一定的模式进行标识和记录,并符合以下规定:规模较大的布线系统宜采用计算机进行管理,简单的布线系统宜按图纸资料进行管理,并做到记录准确,及时更新、便于查阅;每条电缆、配线设备、端接点、安装通道和安装空间均应给定唯一的标志;配线设备、缆线、信息插座等硬件均应设置不易脱落和磨损的标识,并应有详细的书面记录和图纸资料;电缆的两端均应标明相同的编号。

在楼层配线间考虑内外网物理隔离,配置保密机柜和非保密机柜,其中内网数据信息点端接在保密机柜中,语音和外网数据信息点端接到非保密机柜中。所有机柜均采用 19 英寸标准机柜,具有可靠的机械结构、供电方式及良好的散热机制,内备风扇、电源及门锁,并考虑以后网络设备的放置。两个机柜各设置一个 19 英寸机柜式光纤配线架,各接一条 12 芯多模万兆光纤,光纤接头采用双工连接头,耦合器采用集成的 6 口光纤耦合板以方便安装维护。每个配线间提供 3m 长的万兆多模光纤跳线两条,采用万兆尾纤熔接方式,与机柜端接的所有水平线缆应按照不同应用分开区域连接。

内网保密机柜的数据线缆管理采用 6 类屏蔽平口模块和 24 口模块组合的配线架形式,并按 1∶1 配置理线器。为保证连接点的气密性和耐氧化性,模块的端接点采用斜角卡接形式。连接跳线采用 6 类 RJ-45 系列屏蔽跳线,数量按照内网信息点的 1/2 配置,长度为 1m,接地方式为在屏蔽配线架上单端接地。

非保密机柜的所有语音以及外网数据信息点采用美国康普 6 类 24 口模块化配线架,1∶1 配置 1U 理线器,以达到信息点之间灵活互换的目的。连接跳线采用 6 类 RJ-45 系列非屏蔽跳线,数量按照内网信息点的 1/2 配置,长度为 1m。

配线间的标识管理采用与工作区相同的彩色编码方式,以易于追踪和跳线。

(6) 建筑群子系统。

建筑群子系统将一个建筑物中的线缆延伸到建筑群的另外一些建筑物中的通信设备和装置上。由于本建筑为相对独立的建筑,这里不做过多的讨论。

5. 案例小结

综合布线系统是一项实践性很强的工程，系统的设计是否合理对系统整体功能的发挥、长期高效地运行、维护以及升级起着举足轻重的作用。一个综合布线系统的设计方案涉及的内容很多，一般说来，包括工程概况、用户需求分析、综合布线系统的设计目标、详细设计方案、布线材料清单及工程预算、综合布线施工方案、测试及验收方案等内容。其中，用户需求分析、系统设计方案等是不可缺少的关键部分。

本案例是综合布线系统工程设计的一个较为典型的案例，它具有办公楼综合布线系统的一般特点。该方案除了符合国家、行业和协会的相应标准外，还遵循先进性、实用性、灵活性、模块化、可扩充性、可靠性、经济性和可持续发展的原则，注重实用效果、社会经济以及环境效益的统一。限于篇幅，为突出综合布线系统工程设计方案的关键内容，本案例只选择了其中部分内容，以此说明综合布线系统设计的思路、方法和内容，供读者参考。

本章小结

本章主要介绍了网络规划与计划、网络系统集成、综合布线系统工程设计、网络管理以及网络工程管理案例等内容，对其中的网络工程案例——校园管理以及网络工程设计案例应有较清晰的了解。

思考题

1. 说明网络设计的过程以及在各个步骤中应注意的事项。
2. 什么是网络系统集成？
3. 简述系统集成的特点和网络系统集成的原则。
4. 简述网络系统集成的步骤和内容。
5. 简要介绍系统集成商的类型及组织结构。
6. 简述综合布线的三个等级及其特点。
7. 简述综合布线的构成及各子系统的特点。
8. 一个系统的布线方案一般包括哪些内容？
9. 简述智能化建筑与综合布线的关系。
10. 网络管理的五个基本功能是什么？
11. 试解释网络管理的四种模型。
12. 网络管理的常见协议有哪些？简要介绍 SNMP 体系结构。
13. 简述你所知道的网络技术。
14. 说出你所知道的常用的网络管理软件及其特点。

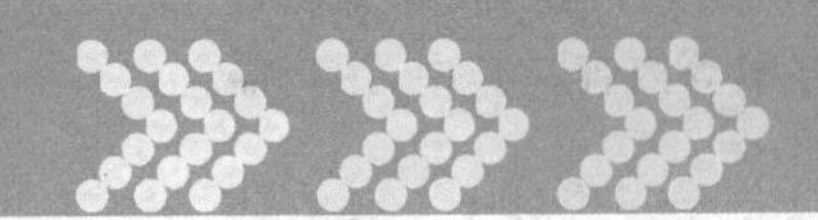

第9章　实验

实验1　局域网组网

一、实验题目

局域网组网。

二、实验课时

2课时。

三、实验目的

(1) 参观校园网或商学院局域网，对计算机网络组成、硬件设备等有一定的了解。

(2) 利用网络设备，学生自己组成局域网，培养学生的动手能力。

(3) 使学生进一步了解局域网组网技术，培养分析问题、解决问题的能力，提高查询资料和撰写书面文件的能力。

四、实验内容和要求

(1) 了解局域网的组成、各种设备的用途。

(2) 利用实验室提供的网络设备和双绞线，5～6位同学一组，将计算机组成一局域网，并对局域网进行相应配置。

(3) 独立完成上述内容，并提交书面实验报告。

实验2　使用交换机的命令行管理界面

一、实验题目

使用交换机命令行管理界面。

二、实验课时

2课时。

三、实验目的

(1) 学会超级终端实验环境的进入。

(2) 了解交换机的两种管理方式,掌握交换机带外管理方式。

(3) 熟练掌握交换机命令行各种操作模式的区别,以及模式之间的切换。

(4) 掌握交换机命令行的基本功能。

四、实验内容和要求

(1) 进入超级终端实验环境。

(2) 使用带外管理方式对交换机进行管理。

(3) 熟练掌握交换机命令行用户模式、特权模式、全局配置模式、端口模式等各级模式的提示符,以及模式间的切换命令。

(4) 了解各级操作模式下可执行的命令,掌握交换机命令行的基本功能。

五、实验步骤

(1) 进入超级终端实验环境。

(2) 交换机命令行操作模式的进入。

```
Enter 后,进入用户模式。
switch>                                      ! 用户模式
switch>enable                                ! 进入特权模式
password:                                    ! 注意输入密码时,不会显示任何字符
switch#configure terminal                    ! 进入全局配置模式
switch(config)#interface fastEthernet 0/5    ! 进入交换机 F0/5 的接口模式
switch(config-if)#exit                       ! 退回到上一级操作模式
switch(config)#
switch(config-if)#end                        ! 直接退回到特权模式
```

(3) 交换机命令行基本功能。

```
switch>?                                     ! 显示当前模式下所有可执行的命令
switch#co?                                   ! 显示当前模式下所有以 co 开头的命令
switch#copy ?                                ! 显示 copy 命令后可执行的参数。
Switch# conf ter                             ! 命令的简写功能,代表 configure terminal
Switch#con(按 Tab 键可自动补齐 configure)
Switch(config-if)#(按 Ctrl+Z)                ! 快捷键功能,Ctrl+Z 可退回到特权模式
```

实验3 交换机的基本配置

一、实验题目

交换机的基本配置。

二、实验课时

2 课时。

三、实验目的

(1) 掌握交换机的全局的基本配置和交换机端口常用配置参数。

(2) 熟悉交换机基本配置的有效查看命令。

四、实验内容和要求

(1) 掌握交换机的设备名称,端口的速率、双工模式的配置方法。

(2) 熟悉交换机基本配置、MAC 地址表、当前生效的配置信息的查看命令。

五、实验步骤

(1) 交换机设备名称的配置。

```
switch(config)# hostname 105_switch      ! 在全局配置模式下,配置交换机的设备名称为 105_switch
```

(2) 交换机端口参数的配置。

```
switch# show interface fastEthernet 0/3              ! 显示端口的配置信息
switch(config)# interface fastEthernet 0/3           ! 进入 F0/3 的端口模式
switch(config-if)# speed 10                          ! 配置端口速率为 10M
switch(config-if)# duplex half                       ! 配置端口的双工模式为半双工
switch(config-if)# no shutdown                       ! 开启该端口,使该端口转发数据
```

(3) 查看交换机各项信息。

```
switch# show version                                 ! 查看交换机的基本配置
switch# show mac-address-table                       ! 查看交换机的 MAC 地址表
switch# show running-config                          ! 查看交换机当前生效的配置信息
```

实验 4 虚拟局域网 VLAN

一、实验题目

虚拟局域网 VLAN。

二、实验课时

2 课时。

三、实验目的

(1) 掌握虚拟局域网的配置,包括创建、删除和划分等。

(2) 掌握不同 VLAN 间计算机相互通信的配置。

四、实验内容和要求

(1) 创建两个或两个以上 VLAN。

(2) 将某个接口或多个连续的接口分配到 VLAN 中。

(3) 实现同一 VLAN 间计算机的相互通信。

(4) 掌握不同 VLAN 间计算机相互通信的配置方法。

(5) 独立完成上述内容,并提交书面实验报告。

五、实验设备

交换机(1 台)、计算机(2 台)、直连线(2 条)。

六、实验拓扑

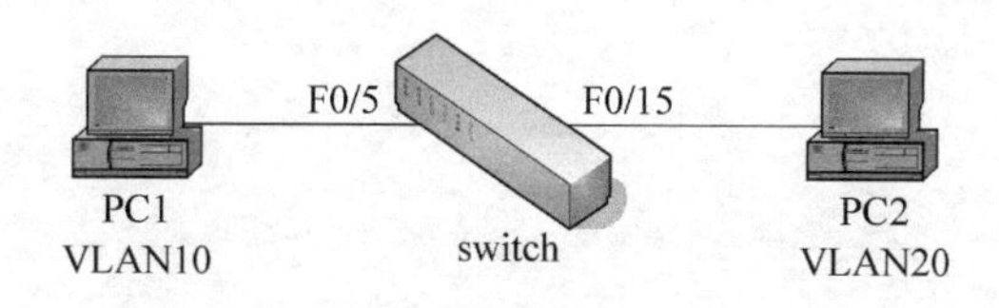

七、实验步骤

(1) 创建和删除 VLAN。

```
switch# show vlan                              ! 显示已配置的 VLAN 信息
switch(config)# vlan 10                        ! 创建 VLAN10
switch(config-vlan)# name test10               ! 将 VLAN10 命名为 test10
switch(config)# vlan 20
switch(config-vlan)# name test20
switch# show vlan
switch(config)# no vlan 10                     ! 删除某个 VLAN
```

(2) 将接口分配到 VLAN。

```
switch(config)# interface fastEthernet 0/5
switch(config-if)# switchport access vlan 10   ! 将 fastEthernet0/5 端口加入 vlan10
switch(config)# interface fastEthernet 0/15
switch(config-if)# switchport access vlan 20
switch(config)# interface range fastEthernet 0/1-10   ! 将多个连续的接口分配到某一 VLAN
```

(3) 同一个 VLAN 里 2 台 PC 互 ping。

在"开始→运行"中输入 cmd,进入 DOC 界面。

```
>ipconfig                                      ! 可查看本机 IP 地址
>ping 192.168.0.61                             ! 同一个 VLAN 里的 PC 互 ping
```

(4) 不同 VLAN 里 2 台 PC 互 ping。

按照步骤 3 进行互 ping,发现不同 VLAN 里 2 台 PC 不能 ping 通!下面介绍如何设置不同 VLAN 间 PC 的通信。命令行如下:

```
switch(config)# interface vlan 10                             ! 创建虚拟接口 VLAN10
switch(config-if)# ip address 192.168.10.254 255.255.255.0    ! 配置虚拟接口 VLAN10 的地址
switch(config-if)# no shutdown                                ! 开启端口
switch(config-if)# exit
switch(config)# interface vlan 20                             ! 创建虚拟接口 VLAN20
switch(config-if)# ip address 192.168.20.254 255.255.255.0    ! 配置虚拟接口 VLAN20 的地址
switch(config-if)# no shutdown                                ! 开启端口
```

然后按照所配置的虚拟接口地址修改各 PC 的 IP,进行互 ping 测试,可以实现不同 VLAN 间 PC 的相互通信。

实验 5 跨交换机实现 VLAN

一、实验题目

跨交换机实现 VLAN。

二、实验课时

2 课时。

三、实验目的

(1) 掌握跨交换机之间 VLAN 的特点。
(2) 掌握跨交换机同一 VLAN 计算机相互通信的配置方法。

四、实验内容和要求

(1) 在交换机 A 上创建两个 VLAN,并分配接口。
(2) 在交换机 B 上创建两个同样的 VLAN,并分配接口。
(3) 将两台交换机相连的接口均配置为 trunk 端口。
(4) 实现跨交换机同一 VLAN 计算机相互通信,不同 VLAN 计算机相互隔离。
(5) 独立完成上述内容,并提交书面实验报告。

五、实验设备

交换机(2 台)、计算机(3 台)、直连线(4 条)。

六、实验拓扑

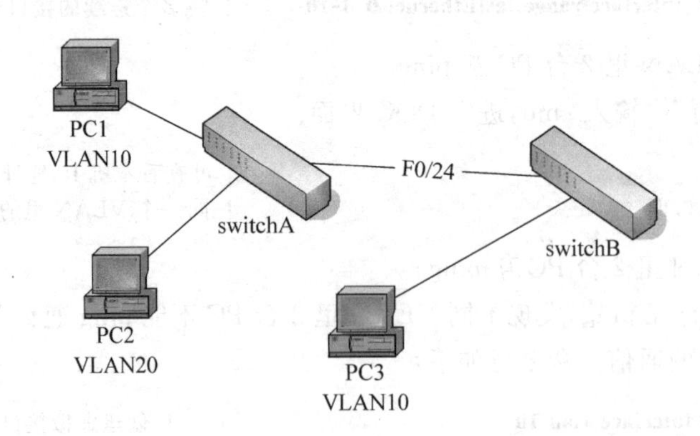

七、实验步骤

(1) 在交换机 A 上创建 VLAN10 和 VLAN20,并分配端口。

```
switchA(config)# vlan 10                        ! 创建 VLAN10
switchA(config-vlan)#name test10                ! 将 VLAN10 命名为 test10
```

```
switchA(config)# vlan 20
switchA(config-vlan)#name test20
```

(2) 在交换机B上创建VLAN10和VLAN20,并分配端口。

(3) 将交换机A和交换机B相连的端口(假定为0/24端口)定义为tag vlan模式。

```
switchA(config)#interface fastEthernet 0/24
switchA(config-if)#switchport mode trunk
switchB(config)#interface fastEthernet 0/24
switchB(config-if)#switchport mode trunk
验证F0/24端口设为tag vlan模式
switchA#show interfaces fastEthernet 0/24 switchport
```

(4) 验证PC1和PC3能相互通信,但是PC2和PC3不能相互通信。

(5) 思考:如何配置可使得PC2和PC3能够相互通信?

实验6 因特网应用

一、实验题目

因特网应用。

二、实验课时

2课时,课外2学时。

三、实验目的

(1) 了解浏览器与收发邮件系统的用法与配置。

(2) 访问中南大学校园网等网站,并在网络中获得关于计算机网络新技术的资料。

(3) 提高查询资料和撰写书面文件的能力。

四、实验内容和要求

(1) IE浏览器的配置和使用。

(2) 收发邮件系统的配置和使用。

(3) 访问中南大学校园网等网站。

(4) 访问学术期刊网,查找计算机网络新发展的相关资料。

(5) 利用Google等搜索引擎,获取有PDF格式的计算机网络新发展的资料,并下载。

(6) 独立完成上述内容,并提交书面实验报告。

实验7 Windows网络操作系统的配置与使用

一、实验题目

Windows网络操作系统的配置与使用。

二、实验课时

2课时。

三、实验目的

(1) 通过指导老师指导和学生动手操作,使学生熟悉网络操作系统的配置。
(2) 培养学生动手能力和书面表达能力。

四、实验内容和要求

(1) Windows NT 或 Windows 2000 中域的配置与管理。
(2) Windows NT 或 Windows 2000 中用户的管理。
(3) 独立完成上述内容,并提交书面实验报告。

实验 8 Windows 2000 文件系统和共享资源管理

一、实验题目

Windows 2000 文件系统和共享资源管理。

二、实验课时

2 课时。

三、实验目的

(1) 掌握 NTFS 文件系统特点。
(2) 利用 NTFS 权限保护文件。
(3) 掌握共享文件夹的建立与管理。
(4) 掌握共享打印机的建立与管理。

四、实验内容和要求

(1) 为用户账户和组指派 NTFS 文件系统文件夹和文件权限。
(2) 测试 NTFS 文件夹和文件权限。
(3) 创建和测试、管理文件夹共享。
(4) 创建和测试、管理共享打印机。
(5) 独立完成上述内容,并提交书面实验报告。

五、实验步骤

(1) 实验准备。
(2) 利用 NTFS 权限保护文件和文件夹。
(3) 共享文件夹的建立和管理。
(4) 共享打印机的建立和管理。

实验 9 Web 服务器的建立和管理

一、实验题目

Web 服务器的建立和管理。

二、实验课时

2 课时。

三、实验目的

(1) 学会用 Windows 2000 建立 Web 服务器。
(2) 掌握 Web 服务中的主要参数及其作用。
(3) 掌握 Web 服务器的配置和管理。
(4) 掌握使用浏览器访问 Web 服务器。

四、实验内容和要求

(1) 安装、配置和管理 Windows 2000 的 Web 服务。
(2) 建立 Web 站点。
(3) 实现多个站点。
(4) 使用浏览器浏览 Web 服务器。
(5) 独立完成上述内容，并提交书面实验报告。

五、实验步骤

(1) 实验准备。
(2) 在服务器上安装 Web 信息服务组件。
(3) 创建一个 Web 站点。
(4) 利用绑定多个 IP 地址实现多个站点。
(5) 利用多个端口实现多个 Web 站点。
(6) 配置 Web 站点的安全性。
(7) 对 IIS 服务的远程管理。

实验 10 活动目录的实现和管理

一、实验题目

活动目录的实现和管理。

二、实验课时

2 课时。

三、实验目的

(1) 掌握 Windows 2000 中新增的活动目录服务。
(2) 学会安装和配置活动目录。
(3) 使用活动目录工具创建和管理活动目录对象。
(4) 学会使用组策略实现安全策略。

四、实验内容和要求

(1) 加深对活动目录的理解,掌握如何用单域模式组建小型网络和管理活动目录。
(2) 安装和配置活动目录,建立域、域树、域林,校验活动目录安装正确与否。
(3) 通过使用活动目录工具创建和管理活动目录对象。
(4) 使用组策略以实现安全策略。
(5) 独立完成上述内容,并提交书面实验报告。

五、实验步骤

(1) 安装和配置活动目录。
(2) 安装活动目录后的校验。
(3) 将计算机加入活动目录。
(4) 管理活动目录。
(5) 组策略。

实验 11 软件防火墙和硬件防火墙的配置

一、实验题目

软件防火墙和硬件防火墙的配置。

二、实验课时

2 课时。

三、实验目的

(1) 了解防火墙的安全原理和功能。
(2) 掌握软件防火墙的安装、设置、管理方法。
(3) 掌握硬件防火墙的搭建、调试、配置、监控技术。

四、实验内容和要求

(1) 学会常见的桌面防火墙软件的安装。
(2) 掌握防火墙软件中应用程序规则、包过滤规则、安全模式、区域属性的配置方法。
(3) 学会硬件防火墙的搭建和安装、调试。

(4) 了解硬件防火墙的基本设置命令,学会 IP 地址转换、网络端口安全级别设置、静态地址翻译和静态路由设置。

(5) 学会编写简单配置文档,并能够阅读防火墙日志。

五、实验步骤

(1) 安装个人防火墙软件。
(2) 设定应用程序规则和包过滤规则。
(3) 按网络安全需求配置安全模式和区域属性。
(4) 根据网络拓扑结构在子网中安装硬件防火墙。
(5) 对硬件防火墙进行初始化设置。
(6) 配置网络端口参数。
(7) 配置内外网卡 IP 地址,并指定要进行转换的内部地址。
(8) 配置静态路由。
(9) 配置静态地址翻译。

实验 12 Linux 网络服务的配置

一、实验题目

Linux 网络服务的配置。

二、实验课时

2 课时。

三、实验目的

(1) 学会 Linux 操作系统的安装和配置。
(2) 掌握 Linux 操作系统 TCP/IP 属性的配置。
(3) 掌握 Linux 操作系统 Web、FTP、E-mail、Samba 服务的配置。
(4) 熟悉 Linux 操作系统的基本操作和应用。

四、实验内容和要求

(1) 安装和配置 Redhat Linux 8.0 操作系统。

(2) 掌握 Redhat Linux 8.0 下 IP、子网掩码、网关,主机名、DNS、设备别名、配置文件等 TCP/IP 属性的配置方法。

(3) 了解和掌握 Redhat Linux 8.0 下 Apache、vsftpd、sendmail、postfix 和 Samba 等几个服务器的配置和使用。

(4) 独立完成上述内容,并提交书面试验报告。

五、实验步骤

(1) 安装 Redhat Linux 8.0 网络操作系统。

(2) 配置 TCP/IP 属性。

(3) 配置 Apache 服务器。

(4) 配置 vsftpd 服务器。

(5) 配置 sendmail 和 postfix 服务器。

(6) 配置 Samba 服务器。

参考文献

[1] 高阳.计算机网络原理与实用技术.2版.北京:电子工业出版社,2005.
[2] 高阳.计算机网络原理与实用技术.长沙:中南工业大学出版社,1998.
[3] 高阳.网络与电子商务.长沙:湖南人民出版社,2001.
[4] 张公忠.当代网络技术教程.北京:电子工业出版社,2004.
[5] 吴功宜.计算机网络教程.北京:电子工业出版社,2003.
[6] 吴功宜.计算机网络应用技术教程.北京:清华大学出版社,2002.
[7] 吴企渊.计算机网络.北京:清华大学出版社,2004.
[8] 张基温.信息网络技术原理.北京:电子工业出版社,2002.
[9] 高传善.计算机网络.北京:人民邮电出版社,2003.
[10] 高阳.网络与电子商务.长沙:湖南人民出版社,2001.
[11] 胡道元.网络技术(三级)教程.北京:清华大学出版社,2003.
[12] 胡道元.网络设计师教程.北京:清华大学出版社,2001.
[13] 胡道元.Intranet 网络技术及应用.北京:清华大学出版社,2001.
[14] 谢希仁.计算机网络.北京:电子工业出版社,1999.
[15] 胡伏湘.计算机网络技术教程.北京:清华大学出版社,2004.
[16] Youlu Zheng.计算机网络.彭旭东译.北京:清华大学出版社,2004.
[17] 张立云.计算机网络基础教程.北京:清华大学出版社,2004.
[18] 史忠植.高级计算机网络.北京:电子工业出版社,2002.
[19] 刘四清.计算机网络技术基础教程.北京:清华大学出版社,2004.
[20] 黄健斌.网络计算.西安:西安电子科技大学出版社,2004.
[21] 雷震甲.计算机网络.西安:西安电子科技出版社,2003.
[22] 刘衍珩.计算机网络.北京:科学出版社,2003.
[23] 杨孔雨.计算机网络技术原理.北京:经济科学出版社,2003.
[24] 沈金龙.计算机通信与网络.北京:北京邮电大学出版社,2002.
[25] 蒋理.计算机网络理论与实践.北京:中国水利水电出版社,2002.
[26] 彭澎.计算机网络教程.北京:机械工业出版社,2001.
[27] 陆楠.现代网络教程.西安:西安电子科技出版社,2003.
[28] 魏永继.计算机网络技术.北京:机械工业出版社,2003.
[29] 张家超.计算机网络基础.北京:中国电力出版社,2003.
[30] 张立云.计算机网络基础教程.北京:清华大学出版社、北方交通大学出版社,2003.
[31] 诸海生.计算机网络应用基础.北京:电子工业出版社,2003.
[32] 陶世群.计算机网络基础与应用技术.北京:北京希望电子出版社,2002.
[33] 胡道元.计算机局域网.北京:清华大学出版社,2002.
[34] 陈明.局域网教程.北京:清华大学出版社,2004.
[35] 陈明.广域网教程.北京:清华大学出版社,2004.
[36] 沈美莉.网络应用基础.北京:电子工业出版社,2002.
[37] 郭诠水.全新计算机网络教程.北京:北京希望电子出版社,2002.
[38] 刘云.计算机网络实用教程.北京:清华大学出版社,2001.
[39] 刘瑞挺.全国计算机等级考试三级教程——网络技术.北京:高等教育出版社,2003.

[40] 蔡开裕.计算机网络.北京:机械工业出版社,2001.
[41] William A Shay.数据通讯与网络教程.高传善译.北京:机械工业出版社,2000.
[42] 吴玲达.计算机通信原理与技术.北京:国防大学出版社,2003.
[43] 李邵智.数据通信与计算机网络.北京:电子工业出版社,2002.
[44] 王洪.计算机网络应用教程.北京:机械工业出版社,2000.
[45] 李征.接入网与接入技术.北京:清华大学出版社,2003.
[46] 张瀚峰.xDSL与宽带网络技术.北京:北京航空航天大学出版社,2002.
[47] 金纯.IEEE 802.11无线局域网.北京:电子工业出版社,2004.
[48] 刘元安.宽带无线接如和无线局域网.北京:北京邮电大学出版社,2001.
[49] 李名世.计算机网络实验教程.北京:机械工业出版社,2003.
[50] 满文庆.计算机网络技术与设备.北京:清华大学出版社,2004.
[51] 王宝智.多媒体宽带网技术.北京:国防工业出版社,2002.
[52] 黄志晖.Internet操作实用教程.西安:西安电子科技大学出版社,2002.
[53] 小野濑一志.局域网技术.张季琴译.北京:科学出版社,2003.
[54] 柯宏力.Intranet信息网络技术与企业信息化.北京:北京邮电大学出版社,2000.
[55] 胡建伟.网络安全与保密.西安:西安电子科技大学出版社,2003.
[56] 朱艳琴.计算机组网技术.北京:北京希望电子科技出版社,2002.
[57] 欧阳江林.计算机网络实训教程.北京:电子工业出版社,2004.
[58] 黄志晖.计算机网络管理与维护全攻略.西安:西安电子科技大学出版社,2004.
[59] 高飞.计算机网络与网络安全基础.北京:北京理工大学出版社,2002.
[60] 曹秀英.无线局域网安全系统.北京:电子工业出版社,2004.
[61] Uyless Black.因特网高级技术.宋健平译.北京:电子工业出版社,2001.
[62] 蔡开裕.计算机网络.北京:机械工业出版社,2001.
[63] William Stalings.局域网与城域网.毛迪林译.北京:电子工业出版社,2001.
[64] Douglas E Comer.计算机网络与互联网.徐良贤译.北京:电子工业出版社.2001.
[65] Behrouz Forouzan.数据通讯与网络.朱丹宇译.北京:机械工业出版社,2000.
[66] Larry L. Peterson.计算机网络.叶新铭译.北京:机械工业出版社,2001.
[67] 李鉴增.宽带网络技术.北京:中国广播电视出版社,2003.
[68] Ray Horak.通信系统与网络.徐勇译.北京:电子工业出版社,2001.
[69] 于峰.计算机网络与数据通信.北京:中国水利水电出版社,2003.
[70] 孟小峰.Web数据管理研究综述.北京:计算机研究与发展,2001.
[71] 张家超.计算机网络基础.北京:中国电力出版社,2003.
[72] 李鉴增.宽带网络技术.北京:中国广播电视出版社,2003.
[73] 王宝智.全新计算机网络技术教程.北京:北京希望电子出版社,2002.
[74] 王洪.计算机网络应用教程.北京:机械工业出版社,2000.
[75] Behrouz Forouzan.数据通信与网络.潘仡译.北京:机械工业出版社,2000.
[76] Greg Tomsho.计算机网络教程.4版.冉晓旻译.北京:清华大学出版社,2005.
[77] 陈志雨.计算机信息安全技术应用.北京:电子工业出版社,2005.
[78] 邵波.计算机网络网络安全技术及应用.北京:电子工业出版社,2005.
[79] 薛永毅.接入网技术.北京:机械工业出版社,2005.
[80] 李蔷薇.移动通信技术.北京:北京邮电大学出版社,2005.
[81] 王顺满.无线局域网技术与安全.北京:机械工业出版社,2005.
[82] 骆耀祖.计算机网络实用教程.北京:机械工业出版社,2005.
[83] 张新有.网络工程技术与实用教程.北京:清华大学出版社,2005.
[84] 姚建永.光纤原理与技术.北京:科学出版社,2005.

[85] 王建玉.实用组网技术教程与实训.北京:清华大学出版社,2005.
[86] 邓亚平.计算机网络.北京:电子工业出版社,2005.
[87] 高林等.计算机网络技术.北京:人民邮电出版社,2006.
[88] 李正军.现场总线与工业以太网及其应用系统设计.北京:人民邮电出版社,2006.
[89] 杨军等.无线局域网组建实战.北京:电子工业出版社,2006.
[90] Jeanna Matthews.计算机网络实验教程.李毅超译.北京:人民邮电出版社,2006.
[91] 高晗.网络互联技术.北京:中国水利水电出版社,2006.
[92] 吴企渊.计算机网络.北京:清华大学出版社,2006.
[93] 陈明.实用网络教程.北京:清华大学出版社,2006.
[94] 郭世满.宽带接入技术及应用.北京:北京邮电大学出版社,2006.
[95] 喻宗泉.蓝牙技术基础.北京:机械工业出版社,2006.
[96] 程光.Internet 基础与应用.北京:清华大学出版社;北京交通大学出版社,2006.
[97] 周伯扬.下一代计算机网络技术.北京:国防工业出版社,2006.
[98] 张仁斌.计算机病毒与反病毒技术.北京:清华大学出版社,2006.
[99] 王文鼐.局域网与城域网技术.北京:清华大学出版社,2006.
[100] 赵阿群.计算机网络基础.北京:清华大学出版社;北京交通大学出版社,2006.
[101] 靳荣.计算机网络——原理、技术与工程应用.北京:北京航空航天大学出版社,2007.
[102] 阎德升.EPON——新一代宽带光接入技术与应用.北京:机械工业出版社,2007.
[103] 赵安军.网络安全技术与应用.北京:人民邮电出版社,2007.
[104] 王卫亚.计算机网络——原理、应用和实现.北京:清华大学出版社,2007.
[105] 于维洋.计算机网络基础教程与实验指导.北京:清华大学出版社,2007.
[106] 吴功宜.计算机网络.2 版.北京:清华大学出版社,2007.
[107] 杨天路.P2P 网络技术原理与系统开发案例.北京:人民邮电出版社,2007
[108] 陈向阳.网络工程规划与设计.北京:清华大学出版社,2007.
[109] 段水福.计算机网络规划与设计.杭州:浙江大学出版社,2005.
[110] 骆耀祖.网络系统集成与管理.北京:人民邮电出版社,2005.
[111] 杜思深.综合布线.北京:清华大学出版社,2006.
[112] 杨威.网络工程设计与系统集成.北京:人民邮电出版社,2005.
[113] 管海兵.计算机网络管理系统设计与应用.上海:上海交通大学出版社,2004.
[114] 张国鸣.网络管理员教程.北京:清华大学出版社,2004.
[115] 黎连业.网络工程与综合布线系统.北京:清华大学出版社,1997.
[116] 王健.网络互联与系统集成.北京:电子工业出版社,1996.
[117] 张沪寅.计算机网络管理实用教程.武汉:武汉大学出版社,2005.
[118] 张新有.网络工程技术与实验教程.北京:清华大学出版社,2006.
[119] 关桂霞.网络系统集成教程.北京:电子工业出版社,2004.
[120] 韩宁,刘国林.综合布线.北京:人民交通出版社,2006.
[121] 刘化君.网络综合布线.北京:电子工业出版社,2006.
[122] 莫锦谦.唐志根.网络综合布线实训案例教程.广州:广东科技出版社,2005.
[123] 郝文化.网络综合布线设计与案例.北京:电子工业出版社,2005.
[124] 谢希仁.计算机网络.北京:电子工业出版社,2008.
[125] 杨青,崔建群,郑世珏.计算机网络技术及应用教程.北京:清华大学出版社,2007.
[126] 李晓莉等.计算机网络——原理、应用和实现.北京:清华大学出版社,2007.
[127] 刘东飞,李春林.计算机网络.北京:清华大学出版社,2007.
[128] 黄永峰,李星.计算机网络教程.北京:清华大学出版社,2006.
[129] 陈康.计算机网络实用教程.北京:清华大学出版社,2007.
[130] 李文正.下一代计算机网络技术.北京:水利水电出版社,2008.

读者意见反馈

亲爱的读者：

感谢您一直以来对清华版计算机教材的支持和爱护。为了今后为您提供更优秀的教材，请您抽出宝贵的时间来填写下面的意见反馈表，以便我们更好地对本教材做进一步改进。同时如果您在使用本教材的过程中遇到了什么问题，或者有什么好的建议，也请您来信告诉我们。

地址：北京市海淀区双清路学研大厦A座602室　计算机与信息分社营销室　收

邮编：100084　　　　　　　　电子邮件：jsjjc@tup.tsinghua.edu.cn

电话：010-62770175-4608/4409　　邮购电话：010-62786544

教材名称：计算机网络技术及应用

ISBN 978-7-302-20119-9

个人资料

姓名：______________ 年龄：______所在院校/专业：________________

文化程度：__________ 通信地址：______________________

联系电话：__________ 电子信箱：______________________

您使用本书是作为：□指定教材 □选用教材 □辅导教材 □自学教材

您对本书封面设计的满意度：

□很满意 □满意 □一般 □不满意　改进建议______________________

您对本书印刷质量的满意度：

□很满意 □满意 □一般 □不满意　改进建议______________________

您对本书的总体满意度：

从语言质量角度看　□很满意 □满意 □一般 □不满意

从科技含量角度看　□很满意 □满意 □一般 □不满意

本书最令您满意的是：

□指导明确 □内容充实 □讲解详尽 □实例丰富

您认为本书在哪些地方应进行修改？(可附页)

____

____

您希望本书在哪些方面进行改进？(可附页)

____

____

电子教案支持

敬爱的教师：

为了配合本课程的教学需要，本教材配有配套的电子教案(素材)，有需求的教师可以与我们联系，我们将向使用本教材进行教学的教师免费赠送电子教案(素材)，希望有助于教学活动的开展。相关信息请拨打电话010-62776969或发送电子邮件至jsjjc@tup.tsinghua.edu.cn咨询，也可以到清华大学出版社主页(http://www.tup.com.cn或http://www.tup.tsinghua.edu.cn)上查询。